U0603683

中国天然气组分地球化学研究进展丛书

戴金星　主编

卷一

中国天然气烷烃气碳氢同位素成因研究进展

主　编　戴金星
副主编　龚德瑜　冯子齐

科学出版社

北　京

内 容 简 介

本书汇集了戴金星院士及他的学生多年来在国内外发表的有关天然气烷烃气组分及碳氢同位素成因方面的 31 篇优秀论文,反映了我国在天然气理论基础研究的最权威成果和最新进展,有丰富的地球化学数据和新观点,是一部资料丰富、内容翔实、具有实用价值的著作。

本书可供从事油气勘探、天然气地质和地球化学研究科研人员以及高校相关专业师生阅读参考。

审图号:GS 京 (2024) 0865 号

图书在版编目(CIP)数据

中国天然气烷烃气碳氢同位素成因研究进展／戴金星主编 . -- 北京：
科学出版社,2024. 8. --（中国天然气组分地球化学研究进展丛书／
戴金星主编）. ISBN 978-7-03-079036-1

Ⅰ. TE644

中国国家版本馆 CIP 数据核字第 2024AJ1481 号

责任编辑：韦　沁／责任校对：何艳萍
责任印制：赵　博／封面设计：有道文化

科 学 出 版 社 出版
北京东黄城根北街 16 号
邮政编码：100717
http://www.sciencep.com
北京建宏印刷有限公司印刷
科学出版社发行　各地新华书店经销
*
2024 年 8 月第 一 版　开本：787×1092　1/16
2025 年 2 月第二次印刷　印张：26 1/4
字数：622 000
定价：358.00 元
(如有印装质量问题,我社负责调换)

"中国天然气组分地球化学研究进展丛书"
顾问委员会

主　任：马永生

副主任：李国欣　窦立荣

成　员：(按姓氏笔画排序)

王云鹏　王红军　王晓梅　龙胜祥　田　辉　代世峰　白　斌

冯子辉　刘文汇　刘新社　孙永革　李　伟　杨　威　杨　智

肖贤明　何登发　邱楠生　张功成　陆现彩　陈汉林　陈建平

陈衍景　陈践发　胡文瑄　钟宁宁　侯读杰　贾望鲁　曹　剑

琚宜文　董大忠　蒋少涌　蔡春芳　谭静强　熊　伟　戴彩丽

魏国齐

"中国天然气组分地球化学研究进展丛书"
编辑委员会

主　编：戴金星

编　委：(按姓氏笔画排序)

于　聪　卫延召　冯子齐　朱光有　刘　岩　刘全有　李　剑

杨　春　吴小奇　谷　团　周庆华　房忱琛　赵　喆　秦胜飞

倪云燕　陶士振　陶小晚　黄士鹏　龚德瑜　彭威龙

丛 书 序

    天然气是重要的低碳绿色清洁化石能源，其组分作为天然气研究的基础单元，承载着丰富的信息和能源价值。对天然气不同组分的地球化学研究是天然气领域的重点关注方向之一，也对推动天然气资源的发现和提高天然气勘探开发效率具有举足轻重的意义。"中国天然气组分地球化学研究进展丛书"分为七卷，分别涉及中国的烷烃气碳氢同位素成因，天然气中二氧化碳、氮气和氢气，氦气地球化学与成藏，天然气轻烃组成及应用，无机成因气及气藏，含油气盆地硫化氢的生成与分布以及天然气中汞的形成与分布等的研究进展。该丛书汇集众多中国天然气组分地球化学的研究成果，深入剖析烷烃气、轻烃、无机气、硫化氢、氦、汞、二氧化碳等组分，使读者全面了解天然气的地球化学特征、分布规律、形成与运聚机制，明确天然气成藏、演化过程，并提供地质应用实例，为指导勘探开发提高资源利用效率提供支撑。

    丛书的编撰团队由戴金星院士携手他的20名学生组成，几十年来致力于天然气的研究和勘探开发，在学术上取得了丰硕成果，培养一批优秀的青年科技工作者，推动了我国天然气学科的发展。戴金星院士曾先后出版过《天然气地质和地球化学文集》和《戴金星文集》等多部文集，这些文集均以他个人研究成果为主。而本次出版的"中国天然气组分地球化学研究进展丛书"，是戴金星院士和他的学生组成的团队近二十余年的研究成果，包括对过去研究成果的回顾，对现在研究内容的思考，对未来研究思路的探讨。该丛书集团队力量，精心编制，是初学者了解天然气组分地球化学研究进展的参考文献，也是长期从事天然气勘探开发科研工作者相互交流的桥梁。研究者可以借助该丛书中的内容，开展更深入系统的合作研究，探讨天然气组分地球化学领域的前沿问题，激发科研成果的创新活力，推动天然气资源的可持续开发和利用。

　　在组织编撰丛书的过程中，戴金星院士携学生团队对研究数据一丝不苟，对研究成果精益求精。在戴金星院士鲐背之年，依然怀揣为祖国找气的理想，坚守为科研奋斗的信念，十分敬佩。期待该丛书的出版促进学术交流合作，推进天然气科学研究，为我国至关重要的天然气工业气壮山河的发展锦上添花。

中国科学院院士

发展中国家科学院院士

美国国家科学院外籍院士

2024 年 4 月 10 日

丛 书 前 言

    1961 年，我从南京大学地质系大地构造专业毕业后，被分配到北京石油部石油科学研究院。按石油部传统，刚到的大学生要到油田锻炼，所以我在北京只工作了半年，就和一些同事到江汉（五七）油田工作了十年。在大学五年中我没有学过一门石油专业课程，故摆在我面前的专业负担极其沉重，学习的专业和工作的专业矛盾着。面对现实，我发奋阅读油气专业文献和资料，江汉油田不大的图书馆中有关油气地质和地球化学的书，我几乎都读了，那时正值"文革"，我作为逍遥派，读书时间是宽裕的。在不断阅读中，我了解到中国和世界其他一些国家存在石油与天然气的生产和研究的不平衡性。前者产量高，研究深入，研究人员济济；后者产量低，研究薄弱，研究人员匮乏。经过调查对比，我选定天然气地质和地球化学作为自己专业目标和方向，因为这样才在同一起跑线上与人竞争，才有跻身专业前列的条件和可能。

    1986 年之前，中国没有出版包含天然气地质和天然气地球化学的图书，至今出版了天然气地质学、天然气地质学概论、中国天然气地质、天然气地球化学、煤成烃地球化学和天然气成因等书籍至少达 15 部，世界上第一部天然气地质学专著 1979 年在苏联出版。所以，在我选定天然气地质和地球化学方向的 20 世纪 60 年代下叶至 70 年代下叶，没有可供系统学习的天然气地质和地球化学专业书籍。在此状况下，我经过反复斟酌，决定首先从学习天然气各组分入手，天然气是由基础单元各组分的混合物，主要是烷烃气、二氧化碳、氮、氢、硫化氢、汞、轻烃，还有稀有气体氦、氩等，也就是说天然气由元素气和化合物气组成。这些气组分的知识可以从当时普通地质学、石油地质学、化学等书籍，甚至可由化学辞典获取。我先用 2~3 年仔细学习各组分地球化学特征、气源岩或气源矿物及形成机制、成因类型、分布规律、资源丰度及经济价值，等等。此类学习为我之后从事天然气地球化学研究提供基础，受益匪浅。近 20~30 年来，我与学生们在研究天然气组分方面，有许多成果，故拟以天然气单独组分为主，出版由 7 册组成的研究丛书：卷一：《中国天然气烷烃气碳氢同位素成因研究进展》，卷二：《中国天然气中二氧化碳、氮气和氢气研究进展》，卷三：《中国氦气地球化学与成藏研究进展》，卷四：《中国天然气轻烃组成及应用研究进展》，卷五：《中国无机成因气及气藏研究进展》，卷六：《中国含油气盆地硫化氢的生成与分布研究进展》，卷七：《中国天然气中汞的形成与分布研究进展》。此系列"中国天然气组分地球化学研究进展丛书"的各卷主编和副主编为我和我的学生。出版本套丛书一方面为我的学生们提供一个学术平台、环境，展示新成果，促使他们在学术上更上一层楼；另一方面，由于我国天然气工业近 20 年来蓬勃发展，需要大批人才，为他们提供系列天然气组分研究文献，显然对更稳、更好、更快发展天然气工业有利。

期待本丛书能够成为天然气领域的重要文献，为我国天然气事业的发展贡献力量，愿我们共同努力，开创天然气研究的新局面，为构建美好能源未来而努力奋斗！

2024 年 4 月 12 日于北京

目　　录

中国大气田烷烃气碳同位素组成的若干特征[*]

戴金星，倪云燕，龚德瑜，黄士鹏，刘全有，洪　峰，张延玲

0　引言

勘探开发大气田是一个国家快速发展天然气工业的重要途径。不同国家和学者划分大气田的储量标准不同。中国把探明地质储量大于 $300×10^8\,m^3$ 的气田称为大气田。1949 年，中国累计探明天然气地质储量仅为 $3.8×10^8\,m^3$，年产气 $0.11×10^8\,m^3$，是个贫气国。直至 1990 年，中国累计探明天然气地质储量只有 $7045×10^8\,m^3$，年产气 $152×10^8\,m^3$，还是个贫气国，因为这时全国仅探明 6 个大气田[1]，而这些大气田中没有一个储量超过 $1000×10^8\,m^3$。1991 年至 2020 年的 30 年间，中国新探明大气田 68 个，大部分投入开发，促进 2020 年产气 $1925×10^8\,m^3$，成为世界第 4 产气大国。不仅近 30 年间发现大气田数大大增加了，而且探明地质储量大于 $5000×10^8\,m^3$ 的一些超大型气田，如苏里格气田（$20665.55×10^8\,m^3$）、安岳气田（$12626.47×10^8\,m^3$）和克拉苏气田（$8266.48×10^8\,m^3$）等，此三大气田 2020 年共产气 $522.83×10^8\,m^3$，占当年全国产气量的 27.2%[2]，这说明大气田对发展天然气工业的重大作用，为实现"双碳"目标做出重要贡献。

勘探开发大气田快速发展天然气工业的国家在世界也不乏实例。苏联（俄罗斯）在 20 世纪 50 年代初，探明天然气储量不足 $2230×10^8\,m^3$，年产气仅 $57×10^8\,m^3$，是个贫气国。但1960～1990 年，由于发现和开发了 40 多个超大型、特大型和大型气田，天然气储量从 $18548×10^8\,m^3$ 增加到 $453069×10^8\,m^3$，由于这些大气田投入开发，1983 年苏联天然气年产量超过美国，成为世界第一产气大国[1]。俄罗斯蕴有原始可采储量大于 $1×10^{12}\,m^3$ 超大型气田 8 个而占世界首位（表 1）。这些超大型气田开发对该国和世界天然气产量具有重大作用。其中，乌连戈伊气田和亚姆堡气田在 1999 年共产气 $3407×10^8\,m^3$，是当时世界年产量最多的两个气田。此两气田产气量分别占该年俄罗斯和世界总产气量的 58.8% 和 14.4%[3]。1966～1987 年，在西西伯利亚盆地发现了原始可采储量大于 $1×10^{12}\,m^3$ 的 8 个超大型气田，其中 5 个从 1971 年至 2012 年先后投入开发，至 2021 年底共产出天然气 $154603×10^8\,m^3$（表 1）[4]，是 2021 年世界总产气量 $40369×10^8\,m^3$ 的 3.83 倍，保障了俄罗斯近半个世纪以来成为世界产气第 1 或第 2 地位。乌连戈伊气田和亚姆堡气田至 2021 年底分别累积产气 $69741.58×10^8\,m^3$ 和 $41197.92×10^8\,m^3$，成为世界上累产天然气第 1 和第 2 的大气田。

1　中国大气田及天然气组分

根据中国 9 个盆地［塔里木、准噶尔、柴达木、四川、鄂尔多斯、松辽、莺琼、珠江口、渤海湾（渤中坳陷）］中 70 个大气田（图 1）的 1696 个气样组分[2]，编制了中国大

＊ 原载于《石油勘探与开发》，2024 年，第 51 卷，第 2 期，1～11。

表1　西西伯利亚盆地原始可采储量大于 $1×10^{12}m^3$ 超大型气田[4]

气田名称	发现年份	原始可采储量 /$10^8 m^3$	投产年份	累积产气量 /$10^8 m^3$	截至年份
乌连戈伊	1966	109812.30	1978	69741.58	2021
亚姆堡	1969	58867.30	1984	41197.92	2021
波瓦年科夫	1971	38649.48	2012	6670.55	2021
扎波利亚尔	1965	31374.88	2001	18026.29	2021
麦德维热	1967	21618.74	1971	18966.92	2021
哈拉萨维伊	1974	12455.00			
Kruzenshtern	1976	11768.53			
科维克金	1987	14843.38			

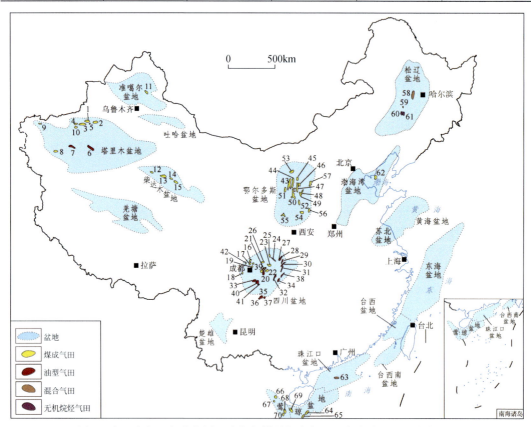

图1　中国大气田与分布图（未包括煤层气大气田和东海盆地 2 个大气田）

塔里木盆地（10 个气田）: 1. 克拉 2, 2. 迪那 2, 3. 克拉苏, 4. 大北, 5. 中秋, 6. 塔中 1 号, 7. 和田河, 8. 柯克亚, 9. 阿克莫木, 10. 玉东; 准噶尔盆地（1 个气田）: 11. 克拉美丽; 柴达木盆地（4 个气田）: 12. 东坪, 13. 台南, 14. 涩北 1, 15. 涩北 2; 四川盆地（27 个气田）: 16. 新场, 17. 成都, 18. 邛西, 19. 洛带, 20. 安岳, 21. 磨溪, 22. 合川, 23. 广安, 24. 龙岗, 25. 元坝, 26. 八角场, 27. 普光, 28. 铁山坡, 29. 渡口河, 30. 罗家寨, 31. 大天池, 32. 卧龙河, 33. 威远, 34. 涪陵, 35. 长宁, 36. 长宁·上罗, 37. 太阳, 38. 大池干, 39. 中江, 40. 威远（页岩气田）, 41. 威荣, 42. 川西; 鄂尔多斯盆地（15 个气田）: 43. 苏里格, 44. 乌审旗, 45. 大牛地, 46. 神木, 47. 榆林, 48. 米脂, 49. 子洲, 50. 靖边, 51. 柳杨堡, 52. 延安, 53. 东胜, 54. 宜川, 55. 庆阳, 56. 大吉, 57. 临兴; 松辽盆地（4 个气田）: 58. 徐深, 59. 龙深, 60. 长岭 1 号, 61. 松南; 渤海湾盆地（1 个气田）: 62. 渤中 19-6; 珠江口盆地（1 个气田）: 63. 荔湾 3-1; 莺琼盆地（7 个气田）: 64. 陵水 17-2, 65. 陵水 25-1, 66. 东方 1-1, 67. 东方 13-2, 68. 乐东 22-1, 69. 崖 13-1, 70. 乐东 10-1

气田天然气组分含量柱状图（图2）。由图2可见：中国大气田的天然气组分以烷烃气为主，甲烷、乙烷、丙烷和丁烷的最高含量分别为99.97%、13.15%、6.76%和5.84%；甲烷、乙烷、丙烷和丁烷的平均值分别为88.88%、2.74%、0.78%和0.37%。非烃组分含量中CO_2、N_2和H_2S平均含量分别为3.71%、2.98%和3.36%。由于H_2S几乎仅存在于碳酸盐岩储层中[5]，故仅在276个气样存在，而其他组分气样均在1481个以上。分析图2中烷烃气各组分含量，可见两个规律：①烷烃气随其分子中碳数的增加，平均组分含量依次下降；②烷烃气最高含量也呈现出相似特征，即CH_4到C_4H_{10}的最高含量也依次递减。

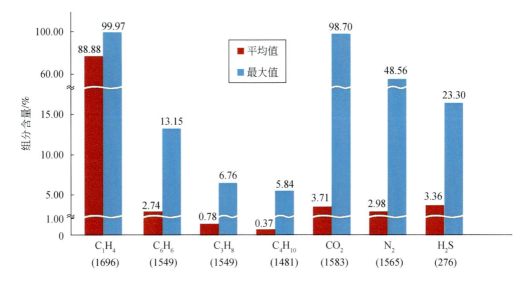

图2　中国大气田天然气组分含量柱状图（括号内为气样数量）

2　中国大气田的烷烃气碳同位素组成特征

根据中国大气田1390个气样$\delta^{13}C_{1-4}$值[2]，研编了$\delta^{13}C_{1-4}$箱线图（图3）。由图3可见：大气田$\delta^{13}C_1$值为$-71.2‰ \sim -11.4‰$，平均值为$-33.2‰$。最轻值$-71.2‰$在柴达木盆地台南气田台1-2井；最重值$-11.4‰$在松辽盆地长岭Ⅰ号气田长深104井（表2）。大气田$\delta^{13}C_2$值为$-52.3‰ \sim -13.8‰$，平均值为$-26.5‰$。大气田$\delta^{13}C_3$值为$-51.6‰ \sim -14.2‰$，平均值为$-24.9‰$。大气田$\delta^{13}C_4$值为$-34.4‰ \sim -16.0‰$，平均值为$-23.2‰$。由图3可见烷烃气碳同位素组成的特征：①甲烷、乙烷、丙烷和丁烷的碳同位素最轻值和平均值随着分子中碳数逐增而变重，而甲烷、乙烷、丙烷和丁烷的碳同位素最重值随着分子中碳数逐增而变轻；②甲烷、乙烷、丙烷和丁烷的最大值和最小值的区间值分别为59.8‰、38.5‰、37.4‰和18.4‰，由大变小。

甲烷、乙烷、丙烷和丁烷的碳同位素值随分子中碳数逐增而变重（$\delta^{13}C_1 < \delta^{13}C_2 < \delta^{13}C_3 < \delta^{13}C_4$），称为正碳同位素系列，如图3中最轻值；有机成因甲烷、乙烷、丙烷和丁烷的碳同位素值随分子中碳数逐增而变轻（$\delta^{13}C_1 > \delta^{13}C_2 > \delta^{13}C_3 > \delta^{13}C_4$），称为次生负碳同位素系列，如图3中最重值。

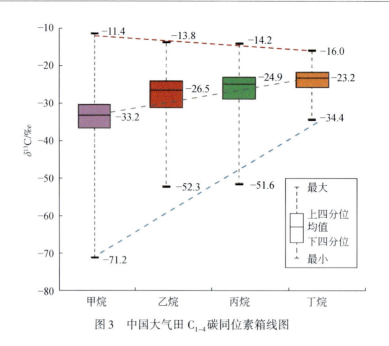

图 3　中国大气田 C_{1-4} 碳同位素箱线图

关于上述两个规律的形成，主要受烷烃气形成温度、扩散速度变化和 ^{13}C 组成分子扩散速度变化有关。

煤成气和页岩气（油型气）在低成熟、成熟和高成熟阶段形成的烷烃气具正碳同位素系列（ $\delta^{13}C_1<\delta^{13}C_2<\delta^{13}C_3<\delta^{13}C_4$ ）。图 3 中最轻值 $\delta^{13}C_1$ 值为 $-71.2‰$ ，是生物气； $\delta^{13}C_2$ 值为 $-52.3‰$ 、 $\delta^{13}C_3$ 值为 $-51.6‰$ ，是成熟气特征， $\delta^{13}C_4$ 值为 $-34.4‰$ ，是成熟气或高成熟气的特征，均说明最轻值成气在低温-成熟温度范畴形成，故具有 $\delta^{13}C_1<\delta^{13}C_2<\delta^{13}C_3<\delta^{13}C_4$ 的特征。但当煤成气和页岩气（油型气）在过成熟环境形成，则烷烃气具有次生负碳同位素系列特征（ $\delta^{13}C_1>\delta^{13}C_2>\delta^{13}C_3>\delta^{13}C_4$ ）。图 3 中 $\delta^{13}C_1$ 最重值，如 $\delta^{13}C_1$ 值为 $-11.4‰$ ，具有过成熟环境形成的特点。

分子的扩散受分子量和分子大小的影响，分子量大比小的扩散慢。烷烃气分子中随碳数增大分子量增大，分子直径也增大，故扩散速度 $CH_4>C_2H_6>C_3H_8>C_4H_{10}$ 。

CH_4 、 C_2H_6 、 C_3H_8 和 C_4H_{10} 中有 ^{12}C 和 ^{13}C 以下分子组构型式：

$$CH_4 \rightarrow {}^{12}CH_4 、 {}^{13}CH_4 \tag{1}$$

$$C_2H_6 \rightarrow {}^{12}C^{12}CH_6 、 {}^{12}C^{13}CH_6 、 {}^{13}C^{13}CH_6 \tag{2}$$

$$C_3H_8 \rightarrow {}^{12}C^{12}C^{12}CH_8 、 {}^{12}C^{12}C^{13}CH_8 、 {}^{12}C^{13}C^{13}CH_8 、 {}^{13}C^{13}C^{13}CH_8 \tag{3}$$

$$C_4H_{10} \rightarrow {}^{12}C^{12}C^{12}C^{12}CH_{10} 、 {}^{12}C^{12}C^{12}C^{13}CH_{10} 、 {}^{12}C^{12}C^{13}C^{13}CH_{10} 、$$
$${}^{12}C^{13}C^{13}C^{13}CH_{10} 、 {}^{13}C^{13}C^{13}C^{13}CH_{10} \tag{4}$$

由于 ^{12}C 的质量小于 ^{13}C ，所以 $^{12}CH_4$ 质量小于 $^{13}CH_4$ 而导致前者扩散速度快于后者，使 CH_4 集群碳同位素产生分馏而使该集群 $\delta^{13}C_1$ 值变大；由（2）式可知 C_2H_6 集群 ^{12}C 和 ^{13}C 分子组构型式有 3 种，同理质量上 $^{12}C^{12}CH_6<{}^{12}C^{13}CH_6<{}^{13}C^{13}CH_6$ ，故前者扩散速度最快，中者居中，后者扩散速度最慢，结果使 C_2H_6 集群碳同位素产生分馏而使该集群 $\delta^{13}C_2$ 值也变大；由（3）式和（4）式可知 C_3H_8 集群和 C_4H_{10} 集群的 ^{12}C 和 ^{13}C 分子组构形式分别为 4 种和

表 2　中国大气田天然气组分及碳同位素组成表

盆地	气田	井号	层位	天然气主要组分/%						$\delta^{13}C$/‰					气类型	R/R_a
				CH_4	C_2H_6	C_3H_8	C_4H_{10}	CO_2	N_2	CH_4	C_2H_6	C_3H_8	C_4H_{10}	CO_2		
鄂尔多斯	苏里格	鄂 58	P_2x	89.60	3.93	0.82	0.15	0.07	4.64	−31.9	−23.6	−23.4				
		苏 172	P_1s	94.12	3.02	0.50	0.07	0.06	2.08	−27.3	−23.0	−26.1			煤成气	
		桃 5	P_2x	90.90	4.69	0.83	0.23	0.76	2.10	−36.5	−23.2	−24.5	−22.3			
	东胜	J26	P_2x	93.66	3.59	0.81	0.30	0.35	1.16	−32.0	−25.4	−24.8	−23.8	−9.9		
		J55	P_1s	83.48	7.14	1.86	0.56	0.03	6.76	−36.2	−24.8	−26.4	−28.8			0.026
	乌审旗	召 4	P_2x	90.70	5.46	1.09	0.46	0.45	0.81	−31.3	−23.7	−23.0	−22.5			
		召探 1	$O_1m_5^{4-6}$	82.16	0.70	0.01	0.04	0.01	0.06	−37.5	−27.8	−24.3	−20.3			
	大牛地	DC3	O_1m_5	91.97	2.80	0.50	0.27	3.89	0.47	−40.1	−24.2	−22.8				
		D66-52	O_1m_5	93.34	3.49	0.79	0.31	1.56	0.38	−37.6	−29.8	−27.3				
		D66-38	O_1m_5	91.66	5.09	1.33	0.50	0.27	1.08	−40.3	−33.6	−28.9				
	榆林	榆 27-01	$O_1m_5^{1+2}$	95.00	1.34	0.21	0.06	3.26	0.12	−33.1	−30.8	−28.8	−20.0	−3.4	油型气	
		榆 27-11	P_1s_2	92.47	4.24	0.91	0.33	1.64	0.24	−29.8	−25.2	−23.7	−22.8	−7.4		
	神木	神 24	P_1t							−31.5	−25.0	−23.2				
		双 72	P_1t							−40.7	−25.6	−25.1	−25.8			
	临兴	LX-105-2D	P_2x	95.28	2.77	0.74	0.19	0	0.87	−30.3		−25.1				
		LX-46	C_2b	91.95	0.27	0	0	4.62	3.16	−46.5	−17.6					
	子洲	洲 28-43	P_1s	90.44	5.42	1.54	0.65			−30.2	−22.7	−22.2	−20.2			
		洲 16-19	P_1s	91.53	1.16	0.39				−34.5	−24.3	−21.7	−21.7			
	米脂	麒参 1	P_2x							−29.2	−22.4	−23.0				
		米 3	P_2x	87.31	6.61	1.98	0.85	0.01	2.09	−44.0	−34.7	−31.7	−32.5		煤成气	
	大吉	D6-2B	P_2sh_7	98.85	0.54	0.04	0.01	0.56	0	−25.3	−29.3	−29.8				
		D2-6A-6	P_1t	97.81	0.20	0.01		1.70	0.28	−29.3	−34.3	−32.9				
	宜川	宜 8	P_1s_2	99.19	0.26	0.02	0	0.43	0.04	−31.0	−31.4					
		宜 32	C_2b	96.49	0.62	0.05		2.24	0.59	−33.0						
	延安	Y175	C_2b	96.60	0.42	0.03		2.73	0.22	−27.5	−33.4	−33.3				
		Sh37	C_2b	87.50	1.42	0.18	0.14	2.96	7.81	−30.8	−37.1	−37.3	−2.1			
	庆阳	陇 84	P_1s_1	89.26	4.07	0.64	0.03			−24.9	−28.7	−31.2				
		陇 47	P_1t	92.89	1.61	0.24	0	4.22	0.99	−33.2	−40.8	−39.1	0			
	柳杨堡	定北 26	P_1s_2	96.71	1.60	0.23	0.01	0.09	0.77	−28.6	−24.2	−24.0				
		柳平 4T	P_1t_2	93.31	0.70	0.07	0.01	5.55	0.31	−30.6	−25.3	−28.0				
	靖边	C49-13	$O_1m_5^1$	92.11	3.45	0.42	0.28	0.31	3.31	−27.6	−32.7	−30.1	−27.7	−0.5		
		陕 2	O_1m							−41.4	−31.0	−25.6	−23.5			

续表

盆地	气田	井号	层位	天然气主要组分/%						$\delta^{13}C$/‰					气类型	R/R_a
				CH_4	C_2H_6	C_3H_8	C_4H_{10}	CO_2	N_2	CH_4	C_2H_6	C_3H_8	C_4H_{10}	CO_2		
四川	安岳	MX11	Z_2dn_2	89.87	0.03			7.02	1.92	−32.0	−26.8				油型气	
		MX121	Z_2dn_2	94.03	0.08			4.56	0.53	−34.1	−31.9					
		MX206	ϵ_1l	95.37	0.09			2.96	0.58	−32.1	−31.9					
		MX31	ϵ_1l	95.67	0.11			2.66	0.75	−33.6	−31.5					
	威远	威27	Z_2d	85.85	0.17	0		4.70	7.81	−32.0	−31.2					
		威63	Z_2d							−32.8						
	大天池	天东2	C_2h_1							−31.4	−35.6					
		天东93	C_2h_1							−35.1	−37.4	−34.5				
	卧龙河	卧55	P_3ch	95.32	1.09	0.26	0.16	0.11	2.26	−31.7	−30.6					
		卧70	C_2h_1	97.06	0.82	0.10	0	1.46	0.56	−36.8	−33.4	−25.1				
	普光	P401-1	T_1f_{1-3}	83.95	0.05	0		7.35	2.84	−31.4	−31.6		−28.5	−1.1		
		P105-2	T_1f_{1-2}	70.44	1.10	0.29	0	8.64	2.37	−35.6	−27.2					
	铁山坡	坡2	T_1f	78.52	0.05	0.03		5.87	0.98	−29.5						
		坡1	T_1f	78.38	0.05	0.02		6.36	0.92	−30.1						
	渡口河	渡2	T_1f	78.74	0.03	0.01		3.29	1.60	−29.5						
	罗家寨	五宝浅1-2	J_2s	94.05	3.51	0.86	0.22	0	1.20	−34.2	−29.1	−26.3	−25.4			
		罗家7	T_1f	81.37	0.07	0	0	6.74	1.34	−30.3	−29.4					
		黄龙8	P_2ch	95.85	0.15	0	0	2.68	0.48	−33.6						
	元坝	YL10	T_3x_3	98.04	0.62	0.04	0	1.01	0.29	−26.0	−22.9			−0.3	煤成气	
		YB221	T_3x_3	94.40	2.02	0.25	0.06	2.10	1.09	−33.8	−20.7	−20.6		1.3		
	龙岗	龙岗61	T_1f	94.95	0.08			1.84	0.09	−27.4	−22.2			1.9		
		龙岗001-6	T_1f	95.24	0.20	0.02		3.90	0.62	−37.8	−26.4			0.2		
	川西	Yas1-3	$T_2l_4^3$	87.20	0.11			6.09	0.94	−30.6	−32.9				油型气	
		YS-3	$T_2l_4^3$	88.13	0.12	1.44		5.79	1.44	−31.8	−32.6					
	磨溪	磨深1-1	T_1j							−31.4	−32.1					
		磨64	T_1j							−42.5	−28.2	−25.3				

续表

盆地	气田	井号	层位	天然气主要组分/%						$\delta^{13}C$/‰					气类型	R/R_a
				CH_4	C_2H_6	C_3H_8	C_4H_{10}	CO_2	N_2	CH_4	C_2H_6	C_3H_8	C_4H_{10}	CO_2		
四川	新场	XC134	J_2s	93.08	5.02	0.82	0.40	0.44	0.16	-32.7	-25.7	-23.6	-18.9			
	新场	XC134-2	J_2s	96.50	1.57	0.12	0.06	1.54	0.23	-36.7	-24.4	-23.4	-19.3	-11.3		
	邛西	QX14	T_3x_2	93.55	4.01	0.57	0.20	0.02	1.62	-30.5	-24.1	-23.8	-21.2	-5.0		
	邛西	平落2	J_2s	88.75	5.25	0.98	0.47	0.19	3.79	-39.2	-25.5	-21.9	-21.6			
	合川	合川5	T_3x_2	87.57	7.40	2.68	1.04	0.04	0.46	-37.9	-24.9	-22.1	-21.6			
	合川	合川1	T_3x_2							-42.8	-26.6	-22.7	-22.2			
	广安	广安11	T_3x_6							-37.1	-27.4	-22.7	-23.6			
	广安	广安14	T_3x_6	88.83	5.76	1.32	0.46			-42.0	-25.9	-21.7	-20.7		煤成气	
	八角场	角6	Jt_4							-36.5	-26.0					
	八角场	角37	Jt_4							-43.1	-32.9	-30.2	-29.3			
	成都	马蓬46	J_3p	94.60	3.05	0.68	0.27	0.03	1.22	-31.1	-25.4	-21.0				
	成都	马蓬13	J_3p	93.53	4.14	0.92	0.33	0	0.90	-33.5	-25.3	-19.4				
	中江	JS21-6HF	J_2s							-30.4	-25.3	-22.7				
	中江	JS24-3H	J_2s							-38.6	-26.2	-22.9				
	洛带	L75	J_3p	89.69	5.98	1.85	0.77	0	1.24	-32.5	-23.7	-20.9	-20.0			
	洛带	LS24D	J_3sn	92.43	4.03	0.95	0.23	0	1.81	-36.3	-23.6	-19.6	-21.0			
	涪陵页岩气	JY2	O_3w-S_1l							-22.7	-37.6	-38.8				
	涪陵页岩气	JY3	O_3w-S_1l							-33.8	-38.6	-38.2				
	长宁页岩气	Z104	S_1l	99.25	0.52	0.01		0.07		-26.7	-31.7	-33.1		3.8		
	长宁上罗	NH10-1	S_1l	98.66	0.51	0.05		0.70	0.08	-29.8	-34.5	-36.2		-1.4		
	威远页岩气	SL08	S_1l	97.18	0.63			2.19	2.53	-21.6	-30.6			-8.3		
	威远页岩气	SL08H8	S_1l	96.87	0.35			0.25		-32.0					油型气	
	太阳页岩气	YS116H	O_3w-S_1l							-28.8	-33.9	-35.0		-18.7		
	太阳页岩气	阳103	O_3w-S_1l	97.09	0.79	0		0.09	0.67	-32.8	-36.6	-37.1		-16.3		
	威远页岩气	威204H6-1	O_3w-S_1l	98.24	0.56	0.03		0.50	0.67	-34.3	-37.6	-41.8		-9.7		
	威远页岩气	威201	O_3w-S_1l	99.09	0.48			0.42	0.01	-37.3	-38.2			-0.2		0.03
	威荣页岩气	WY1								-28.7	-35.3					
	页岩气	WY23-6HF		96.40	0.41			1.68	0.67	-36.6	-38.1	-41.4				

续表

盆地	气田	井号	层位	天然气主要组分/%						$\delta^{13}C$/‰					气类型	R/R_a
				CH_4	C_2H_6	C_3H_8	C_4H_{10}	CO_2	N_2	CH_4	C_2H_6	C_3H_8	C_4H_{10}	CO_2		
塔里木	克拉苏	克深105	K_1bs	95.94	0.47	0.03	0.01	2.36	1.14	−25.7	−13.8				煤成气	
		博孜3	K_1bs	86.64	6.53	1.65	0.36	0.26	3.11	−35.6	−25.1	−23.2	−22.9			
	克拉2	克拉201	K_1bs	96.88	0.91	1.00	0	0	1.21	−27.3	−19.0	−19.5	−21.2	−18.6		
		克拉2	K_1bs							−28.2	−18.9	−19.2	−20.9	−15.4		
	迪那2	DN204	$E_{1-2}km$	86.90	7.40	0.92	0.62	0.89	2.95	−34	−23.1	−20.8	−20.4	−12.4		
		DN2	N_1j	87.93	7.25	1.40	0.59	0.81	1.55	−36.9	−21.3	−24.4	−24.7	−15.7		
	大北	大北104	K_1bs	95.60	0.19	0.01	0.01	1.67	2.02	−26.7	−19.2					
		大北1	K_1bs	94.29	3.43	0.41	0.11	0.37	1.20	−33.1	−21.4					
	中秋	中秋101		90.93	4.73	1.00	0.39	0.76	1.70	−32.3	−20.3	−18.6	−20.3			
		中秋1								−32.6	−22.3	−20.7	−20.6			
	玉东	玉东5	E	89.15	5.51	1.14	0.48	0.11	2.98	−33.1	−22.5	−20.7	−20.9			
		玉东1	E	89.95	5.51	1.14	0.46	0.10	2.18	−35.0	−22.5	−21.5	−22.6			
	柯克亚	柯8001	N_1x_8	87.34	6.40	2.28	1.22	0.07	1.84	−34.2	−25.7	−23.2	−23.2			
		柯18	N_1x	84.05	8.99	1.93	0.73	3.98		−38.5	−26.4	−25.1				
	阿克莫木	阿克1	K_2							−23.0	−20.2			−4.6		
		阿克1	K_2							−25.6	−21.9			−15.6		
	塔中1号	ZG2	O_3l	89.79	1.39	0.30	0.24	1.24	6.74	−32.6	−30.0	−39.3	−29.3	−2.7		
		TZ45	O_3l	84.21	4.43	1.62	1.03	2.61	4.80	−54.4	−38.2	−32.0	−30.7			
	和田河	玛8	O	75.71	0.51	0	0	14.03	9.75	−34.6	−38.1	−35.4	−31.6		油型气	
		玛2	C	78.31	1.71	0.14	0	0.19	19.65	−39.6	−36.5	−30.8	−27.6	1.17		
准噶尔	克拉美丽	滴西26	C	88.89	4.49	1.29	1.58	2.75	0.09	−28.5	−25.6	−24.0		−15.1	煤成气	
		滴403	C	88.89	4.87	1.83	1.10	2.18	0.07	−31.3	−27.5	−24.6				0.06

续表

盆地	气田	井号	层位	天然气主要组分/%						δ¹³C/‰					气类型	R/R_a
				CH_4	C_2H_6	C_3H_8	C_4H_{10}	CO_2	N_2	CH_4	C_2H_6	C_3H_8	C_4H_{10}	CO_2		
柴达木	台南	台深 1	Q	50.07	0.80	0.12		4.84	35.07	-56.4	-32.3	-31.0			生物气	
	台南	台 1-2		98.66	0.06	0			1.27	-71.2	-52.3	-35.1			生物气	
	涩北一号	涩 27	Q	99.93	0.04			0.03		-60.5				-10.6	生物气	
	涩北一号	涩 0-12	Q	99.89	0.10	0.01				-70.4	-44.7	-34.1			生物气	
	涩北二号	涩中 9	Q	99.31				0.69		-63.0					生物气	
	涩北二号	涩深 17	Q	99.62	0.14	0.03		0.15	0.06	-69.7	-42.4	-33.2		-3.2	生物气	
	东坪	坪 3H-6-1	基岩	73.82	0.96	0.19	0.11	0.01	24.08	-18.9	-24.3	-24.1	-23.9		煤成气	
	东坪	牛 1-2-2	J	81.21	8.99	4.28	1.76	0.30	3.05	-38.0	-26.1				煤成气	
松辽	徐深	隆探 2	基底	93.46	2.90	0.38	0.14	0.06	2.00	-20.9	-27.7	-30.1			混合气	
	徐深	徐深 19	K_1yc	3.48	0.03	0	0	95.82	0.67	-35.6	-34.7			-4.6	混合气	
	长岭 I 号	长深 104	K_1yc							-11.4	-23.0	-27.8			无机气	
	长岭 I 号	CS1	K_1yc							-26.5	-29.6			-7.2	无机气	
	松南	腰探 3HF	K_1d	75.13	1.32	0.08	0.02	16.67	6.73	-19.1	-27.9	-29.7		-8.8	无机气	2.21
	松南	腰探 4HF	K_1d	74.39	1.30	0.07	0.02	16.81	6.79	-25.1	-29.3	-32.4		-9.8	无机气	1.11
	龙深	龙深 3	K_1yc	78.65	12.00	3.78	1.42	1.23	2.50	-29.1	-25.7	-23.9	-24	0.7	混合气	
	龙深	龙深 1	K_1sh							-39.2	-27.9	-26.4	-25.6		混合气	

续表

盆地	气田	井号	层位	天然气主要组分/%						$\delta^{13}C$/‰					气类型	R/R_a
				CH_4	C_2H_6	C_3H_8	C_4H_{10}	CO_2	N_2	CH_4	C_2H_6	C_3H_8	C_4H_{10}	CO_2		
莺琼	崖13-1	YC13-1-1	E_3ls_3	89.81	2.64	1.21	0.76	0.17	4.65	-34.4					煤成气	
		YC13-1-6	E_3ls_3	82.96	4.80	1.81	0.88	8.33	0.26	-40	-24.9	-23.7	-23.8		煤成气	
	东方1-1	东方1-1-7	N_2ygh	35.84	1.28	0.15	0	56.89	5.30	-31.8	-23.7	-23.3	-23.6	-3.4	煤成气	
		东方1-1-9	N_2ygh	80.80	0.20	0	0	0.40	18.20	-40.5	-21.8			-18.6	煤成气	
	乐东22-1	乐东22-1-1	N_2ygh_1	13.44	0.54	0.03	0	80.42	5.29	-26.9	-22.0	-21.7	-20.8	-2.2	煤成气	
		乐东22-1-5	Q_1d_2	84.27	0.96	0.23	0.05	0.71	13.32	-49.3	-23.5				煤成气	
	乐东10-1	乐东10-1-10	N_1hl_2	25.43	0.17	0.02	0	70.10	4.28	-29.0	-19.6			-1.8	煤成气	
		乐东10-1-5	N_1hl_2	41.31	1.55	0.24	0.02	54.26	2.59	-33.7	-27.2				煤成气	
	东方13-2	东方13-2-2	N_1hl_1	84.28	1.46	0.83	0.39	2.27	10.65	-30.4	-26.0	-25.4	-25.7	-10.9	煤成气	
		东方13-2-6	N_1hl_1	78.72	1.35	1.25	0.86	2.59	14.96	-39.0	-27.4	-28.0	-27.2	-10.4	煤成气	
	陵水17-2	LS17-2-1	N_1hl	93.25	5.18	1.74	0.86	0.21	0.62	-36.8	-23.6	-22.2	-21.5		煤成气	
		LS17-2-8	N_1hl	85.18	4.63	1.82	0.94	0.22	5.09	-40.0	-25.9	-24.3	-24.0	-17.8	煤成气	
	陵水25-1	LS25-1-2	N_1hl	78.74	4.65	1.30	0.59	9.26	1.05	-36.0	-25.6	-23.1	-22.5	-4.5	煤成气	
		LS25-1-1	N_1hl	87.31	4.70	1.63	0.76	2.83	1.58	-39.4	-25.4	-23.3	-22.6	-9.0	煤成气	
珠江口	荔湾3-1	LW3-1-1	N_1z	86.29	5.18	1.74	0.86	3.07	0.10	-36.6	-29.1	-27.4	-26.9	-6.1	混合气	
		LW3-1-2	N_1z	87.41	5.67	1.61	0.57	3.13	1.41	-38.0	-29.0	-28.6	-29.5	-3.9	混合气	
渤海湾	渤中19-6	O	Ar	79.79	8.48	2.88	1.34	6.76	0.05	-37.0	-27.3	-26.6	-27.2		煤成气	
		B	Ar	77.78	8.22	2.78	1.28	9.19	0.12	-39.2	-25.8	-24.6	-24.1		煤成气	

注：70个气田中每个气田，仅选 $\delta^{13}C_1$ 最重值和最轻值两口井。Ar. 太古宇；Z_2d. 灯影组；Z_2dn_2. 震旦系灯影组二段；ϵ_1l. 寒武系龙王庙组；O. 奥陶系；O_1ms. 奥陶系马家沟组五段；O_3l. 奥陶系良里塔格组；O_3w. 奥陶系五峰组；S_1l. 志留系龙马溪组；C. 石炭系；C_2b. 石炭系黄龙组；C_2h_1. 石炭系山西组一段；P_1t. 二叠系太原组；P_2x. 二叠系长兴组；P_2sh_7. 二叠系下石盒子组七段；T_1f_{1-3}. 三叠系飞仙关组一段—三段；T_1j. 三叠系嘉陵江组；T_2l. 三叠系雷口坡组；T_3x. 三叠系须家河组；J. 侏罗系；J_2s. 侏罗系沙溪庙组；J_{1-4}. 侏罗系自流井组四段；J_3p. 侏罗系蓬莱镇组；J_3sn. 侏罗系遂宁组；K_1bs. 白垩系巴什基奇克组；K_1d. 白垩系登娄库组；K_1sh. 白垩系沙河子组；K_1yc. 白垩系营城组；K_2. 上白垩统；E. 古近系；$E_{1-2}km$. 古近系库姆格列木群；E_3ls_3. 古近系陵水组三段；N_1hl_2. 新近系黄流组二段；N_1x_8. 新近系西河莆甫组八段；N_1z. 新近系珠江组；N_2ygh. 新近系莺歌海组；Q_1d_2. 第四系乐东组二段。

5 种, 由于与 CH_4 集群、C_2H_6 集群同理扩散分馏结果使 $\delta^{13}C_3$ 值和 $\delta^{13}C_4$ 值变大。

但由于式 (1) ~ 式 (4) 所代表集群的 ^{12}C 和 ^{13}C 组构形式不同, 使扩散体 (源岩) 中产生分馏能力差异: $CH_4 > C_2H_6 > C_3H_8 > C_4H_{10}$; 同时又存在扩散速度: $CH_4 > C_2H_6 > C_3H_8 > C_4H_{10}$, 在此双重作用下, 经历相当长时间后可使正碳同位素系列 ($\delta^{13}C_1 < \delta^{13}C_2 < \delta^{13}C_3 < \delta^{13}C_4$), 改造为次生型负碳同位素系列 ($\delta^{13}C_1 > \delta^{13}C_2 > \delta^{13}C_3 > \delta^{13}C_4$)。

由此可见, 在过成熟的高温环境, 烷烃气分子随碳数逐增而分子量变大、分子直径变大, 致使扩散速度 $CH_4 > C_2H_6 > C_3H_8 > C_4H_{10}$。同时碳同位素分馏能力 $CH_4 > C_2H_6 > C_3H_8 > C_4H_{10}$。由此致使正碳同位素系列演变为次生负碳同位素系列。

3　中国大气田中生物气、油型气、煤成气和无机成因气的 $\delta^{13}C_1$ 值展布特征

根据国内外许多学者[6-20]划分各类型气鉴别指标, 对中国大气田 1696 个气样的类型属性进行分类。从而获得相关类型气 $\delta^{13}C_1$ 值展布特征。

3.1　生物气 $\delta^{13}C_1$ 值为 –71.2‰ ~ –56.4‰, 区间值为 14.8‰

关于生物气 $\delta^{13}C_1$ 值与热成因气的分界值方面, 国内外学者做了许多研究, 表 3[21]综合列出了相关值。由表 3 可见: 划分生物气和热成因气的 $\delta^{13}C_1$ 值 (该表中称为下限值) 有 3 种, 即 –50‰、–55‰ 和 –60‰。

表 3　国内外部分学者采用的生物气 $\delta^{13}C_1$ 下限值 (最重值) 至上限值 (最轻值)[21]

生物气的 $\delta^{13}C_1$ 下限值至上限值/‰, PDB	资料来源	生物气的 $\delta^{13}C_1$ 下限值至上限值/‰, PDB	资料来源
–95 ~ –55	Alekseyev (1974 年)	<–55	王启军等 (1988 年)
–95 ~ –55	Высоцкий (1979 年)	<–55	沈平等 (1991 年)
–75 ~ –55	Hunt (1979 年)	–75 ~ –58	Fuex (1977 年)
–100 ~ –55	Stahl (1979 年)	–80 ~ –58	Carey (1979 年)
<–55	Rice (1981 年)	<–60	Jenden 和 Kaplan (1986 年)
<–55	张义纲 (1983 年)	–85 ~ –60	陈荣书等 (1989 年)
<–55	张子枢 (1984 年)	–90 ~ –50	Tiratsov (1979 年)
–90 ~ –55	Tissot (1984 年)	–97 ~ –50	Эоръкий и др (1984 年)
<–55	戴金星等 (1986 年)	<–64	Schoell (1980 年)
<–55	Grace (1986 年)	–80 ~ –70	Donald (1983 年)
<–55	包茨等 (1988 年)		

中国大气田生物气 $\delta^{13}C_1$ 最重值为 –56.4‰ (柴达木盆地台南气田台深 1 井) (表 2), 此值比表 3 中 –55‰ 稍轻 1.4‰。中国大气田油型气 $\delta^{13}C_1$ 最轻值为 –54.4‰ (塔里木盆地塔中 I 号气田 TZ45 井) (表 2), 此值比表 3 中 –55‰ 仅重 0.6‰, 此两值均逼近 –55‰。据此研究分析, 以 –55‰ 来划分生物气和热成因气则较合适。

中国大气田生物气 $\delta^{13}C_1$ 最轻值为 –71.2‰ (台南气田台 1-2 井) (表 2)。利用生物气

$\delta^{13}C_1$最重值和最轻值研编中国大气田生物气$\delta^{13}C_1$值尺图［图4（a）］。由图4（a）可见：中国大气田$\delta^{13}C_1$值尺中，生物气的$\delta^{13}C_1$处于最轻值尺段。

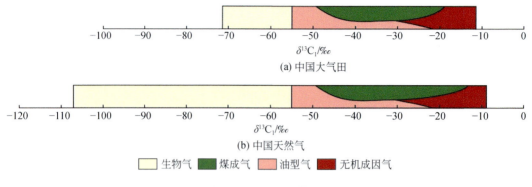

(a) 中国大气田

(b) 中国天然气

生物气　煤成气　油型气　无机成因气

图4　中国大气田和天然气$\delta^{13}C_1$值尺展示图

3.2　油型气$\delta^{13}C_1$值为–54.4‰～–21.6‰，区间值为32.8‰

中国大气田油型气$\delta^{13}C_1$最轻值为–54.4‰，在塔中Ⅰ号气田TZ45井（表2）和ZG102井[2]。该两井烷烃气碳同位素组成均具正碳同位素系列，说明两井烷烃气均为原生型，故$\delta^{13}C_1$值均未受次生改造而保持原生性的准确值。

中国大气田油型气$\delta^{13}C_1$最重值为–21.6‰，在四川盆地长宁上罗页岩气田SL08井中。以往认为油型气$\delta^{13}C_1$最重值轻于–30‰。张士亚等认为油型气$\delta^{13}C_1$最重值和最轻值为–30‰和46‰[15]；张厚福等认为–42‰～–25‰[17]；戴金星等认为–55‰～–30‰（伴生气：–55‰～–40‰，裂解气：–37‰～–30‰）[22]；近20年来，随着我国天然气田不断增加，发现天然气类型增多，天然气研究不断深入，故油型气$\delta^{13}C_1$最重值加大了。四川盆地南部发现6个页岩气田，源岩层五峰组—龙马溪组R_o值为2.10%～4.44%[23]，均处于过成熟阶段，因此形成这些气田由于高温使烷烃气碳同位素组成几乎均倒转而成为负碳同位素系列（$\delta^{13}C_1>\delta^{13}C_2>\delta^{13}C_3$）[24-30]。负碳同位素系列有两种类型：原生型是无机成因烷烃气碳同位素系列，次生型是有机成因烷烃气碳同位素系列，是有机成因烷烃气，为含高总有机碳（total organic carbon，TOC）页岩高温过成熟阶段的产物[31]，是由原生型有机成因烷烃气正碳同位素系列（$\delta^{13}C_1<\delta^{13}C_2<\delta^{13}C_3<\delta^{13}C_4$）经高温作用改造而成。$CH_4$中C可由$^{12}C$和$^{13}C$组成，当高温时其中$^{12}C$更易更多分馏出去，致使$\delta^{13}C_1$变得更重，所以次生型负碳同位素的$\delta^{13}C_1$值比正碳同位素$\delta^{13}C_1$值更重，这致使长宁上罗页岩气田SL08井$\delta^{13}C_1$值重达–21.6‰。

利用中国大气田油型气$\delta^{13}C_1$值–54.4‰～–21.6‰编入中国大气田$\delta^{13}C_1$值尺图中，从而完成油型气$\delta^{13}C_1$值尺的编制［图4（a）］。

3.3　煤成气$\delta^{13}C_1$值为–49.3‰～–18.9‰，区间值为30.4‰

中国大气田煤成气$\delta^{13}C_1$最轻值（–49.3‰）在莺琼盆地乐东22-1气田乐东22-1-5井，属正碳同位素系列[2]。煤成气$\delta^{13}C_1$最重值–18.9‰在柴达木盆地东坪气田坪3H-6-1井

（表2），为负碳同位素系列[2]。以往有关中国煤成气 $\delta^{13}C_1$ 最轻值和最重值的研究中，张士亚等认为主要在 $-42‰ \sim -26‰$[15]；张厚福等认为 $-42‰ \sim -25‰$[17]；戴金星等认为 $-43‰ \sim -15‰$[22]。

利用中国大气田煤成气 $\delta^{13}C_1$ 值 $-49.3‰ \sim -18.9‰$ 编入中国大气田 $\delta^{13}C_1$ 值尺图中，从而完成煤成气 $\delta^{13}C_1$ 值尺的编制 [图4（a）]。

3.4　无机成因气 $\delta^{13}C_1$ 值为 $-35.6‰ \sim -11.4‰$，区间值 24.2‰

中国大气田无机成因 $\delta^{13}C_1$ 最轻值（$-35.6‰$）在松辽盆地徐深气田徐深19井（表2）。关于徐深气田烷烃气成因，有两种观点：一主要是无机成因[32-33]；二为无机成因和煤成气的混合气[2]。尽管许多学者提出鉴别无机成因 $\delta^{13}C_1$ 值有大于 $-30‰$、$-25‰$ 和 $-20‰$ 3个指标[34]，说明无机成因的 $\delta^{13}C_1$ 都是很重，没有小于 $-30‰$ 的，但中国火山期后与温泉相关无机成因 $\delta^{13}C_1$ 值，虽然大部分大于 $-30‰$，但也有较轻，在 $-32.7‰$、$-36.2‰$（表4）。徐深19井 $\delta^{13}C_1$ 值为 $-35.6‰$，处于后两值之间，故将 $\delta^{13}C_1$ 值 $-35.6‰$ 作为中国大气田无机成因 $\delta^{13}C_1$ 最轻值是合适的。

表4　中国火山期后与温泉相关无机成因气 $\delta^{13}C_1$ 值等[34]

取样地点		气的主要组分/%				$\delta^{13}C$/‰		氦同位素
		N_2	CO_2	CH_4	He	CH_4	CO_2	(R/R_a)
云南省腾冲市	小滚锅温泉	0.31	99.09	0.50	0.014	-20.6	-1.2	3.37
	大滚锅温泉	1.24	97.35	1.35	0.042	-19.5	-2.0	3.26
	珍珠泉		99.92	0.08		-21.2	-3.3	3.34
	怀胎井温泉	3.20	96.66	0.13		-21.0	-3.2	3.80
	澡塘河（Ⅱ）	2.54	96.81	0.345	0.005	-20.0	-1.9	2.86
	黄瓜箐温泉	0.63	98.51	0.86		-20.5	-2.3	4.44
	叠水河冷泉	3.09	96.82	0.01	0.016	-30.0	-1.3	4.49
	和顺乡矿泉	2.15	97.81	0.01	0.009	-32.7	-5.8	3.36
吉林省长白山天池温泉（1）		0.65	98.62	0.64	0.002	-36.2	-6.0	
吉林省长白山天池温泉（3）			99.64	0.029	0.010	-24.0	-5.8	1.19
四川省甘孜县拖坝镇温泉江泉1		2.72	93.00	3.64	0.602	-29.9	-2.9	3.50

中国大气田无机成因 $\delta^{13}C_1$ 最重值（$-11.4‰$）在松辽盆地长岭Ⅰ号气田长深104井（表2、表5）。长岭Ⅰ号气田和松南气田在构造上同处于长岭断陷中央隆起带哈尔金断鼻构造。其中，长岭Ⅰ号气田属于中国石油矿权区，松南气田属于中国石化矿权区。其实两个气田应为一个气田，故两个气田天然气应具相似成因（表5）。表4中 $\delta^{13}C_1$、$\delta^{13}C_{CO_2}$ 和 R/R_a 值分别为 $-36.2‰ \sim -19.5‰$（以大于 $-30‰$ 为主）、$-6.0‰ \sim -1.2‰$ 和 $1.19 \sim 4.49$。表5中 $\delta^{13}C_1$、$\delta^{13}C_{CO_2}$ 和 R/R_a 值分别为 $-32.7‰ \sim -11.4‰$（也以大于 $-30‰$ 为主）、$-8.8‰ \sim -3.6‰$ 和 $2.21 \sim 5.46$。当 $\delta^{13}C_{CO_2} < -10‰$ 是有机二氧化碳；当 $\delta^{13}C_{CO_2} > -9‰$ 绝大多数是无机二氧化碳，处于 $-10‰ \sim -9‰$ 的为有机和无机混合型二氧化碳；当 $\delta^{13}C_{CO_2} \geqslant -8‰$，都是

无机二氧化碳[35]，以此 3 个指标衡量，表 4 和表 5 中 CO_2 是无机成因。壳源氦的 R/R_a 小于 0.05[36-37]，幔源氦的 R/R_a 通常大于 5[38]，当 R/R_a 在 0.05~5 时为壳-幔混合氦，往往出现在裂谷型含油气盆地中，如渤海湾盆地和松辽盆地[39]，表 5 中 R/R_a 具有壳-幔混合气特点。前已述及表 4 中火山期后相关 $\delta^{13}C_1$ 值（-36.2‰~-19.5‰）是无机成因，表 5 中长岭Ⅰ号气田和松南气田 $\delta^{13}C_1$ 值（-32.7‰~-11.4‰）比表 4 中更重，故应也是无机成因。先前研究指出：在松辽盆地具有 R/R_a>0.5 与 $\delta^{13}C_1$>$\delta^{13}C_2$>$\delta^{13}C_3$>$\delta^{13}C_4$ 负碳同位素系列的烷烃气是无机成因[34]，也证明了长岭Ⅰ号和松南两个大气田烷烃气是无机成因气。在此特别指出，作者从烷烃气碳同位素值及其系列，还有 $\delta^{13}C_{CO_2}$ 和 R/R_a 系统论证长岭Ⅰ号和松南两个大气田的天然气是无机成因，这不仅在中国是首次，恐怕在世界上也是首例，意义重大。

利用中国大气田无机成因 $\delta^{13}C_1$ 值 -35.6‰~-11.4‰，编入中国大气田 $\delta^{13}C_1$ 值尺图中，从而完成无机成因 $\delta^{13}C_1$ 值尺的编制 [图 4（a）]，由该图可见：无机成因 $\delta^{13}C_1$ 值尺是图 4（a）中最重尺段。

表 5　松辽盆地长岭Ⅰ号气田和松南气田天然气组分及同位素表

气田	井号	天然气主要组分/%						$\delta^{13}C$/‰					R/R_a
		CH_4	C_2H_6	C_3H_8	C_4H_{10}	CO_2	N_2	CH_4	C_2H_6	C_3H_8	C_4H_{10}	CO_2	
长岭Ⅰ号	长深 1	71.40	1.79	0.11	0	22.56	4.14	-23.0	-26.3	-27.3	-34.0	-6.8	2.88
	长深 1-1	75.45	1.91	0.21	0	12.55	5.87	-22.2	-26.9	-27.0	-33.7	-7.5	2.91
	长深 2	1.57	0.01	0	0	97.45	0.71	-17.5	-26.2	-26.0		-3.6	2.94
	长深 12							-32.7	-37.4	-31.9	-29.5		
	长 104							-11.4	-23.0	-27.8			
	长深 6	0.40	0	0	0	98.70	0.90	-25.1	-29.6	-30.9		-6.3	5.46
松南	腰深 1	71.72	1.22	0.05		20.74		-23.6	-26.5	-26.7	-33.2	-7.9	
	腰登 3HF	75.13	1.32	0.08	0.02	16.67	6.73	-19.1	-27.9	-29.7		-8.8	2.21
	腰登 9HF	91.35	1.55	0.14	0.04	0.68	6.15	-23.7	-30.6	-33.1		-8.5	2.75
	腰平 12	76.51	1.32	0.06	0	14.90	7.12	-22.9	-28.1	-28.1		-7.5	2.29
	腰平 13	63.57	1.09	0.05	0	29.42	5.76	-25.0	-28.9			-7.3	2.47
	腰平 2	57.29	0.98	0.05	0	35.47	6.02	-25.0	-28.6			-7.4	2.25

4　中国天然气中生物气、油型气、煤成气和无机成因气的 $\delta^{13}C_1$ 值展布特征

中国天然气的 $\delta^{13}C_1$ 值为 -107.1‰~-8.9‰，包容了中国大气田 $\delta^{13}C_1$ 区间值。与中国大气田甲烷均产于气井不同，中国天然气甲烷既产于气井，还产于温泉、河水、河沼、水合物、煤层等，不包括包裹体甲烷。

4.1　中国天然气中生物气 $\delta^{13}C_1$ 值为 -107.1‰~-55.1‰，区间值为 52.0‰

$\delta^{13}C_1$ 最轻值 -107.1‰（东沙群岛浅层沉积中）[39]，最重值为 -55.1‰（苏北盆地金湖

凹陷卞 12-1 井)[40]，利用中国天然气中生物气 $\delta^{13}C_1$ 的最重值和最轻值，完成研编了生物气的 $\delta^{13}C_1$ 值尺图 ［图 4 （b）］。

4.2　中国天然气中油型气 $\delta^{13}C_1$ 值为 –54.4‰ ~ –21.6‰，区间值为 32.8‰

目前，还没有发现重于和轻于中国大气田油型气 $\delta^{13}C_1$ 值的中国天然气的最重和最轻的 $\delta^{13}C_1$ 值，故就利用中国大气田油型气 $\delta^{13}C_1$ 值 （–54.4‰ ~ –21.6‰） 代之。利用 $\delta^{13}C_1$ 最重值和最轻值，研编了油型气的 $\delta^{13}C_1$ 值尺图 ［图 4 （b）］。

4.3　中国天然气中煤成气 $\delta^{13}C_1$ 值为 –49.5‰ ~ –13.3‰，区间值为 36.0‰

中国天然气中煤成气 $\delta^{13}C_1$ 最轻值，因未有发现比中国大气田煤成气 $\delta^{13}C_1$ 最轻值 –49.5‰更轻的，故还用–49.5‰值。中国天然气中煤成气 $\delta^{13}C_1$ 最重值 （–13.3‰） 在重庆市南桐煤田鱼田堡煤层气[41]，将来可能还发现更重的 $\delta^{13}C_1$ 值，因为俄罗斯发现煤层气 $\delta^{13}C_1$ 最重值达–10‰[42]。利用中国天然气中煤成气 $\delta^{13}C_1$ 的最重值和最轻值，研编了中国天然气中煤成气的 $\delta^{13}C_1$ 值尺图 ［图 4 （b）］。

4.4　中国天然气中无机成因气 $\delta^{13}C_1$ 值为 –36.2‰ ~ –8.9‰，区间值为 27.3‰

中国天然气中无机成因的 $\delta^{13}C_1$ 最轻值为–36.2‰，在吉林省长白山天池温泉 （Ⅰ） 中 （表 4），最重值–8.9‰，在浙江省泰顺县承天氡泉中。利用中国天然气中无机成因 $\delta^{13}C_1$ 的最重值和最轻值，完成研编了中国天然气中无机成因 $\delta^{13}C_1$ 值尺图 ［图 4 （b）］，从而完成了中国天然气的 $\delta^{13}C_1$ 值尺图 ［图 4 （b）］。

5　$\delta^{13}C_1$ 值尺的内涵和特征梗概

以往由 $\delta^{13}C_1$ 值研究和鉴别天然气属某类型 （生物气、油型气、煤成气或无机成因气）；以 $\delta^{13}C_1$ 值计算 R_o 值、探索成气温度；以 $\delta^{13}C_1$ 值和烷烃气 $\delta^{13}C_2$、$\delta^{13}C_3$、$\delta^{13}C_4$ 组合关系 （$\delta^{13}C_1 < \delta^{13}C_2 < \delta^{13}C_3 < \delta^{13}C_4$、$\delta^{13}C_1 > \delta^{13}C_2 > \delta^{13}C_3 > \delta^{13}C_4$、$\delta^{13}C_1 > \delta^{13}C_2 < \delta^{13}C_3 > \delta^{13}C_4$ 等），确定烷烃气是原生、次生或无机成因等方面进行了大量研究，取得了大量成果。但没有把 $\delta^{13}C_1$ 值从最重值、最轻值，并把两者联系起来进行 $\delta^{13}C_1$ 值点线结合的数字域研究。$\delta^{13}C_1$ 值尺体现了 $\delta^{13}C_1$ 值的数字域研究成果。

在 $\delta^{13}C_1$ 值尺图上，可以一目了然生物气、油型气、煤成气和无机成因甲烷的 $\delta^{13}C_1$ 值尺段：最轻值 $\delta^{13}C_1$ 值尺段是生物气，最重值 $\delta^{13}C_1$ 值尺段是无机甲烷区，在两者之间为油型气和煤成气的 $\delta^{13}C_1$ 值尺段，生物气 $\delta^{13}C_1$ 值尺段是成气温度最低，无机甲烷 $\delta^{13}C_1$ 值尺段成气温度最高，在两者之间的油型气和煤成气是在热解和裂解温度下形成的；生物气、油型气和煤成气 $\delta^{13}C_1$ 值尺段的天然气成气物质是有机质，而无机甲烷 $\delta^{13}C_1$ 值尺段的天然气成气物质是无机质。$\delta^{13}C_1$ 值尺的研究和解读才刚刚开始，今后能开发和研究出更多内涵和特征。

6　结论

根据中国 70 个大气田的 1696 个气样组分和烷烃气碳同位素组成数据，以及中国天然气与相关甲烷碳同位素组成数据，研究表明中国大气田和中国天然气烷烃气碳同位素组成具有如下特征。

中国大气田 $\delta^{13}C_1$ 最轻值、平均值和最重值分别为 $-71.2‰$、$-33.2‰$ 和 $-11.4‰$；$\delta^{13}C_2$ 最轻值、平均值和最重值分别为 $-52.3‰$、$-26.5‰$ 和 $-13.8‰$；$\delta^{13}C_3$ 最轻值、平均值和最重值分别为 $-51.6‰$、$-24.9‰$ 和 $-14.2‰$；$\delta^{13}C_4$ 最轻值、平均值和最重值分别为 $-34.4‰$、$-23.2‰$ 和 $-16.0‰$。根据以上相关数据发现以下规律：① $\delta^{13}C_1$、$\delta^{13}C_2$、$\delta^{13}C_3$ 和 $\delta^{13}C_4$ 的最轻值和平均值，随分子中碳数逐增而变重；② $\delta^{13}C_1$、$\delta^{13}C_2$、$\delta^{13}C_3$ 和 $\delta^{13}C_4$ 的最重值，随分子中碳数逐增而变轻。

中国大气田 $\delta^{13}C_1$ 的分布区间为 $-71.2‰ \sim -11.4‰$，其中生物气 $\delta^{13}C_1$ 值为 $-71.2‰ \sim -56.4‰$；油型气 $\delta^{13}C_1$ 值为 $-54.4‰ \sim -21.6‰$；煤成气 $\delta^{13}C_1$ 值为 $-49.3‰ \sim -18.9‰$；无机成因气 $\delta^{13}C_1$ 值为 $-35.6‰ \sim -11.4‰$。根据这些数据编制了中国大气田的 $\delta^{13}C_1$ 值尺图。

中国天然气 $\delta^{13}C_1$ 的分布区间为 $-107.1‰ \sim -8.9‰$，其中生物气 $\delta^{13}C_1$ 值为 $-107.1‰ \sim -55.1‰$；油型气 $\delta^{13}C_1$ 值为 $-54.4‰ \sim -21.6‰$；煤成气 $\delta^{13}C_1$ 值为 $-49.3‰ \sim -13.3‰$；无机成因气 $\delta^{13}C_1$ 值为 $-36.2‰ \sim -8.9‰$。根据上述数据编制了中国天然气的 $\delta^{13}C_1$ 值尺图。

参 考 文 献

[1] 戴金星,陈践发,钟宁宁,等. 中国大气田及其气源. 北京:科学出版社,2003:6-8.

[2] 戴金星,董大忠,胡国艺,等. 中国大气田及气源. 北京:石油工业出版社,2024.

[3] 戴金星. 加强天然气地学研究,勘探更多大气田. 天然气地球科学,2003,14：3-14.

[4] IHS Energy. West Siberian Basin. Houston: IHS Inc, 2023. https://www.ihs.com/[2023-12-02].

[5] 戴金星. 中国含硫化氢的天然气分布特征、分类及其成因探讨. 沉积学报,1985,3(4)：109-120.

[6] 戴金星. 各类烷烃气的鉴别. 中国科学:化学,1992,22(2)：187-193.

[7] 戴金星. 天然气中烷烃气碳同位素研究的意义. 天然气工业,2011,31(12)：1-6.

[8] 戴金星. 煤成气及鉴别理论研究进展. 科学通报,2018,63(14)：1291-1305.

[9] 傅家谟,刘德汉,盛国英. 煤成烃地球化学. 北京:科学出版社,1990:103-113.

[10] 徐永昌,沈平,刘文汇,等. 天然气成因理论及应用. 北京:科学出版社,1994:344-375.

[11] 中国科学院兰州地质研究所气体地理化学国家重点实验室. 天然气地球化学文集. 北京:地质出版社,2002:496-499.

[12] 张水昌,胡国艺,柳少波,等. 中国天然气形成与分布. 北京:石油工业出版社,2019:140-172.

[13] 魏国齐,李剑,杨威,等. 中国陆上天然气地质与勘探. 北京:科学出版社,2014.

[14] 王世谦. 四川盆地侏罗系—震旦系天然气的地球化学特征. 天然气工业,1994,14(6):1-5.

[15] 张士亚,郜建军,蒋泰然. 利用甲、乙烷同位素判识天然气类型的一种新方法. 见:地质矿产部石油地质研究所. 石油与天然气地质文集:第1集　中国煤成气研究. 北京:地质出版社,1988:48-58.

[16] 卢双舫,张敏. 油气地球化学. 北京:石油工业出版社,2008:138-161.

[17] 张厚福,方朝亮,高先志,等. 石油地质学. 北京:石油工业出版社,1999:77-79.

[18] Stahl W J. Carey B D. Source-rock indentification by isotope analyses of natural gases from fields in the Verle and Delaware Basins West Texas. Chemical Geology,1975,16(4)：257-267.

[19] Rice D D. Claypool G E. Generation, accumulation, and source potential of biogenic gas. AAPG Bulletin, 1981,65(1)：5-25.

[20] Schoell M. Genetic characterization of natural gases. AAPG Bulletin,1980,67(12)：2225-2238.

[21] 戴金星,陈英. 中国生物气中烷烃组分的碳同位素特征及其鉴别标志. 中国科学:化学,1993,23(3)：

303-310.

[22] 戴金星,裴锡古,戚厚发. 中国天然气地质学　卷一. 北京：石油工业出版社,1992:65-87.

[23] 戴金星,董大忠,倪云燕,等. 中国页岩气地质和地球化学研究的若干问题. 天然气地球科学,2020,31(6):745-760.

[24] Dai J X,Zou C N,Liao S M,et al. Geochemistry of the extremely high thermal maturity Longmaxi shale gas, southern Sichuan Basin. Organic Geochemistry,2014,74:3-12.

[25] Dai J X,Zou C N,Dong D Z,et al. Geochemical characteristics of marine and terrestrial shale gas in China. Marine and Petroleum Geology,2016,76: 444-463.

[26] Feng Z Q,Hao F,Dong D Z,et al. Geochemical anomalies in the Lower Silurian shale gas from the Sichuan Basin,China: insights from a Ragleigh-type fractionation model. Organic Geochemistry,2020,142:103981.

[27] Ni Y Y,Dong D Z,Yao L M,et al. Hydrogen isotopic characteristics of shale gases. Journal of Asian Earth Sciences,2023,257:105838.

[28] Ni Yunyan,Dong D Z,Yao L M,et al. Geochemical characteristics of and origin of shale gases from Sichuan Basin,China. Frontiers in Earth Science,2022,10:861040.

[29] Liu Q,Jin Z J,Wang X F,et al. Distinguishing kerogen and oil cracked shale gas using H,C-isotopic fractionation of alkane gases. Marine and Petroleum Geology,2018,91: 350-362.

[30] 郭彤楼. 涪陵页岩气田发现的启示与思考. 地学前缘,2016,23(1): 29-43.

[31] 戴金星,倪云燕,黄士鹏,等. 次生型负碳同位素系列成因. 天然气地球科学,2016,27(1):1-7.

[32] 戴金星,等. 中国煤成大气田及气源. 北京:科学出版社,2014:306-320.

[33] 倪云燕,戴金星,周庆华,等. 徐家围子断陷无机成因气证据及其份额估算. 石油勘探与开发,2009,36(1):35-45.

[34] 戴金星,邹才能,张水昌,等. 无机成因和有机成因烷烃气的鉴别. 中国科学：地球科学,2008,38(11):1329-1341.

[35] 戴金星. 各类天然气的成因鉴别. 中国海上油气(地质),1992,6(1):11-19.

[36] Mamyrin B A., Tolstikhiu I N. He Isotopes in Nature. Amsterdam：Elsevier Scientific Publishing Company,1983.

[37] Andrews J N. The isotopic composition of radiogenic helium and its use to study groundwater movement in confined aquifers. Chemical Geology,1985,49(1-3): 339-351.

[38] White W M. Isotopic Geochemisty. Chichester：Wiley Blackwell,2015: 436-438.

[39] 金庆焕,张光学,杨木壮,等. 天然气水合物资源概论. 北京:科学出版社,2006:4-6.

[40] 戚厚发,关德师,钱贻伯,等. 中国生物气成藏条件. 北京:石油工业出版社,1997:230-268.

[41] 应育浦,吴俊,李任伟,等. 我国煤层甲烷异常重碳同位素组成的发现及成因研究. 科学通报,1990,35(19):1491-1493.

[42] Alexeev F A. Methane. Moscow：Mineral Press,1978:230-236.

概论有机烷烃气碳同位素系列倒转的成因问题[*]

戴金星

研究烷烃气碳同位素系列及其倒转问题，对天然气的成因、原生性或经受某种次生变化能做出判断，并可作为天然气运移途径和气源对比的一种间接方法。显然，天然气成因、是否原生或次生，以及气源对比等问题的解决，对天然气勘探是十分重要的。

本文是在综合研究了松辽、渤海湾、四川、鄂尔多斯、柴达木、塔里木、准噶尔、琼东南和东海等 16 个盆地 815 个气样 $\delta^{13}C_{1-4}$ 的 1856 个分析数据基础上写成的。

1　烷烃气碳同位素系列的含义及其类型

所谓烷烃气碳同位素系列是指依烷烃气分子碳数顺序递增，$\delta^{13}C$ 值依次递增或递减。我们把烷烃气分子依碳数顺序递增，$\delta^{13}C$ 值依次递增者称为正碳同位素系列；$\delta^{13}C$ 值依次递减者叫负碳同位素系列。

有机成因原生烷烃气的碳同位素系列是属正碳同位素系列（表 1），即 $\delta^{13}C_1 < \delta^{13}C_2 < \delta^{13}C_3 < \delta^{13}C_4$。无机成因原生烷烃气的碳同位素系列是属负碳同位素系列（表 2），即 $\delta^{13}C_1 > \delta^{13}C_2 > \delta^{13}C_3$，目前我国尚未发现。

表 1　我国有机烷气正碳同位素系列

盆地	井号	层位	$\delta^{13}C/‰$，PDB			
			$\delta^{13}C_1$	$\delta^{13}C_2$	$\delta^{13}C_3$	$\delta^{13}C_4$
松辽	乾 32-8	K_1g^3	−49.05	−36.77	−33.03	−32.16
	木 4-11	K_1g^4	−46.82	−40.94	−32.08	−31.23
渤海湾	泉 63	$E_{2-3}s^4$	−51.52	−29.29	−28.43	−27.93
	文 63	$E_{2-3}s^1$	−50.42	−39.71	−34.21	−30.19
	京 257	$E_{2-3}s^4$	−45.63	−28.49	−24.27	−23.82
	桩 202-2	$E_{2-3}s^3$	−41.71	−29.46	−28.09	−26.89
鄂尔多斯	任 6	P_1x	−35.34	−26.38	−24.33	−23.23
	塞 34	T_3y^3	−49.46	−37.58	−33.65	−32.91
四川	角 37	Jt^4	−43.13	−32.94	−30.22	−29.34
	川 93	T_3x^4	−34.99	−24.38	−21.62	−20.75

* 原载于《天然气工业》，1990 年，第 10 卷，第 6 期，15~20。

续表

盆地	井号	层位	$\delta^{13}C/‰$，PDB			
			$\delta^{13}C_1$	$\delta^{13}C_2$	$\delta^{13}C_3$	$\delta^{13}C_4$
柴达木	跃 11-6	E_3^1	−42.04	−28.69	−26.31	−26.21
	南 5	$N_1-E_3^2$	−38.57	−25.60	−24.06	−23.86
准噶尔	二区 7518	C	−45.05	−39.18	−31.63	−30.77
	五₁5153	T_2^1	−33.89	−28.28	−28.78	−28.15
大陆架	Ya13-1-2	陵二	−35.60	−25.14	−24.23	−24.13
	P_3	R	−36.08	−27.44	−27.27	−27.26

表 2　无机烷烃气负碳同位素系列

地点	$\delta^{13}C/‰$，PDB		
	$\delta^{13}C_1$	$\delta^{13}C_2$	$\delta^{13}C_3$
苏联希比尼地块	−3.2	−9.1	−16.2
美国黄石公园泥火山	−21.5	−26.5	—
瑞典 Gravbrg-1 井	−23.6	−23.8	−24.6

当烷烃气的 $\delta^{13}C$ 值不按正、负碳同位素系列规律，排列出现混乱时，称为碳同位素系列倒转或逆转，如 $\delta^{13}C_1 > \delta^{13}C_2 < \delta^{13}C_3 < \delta^{13}C_4$、$\delta^{13}C_1 < \delta^{13}C_2 > \delta^{13}C_3 < \delta^{13}C_4$ 等。

碳同位素系列倒转是次生或混合气的特征之一。

2　有机烷烃气碳同位素系列倒转的成因

2.1　有机烷烃气和无机烷烃气相混合

有机烷烃气正碳同位素系列（表1）和无机烷烃气负碳同位素系列（表2）的 $\delta^{13}C$ 值变化方向正好相反，故当两者气混合时，最容易产生碳同位素系列倒转。尽管有机烷烃气在自然界普遍存在，但无机烷烃气在自然界可见率低，因此，此两类气混合造成的烷烃气碳同位素系列倒转则很少见。

2.2　煤成气和油型气的混合

由于相同成熟度源岩形成的煤成气比油型气要"干"些，因此相同或相近成熟度源岩形成的煤成气甲烷及其同系物的 $\delta^{13}C$ 值，比油型气对应组分的 $\delta^{13}C$ 值要重（表3）。当相同或相近成熟度源岩形成的煤成气和油型气混合后，最易产生碳同位素系列倒转。例如，四川盆地下二叠统是油型气源岩，上二叠统龙潭组是煤成气源岩，两者以东吴运动造成的古侵蚀面呈上、下直接接触，故源岩成熟度相近。东吴期古侵蚀面为两种气源形成的气的相互运移混合提供了有利条件，所以在该侵蚀面上下由煤成气与油型气混合形成的气藏相当普遍。盆地内一些气藏中烷烃气碳同位素系列发生普遍倒转就说明了这一点。同时，烷烃气氢同位素系列也发生了倒转（表4）。

当然，成熟度不同的源岩形成的煤成气和油型气混合，也可产生烷烃气碳同位素系列倒转。例如，鄂尔多斯盆地摆宴井油田摆 10-8 井的油层伴生气，主要气源是石炭系、二叠系运移来的煤成气，同时也掺混部分上三叠统延长组生成的油型气。这两种不同成熟度源岩形成的煤成气和油型气的混合气[1]，出现碳同位素系列倒转，即 $\delta^{13}C_1$ 为 $-35.004‰$，$\delta^{13}C_2$ 为 $-25.255‰$，$\delta^{13}C_3$ 为 $-28.565‰$，$\delta^{13}C_4$ 为 $-29.158‰$。

表3　相同或相近成熟度源岩形成的煤成气和油型气的甲烷及其同系物对应组分 $\delta^{13}C$ 值对比

盆地	井号	层位	气的类型	R_o/%	$\delta^{13}C$/‰，PDB			
					$\delta^{13}C_1$	$\delta^{13}C_2$	$\delta^{13}C_3$	$\delta^{13}C_4$
鄂尔多斯	华 11-32	延 9	油型气	平均 1.038	−46.414	−35.945	−32.298	−31.163
	色 1		煤成气	1.04	−32.04	−25.58	−24.22	−23.14
鄂尔多斯	阳 8	长 2-8	油型气	1.08～1.10	−47.365	−37.204	−33.085	−31.678
琼东南	崖 13-1-2	陵二	煤成气	1.09～1.10	−35.60	−25.14	−24.23	−24.13
四川	角 2	大一	油型气	平均 1.045	−46.26	−32.78	−30.00	−29.82
渤海湾	苏 401	奥陶系	煤成气	1.05±	−36.5	−25.6	−23.7	
鄂尔多斯	牛 1	奥陶系	油型气	1.90±	−36.71	−29.30	−27.31	
准噶尔	彩参 1	C_2b	煤成气	1.90±	−29.898	−22.760		

表4　四川盆地二叠系烷烃气碳氢同位素系列倒转

井号	井深/m	产层	$\delta^{13}C$/‰，PDB			δD/‰，SMOW		
			$\delta^{13}C_1$	$\delta^{13}C_2$	$\delta^{13}C_3$	δD_1	δD_2	δD_3
自 3	2143～2153 2342～2352	P_1	−33.18	−35.42	−30.53			
白 2	2915.5～2982	P_{12}^3A-B	−32.211	−33.465	−29.852			
付 11	2266～2326.2		−32.524	−33.667	−30.296			
老 5	2341～2358		−33.179	−33.997	−29.847			
纳 6	2300～2337.2		−32.25	−35.17	−31.89	−116.4	−124.8	−121.5
纳 17	2051～2052.3	P_{12}^3A	−32.91	−35.44	−31.88	−121.4	−131.2	−129.4
寺 47	3052.7～3085	P_{12}^3	−31.42	−35.57	−31.64	−124.4	−124.6	−118.5
合 4	2891～2897.2	P_{13}^3	−30.72	−34.67	−31.08	−123.5	−137.6	−113.2

　　在烷烃气碳同位素系列倒转中，由煤成气和油型气混合造成的倒转最为普遍。在松辽、渤海湾、鄂尔多斯、四川和东海等盆地都可见到此现象。

2.3　"同型不同源"气或"同源不同期"气的混合

　　四川盆地川东地区中石炭统一些烷烃气的碳同位素系列倒转，是"同型不同源"气的两种油型气混合形成的。例如，卧 52 井 $\delta^{13}C_1$ 为 $-32.134‰$，$\delta^{13}C_2$ 为 $-35.336‰$，$\delta^{13}C_3$ 为 $-30.482‰$，是由下伏志留系页岩和上覆二叠系栖霞组深灰色灰岩及泥灰岩两种源岩产生的油型气混合的结果[2]。同源早期较低成熟度形成的天然气散失一部分后的剩余气，与晚期较高成熟度形成的天然气相掺和，也可导致烷烃气碳同位素系列倒转[3]。

2.4 烷烃气某一或某些组分被细菌氧化导致该剩余组分的碳同位素变重，致使碳同位素系列倒转

甲烷及其同系物由于细菌作用，可发生氧化或降解。由于菌种不同，引起被氧化降解组分也不一样。存在甲烷氧化菌时，天然气中甲烷就首先被降解消耗，致使剩余甲烷的 $\delta^{13}C$ 值变重；存在乙烷氧化菌时，天然气中乙烷就首先被降解消耗，使剩余乙烷的 $\delta^{13}C$ 值变重；存在丙烷或丁烷氧化菌时，同样使剩余丙烷或丁烷的 $\delta^{13}C$ 值变重。据莱贝迪尤（Lebedew）的实验表明，细菌氧化甲烷使剩余甲烷 $\delta^{13}C$ 值增加 2‰ ~ 7‰[4]。D. D. Coleman 等以 A 和 B 两种细菌分别在 11.5℃ 和 26℃ 情况下氧化降解甲烷，发现剩余甲烷随其浓度减少，$\delta^{13}C$ 值逐渐变重。W. J. Stahl 在进行石油的细菌降解实验时，曾详细论述过溶解于石油的气态烃的细菌降解是：①长链成分比短链成分快；②正构烷烃比异构烷烃快；③异构烷烃比环烷烃快。

细菌还可将甲烷及其同系物氧化为二氧化碳。在甲烷及其同系物的分子中，由于轻的碳同位素（^{12}C）组成的分子（$^{12}CH_4$、$^{12}C_2H_6$、$^{12}C_2^{13}CH_8$、$^{12}C_3^{13}CH_{10}$）中碳的键能比由重的碳同位素（^{13}C）组成的分子（$^{13}CH_4$、$^{13}C_2H_6$、$^{13}C_3H_8$、$^{13}C_4H_{10}$）中碳的键能小，故细菌先氧化，或者说易氧化由轻的碳同位素组成的甲烷及其同系物的分子，从而使剩余的甲烷及其同系物中的重碳同位素组成的分子相对增多，故导致剩余甲烷及其同系物的碳同位素变重。这种作用（发生在气层气、伴生气中）的结果，改变了甲烷及其同系物原始碳同位素组成，在自然界中不乏其例。

国内外发现许多甲烷被细菌氧化导致剩余甲烷 $\delta^{13}C$ 值变重的现象。我国云南保山市境内怒江上猛古地段发现的气苗，是含甲烷 90.30% ~ 94.04%、不含重烃气的干气。根据对该地区地质综合分析，这些气是生物气，其 $\delta^{13}C_1$ 值为 -53.3‰ ~ -53.1‰，比一般认为是生物气的 $\delta^{13}C_1$ 小于 -55‰ 要重，这是由于细菌氧化生物甲烷后的结果。在苏联乌克兰科谢列夫斯卡地区，土壤深度大于 6m 时，甲烷的 $\delta^{13}C$ 值为 -70‰ 左右，具有典型生物甲烷的特征，在这个深度范围内没有发现氧化甲烷的细菌。深度变浅时，氧化甲烷的细菌数目逐渐增加，土壤中甲烷的碳同位素变重，接近地表处 $\delta^{13}C_1$ 值增至 -30‰。D. D. Rice 等指出了非洲湖相沉积的生物气，其 $\delta^{13}C_1$ 值为 -45‰，美国犹他州湖相沉积生成的生物气的 $\delta^{13}C_1$ 为 -45.8‰ 以及加利福尼亚州淤泥生成的生物气 $\delta^{13}C_1$ 为 -47.1‰，均是由于原来碳同位素轻的生物甲烷接近地面，被细菌氧化所引起的。

重烃气某一组分被细菌氧化，使该剩余部分组分的 $\delta^{13}C$ 变重。在细菌氧化重烃气作用中，乙烷氧化菌降解乙烷的作用出现概率较低，而丙烷氧化菌降解丙烷的出现概率较高。在我国天然气中，就发现有细菌氧化重烃气某一组分，并使其剩余组分碳同位素系列变重，导致烷烃气碳同位素系列倒转的例子（表 5）。渤海湾盆地大港油田 5-73 井天然气中 CH_4 为 92.61%，C_2H_6 为 3.86%，C_3H_8 为 1.08%，C_4H_{10} 为 1.12%。按一般规律，烷烃气随分子中碳数增大顺序，其含量是依次递减的，但 5-73 井则出现 C_4H_{10} 含量比 C_3H_8 的多。如果结合该井的 $\delta^{13}C_{1-4}$ 分析成果（表 5），发现 $\delta^{13}C_3$ 为 -22.126‰，比 $\delta^{13}C_4$ 为 -24.304‰ 还重，不具有机成因烷烃气正碳同位素系列。把这两种现象有机结合在一起可看出该井 C_3H_8 具有被细菌氧化的特征。准噶尔盆地牧 3 井和华北油田京 320 井的 C_3H_8 均具有被细菌氧化而其 $\delta^{13}C_3$ 变重的特征。国外也有类似例子，如伊思特拉特气田 1 号井天然气的烷烃气就是由于 C_3H_8 被细菌氧化，致使剩余 C_3H_8 的碳同位素明显变重，从而造成碳同位素倒转，即 $\delta^{13}C_1$ 为 $-42.65‰$，$\delta^{13}C_2$ 为 $-28.95‰$，$\delta^{13}C_3$ 为 $-3.67‰$，$\delta^{13}C_4$（iC_4）为 $-17.41‰$。但也有细菌氧化作用致使某烷烃气含量未减少的。例如，孤东、孤岛和埕东等油气田浅气层遭受细菌氧化降解，$\delta^{13}C_3$ 变重[5]，但 C_3H_8 未减少（表6）。这可能表示细菌氧化降解程度较浅。

表5　我国一些烷烃气被细菌氧化的某一组分 $\delta^{13}C$ 值变重

油气田	井号	井深/m	层位	气体主要组分/%						$\delta^{13}C/‰$，PDB			
				N_2	CO_2	CH_4	C_2H_6	C_3H_8	C_4H_{10}	$\delta^{13}C_1$	$\delta^{13}C_2$	$\delta^{13}C_3$	$\delta^{13}C_4$
大港	5-73	1824.0~1826.5	Ng	0.13	1.20	92.61	3.86	1.08	1.12	−42.832	−26.355	−22.126	−24.304
华北	京320	1580.0~1614.2	Es^4	0.77	0.60	95.42	2.62	0.36	0.23	−44.41	−27.19	−11.76	−23.63
古牧地	牧3	528.6~532.0	J_2	5.64	0.71	90.10	0.49	0.78	1.43	−44.322	−26.519	−21.966	−24.237
克拉玛依	四区146	310.0~725.8	$K-C_1$	1.87	0	95.15	1.15	0.70	0.74	−40.76	−25.96	−26.03	−28.42
安塞	塞18		长6	8.79	0.19	33.82	13.07	27.65	14.35	−46.95	−38.43	−38.72	−33.12
兴隆台	兴213	2196.0~2236.0	Es^4	3.71	0.76	73.92	5.96	5.29	6.21	−35.355	−25.448	−24.409	−24.843

表6　胜利油田细菌降解的浅层气的主要组分和碳同位素组成

井号	井深/m	层位	气体主要组分/%						$\delta^{13}C/‰$，PDB			
			N_2	CO_2	CH_4	C_2H_6	C_3H_8	C_4H_{10}	$\delta^{13}C_1$	$\delta^{13}C_2$	$\delta^{13}C_3$	$\delta^{13}C_4$
孤东7	1288.3~1324	Ng	1.75	0.16	96.98	0.82	0.22	0.07	−42.80	−29.17	−19.04	−23.15
孤东中3-15	1386~1393	Ng	0.11	0.59	94.94	1.80	1.66	0.72	−40.54	−37.68	−19.05	−21.80
单2-1	1140~1164.8	Es^1	1.57	1.38	95.91	0.81	0.21	0.12	−48.68	−30.69	−24.27	−26.42
单2-9	1136~1190	Es^1	1.43	1.91	95.34	0.84	0.21	0.17	−48.97	−30.27	−22.31	−25.88

2.5　地温增高使正碳同位素系列发生倒转

在碳同位素交换平衡作用下，若地温高于 $100℃$，则 $\delta^{13}C_2 > \delta^{13}C_3$；地温高于 $150℃$，出现 $\delta^{13}C_1 > \delta^{13}C_2$；当温度高于 $200℃$ 时，则使正碳同位素系列改变成为负碳同位素系列，即 $\delta^{13}C_1 > \delta^{13}C_2 > \delta^{13}C_3$[6]。

烷烃气碳同位素系列倒转的造成，可由上述 5 种原因之一，也可能是两种或两种以上原因所致。在判别碳同位素系列倒转时，特别要注意识别某些重烃气组分含量极低，因 $\delta^{13}C$ 测试原因或误差而导致的假倒转。

参　考　文　献

[1] 戴金星.碳、氢同位素组成研究在油气运移上的意义.石油学报,1988,(4):27-32.
[2] 陶庆才,陈文正.四川盆地天然气成因类型判别与气源探讨.天然气工业,1989,(2):1-6.

[3] Fuex A N. The use of stable carbon isotopes in hydrocarbon exploration. Journal of Geochemical Exploration, 1972,7(2):155-188.

[4] 郑淑蕙等. 稳定同位素地球化学分析. 北京:北京大学出版社,1986.

[5] 张林晔,李学田. 济阳坳陷滨海地区浅层天然气成因. 石油勘探与开发,1990,(1):1-7.

[6] Галимов 3 M. 碳同位素和石油起源问题. 见:甘肃省石油地质研究所. 石油地质学译文集 第三集. 北京:科学出版社,1976.

中国有机烷烃气碳同位素系列倒转的成因[*]

戴金星，夏新宇，秦胜飞，赵靖舟

研究烷烃气碳同位素系列及其倒转问题，能对天然气的成因、原生性及其经受某种次生变化做出判断，并可作为天然气运移途径和气源对比的一种间接方法。显然，天然气成因、是否原生或次生以及气源对比等问题的解决，对天然气勘探是十分重要的。

1 含义及其类型

所谓烷烃气碳同位素系列是指依烷烃气分子碳数顺序递增，$\delta^{13}C$ 值依次递增或递减。我们把烷烃气分子依碳数顺序递增，$\delta^{13}C$ 值依次递增者称为正碳同位素系列；$\delta^{13}C$ 值依次递减者叫负碳同位素系列[1-4]。

有机成因原生烷烃气的碳同位素系列是正碳同位素系列，即 $\delta^{13}C_1 < \delta^{13}C_2 < \delta^{13}C_3 < \delta^{13}C_4$，不仅在中国含油气盆地中经常见到（表 1），而且在加拿大阿尔伯达盆地[5]、美国 Val Verde 盆地等[6]也常见。无机成因原生烷烃气的碳同位素系列是负碳同位素系列，即 $\delta^{13}C_1 > \delta^{13}C_2 > \delta^{13}C_3$，在含油气盆地中很少见，近年来在中国松辽盆地昌德气藏[7-8]、芳深 9 井 CO_2 气藏等[9]和东海盆地天外天构造 1 井[10]，以及在俄罗斯 Khibiny 地块岩浆岩中[11]已发现了负碳同位素系列的天然气（表 2）。

表 1 中国有机烷烃气正碳同位素系列

盆地	井号	层位	$\delta^{13}C/‰$，PDB			
			$\delta^{13}C_1$	$\delta^{13}C_2$	$\delta^{13}C_3$	$\delta^{13}C_4$
四川	角 37	Jt^4	−43.13	−32.94	−30.22	−29.34
	中 29	T_3x^2	−34.77	−24.76	−23.70	−23.52
	川 93	T_3x^4	−34.99	−24.38	−21.62	−20.75
	卧 13	$T_1j_1^5$	−33.13	−28.66	−25.90	−24.21
鄂尔多斯	塞 34	T_3y^3	−49.46	−37.58	−33.65	−32.91
	任 6	P_1x	−35.34	−26.38	−24.33	−23.23
	陕 68	O_1m^5	−34.00	−23.50	−21.60	—
	洲 1	O	−32.17	−25.20	−23.87	−23.12
塔里木	YH4	N_1j	−32.89	−24.68	−21.17	−21.16
	LN58-1	T	−35.92	−34.04	−31.98	−28.83
	塔中 1	O	−42.72	−40.62	−34.26	−29.15

---

[*] 原载于《石油与天然气地质》，2003 年，第 24 卷，第 1 期，1~6。

续表

盆地	井号	层位	$\delta^{13}C/‰$，PDB			
			$\delta^{13}C_1$	$\delta^{13}C_2$	$\delta^{13}C_3$	$\delta^{13}C_4$
柴达木	中4	Q_{1+2}	−67.82	−46.52	−32.58	—
	涩21	Q_{1+2}	−64.90	−37.66	−23.57	—
	Y11-6	E_3^1	−42.04	−28.69	−26.31	−26.21
准噶尔	呼2	E_2z	−37.84	−22.96	−21.20	−21.17
	五₁5153	T_2^1	−33.89	−28.78	−28.25	−28.15
	二区7518	C	−45.05	−39.18	−31.63	−30.77
吐哈	温1	J_2s	−39.75	−26.73	−25.31	−24.80
	红台2	J_2s	−40.45	−24.72	−24.59	−24.30
	丘东3	J_2x	−39.55	−27.64	−26.12	−25.13
松辽	乾32-8	K_1g^3	−49.05	−36.77	−33.03	−32.16
	红35	K_1gn^3	−52.83	−36.85	−34.28	−31.09
	升81	K_1q^4	−35.34	−32.45	−31.91	−29.59
渤海湾	宁3	Ed^3	−52.93	−32.44	−29.11	−28.22
	文63	$E_{2-3}s^1$	−50.42	−39.71	−34.21	−30.19
	平4	$E_{2-3}s^4$	−51.38	−32.96	−29.94	−28.61
	文23	$E_{2-3}s^4$	−27.80	−24.31	−24.11	−23.90
	苏402	O	−37.73	−25.87	−24.09	−23.92
苏北	真98	E_1d	−44.46	−28.37	−27.34	−27.30
	东60	E_1f^2	−50.00	−42.97	−29.06	−28.91
琼东南	Ya13-1-2	E_3l	−35.60	−25.14	−24.23	−24.13
	Ya13-1-4	E_3l	−37.78	−25.96	−24.51	−24.48
莺歌海	DF1-1-2	Nyth	−33.20	−24.80	−24.70	−23.80
	DF15-1-1	Nyth	−34.64	−23.49	−20.25	−19.02
	LD20-1-1	Nyth	−32.04	−24.20	−21.34	−21.04
东海	P3	E_2p	−36.08	−27.44	−27.27	−27.26
	天1	E_2h	−35.58	−28.26	−26.72	−26.23
	LS36-1-1	$E_1^2m-E_3^1m$	−46.13	−29.31	−27.07	−26.93

表2　中国及国外具有负碳同位素系列的无机成因烷烃气

国家	盆地	井号	$\delta^{13}C_1/‰$	$\delta^{13}C_2/‰$	$\delta^{13}C_3/‰$	$\delta^{13}C_4/‰$
中国	松辽	芳深1	−18.70	−22.40	−24.10	−28.20
		芳深2	−18.90	−19.00	−34.10	—
		芳深9	−27.11	−30.05	−30.05	−32.98
		升501	−27.26	−27.69	−28.90	—
		四深1	−28.00	−34.00	−34.10	—
	东海	天1	−17.00	−22.00	−29.00	—

续表

国家	盆地	井号	$\delta^{13}C_1$/‰	$\delta^{13}C_2$/‰	$\delta^{13}C_3$/‰	$\delta^{13}C_4$/‰
俄罗斯	Khibiny 地块		−3.20	−9.10	−16.20	—
美国	黄石公园泥火山		−21.50	−26.50	—	—

当烷烃气的 $\delta^{13}C$ 值不按正、负碳同位素系列规律，排列出现混乱时，称为碳同位素系列倒转或逆转，如 $\delta^{13}C_1 > \delta^{13}C_2 < \delta^{13}C_3 < \delta^{13}C_4$、$\delta^{13}C_1 < \delta^{13}C_2 > \delta^{13}C_3 < \delta^{13}C_4$ 等。

2　倒转的成因

2.1　有机烷烃气和无机烷烃气相混合

有机烷烃气正碳同位素系列和无机烷烃气负碳同位素系列的 $\delta^{13}C$ 值变化方向正好相反（表2），故当两者气混合时，最容易产生碳同位素系列倒转。尽管有机烷烃气在自然界普遍存在，但无机烷烃气在含油气盆地中可见率低，因此，此两类气混合造成的烷烃气碳同位素系列倒转则很少见。在松辽盆地升平气田升61和升66井发现由无机成因气和煤成气混合而形成碳同位素系列倒转，如升61井 $\delta^{13}C_1$ 值为 −28.69‰，$\delta^{13}C_2$ 值为 −24.80‰，$\delta^{13}C_3$ 值为 −27.08‰，$\delta^{13}C_4$ 值为 −27.42‰。

2.2　煤成气和油型气的混合

由于相应成熟度烃源岩形成的煤成气比油型气的气组分要"干"些，同时相同或相近成熟度烃源岩形成的煤成气甲烷及其同系物的 $\delta^{13}C$ 值比油型气对应组分的 $\delta^{13}C$ 值要重[1]（表3）。故当相同或相近成熟度烃源岩形成的煤成气和油型气混合后，最易产生碳同位素系列倒转。例如，四川盆地下二叠统是海相碳酸盐的油型气源岩，上二叠统龙潭组煤系是煤成气源岩，两者以东吴运动造成的古侵蚀面呈上、下直接接触，故烃源岩成熟度相近（图1）。东吴期古侵蚀面为两种气源岩形成的气的相互运移混合提供了有利条件，所以在该侵蚀面上下由煤成气与油型气混合形成的气藏相当普遍（表4）。Fuex[5] 曾指出甲烷和乙烷的倒转十分罕见，但四川盆地南部气区由于煤成气和油型气的混合则普遍发生甲烷和乙烷的倒转。

表3　相同或相近成熟度烃源岩形成的煤成气和油型气的甲烷及其同系物对应组分 $\delta^{13}C$ 值对比

盆地	井号	层位	气的类型	R_o/%	$\delta^{13}C$/‰			
					$\delta^{13}C_1$	$\delta^{13}C_2$	$\delta^{13}C_3$	$\delta^{13}C_4$
鄂尔多斯	华11-32	J_1y^9	油型气	平均1.038	−46.41	−35.95	−32.30	−31.16
	色1	P_1s	煤成气	1.040	−32.04	−25.58	−24.22	−23.14
	阳8	T_3y^{2-8}	油型气	1.080~1.100	−47.37	−37.20	−33.09	−31.68
琼东南	崖13-1-2	E_3l	煤成气	1.090~1.100	−35.60	−25.14	−24.23	−24.13
四川	角2	Jt^1	油型气	平均1.045	−46.26	−32.78	−30.00	−29.82
渤海湾	苏401	O	煤成气	1.050±	−36.50	−25.60	−23.70	—

续表

盆地	井号	层位	气的类型	R_o/%	$\delta^{13}C$/‰			
					$\delta^{13}C_1$	$\delta^{13}C_2$	$\delta^{13}C_3$	$\delta^{13}C_4$
鄂尔多斯	牛1	O	油型气	1.900±	−36.71	−29.30	−27.31	—
准噶尔	彩参1	C_2b	煤成气	1.900±	−29.90	−22.76	—	—

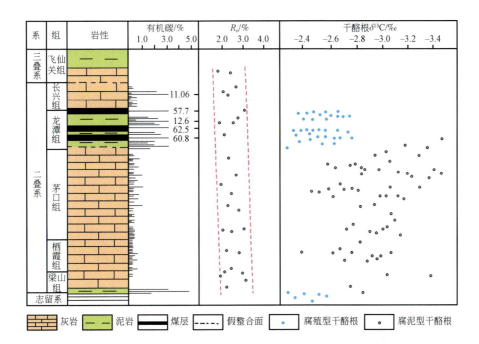

图1　四川盆地南部气区上、下二叠统烃源岩地球化学剖面示意图

表4　四川盆地南部气区二叠系烷烃气碳同位素系列倒转

气田	井号	井深/m	产层	$\delta^{13}C$/‰		
				$\delta^{13}C_1$	$\delta^{13}C_2$	$\delta^{13}C_3$
自流井	自3	2143~2153 2342~2352	P_1	−33.18	−35.42	−30.53
白节滩	白2	2915.5~2982	$P_{12}^3 A$–B	−32.21	−33.47	−29.85
付家庙	付11	2266~2326.2	$P_{12}^3 A$–B	−32.52	−33.67	−30.29
老翁场	老5	2341~2358	$P_{12}^3 A$–B	−33.18	−33.99	−29.85
纳溪	纳6	2300~2337.2	$P_{12}^3 A$–B	−32.25	−35.17	−31.89
	纳33	2333.5~2355.0	$P_{12}^3 A$–B	−32.95	−35.38	−31.69
	纳17	2051~2052.3	$P_{12}^3 A$	−32.91	−35.44	−31.88
	纳21	2643~2649	$P_{12}^3 A$	−32.09	−36.14	−31.94
丹凤场	丹7	—	P_2	−32.66	−34.22	−30.00
	丹4	—	P_1	−32.64	−34.20	−27.62

续表

气田	井号	井深/m	产层	$\delta^{13}C$/‰		
				$\delta^{13}C_1$	$\delta^{13}C_2$	$\delta^{13}C_3$
庙高寺	寺23	2851~2852	P_2	−32.72	−35.17	−28.34
	寺47	3052.7~3085	P^3_{12}	−31.42	−35.57	−31.64
合江	合4	2891~2897.2	P^3_{13}	−30.72	−34.67	−31.08

在图2中，用端元A和端元B分别表示这两种类型的气。现假设A端元$\delta^{13}C_1$=−40‰，$\delta^{13}C_2$=−38‰，C_1占90%，C_2占10%；B端元$\delta^{13}C_1$=−31‰，$\delta^{13}C_2$=−28‰，C_1占99.5%，C_2占0.5%。当B和A以0.2∶1到4∶1的比例混合时，尽管混合气的$\delta^{13}C_1$较重，但是$\delta^{13}C_2$显示出明显的腐泥气特征值（−36.3‰）。所以仅根据$\delta^{13}C_2$很难区分气层中混源气的主要烃源岩[4]。

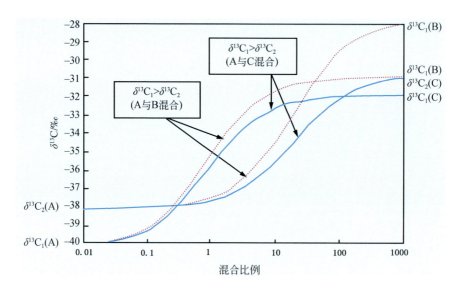

图2　不同类型烃源岩气的混合所导致的碳同位素系列倒转

当然，成熟度不同的烃源岩形成的煤成气和油型气混合，也可产生烷烃气碳同位素系列倒转。例如，鄂尔多斯盆地摆宴井油田摆10-8井的油层伴生气，主要气源是石炭系、二叠系运移来的煤成气，同时也掺混部分上三叠统延长组生成的油型气。这两种不同成熟度气源岩形成的煤成气和油型气的混合气[12]，出现碳同位系列倒转，即$\delta^{13}C_1$为−35.00‰，$\delta^{13}C_2$为−25.26‰，$\delta^{13}C_3$为−28.57‰，$\delta^{13}C_4$为−29.16‰。

在烷烃气碳同位素系列倒转中，由煤成气和油型气混合造成的倒转很普遍，在松辽、渤海湾、鄂尔多斯、四川和东海等盆地都可见此现象。

2.3　"同型不同源"气或"同源不同期"气的混合

四川盆地川东地区中石炭统一些烷烃气的碳同位素系列倒转，是"同型不同源"气的两种油型气混合形成的。例如，卧52井$\delta^{13}C_1$为−32.13‰，$\delta^{13}C_2$为−35.34‰，$\delta^{13}C_3$为

−30.48‰，是由下伏志留系黑色页岩和上覆二叠系栖霞组深灰色灰岩及泥灰岩两种腐泥型烃源岩产生的油型气混合的结果[13]。又如，四川盆地川东地区下寒武统黑色页岩和下志留统黑色页岩都是同型的腐泥型烃源岩，前者成熟度较高，当前者（设为端元 C）和后者（端元 A）以大约 0.2：1 到 100：1 的比例混合，甲、乙烷碳同位素组成也出现倒转（图2）。相 18 井和池 18 井中石炭统天然气的甲、乙烷碳同位素系列倒转可能由此因所致，相18 井 $\delta^{13}C_1$ 值为−34.40‰、$\delta^{13}C_2$ 值为−37.68‰和 $\delta^{13}C_3$ 值为−34.54‰，池 18 井 $\delta^{13}C_1$ 值为−36.58‰、$\delta^{13}C_2$ 值为−40.36‰和 $\delta^{13}C_3$ 值为−37.14‰[4]。同源早期较低成熟度烃源岩形成的天然气散失一部分后的剩余气，与晚期较高成熟度同源烃源岩形成的天然气相掺和，也可导致烷烃气的碳同位素系列倒转[5]。

2.4　某一或某些组分被细菌氧化

甲烷及其同系物由于细菌作用，可发生氧化或降解。由于菌种不同，引起被氧化降解组分也不一样。存在甲烷氧化菌时，天然气中甲烷就被降解消耗，致使剩余甲烷的 $\delta^{13}C$ 值变重；存在乙烷氧化菌时，天然气中乙烷就被降解消耗，使剩余乙烷的 $\delta^{13}C$ 值变重；存在丙烷或丁烷氧化菌时，同样使剩余丙烷或丁烷的 $\delta^{13}C$ 值变重。Lebedew 等的实验表明，细菌氧化甲烷使剩余甲烷 $\delta^{13}C$ 值变重 2‰～5‰[14]。Coleman 等以 A 和 B 两种细菌分别在11.5℃和26℃情况下氧化降解甲烷，发现剩余甲烷随其浓度减少，$\delta^{13}C$ 值逐渐变重[15]。

细菌将甲烷及其同系物氧化为二氧化碳。在甲烷及其同系物的分子中，由于轻的碳同位素（^{12}C）组成的分子（$^{12}CH_4$、$^{12}C_2H_6$、$^{12}C_2^{13}CH_8$、$^{12}C_3^{13}CH_{10}$）中碳的键能比由重的碳同位素（^{13}C）组成的分子（$^{13}CH_4$、$^{13}C_2H_6$、$^{13}C_3H_8$、$^{13}C_4H_{10}$）中碳的键能小，故细菌先氧化，或者说由轻的碳同位素组成的甲烷及其同系物的分子易氧化，从而使剩余的甲烷及其同系物中的重碳同位素组成的分子相对增多，故导致剩余甲烷及其同系物的碳同位素变重。这种作用（既在气层气，又在伴生气中，特别常发生埋藏较浅的油气层中）的结果，改变了甲烷及其同系物原始碳同位素组成，在自然界中不乏其例。

中国和国外均已发现甲烷被细菌氧化导致剩余甲烷 $\delta^{13}C$ 值变重的现象。中国云南保山市境内怒江上猛古地段发现的气苗，是含甲烷 90.30%～84.04%，不含重烃气的干气。根据对该地区地质综合分析，这些气是生物气，其 $\delta^{13}C_1$ 值为−53.3‰～−53.1‰，比一般认为是生物气的 $\delta^{13}C_1$ 小于−55‰而要重，这是由于细菌氧化生物甲烷后的结果。在乌克兰科谢列夫斯卡地区（Koshelewska，Ukraine），土壤深度大于 6m 时，甲烷的 $\delta^{13}C$ 值为−70‰左右，具有典型生物甲烷的特征，在这个深度范围内没有发现氧化甲烷的细菌。深度变浅时，氧化甲烷的细菌数目逐渐增加，土壤中甲烷的碳同位素变重，接近地表处 $\delta^{13}C_1$ 值为−30‰[14]。Rice 等指出了非洲湖相沉积生成的生物气，其 $\delta^{13}C_1$ 值为−45‰，美国犹他州湖相沉积生成的生物气的 $\delta^{13}C_1$ 为−45.8‰以及加利福尼亚州淤泥生成的生物气 $\delta^{13}C_1$ 为−47.1‰，均是由于原来碳同位素轻的生物甲烷接近地面，被细菌氧化所引起的[16]。

重烃气某一组分被细菌氧化，使该剩余部分组分的 $\delta^{13}C$ 变重。在细菌氧化重烃气作用中，乙烷氧化菌降解乙烷的作用出现概率较低，而丙烷氧化菌降解丙烷的出现概率较高。在中国天然气中发现有细菌氧化重烃气某一组分，并使其剩余组分碳同位素系列变重，导致好些烷烃气碳同位素系列倒转（表5）。渤海湾盆地大港油田 5-73 井天然气中 CH_4 为92.61%，C_2H_6 为 3.86%，C_3H_8 为 1.08%，C_4H_{10} 为 1.12%。按一般规律，烷烃气随分子中碳数增大顺序，其含量是依次递减的，但 5-73 井则出现 C_4H_{10} 含量比 C_3H_8 的多。如果结合该井的 $\delta^{13}C_{1-4}$ 分析成果（表 5），发现 $\delta^{13}C_3$ 为 −22.13‰，比 $\delta^{13}C_4$ 的 −24.30‰ 还重，不具有机成因烷烃气正碳同位素系列。把这两种现象有机结合在一起可看出该井 C_3H_8 具有被细菌氧化的特征。准噶尔盆地牧 3 井、牧 4 井的 C_3H_8 均具有被细菌氧化而其 $\delta^{13}C_3$ 变重的特征。国外也有类似实例，加拿大阿尔伯达盆地 Princess 气田 1200m 深的 Blairmore 地层中天然气的烷烃气由于 C_3H_8 被细菌氧化，致使剩余 C_3H_8 的碳同位素明显变重，从而造成碳同位素倒转，即 $\delta^{13}C_1$ 为 −59.3‰，$\delta^{13}C_2$ 为 −34.1‰，$\delta^{13}C_3$ 为 −28.6‰，$\delta^{13}C_4$ 为 −30.1‰[5]。但也有细菌氧化作用致使某烷烃气含量未减少的。例如，渤海湾盆地孤东、孤岛和埕东等油气田浅气层遭受细菌氧化降解，$\delta^{13}C_3$ 变重[17]，但 C_3H_8 未减少（表 6）。这可能表示细菌氧化降解程度较浅。

表 5　中国一些烷烃气被细菌氧化的某一组分 $\delta^{13}C$ 值变量

盆地	油气田	井号	井深/m	层位	气体主要组分/%						$\delta^{13}C$/‰			
					N_2	CO_2	CH_4	C_2H_6	C_3H_8	C_4H_{10}	$\delta^{13}C_1$	$\delta^{13}C_2$	$\delta^{13}C_3$	$\delta^{13}C_4$
鄂尔多斯	安塞	塞 18	—	T_3y^6	8.79	0.19	33.82	13.07	27.65	14.35	−46.95	−38.43	−38.72	−33.12
	葫芦河	葫 401	599.2～608.3	T_3y^2	2.40	0.84	91.53	1.55	0.60	2.71	−48.58	−31.30	−29.16	−32.37
准噶尔	古牧地	牧 3	528.6～532.0	J_2	5.64	0.71	90.10	0.49	0.78	1.43	−44.32	−26.52	−21.97	−24.24
		牧 4	561.2～569.0	J_2	0.65	14.52	84.52	0.12	0.08	0.12	−38.80	−26.42	−21.57	−24.76
	克拉玛依	四区 146	310.0～725.8	$K-C_1$	1.87	0	95.15	1.15	0.70	0.74	−40.76	−25.96	−26.03	−28.42
松辽	红岗	红 201	1185.6～1216.0	K_1y	1.62	1.39	95.32	0.95	0.16	0.29	−50.87	−36.76	−29.82	−30.20
渤海湾	大港	5-7	1824.0～1826.5	Ng	0.13	1.20	92.61	3.86	1.08	1.12	−42.83	−26.36	−22.13	−24.30
	舍女寺	女 14	1944.4～1956.0	Es^3	1.34	0.58	83.09	2.01	3.93	4.30	−53.89	−38.89	−28.88	−28.88
	扣村	扣 11	1552.4～1568.8	P	3.75	34.04	51.95	2.11	4.24	2.75	−40.89	−28.17	−30.19	−31.71
	兴隆台	兴 213	2196.0～2236.0	Es^4	3.71	0.76	73.92	5.96	5.29	6.21	−35.36	−25.45	−24.41	−24.84
北部湾	乌 16-1	乌 16-1-5	2664.0～2669.0	E_2l^2	0.28	4.01	52.61	12.38	15.54	10.45	−43.62	−29.76	−29.94	−29.14

表 6　胜利油田细菌降解的浅层气的主要组分和碳同位素组成

井号	井深/m	层位	气体主要组分/%						$\delta^{13}C$/‰			
			N_2	CO_2	CH_4	C_2H_6	C_3H_8	C_4H_{10}	$\delta^{13}C_1$	$\delta^{13}C_2$	$\delta^{13}C_3$	$\delta^{13}C_4$
孤东 7	1288.3～1324	Ng	1.75	0.16	96.98	0.82	0.22	0.07	−42.80	−29.17	−19.04	−23.15
孤东中 3-15	1386～1393	Ng	0.11	0.59	94.94	1.80	1.66	0.72	−40.54	−37.68	−19.05	−21.80
单 2-1	1140～1164.8	Es^1	1.57	1.38	95.91	0.81	0.21	0.12	−48.68	−30.69	−24.27	−26.42
单 2-9	1136～1190	Es^1	1.43	1.91	95.34	0.84	0.21	0.17	−48.97	−30.27	−22.31	−25.88

3　结论

（1）有机烷烃气碳同位素系列倒转的成因是由有机烷烃气和无机烷烃气的相混合，煤成气和油型气的混合，同型不同源气或同源不同期气的混合和烷烃气中某一或某些组分被细菌氧化等原因致使的。可由上述一种原因，也可由两种或更多原因所致。

（2）甲烷和乙烷的碳同位素倒转一般罕见，但高成熟的煤成气和油型气混合在四川盆地南部气区形成普遍的甲烷和乙烷的碳同位素倒转。

（3）碳同位素系列倒转是次生气或混合气的特征之一。

参 考 文 献

［1］Dai J X，Song Y，Wu C L，et al. Characteristics of carbon isotopes of organic alkanes gases in petroliferous basins of China. Journal of Petroleum Sciences and Engineering，1992，7：329-338.

［2］Dai J X. Identification and distinction of various alkane gases. Science in China（Series B），1992，35（10）：1246-1257.

［3］Dai J X，Song Y，Dai C S，et al. Condition Governing the Formation of Abiogenic Gas and Gas pools in Eastern China. Beijing：Science Press，2000：13-19.

［4］Dai J X，Xia X Y，Wei Y Z，et al. Carbon Isotopc Charactcriptics of Natural Gas in the Sichuan Basin，China. Delhi：B R Publishing Co，2000：601-610.

［5］Fuex A N. The use of stable carbon isotoper in hydrocarbon exploration. Joural of Geochemical Exploration，1977，7：155-188.

［6］Stahl W J，Carey B D. Source- rock identification by isotope analyses of natural gases form fielde in the Val Verde and Delaware Basins，West Texas. Chemical Geology，1975，16（4）：257-267.

［7］郭占谦，王先彬. 松辽盆地非生物成因气的探讨. 中国科学（B 辑），1994，24（3）：303-309.

［8］戴金星，石昕，卫延召. 无机成因油气论和无机成因的气田（藏）概论. 石油学报，2001，22（6）：5-10.

［9］侯启军，杨玉峰. 松辽盆地无机成因天然气及勘探方向探讨. 天然气工业，2000，22（3）：5-10.

［10］张义纲. 天然气的生成聚集和保存. 南京：河海大学出版社，1991：78-81.

［11］Эорькин Л М，Старобинец И С，Стаднин Е В. Геохимия Природных Газов Нефтетазоносных Бассейнов. Москва：Недра，1984：162-164.

［12］戴金星. 碳、氢同位素组成在油气运移上的意义. 石油学报，1988，9（4）：27-32.

［13］陶庆才，陈文正. 四川盆地天然气成因类型判别与气源探讨. 天然气工业，1989，9（2）：1-6.

［14］Lebedew W C，Owsjansikow G A，Mogilewskij G A，et al. Fraktionierung der kohlenstoffisotope durch mikrobiologis the Prozesse in derbiochemischen zone. Zeitschrift Fur Angewandte Geologie，1969，15（12）：621-624.

［15］Coleman D D，Risatti J B. Fractionation of carbon and hydrogen isotopes by methane-oxidizing bacteria. Geochimica et Cosmochimica Acta，1981，45：1033-1037.

［16］Rice D D，Claypool G E. Generation，accumulation，and resource potential of biogenic gas. AAPG Bulletin，1981，65：5-25.

［17］张林晔，李学田. 济阳坳陷滨海地区浅层天然气的成因. 石油勘探与开发，1990，17（1）：1-7.

鄂尔多斯盆地大气田的烷烃气碳同位素组成特征及其气源对比[*]

戴金星，李　剑，罗　霞，张文正，胡国艺，马成华，郭建民，葛守国

鄂尔多斯盆地古生界分布面积约 $25 \times 10^4 km^2$，是中国第二大沉积盆地，也是目前中国发现 $1000 \times 10^8 m^3$ 以上储量大气田最多的盆地，中国最大的气田苏里格气田就位于该盆地中。鄂尔多斯盆地油气分布的总格局为古生界成气，气田分布于北部；中生界成油，油田分布于南部；浅部含油，深部含气。鄂尔多斯盆地是中国最稳定的盆地之一，盆地内部地层产状平缓，断层不发育，背斜圈闭欠发育，因此构造油气藏少，规模小；其圈闭类型以岩性、地层型圈闭为主，大油气田均发育于此类圈闭中。

气样在井口高压下由钢瓶取得（个别样品是由玻璃瓶排水采气法取得），在中国石油勘探开发研究院廊坊分院实验室用 Finnigan MAT Delta S 仪器分析 $\delta^{13}C_1 - \delta^{13}C_4$，分析精度为 $\pm 0.2‰$（PDB）。

1　大气田概况

鄂尔多斯盆地古生界具有明显的双层沉积结构，即上古生界以陆相碎屑岩和煤系沉积为主，下部有部分海陆交互相。至 2002 年底，在上古生界中已发现苏里格、榆林和乌审旗 3 个大气田；下古生界为海相碳酸盐岩和膏盐沉积，在其中已发现靖边（长庆或中部）大气田（图 1）。

乌审旗气田位于内蒙古自治区乌审旗和陕西省横山县一带，1999 年探明。发现有上古生界盒 8、山 1 段砂岩和下古生界马 5^1、马 5^4 段白云岩 4 套气层，其中盒 8 段气层是主力气层。气田紧邻乌审旗石炭–二叠系生气中心，其生气强度为 $25 \times 10^8 \sim 35 \times 10^8 m^3/km^2$，有较充足的气源供给。气藏分布主要受靖边大型三角洲砂体控制，为发育在宽缓的西倾鼻状隆起上的岩性构造圈闭气藏，南段与靖边气田的西北部叠置。盒 8 段储层由 4 支南北向发育的带状砂体组成，每支砂体南北向长约 100km，东西宽为 5～20km。砂岩厚度一般为 5～15m，宽 3～5km。盒 8 段气层的储层岩性、物性、盖层和探明地质储量见表 1。

榆林气田位于陕西省榆林市和横山县境内，1997 年探明。发现有上古生界盒 8、山 1、山 2、太 1 段砂岩和下古生界马 5^1 段白云岩 5 套气层，其中山 2 段气层为主力气层。气田紧邻石炭–二叠系的乌审旗生气中心，气源充足。气藏分布受靖边三角洲控制，山 2 段气层砂体展布范围大，南北长约 200km，东西宽约 20km。山 2 段砂体厚度为 10～30m，气层厚度一般为 6～12m，气层压力为 27.2MPa，压力系数为 0.95，气层温度为 90℃。主力气层岩性、物性、盖层和储量见表 1。

---

* 原载于《石油学报》，2005 年，第 26 卷，第 1 期，18～26。

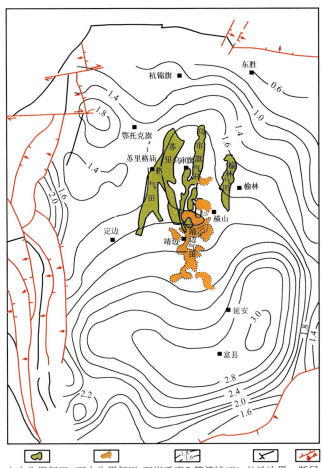

上古生界气田　　下古生界气田　　石炭系底R_o等值线(%)　盆地边界　　断层

图1　鄂尔多斯盆地位置和大气田分布

表1　鄂尔多斯盆地大气田简表

| 气田 | 层位 | 主力气层 | 岩性及物性 | | | 盖层 | 地质储量/10^8m^3 |
			岩性	孔隙度/%	渗透率/$10^{-3}μm^2$		
苏里格	下石盒子组(P_1x)	盒8	砂岩	7～15	一般10	上石盒子组泥岩(P_2sh)	5336.52
乌审旗	下石盒子组(P_1x)	盒8	砂岩	6～12	1～5	上石盒子组泥岩(P_2sh)	1012.10
榆林	山西组（P_1s）	山2	砂岩	5～13	1～7	本组泥岩	1132.81
靖边	马家沟组（O_1m）	马5_1^3	粉晶白云岩	平均5.3～6.7	一般1	铝铁质泥岩	3377.33

　　苏里格气田位于内蒙古自治区乌审旗和鄂尔托克旗境内，2001年探明。发现有上古生界盒8、山1、山2段砂岩和下古生界马5^4段白云岩4套气层。其中，盒8段气层为主力气层，厚度为5～20m，含气饱和度为65%；气藏埋深为3200～3400m，温度为106℃，压力系数较低，一般为0.83～0.86；气藏内基本无流动水，主要为岩性圈闭气藏，含气面积为3500km²。山西组山1段气层为次要气层，平均厚度为5.2m，平均孔隙度为6.3%，压力为30.85MPa，地层温度为109℃，含气面积为2430km²[1]。主力气层岩性、物性、盖层和地质储量见表1。

靖边气田位于陕西省靖边、横山、志丹、安塞县和内蒙古自治区乌审旗境内，1993 年探明。发现的主要气层为下古生界古风化壳顶部的下奥陶统马五段白云岩，次要气层为上古生界盒 8 段砂岩，其中马五段有 10 个气层。该气田总体上以古风化壳顶白云岩含气为主，气层累计厚度为 10~25m，其中主力气层马 5_1^3 段为裂缝-溶孔型白云岩，厚度为 2.5~5m，分布范围广。靖边气田自上而下主要有 5 个气藏。最上面气藏为岩性地层圈闭气藏，气藏上部和侧面为铁铝质泥岩及石炭系泥岩遮挡，厚度一般为 15~40m；下面的 4 个气藏是岩性圈闭气藏，其上倾方向被泥膏云岩段遮挡。主力气层岩性、物性、盖层和储量见表 1。

大气田气源岩主要为上古生界煤系，其次为太原组灰岩。前者始终以成气为主，后者成油后再成气，在中生代中期进入生、排烃高峰，分别向煤系之上的砂岩、煤系中的砂岩和煤系之下处于低气势的古风化壳顶部白云岩运移聚集成藏，白垩纪中期是油气保存的关键时刻。

1.1　上古生界的烃源岩

上古生界下部的石炭-二叠系煤系是上古生界气田的气源岩[2-6]，煤系中的煤和泥质岩均为成气物质。鄂尔多斯盆地石炭-二叠纪煤层分布普遍，一般煤层总厚度为 10~15m，局部可达 40m 以上；石炭-二叠纪泥岩累计厚度可达 200m 以上，在中、东部一般为 70~130m[1]。煤和暗色泥岩中分散的腐殖型有机质的显微组分组成、元素组成、成烃降解率和演化速率均比较相似[7]。煤的平均有机碳含量为 60%；泥质烃源岩（除碳质泥岩外）的有机碳含量在 1%~5%，一般为 2%~4%。由于盆地内部石炭-二叠系热演化程度比较高（盆地南部石炭系底热演化程度最高，R_o 为 2.8%，大气田供气范围内的 R_o 为 1.2%~2.2%）（图 1），H/C 和 O/C 元素比一般已难以反映其原始有机质的类型；但由于煤和泥岩干酪根样品具有较高的 O/C，而个别泥岩干酪根样品具有较高的 H/C（0.92），可以说明煤和泥岩的干酪根主要是 Ⅲ 型，部分泥岩干酪根可能是 Ⅱ 型。盆地北部成熟度相对较低，煤的氢指数 I_H 为 170~360mg/g，显示出较好的生烃能力。盆地内部高成熟度样品的平均氢指数为 36.1mg/g，岩石平均产烃潜率（S_1+S_2）为 0.13mg/g，两项指标均低，显然是由于石炭-二叠系气源岩已经大量生烃所致[6]。由于烃源岩干酪根主要为 Ⅲ 型，故以成气为主。盆地中央部分石炭-二叠系生气强度普遍高于 $20 \times 10^8 m^3/km^2$，最高可达 $50 \times 10^8 m^3/km^2$[6,8,9]。石炭-二叠系烃源岩总生气量和排气量非常巨大，不同研究者研究得出的数据也非常接近[6,9]。石炭-二叠系丰富的生气量和排气量为鄂尔多斯盆地 4 个大气田的形成提供了充足的气源基础。

石炭-二叠系煤系下部的本溪组和太原组是海陆交互相沉积，在含煤沉积中夹有少量灰岩。本溪组灰岩厚度小，一般为 2~5m，分布局限。太原组中上部灰岩较发育，一般有 3~5 层，在盆地的中东部厚度较大，最厚可达 50m，靖边大气田一带沉积厚度为 40m。太原组灰岩为深灰色生物碎屑泥晶灰岩，富含生物化石，其中太原组上部斜道灰岩的生物化石含量较高（20%~50%）。灰岩的有机碳含量较高，一般为 0.5%~3%，部分黑色生物灰岩有机碳可达 4%~5%。灰岩干酪根中有较高的腐泥型组分（无定形组和壳质组分别平均为 70.19% 和 1.08%），属腐殖-腐泥型，利于成油。由于这些灰岩已处于高成熟阶段，故形成油型气。同煤系烃源岩相比，海相灰岩烃源岩成气的贡献不是很大，约占石炭-二叠系生气强度的 10%，即太原组灰岩生成油型气的强度为 $0.86 \times 10^8 \sim 2.6 \times 10^8 m^3/km^2$[6]。

1.2 下古生界的若干地球化学参数

鄂尔多斯盆地下古生界仅存在寒武系和奥陶系。在盆地内部广泛分布有下奥陶统马家沟组和中、下寒武统，缺失上寒武统和下奥陶统的冶里组、亮甲山组[4,6]。近10年来，除了对马家沟组是否为烃源岩作了较多地球化学研究外，其他层位的地球化学研究相对薄弱，故地球化学资料较少。寒武系碳酸盐岩为动荡的浅水陆表海沉积，有机质含量很低。对盆地中和边缘区122个样品的分析表明，总有机碳（TOC）平均值为0.13%；对盆地中和边缘区33个样品的氯仿沥青"A"分析表明，其平均值为0.00549%[10]。

鄂尔多斯盆地奥陶系马家沟组为陆表海碳酸盐岩沉积，其成烃的主要地球化学特征如表2。

表2 鄂尔多斯盆地奥陶系马家沟组碳酸盐岩地球化学参数

TOC/%				氯仿沥青"A"/%				$S_1 + S_2$/(mg/g)				资料来源
最低	最高	平均值	样品数	最低	最高	平均值	样品数	最低	最高	平均值	样品数	
0.04	2.11	0.24	305									陈安定[11]
		0.19	397			0.0073	181					杨俊杰等[10]
		0.22	387							0.148	337	李延均等[12]
0.03	1.40	0.198	702	（不含马家沟组风化壳样品）								夏新宇[6]
0.04	1.81	0.24	449	0.0007	0.0303	0.007421	115	0.01	2.00	0.32	318	笔者

2 烷烃气碳同位素组成

2.1 上古生界烷烃气碳同位素组成特征

榆林气田主力气层为二叠系下部山西组含煤地层山2段砂岩，苏里格气田和乌审旗气田的主力气层为杂色的下石盒子组盒8段砂岩。以上3个大气田的烷烃气碳同位素组成见表3（由于篇幅限制，表中仅选已分析55个样品中的21个，但后文各图件仍用全部样品数据）。这3个大气田烷烃气碳同位素组成具有以下共同的特征。

表3 鄂尔多斯盆地榆林、苏里格和乌审旗气田碳同位素组成

气田	井号	层位	深度/m	$\delta^{13}C$/‰，PDB				
				$\delta^{13}C_1$	$\delta^{13}C_2$	$\delta^{13}C_3$	$\delta^{13}C_{nC_4}$	$\delta^{13}C_{iC_4}$
榆林气田	陕118	P_1s	2856.8~2864.0	−33.20	−25.80	−24.40	−23.10	−23.10
	陕217	P_1s	2778.6~2788.5	−31.60	−26.00	−24.10	−24.00	−21.20
	榆28-12	P_1s	2817.8~2872.0	−32.40	−27.00	−24.80	−23.80	−23.60
	榆35-8	P_1s	2932.0~2936.0	−32.55	−24.87	−23.69	−22.53	−21.17
	榆43-7	P_1s	2818.0~2831.0	−32.90	−23.60	−23.10	−22.30	−22.00
	榆43-10	P_1s	2781.4~2798.3	−31.90	−26.40	−23.20	−24.06	−23.69
	榆45-10	P_1s	2726.7~2736.0	−30.20	−26.10	−23.80	−21.90	−21.90

续表

气田	井号	层位	深度/m	$\delta^{13}C$/‰，PDB				
				$\delta^{13}C_1$	$\delta^{13}C_2$	$\delta^{13}C_3$	$\delta^{13}C_{nC_4}$	$\delta^{13}C_{iC_4}$
苏里格气田	苏1	P_1s	3656.8～3660.0	−34.37	−22.13	−21.77	−21.63	−21.53
	苏6	P_1x	3319.5～3329.0	−33.54	−24.02	−24.72	−23.23	−22.78
	苏33-18	P_1x	3290.0～3296.0	−32.31	−25.23	−23.79	−23.08	−22.20
	苏36-13	P_1x	3317.5～3351.5	−33.40	−24.70	−24.40	−23.10	−22.10
	苏40-14	P_1x	3322.0～3335.6	−34.10	−24.00	−24.50	−23.90	−23.10
	桃5	P_1x	3272.0～3275.0	−33.10	−23.57	−23.72	−22.46	−21.62
	桃6	P_1x	3361.5～3367.8	−29.00	−25.00	−27.00	−25.70	−23.90
乌审旗气田	陕167	P_1x	3118.0～3126.4	−33.80	−23.50	−23.40	−22.80	−21.30
	陕240	P_1x	3157.8～3161.0	−31.40	−24.30	−24.60	−23.50	−22.30
	陕243	P_1x	3042.2～3080.2	−35.00	−24.00	−23.60	−22.90	−22.00
	召4	P_1x	3978.8～3017.8	−31.32	−23.70	−22.97	−22.79	−22.18
	乌19-8	P_1x	3108.0～3161.5	−32.30	−24.00	−25.20	−23.00	−21.60
	乌22-7	P_1x	3119.8～3142.0	−32.60	−23.70	−24.20	−22.70	−21.20
	乌24-5	P_1s	3205.6～3210.4	−32.20	−23.50	−24.90	−23.60	−21.80

（1）烷烃气碳同位素重，具有煤成气的特点。由表3可见：三大气田的$\delta^{13}C_1$数值分布域为−35.00‰～−29.00‰，频率主峰组值（包括主峰和其紧邻的次主峰）为−35‰～−32‰［图2（a）～（c）］，与库珀盆地石炭−二叠系煤成气中$\delta^{13}C_1$的主要数值分布域（−37‰～−29‰）相似[13]。$\delta^{13}C_2$数值分布域为−27.00‰～−22.13‰，频率主峰组值为−27‰～−23‰［图3（a）～（c）］。研究表明，在中国$\delta^{13}C_2$值大于−27.5‰[14]或−29.0‰[15]的天然气是煤成气。因此，上古生界各大气田的$\delta^{13}C_2$值均具有典型的煤成气特征。此3个大气田的$\delta^{13}C_3$数值分布域为−27.00‰～−21.77‰，频率主峰组值为−25‰～−23‰，而频率主峰值均为−25‰～−24‰［图4（a）～（c）］。凡是$\delta^{13}C_3$值大于−25.5‰[14]或−27.0‰[15]的气田属于煤成气的范畴，故该三大气田的$\delta^{13}C_3$值也具有煤成气的特征。

（2）$\delta^{13}C_{iC_4}$值大于$\delta^{13}C_{nC_4}$值。在榆林气田、苏里格气田和乌审旗气田做过$\delta^{13}C_{iC_4}$和$\delta^{13}C_{nC_4}$分析的49个样品中，有47个样品$\delta^{13}C_{iC_4}>\delta^{13}C_{nC_4}$，2个样品$\delta^{13}C_{iC_4}=\delta^{13}C_{nC_4}$，即100%的样品$\delta^{13}C_{iC_4}\geqslant\delta^{13}C_{nC_4}$。说明异丁烷碳同位素重于正丁烷碳同位素。液态原油中异构石蜡烷碳同位素比正构石蜡烷的重，这早已有研究成果证实[16,17]。气态烃中也具有异构（丁烷）碳同位素比正构（丁烷）的重的相同规律。

（3）上古生界各气田出现单项性碳同位素倒转。原生烷烃气的碳同位素具有随烷烃气分子的碳数顺序递增，$\delta^{13}C$值依次递增（$\delta^{13}C_1<\delta^{13}C_2<\delta^{13}C_3<\delta^{13}C_4$）或递减（$\delta^{13}C_1>\delta^{13}C_2>\delta^{13}C_3>\delta^{13}C_4$）的规律。当烷烃气的$\delta^{13}C$值不按分子碳数顺序递增或递减，即排列出现混乱时，称为碳同位素倒转，如$\delta^{13}C_1>\delta^{13}C_2<\delta^{13}C_3<\delta^{13}C_4$、$\delta^{13}C_1<\delta^{13}C_2>\delta^{13}C_3<\delta^{13}C_4$等。当一个气田（藏）中气样发生的碳同位素倒转只在$\delta^{13}C_2>\delta^{13}C_3$或$\delta^{13}C_3>\delta^{13}C_4$一项中时，称为单项

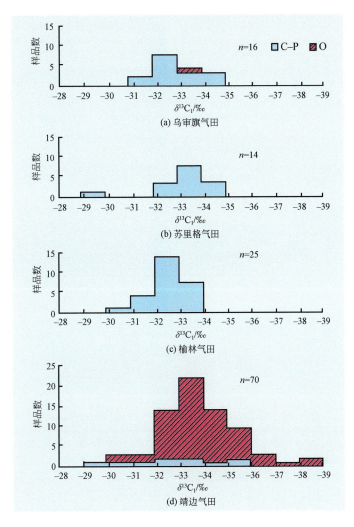

图 2   鄂尔多斯盆地大气田 $\delta^{13}C_1$ 值频率

性碳同位素倒转；当一个气田（藏）中气样发生的倒转不固定，即有的 $\delta^{13}C_2 > \delta^{13}C_3$，有的 $\delta^{13}C_1 > \delta^{13}C_2$，有的 $\delta^{13}C_3 > \delta^{13}C_4$ 时，称为多项性碳同位素倒转。单项性碳同位素倒转的影响因素往往较单一，而多项性碳同位素倒转常受多因素复杂条件的影响。由图 5（a）、（b）和表 3 可知，苏里格气田和乌审旗气田都是 $\delta^{13}C_2 > \delta^{13}C_3$ 的单项性碳同位素倒转。由图 5（c）和表 3 可知，榆林气田为 $\delta^{13}C_3 > \delta^{13}C_{nC_4}$ 的单项性碳同位素倒转。

　　形成碳同位素倒转的原因有 4 种[18]：①有机烷烃气和无机烷烃气相混合；②煤成气和油型气的混合；③同型不同源气或同源不同期气的混合；④天然气的某一或某些组分被细菌氧化。由于鄂尔多斯盆地构造稳定，晚古生代以来断裂和岩浆活动欠发育，且倒转的两气组分含量变化正常，故原因①、④被排除；同时榆林气田、苏里格气田和乌审旗气田位于杂色石盒子组和山西组煤系中，没有明显的油型气源，故原因②也基本上不存在。因此可判断，此 3 个气田发生的单项性碳同位素倒转，可能是由煤系不同源或同源不同期煤成气混合的结果。

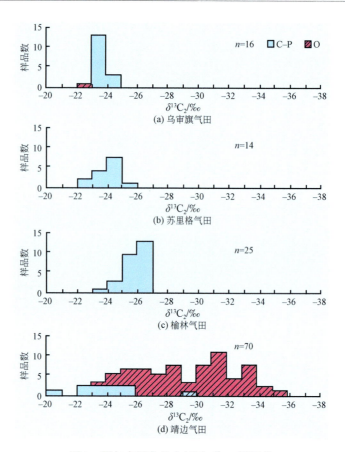

图 3 鄂尔多斯盆地大气田 $\delta^{13}C_2$ 值频率

2.2 下古生界烷烃气碳同位素组成特征

靖边大气田主力气层为下古生界下奥陶统马家沟组（O_1m）碳酸盐岩，其烷烃气碳同位素具有以下特征。

（1）$\delta^{13}C_1$、$\delta^{13}C_2$ 和 $\delta^{13}C_3$ 数值分布域大。由图 2 ~ 图 4 可知：上古生界碎屑岩中 $\delta^{13}C_1$、$\delta^{13}C_2$ 和 $\delta^{13}C_3$ 数值分布域小，而下古生界碳酸盐岩中 $\delta^{13}C_1$、$\delta^{13}C_2$ 和 $\delta^{13}C_3$ 相应数值分布域则大（表4）（由于篇幅所限，表中仅选已分析 70 个样品中的 17 个，但图件仍用全部分析样品数据）。例如，碳酸盐岩中 $\delta^{13}C_1$ 数值分布域达 10‰（ –39‰ ~ –29‰）[图 2（d）]，而上古生界碎屑岩中 $\delta^{13}C_1$ 数值分布域仅为 4‰ [图 2（a）、（c）] ~ 6‰ [图 2（b）]，即碳酸盐岩中 $\delta^{13}C_1$ 数值分布域是碎屑岩中的 1.7 ~ 2.5 倍。用相同方法解读图 3 和图 4，可获得碳酸盐岩中 $\delta^{13}C_2$ 数值分布域是 15‰，而上古生界碎屑岩中 $\delta^{13}C_2$ 数值分布域为 2‰ ~ 4‰，即碳酸盐岩中 $\delta^{13}C_2$ 数值分布域是碎屑岩中的 3.8 ~ 7.5 倍。碳酸盐岩中 $\delta^{13}C_3$ 数值分布域是 10‰，上古生界碎屑岩 $\delta^{13}C_3$ 数值分布域为 4‰ ~ 6‰，即碳酸盐岩中 $\delta^{13}C_3$ 数值分布域是碎屑岩的 1.7 ~ 2.5 倍。

$\delta^{13}C_n$ 数值分布域大，是该烷烃气受到多因素的影响所致，它的大小从某种程度上反映了该烷烃气的性质和状态。数值分布域小表示气源单一或简单，数值分布域大则表示气源复杂或混合。

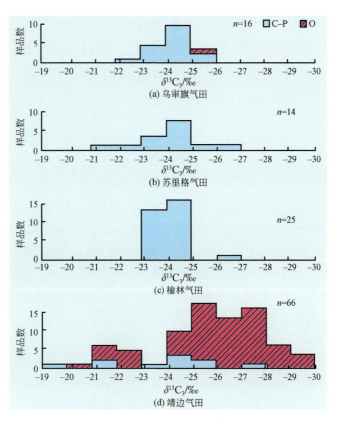

图 4　鄂尔多斯盆地大气田 $\delta^{13}C_3$ 值频率

表 4　鄂尔多斯盆地靖边气田碳同位素组成

井号	层位	深度/m	$\delta^{13}C/‰$，PDB			
			$\delta^{13}C_1$	$\delta^{13}C_2$	$\delta^{13}C_3$	$\delta^{13}C_4$
陕参 1	$O_1m_5^{1-3}$	3443~3472	−33.92	−27.57	−26.00	−22.87
林 2	$O_1m_5^3$	3190~3195	−35.20	−25.93	−25.40	−23.83
陕 2	$O_1m_5^4$	3364.4~3369.4	−35.30	−26.15	−25.45	−23.22
陕 12	$O_1m_5^{1-4}$	3638~3700	−34.21	−25.46	−26.37	−20.67
陕 7	$O_1m_5^4$	3176.9~3182	−33.34	−30.24	−27.76	−22.34
陕 20	$O_1m_5^{1-3}$	3522~3524	−34.58	−30.96	−27.50	−22.10
陕 21	$O_1m_5^{1-3}$	3305~3308	−34.71	−27.95	−26.87	−22.98
陕 26	$O_1m_5^{3-4}$	3502~3525	−38.27	−34.13	−21.56	−25.17
陕 27	$O_1m_5^{2-3}$	3333.9~3342.8	−36.90	−26.26	−22.47	−22.60
陕 33	O_1m	3560.24~3614.17	−34.99	−26.71	−25.53	−22.10
陕 34	$O_1m_5^4$	3437~3441	−33.99	−24.51	−22.42	−23.77
陕 36	$O_1m_5^4$	3538~3559	−34.42	−32.12	−24.11	−23.25

续表

井号	层位	深度/m	$\delta^{13}C/‰$，PDB			
			$\delta^{13}C_1$	$\delta^{13}C_2$	$\delta^{13}C_3$	$\delta^{13}C_4$
陕41	$O_1m_5^{6-7}$	3390～3530	-38.87	-28.67	-22.62	-20.40
陕61	$O_1m_5^{1-2}$	3459～3506	-33.95	-27.72	-28.39	-24.80
陕85	O_1m_5	3266.6～3287	-33.05	-26.65	-20.88	-19.00
陕106	$O_1m_5^1$	3224.6～3237	-30.66	-37.53	-29.95	
陕155	$O_1m_5^1$	3217.3～3229.6	-33.08	-30.29	-27.31	-23.95

（2）$\delta^{13}C_2$ 值轻。由表 4 和图 3 可知，靖边气田 $\delta^{13}C_2$ 数值分布域为 -37.53‰ ～ -23.52‰，频率主峰值为 -32‰ ～ -31‰，比乌审旗气田，苏里格气田和榆林气田的频率主峰值轻 4‰ ～ 7‰。此特点说明靖边气田的乙烷成因与乌审旗气田、苏里格气田和榆林气田有所不同。马家沟组气的 $\delta^{13}C_3$ 值也比较轻 [图 4（d）]，但比 $\delta^{13}C_2$ 重。其频率主峰值为 -26‰ ～ -25‰，比乌审旗、苏里格和榆林气田煤成气的 $\delta^{13}C_3$ 频率主峰值（均为 -25‰ ～ -24‰）仅轻 1‰ [图 4（a）～（c）]。

（3）靖边气田发生多项性碳同位素倒转。从图 5（d）可见，靖边气田碳同位素发生多项性倒转，即有 $\delta^{13}C_1 > \delta^{13}C_2$、$\delta^{13}C_2 > \delta^{13}C_3$ 和 $\delta^{13}C_3 > \delta^{13}C_4$ 三项同位素倒转。图 5（d）与图 5（a）～（c）样式有两点不同：①图 5（a）～（c）为单项性倒转，图 5（d）为三项性倒转；②图 5（a）～（c）倒转值不大，图 5（d）倒转值相对较大。从图 5（a）～（c）与表 3 可知，苏里格气田 $\delta^{13}C_2 > \delta^{13}C_3$ 的倒转值为 0.25‰ ～ 2.0‰，87.5% 的样品在 0.7‰ 以下；乌审旗气田 $\delta^{13}C_2 > \delta^{13}C_3$ 的倒转值为 0.10‰ ～ 3.15‰，多数样品为 1.00‰ ～ 1.70‰；榆林气田 $\delta^{13}C_3 > \delta^{13}C_{nC_4}$ 的倒转值为 0.30‰ ～ 0.86‰。从图 5d 和表 4 可知：靖边气田 $\delta^{13}C_1 > \delta^{13}C_2$ 倒转值为 0.12‰ ～ 6.87‰，$\delta^{13}C_2 > \delta^{13}C_3$ 倒转值为 0.41‰ ～ 2.22‰，$\delta^{13}C_3 > \delta^{13}C_4$ 倒转值为 0.13‰ ～ 1.35‰。碳同位素倒转的单项性和多项性，倒转值的小与大，均反映了苏里格气田、乌审旗气田、榆林气田天然气与靖边气田的不同。$\delta^{13}C_3 > \delta^{13}C_4$ 相当普通，$\delta^{13}C_2 > \delta^{13}C_3$ 很少见[19-20]，$\delta^{13}C_1 > \delta^{13}C_2$ 更为罕见，Fuex 认为这是母源生烃后期的高成熟气体增加所致[19]，笔者认为它是高（过）成熟阶段的煤成气和油型气混合的一种特征[18]。

3 气源对比

根据烷烃气碳同位素组成重的特征（表 3），认为苏里格气田、乌审旗气田和榆林气田上古生界碎屑岩中的天然气是煤成气。所有对鄂尔多斯盆地上古生界气田作过研究的学者，都一致持此观点[2-3,5-6,10,21-22]。

3.1 靖边气田气源研究的 3 种观点

对靖边气田马家沟组碳酸盐岩中天然气的气源，许多研究者尽管都认为是煤成气和油型气的混合气，但有以下 3 种观点。

（1）下古生界油型气为主的混合气。靖边气田是油型气和煤成气的混合气，并以油型气为主，气源岩主要为下古生界马家沟组碳酸盐岩[23-25]。陈安定[23]认为乙烷碳同位素比

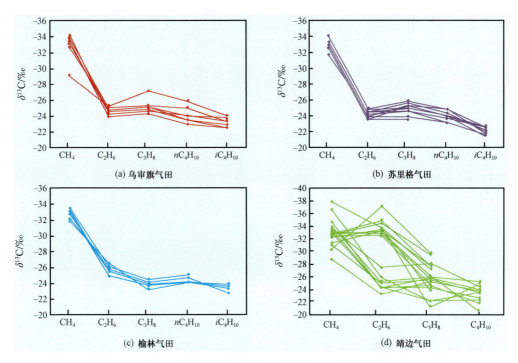

图 5　鄂尔多斯盆地大气田烷烃气 $\delta^{13}C$ 变化曲线

甲烷碳同位素具有更好的判源效果，并用乙烷浓度及碳同位素组成计算得出，靖边气田天然气中奥陶系碳酸盐岩生成的油型气约占 75%，石炭–二叠系煤系生成的煤成气约占 25%。持此种观点者认为，含有机碳仅 0.2% 左右（表 2）的碳酸盐岩是工业性气源岩。

（2）上古生界煤成气为主的混合气。靖边气田是以上古生界煤成气为主、下古生界奥陶系油型气为辅的混合气[5,26-28]。上古生界煤成气通过经 140Ma 古喀斯特作用形成的下古生界古风化壳中的古侵蚀谷、溶沟等运移至马家沟组中。

（3）上古生界煤成气和油型气的混合气。靖边气田的气源均是来自石炭–二叠系的煤成气，以及太原组碳酸盐岩油型气的混合气，并以煤成气为主[6,21]。

3.2　靖边气田的气源

（1）具有和上古生界煤成气田相同的 $\delta^{13}C_1$ 主峰值。从图 2 可知，靖边气田 $\delta^{13}C_1$ 主峰值为 –34‰ ~ –33‰，与已确定为煤成气的苏里格气田的 $\delta^{13}C_1$ 主峰值完全相同，比煤成气的榆林气田和乌审旗气田的 $\delta^{13}C_1$ 主峰值仅轻 1‰。乌审旗、苏里格和榆林 3 个煤成气田 $\delta^{13}C_1$ 最轻分布值大于 –35‰，而靖边气田 $\delta^{13}C_1$ 值多数也大于 –35‰，仅有少部分 $\delta^{13}C_1$ 值小于 –35‰，这说明了靖边气田的甲烷以煤成气为主。

（2）$\delta^{13}C_2$ 主峰值比上古生界煤成气田的轻。从图 3 可知，靖边气田 $\delta^{13}C_2$ 主峰值为 –32‰ ~ –31‰，比已确定为煤成气的乌审旗气田（–24‰ ~ –23‰）、苏里格气田（–25‰ ~ –24‰）和榆林气田（–27‰ ~ –26‰）的轻 7‰ ~ 4‰。而且多数样品的 $\delta^{13}C_2$ 值都小于煤成气和油型气的划分界限值 –27.5‰[14]，显示了乙烷具有以油型气为主的特征。

靖边气田 $\delta^{13}C_1$ 基本具有以煤成气为主的特征，而 $\delta^{13}C_2$ 则具有以油型气为主的特征，这要从相同（相近）成熟度烃源岩形成煤成气和油型气的同位素轻重以及重烃气含量多少来分析。我国鄂尔多斯盆地、四川盆地、渤海湾盆地、琼东南盆地和准噶尔盆地相同（相近）成熟度烃源岩形成煤成气和油型气的烷烃气碳同位素轻、重相差变化规律是：随烷烃气分子碳数增加，其差值变小，煤成气的 $\delta^{13}C_1$、$\delta^{13}C_2$ 和 $\delta^{13}C_3$ 比油型气的 $\delta^{13}C_1$、$\delta^{13}C_2$ 和 $\delta^{13}C_3$ 分别重 6.8‰~14.37‰（裂解气为 6.81‰）、6.54‰~12.06‰（裂解气为 6.54‰）和 6.30‰~8.08‰[18]。中国天然气在成熟阶段，煤成气和油型气中重烃气含量都较高，煤成气的重烃气含量大多数小于 20%，而油型气的重烃气含量多数在 10%~40%，通常后者含量为前者的 2 倍。根据煤成气和油型气的重烃气含量变化曲线解读，在 R_o 为 2.0%~3.0% 的裂解气阶段，尽管煤成气和油型气的重烃气含量大为降低（均小于 4%），但油型气比煤成气的重烃气含量仍高 1 倍左右[29]。所以在相同高熟阶段，当煤成气的乙烷和油型气乙烷混合时，轻 $\delta^{13}C_2$ 的油型气是重 $\delta^{13}C_2$ 的煤成气的两倍左右，导致 $\delta^{13}C_2$ 值具有轻的油型气为主的特征。但靖边气田的 $\delta^{13}C_3$ 值就没有表现出 $\delta^{13}C_2$ 值具有的更多油型气特点，这是由于在相同成熟度下，煤成气和油型气源岩形成的天然气碳同位素差值随烷烃气分子的碳数增加而变小。

（3）油型气的气源岩。主张靖边气田气源是以油型气为主的混合气的研究者[23-25]认为，有机碳含量约为 0.2%（表 2）的马家沟组碳酸盐岩可作为工业性气源岩。对于如此低的有机碳含量的碳酸盐岩可否成为鄂尔多斯盆地工业性烃源岩，一直是有争论的。在此，首先分析一下中国发现碳酸盐岩烃源岩油气田的塔里木盆地和四川盆地的有机碳含量情况。塔里木盆地海相油气田的烃源岩是寒武系和奥陶系有机质丰度较高的碳酸盐岩，低有机碳丰度的碳酸盐岩不能形成工业性气田[6]，在有机质丰度较低（TOC<0.20%）的高成熟海相地层分布区，甚至连油气显示都很难获得[30]。对于 TOC 为 0.1%~0.2% 的纯碳酸盐岩和泥岩，其成熟度再高，也形成不了工业性气藏；只有 TOC≥0.5% 的含泥碳酸盐岩，才能成为工业性烃源岩[30]。四川盆地发现许多碳酸盐岩储层的气田，例如对于威远气田，以往有关学者认为其气源来自灯影组白云岩，是自生自储的气藏[31-32]。但由于灯影组白云岩 1143 个样品有机碳平均含量为 0.12%，而且灯影组储层沥青的生物标志化合物与上覆平均有机碳含量为 0.97% 的九老洞组泥岩相似，故低有机碳的灯影组白云岩不是气源岩，气源来自九老洞组泥岩[33-35]。长庆油田对鄂尔多斯盆地马家沟组风化壳之下奥陶系内幕层作了详细的调查，至今没有发现可靠的气显示，更未获得工业气流[6]。因此，奥陶系马家沟组碳酸盐岩不是工业性气源岩，不是靖边气田以煤成气为主、油型气为辅混合气中的油型气的气源岩[6,21]。Tissot 指出碳酸盐岩烃源岩有机碳下限为 0.3%[36]，国外其他学者认为下限约为 0.5% 或者更高[37-38]。世界 8 个沉积盆地的碳酸盐岩烃源岩有机碳平均值为 0.67%[39]，均说明有机碳含量低于 0.3% 的碳酸盐岩不是工业性气源岩。

靖边气田的气源是以煤成气为主、油型气为辅的混合气，此 2 种类型的气源均来自石炭–二叠系，即煤成气来源于含煤地层，油型气来自以太原组为主的灰岩，因为其有机碳含量一般为 0.5%~3%，无疑可成为工业性气源岩。由于灰岩较薄，故形成油型气量相对不大，生气强度为 0.86×10^8~$2.6 \times 10^8 \mathrm{m}^3/\mathrm{km}^2$，约为含煤地层生气强度的 10%[6]。也就是说，靖边气田混合气中大约煤成气为 90%，油型气为 10%。

（4）苯和甲苯碳同位素组成对比实验。在鄂尔多斯盆地、塔里木盆地、渤海湾盆地和莺琼盆地烃源岩模拟实验中发现，苯和甲苯碳同位素组成与温度（成熟度）无关，而与烃源岩的干酪根类型有关。Ⅲ型烃源岩的苯和甲苯碳同位素重，而Ⅰ型烃源岩的苯和甲苯碳同位素轻。因此，可利用苯和甲苯碳同位素作为气源对比新指标[40-41]。

鄂尔多斯盆地的榆林、乌审旗和苏里格3个上古生界气田煤成气的$\delta^{13}C_B$（苯碳同位素）值为–21.34‰～–18.61‰，$\delta^{13}C_T$（甲苯碳同位素）值为–23.71‰～–17.15‰，两者都较重。靖边气田马家沟组碳酸盐岩中天然气的$\delta^{13}C_B$值为–20.84‰～–15.15‰，$\delta^{13}C_T$值为–21.72‰～–16.04‰，也具有重的特征。即上古生界煤成气和下古生界天然气的$\delta^{13}C_B$和$\delta^{13}C_T$具有交互共叠数值（图6），说明靖边气田与上古生界煤成气具有基本相同的气源。靖边气田$\delta^{13}C_B$和$\delta^{13}C_T$值，比塔里木盆地碳酸盐岩烃源岩形成的油型气的$\delta^{13}C_B$值（–28.89‰～–23.78‰）和$\delta^{13}C_T$值（–31.11‰～–23.18‰）重得多，说明了靖边气田的气源不是以油型气为主（图6）。

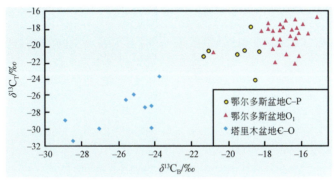

图6　鄂尔多斯盆地和塔里木盆地苯和甲苯碳同位素比较

4　结论

鄂尔多斯盆地上古生界大气田烷烃碳同位素组成的总特征是重（$\delta^{13}C_1$频率主峰值为–34‰～–32‰，$\delta^{13}C_2$频率主峰值为–27‰～–23‰，$\delta^{13}C_3$频率主峰值为–25‰～–24‰）、数值分布域小、天然气中$\delta^{13}C_B$值（–21.34‰～–18.61‰）和$\delta^{13}C_T$值（–23.71‰～–17.15‰）也比较重，表现出煤成气的特征。同时$\delta^{13}C_{iC_4}>\delta^{13}C_{nC_4}$，各气田发现单项性碳同位素倒转。下古生界靖边气田$\delta^{13}C_1$频率主峰值为–34‰～–33‰，$\delta^{13}C_B$值为–20.84‰～–15.15‰，$\delta^{13}C_T$值为–21.72‰～–16.04‰，与上古生界的$\delta^{13}C_1$频率主峰值、$\delta^{13}C_B$值和$\delta^{13}C_T$具有相似性，表现出煤成气为主的特征。但靖边气田具有多项性碳同位素倒转，$\delta^{13}C_1$、$\delta^{13}C_2$、$\delta^{13}C_3$数值分布域大以及$\delta^{13}C_2$较轻的特征，是煤成气为主油型气为辅的混合气。靖边气田煤成气和油型气的气源均来自上古生界。其中煤成气来自于石炭-二叠系含煤地层，油型气来自于太原组有机碳丰度高的灰岩，否定了有机碳含量约0.20%的马家沟组碳酸盐岩是油型气烃源岩的观点。

参 考 文 献

[1] 戴金星,陈践发,钟宁宁,等.中国大气田及其气源.北京:科学出版社,2003:93-136.
[2] 戴金星.我国煤系含气性的初步研究.石油学报,1980,1(4):27-31.
[3] 戴金星.我国煤成气藏的类型和有利的煤成气远景区.见:中国石油学会石油地质专业委员会.天然气勘探.北京:石油工业出版社,1986:15-31.

［4］ 李克勤.中国石油地质(卷十二).北京:石油工业出版社,1992:28-36,187-188.

［5］ 张士亚.鄂尔多斯盆地天然气源及其勘探方向.天然气工业,1994,14(3):1-4.

［6］ 夏新宇.碳酸盐岩生烃与长庆气田气源.北京:石油工业出版社,2000:28-122.

［7］ 陈安定,张文正.煤系有机质的热演化成烃机制.见:煤成气地质研究编委会.煤成气地质研究.北京:石油工业出版社,1987:213-221.

［8］ Dai J X,Song Y,Zhang H F. Main factors controlling the foundation of medium- giant gas fields in China. Science in China (Series D),1997,40(1):1-10.

［9］ 杨俊杰.鄂尔多斯盆地构造演化与油气分布规律.北京:石油工业出版社,2002:130-162.

［10］ 杨俊杰,裴锡古.中国天然气地质学(卷四)·鄂尔多斯盆地.北京:石油工业出版社,1996:56-121.

［11］ 陈安定.陕甘宁盆地奥陶系碳酸盐源岩生烃的有关问题的讨论.沉积学报,1996,14(增刊):90-98.

［12］ 李延均,陈义才,杨远聪,等.鄂尔多斯下古生界碳酸盐烃源岩评价与成烃特征.石油与天然气地质,1999,20(4):349-353.

［13］ Righy D,Simith J W. An isotopic study of gases and hydrocarbons in the Cooper Basin. The APPEA Journal,1981,21(1):222-229.

［14］ 戴金星.中国煤成气研究二十年的重大进展.石油勘探与开发,1999,26(3):1-10.

［15］ 王世谦.四川盆地侏罗系—震旦系天然气的地球化学特征.天然气工业,1994,14(6):1-5.

［16］ Galimov E M. Carbon Isotopes in Oil- gas Geology. Moscow:Nedra,1973:384.

［17］ Stahl W J. Carbon and nitrogen isotopes in hydrocarbon research and exploration. Chemical Geology,1977,20(2):121-149.

［18］ Dai J,Xia X,Qin S,et al. Origins of partially reversed alkane $\delta^{13}C$ values for biogenic gases in China. Organic Geochemistry,2004,35(4):405-411.

［19］ Fuex A A. The use of stable carbon isotopes in hydrocarbon exploration. Journal of Geochemical Exploration,1977,7(2):155-188.

［20］ Erdman J G,Morris D A. Geochemical correction of petroleum. AAPG Bulletin,1974,58(11):2326-2337.

［21］ 戴金星,夏新宇.长庆气田奥陶系风化壳气藏气源研究回顾.地学前缘,1999,6(增刊):195-203.

［22］ 何自新,付金华,席胜利,等.苏里格大气田成藏地质特征.石油学报,2003,24(2):6-12.

［23］ 陈安定.陕甘宁盆地中部气田奥陶系天然气的成因及迁移.石油学报,1994,15(2):1-10.

［24］ 徐永昌.天然气成藏理论及应用.北京:科学出版社,1994:182-187.

［25］ Hao S S,Gao Y B,Huang Z L. Characteristics of dynamic equilibrium for natural gas migration and accumulation of the gas field in the center of the Ordos Basin. Science in China (Series D),1997,40(1):11-15.

［26］ 张文正,裴戈,关德师.液态正构烷烃系列、姥鲛烷、植烷碳同位素初步研究.石油勘探与开发,1992,19(5):32-42.

［27］ 张文正,裴戈,关德师.鄂尔多斯盆地中、古生界原油轻烃单体系列碳同位素研究.科学通报,1992,37(3):248-251.

［28］ 关德师,张文正,裴戈.鄂尔多斯盆地中部气田奥陶系气层的油气源.石油与天然气地质,1993,14(3):191-199.

［29］ 戴金星,裴锡古,戚厚发.中国天然气地质学(卷一).北京:石油工业出版社,1992:21-23.

［30］ 梁狄刚.塔里木盆地油气勘探若干地质问题.新疆石油地质,1999,20(3):184-188.

［31］ 包茨.天然气地质学.北京:科学出版社,1988:361-363.

［32］ 徐永昌,沈平,李玉成.中国最老的气藏——四川威远震旦纪气藏.沉积学报,1989,7(4):1-11.

［33］ 陈文正.再论四川盆地威远震旦系气藏的气源.天然气工业,1992,12(6):28-32.

［34］ 戴鸿鸣,王顺玉,王海清等.四川盆地寒武系—震旦系含气系统成藏特征及有利勘探区块.石油勘探与开发,1999,26(5):16-20.

［35］ 戴金星.威远气田的成藏期次和气源.石油实验地质,2003,25(5):473-480.

［36］ Tissot B P,Welte D H. Petroleum Formation and Occurrence. New York:Springer- Verlag,1984.

[37] Bjolkke K. Sedimentology and Petroleum Geology. Berlin, New York: Springer-Verlag, 1989.

[38] Peters K E, Cassa M R. Applied source rock geochemistry. In: Magoon L B, Dow W G (eds). The Petroleum System: From Source to Trap. AAPG Memoir 60, 1994: 93-117.

[39] 梁狄刚, 张水昌, 张宝民等. 从塔里木盆地看中国海相生油问题. 地学前缘, 2000, 7(4): 534-547.

[40] 蒋助生, 罗霞, 李志生, 等. 苯、甲苯碳同位素值作为气源对比新指标探讨. 地球化学, 2000, 29(4): 410-415.

[41] 李剑, 罗霞, 李志生, 等. 对甲苯碳同位素作为气源对比指标的新认识. 天然气地球科学, 2003, 14(3): 177-180.

四川盆地须家河组煤系烷烃气碳同位素特征及气源对比意义[*]

戴金星，倪云燕，邹才能，陶士振，胡国艺，胡安平，杨　春，陶小晚

四川盆地位于中国四川省东部，是中国构造最稳定的沉积盆地之一。盆地以现在陆相地层（上三叠统须家河组）分布为边界，面积约 $18 \times 10^4 m^2$ [1]。截至 2005 年底，四川盆地累计探明天然气地质储量为 $8422.83 \times 10^8 m^3$ [2]。该盆地是目前中国发现气田数目最多（127 个气田）、年产气量最大（2007 年产量达到 $171.6 \times 10^8 m^3$）[3] 的盆地。本文主要研究四川盆地上三叠统须家河组天然气的地球化学特征。

1　油气地质概况

四川盆地共划分为 4 个油气聚集区：川东气区、川南气区（包括川南和川西南）、川西北气区和川中油气区（图 1）。气田（藏）层系从震旦系到侏罗系达 21 个产层，主要有

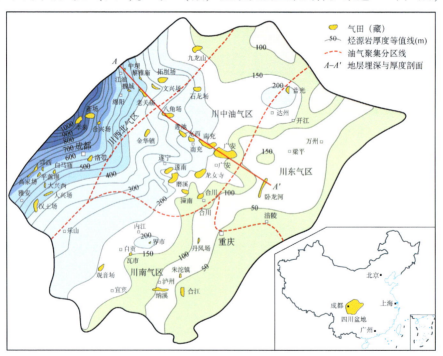

图 1　四川盆地须家河组气田（藏）分布及烃源岩厚度等值线

＊　原载于《石油与天然气地质》，2009 年，第 30 卷，第 5 期，519～529。

9 个，包括震旦系灯影组（Z_2d），石炭系黄龙组（C_2h），二叠系茅口组（P_1m）、长兴组（P_2ch），三叠系飞仙关组（T_1f）、嘉陵江组（T_1j）、雷口坡组（T_2l）、须家河组（T_3x）和侏罗系（J）[4-6]。四川盆地共发育 6 套主要烃源岩，即下寒武统海相页岩、下志留统海相泥岩、下二叠统海相泥质碳酸盐岩、上二叠统海-陆过渡相煤系、上三叠统陆相煤系及下侏罗统陆相泥岩（图 2）。其中，下侏罗统陆相泥岩是一套油源岩，仅在川中形成一定量原油；其他 5 套烃源岩均为有效气源岩[5-8]。

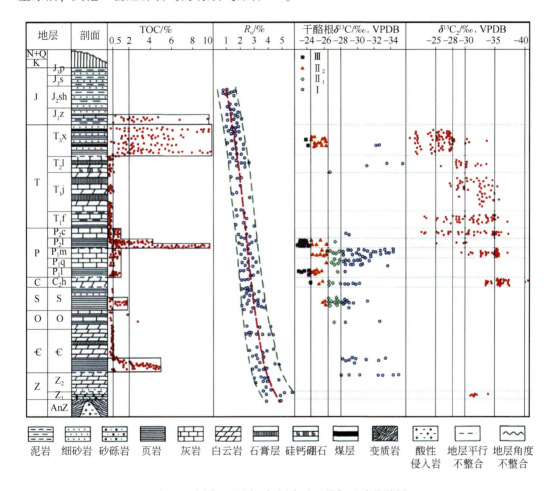

图 2　四川盆地地层、烃源岩及天然气地球化学剖面

上三叠统须家河组是四川盆地一套重要的天然气生-储-盖组合。王兰生等[2]（2008）对四川盆地各层系天然气探明储量的统计表明，三叠系（包括 T_1f、T_1j、T_2l、T_3x）是四川盆地最具勘探潜力的层系，是当前盆地内被证实的油气层数目最多的一个层系[9]。近两年来，随着普光飞仙关组大型鲕滩气藏（探明储量为 $3560.72×10^8 m^3$）[10]和广安须家河组岩性气藏（探明储量大于 $1000×10^8 m^3$）[11]的发现，飞仙关组和须家河组天然气储量快速增加，须家河组已成为仅次于飞仙关组的天然气储层，显示出巨大的勘探潜力。

须家河组是一套以陆相沉积为主的含煤建造。在川西前缘坳陷区须家河组厚度可达 $1800 \sim 2500 m$，而在川中隆起的厚度为 $600 \sim 1000 m$，向东南方向厚度逐渐减薄[12]。暗色泥岩和所夹煤层是主要烃源岩（图 2）。煤层在龙门山前带最发育，一般厚 10m 以上，最大累计厚度在 35m 以上，具有多层分布的特点；其次为盆地中北部地区；川东及川南地区煤层较少或无煤层分布[2]。暗色泥质烃源岩是上三叠统须家河组主要的烃源岩。泥质烃源岩在全盆地广泛发育（图 1），主要发育在须一、须三、须五段；须二、须四、须六段以砂岩为主（图 3），但仍有一定厚度的暗色泥质岩分布。泥质烃源岩一般厚 200m 以上，最厚达到 1000m 以上，具有明显的向东南方向减薄的趋势（图 1、图 3）。须家河组泥岩有机质极为丰富，总有机碳含量分布范围为 0.50%～9.70%，平均为 1.96%，干酪根类型以 Ⅱ型和 Ⅲ型为主（图 2），是一套良好的生气源岩。

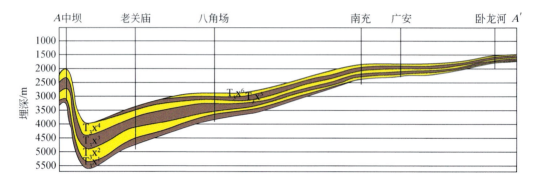

图 3　四川盆地须家河组埋深与厚度剖面（剖面位置见图 1）

上三叠统须家河组气田（藏）或以须家河组为主要气源的气田共计 39 个，主要分布在川西北和川中地区；川东和川南地区的须家河组产层多为气田的某一含气层段，储层厚度和气藏规模均较小，如卧龙河气田与合江气田的须家河组含气层（图 1）。川西北和川中地区烃源岩厚度大（图 1、图 3），烃源岩类型好（以生气为主的腐殖型干酪根），具有很高的生气强度，为须家河组储层提供了充沛的气源条件；而在川东和川南地区，须家河组烃源岩厚度薄（图 1、图 3），生气强度小，难以充满自身储层，因此这两个地区的须家河组天然气具有一定其他气源。

2　分析方法

天然气组分分析采用 HP 6890 型气相色谱仪，在中国石油勘探开发研究院廊坊分院测定。单个烃类气体组分通过毛细柱分离（PLOT Al_2O_3，50m×0.53mm）。通过两个毛细柱分离稀有气体（PLOT 5Å 分子筛，30m×0.53mm；PLOT Q，30m×0.53mm）。气相色谱仪炉温首先设定在 30℃保持 10min，然后以 10℃/min 的速率升高到 180℃。

天然气碳同位素分析采用 Delta S GC-C-IRMS 同位素质谱仪，同样在中国石油勘探开发研究院廊坊分院完成。气体组分通过气相色谱仪分离，然后转化为 CO_2 注入质谱仪。单个烷烃气组分（C_1–C_5）和 CO_2 通过色谱柱分离（PLOT Q，30m），色谱柱升温过程为 35～80℃（升温速率为 8℃/min），一直到 260℃（升温速率为 5℃/min），在最终温度保持炉温 10min。一个样品分析 3 次，分析精度达到±0.5‰。

3　须家河组煤系烷烃气碳同位素特征

王世谦研究四川盆地侏罗系至震旦系天然气的地球化学特征后指出，煤成气的 $\delta^{13}C_2$

值大于$-29‰$[13]。戴金星等研究了中国天然气后指出，油型气的$\delta^{13}C_2$值小于$-29‰$[14]。据此，须家河组天然气可分为两种类型：煤成气占绝大部分，为自源的；油型气仅占小部分，为它源的。

3.1　煤成气烷烃碳同位素特征

须家河组煤系天然气绝大部分是煤系本身烃源岩生成的煤成气。在该组76个气样中，煤成气占72个（表1、表2）[11-12,15-18]，占总数的94.7%。经统计，表1和表2共72个气样，其中60个气样的烷烃碳同位素具正碳同位素系列（即$\delta^{13}C_1<\delta^{13}C_2<\delta^{13}C_3<\delta^{13}C_4$）[19]（图4），有12个气样的烷烃碳同位素发生倒转。由图4（c）可以看出，须家河组天然气发生$\delta^{13}C_2>\delta^{13}C_3$和$\delta^{13}C_3>\delta^{13}C_4$倒转，并且倒转幅度很小。除了角47井发生$\delta^{13}C_3>\delta^{13}C_4$倒转幅度达到2.35‰外，其余发生碳同位素倒转的气样倒转幅度均小于1‰。须家河组气藏甲烷及其同系物以正碳同位素系列为主，少数发生倒转的气样倒转幅度小，这说明须家河组天然气未受到次生改造作用或者受次生改造作用影响小。戴金星等（2003）曾提出致使碳同位素倒转的原因：①有机烷烃气与无机烷烃气的混合；②煤成气和油型气的混合；③同型不同源气或同源不同期气的混合；④烷烃气中某一或某些组分被细菌氧化[20]。经分析，川中地区具有区域构造稳定、断层不发育等特点[12]，故可以排除无机成因气与有机成因气混合的可能；其次，表1和表2中须家河组天然气均是自生自储的煤成气，无油型气混合，也排除了煤成气与油型气混合形成倒转的可能；另外，气藏深度大多在2000m以下，受细菌改造作用影响较小，并且发生碳同位素倒转的组分含量变化正常，由此排除了细菌氧化作用的影响。因此，本文认为须家河组气藏少数气样发生碳同位素倒转的原因是同源不同期气混合所致使。流体包裹体岩相学与显微测温分析结果表明，四川盆地中部上三叠统须家河组致密砂岩储层存在早、晚两期流体包裹体，这也证明了此点[21]。

表1　四川盆地须家河组气藏天然气地球化学参数

井号	层位	井深/m	主要组分含量/%										$\delta^{13}C/‰$，VPDB				
			CH_4	C_2H_6	C_3H_8	iC_4	nC_4	iC_5	nC_5	CO_2	N_2	He	C_1	C_2	C_3	nC_4	iC_4
中29	T_3x^2	2269.00~2361.00	87.86	6.53	2.10	0.60	0.83			0.39	0.28	0.030	−34.8	−24.8	−23.7	−23.5	−23.5
中31	T_3x^2	2522.00~2590.00	91.74	5.44	1.45	0.35	0.67			0.27	0.08	0.008	−36.4	−25.6	−24.0	−23.6	−23.6
中34	T_3x^2	2373.00~2409.00	90.71	5.53	1.65	0.31	0.36			0.49	0.70	微量	−36.1	−26.0	−23.4		
中39	T_3x^2	2422.09~2461.00	87.82	6.36	2.70	0.93	1.38			0.32	0.03	0.015	−36.9	−25.6	−23.2		
中60	T_3x^3												−35.6	−25.3	−23.3	−23.2	−23.2
文4	T_3x^3	3791.59~3696.95	92.64	5.24	0.95	0.20	0.13	0.08	0.02	0.36	0.37	0.011	−37.0	−24.1	−19.9		

续表

井号	层位	井深/m	主要组分含量/%										$\delta^{13}C$/‰，VPDB				
			CH_4	C_2H_6	C_3H_8	iC_4	nC_4	iC_5	nC_5	CO_2	N_2	He	C_1	C_2	C_3	nC_4	iC_4
文9	T_3x^2	4495.78~4258.22	94.06	3.69	0.69	0.17	0.11	0.07	0.02	0.75	0.44	0.006	−34.8	−23.8	−19.2		
文16	T_3x^2	4486.77~4575.00	97.08	2.11	0.24	0.62	0.01			0.34	0.19	0.008	−35.3	−24.2			
拓2	T_3x^2	4331.24~4489.50	93.51	4.49	0.84	0.16	0.05			0.43	0.41	0.007	−37.5	−25.2			
角13	T_3x^{2+4}	2963.5~3341.00	94.66	2.35	0.60	0.11	0.10	0.06	0.01	0.27	1.78	0.023	−38.9	−27.0	−25.6		
角23	T_3x^2	3336.69~3337.71	93.17	3.24	1.85					0.40	0.30		−38.4	−27.2	−24.6	−25.1	−25.1
角47	T_3x^6	2746.18~2746.33	89.60	6.22	2.02	0.39	0.97	0.19	0.18	0.29	0.64		−39.5	−25.1	−21.7	−24.1	−24.1
角48	T_3x^6	3383.39~3395.00	87.53	6.26	2.65	0.41	0.48	0.16	0.08	0.27	1.96	0.023	−40.6	−26.4	−23.6		
角49	T_3x^{2+4}	3393.77~3455.04	94.01	3.12	0.72	0.15	0.13	0.07	0.02	0.33	1.38	0.005	−37.6	−27.1	−23.7		
角53	T_3x^4	3016.60~3109.90	92.95	4.93	1.14	0.20	0.24	0.07	0.08	—	0.38		−40.1	−27.4	−24.6	−24.4	−24.8
隧8	T_3x^2	2265.00~2284.00	86.27	7.00	2.33	0.48	0.43	0.22	0.07	0.54	2.38	0.053	−41.4	−27.3	−22.7		
通1	T_3x^2	2314.07~2428.00	82.34	10.10	4.03	0.82	0.83	0.44	0.23	0.26	0.90	0.028	−41.3	−27.0	−24.2	−23.1	
广安2	T_3x^6	1764.70~1800.20											−40.2	−27.6	−26.4	−25.0	−24.3
广安5-1	T_3x^6	1745.00~1469.00											−39.2	−27.4	−26.0	−23.4	−25.0
广安106	T_3x^4	2506.00~2512.00	94.16	4.78	0.49	0.09	0.07	0.03		—	—	0.39	−37.8	−25.7	−24.7	−22.1	−23.1
广安128	T_3x^4	2322.00~2327.00	94.31	4.33	0.54	0.20	0.07			—		0.59	−37.7	−25.2	−23.3	−21.1	−22.0
广安002-39													−38.8	−26.9	−25.6	−24.8	−24.5
西20	T_3x^4		90.84	6.06	1.55	0.33	0.38	0.13	0.08	—	0.64		−42.2	−28.2	−25.2	−24.2	−23.2
													−41.7	−27.8	−25.4	−24.6	−23.7

续表

井号	层位	井深/m	主要组分含量/%										$\delta^{13}C$/‰，VPDB				
			CH_4	C_2H_6	C_3H_8	iC_4	nC_4	iC_5	nC_5	CO_2	N_2	He	C_1	C_2	C_3	nC_4	iC_4
西35-1	T_3x^2												−42.8	−28.2	−24.9	−24.5	−22.9
西51	T_3x^4												−40.4	−27.0	−24.5	−22.9	−23.3
西72	T_3x^4												−41.7	−28.3	−26.0	−25.6	−24.3
磨64	T_3x^4												−42.5	−28.2	−25.3	−25.8	−24.0
磨85	T_3x^2	2095.00~2096.80	91.37	6.06	1.29	0.31	0.25	0.13	0.08	—	0.51		−42.3	−27.9	−24.6	−25.2	−23.4
莲深1	T_3x^2		91.88	5.92	1.22	0.21	0.22	0.08	0.05	—	0.42	—	−40.5	−27.4	−24.5	−23.4	−23.0
潼南101	T_3x^2	2231.80~2251.00											−42.2	−27.4	−24.2	−26.4	−23.8
金2	T_3x^{2+4}	3074.00~3390.00	91.57	5.72	1.60	0.16	0.32	0.15	0.15	—	—		−38.4	−26.3	−22.9		
金17	$T_3^3x^2$		92.20	5.88	1.07	0.20	0.20	0.09	0.07	—	0.30		−38.9	−25.0	−23.4	−22.6	−22.5
川35	T_3x^4	3970.00	91.89	6.36	0.51					0.45	0.63		−38.9	−24.3	−21.2	−21.6	−21.6
川93	T_3x^4	2625.00~2630.00	88.75	4.02	1.31	0.15	0.22	0.04	0.07	0.36	3.94		−35.0	−24.4	−21.6	−20.8	−20.8
川96	T_3x^5	3356.40	90.32	7.45	1.20	0.16	0.22	—	—	0.24	0.39		−38.9	−26.0	−22.3	−22.3	−22.3

表2 四川盆地须家河组烷烃气碳同位素组成

气田	井号	层位	$\delta^{13}C$/‰，VPDB				文献
			C_1	C_2	C_3	C_4	
广安	广安1	T_3x^6	−39.3	−27.3	−25.1	−23.9	李登华等[11]
	广安7	T_3x^6	−42.5	−28.0	−24.2	−23.8	
	广安11	T_3x^6	−37.1	−27.4	−22.7	−23.7	
	广安12	T_3x^6	−38.8	−25.5	−23.1	−22.9	
	广安15	T_3x^6	−42.4	−27.8	−25.9	−25.6	
	广安101	T_3x^6	−38.2	−26.2	−25.1	−23.6	
	广安3	T_3x^4	−37.7	−24.2	−22.1	−20.4	
	广安5	T_3x^4	−37.2	−25.0	−23.7	−22.2	
	广安12	T_3x^4	−42.2	−25.7	−22.5	−21.4	
	广安13	T_3x^4	−42.2	−24.5	−21.4	−19.6	
	广安14	T_3x^4	−43.0	−26.0	−21.2	−20.5	

续表

气田	井号	层位	$\delta^{13}C/‰$，VPDB				文献
			C_1	C_2	C_3	C_4	
南充	N-X2	T_3x^2	−40.5	−26.5	−23.9		陈义才等[12]
	N-X6	T_3x^4	−41.3	−26.3	−23.7		
	N-X35	T_3x^2	−42.0	−27.7	−24.2		
龙女寺	L-X1	T_3x^2	−39.4	−25.7	−23.0		
	L-X2	T_3x^4	−41.1	−26.1	−22.8		
平落坝	平落1-2	T_3x	−34.3	−22.7	−22.8	−21.8	樊然学[15]
	平落1-3	T_3x	−33.8	−22.4	−22.0	−20.6	
	平落3	T_3x	−33.3	−21.7	−21.3	−20.3	
	平落6	T_3x	−33.5	−21.7	−22.6	−22.1	
	平落6-1	T_3x	−33.6	−22.0	−22.6	−22.2	
	平落8	T_3x	−33.6	−21.6	−21.6	−20.0	
	平落10	T_3x	−33.7	−21.7	−22.7	−22.6	
大兴	大兴5	T_3x	−32.7	−20.7	−21.6	−20.2	
邛西	邛西3	T_3x^2	−33.8	−21.8	−22.1		王顺玉等[16]
	邛西4	T_3x^2	−33.7	−22.0	−22.1		
	邛西5	T_3x^2	−36.5	−24.2	−21.2		
	邛西6	T_3x^2	−34.6	−22.1	−22.0		
	邛西8	T_3x^2	−34.2	−21.9	−21.7		
	邛西12	T_3x^2	−35.1	−22.1	−21.0		
	邛西13	T_3x^2	−33.2	−21.5	−21.7		
	邛西16	T_3x^2	−34.1	−22.0	−21.7		
普光	PG-1	T_3x	−37.4	−27.0			Hao[17]
	PG-2	T_3x	−30.8	−26.0			
新场	X851	T_3x^2	−30.3	−27.1			叶军[18]
合兴场	CH127	T_3x^2	−32.0	−26.0			
	CH100	T_3x^4	−34.6	−21.4			

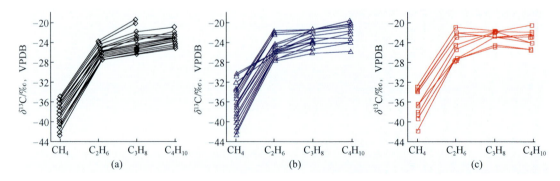

图4　四川盆地须家河组天然气碳同位素系列折线图

（a）表1中的正碳同位素系列；（b）表2中的正碳同位素系列；（c）表1、表2中的碳同位素倒转

须家河组煤成气的 $\delta^{13}C_2$ 值在四川盆地所有层位天然气中是最重的。由表 1、表 2 可知，$\delta^{13}C_2$ 值最重为 -20.7‰（大兴 5 井）[15]，最轻为 -28.3‰（西 72 井）。从图 5 可知，$\delta^{13}C_2$ 频率峰值在 -28‰ ～ -24‰。四川盆地是个含气盆地，由于三叠系及其以下层位，除须家河组外，所有其他层系的烃源岩均处于裂解成气阶段（图 2），故三叠系及其以下地层发现的均是气藏（田）。须家河组虽在四川中部和东部还处于成熟阶段，但由于是煤系烃源岩，在成熟阶段以成气为主、成油为辅（仅有少量轻质油或凝析油）[22-23]，故须家河组以形成气藏为主。由图 2 可知，须家河组煤成气的 $\delta^{13}C_2$ 值在四川盆地所有层位天然气中是最重的，这是由于须家河组以下层位其他烃源岩（除龙潭组有相对薄的煤系外）主要是腐泥型形成的油型气，所以 $\delta^{13}C_2$ 值轻。

在四川盆地 72 个须家河组煤成气样品中，川中地区发现的 $\delta^{13}C_1$ 值轻于 -40‰的气样有 22 个（表 1、表 2）。其中，最轻的为广安 14 井，$\delta^{13}C_1$ 值为 -43.0‰。故川中地区是中国煤成气 $\delta^{13}C_1$ 值最轻的地区之一。在中国吐哈盆地中—下侏罗统煤系形成的自生自储煤成气，其 $\delta^{13}C_1$ 值也有一批轻于 -40‰的。此外，在准噶尔盆地也有煤成气 $\delta^{13}C_1$ 值轻于 -40‰的。由于这些煤成气 $\delta^{13}C_1$ 值最轻的天然气都伴有乙烷、丙烷和丁烷，并具有 $\delta^{13}C_1 < \delta^{13}C_2 < \delta^{13}C_3 < \delta^{13}C_4$ 的正碳同位素系列，说明烷烃气是原生型，未受次生改造或混合[19]。Patience 指出，煤成气 $\delta^{13}C_1$ 值在 -38‰ ～ -22‰[24]。由表 1、表 2 可见，须家河组煤成气 $\delta^{13}C_1$ 值最轻的为 -43.02‰（广安 14 井）[11]。由图 6 可见，在中国四川盆地、吐哈盆地和准噶尔盆地，煤成气 $\delta^{13}C_1$ 值有轻于 -40‰的，且 $\delta^{13}C_2$ 值均重于 -29‰，具有煤成气特征。故 Patience 指出的煤成气 $\delta^{13}C_1$ 上限最轻值为 -38‰值得商榷，根据中国的资料煤成气 $\delta^{13}C_1$ 最轻值应在小于 -44‰较合适。

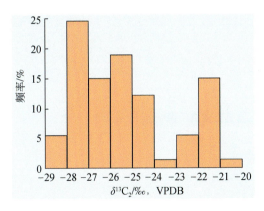

图 5　四川盆地须家河组煤成气 $\delta^{13}C_2$ 值频率图

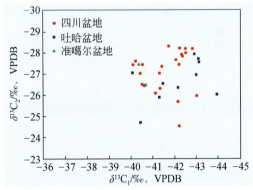

图 6　中国煤成气 $\delta^{13}C_1$ 值小于 -40‰的烷烃气甲烷、乙烷碳同位素关系图

3.2　须家河组油型气碳同位素特征

戴金星等研究中国天然气的碳同位素后指出，油型气的 $\delta^{13}C_2$ 值小于 -29‰[14]。据此，在须家河组煤系砂岩中显然存在油型气气藏（卧龙河、纳溪和合江气藏）（表 3 ～ 表 5）。该煤系中发现的油型气藏仅占很少比例（5.3%），并且仅在须家河组气源岩明显变薄的川

南和川东地区（图1、图3）。根据须家河组油型气藏和下伏各层系气藏的烷烃气碳同位素组成和硫化氢含量对比可以确定，须家河组煤系中油型气藏的气源来自下伏相关地层。根据油型气来自下伏气藏层位的不同，可以分为两种类型。

1）油型气来自下伏嘉陵江组气藏

卧龙河气田和纳溪气田的须家河组气藏（卧浅1井、纳浅2井和纳14井）（表3、表4）气源来自下伏嘉陵江组气藏，其证据有二。

（1）卧龙河气田和纳溪气田须家河组气藏与嘉陵江组气藏的烷烃气碳同位素组成相似（表3、表4）。

表3　四川盆地卧龙河气田须家河组气藏及其下伏各气藏天然气地球化学参数

井号	层位	井深/m	主要组分含量/%								$\delta^{13}C$/‰，VPDB			
			CH_4	C_2H_6	C_3H_8	iC_4	nC_4	H_2S	CO_2	N_2	C_1	C_2	C_3	C_4
卧浅1	T_3x	244.00~290.45	95.96	1.18	0.47	0.10	0.04	0.24	1.01	0.44	−36.5	−30.3	−25.3	
卧2	T_1j^5	1633.00~1673.00	92.53	0.83	0.21	0.04	0.02	4.48	0.74	0.58	−32.8	−28.7	−23.5	
卧12	T_1j^5		96.74	1.42	0.50	0.30	0.30		0.33	0.51	−33.4	−33.4	−30.0	−25.8
卧13	T_1j^5	1570.00	92.40	0.80	0.20	0.06	0.10	4.97	0.46	0.78	−33.1	−28.7	−25.9	−24.2
卧25	T_1j^5	1649.50~1690.00	92.27	0.87	0.23	0.04	0.03	4.56	0.71	0.55	−33.0	−29.0	−24.2	
卧5	T_1j^{3-4}	1783.00~1890.00	93.97	0.79	0.19	0.05	0.08	3.73	0.29	0.76	−33.5	−29.2	−23.9	
卧50	T_1j^{3-4}	1855.00~1950.00	95.82	0.81	0.19	0.04	0.02	3.74	0.88	0.25	−33.6	−30.2	−24.2	
卧67	P_1^3	3275.00~3368.50	97.80	0.33	0.02			0.48	1.09	0.26	−31.4	−32.2	−26.7	
卧127	P_1^2	4245.50	92.02	0.26	0.01			2.09	5.29	0.32	−31.4	−32.8	−31.4	
卧48	C_2h	3804.50~3829.81	97.87	0.43	0.03		0.17	0.81	0.65	−32.9	−33.3			
卧58	C_2h	3752.00	97.13	0.46	0.05	0.002	0.003	0.24	1.44	0.66	−32.7	−36.3	−21.1	
卧88	C_2h	4372.00	97.02	0.52	0.06	0.002	0.002	0.12	1.38	0.86	−32.7	−34.6	−31.5	
卧120	C_2h	4439.00	96.40	0.65	0.06				1.19	1.65	−32.1	−36.1	−32.0	

表4　四川盆地纳溪气田须家河组气藏及其下伏各气藏天然气地球化学参数

井号	层位	井深/m	主要组分含量/%								$\delta^{13}C$/‰，VPDB		
			CH_4	C_2H_6	C_3H_8	iC_4	nC_4	H_2S	CO_2	N_2	C_1	C_2	C_3
纳浅1	T_3x^6	440.00~441.95	97.16	0.69	0.08				0.75	1.18	−36.6	−30.0	−25.2
纳14	T_3x^{4-6}	530.09~651.69	96.95	1.24	0.29	0.03	0.05	0.01	0.53	0.79	−36.4	−30.7	−27.6
纳10	T_1j^{1-2}	1793.50~1831.00	94.58	2.00	0.70	0.19	0.31	0.03	0.04	1.69	−34.7	−32.1	−27.7
纳58	T_1j^{1-2}	2008.17~2049.64	89.48	4.17	1.61	0.54	0.68		0.05	1.49	−35.3	−33.2	−30.7
纳1	T_1j^1	1165.50~1185.00	96.28	1.36	0.37	0.07	0.10		0.25	1.13	−33.4	−33.0	−29.9
纳6	$P_1^{3(2)}$	2300.00~2339.24	97.62	1.21	0.27	0.01	0.02	0.02	0.72	0.09	−32.3	−35.2	−31.9
纳17	$P_1^{3(2)}$	2051.00~2052.31	97.63	1.08	0.21			0.02	0.75	0.24	−32.9	−35.4	−31.9
纳21	$P_1^{3(2)}$	2543.00~2649.00	97.31	0.81	0.20			0.07	0.73	0.84	−32.1	−35.1	−31.9
纳33	$P_1^{3(2)}$	2333.50~2355.00	97.30	1.08	0.22	0.005	0.008	0.02	0.73	0.59	−33.0	−35.4	−31.7

表5 四川盆地合江气田须家河组气藏及其下伏各气藏天然气地球化学参数

井号	层位	井深/m	主要组分含量/%						$\delta^{13}C$/‰, VPDB		
			CH_4	C_2H_6	C_3H_8	H_2S	CO_2	N_2	C_1	C_2	C_3
合8	T_3x^6	1262.00~1276.98	98.49	0.65	0.07	0.03	0.24	0.41	−30.2	−33.8	
合10	T_1j^3	1882.00~1918.68	98.21	0.42	0.03	0.49	0.08	0.76	−29.9	−35.1	
合12	T_1j^2	1935.00~1975.00	98.76	0.44	0.06	0.25	0.03	0.42	−30.2	−33.8	
合9	T_1j^{1-2}	2000.00~2195.00	97.25	0.46	0.07	0.44	0.08	1.66	−29.4	−33.2	−29.5
合18	T_1f^1	2694.50~2700.50	98.80	0.52	0.08		0.37	0.10	−30.8	−33.9	−30.5
合4	$P_1^{3(3)}$	2891.00~2897.20	98.06	0.58	0.11	0	0.85	0.36	−30.7	−34.7	−31.1

烷烃气碳同位素值都随分子中碳数递增而有序增重，即具有正碳同位素系列[19,25]，各气藏对应的组分 $\delta^{13}C_1$、$\delta^{13}C_2$、$\delta^{13}C_3$ 值相近或基本相近，$\delta^{13}C_1$、$\delta^{13}C_2$、$\delta^{13}C_3$ 值连线呈线状 [图7（a）、（b）]；而嘉陵江组气藏下伏（卧龙河气田）的下二叠统和黄龙组气藏 [图7（a）]，以及纳溪气田下二叠统气藏 [图7（b）] 的烷烃气碳同位素系列发生倒转（$\delta^{13}C_1 > \delta^{13}C_2 < \delta^{13}C_3$），其连线呈反 "V" 字形。这些碳同位素发生倒转气藏的气源经大量研究证明来自志留系泥质烃源岩[17,26]。关于嘉陵江组气藏的气源来自何方气源岩，以往的观点认为，主要来自上二叠统龙潭组煤系，并有腐泥型志留系烃源岩的贡献[20,27]。但当深入研究嘉陵江组各层气藏烷烃气的碳同位素后，上述有关气源岩和天然气类型的观点值得商榷，因为 $\delta^{13}C_2$ 值轻重是衡量气类型的重要指标。卧龙河气田须家河组气藏和嘉陵江组各气藏 $\delta^{13}C_2$ 值相当接近，为 −30.3‰ ~ −28.7‰，平均为 −29.4‰；纳溪气田须家河组和嘉陵江组各气藏 $\delta^{13}C_2$ 值比较接近，为 −33.2‰ ~ −30.0‰，平均为 −31.8‰（表3、表4）。王世谦研究四川盆地各层系天然气碳同位素组成时煤成气的 $\delta^{13}C_2$ 值大于 −29‰[13]，而上述两气田须家河组和嘉陵江组气藏的 $\delta^{13}C_2$ 平均值均小于 −29‰。因此，卧龙河气田和纳溪气田须家河组和嘉陵江组气藏应属油型气，其气源岩不是龙潭组煤系。

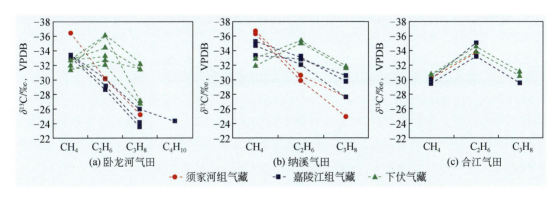

图7 四川盆地须家河组气藏及其下伏气藏烷烃气碳同位素系列

龙潭组煤系气源岩形成的煤成气 $\delta^{13}C_2$ 值重，近年来的研究证明了此点。普光气田普光2井龙潭组气源岩形成的煤成气向上运移至长兴组和飞仙关组，其 $\delta^{13}C_1$ 值十分接近。普光2井龙潭组天然气的 $\delta^{13}C_2$ 值为 −25.2‰[17]，具有典型的煤成气特征。川东北和川北地区龙潭组煤系形成的煤成气向上覆长兴组和飞仙关组运移，其天然气也同样表现出 $\delta^{13}C_2$ 值重的特征。例如，龙岗气田LG1井[28]、毛坝气田毛坝1井及元坝气田元坝1-侧1井的

天然气 $\delta^{13}C_2$ 值重，为 $-25.3‰ \sim -22.7‰$，也具有从龙潭组煤系生成的典型煤成气的特征[29]。故卧龙河气田和纳溪气田嘉陵江组天然气的 $\delta^{13}C_2$ 值较轻，为 $-33.2‰ \sim -28.7‰$（表3、表4），它不是来自龙潭组生成的煤成气，可能是有机碳含量基本达到 0.50%，高的达 1.06%[7,26] 的长兴组碳酸盐岩的产物（图2）。

（2）卧龙河气田和纳溪气田须家河组砂岩储层中天然气具有相对高含量的 H_2S。

中国天然气中 H_2S 含量有无和高低明显受储层岩性控制。在碎屑岩里天然气中 H_2S 含量很低至没有；而碳酸盐岩中天然气则较普遍含 H_2S，有时含量很高。中国砂岩储层主要发育在石炭–二叠系、上三叠统及较老地层中。石炭–二叠系碎屑岩气主要在鄂尔多斯盆地，绝大部分不含 H_2S 或含量极低。南海和东海大陆架上崖 13-1、东方 1-1 构造和春晓大气田古近系砂岩中基本不含 H_2S。渤海湾盆地砂岩中天然气也几乎不含 H_2S；辽河油田砂岩储层中 900 口井经 2800 井次天然气组分分析均是贫 H_2S 的（H_2S 含量小于 $4mg/m^3$，即小于 0.00025%）；大港油田各区砂岩中天然气 H_2S 含量也很低，414 个样品分析中 413 个 H_2S 含量为 $4.3 \sim 17.0mg/m^3$，仅有一个样品 H_2S 含量超过民用标准而达到 $21mg/m^3$（0.0013%）；胜利油田胜坨地区和孤岛地区气层气和伴生气中 H_2S 含量绝大多数在 $70mg/m^3$ 以下，仅有 1 口井最高含量达 $1296mg/m^3$（0.0841%）[30]。四川盆地虽天然气产层很多，但除上三叠统须家河组储层为砂岩外，其他的均为碳酸盐岩，根据对须家河组 113 口井 225 井次气组分分析统计，不含硫化氢的井 104 口、204 井次，其余 9 口井除卧龙河气田的卧浅 1、卧浅 2 井外，H_2S 含量小于或等于 0.03%。砂岩中 H_2S 含量极低或没有是因为：①砂岩一般在氧化环境中沉积而有较多氧化剂（Fe_2O_3），故砂岩中即使聚集有 H_2S 也易被氧化为黄铁矿；②砂岩表面积大而具有脱硫作用，致使 H_2S 无法存在；③在碳酸盐岩和膏盐组合地层中，通过硫酸盐热化学还原（thermochemical sulfate reduction，TSR）形成 H_2S[31-33]，H_2S 有利于在缺乏 Fe_2O_3 的碳酸盐岩储层中储存。

由表3、表4可知，卧龙河气田除碳酸盐岩储层的黄龙组（C_2h）气藏、下二叠统（P_1^2、P_1^3）气藏和嘉陵江组（T_1j^{3-4}、T_1j^5）气藏均含 H_2S 外，卧浅 1 井须家河组砂岩中气藏 H_2S 含量高达 0.24%，是四川盆地须家河组砂岩中最高 H_2S 含量 0.03% 的 8 倍。卧龙河气田须家河组气藏中卧浅 2 井是中国碎屑岩中 H_2S 含量最高的井，H_2S 含量达 0.68%[30]。卧龙河气田须家河组砂岩中 H_2S 含量高，它是由下伏嘉陵江组高含 H_2S 的各气藏通过断裂或裂缝系统运移来的，是次生成因的，而且这种运移至今还未结束[30]。在中亚卡拉库姆盆地道列塔巴德–顿麦兹气田下白垩统沙特雷克层红色砂岩的天然气中 H_2S 含量高达 0.94%，它是沿着断裂和大裂缝系统从穆尔加勃坳陷等深部含 H_2S 的流体运移来的，这种运移至今仍在进行，故致使红色砂岩保持着高 H_2S 含量[34]。

由表3可见，卧龙河气田以嘉陵江组各层气藏 H_2S 含量最高，为 $3.73\% \sim 4.97\%$；下二叠统气藏 H_2S 含量为 $0.48\% \sim 2.09\%$；而黄龙组气藏 H_2S 含量最低，仅 $0.12\% \sim 0.24\%$，与须家河组气藏 H_2S 含量相当，甚至还低。从烷烃气碳同位素组成和系列倒转及 H_2S 含量看，由下伏碳酸盐岩向上覆砂岩 H_2S 含量必降低，故须家河组气藏中 H_2S 不可能来自黄龙组和下二叠统气藏，而是来自嘉陵江组各层的气藏。用以上同样的原则分析与对比表4，纳溪气田须家河组天然气也是来源于嘉陵江组气藏，不来自于下二叠统气藏。

2）油型气来自下伏下二叠统（$P_1^{3(3)}$）及更老气藏

由表5可知，合江气田须家河组气藏（合8井）与卧龙河气田及纳溪气田的须家河组气藏不同（表3、表4），其须家河组气藏之下虽有嘉陵江组气藏（合9、合10、合12井）、飞仙关组气藏（合18井）和下二叠统气藏（合4井），但以上4个气藏烷烃气碳同位素值都非常接近，如 $\delta^{13}C_1$ 值为 –30.8‰ ~ –29.4‰，$\delta^{13}C_2$ 值为 – 35.1‰ ~ –33.2‰，$\delta^{13}C_3$ 值为 –31.1‰ ~ –29.5‰（表5）；并且碳同位素系列均发生倒转，即 $\delta^{13}C_1 > \delta^{13}C_2 < \delta^{13}C_3$；各气藏的 $\delta^{13}C_1$–$\delta^{13}C_2$–$\delta^{13}C_3$ 连线呈反 V 字形并十分一致 ［图7（c）］。这些特征均说明须家河组气藏的天然气来自下二叠统及更老气藏。

合江气田须家河组气藏到底来源于下伏什么气源岩？从表3～表5与图7可见，下二叠统气藏和黄龙组气藏才出现烷烃气碳同位素系列倒转，且 $\delta^{13}C_1$–$\delta^{13}C_2$–$\delta^{13}C_3$ 连线呈反"V"字形，合江气田须家河组气藏也具此特征，故其气源可追踪到黄龙组气藏。上面已经指出黄龙组气藏的气源岩为志留系泥质烃源岩[17,26]，因此合江气田须家河组气藏的气源岩也是志留系烃源岩。

4 结论

四川盆地上三叠统须家河组煤系须一、须三、须五段以暗色泥岩和煤为主，泥岩干酪根以Ⅱ和Ⅲ型为主；该组须二、须四、须六段以砂岩为主。故须家河组有3套生–储–盖组合，形成许多自生自储煤成气田。在四川盆地须家河组发现的天然气储量仅次于下三叠统飞仙关组，并且在须家河组有该盆地第二大气田（广安气田）。须家河组煤成气碳同位素特征：一是绝大部分具有正碳同位素系列，即 $\delta^{13}C_1 < \delta^{13}C_2 < \delta^{13}C_3 < \delta^{13}C_4$；二是 $\delta^{13}C_2$ 值是全盆地9个产气层系中最重的，为–28.3‰ ~ –20.7‰；三是川中地区有一批轻的 $\delta^{13}C_1$ 值，最轻为–43.0‰。在川东和川南须家河组变薄的地区还发现少量油型气藏，这些气藏的碳同位素特征是 $\delta^{13}C_2$ 值轻，一般轻于–30.0‰，最轻为–36.3‰，易与煤成气区分。

参 考 文 献

[1] 汪泽成,赵文智,张林,等.四川盆地构造层序与天然气勘探.北京:地质出版社,2002:1-9.

[2] 王兰生,陈盛吉,杜敏,等.四川盆地三叠系天然气地球化学特征及资源潜力分析.天然气地球科学, 2008,19(2):222-228.

[3] 杨建红,公禾,申洪亮.2007 年中国天然气行业发展综述.世界石油经济,2008,16(6):14-18.

[4] 马永生,蔡勋育.四川盆地川东北区二叠系—三叠系天然气勘探成果与前景展望.石油与天然气地质, 2006,27(6):741-750.

[5] 戴金星,夏新宇,卫延召,等.四川盆地天然气的碳同位素特征.石油实验地质,2001,23(2):115-121.

[6] 朱光有,张水昌,梁英波,等.四川盆地天然气特征及气源.地学前缘,2006,13(2):234-248.

[7] 黄籍中,陈盛吉,宋家荣,等.四川盆地烃源体系与大中型气田形成.中国科学(D 辑),1996,26(6): 504-510.

[8] 冉隆辉,谢姚祥,王兰生.从四川盆地解读中国南方海相碳酸盐岩油气勘探.石油与天然气地质,2006, 27(3):289-294.

[9] 长庆油田石油地质志编写组.中国石油地质志(卷十二):长庆油田.北京:石油工业出版社,1992: 68-70.

[10] 马永生,蔡勋育,郭彤楼.四川盆地普光大型气田油气充注与富集成藏的主控因素.科学通报,2007(增刊Ⅰ):149-155.

[11] 李登华,李伟,汪泽成,等.川中广安气田天然气成因类型及气源分析.中国地质,2007,34(5): 829-836.

[12] 陈义才,郭贵安,蒋裕强,等.川中地区上三叠统天然气地球化学特征及成藏过程探讨.天然气地球科学,2007,18(5):737-742.

[13] 王世谦.四川盆地侏罗系—震旦系天然气的地球化学特征.天然气工业,1994,14(6):1-5.

[14] 戴金星,秦胜飞,陶士振,等.中国天然气工业发展趋势和天然气地球化学理论重要进展.天然气地球科学,2005,16(2):127-142.

[15] 樊然学,周洪忠,蔡开平.川西坳陷南段天然气来源与碳同位素地球化学研究.地球学报,2005,26(2):157-162.

[16] 王顺玉,明巧,黄羚,等.邛西地区邛西构造须二段气藏流体地球化学特征及连通性研究.天然气地球科学,2007,18(6):789-792.

[17] Hao F. Evidence for multiple stages of oil cracking and thermochemical sulfate reduction in the Pugang gas field,Sichuan Basin,China. AAPG Bulletin,2008,92(5):611-637.

[18] 叶军.川西新场851井深部气藏形成机制研究——X851井高产工业气流的发现及其意义.天然气工业,2001,21(4):16-20.

[19] Dai J X,Xia X Y,Qin S F,et al. Origins of partially reserved alkane $\delta^{13}C$ values for biogenic gases in China. Organic Geochemistry,2004,35(4):405-411.

[20] 戴金星,夏新宇,秦胜飞,等.中国有机烷烃气碳同位素系列倒转的成因.石油与天然气地质,2003,24(1):3-6.

[21] 李云,时志强.四川盆地中部须家河组致密砂岩储层流体包裹体研究.岩性油气藏,2008,20(1):27-32.

[22] 戴金星.成煤作用中形成的天然气和石油.石油勘探与开发,1979,6(3):10-17.

[23] 戴金星,夏新宇,秦胜飞,等.中国天然气勘探开发的若干问题.见:中国石油天然气股份有限公司.2000年勘探技术座谈会报告集.北京:石油工业出版社,2001:186-192.

[24] Patience R. Where did all the coal gas go? Organic Geochemistry,2003,34:375-387.

[25] Galimov E M. Isotope organic geochemistry. Organic Geochemistry,2006,37:1200-1262.

[26] 胡光灿,谢姚祥.中国四川东部高陡构造石炭系气田.北京:石油工业出版社,1997:47-62.

[27] 胡安平,陈汉林,杨树峰,等.卧龙河气田天然气成因及成藏主要控制因素.石油学报,2008,29(5):643-649.

[28] 陈盛吉,谢邦华,万茂霞,等.川北地区礁滩气藏的烃源条件与资源潜力分析.天然气勘探开发,2007,30(4):1-6.

[29] 戴金星,倪云燕,周庆华,等.中国天然气地质和地球化学研究对天然气工业的意义.石油勘探与开发,2008,35(5):513-525.

[30] 戴金星.中国含硫化氢天然气分布特征、分类及其成因探讨.沉积学报,1985,3(4):109-120.

[31] Cai C F,Worden R H,Bottrell S H,et al. Thermochemical sulphate reduction and the generation of hydrogen sulphide and thiols (mercaptans) in Triassic carbonate reservoirs from the Sichuan Basin,China. Chemical Geology,2003,202:39-57.

[32] Zhang S C,Zhu G Y,Liang Y B,et al. Geochemical characteristics of the Zhaolanzhuang sour gas accumulation and thermochemical sulfate. Organic Geochemistry,2005,36:1717-1730.

[33] Zhu G Y,Zhang S C,Liang Y B. The controlling factors and distribution prediction of H_2S formation in marine carbonate gas reservoir,China. Chinese Science Bulletin,2007,52(Suppl I):150-163.

[34] Lomako P M,Hudaynazarov G B. Some features of the propagation of hydrogen sulphide gases of the subslat deposits of eastern Turkmenistan. Geology of Oil and Gas,1983,(9):41-46.

四川盆地黄龙组烷烃气碳同位素倒转成因的探讨[*]

戴金星，倪云燕，黄士鹏

20 世纪 60 年代中期至 70 年代末期，四川盆地天然气的勘探开发主要集中在川南和川西南地区，产层为二叠系和三叠系裂隙型碳酸盐岩，最高年产气量达 $64.7 \times 10^8 m^3$，之后由于缺乏后备产层，年产量逐年下降。1977 年川东相国寺气田相 18 井黄龙组孔隙型气藏的发现，扭转了勘探开发的被动局面。川东地区黄龙组气藏成为四川盆地主力储量层和产层，2002 年天然气产量为 $48.82 \times 10^8 m^3$，占西南油气田年产量的 55.5%，2008 年天然气产量高达 $68.1 \times 10^8 m^3$，占年总产气量的 45.8%。由于黄龙组烷烃气碳同位素普遍发生倒转，并且长期以来对其倒转成因研究薄弱，故笔者拟对其做深入探讨，这对气源对比和成藏研究都有重要意义。

1 黄龙组气藏的生–储–盖概述

四川盆地的石炭系黄龙组仅分布在盆地东部，面积约为 $5 \times 10^4 km^2$（图 1）。黄龙组下伏志留系暗色泥质烃源岩，与石炭系黄龙组及上覆下二叠统底部梁山组铝土质泥页岩构成完整的生–储–盖组合[1]。石炭系黄龙组为一套底超、顶削地层，岩性为白云岩和灰岩，底部局部发育硬石膏，残余厚度一般为 20～40m。白云岩中粒屑白云岩孔隙度一般为 5%～8%，平均渗透率为 2.55mD；生物碎屑粉晶白云岩平均孔隙度为 3%～5%；角砾白云岩平均孔隙度为 4%～7%，故白云岩类是孔隙型储层，分布较稳定，有效厚度为 10～30m。但灰岩孔隙度多在 2% 以下，为非储层[1]。

黄龙组碳酸盐岩有机碳含量很低，其中灰岩有机碳含量最低，平均为 0.098%；白云岩有机碳含量平均为 0.108%；角砾灰（云）岩有机碳含量平均为 0.414%。上述 3 类岩性 252 个样品有机碳含量平均为 0.124%，由此说明黄龙组不是烃源岩[1]。

志留系为一套黑色、深灰色泥岩和页岩，其中富含笔石。这套地层在丰都地区最厚达 600m，其有机碳含量为 1.10%，高者达 4.88%；在川东地区其有机碳含量为 0.6%～1.6%。根据黄龙组储层残留的沥青与志留系暗色泥岩的生物标志物对比，两者具有明显的亲缘关系，即两者的萜烷、甾烷特征峰均十分相似，表明了黄龙组天然气来自志留系烃源岩[1]。根据低熟（$R_{o,max}$ 为 0.5%～0.6%）全岩热模拟实验，推测川东地区志留系烃源岩产油高峰期约在 $R_{o,max}$ 为 1% 时；气态烃高峰期在高成熟晚期–过成熟早期（$R_{o,max}$ 为 2%～4%），既有液态烃的热解气，又有干酪根继续热降解–裂解成气的贡献[1]。

梁山组是黄龙组的直接盖层，为黑色、灰黑色泥页岩夹煤及泥质粉砂岩，一般厚度为

＊ 原载于《石油学报》，2010 年，第 31 卷，第 5 期，710～717。

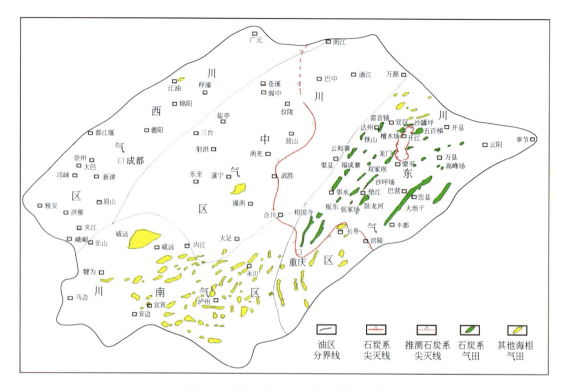

图1　四川盆地黄龙组及其气藏分布图

10m。梁山组岩石致密，塑性很强，排驱压力为 18～25MPa，比黄龙组储层的排驱压力（0.1～0.6MPa）大两个数量级，因此具有较强的封闭能力[1]。

2　黄龙组天然气的地球化学特征

根据 15 个气田（藏）32 口井黄龙组天然气的主要组分、烷烃气碳同位素（$\delta^{13}C_{1-3}$）和氦同位素（$^3He/^4He$、R/R_a）（表1），可知黄龙组天然气具有 4 个方面的特征。

2.1　氦同位素特征

Poreda 等[2]认为壳源气$^3He/^4He$ 平均值为 2×10^{-8}～3×10^{-8}；原苏联大陆区天然气中多数壳源气的$^3He/^4He$ 值为 7×10^{-9}～2×10^{-7}，壳源气的 R/R_a 值为 0.01～0.1[3-4]；塔里木盆地壳源气$^3He/^4He$ 为 2.09×10^{-8}～23.5×10^{-8}，平均为 6.07×10^{-8}[5]。本区黄龙组 13 个气样的$^3He/^4He$ 和 R/R_a 值（表1）与上述壳源气处在相同数量级，而与 Lupton[6]认为幔源$^3He/^4He$ 值通常为 1.1×10^{-5}，夏威夷幔源橄榄岩中$^3He/^4He>10^{-5}$[6]，上地幔气的$^3He/^4He$ 正常值为 1.2×10^{-5}，下地幔气的$^3He/^4He$ 值更高等迥然不同[3]，由此推论黄龙组氦同位素是壳源型。

2.2　硫化氢含量低

黄龙组天然气中 H_2S 含量在四川盆地碳酸盐岩各主力产层（雷口坡组、嘉陵江组、飞仙

表 1　四川盆地黄龙组天然气地球化学数据表

气田名称	井号	井深/m	主要组分/% N₂	CO₂	H₂S	CH₄	C₂H₆	C₃H₈	C₄H₁₀	δ¹³C/‰ CH₄	C₂H₆	C₃H₈	³He/⁴He/10⁻⁸	R/Rₐ
卧龙河	臥48	3804.5~3829.8	0.65	0.81	0.17	97.87	0.43	0.03		-32.2	-36.0			
	臥52		0.59	1.00	未测	97.65	0.45	0.04		-32.1	-35.3	-30.5		
	臥58	3752.0	0.66	1.44	0.24	97.13	0.46	0.05	0.005	-32.6	-36.3	-27.1	1.69±0.3	0.01
	臥88	4372.0	0.86	1.38	0.12	97.02	0.52	0.06	0.004	-32.7	-34.6	-31.5	1.63±0.1	0.01
	臥65			1.44	未测	97.05	0.88	0.11		-32.1	-36.1	-32.0	1.86±0.13	0.01
	臥94		0.52	1.19	未测	96.40	0.65	0.06		-32.4	-36.9	-33.2		
	臥120	4439.0	1.65							-32.1	-36.1	-32.0	1.46±0.13	0.01
相国寺	相14	2226.5	1.50	0.23	未测	97.28	0.82	0.08	0.003	-33.9	-35.2	-31.8	2.23±0.15	0.02
	相18	2310.5	1.52	0.20	未测	97.34	0.77	0.07	0.001	-34.5	-37.4	-31.5	2.02±0.12	0.01
	相22		0.37	0.58	未测	98.05	0.88	0.12		-33.0	-35.1	-33.1		
五百梯	天东1	4212.5~4243.0	0.77	1.00	0.18	97.38	0.50	0.06	0.007	-32.4	-37.3	-34.2	2.03±0.65	0.02
	天东2									-31.4	-35.6			
	天东11	4675.0								-31.8	-36.2			
	天东21		0.62	1.60	未测	96.87	0.85	0.06		-32.0	-36.4	-35.8		
	天东51		0.76	1.78	未测	94.41	0.95	0.09		-31.9	-37.2	-35.9		
龙门	天东9		0.79	1.67	未测	95.82	1.27	0.42	0.03	-34.6	-38.0	-36.4		
云和寨	云和2					99.63		0.37			-31.9	-35.8		
福成寨	成8	3881.1~3940.5	1.01	2.31	0.19	95.99	0.45	0.02		-32.1	-35.9			
	成13	3809.0	1.12	2.53	0.28	95.63	0.38	0.02		-32.9	-36.6			
板东	板16	3937.8~3994.1	1.02	1.17	未测	97.10	0.59	0.05	0.014	-34.2	-36.5	-33.6	2.50±0.15	0.02
铁山	铁4		0.30	1.11	0.79	97.51	0.19	0.01		-32.0	-33.9			
张家场	张2	4479.1	0.83	1.75	0.25	96.75	0.36	0.03		-33.2	-35.7	-29.2	1.25±0.19	0.01
高峰场	峰6	4923.0	1.08	1.09	0.25	97.32	0.22			-32.6	-34.6		0.88±0.107	0.006
	峰8		3.26	1.22	未测	94.36	1.06	0.10		-33.8	-37.3	-35.0		

续表

气田名称	井号	井深/m	主要组分/%							δ¹³C/‰			³He/⁴He/10⁻⁸	R/Ra
			N_2	CO_2	H_2S	CH_4	C_2H_6	C_3H_8	C_4H_{10}	CH_4	C_2H_6	C_3H_8		
双家坝	七里7	4943.5	2.43	2.68	0.14	94.37	0.28	0.01		-31.8	-34.4		1.23±0.17	0.01
沙罐坪	罐10	4774.0	1.07	1.29	0.33	96.92	0.34	0.01		-31.8	-33.6		1.50±0.26	0.01
	罐17		0.67	1.35	未测	97.20	0.73	0.05		-31.8	-36.2	-35.6		
檀木场	七里53		0.43	1.55	未测	97.39	0.61	0.02		-31.9	-34.6	-33.7		
	七里58		1.61	1.53	未测	96.17	0.66	0.03		-31.3				
沙坪场	天东93		0.98	2.59	未测	95.46	0.88	0.09		-35.1	-37.4	-34.5		
	月东1		0.67	1.76	未测	96.66	0.84	0.07		-33.4	-37.3	-35.2		
大池干	池18	2671.5	1.78	0.95	未测	95.97	1.18	0.22	0.01	-37.5	-40.7	-36.9	1.10±034	0.01

关组、长兴组、茅口组和灯影组）中相对较低，为 H_2S 含量最低的层位之一（表1，图2）。

2.3　烷烃气组成

黄龙组烷烃气中 CH_4 占绝对优势，含量最高达 99.63%（云和2井），含量最低为 94.36%（峰8井），平均含量为 96.71%。重烃气（C_{2-4}）中常缺丁烷，丙烷微量。重烃气含量最高为 1.72%（天东9井），含量最低为 0.20%（铁4井），平均含量为 0.71%。总烷烃气含量最高的为 100%（云和2井），最低的为 94.66%（七里7井），总烷烃气平均值为 97.42%（表1）。由于黄龙组天然气中烷烃气含量很高，而又是在四川盆地碳酸盐岩主力产层中有害有毒组分 H_2S 含量最低的层位之一，故黄龙组天然气属于低碳优良能源。

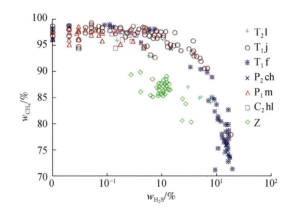

图2　四川盆地碳酸盐岩主力产气层中 H_2S 含量对比[7-13]①

2.4　烷烃气碳同位素倒转

本区黄龙组天然气均具有 $\delta^{13}C_1>\delta^{13}C_2<\delta^{13}C_3$ 次生烷烃气碳同位素倒转特征（表1）。由于 $\delta^{13}C_1$ 均轻于-30‰，而一般以-30‰为有机成因和无机成因界限值[14]，所以黄龙组的烷烃气是有机成因。前人也曾指出该组天然气出现乙烷碳同位素轻于甲烷碳同位素的倒转现象[1]。

3　碳同位素倒转的成因

有机成因烷烃气碳同位素倒转的成因，综合起来有4种：①有机烷烃气和无机烷烃气的混合；②煤成气和油型气的混合；③同型不同源气或同源不同期气的混合；④烷烃气的某一或某些组分被细菌氧化[15]。

3.1　倒转不是有机与无机烷烃气的混合

无机成因气具有 $\delta^{13}C_1>\delta^{13}C_2>\delta^{13}C_3$ 碳同位素系列特征，如松辽盆地昌德气藏、兴城气田，俄罗斯 Khibiny 地块岩浆岩中以及北大西洋中脊 Lost City 地热区的无机成因烷烃气均具有负碳同位素系列特征[14-15]，而黄龙组烷烃气均不具有此特征（表1），说明黄龙组中没有无机成因的

① 四川石油管理局地质勘探开发研究院，1979，四川盆地石油勘探数据汇编，油、气、水部分（1965~1975）。

烷烃气。上述指出黄龙组中氦同位素为壳源型，同时$^{40}Ar/^{36}Ar$值均在正常壳源范围，Ne 同位素比值与大气值接近，这从另一侧面也说明黄龙组天然气没有无机成因的迹象[1]。

3.2　倒转不是煤成气与油型气的混合

在正碳同位素系列中，乙烷的碳同位素值是反映烷烃气是煤成气或油型气的一个重要判别指标。戴金星等指出$\delta^{13}C_2 > -27.5‰$的烷烃气是煤成气，$\delta^{13}C_2 < -29‰$的是油型气[16]；王世谦认为$\delta^{13}C_2 > -29‰$的是煤成气[17]；张士亚等也认为煤成气$\delta^{13}C_2$一般重于$-29‰$，油型气$\delta^{13}C_2$一般轻于$-29‰$[18]。

四川盆地有两套煤系可形成工业性煤成气：一是须家河组煤系，它主要形成自生自储型煤成气藏。根据 60 个具有正碳同位素系列气样研究，$\delta^{13}C_2$值最重的为$-20.7‰$（大兴 5 井），最轻的为$-28.3‰$（西 72 井），$\delta^{13}C_2$频率值为$-28‰ \sim -24‰$[19]；二是龙潭组煤系，它主要在长兴组和飞仙关组形成下生上储型的煤成气藏。普光 2 井龙潭组的$\delta^{13}C_2$值为$-25.2‰$，其向上运移至长兴组中，$\delta^{13}C_2$值为$-27.7‰ \sim -26.7‰$[11]；龙岗气田龙岗 1 井飞仙关组中来自龙潭组烃源岩的$\delta^{13}C_2$值为$-23.2‰$[20]，龙岗 3 井长兴组$\delta^{13}C_2$值为$-25.5‰$，元坝气田侧 1 井飞仙关组$\delta^{13}C_2$值为$-25.3‰$。由上述两组煤系形成的煤成气的$\delta^{13}C_2$值绝大部分重于$-28‰$，多数为$-27.7‰ \sim -23‰$。中坝气田雷三气藏的天然气大家一致认为是油型气，其$\delta^{13}C_2$值有相当多井重于$-29‰$，如中 21 井$\delta^{13}C_2$值为$-28.9‰ \sim -28.0‰$，中 40 井为$-28.1‰$，中 42 井为$-28.2‰$，中 80 井为$-28.4‰$，因此中坝气田相当多井$\delta^{13}C_2$值是在$-28.9‰ \sim -28‰$。故以$\delta^{13}C_2$值$-29‰$作为煤成气的界限值显得轻了，若以$-28‰$或$-27.5‰$为界限值，则更妥。

黄龙组天然气$\delta^{13}C_2$值最重的为$-33.9‰$（铁 4 井），最轻的为$-40.7‰$（池 18 井）（表 1）。根据实际地质条件，须家河组形成的煤成气要向下运移，穿过大套地层与黄龙组油型气混合，导致碳同位素倒转基本上没有可能。而黄龙组至上覆龙潭组，相对地层不厚，故龙潭组形成的煤成气与黄龙组油型气混合相对容易些。若以龙潭组最重$\delta^{13}C_2$值和黄龙组原始的裂解油型气$\delta^{13}C_2$值各占 50% 混合，形成现在黄龙组最重的$\delta^{13}C_2$值$-33.9‰$，则黄龙组原始的裂解油型气的$\delta^{13}C_2$值应为$-44.5‰$；若以龙潭组最重的$\delta^{13}C_2$值$-23.2‰$与黄龙组原始的裂解油型气各占 50% 混合，形成现在黄龙组最轻的$\delta^{13}C_2$值$-40.7‰$，则黄龙组原始的裂解油型气的$\delta^{13}C_2$值应为$-57.7‰$。目前黄龙组天然气成熟度$R_{o,max}$为 2% ~ 4%[1]，因此其原始的裂解油型气$\delta^{13}C_2$值不可能轻至$-57.7‰ \sim -44.5‰$，由此可见，黄龙组$\delta^{13}C_2$值倒转不是油型气和煤成气混合造成的。

3.3　倒转不是黄龙组烷烃气的某一组分被细菌氧化所致

甲烷和重烃气中某一或某些组分在细菌氧化作用下发生氧化或降解。在甲烷和重烃气分子中，由于轻碳同位素（^{12}C）分子中碳的键能比重同位素（^{13}C）的分子键能小，故细菌先氧化轻碳同位素组成的甲烷与重烃气的分子，从而使剩余的甲烷和重烃气中重碳同位素组分的分子相对增多，导致剩余组分中碳同位素变重，由此形成碳同位素系列发生倒转，这在国内外不乏实例[15]。

烷烃气碳同位素倒转是否由细菌氧化作用造成有两个标志：①烷烃气若随分子碳数增

大其组分含量是依次递减的，则其烷烃气的碳同位素倒转不是由细菌氧化作用所致，黄龙组烷烃气均随分子碳数增大其组分含量依次递减（表1），故其碳同位素倒转不是细菌氧化作用造成。②细菌活动温度一般在75℃以下，在正常地温梯度下约相当于地层深度2000m左右，黄龙组埋深均大于2200m，多数大于3700m，最深达4943.5m（七里7井），因此黄龙组中缺乏存在细菌氧化作用的条件。

3.4 倒转是先期形成的伴生气与后期形成的裂解气混合造成的

黄龙组出现 $\delta^{13}C_2$ 值最轻的相对应 $\delta^{13}C_1$ 倒转值是很大的，从31个气样统计，单井 $\delta^{13}C_1$ 值和 $\delta^{13}C_2$ 值倒转，最小为1.3‰（相14井），最大为5.5‰（天东51井），平均为3.35‰。黄龙组天然气造成如此大碳同位素值倒转［图3（a）］，只有志留系烃源岩古油藏中轻的 $\delta^{13}C_2$ 和相当重的 $\delta^{13}C_2$ 裂解气混合才有可能。韩可猷曾指出：在四川盆地志留系烃源岩大量生油后，液态烃运移至开江古隆起圈闭中聚集为古油藏，然后随烃源岩热演化程度增高，古油藏的石油也裂解为天然气，共同聚集形成黄龙组储量达 $1.5\times10^{12}m^3$ 的超大古气田[21]。地史上黄龙组开江大古油藏有大量伴生湿气，在重烃气中乙烷含量最高，其碳同位素较轻。四川盆地由于海相烃源岩成熟度高，目前没有油藏伴生气的存在，从而缺失可作为研究对比的

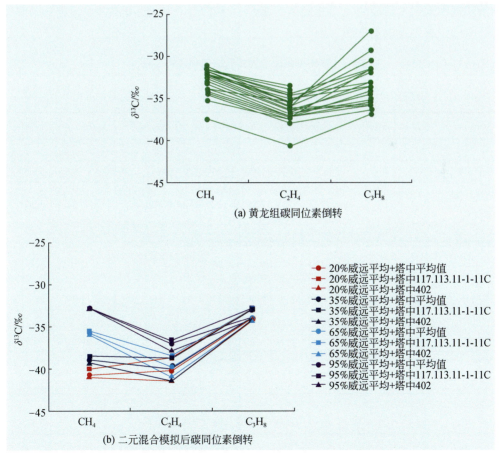

图3 黄龙组碳同位素与二元混合模拟后碳同位素倒转对比

乙烷轻的碳同位素值（$\delta^{13}C_2$），在此借用与四川盆地具有相似的海相下古生界烃源岩的塔里木盆地塔中地区一些伴生烷烃气的组分及碳同位素组成（表2）[22]；同时采用与四川盆地黄龙组志留系烃源岩成熟度基本相近的，由下寒武统筇竹寺组烃源岩生成的威远气田灯影组裂解气的组分和烷烃气碳同位素（表3）。即利用塔中地区伴生气组分和 $\delta^{13}C_2$ 值与威远气田裂解气组分和 $\delta^{13}C_2$ 值，分别作为黄龙组未倒转前的古油藏中伴生气组分和 $\delta^{13}C_2$ 值与裂解气组分和 $\delta^{13}C_2$ 值，并用简单二元混合数值模拟[23]，对上述想法进行验证。当在成熟度相对低的生油窗阶段物理化学作用和同位素平衡状态下形成伴生气，与在裂解气阶段物理化学和同位素平衡状态下形成的重的 $\delta^{13}C$ 裂解气混合时，仍保持其形成时的碳同位素值，即仍保持轻的 $\delta^{13}C$ 值。此两种不同成熟度时期形成的轻重不同的气，加上生油窗阶段形成的重烃气组分含量高，裂解气阶段形成的重烃气含量低或很低，当此两阶段烷烃气混合往往产生碳同位素倒转。

伴生气采用塔里木盆地塔中地区石炭系和奥陶系 10 口井气样的组分和同位素数据（表2），而高温裂解气则采用四川盆地威远气田灯影组的数据（表3）。塔中地区石炭系和奥陶系的天然气为典型的原油伴生气，重烃气（C_{2-4}）含量高（乙烷和丙烷平均含量分别达 4.30% 和 2.96%），甲烷及其同系物碳同位素相对较轻，天然气成熟度低。而威远气田的天然气则为典型的裂解气，重烃气含量低（只含有 0.07%~0.17% 的乙烷），甲烷和乙烷的碳同位素重，成熟度高（表3）。

表 2　塔中地区原油伴生气组分和碳同位素

井号	地层	井深/m	主要组分/%						$\delta^{13}C$/‰			
			N_2	CO_2	CH_4	C_2H_6	C_3H_8	C_4H_{10}	CH_4	C_2H_6	C_3H_8	C_4H_{10}
塔中 1	O	3659.00~3666.00	14.30	0.39	80.52	2.62	1.08	0.77	−42.7	−40.6	−34.3	−29.2
塔中 6	C	3710.94~3728.69	17.84	3.04	75.79	1.99	0.98	0.32	−42.3	−41.4	−35.2	−31.0
塔中 168	C	3814.50~3826.00	22.70	3.20	48.80	6.20	6.90	7.60	−43.4	−41.0	−33.8	−29.1
塔中 117. 113. 11-1-11C	C		10.5	0.60	75.10	6.10	3.90	2.50	−42.2	−38.8	−32.9	−30.1
塔中 4-7-28HC Ⅲ	C		9.00	1.00	75.50	6.40	3.80	2.80	−42.8	−40.1	−33.4	−29.6
塔中 4-18-8	C	3675.00~3688.00	13.00	0.80	75.80	5.10	2.70	1.70	−43.1	−39.9	−33.3	−29.3
塔中 16	O_{2+3}	4248.50~4268.00		6.50	82.29	3.70	3.60		−45.3	−40.0	−35.0	−32.5
塔中 421	C_1	3258.50~3260.00	24.56		68.10	3.12	1.75		−44.5	−39.9	−33.5	−30.2
塔中 402	C_{II}	3705.00~3708.00	16.18		74.10	4.19	2.42		−43.6	−41.7	−34.2	
塔中 24	C	3596.00~3607.00	18.90		73.28	3.58	2.46		−43.2	−40.1	−33.5	−30.2
平均值			15.35	1.50	72.93	4.30	2.96	2.61	−43.3	−40.3	−33.9	−30.1

表 3　威远地区原油裂解气组分和碳同位素

井号	地层	井深/m	主要组分/%									$\delta^{13}C$/‰		
			N_2	CO_2	CH_4	C_2H_6	H_2	H_2S	Ar	He		CH_4	C_2H_6	CO_2
威 2	$Z_1^1d_2^4$–Z_1d^3	2836.5~3005	8.33	4.66	85.07	0.11	0.023	1.31	0.053	0.250		−32.5	−31.0	−11.2

续表

井号	地层	井深/m	主要组分/%								$\delta^{13}C/‰$		
			N_2	CO_2	CH_4	C_2H_6	H_2	H_2S	Ar	He	CH_4	C_2H_6	CO_2
威 27	$Z_1d^4-Z_1d^3$	2851~2995	7.81	4.70	85.85	0.17		1.20	0.048	0.218	-32.0	-31.2	
威 28	Z_1	2820.63~2905									-32.5	-31.6	-12.5
威 30	$Z_1d_{1+2}^4$	2844.5~2950	7.55	4.40	86.57	0.14		0.95	0.046	0.342	-32.7	-32.0	
威 100	$Z_1d_{2-1}^4$	2959~3041	6.47	5.07	86.80	0.13	0.011	1.18	0.046	0.298	-32.5	-31.7	-11.6
威 106	$Z^1d_2^4-Z_1d_1^4$	2788.5~2875	6.26	4.82	86.54	0.07		1.32	0.043	0.315	-32.5	-31.4	-12.5
平均值			7.28	4.73	86.17	0.12	0.017	1.19	0.047	0.285	-32.5	-31.5	-11.9

由于塔中地区产于石炭系和奥陶系 10 口井气样的天然气地球化学特征相似，为了简化计算，并由于研究是针对乙烷碳同位素倒转，故塔中地区 10 口井的资料以乙烷为依据，采用了最小值、最大值和平均值。而威远气田各井裂解气的组分都比较接近，因此，选用各井天然气组分的平均值。裂解气在混合气中所占比例从零开始，然后按 5% 递增，随着裂解气在混合气中比例的递增，混合气的碳同位素组成越来越接近于裂解气的碳同位素组成，即甲烷的碳同位素组成越来越重，甲烷及其同系物的碳同位素组成分布模式趋于同位素部分倒转（表 4）。

表 4　威远裂解气与塔中伴生气的混合模拟计算结果

威远平均裂解气含量/%	混合气 $\delta^{13}C/‰$								
	威远平均+塔中平均			威远平均+塔中 117.113.11-1-11C			威远平均+塔中 402		
	C_1	C_2	C_3	C_1	C_2	C_3	C_1	C_2	C_3
0	-43.30	-40.34	-33.91	-42.20	-38.80	-32.90	-43.60	-41.70	-34.20
5	-42.67	-40.33	-33.91	-41.65	-38.79	-32.90	-42.96	-41.68	-34.20
10	-42.04	-40.31	-33.91	-41.10	-38.78	-32.90	-42.33	-41.67	-34.20
15	-41.43	-40.30	-33.91	-40.56	-38.77	-32.90	-41.70	-41.65	-34.20
20	-40.83	-40.28	-33.91	-40.03	-38.76	-32.90	-41.09	-41.62	-34.20
25	-40.24	-40.28	-33.91	-39.51	-38.75	-32.90	-40.49	-41.60	-34.20
30	-39.66	-40.23	-33.91	-38.99	-38.74	-32.90	-39.90	-41.57	-34.20
35	-39.09	-40.21	-33.91	-38.48	-38.72	-32.90	-39.31	-41.54	-34.20
40	-38.53	-40.18	-33.91	-37.98	-38.70	-32.90	-38.74	-41.50	-34.20
45	-37.98	-40.14	-33.91	-37.49	-38.68	-32.90	-38.17	-41.46	-34.20
50	-37.43	-40.09	-33.91	-37.00	-38.65	-32.90	-37.62	-41.41	-34.20
55	-36.90	-40.04	-33.91	-36.52	-38.62	-32.90	-37.07	-41.34	-34.20
60	-36.38	-39.98	-33.91	-36.05	-38.58	-32.90	-36.53	-41.27	-34.20
65	-35.86	-39.89	-33.91	-35.58	-38.53	-32.90	-35.99	-41.17	-34.20
70	-35.35	-39.78	-33.91	-35.12	-38.47	-32.90	-35.47	-41.04	-34.20
75	-34.85	-39.64	-33.91	-34.66	-38.38	-32.90	-34.95	-40.87	-34.20

续表

威远平均裂解气含量/%	混合气 $\delta^{13}C$/‰								
	威远平均+塔中平均			威远平均+塔中117.113.11-1-11C			威远平均+塔中402		
	C_1	C_2	C_3	C_1	C_2	C_3	C_1	C_2	C_3
80	−34.36	−39.43	−33.91	−34.21	−38.25	−32.90	−34.44	−40.62	−34.20
85	−33.88	−39.10	−33.91	−33.77	−38.04	−32.90	−33.94	−40.23	−34.20
90	−33.40	−38.52	−33.91	−33.33	−37.67	−32.90	−33.44	−39.55	−34.20
95	−32.93	−37.21	−33.91	−32.90	−36.76	−32.90	−32.95	−38.02	−34.20
100	−32.47	−31.48	−33.91	−32.47	−31.48	−32.90	−32.47	−31.48	−34.20

威远气田裂解气与塔中地区伴生气的混合很容易出现甲烷及其同系物碳同位素部分倒转现象。例如，威远气田裂解气与塔中地区伴生气地球化学参数平均值的混合，裂解气在混合气中的比例占到25%时，即出现碳同位素部分倒转现象；威远裂解气与塔中117.113.11-1-11C井的混合，裂解气在混合气中的比例中占到35%时，就出现碳同位素部分倒转现象；威远气田裂解气与塔中402井伴生气的混合，则裂解气在混合气中占到20%时，即出现同位素倒转现象［图3（b），表4］。随着裂解气在混合气中比例的增加，其混合气甲烷的碳同位素组成变得越来越富集^{13}C；由于裂解气乙烷含量很低（小于0.12%），而伴生气乙烷含量相对很高（4%~6%），这使得裂解气较重的乙烷碳同位素比值在混合气中的作用微乎其微，混合气乙烷主要显示伴生气乙烷的碳同位素的特征；威远气田不含丙烷，因此，丙烷的碳同位素比值显示伴生气丙烷的碳同位素比值。因此，随着裂解气在混合气中比例的增加，这种甲烷及其同系物之间的碳同位素部分倒转程度越来越大，逐渐显现出四川盆地黄龙组烷烃气"V"型的碳同位素倒转的分布模式［图3（a）］。当裂解气在混合气中占到95%时，混合气的烷烃气的碳同位素分布模式［图3（b）］也与黄龙组相似呈"V"型。

4　结论

（1）黄龙组天然气的地球化学特征主要表现在4个方面：①氦同位素为典型的壳源型，R/R_a 最小为0.006，最大的为0.02，多数为0.01；②硫化氢含量低，平均值为0.27%，是低碳优质能源；③为干气，甲烷平均含量为96.71%，重烃气（C_{2-4}）含量低，平均含量为0.71%，常缺丁烷，丙烷微量；④烷烃气碳同位素均发生倒转，即 $\delta^{13}C_1 > \delta^{13}C_2 < \delta^{13}C_3$。

（2）黄龙组烷烃气碳同位素倒转表现为 $\delta^{13}C_2$ 值比 $\delta^{13}C_1$ 值轻，导致倒转的原因不是有机与无机烷烃气的混合，不是煤成气与油型气的混合，也不是烷烃气的某一组分被细菌氧化所致，而是其志留系烃源岩先期形成的轻 $\delta^{13}C_2$ 的伴生气和后期形成的重 $\delta^{13}C_2$ 的裂解气的混合。

参 考 文 献

[1] 胡光灿,姚兆祥.中国四川东部高陡构造石炭系气田.北京:石油工业出版社,1997:1-11,47-70.

[2] Poreda R J,Jenden P D,Kaplan E R. Mantle helium in Sacramento basin natural gas wells. Geochimica et Cosmochimica Acta,1986,65(5):2847-2853.

[3] 王先彬. 稀有气体同位素地球化学和宇宙化学. 北京:科学出版社,1989.

[4] 徐永昌,沈平,刘文汇,等. 天然气中稀有气体地球化学. 北京:科学出版社,1998:17-25.

[5] Dai J X,Song Y,Dai C S,et al. Conditions Governing the Formation of Abiogenic Gas and Gas Pools in Eastern China. Beijing:Science Press,2000:65-72,130-153.

[6] Kaneoka I,Takaoka N. Rare gas isotopes in Hawaiian ultramafic nodules and vocanic rocks,constraint of geneticrelationships. Science,1980,208:1266-1268.

[7] 戴金星. 中国含硫化氢天然气分布特征、分类及成因探讨. 沉积学报,1985,3(4):109-120.

[8] 戴金星. 威远气田成藏期及起源. 石油实验地质,2003,25(5):473-480.

[9] 朱光有,张水昌,梁英波,等. 四川盆地 H_2S 的硫同位素组成及其成因探讨. 地球化学,2006,35(4):432-442.

[10] 朱光有,张水昌,梁英波,等. 川东北地区飞仙关组高含 H_2S 天然气 TSR 成因的碳同位素证据. 中国科学(D 辑),2005,35(11):1037-1046.

[11] Hao F,Guo T L,Zhu Y M,et al. Evidence for multiple stages of oil cracking and thermochemical sulfate reduction in the Puguang gas field,Sichuan Basin,China. AAPG Bulletin,2008,92(5):611-637.

[12] Li J,Xie Z Y,Dai J X,et al. Geochemistry and origin of sour gas accumulation in the northeastern Sichuan Basin, SW China. Organic Geochemistry,2005,36(12):1703-1716.

[13] 张水昌,朱光有. 四川盆地海相天然气富集成藏特征与勘探潜力. 石油学报,2006,27(5):1-8.

[14] 戴金星,裴锡古,戚厚发,等. 中国天然气地质学:卷一. 北京:石油工业出版社,1992:65-75.

[15] 戴金星,夏新宇,秦胜飞,等. 中国有机烷烃气碳同位素系列倒转的成因. 石油与天然气地质,2003,24(1):1-6.

[16] 戴金星,秦胜飞,陶士振,等. 中国天然气工业发展趋势和天然气地学理论重要进展. 天然气地球科学,2005,16(2):127-142.

[17] 王世谦. 四川盆地侏罗系—震旦系天然气的地球化学特征. 天然气工业,1994,14(6):1-5.

[18] 张士亚,郜建军,蒋泰然. 利用甲、乙烷碳同位素判别天然气类型的一种新方法. 北京:地质出版社,1998:48-58.

[19] 戴金星,倪云燕,邹才能,等. 四川盆地须家河组煤系碳同位素特征及气源对比意义. 石油与天然气地质,2009,30(5):519-529.

[20] 陈盛吉,谢帮华,万茂霞,等. 川北地区礁滩的烃源条件与资源潜力分析. 天然气勘探与开发,2007,30(4):1-5.

[21] 韩克猷. 川东开江古隆起大中型气田的形成及勘探目标. 天然气工业,1995,15(4):1-5.

[22] 赵孟军,周兴熙,卢双舫,等. 塔里木盆地天然气分布规律及勘探方向. 北京:石油工业出版社,2002.

[23] 夏新宇,李春园,赵林. 天然气混源作用对同位素判源的影响. 石油勘探与开发,1998,25(3):89-90.

天然气中烷烃气碳同位素研究的意义[*]

戴金星

天然气中蕴含科学信息最多的是烷烃气，因为其有 CH_4、C_2H_6、C_3H_8 和 C_4H_{10} 共 4 个组分，同时丁烷还有正丁烷和异丁烷两种异构体，故烷烃气在天然气中含科学信息是最丰富的。值得指出的是有的学者把戊烷（C_5H_{12}）也归入烷烃气中，笔者认为不妥。因为戊烷有三种异构体：在常温常压下，正戊烷为无色易燃液体；异戊烷又名 2-甲基丁烷，也是无色易燃液体；新戊烷又名 2,2-二甲基丙烷，是无色可燃气体，或易挥发可燃液体。基于上述原因，烷烃气只能包括甲烷、乙烷、丙烷和丁烷。

天然气中的烷烃气组分不仅比其他组分蕴含更多的科学信息，而且烷烃气还比其他组分含量大，在天然气中可见率很高。在含油气盆地的天然气中，几乎百分之百都含有烷烃气。因此，对烷烃气碳同位素的研究，能对天然气的研究和勘探提供大量的信息。以下将以烷烃气中单组分（如甲烷或乙烷）以及烷烃气组合的碳同位素研究的实例，说明其重要的意义。

1 甲烷碳同位素值研究

在烷烃气碳同位素研究中，甲烷碳同位素（$\delta^{13}C_1$）是最早获得广泛应用的。

1.1 国外研究情况

世界上早期的同位素质谱仪功能较为简单，只能分析甲烷或全烷烃气的碳同位素值。因此，世界上开发研究 $\delta^{13}C_1$ 最多，这些大量的研究成果对天然气勘探具有重要的意义。

（1）Stahl 等综合研究西北欧和北美有机成因甲烷碳同位素值和其烃源岩成熟度（R_o）关系，提出了回归方程[1]：

$$煤成气回归方程：\delta^{13}C_1 \approx 14lgR_o-28$$
$$油型气回归方程：\delta^{13}C_1 \approx 17lgR_o-42$$

（2）Claypool 提出北美 $\delta^{13}C_1-R_o$ 回归方程：

$$煤成气回归方程：\delta^{13}C_1 \approx 15lgR_o-35$$

1.2 国内研究情况

在中国也有许多学者提出了 $\delta^{13}C_1-R_o$ 回归方程。

（1）戴金星不仅提出了 $\delta^{13}C_1-R_o$ 回归方程，同时还提出了 $\delta^{13}C_2-R_o$ 和 $\delta^{13}C_3-R_o$ 煤成气回归方程[2-3]：

$$煤成气回归方程：\delta^{13}C_1 \approx 14.12lgR_o-34.39$$

---

* 原载于《天然气工业》，2011 年，第 31 卷，第 12 期，1~6。

油型气回归方程：$\delta^{13}C_1 \approx 15.80 \lg R_o - 42.20$

煤成乙烷回归方程：$\delta^{13}C_2 \approx 8.16 \lg R_o - 25.71$

煤成丙烷回归方程：$\delta^{13}C_3 \approx 7.12 \lg R_o - 24.03$

（2）沈平等在研究鄂尔多斯盆地、四川盆地和东濮凹陷有机成因 $\delta^{13}C_1 - R_o$ 关系后，提出了连续沉积、无大抬升侵蚀作用聚煤盆地煤成甲烷回归方程[4]：

$$\delta^{13}C_1 \approx 8.61 \lg R_o - 32.8$$

（3）刘文汇于1999年提出腐殖型有机质形成煤成气的 $\delta^{13}C_1 - R_o$ 回归方程[5]，与以前诸学者不同，他指出在 $R_o = 0.9\%$ 前后有两个回归方程：

$$\delta^{13}C_1 \approx 48.77 \lg R_o - 34.1 \quad (R_o \leqslant 0.9\%)$$

$$\delta^{13}C_1 \approx 22.42 \lg R_o - 34.8 \quad (R_o > 0.9\%)$$

（4）赵文智和刘文汇综合研究了由腐泥型和混合型有机质生成油型气的 $\delta^{13}C_1 - R_o$ 回归方程[6]：

$$\delta^{13}C_1 = 27.55 \lg R_o - 47.22 \quad （腐泥型）$$

$$\delta^{13}C_1 = 25.55 \lg R_o - 40.76 \quad （混合型）$$

以上是国内外学者对洲际性、全国性和大区域性 $\delta^{13}C_1 - R_o$ 的综合研究成果。根据这些成果，当取得 $\delta^{13}C_1$ 后，对新勘探区气源岩的性质、成熟度就可进行科学推断，从而可确定所勘探天然气的类型，对一个地区或盆地的天然气勘探得出科学的有效结论，推动天然气勘探快速进展。

例如，鄂尔多斯盆地在20世纪80年代初期对是否有煤成气还存有争议。该区任4井、任6井和任17井在石盒子组非含煤地层发现天然气的 $\delta^{13}C_1$ 为 $-34.8\% \sim -34.0\%$，同时从图1井太原组 R_o 值与获得天然气 $\delta^{13}C_1$ 值为 -34.6% 进行了对比研究，从而确定了该盆地存在煤成气[7]，为以后大力开展煤成气勘探提供了理论依据。如今该盆地成为全国天然气储量最高、产量最高、煤成气大气田最多的盆地，2009年底共探明天然气储量为 $2.245546 \times 10^{12} m^3$，年产天然气 $208.15 \times 10^8 m^3$，发现煤成大气田8个（苏里格、靖边、大牛地、榆林、子洲、乌审旗、神木和米脂）。

2　乙烷碳同位素值研究

中国许多学者对乙烷碳同位素（$\delta^{13}C_2$）组成的特征及其应用进行了详细的研究。张士亚等[8]于1988年指出，有机质类型不同的烃源岩生成的天然气，其 $\delta^{13}C_2$ 值有显著差异。$\delta^{13}C_2$ 组成受烃源岩成熟度的影响比 $\delta^{13}C_1$ 小，可以将 -29% 作为判别油型气与煤成气的界线：煤成气的 $\delta^{13}C_2$ 一般重于 -29%，油型气的 $\delta^{13}C_2$ 一般轻于 -29%。介于 $-29\% \sim -28\%$ 仅有个别油型气与煤成气重叠。戴金星等1992年认为，$\delta^{13}C_2 < -28.8\%$ 是油型气，$\delta^{13}C_2 > -25.1\%$ 为煤成气[9]。

王世谦1994年研究了四川盆地侏罗系—震旦系天然气的地球化学特征后，指出 $\delta^{13}C_2 > -29\%$ 为煤成气[10]。戴金星等2005年指出，$\delta^{13}C_2 < -29\%$ 是油型气，$\delta^{13}C_2 > -27.5\%$ 为煤成气[11]。戴金星等2009年研究了四川盆地9个产气层，发现 $\delta^{13}C_2$ 最重的是由上二叠统龙潭组和上三叠统须家河组煤系烃源岩形成的煤成气，其 $\delta^{13}C_2$ 介于 $-28.3\% \sim -20.7\%$，主要产在须家河组、长兴组和飞仙关组中（图1）[12]。

最近戴金星等对中国气田或油田伴生气具有 $\delta^{13}C_1<\delta^{13}C_2<\delta^{13}C_3<\delta^{13}C_4$ 原生型特征的油型气共600多口井的 $\delta^{13}C_2$ 进行对比，发现了油型气 $\delta^{13}C_2$ 最重值大于–29‰，如表1所示。

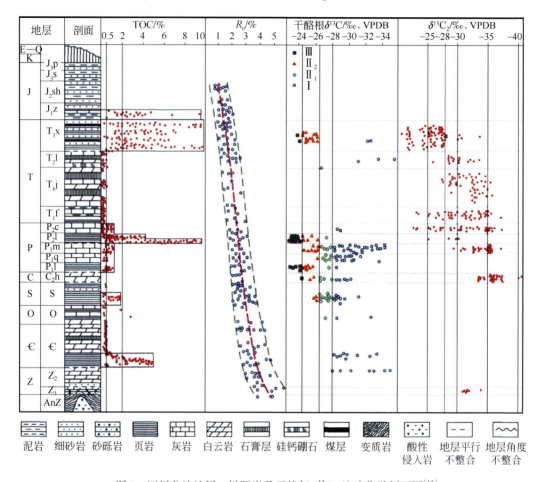

图1   四川盆地地层、烃源岩及天然气 $\delta^{13}C_2$ 地球化学剖面图[12]

Ⅰ. 腐泥型干酪根；Ⅱ₁. 偏腐泥混合型干酪根；Ⅱ₂. 偏腐殖混合型干酪根；Ⅲ. 腐殖型干酪根

表1   中国油型气 $\delta^{13}C_2$ 最重值

气（油）田	井号	层位	井深/m	天然气组成/%						$\delta^{13}C$/‰			
				CH_4	C_2H_6	C_3H_8	C_4H_{10}	N_2	CO_2	CH_4	C_2H_6	C_3H_8	C_4H_{10}
卧龙河	卧3	T_1j^5	1288.0	93.11	0.58	0.21	0.14	0.74	0.34	–32.7	–28.9	–24.3	
	卧25	T_1j^5	1649.5~1690.0	92.27	0.87	0.23	0.07	0.55	0.71	–33.0	–28.9	–24.2	
	卧13	T_1j^5	1570.0	92.40	0.80	0.20	0.16	0.78	0.46	–33.1	–28.7	–25.9	–24.2
普光	普光2	T_1f^3	4776.8~4826.0	76.69	0.19	0	0	0.40	–30.9	–28.5			
枣园	枣1235-1	Es_1	1756.6~1770.0	93.72	1.52	1.15	0.54	2.41	0.53	–47.8	–28.9	–28.3	
安茨	安69-11	Es_3	2875.2~2838.4	90.31	6.49	2.32	0.30	0.36	0.52	–46.3	–28.5	–27.9	–27.4
别古庄	京257	Es_4	1523.0~1591.0	97.51	1.17	0.33	0.15	0.32	0.44	–45.3	–28.5	–24.3	–23.8

气(油)田	井号	层位	井深/m	天然气组成/%						δ¹³C/‰			
				CH$_4$	C$_2$H$_6$	C$_3$H$_8$	C$_4$H$_{10}$	N$_2$	CO$_2$	CH$_4$	C$_2$H$_6$	C$_3$H$_8$	C$_4$H$_{10}$
永安	永7	E$_1$d	2995.4~3029.4	84.05	8.04	2.93	1.65	1.36	1.22	−44.8	−28.4	−26.1	
真武	真98	E$_1$d	2569.6~2713.0	84.64	8.52	3.75	1.44	0.77	0	−44.5	−28.4	−27.3	−27.3
尕斯库勒	跃11-6	E$_3$g	3221.0~3414.4	76.94	10.92	5.49	2.35	2.55	0.71	−42.0	−28.7	−26.3	−26.2

由表1可知，中国油型气 $\delta^{13}C_2$ 在苏北盆地永7井和真98井可重达−28.4‰，其他气（油）田也见到不少 $\delta^{13}C_2$ 值介于−28.9‰~−28.5‰。美国 Texas 州 Barnett 页岩气是油型气，在50个有效气样中49个样品的 $\delta^{13}C_2$ 介于−39.9‰~−29.4‰，有一个气样的 $\delta^{13}C_2$ 重达−28.1‰[13]。国内外煤成气盆地具有原生型（$\delta^{13}C_1 < \delta^{13}C_2 < \delta^{13}C_3 < \delta^{13}C_4$）特征的 $\delta^{13}C_2$ 最轻值见表2[14-25]。

表2　国内外煤成气 $\delta^{13}C_2$ 最轻值

国家	盆地	气田	井号	井深/m	层位	δ¹³C/‰，VPDB					文献
						CH$_4$	C$_2$H$_6$	C$_3$H$_8$	C$_4$H$_{10}$		
									iC$_4$H$_{10}$	nC$_4$H$_{10}$	
中国	鄂尔多斯	靖边	林1	3431.9~3500.0	O$_1$m^5	−33.7	−27.8	−25.6			本文
		靖边	陕21	3305.0~3308.0	O$_1$m^5	−34.7	−28.0	−26.9	−23.0		
		大牛地	DK7	2672.0~2675.0	P$_2$sh^1	−36.0	−27.7	−25.6	−23.3		
		榆林	榆28-3		P$_1$sx	−32.4	−27.0	−24.8	−23.7		
		乌审旗	召探1	3190.0~3223.0	O$_1$m^5	−37.5	−27.8	−24.3	−20.3		
		神木	榆17-1		P$_3$sq^5	−36.7	−28.1	−23.2	−21.4		[14]
		苏里	格苏40-16		P$_2$sh^1	−30.2	−27.2	−25.5	−22.2		[15]
	四川	八角场	角53	3016.6~3109.9	T$_3$x^4	−40.1	−27.4	−24.6	−24.6		本文
		广安	广安7		T$_3$x^6	−42.5	−28.0	−24.2	−23.8		[16]
		充西	西72		T$_3$x^4	−41.7	−28.3	−26.0	−25.0		本文
		南充	N-x35		T$_3$x^2	−42.0	−27.7	−24.2			[17]
	塔里木	克拉2	克拉2	3500.0~3535.0	E$_1$k	−27.3	−19.4	−18.5	−17.8		[18]
		英买力	英买34		S	−31.8	−27.6	−26.4			[19]
		牙哈	牙哈3	4980.0~4983.0	N$_1$j	−38.7	−24.7	−22.3	−22.3		[20]
		柯克亚	柯深102	6276.5~6328.0	E$_2$k	−35.0	−27.7	−24.7			本文
		阿克莫木	阿克1	3234.0~3341.0	K$_{1-2}$	−24.7	−21.2	−20.1			[21]
	准噶尔	克拉美丽	滴西10	3070.0	C	−30.1	−27.7	−24.5			本文
		五彩湾	彩31	3260.0	C	−29.5	−26.7	−25.6	−24.4		
		五彩湾	彩31	2910.0	J$_1$b	−38.8	−27.9	−24.8	−23.0		
	莺琼	崖13-1	崖13-4-1	2772.0	Ns	−37.8	−27.4	−25.6			
		东方1-1	东方1-1-4	1240.0	N$_2$y	−38.7	−26.6	−26.0	−24.9		

续表

国家	盆地	气田	井号	井深/m	层位	$\delta^{13}C$/‰, VPDB					文献
						CH_4	C_2H_6	C_3H_8	C_4H_{10}		
									iC_4H_{10}	nC_4H_{10}	
德国	中欧	拉策尔	Z_4		C_3	−30.0	−24.6	−22.5			[23]
		维仑	Z_2		蔡希斯坦统	−28.7	−24.6	−22.0			
		埃姆利西海姆	T_1		C_3	−28.6	−24.2	−22.6			
波兰	中欧	Ruda 地区	S-6		C_3	−37.8	−27.0				[24]
			S-10		C_3	−40.7	−27.8				
澳大利亚	库珀	木姆巴	Costa Central-木姆巴 30		P	−40.6	−26.4	−24.3	−24.3	−23.3	[25]
					P	−33.9	−26.3	−24.2	−24.2	−23.2	

由表 2 可见，国内煤成气盆地有关气田或井中 $\delta^{13}C_2$ 值最轻为−28.3‰。综上所述，煤成气的 $\delta^{13}C_2$ 值基本上重于−28‰，油型气的 $\delta^{13}C_2$ 值基本上轻于−28.5‰，介于−28.5‰~−28.0‰为两类气共存区，且以煤成气为主。

3   烷烃气碳同位素值研究

同 $\delta^{13}C_1$、$\delta^{13}C_2$ 相比，因为烷烃气碳同位素（$\delta^{13}C_{1-4}$）组成具有组合碳同位素特征，即至少有 3 个碳同位素值（$\delta^{13}C_1$、$\delta^{13}C_2$ 和 $\delta^{13}C_3$），多者达 4 个碳同位素值（$\delta^{13}C_1$、$\delta^{13}C_2$、$\delta^{13}C_3$ 和 $\delta^{13}C_4$），因此具有更多地质和地球化学信息可以利用和解读。

由于笔者已有专文[26]论及烷烃气碳同位素倒转的 4 种原因：有机烷烃气和无机烷烃气相混合；煤成气和油型气的混合；"同型不同源"气或"同源不同期"气的混合；某一或某些烷烃气组分被细菌氧化。因此，本文不再赘述由于碳同位素倒转作用引起的次生烷烃气，而仅讨论原生型烷烃气碳同位素系列所反映的油气地质和地球化学信息。

烷烃气分子碳数递增，$\delta^{13}C$ 依次递增（$\delta^{13}C_1 < \delta^{13}C_2 < \delta^{13}C_3 < \delta^{13}C_4$）或递减（$\delta^{13}C_1 > \delta^{13}C_2 > \delta^{13}C_3 > \delta^{13}C_4$）是原生的烷烃气碳同位素。凡 $\delta^{13}C$ 依次递增者称为正碳同位素系列；凡 $\delta^{13}C$ 依次递减者为负碳同位素系列[26]。

3.1   正碳同位素系列是有机成因原生烷烃气

正碳同位素系列表征烷烃气是有机成因的，且为原生型。这类原生型烷烃气既可是油型气（表 1），也可是煤成气（表 2）。此特点被国内外学者所公认，故不再赘述。

3.2   负碳同位素系列基本是无机成因原生烷烃气

烷烃气负碳同位素系列典型的是发现在无沉积岩的岩浆岩、大洋中脊或陨石中，如俄罗斯希比尼地块岩浆岩包裹体中发现天然气的 $\delta^{13}C_1$ 为−3.2‰，$\delta^{13}C_2$ 为−9.1‰，$\delta^{13}C_3$ 为−16.2‰[27]；土耳其喀迈拉蛇绿岩中天然气 $\delta^{13}C_1$ 为−11.9‰，$\delta^{13}C_2$ 为−22.9‰，$\delta^{13}C_3$ 为−23.7‰[28]；北大西洋 Lost City 洋中脊天然气的 $\delta^{13}C_1$ 为−9.9‰，$\delta^{13}C_2$ 为−13.3‰，$\delta^{13}C_3$ 为−14.2‰，$\delta^{13}C_4$ 为−14.3‰[29]；澳大利亚 Murchison 碳质陨石天然气的 $\delta^{13}C_1$ 为 9.2‰，

$\delta^{13}C_2$ 为 3.7‰，$\delta^{13}C_3$ 为 1.2‰[30]。这些负碳同位素系列的烷烃气，只能是无机成因的。

正碳同位素系列和负碳同位素系列的烷烃气，其差异是由碳同位素系列的分馏模式相反的同位素动力效应所致。岩浆岩、大洋中脊和宇宙陨石中的烷烃气是通过 C—C 键的形成而产生的连续多聚物的产物，^{12}C—^{12}C 比 ^{12}C—^{13}C 键弱，优先断裂，$^{12}CH_4$ 比 $^{13}CH_4$ 更加快速形成烃链，即在聚合反应过程中，^{12}C 将优先进入聚合形成的长链中，从而使形成烷烃气的碳同位素随着碳数的增加而更加贫 ^{13}C；在沉积岩中则相反，烷烃气是由干酪根的降解产生的，如 C—C 键的断裂，^{12}C—^{12}C 比 ^{12}C—^{13}C 键弱，所以优先断裂，导致有机热成因烷烃气的碳同位素随着分子中碳数的增加而更加富集 ^{13}C。

3.3　个别情况

在沉积盆地中，当发现批量负碳同位素系列烷烃气，且天然气中 R/R_a>0.5 时，如松辽盆地兴城气田、升平气田、昌德气田和长岭气田，这些烷烃气也是无机成因的[31]。

但近年来在中国一些沉积盆地也发现个别负碳同位素系列的烷烃气，如塔里木盆地大宛齐油气田大宛 1 井，其 2391～2394m 深气层的 $\delta^{13}C_1$ 为–17.9‰，$\delta^{13}C_2$ 为–21.4‰，$\delta^{13}C_3$ 为–26.2‰，$\delta^{13}C_4$ 为–27.5‰，该井上下层与邻井均为正碳同位素系列或为碳同位素值倒转，而该井则为负碳同位素系列，其原因是正碳同位素系列的烷烃气，受后生的 ^{13}C 扩散分馏率随碳分子数增加而变低，从而导致正碳同位素系列改变为负碳同位素系列[32]。鄂尔多斯盆地陕 380 井盒 8 段（3306～3309m）天然气 $\delta^{13}C_1$ 为–24.5‰，$\delta^{13}C_2$ 为–28.3‰，$\delta^{13}C_3$ 为–29.3‰，为负碳同位素系列，而四周邻井则无此特征，而且 R/R_a 值介于 0.02～0.04[33]，该盆地构造稳定，无大断裂及晚古生代以来缺乏岩浆活动，没有形成无机成因烷烃气的条件。

再如四川盆地中坝气田中 19 井（T_3x^2）气层气的 $\delta^{13}C_1$ 为–35.4‰，$\delta^{13}C_2$ 为–25.8‰，$\delta^{13}C_3$ 为–24.6‰，$\delta^{13}C_4$ 为–24.3‰，同时该气田中 3 井、中 53 井和中 60 井须家河组气层气的 R/R_a 为 0.01～0.03；中 18 井雷口坡组气层气的 R/R_a 为 0.01，即氦具有壳源成因，这说明中坝气田无论须家河组或雷口坡组的气层气均是有机成因的。但同为中 19 井（T_3x^2），其水溶气的 $\delta^{13}C_1$ 为–11.1‰，$\delta^{13}C_2$ 为–14.5‰，$\delta^{13}C_3$ 为–19.4‰，却属于负碳同位素系列，由此若得出水溶气中烷烃气是属于无机成因显然牵强附会。后者所以出现负碳同位素形式，可能是气层气和水溶气相态不同，由于水对溶于其中甲烷、乙烷和丙烷产生不同的碳同位素分馏所致。

Burruss 等[34]发现阿巴拉契亚盆地北部志留系和奥陶系非常规气藏甲烷及其同系物之间也出现负碳同位素系列，并且在深部样品中发现了氢同位素倒转。他们提出，除了混合作用外，需要乙烷和丙烷发生瑞利分馏，从而导致同位素倒转，而引起瑞利分馏的反应可能包括过渡金属与水介质在 250～300℃时发生的氧化还原作用。

由上述可知，在沉积盆地中个别井出现负碳同位素系列，是由于正碳同位素系列烷烃气受次生改造形成的，不能仅依据负碳同位素系列认为是属于无机成因烷烃气，应进行综合分析研究。考虑到个别负碳同位素系列是由正碳同位素系列次生改造形成，所以认为负碳同位素系列烷烃气基本是无机成因更科学些。

4 结论

（1）甲烷碳同位素与烃源岩成熟度回归方程具有广泛使用价值，对判断勘探目的层气体类型具有重要意义。

（2）煤成气的 $\delta^{13}C_2$ 基本上重于 –28.0‰，油型气的 $\delta^{13}C_2$ 基本上轻于 –28.5‰，介于 –28.5‰ ~ –28.0‰为两类气共存区，且以煤成气为主。

（3）正碳同位素系列的烷烃气是有机成因的，负碳同位素系列的烷烃气基本上是无机成因的；但沉积盆地中个别出现负碳同位素系列是由正碳同位素系列次生改造所致，其烷烃气并不是无机成因的。

致　谢：本文引用了张文正教授和秦胜飞博士未发表的负碳同位素系列资料，在此深表感谢。

参 考 文 献

[1] Stahl W J, Carey Jr B D. Source-rock identification by isotope analyses of natural gases from fields in the Val Verde and Delaware Basins, west Texas. Chemical Geology, 1975, 16(4):257-267.

[2] 戴金星, 宋岩, 关德师, 等. 鉴别煤成气的指标. 见: 煤成气地质研究. 北京: 石油工业出版社, 1987: 156-170.

[3] 戴金星, 戚厚发. 我国煤成烃气的 $\delta^{13}C-R_o$ 关系. 科学通报, 1989, 34(9):690-692.

[4] 沈平, 申岐祥, 王先彬, 等. 气态烃同位素组成特征及煤型气判别. 中国科学: 化学, 1987, 17(6):647-656.

[5] 刘文汇, 徐永昌. 煤型气碳同位素演化二阶段分馏模式及机理. 地球化学, 1999, 28(4):359-366.

[6] 赵文智, 刘文汇. 高效天然气藏形成分布与凝析、低效气藏经济开发的基础研究. 北京: 科学出版社, 2008:101-102.

[7] 戴金星. 我国煤成气藏的类型和有利的煤成气远景区. 见: 天然气勘探. 北京: 石油工业出版社, 1986. 15-31.

[8] 张士亚, 郜建军, 蒋泰然. 利用甲、乙烷碳同位素判识天然气类型的一种新方法. 见: 地质矿产部石油地质研究所. 石油与天然气地质文集: 第一集. 北京: 地质出版社, 1988:48-58.

[9] 戴金星, 裴锡古, 戚厚发. 中国天然气地质学: 卷一. 北京: 石油工业出版社, 1992.

[10] 王世谦. 四川盆地侏罗系—震旦系天然气的地球化学特征. 天然气工业, 1994, 14(6):1-5.

[11] 戴金星, 秦胜飞, 陶士振, 等. 中国天然气工业发展趋势和天然气地学理论重要进展. 天然气地球科学, 2005, 16(2):127-142.

[12] 戴金星, 倪云燕, 邹才能, 等. 四川盆地须家河组煤系烷烃气碳同位素特征及气源对比意义. 石油与天然气地质, 2009, 30(5):519-529.

[13] Rodriguez N D, Philp R P. Geochemical characterization of gases from the Mississippian Barnett Shale, Fort Worth Basin, Texas. AAPG Bulletin, 2010, 94(11):1641-1656.

[14] 冯乔, 耿安松, 廖泽文, 等. 煤成天然气碳氢同位素组成及成藏意义: 以鄂尔多斯盆地上古生界为例. 地球化学, 2007, 36(3):261-266.

[15] Cai C F, Hu G Y, He H, et al. Geochemical characteristics and origin of natural gas and thermochemical sulphate reduction in Ordovician carbonates in the Ordos Basin, China. Journal of Petroleum Science and Engineering, 2005, 48(3-4):209-226.

[16] 李登华,李伟,汪泽成,等.川中广安气田天然气成因类型及气源分析.中国地质,2007,34(5): 829-836.

[17] 陈义才,郭贵安,蒋裕强,等.川中地区上三叠统天然气地球化学特征及成藏过程探讨.天然气地球科学,2007,18(5):737-742.

[18] 李剑,谢增业,李志生,等.塔里木盆地库车坳陷天然气气源对比.石油勘探与开发,2001,28(5):29-32,41.

[19] 苗忠英,张秋茶,陈践发,等.英买力地区天然气地球化学特征.天然气工业,2008,28(6):40-43.

[20] 秦胜飞,李先奇,肖中尧,等.塔里木盆地天然气地球化学及成因与分布特征.石油勘探与开发,2005,32(4):70-78.

[21] 戴金星,倪云燕,李剑,等.塔里木盆地和准噶尔盆地烷烃气碳同位素类型及其意义.新疆石油地质,2008,29(4):403-410.

[22] 李剑,姜正龙,罗霞,等.准噶尔盆地煤系烃源岩及煤成气地球化学特征.石油勘探与开发,2009,36(3):365-374.

[23] Faber E,Schmitt M,Stahl W J. Geochemische Daten nordwestdeutscher Oberkarbon, Zechstein-und Buntsandstein-gase-migrations-und reifebedingte Anderungen. Erdol und Kohle-Erdgas-Petrochemie,1979,32(2):65-70.

[24] Kotarba M. Isotopic geochemistry and habitat of the natural gases from the Upper Carboniferous Zacler coalbearing formation in the Nowa Ruda coal district (Lower Silesia,Poland). Organic Geochemistry,1990,16(1-3):549-560.

[25] Boreham C J,Edwards D S,Hope J M,et al. Carbon and hydrogen isotopes of neo-pentane for biodegraded natural gas correlation. Organic Geochemistry,2008,39(10):1483-1486.

[26] 戴金星,夏新宇,秦胜飞,等.中国有机烷烃气碳同位素系列倒转的成因.石油与天然气地质,2003,24(1):1-6.

[27] Zorikin L M,Starobinets I S,Stadnik E V. Natural Gas Geochemistry of Oil-gas Bearing Basin. Moscow: Mineral Press,1984.

[28] Hosgörmez H. Origin of the natural gas seep of Cirali (Chimera),Turkey:site of the first Olympic fire. Journal of Asian Earth Sciences,2007,30(1):131-141.

[29] Proskurowski G,Lilley M D,Seewald J S,et al. Abiogenic hydrocarbon production at Lost City hydrothermal field. Science,2008,319(5863):604-607.

[30] Yuen G,Blair N,Des marais D J,et al. Carbon isotope composition of low molecular weight hydrocarbons and monocarboxylic acids from Murchison meteorite. Nature,1984,307(5948):252-254.

[31] 戴金星,邹才能,张水昌,等.无机成因和有机成因烷烃气的鉴别.中国科学(D辑):地球科学,2008,38(11):1329-1341.

[32] 秦胜飞.塔里木盆地库车坳陷异常天然气的成因.勘探家,1999,4(3):21-23,30.

[33] 戴金星,宋岩,戴春森,等.中国东部无机成因气及其气藏形成条件.北京:科学出版社,1995.

[34] Burruss R C,Laughrey C D. Carbon and hydrogen isotopic reversals in deep basin gas:evidence for limits to the stability of hydrocarbons. Organic Geochemistry,2010,41(12):1285-1296.

中国致密砂岩气及在勘探开发上的重要意义[*]

戴金星，倪云燕，吴小奇

1 致密砂岩及致密砂岩气藏分类

1.1 致密砂岩定义

按渗透率和孔隙度，可将砂岩分为多种类型。国内外学者和研究机构在致密砂岩气藏类型划分前提下提出了致密砂岩的孔隙度和渗透率划分标准，由表1可知，致密砂岩常泛指渗透率小于1mD（更多文献限定为小于0.1mD）、孔隙度小于10%的砂岩[1-14]。

表1　致密砂岩分类孔隙度和渗透率参数

孔隙度上限/%	渗透率上限/mD	参考文献
	0.1	[1]
	0.1	[2]
10	0.1	[3]
	0.1	[4]
12	1.0（空气渗透率）	[5]
	0.1	[6]
10	0.1（有效渗透率）	[7]
5	0.1（有效渗透率）	[8]
	0.1（覆压基质渗透率）	[9]
12	0.1	[10]
10	0.5	[11]

* 原载于《石油勘探与开发》，2012 年，第 39 卷，第 3 期，257 ~ 264。

续表

孔隙度上限/%	渗透率上限/mD	参考文献
3~12	0.1	[12]
12	1.0	[13]
10	1.0	[14]

1.2 致密砂岩气藏（田）分类

致密砂岩气藏系指聚集工业天然气的致密砂岩场晕或圈闭。根据其储层特征、储量大小及所处区域构造位置高低，可将致密砂岩气藏分为两类。

1）"连续型"致密砂岩气藏（田）

通常位于构造的低部位，圈闭界限模糊不清，储层展布广，往往气水分布倒置或无统一气水界面，储量很大，储量丰度相对较低，储源一体或近源。例如，中国鄂尔多斯盆地苏里格气田石炭–二叠系盒8段砂岩平均孔隙度仅9.6%，渗透率仅1.01mD，山1段砂岩平均孔隙度仅7.6%，渗透率仅0.60mD[14]，截至2011年底，苏里格气田致密砂岩气藏探明地质储量为$2.8×10^{12}m^3$；西加拿大阿尔伯达盆地艾尔姆沃斯（Elmworth）气田气层孔隙度为0.9%~17.7%，渗透率为0.1~13.5mD[15]，可采储量为$4760×10^8m^3$[12]；美国圣胡安盆地向斜轴部白垩系致密砂岩气田气层孔隙度为1.2%~5.8%，渗透率为0.06~0.96mD[16]，可采储量为$7079×10^8m^3$；丹佛盆地向斜轴部瓦腾堡气田储层也是白垩系致密砂岩，储量为$368×10^8m^3$[15]。以上气田均为气水分布倒置的深盆气田。需要指出的是，艾尔姆沃斯气田为典型的致密砂岩深盆气，但该气田部分地区孔隙度和渗透率超出表1中界限值，这些地区为"甜点"所在，故只要具备连续型致密砂岩气藏基本特征，孔渗标准也可变通。

2）"圈闭型"致密砂岩气藏（田）

与"连续型"致密砂岩气藏（田）共同点是储层为低孔渗致密砂岩，不同之处是天然气往往聚集在圈闭高处，气水关系正常，上气下水，储量规模相对偏小。中国四川盆地孝泉气藏天然气即聚集在侏罗系致密砂岩的高部位（图1）[17]；渤海湾盆地户部寨气藏，储层沙河街组四段砂岩平均孔隙度为8.3%，平均渗透率为0.3mD，天然气在受断层复杂化的地垒高部位聚集成藏，储层裂缝发育[18-19]；塔里木盆地库车坳陷大北气田下白垩统巴什基奇克组（K_1bs）为致密砂岩气层，大北302井7203.64~7247.18m的5个岩样孔隙度为1.00%~4.63%，平均为2.62%；渗透率为0.0137~0.0610mD，平均为0.0362mD，气藏分布在断背斜高部位（图2）。

致密砂岩气藏一般自然产能不大或低于工业气流下限，甚至无自然产能，但在一定经济和技术措施下可获得工业天然气产能。

姜振学等[20]根据致密砂岩气藏烃源岩生排烃高峰期与储层致密演化史二者之间的先后关系，把致密砂岩气藏分为两种类型：①"先成型"致密砂岩气藏，储层致密化过程发生在烃源岩生排烃高峰期天然气充注之前；②"后成型"致密砂岩气藏，储层致密化过程

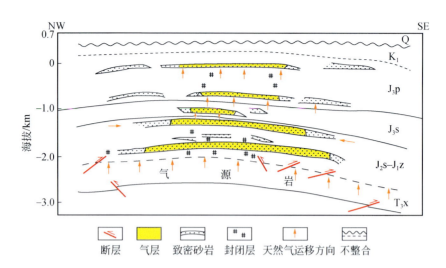

图1　中国四川盆地孝泉气藏剖面图[17]

$J_3p.$ 上侏罗统蓬莱镇组；$J_3s.$ 上侏罗统遂宁组；$J_2s.$ 中侏罗统沙溪庙组；

$J_1z.$ 下侏罗统自流井组；$T_3x.$ 上三叠统须家河组

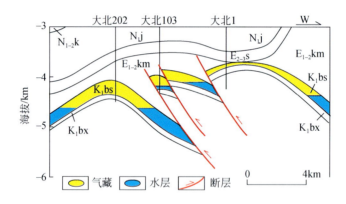

图2　塔里木盆地库车坳陷大北气田剖面示意图

$N_{1-2}k.$ 中新统—上新统康村组；$N_1j.$ 中新统吉迪克组；$E_{2-3}s.$ 始新统—渐新统苏维依组；

$E_{1-2}km.$ 古新统—始新统库姆格列木组；$K_1bs.$ 下白垩统巴什基奇克组；$K_1bx.$ 下白垩统巴西改组

发生在烃源岩生排烃高峰期天然气充注之后。

2　中国致密砂岩大气田概况

　　目前中国把地质储量达 $300 \times 10^8 m^3$ 及以上的气田定为大气田。截至2010年底，中国共发现了45个大气田，其中致密砂岩大气田15个（图3）；致密砂岩大气田探明天然气地质储量 $28656.7 \times 10^8 m^3$（表2），分别占全国探明天然气地质储量和大气田地质储量的37.3%和45.8%。2010年全国致密砂岩大气田共产气 $222.5 \times 10^8 m^3$，占当年全国产气量的23.5%（表2）。可见，中国致密砂岩大气田总储量和年总产量已分别约占全国天然气储量和产量的1/3和1/4。

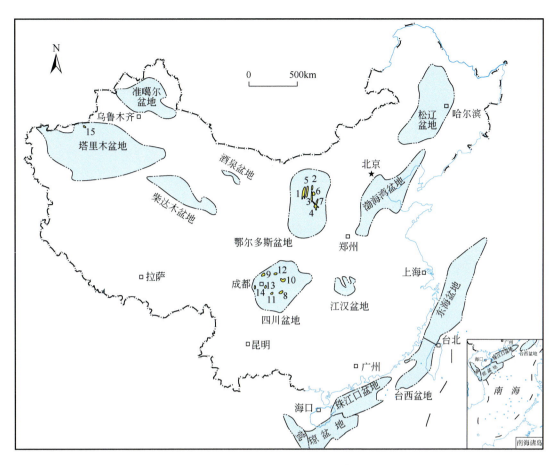

图 3　中国致密砂岩大气田分布图

1. 苏里格气田；2. 大牛地气田；3. 榆林气田；4. 子洲气田；5. 乌审旗气田；6. 神木气田；7. 米脂气田；8. 合川气田；9. 新场气田；10. 广安气田；11. 安岳气田；12. 八角场气田；13. 洛带气田；14. 邛西气田；15. 大北气田

表 2　中国致密砂岩大气田基础数据表

盆地	气田	主要产层	气藏类型	地质储量①/10^8m^3	年产量①/10^8m^3	平均孔隙度/%	渗透率/mD 范围	渗透率/mD 平均值	文献
鄂尔多斯	苏里格	P_2sh、P_2x、P_1s_1	连续型	11008.2	104.75	7.163（1434）	0.001~101.099	1.284（1434）	本文
	大牛地	P、C		3926.8	22.36	6.628（4068）	0.001~61.000	0.532（4068）	
	榆林	P_1s_2		1807.5	53.30	5.630（1200）	0.003~486.000	4.744（1200）	
	子洲	P_1s、P_2x		1152.0	5.87	5.281（1028）	0.004~232.884	3.498（1028）	
	乌审旗	P_2sh、P_2x、O_1		1012.1	1.55	7.820（689）	0.001~97.401	0.985（687）	
	神木	P_1t、P_1s、P_2x		935.0	0.00	4.712（187）	0.004~3.145	0.353（187）	
	米脂	P_1s_1、P_2x、P_2sh		358.5	0.19	6.180（1179）	0.003~30.450	0.655（1179）	

续表

盆地	气田	主要产层	气藏类型	地质储量①/$10^8 m^3$	年产量①/$10^8 m^3$	平均孔隙度/%	渗透率/mD 范围	渗透率/mD 平均值	文献
四川	合川	T_3x	连续型	2299.4	7.46	8.45		0.313	[21]
	新场	J_3、T_3x	圈闭型为主	2045.2	16.29	12.31（>1300）		2.560（>1300）	[22]
	广安	T_3x	连续型	1355.6	2.79	4.20		0.350	[23]
	安岳	T_3x	连续型	1171.2	0.74	8.70		0.048	[21]
	八角场	J、T_3x	圈闭型为主	351.1	1.54	T_3x_4 平均7.93		0.580	[24]
	洛带	J_3	圈闭型	323.8	2.83	11.80（926）		0.732（814）	[25]
	邛西	J、T_3x	圈闭型为主	323.3	2.65	T_3x_2 平均3.29		0.0636	[24]
塔里木	大北	K	圈闭型	587.0	0.22	2.62（5）		0.036（5）	本文

①数据采集年份为2010年；括号内数据为样品数。

3 中国致密砂岩气藏的气源

由表3可知，中国致密砂岩大气田具有以下天然气地球化学特征：①天然气组分中非烃气（主要是CO_2和N_2）含量低，一般为1.5%~2.5%，神木气田双20井非烃气含量最高，为3.29%。②天然气组分以烷烃气（C_{1-4}）为主，含量为96.23%（安岳气田岳101井）~99.59%（广安气田广安106井），其中甲烷含量最高，为84.38%（安岳气田岳101井）~96.04%（大北气田大北201井），故为优质商品气。由于天然气组分以烷烃气占绝对优势，因此研究气源即是讨论烷烃气的气源。③表3中除个别井（如大北201井）碳同位素组成局部发生倒转外，绝大部分均为正碳同位素系列，说明这些烷烃气为有机成因[26]。④将表3中$\delta^{13}C_1$、$\delta^{13}C_2$和$\delta^{13}C_3$值投入戴金星于1992年提出的有机成因气$\delta^{13}C_1$-$\delta^{13}C_2$-$\delta^{13}C_3$鉴别图中（图4）[27]①，并把$\delta^{13}C_1$与C_1/C_{2+3}值投入Whiticar天然气成因鉴别图（图5）[28]，可见目前中国发现的致密砂岩大气田天然气均为煤成气，即气源都来自煤系中Ⅲ型泥岩和腐殖煤。鄂尔多斯盆地苏里格、大牛地、榆林、子洲、乌审旗、神木和米脂7个致密砂岩大气田气源来自石炭系本溪组、二叠系太原组和山西组3套煤系[29-31]；四川盆地合川、新场、广安、安岳、八角场、洛带和邛西7个致密砂岩大气田气源来自上三叠统须家河组煤系[32-36]。此外，"圈闭型"致密砂岩气藏，如渤海湾盆地户部寨沙河街组四段致密砂岩气藏，其气源为下伏石炭-二叠系煤系[18]。四川盆地孝泉侏罗系致密砂岩气藏，其气源为下伏须家河组煤系[17]。塔里木盆地库车坳陷东部依南2侏罗系阿合组致密砂岩气藏气源主要来自下伏三叠系塔里奇克组煤系[13]，依南2井天然气$\delta^{13}C_1$为-32.2‰，$\delta^{13}C_2$为-24.6‰，$\delta^{13}C_3$为-23.1‰，$\delta^{13}C_4$为-22.8‰[36]，为煤成气特征。综上可知，中国致密砂岩气藏的天然气都是煤成气，这是由于致密砂岩孔渗极低，只有"全天

---

① 戴金星，2012，关于有关成因气$\delta^{13}C_1$-$\delta^{13}C_2$-$\delta^{13}C_3$鉴别图的简化和完善。

候"气源岩煤系连续不断供气，才能形成大气藏。

表3　中国致密砂岩大气田天然气地球化学参数表

盆地	气田	井号	层位	天然气主要组分/%								$\delta^{13}C$/‰, VPDB				文献
				CH_4	C_2H_6	C_3H_8	iC_4	nC_4	C_{1-4}	CO_2	N_2	CH_4	C_2H_6	C_3H_8	C_4H_{10}	
鄂尔多斯	苏里格	苏1	P_2x	92.24	4.16	0.81	0.18	0.14	97.53	1.70	0.56	−34.2	−22.2	−22.1	−21.6	本文
		苏80	P_2x	88.34	3.94	3.02	1.69	1.52	98.51	1.46	0	−34.5	−26.5	−26.1	−25.0	
		苏38	P_1s	92.98	3.45	0.79	0.31	0.32	97.85	2.15	0	−31.7	−22.1	−21.5	−20.6	
	大牛地	D16	P_2sh	94.37	2.52	0.26	0.06	0.09	97.30	0.37	1.96	−35.1	−27.1	−26.0	−23.9	
		DK13	P_1s	94.49	1.71	0.31	0.07		96.58	0.28	2.35	−36.6	−25.7	−24.5	−22.6	
	榆林	榆37	P_1s	94.66	2.93	0.42	0.06	0.06	98.13	1.11	0.66	−31.8	−26.1	−24.6	−23.0	
		榆44-4	P_1s	89.62	5.66	1.67	0.40	0.43	97.78			−31.4	−25.0	−22.8	−22.8	
	子洲	洲16-19	P_1s	91.53	5.22	1.16	0.19	0.20	98.30			−34.5	−24.3	−21.7	−21.7	
		洲26-26	P_1s	91.63	4.60	0.99	0.17	0.20	97.59			−31.6	−25.0	−22.9	−22.7	
	乌审旗	陕215	P_2sh	93.60	3.79	0.55	0.08	0.08	98.10	0.76	0.46	−32.9	−26.0	−24.0	−22.3	
		陕243	P_2x	90.85	5.46	1.03	0.18	0.17	97.69	0.54	1.55	−35.0	−24.0	−23.6	−22.4	
	神木	神1	P_2x	92.86	4.69	1.23	0.16	0.18	99.12		0.73	−37.1	−24.7	−24.5	−23.0	
		双20	P_1t	93.06	3.22	0.56	0.11	0.10	97.05	2.47	0.82	−35.8	−25.6	−24.0	−23.0	
	米脂	榆17-2	P_2sh	91.16	5.31	0.84	0.14	0.14	97.59	1.81	0.11	−34.2	−25.5	−23.1	−21.1	[37]
		米1	P_2x	93.39	3.53	0.40	0.09	0.06	97.47	0.32	1.79	−32.6	−23.0	−21.9	−20.6	
四川	合川	合川106	T_3x_2	89.28	6.83	1.87	0.46	0.37	98.81	0.21	0.39	−39.8	−27.0	−24.1		本文
		潼南105	T_3x_2	87.77	7.42	2.32	0.57	0.50	98.58	0.27	0.37	−40.4	−27.4	−24.0		
	新场	JS12	J	88.82	5.66	1.95	0.42	0.51	97.36		2.01	−34.4	−25.2	−22.3	−21.9	[32]
		新882	T_3x_4	93.41	3.78	0.93	0.20	0.18	98.50	0.46	0.85	−34.3	−23.1	−21.4	−20.0	
	广安	广安106	T_3x_4	94.16	4.78	0.49	0.09	0.07	99.59		0.39	−37.8	−25.7	−24.7	−22.5	[33]
		广安128	T_3x_4	94.31	4.33	0.54	0.20	0.07	99.45		0.59	−37.7	−25.2	−23.3	−21.3	
	安岳	岳101	T_3x_2	84.38	7.87	2.50	0.69	0.79	96.23	0.35	0.71	−41.3	−26.8	−23.7	−25.2	[35]
		安岳2	T_3x_2	87.20	7.59	2.38	0.56	0.44	98.17	0.87	0.70	−41.2	−26.7	−23.8	−24.5	
	八角场	角33	T_3x_6	92.28	5.02	1.20	0.23	0.27	99.00		0.86	−39.5	−25.7	−24.4	−23.4	本文
		角53	T_3x_4	92.95	4.93	1.14	0.20	0.24	99.46		0.38	−40.1	−27.4	−24.6	−24.6	
	洛带	LS35	J	88.72	6.00	2.03	0.41	0.52	97.68		1.70	−33.5	−24.0	−21.5	−21.2	[32]
		Long42	$J_3p_4^2$	90.52	4.96	1.50	0.32	0.39	97.69		1.80	−32.9	−24.0	−21.2	−21.3	
	邛西	QX6	T_3x_2	95.95	2.48	0.30	0.04	0.04	98.81	0.92	0.21	−31.2	−23.2	−23.1	−20.9	
		QX13	T_3x_2	93.49	3.90	0.63	0.11	0.08	98.21	1.47	0.25	−33.7	−24.1	−23.4	−20.9	
塔里木	大北	大北102	K	96.01	2.08	0.38	0.09	0.09	98.65	0.44	0.64	−29.5	−21.6	−21.0	−22.5	本文
		大北201	K	96.04	1.93	0.35	0.08	0.09	98.49	0.53	0.65	−28.9	−21.7	−20.9	−22.3	

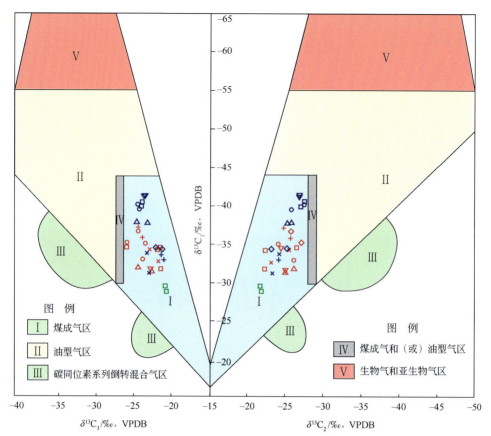

图 4 有机成因气 $\delta^{13}C_1$–$\delta^{13}C_2$–$\delta^{13}C_3$ 鉴别图版[27]

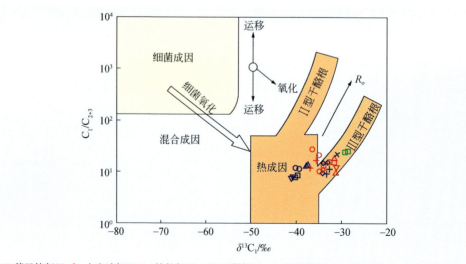

图 5 $\delta^{13}C_1$–C_1/C_{2+3} 天然气成因鉴别图版[28]

4 中国致密砂岩气勘探开发优势

目前，在中国非常规天然气（致密砂岩气、页岩气、煤层气和气水合物）勘探开发中，笔者认为应以致密砂岩气为先导，重点发展，以下从技术可采资源量、探明储量、产量3个方面加以论证。

4.1 致密砂岩气技术可采资源量大且可信度最高

中国致密砂岩气技术可采资源量为 $11 \times 10^{12} \mathrm{m}^3$，页岩气技术可采资源量为 $11 \times 10^{12} \mathrm{m}^3$，煤层气技术可采资源量为 $12 \times 10^{12} \mathrm{m}^{3[38]}$（文献［39］报道可采资源量约为 $10.8 \times 10^{12} \mathrm{m}^3$），3类天然气的可采资源量几乎相当。但可采资源量可信度以致密砂岩气最高，因为致密砂岩气可采资源量主要分布在鄂尔多斯盆地和四川盆地等，为全国第三次资源评价以及一些研究单位和众多学者先后40年多次评价所证实[40]。对煤层气技术可采资源量也曾做过几次资源评价，但在研究层次、深度等方面与致密砂岩气相比差距较大，且近年来产量欠佳，说明其技术可采资源量可信度尚待检验。页岩气技术可采资源量与致密砂岩气等同，为 $11 \times 10^{12} \mathrm{m}^3$，但中国2003年才开始进入页岩气研究的初始阶段[41]，因此，页岩气技术可采资源量可信度远差于致密砂岩气。

4.2 非常规气中致密砂岩气探明储量最丰富

由表2可见，截至2010年底，中国15个致密砂岩大气田天然气探明储量共计 $28656.7 \times 10^8 \mathrm{m}^3$，占当年全国天然气总探明储量的37.3%，如再加上全国中小型致密砂岩气田储量（$1452.5 \times 10^8 \mathrm{m}^3$），中国致密砂岩气探明储量将达 $30109.2 \times 10^8 \mathrm{m}^3$，占全国天然气总探明储量的39.2%。由图6可见，1990～2010年的20年间美国天然气年产气量基本呈增长之势，这主要是由于有致密砂岩气产量增长作支撑（美国储量排名前100的气藏中有58个是致密砂岩气藏[42]）。中国截至2010年底共发现储量大于 $1000 \times 10^8 \mathrm{m}^3$ 的大气田18个，其中9个为致密砂岩大气田，总探明地质储量 $25777.9 \times 10^8 \mathrm{m}^3$，占18个大气田的

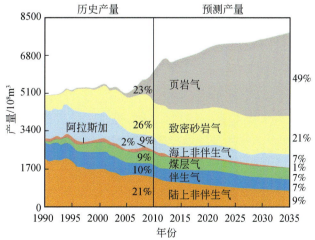

图6 美国1990～2035年各类天然气历史产量和预测产量结构图[43]

图中数字为各类天然气占总产气量的比例

53.5%。由此可见，中国与美国致密砂岩气储量有相似之处，即致密砂岩气在全国天然气储量中占举足轻重的地位，因此把致密砂岩气作为中国今后一段时间非常规气勘探开发之首是合理的。

4.3   致密砂岩气产量已占全国1/4

由图7可见，中国近20年来的天然气产量以常规气占优势，但其所占比例逐年下降，非常规气则以致密砂岩气为主，产量逐年增加。页岩气至今尚未形成规模工业产量，煤层气如前所述目前产量还很低。1990年，中国常规天然气产量占绝对优势，约占总产量的95.1%，致密砂岩气产量（年产气量为$7.48 \times 10^8 \, m^3$）仅占4.9%，并仅产于四川盆地；2000年，常规气产量占84.7%，致密砂岩气产量所占比例上升为15.3%，四川盆地和鄂尔多斯盆地致密砂岩气产量分别为$20.5 \times 10^8 \, m^3$和$20.2 \times 10^8 \, m^3$；2010年，中国致密砂岩气产量大幅度攀升，15个致密砂岩大气田产量达$222.5 \times 10^8 \, m^3$，再加上中小型致密砂岩气田产量（$10.46 \times 10^8 \, m^3$），致密砂岩气产量为$232.96 \times 10^8 \, m^3$，占全国天然气总产量的24.6%（图7），成为中国近期天然气产量迅速提高的主要支撑。对比中美致密砂岩气产量递增趋势（图6、图7），笔者预计，至少在未来10年内，中国致密砂岩气对天然气总产量迅速提高有稳定支撑作用。Khlaifat等指出，近年来致密砂岩气产量几乎约占全球非常规气产量的70%[44]，说明了致密砂岩气在开发中的重要作用。

图7   中国1990～2010年致密砂岩气与常规气历年产量及占全国产气量比例图

5   结论

致密砂岩气藏根据其储层特征、储量大小及所处区域构造位置高低，可分为两类："连续型"致密砂岩气藏及"圈闭型"致密砂岩气藏。前者圈闭界限模糊不清，无统一气水界面，往往气水倒置，常处构造低部位，储源一体或近源；后者位于圈闭高处，气水关系正常，上气下水，储量规模相对较小。

中国致密砂岩气均为煤成气，组分以烷烃气（C_{1-4}）为主，甲烷含量最高，非烃气（主要是CO_2和N_2）含量低；烷烃气具正碳同位素系列特征。截至目前，中国共发现了15个致密砂岩大气田。

在致密砂岩气、页岩气和煤层气3种非常规气中，近期对中国天然气产量和储量迅速提高做出最重要贡献的首推致密砂岩气，截至 2010 年底，致密砂岩气的储量和年产量分别占中国天然气总储量和产量的 39.2% 和 24.6%，预计这一比例还将继续提高。因此，在今后一段时间内，中国非常规气勘探开发应以致密砂岩气为先。

　　致　谢：王兰生教授提供了安岳气田的数据，胡国艺和朱光有高级工程师协助提供有关资料，在此一并谨致谢意！

参 考 文 献

[1] Federal Energy Regulatory Commission. Natural gas policy act of 1978. Washington: Federal Energy Regulatory Commission, 1978.

[2] Elkins L E. The technology and economics of gas recovery from tight sands. New Mexico: SPE Production Technology Symposium, 1978.

[3] Wyman R E. Gas recovery from tight sands. SPE 13940, 1985.

[4] Spencer C W. Geologic aspects of tight gas reservoirs in the Rocky Mountain region. Journal of Petroleum Geology, 1985, 37(7): 1308-1314.

[5] Surdam R C. A new paradigm for gas exploration in anomalously pressured "tight gas sands" in the Rocky Mountain Laramide basins. AAPG Memoir, 1997, 67: 283-298.

[6] Holditch S A. Tight gas sands, Journal of Petroleum Technology, 2006, 58(6): 86-93.

[7] 中国石油天然气总公司. 中华人民共和国石油和天然气行业标准(SY/T 6168—1995). 北京: 石油工业出版社, 1995.

[8] 国家能源局. 中华人民共和国石油和天然气行业标准(SY/T 6168—2009). 北京: 石油工业出版社, 2009.

[9] 国家能源局. 中华人民共和国石油和天然气行业标准(SY/T 6832—2011). 北京: 石油工业出版社, 2011.

[10] 关德师, 牛嘉玉. 中国非常规油气地质. 北京: 石油工业出版社, 1995: 60-85.

[11] 戴金星, 裴锡古, 戚厚发. 中国天然气地质学: 卷二. 北京: 石油工业出版社, 1996: 66-73.

[12] 邹才能, 陶士振, 侯连华, 等. 非常规油气地质. 北京: 地质出版社, 2011: 50-71, 86-92.

[13] 邢恩袁, 庞雄奇, 肖中尧, 等. 塔里木盆地库车坳陷依南 2 气藏类型的判别. 中国石油大学学报: 自然科学版, 2011, 35(6): 21-27.

[14] 邹才能, 陶士振, 袁选俊, 等. "连续型"油气藏及其在全球的重要性: 成藏、分布与评价. 石油勘探与开发, 2009, 36(6): 669-682.

[15] Masters J A. Deep basin gas trap, Western Canada. AAPG Bulletin, 1979, 63(2): 152-181.

[16] Bruce S H. Seismic expression of fracture-swarm sweet sports, Upper Cretaceous tight-gas reservoirs, San Juan Basin. AAPG Bulletin, 2006, 90(10): 1519-1534.

[17] 耿玉臣. 孝泉构造侏罗系"次生气藏"的形成条件和富集规律. 石油实验地质, 1993, 15(3): 262-271.

[18] 许化政. 东濮凹陷致密砂岩气藏特征的研究. 石油学报, 1991, 12(1): 1-8.

[19] 曾大乾, 张世民, 卢立泽. 低渗透致密砂岩气藏裂缝类型及特征. 石油学报, 2003, 24(4): 36-39.

[20] 姜振学, 林世国, 庞雄奇, 等. 两种类型致密砂岩气藏对比. 石油实验地质, 2006, 28(3): 210-214.

[21] 杜金虎, 徐春春, 魏国齐, 等. 四川盆地须家河组岩性大气田勘探. 北京: 石油工业出版社, 2011: 125-127.

[22] 康竹林, 傅诚德, 崔淑芬, 等. 中国大中型气田概论. 北京: 石油工业出版社, 2000: 252-257.

[23] 邹才能, 杨智, 陶士振, 等. 纳米油气与源储共生型油气聚集. 石油勘探与开发, 2012, 39(1): 13-26.

[24]《中国油气田开发志》总编纂委员会. 中国油气田开发志(卷十三):西南"中国石油"油气区卷. 北京:石油工业出版社,2011:385-386,893-894.

[25]《中国油气田开发志》总编纂委员会. 中国油气田开发志(卷二十一):西南"中国石化"油气区卷.北京:石油工业出版社,2011:111-112.

[26] Dai J X,Xia X Y,Qin S F,et al. Origins of partially reserved alkane δ^{13}C values for biogenic gases in China. Organic Geochemistry,2004,35(4):405-411.

[27] Dai J X. Identification and distinction of various alkane gases. Science in China:Series B,1992,35(10):1246-1257.

[28] Whiticar M J. Carbon and hydrogen isotope systematics of bacterial formation and oxidation of methane. Chemical Geology,1999,161:291-314.

[29] 戴金星,李剑,罗霞,等.鄂尔多斯盆地大气田的烷烃气碳同位素组成特征及其气源对比. 石油学报,2005,26(1):18-26.

[30] 李贤庆,胡国艺,李剑,等.鄂尔多斯盆地中东部上古生界天然气地球化学特征. 石油天然气学报,2008,30(4):1-4.

[31] Hu G Y,Li J,Shan X Q,et al. The origin of natural gas and the hydrocarbon charging history of the Yulin gas field in the Ordos Basin,China. International Journal of Coal Geology,2010,81:381-391.

[32] Dai J X,Ni Y Y,Zou C N. Stable carbon and hydrogen isotopes of natural gases sourced from the Xujiahe Formation in the Sichuan Basin,China. Organic Geochemistry,2012,43(1):103-111.

[33] Dai J X,Ni Y Y,Zou C N,et al. Stable carbon isotopes of alkane gases from the Xujiahe coal measures and implications for gas-source correlation in the Sichuan Basin,SW China. Organic Geochemistry,2009,40(5):638-646.

[34] 李登华,李伟,汪泽成,等.川中广安气田天然气成因类型及气源分析. 中国地质,2007,34(5):829-836.

[35] 王兰生,陈盛吉,杜敏,等.四川盆地三叠系天然气地球化学特征及资源潜力分析.天然气地球科学,2008,19(2):222-228.

[36] 李贤庆,肖中尧,胡国艺,等.库车坳陷天然气地球化学特征和成因.新疆石油地质,2005,26(5):489-492.

[37] 冯乔,耿安松,廖泽文,等.煤成天然气碳氢同位素组成及成藏意义:以鄂尔多斯盆地上古生界为例.地球化学,2007,36(3):261-266.

[38] 邱中建,邓松涛.中国非常规天然气的战略地位.天然气工业,2012,32(1):1-5.

[39] 徐凤银,刘琳,曾文婷,等.中国煤层气勘探开发现状与发展前景.见:钟建华.国际非常规油气勘探开发(青岛)大会论文集.北京:地质出版社,2011:372-380.

[40] 戴金星.加强天然气地学研究勘探更多大气田.天然气地球科学,2003,14(1):3-14.

[41] 徐国盛,徐志星,段亮,等.页岩气研究现状及发展趋势.成都理工大学学报:自然科学版,2011,38(6):603-610.

[42] Baihly J,Grant D,Fan L,et al. Horizontal wells in tight gas sands:a method for risk management to maximize success. SPE 110067,2009.

[43] U S Energy Information Administration. Annual energy outlook 2012. Washington:US Energy Information Administration,2012.

[44] Khlaifat A,Qatob H,Barakat N. Tight gas sands development is critical to future world energy resources. SPE 142049,2011.

准噶尔盆地南缘泥火山天然气的
地球化学特征[*]

戴金星，吴小奇，倪云燕，汪泽成，赵长毅，王兆云，刘桂侠

泥火山又称假火山，是夹带着水、泥、砂和岩屑的地下天然气体，在压力作用下不断喷出地表所堆成的泥丘，它是特定地质构造及水文地质环境下的一种构造流体地质现象。泥火山的成因大致可以分为两类：一类泥火山的形成与沉积作用有关，这类泥火山在世界泥火山中占绝大多数，多发育在油气藏发育地区，如阿塞拜疆巴库地区的泥火山；另一类泥火山的形成则与火山活动有关，这类泥火山较少，典型的如在美国的黄石公园[1]以及在新西兰。沉积类泥火山的形成需要以下条件：①近期的构造活动特别是挤压作用；②沉积或构造载荷导致快速沉积、增生或逆冲；③烃类的连续产生；④沉积层序上深部存在厚层、细粒、柔软和塑性的沉积物[2]。

从全球而言，泥火山在海底和陆上均有分布，尽管泥火山可以发育于不同的构造环境，但大多数位于挤压构造背景，其中陆上泥火山主要沿着加勒比–太平洋带、喜马拉雅–阿尔卑斯造山带和中亚造山带分布，而海底泥火山则在活动大陆边缘和被动大陆边缘均有分布[3-5]。2002年，全世界已发现的陆上和海底泥火山分别超过900个和800个[2]。阿塞拜疆南里海盆地巴库地区是世界上泥火山分布最为密集的地区，目前已发现活动的泥火山（陆上和海底均有）超过400个[6]。一般泥火山活动没有造成大的灾害，但印度尼西亚东爪哇的"LUSI"泥火山，不仅是世界上最大的、灾害极大的，并且是喷发速率最快的泥火山，其覆盖范围达7km²，导致13000个家庭失去家园[7]。自从2006年5月29日喷发以来，每天喷发出的泥浆超过100000m³[8]，预计该泥火山还将喷发超过26年[7]。

据1986年初步统计，我国已知的泥火山至少有200余处[9]，尽管在四川盆地渠江一带[10]、青藏高原可可西里地区[11]、青海柴达木盆地和江苏南部[9]均有发现，但主要还是分布在中国台湾、新疆北部和藏北羌塘，前人的关注也相对较多。Yang等[12]、朱婷婷等[13]和Sun等[14]对台湾泥火山气体的组分、同位素组成和喷出速率及泥火山的形成机制等进行了分析。新疆的泥火山主要分布在北天山地区，均位于准噶尔盆地南缘山前坳陷带[15-16]。最近在青藏高原北部羌塘中部也发现了泥火山，泥火山喷出物中含沥青脉岩石的发现说明羌塘新生代沉积盆地具有良好的油气前景[17]。尽管分布在新疆乌苏西南天山北麓山谷里的泥火山群曾被认为是亚洲最大的泥火山群[18]，但根据解超明等[17]的研究，藏北羌塘中部的泥火山分布规模、喷口直径、泥丘高度等均要超过乌苏泥火山。

近年来对泥火山的研究取得了以下主要进展：

（1）海底天然气水合物常与泥火山有关[19-20]，尽管并不是所有海底泥火山处都发育

---

* 原载于《中国科学：地球科学》，2012年，第42卷，第2期，178~190。

天然气水合物；泥火山中部的天然气水合物的形成是水和甲烷渗滤驱动的过程，而泥火山外围的天然气水合物则主要来自甲烷扩散和与水混合所驱动；初步估计全球与泥火山相关的天然气水合物中聚集的 CH_4 总量在常温常压下大约为 $n×10^{10}\sim10^{12}m^3$ [19]。

（2）绝大部分泥火山喷出气体以 CH_4 为主，小部分泥火山以 CO_2 或 N_2 为主[2]。泥火山是大气甲烷的重要来源之一[21]，每年通过泥火山向大气中排放的甲烷总量可达 $6×10^6\sim9×10^6t$ [21]或 $10.3×10^6\sim12.6×10^6t$ [2]或 $33×10^6t$ [22]，而这种排放对全球气候变化的影响可能从古生代就开始了[3]，因此在估算全球大气甲烷总量时不可忽略[2,21]。

（3）由于泥火山的出现通常与油气藏的分布有关，因此二者关系常引起业内的关注[23-24]，泥火山排放出的气体可以为勘探沉积盆地的油气潜力提供有益的信息[18]，如阿塞拜疆南里海盆地泥火山分布表明与油气田有关[25-26]，新疆独山子泥火山也被认为与独山子油气田有紧密联系[16]，台西南盆地泥火山与油气运聚有着紧密联系[27]。

（4）由于断裂和裂隙等是泥浆和气体上升的通道，因此泥火山常沿这些构造软弱带发育[12-14,17,19,28-30]。泥火山是深埋沉积物最重要的排气通道[2]，全球陆上泥火山中约 76% 排放出的气体为热成因气，排出生物气和混合气的泥火山分别仅占 4% 和 20%[31]。分析泥火山气体的组分和同位素特征可以为研究深埋沉积物和油气资源提供有益的信息。

除中国台湾外，中国大陆对泥火山的研究往往从基础地质的角度出发，描述其形态和活动状况，缺乏对泥火山天然气的系统研究。解超明等[17]对藏北羌塘中部的泥火山的分布特征、喷发物中的沥青脉等进行了探讨，但未采集泥火山的气体。就新疆地区泥火山而言，彭希龄[16]对其分布和地貌特征等进行了总结；王道等[32]初步研究了独山子泥火山喷发的特征；高小其等[33]研究发现，新疆霍尔果斯泥火山活动与新疆地区中强以上地震的活动具有较好的对应关系，且对预测未来地震的发震时间及震级都有一定的指导意义。但目前尚没有对该区泥火山天然气分析研究的报道。本次工作拟通过分析北疆地区泥火山天然气的组分和同位素特征，来探讨其成因和气源，并通过分析其与准噶尔盆地南缘油气藏的关系，为寻找有利的油气勘探领域提供有益的信息。

1　泥火山地质与景观

泥火山分布在新疆准噶尔盆地南缘，该区在构造上属于北天山山前坳陷，其形成演化与北天山造山带紧密相关。受不同强度变形和不同动力来源的影响，准噶尔盆地南缘分布多个背斜，其中泥火山主要分布在独山子、霍尔果斯、齐古等背斜和托斯台背斜群的冒烟山、北阿尔钦沟、马东刹拉等背斜上。目前，准噶尔南缘部分泥火山如霍尔果斯泥火山等已经停喷。笔者 1991 年和 2010 年先后考察了独山子、冒烟沟、马东刹拉和阿尔钦沟相关泥火山（图 1、图 2）。

独山子泥火山位于独山子油矿市区南侧的背斜顶部山头上 [图 2（a）]，独山子油气田是根据泥火山标志经勘探发现的。该泥火山喷发初期有过爆发阶段，后转入了宁静的泥水气泉喷发阶段，随着油田的开发泄压，泥火山活动日趋衰弱[16]。1991 年考察时，据新疆油田高级工程师范光华介绍，1958 年前独山子泥火山锥状地貌明显，由于大炼钢铁把泥火山锥铲平了，有的充填了。目前，该区仅有两处活的泥火山喷口，二者相距约 100m，其中位于西北部的泥火山为锥状 [图 3（a）、（b）]，而位于东南侧的则呈坑状 [图 3（c）]。泥火山处出露地层为塔西河组，泥火山有关参数见表 1。

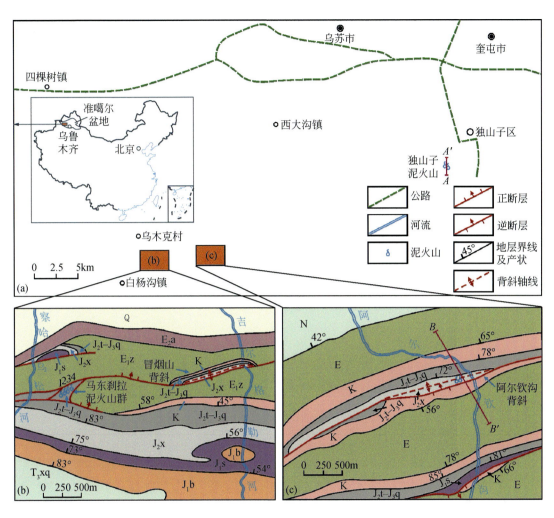

图 1 准噶尔盆地南缘泥火山（a）、马东刹拉和冒烟沟泥火山（b）和阿尔钦沟泥火山（c）位置图

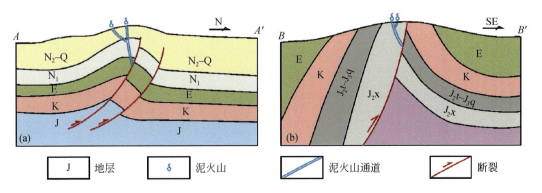

图 2 过独山子泥火山南北向剖面与阿尔钦沟泥火山剖面（b）示意图

（a）据文献［34］修改；A–A'和 B–B' 位置分别见图 1（a）、（c）

　　马东刹拉泥火山位于乌苏市四棵树煤矿区察哈乌松河东岸山坡上，处于侏罗系逆冲到古近系安集海河组泥岩上[16]。该区总共有 20 多个泥火山集中分布在 500m 范围内，泥火山喷气，大小不一，喷出物中水多泥少，部分泥火山喷出物中有油花。2010 年从西向东近 200m 内取了 4 个（1，2，3，4）泥火山气样［图 1（b）、图 4，表 1］。

　　冒烟沟泥火山位于吉尔格勒河之西 1km 冒烟山北坡的西段［图 1（b）］，有一片小的芦苇地。区域内有 20 多个冒气口，大部分泥火山口已经干涸、停喷图 5，泥火山有关参数见表 1。

　　阿尔钦沟泥火山位于北阿尔钦沟背斜轴部的断层线上［图 2（b）］，有两个锥状孪生泥火山坐落在河谷的沙石阶地上，二者相距约 10m，形态完整（图 6），且在地下是连通的。该泥火山的喷发自晚更新世后期开始，直至现在[16]。阿尔钦沟泥火山是该区可称为壮观的标准泥火山，锥形饱满夺人眼帘，已被铁丝网围堵以保护并辟为旅游点。泥火山有关参数见表 1。

表 1　准噶尔盆地南缘泥火山产状和喷气特征表（2010 年考察结果）

泥火山	泥火山口长轴/m	泥火山口短轴/m	形状	描述	气泡最大直径/cm	采样 250mL 耗时/s	估算年喷气/m³
独山子西北	0.1	0.08	锥状	锥高近 3m，喷出物多为泥浆，水少，呈黏稠状，间歇状冒气	7	40	197
独山子东南	1.0	0.8	坑状	喷出物中水多泥少，间歇状冒气，有两处冒泡	6	660	24
马东刹拉 1	3.0	1.6	坑状	气泡不在火山口中心，连续冒气，一个大气泡伴随多个小气泡，有油花	25	30	263
马东刹拉 2	1.1	1.0	坑状	气泡大的直径约 10cm，小的 1cm，连续冒气，坑内有 3 处冒泡。水多，有一些油花	10	100	110
马东刹拉 3	1.3	1.0	坑状	中心有大气泡，直径约 15cm，边缘有小气泡，直径为 6~7cm。水多，泥较多，几乎没有油花	15	40	394
马东刹拉 4	2.3	2.0	坑状	水多，有两处冒泡，气泡大的直径 15cm，连续冒泡，油花较少	15	50	473
冒烟沟	1.6	1.5	坑状	水多泥少，连续冒泡且不停有油花冒出，锥高近 6m，火山口半个的泥浆固结有泥裂	5	130	61
阿尔钦沟西南 A	3.2	2.7	锥状	未固结的泥浆有 3 处冒泡，间歇性冒泡，气泡直径约 10cm，水面浮一层油	10	25	946
阿尔钦沟东北 B	0.75	0.75	锥状	锥高近 8m，火山口一个大气泡后接数个小气泡，如此循环，没有外流沟，较黏稠，有油膜	25	50	158

2   气样分析和方法

泥火山气的组分和碳氢同位素分析均在中国石油勘探开发研究院廊坊分院，碳同位素分析采用 Delta Plus GC-C-IRMS 同位素质谱仪，一个样品分析 3 次，分析精度达到±0.5‰，标准为 VPDB。氢同位素分析应用 MAT 253 GC-C-IRMS 同位素质谱仪，分析精度达±3‰，标准为 VSMOW。氦同位素分析在中国科学院兰州地质研究所气体地球化学重点实验室，采用 VG-5400MS 质谱计一次进样在线测量，测试精度为 3%～5%。上述分析测试结果见表 2。

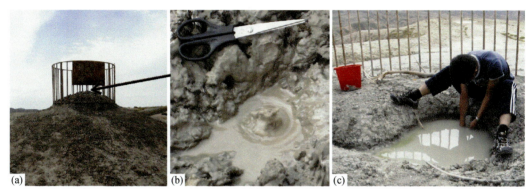

图 3   独山子西北泥火山 [（a）、（b）] 和东南泥火山喷口（c）照片
位置见图 1（a）

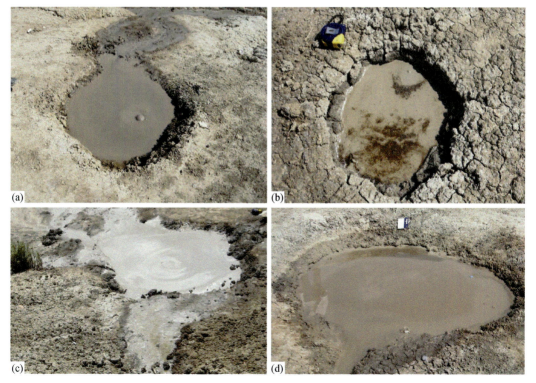

图 4   马东刹拉泥火山口照片
（a）～（d）分别对应图 1（b）中自左向右 4 个泥火山 1～4

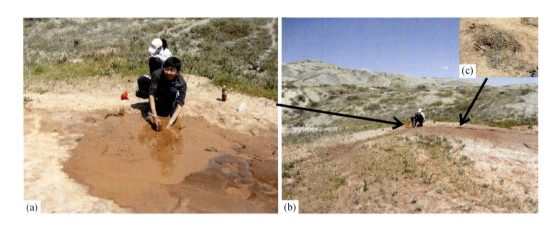

图 5   冒烟沟泥火山喷口及油花［（a）、（b）］和附近已干涸的泥火山喷口（c）照片

位置见图 1（b）

图 6   阿尔钦沟泥火山俯视图（a）和西南泥火山口（b）、东北泥火山口（c）照片

位置见图 1（c）

表 2　准噶尔盆地南缘泥火山天然气地球化学参数表

地址	经度(°E)	纬度(°N)	取样日期	分析日期	天然气组分/%								δ¹³C/‰, VPDB			δD/‰, VSMOW		³He/⁴He /10⁻⁸	R/Rₐ
					CH₄	C₂H₆	C₃H₈	C₄H₁₀	N₂	CO₂	C₂₋₄/C₁₋₄	C₁/C₁₋₄	CH₄	C₂H₆	C₃H₈	CH₄	C₂H₆		
阿尔钦沟西南泥火山	84.49251	44.18854	2010-08-08	2010-08-30	87.48	5.53	0.02	0	1.45	5.45	0.0597	0.9403	-40.6	-27.8		-267	-196		0.21
			1991-06-05	1992-01-30	87.64	5.42			1.32	5.55	0.0582	0.9418	-41.6	-26.3				2.01±0.20	0.014
阿尔钦沟东北泥火山	84.49296	44.18878	2010-08-08	2010-08-30	87.59	5.71	0	0	1.25	5.44	0.0612	0.9388	-41.2	-25.8		-268	-194		0.026
			1991-06-05	1991-01-30	87.37	4.74	0		1.43	6.40	0.0515	0.9485	-42.3	-27.5				164±0.21	0.12
					87.11	4.04		0		8.85	0.0443	0.9557	-41.6	-26.4					
													-41	-26.6					
独山子子东南泥火山	84.84725	44.30463	2010-08-07	2010-08-30	91.23	4.47	0.02	0	2.12	1.94	0.0469	0.9531	-42.2	-26.3	-9.4	-234	-179		0.042
			1991-06-04	1991-01-30	92.20	5.49	0.65	0.25	0.73	0.57	0.0648	0.9352	-41.8	-25.8	-19.4			4.75±0.28	-0.034
													-41.7	-26.1	-19.3				
独山子子东南泥火山	84.84725	44.30463	2010-08-07	2010-08-30	91.06	5.16	0.73	0.29	2.18	0.35	0.0636	0.9364	-41.9	-27.0	-20.5	-231	-179		0.054
四棵树冒烟沟泥火山	84.40855	4.1837	2010-08-08	2010-08-30	97.11	0.38	0	0	1.94	0.53	0.0039	0.9961	-49.1	-27.9		-241			0.034
四棵树冒烟沟泥火山			1991-06-04	1992-01-30	89.61	7.47	0.12	0.01	2.54	0.19	0.0782	0.9218	-43.2	-26.1	-13.7	-233			0.011
四棵树煤矿区 1	84.38687	44.18235	2010-08-08	2010-08-30	88.22	7.16	0.1	0.01	4.36	0.09	0.0761	0.9239	-42.8	-26.4	-13.7	-233			0.011
2			2010-08-08	2010-08-30	86.56	10.50	0.01	0	2.23	0.65	0.1083	0.8917	-44.8	-25.4		-247	-184		0.024
马东刺拉泥火 3	84.38812	44.18273	2010-08-08	2010-08-30	89.76	7.08	0	0	2.85	0.22	0.0731	0.9269	-46.9	-26.0		-240	-180		0.024
山群 4			2010-08-08	2010-08-30	88.71	8.42	0	0	2.66	0.15	0.0867	0.9133	-46.7	-25.9		-242	-176		0.019

3　泥火山活动日趋衰弱

1991 年 6 月和 2010 年 8 月，笔者相隔 19 年对研究区泥火山进行考察并取泥火山气样。从气压、气量和泥火山口产状几方面先后两次进行对比，可见泥火山活动渐趋衰弱。1991 年，取气样均以漏斗反扣各泥火山口泥浆池出气点，以乳胶管接漏斗口把气导向盐水塑料桶内侧置玻璃瓶排水取气法获气样［图 7（b）］。而 2010 年除独山子西北泥火山由于气压大、气量多用 1991 年法取样外，其余各泥火山由于气压降低了、气量减少了，故只好把反扣漏斗对准泥火山口泥浆池冒气区，而漏斗细口伸入盐水瓶进行排水取气［图 3（c）、图 5（a）］。先后两次取气样方式改变，反映了大部分泥火山气压降低了，出气量少了。

泥火山口的产状系指是否有泥浆池及其固结程度，泥浆池冒或喷气区占池面积大小，气泡大小及密度，气浆喷高，冒喷气连续程度及气声响传播距离。1991 年，在离阿尔钦沟泥火山 20～30m 之外，就听到泥火山冒喷出气泡遇空气后破碎发出嘟噜声。阿尔钦沟西南泥火山口泥浆池面比外缘泥围堤仅低 1～3cm，冒喷气呈圆状处于泥火山口中央，直径 92～95cm，冒气柱高达 8～15cm［图 7（a）、（b）］，根据当时取两个气样单位面积集气平均出气量，与冒喷气面积计算，该泥火山年出气量在 4674m³ 以上。2010 年，该泥火山口泥浆池比外缘围堤低 80cm，呈陷坑状，同时部分围堤呈内陷型塌落，泥浆池口右边由于无冒气致使泥浆固结出现泥裂，冒气区不在泥浆池口中央而在左边有 3 处间歇性冒气口［图 7（c）］，根据取气样单位面积平均出气量与出气面积计算 2010 年该泥火山出气量为 946m³（表 1），仅为 1991 年出气量的 20.2%。从 1991 年与 2010 年出气量、泥浆池口陷落、泥浆池干涸等对比，可见该泥火山活动日益衰弱。

2010 年，笔者一行考察了台湾泥火山，从乌山顶泥火山口［图 8（a）］与新修女湖泥火山口［图 8（b）］产状分析，可见此两泥火山正处在活动强度大时期，而准噶尔盆地泥火山活动显得逊色。

图 7　阿尔钦沟西南泥火山泥浆池口产状

（a）1991 年；（b）1991 年取气样；（c）2010 年

图 8　中国台湾一些泥火山口产状

（a）乌山顶泥火山；（b）新修女湖泥火山

4　泥火山天然气组分的地球化学特征

表 2 中 16 个气样是相隔近 19 年分两批取的，第一批气样除阿尔钦沟东北泥火山一个气样的碳同位素成果发表外[35]，其他成果均未发表。尽管相隔 19 年先后取气样，但从表 2 中相同泥火山气样的天然气主要组分、碳同位素以及氢同位素（R/R_a）值相近性，说明了这些泥火山天然气具有固定的同源性或为同因性。

泥火山天然气的主要组分是烷烃气，含量从 91.15%（阿尔钦沟东北泥火山）至 98.59%（独山子东南泥火山），其中甲烷含量最高，从 86.56%（马东刹拉泥火山群 2 号）至 97.11%（冒烟沟泥火山）（图 9），是优质商业气。世界上 12 个国家和地区 201 个泥火山气甲烷含量从 7.4%（中国台湾 Chung-Lun 泥火山）至 99.54%（阿塞拜疆 Chukhuroglybozy 泥火山），但除台湾的外，绝大部分甲烷含量在 70% 以上[31]。烷烃气湿度（C_{2-4}/C_{1-4}）从 0.0039（四棵树冒烟沟泥火山）至 0.1083（马东刹拉泥火山群 2 号），主

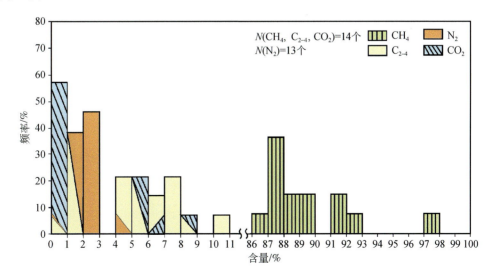

图 9　准噶尔盆地泥火山气组分含量频率图

要区间为 0.0443～0.0867，也就是说大部分泥火山天然气属于湿气，即 $C_{2-4}/C_{1-4} > 0.05$（表2）。N_2 的含量从 0.73%～4.36%，一般在 1.25%～2.85% 主频率区间（图9）。CO_2 的含量从 0.09%～8.85%，0.20%～1.0% 是主频率区间（约60%）（图9）。N_2 和 CO_2 含量在常见天然气含量范围之内。

5 泥火山天然气的同位素特征

5.1 烷烃气碳同位素

由表2可知，研究区泥火山气 $\delta^{13}C_1$ 值最重的为 -40.6‰（阿尔钦沟西南泥火山），最轻的为 -49.1‰（冒烟沟泥火山），此区间值与世界 201 个泥火山气 $\delta^{13}C_1$ 频率高峰段一致（图10）[31]。本区泥火山 $\delta^{13}C_1$ 频率峰在 -42‰～-40‰（图11）。$\delta^{13}C_2$ 值最重为 -25.4‰（马东刺拉泥火山群 2 号），最轻 -27.9‰（冒烟沟泥火山），区间值仅为 2.5‰。$\delta^{13}C_3$ 值最重为 -9.4‰（独山子东南泥火山），最轻 -20.5‰（独山子西北泥火山）。

表2中烷烃气碳同位素系列具有 $\delta^{13}C_1 < \delta^{13}C_2 < \delta^{13}C_3$ 特征，没有发生倒转，表明烷烃气是有机成因的，未受强的次生改造的原生烷烃气[36]。

阿尔钦沟西南泥火山、阿尔钦沟东北泥火山和独山子东南泥火山分别在 1991 年和 2010 年先后取得天然气，$\delta^{13}C_1$、$\delta^{13}C_2$ 和 $\delta^{13}C_3$ 分析值十分接近（表2），说明这些泥火山天然气具同源性或同因性。

5.2 烷烃气氢同位素

由表2可知，泥火山烷烃气 δD_1 最重为 -231‰（独山子西北泥火山），最轻的为 -268‰（阿尔钦沟东北泥火山），比阿塞拜疆、格鲁吉亚、意大利、新西兰、巴布亚、罗马尼亚和土库曼斯坦泥火山气的 δD_1 值普遍要轻[31]，同时比我国台湾泥火山气 δD_1 都轻[31]（图12）。泥火山气 δD_2 最重为 -176‰（马东刺拉泥火山群 4 号），最轻的为 -196‰（阿尔钦沟西南泥火山）。世界泥火山气的 δD_2 研究未见报道。

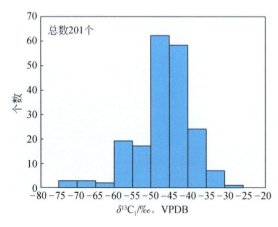

图10　世界 201 个泥火山气 $\delta^{13}C_1$ 频率图[31]

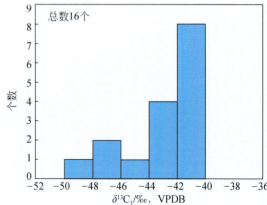

图11　准噶尔盆地南缘泥火山气 $\delta^{13}C_1$ 频率图

5.3 氦同位素

氦有 5 个同位素（^{3}He、^{4}He、^{5}He、^{6}He、^{8}He），^{3}He 和 ^{4}He 是稳定同位素，其余 3 个为不稳定同位素。^{3}He 和 ^{4}He 在成因上有显著的差异，^{3}He 是与地幔有关的原始成因氦；^{4}He 是与地壳中放射性物质铀、钍 α 衰变有关。在地球不同圈层中 ^{3}He/^{4}He 值和 R/R_a（R 为样品中 ^{3}He/^{4}He，R_a 为大气中 ^{3}He/^{4}He）差异明显。壳源氦的 ^{3}He/^{4}He 值随岩石类型不同有很大变化，其范围值从 10^{-9} ~ 10^{-7}，典型值在 10^{-8}[37-38]。戴金星等[39]根据鄂尔多斯盆地 46 个气样 ^{3}He/^{4}He 值为 3.18×10^{-8} ~ 1.20×10^{-7}，平均值为 4.36×10^{-8}，R/R_a 为 0.022 ~ 0.085，认为均是壳源氦。

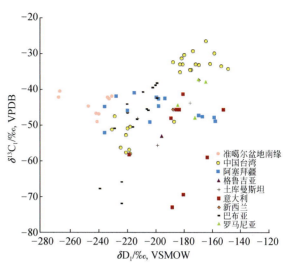

图 12   不同地区泥火山气 δD_1–$\delta^{13}C_1$ 对比图
准噶尔盆地南缘数据见表 2，其余数据见文献［31］

原苏联大陆区天然气中多数地壳气的 ^{3}He/^{4}He 在 7×10^{-9} ~ 2×10^{-7}（$R/R_a = 0.005$ ~ 0.1）。一般认为地壳氦的 R/R_a 值为 0.01 ~ 0.1[40-41]。上地壳氦的 ^{3}He/^{4}He 正常值为 1.2×10^{-5}，或在 1.1×10^{-5} ~ 1.4×10^{-5}[38,40]。由表 2 可知，研究区泥火山气中 ^{3}He/^{4}He 值在 10^{-8}，R/R_a 在 0.011（马东刺拉泥火山群 1 号）~ 0.054（独山子西北泥火山），在上述壳源氦 ^{3}He/^{4}He 和 R/R_a 数值域内，故也应属壳源氦。由表 2 可见，独山子地区两个泥火山气的 R/R_a 值，1991 年和 2010 年两次先后分析，在研究区中是最高的，即为 0.034 和 0.054。此值与独山子油气田独 85 井 575 ~ 597m N_2 地层中天然气 R/R_a 值 0.034 一致，说明独山子地区泥火山天然气来源于深部地层。

6 泥火山天然气的成因类型和气源

6.1 成因类型

研究区泥火山气的主要组分是烷烃气，其占相关气样组分 91.15%（阿尔钦沟东北泥火山）~ 97.49%（冒烟沟泥火山），故着重探讨烷烃气的成因类型。

烷烃气随分子中碳数的渐增碳同位素逐渐变重，即 $\delta^{13}C_1 < \delta^{13}C_2 < \delta^{13}C_3$ 是有机成因烷烃气的特点[36,42]。由表 2 泥火山烷烃气具有 $\delta^{13}C_1 < \delta^{13}C_2 < \delta^{13}C_3$ 特征，故肯定这些烷烃气是有机成因的。众所周知，根据烃源岩生气的成熟度，有机成因气一般以 $\delta^{13}C_1$ 值为 -55‰[43-45] 为界，轻于 -55‰ 是生物成因气，重于 -55‰ 为热成因气。根据表 2 中 $\delta^{13}C_1$ 值比 -55‰ 重得多，故应归热成因气。热成因气又依据成气源岩是腐殖型或腐泥型又分为煤成气和油型气，因此泥火山的烷烃气应为此两种成因气之一。

根据相同或相近成熟度烃源岩形成的煤成气甲烷及其同系物的 $\delta^{13}C$ 值，比油型气对应组分的 $\delta^{13}C$ 值重的特征[42]；乙烷碳同位素组成受烃源岩成熟度的影响比甲烷碳同位素小，即乙烷碳同位素组成对于烃源岩母质的碳同位素组成比甲烷碳同位素组成有更好地反映[46]，因此可利用乙烷碳同位素值来鉴别煤成气和油型气。1988 年，张士亚等[46]指出煤成气 $\delta^{13}C_2$>-29‰，油型气 $\delta^{13}C_2$<-29‰；戴金星等[42]指出煤成气 $\delta^{13}C_2$>-25.1‰，油型气 $\delta^{13}C_2$<-28.8‰；1994 年，王世谦[47]对四川盆地从震旦系至侏罗系煤成气和油型气的烷烃气碳同位素作系统研究对比后，指出煤成气 $\delta^{13}C_2$>-29‰；2005 年，戴金星等[48]在综合研究全国大量煤成气和油型气的 $\delta^{13}C_2$ 值后，认为煤成气 $\delta^{13}C_2$>-27.5‰，油型气 $\delta^{13}C_2$<-29‰；2009 年，Dai 等[49]根据四川盆地须家河组大量烷烃气碳同位素组成研究，得出煤成气 $\delta^{13}C_2$>-28‰。综合以上学者鉴定煤成气 $\delta^{13}C_2$ 有 4 个值：大于-29‰、大于-28.0‰、大于-27.5‰和大于-25.1‰，后 3 个值在研究者检验中国、德国、俄罗斯、加拿大和澳大利亚煤成气都符合。由于煤成气 $\delta^{13}C_2$>-28‰，实际上包括大于-27.5‰和大于-25.1‰在内，故 3 个值可以 $\delta^{13}C_2$>-28‰来概括。因此，实际上作为鉴别标志值只剩下 $\delta^{13}C_2$>-29‰ 和 $\delta^{13}C_2$>-28‰两个值。此两值可否合并或其中何值有代表性，为此对我国具有 $\delta^{13}C_1$<$\delta^{13}C_2$<$\delta^{13}C_3$<$\delta^{13}C_4$ 原生型特征的油型气，$\delta^{13}C_2$ 最重值大于-29‰并做了挑选（表3）。由表 3 可知，我国油型气 $\delta^{13}C_2$ 值在苏北盆地永 7 井和真 98 井可重达-28.4‰，其他气（油）田也见到不少 $\delta^{13}C_2$ 值为-28.9‰ ~ -28.5‰。美国 Texas 州 Barnett 页岩气是油型气，因为 50 个有效气样中 49 个 $\delta^{13}C_2$ 值为-39.9‰ ~ -29.4‰，仅有一个（Group 2B 之 Y）$\delta^{13}C_2$ 值为-28.1‰[50]。据以上分析对比，以 $\delta^{13}C_2$>-28‰作为煤成气鉴别标志值较合适。由于表 2 中泥火山天然气的 $\delta^{13}C_2$ 值均大于-28‰，所以准噶尔盆地南缘泥火山中烷烃气都是煤成气。

表 3　中国油型气 $\delta^{13}C_2$ 最重值

气（油）田	井号	层位	井深/m	天然气组分/%						$\delta^{13}C$/‰，PDB			
				CH_4	C_2H_6	C_3H_8	C_4H_{10}	N_2	CO_2	CH_4	C_2H_6	C_3H_8	C_4H_{10}
卧龙河	卧 2	T_1j^5	1633 ~ 1673	92.53	0.83	0.21	0.07	0.58	0.74	-32.8	-28.7	-23.5	
	卧 3	T_1j^5	1288	93.11	0.58	0.21	0.14	0.74	0.34	-32.7	-28.9	-24.3	
	卧 25	T_1j^5	1649.52 ~ 1690	92.27	0.87	0.23	0.07	0.55	0.71	-33.0	-28.9	-24.2	
	卧 13	T_1j^5	1570	92.40	0.80	0.20	0.16	0.78	0.46	-33.1	-28.7	-25.9	-24.2
普光	普光 2	T_1f^3	4776.8 ~ 4826	76.69	0.19	0	0	0.40		-30.9	-28.5		
枣园	枣 1235-1	Es^1	1756.6 ~ 1770	93.72	1.52	1.15	0.54	2.41	0.53	-47.8	-28.9	-28.3	
安茨	安 69-11	Es^3	2875.2 ~ 2838.4	90.31	6.49	2.32	0.3	0.36	0.52	-46.3	-28.8	-27.9	-27.4
别古庄	京 257	Es^4	1523 ~ 1591	97.51	1.17	0.33	0.15	0.32	0.44	-45.3	-28.5	-24.3	-23.8
永安	永 7	E_1d	2995.4 ~ 3029.4	84.05	8.04	2.93	1.65	1.36	1.22	-44.8	-28.4	-26.1	
真武	真 98	E_1d	2569.6 ~ 2713.0	84.64	8.52	3.75	1.44	0.77	0	-44.5	-28.4	-27.3	-27.3
尔斯库勒	跃 11-6	E_3^1	3221.0 ~ 3414.4	76.94	10.92	5.49	2.35	2.55	0.71	-42.0	-28.7	-26.3	-26.2

6.2　气源

　　C_1/C_{1-4} 值为 0.960 ~ 0.975 时，天然气地球化学特征见表4。②中—下侏罗统八道湾组和西山窑组，均为煤准噶尔盆地目前发现有工业性煤成气的气源岩有两套：①下石炭统滴水泉组和上统巴塔玛依内山组，均是煤系气源岩，气源岩以腐殖型为主，在盆地中部已发现千亿立方米以上的克拉美丽大气田等，气为干气[51-53]系气源岩，有机质类型以利于生气

的 $Ⅱ_2$-$Ⅲ$ 型为主。烃源岩主要分布在盆地的中部与南部,从盆地北部向南缘烃源岩埋深加大,有机质成熟度逐渐增大,盆地北部 R_o 为 0.58% ~ 0.73%,盆地腹部至南缘 R_o 值为 0.83% ~ 2.5% [53]。气以湿气为主,C_1/C_{1-4} 值为 0.818 ~ 0.941,仅有滴西 10 井(K_1h)等 4 口井 C_1/C_{1-4} 值为 0.950 ~ 0.957,即使 C_1/C_{1-4} 最大值 0.957 也小于石炭系煤成气最小值 0.960。因此,石炭系气源岩形成的煤成气比中—下侏罗统形成的煤成气干。

由表 4 可知,石炭系气源岩形成的煤成气 $\delta^{13}C_1$ 值为 $-30.5‰$ ~ $-29.5‰$,而中—下侏罗统气源岩形成的煤成气 $\delta^{13}C_1$ 值从 $-40.7‰$(独 62a)至 $-32.6‰$(玛纳 1),即石炭系气源岩形成的煤成气比中—下侏罗统气源岩形成的煤成气的 $\delta^{13}C_1$ 值重。从滴西 10 井石炭系煤成气 $\delta^{13}C_1$ 值比中—下侏罗统气源岩形成聚集在下白垩统(K_1h)重约 $4‰$ ~ $5‰$。导致两者轻重不同,是因为石炭系气源岩成熟度高,故其煤成气 $\delta^{13}C_1$ 值重,而中—下侏罗统气源岩成熟度相对低,故其煤成气 $\delta^{13}C_1$ 值轻。

可利用石炭系气源岩形成的煤成气 C_1/C_{1-4} 大和 $\delta^{13}C_1$ 值重,而中—下侏罗统气源岩形成的煤成气 C_1/C_{1-4} 小和 $\delta^{13}C_1$ 值轻这两个指标,来判别两种气源岩形成的煤成气。由表 2 可知,准噶尔盆地南缘泥火山天然气 C_1/C_{1-4} 除四棵树冒烟沟泥火山的为 0.996 异常大外,其他的均小于该盆地中—下侏罗统气源岩形成的最大值 0.957。泥火山的 $\delta^{13}C_1$ 值为 $-49.1‰$ ~ $-40.0‰$,均轻于石炭系煤成气的 $\delta^{13}C_1$ 值 $-30.5‰$ ~ $-29.5‰$,最重值 $-40.0‰$(表 2,阿尔钦沟西南泥火山)与中—下侏罗统气源岩形成的煤成气 $\delta^{13}C_1$ 值 $-40.7‰$(表 4,独 62a)基本接近,但绝大部分 $\delta^{13}C_1$ 值轻于 $-41‰$。基于泥火山天然气 C_1/C_{1-4} 和 $\delta^{13}C_1$ 值两指标具有与该盆地中—下侏罗统气源岩形成煤成气的相同数值域的特征,所以可以得出准噶尔南缘泥火山的烷烃气的气源,是基本来自中—下侏罗统气源岩形成的煤成气。在此"基本来自"的意思是由于:一是 C_1/C_{1-4} 值冒烟沟泥火山高达 0.996,比石炭系煤成气的高得多,是异常值;二是因为冒烟沟泥火山 $\delta^{13}C_1$ 值为 $-49.1‰$,比其他泥火山的 $\delta^{13}C_1$ 值轻得多,也是个异常值。同一泥火山的烷烃气出现此两异常,可能显示受到其他因素影响。上述提到在冒烟沟泥火山有一片小的芦苇地 [图 5(b)],是否由芦苇形成几乎以甲烷为主的具有 $\delta^{13}C_1$ < $-55‰$ 轻的生物气,与从中—下侏罗统烃源岩形成的煤成气的甲烷相混,致使 $\delta^{13}C_1$ 值变轻,C_1/C_{1-4} 值变大。

表 4 准噶尔盆地石炭系煤成气与中—下侏罗统气源岩形成的煤成气 C_1/C_{1-4} 和 $\delta^{13}C$ 对比表

井号	层位	井深/m	天然气主要组分/%					$\delta^{13}C/‰$,PDB				文献
			CH_4	C_2H_6	C_3H_8	C_4H_{10}	C_1/C_{1-4}	CH_4	C_2H_6	C_3H_8	C_4H_{10}	
滴西 10C	3070	91.67	2.54	0.76	0.44	0.960		-30.1	-27.7	-24.5		[53]
	3024	90.97	2.48	0.73	0.41	0.961		-29.5	-26.6	-24.6	-24.5	
	K_1h	1397	84.04	3.38	0.19	0.17	0.957	-34.4	-25.1			
滴西 8	J_1s	2253	87.27	4.58	1.85	1.09	0.920	-39.0	-27.7	-25.3	-26.3	
滴西 9	K_1	2110	89.85	3.27	1.31	1.00	0.941	-33.7	-27.2	-24.6	-26.3	
彩 31	C_2	3260	92.45	1.95	0.42		0.975	-29.5	-26.7	-25.6	-24.4	
	J_1b	2910						-38.0	-27.9	-24.8	-23.0	
彩 25	C_2	3028	94.37	2.13	0.46		0.973	-30.0	-24.2	-22.6	-22.3	
彩参 1	C2	2862 ~ 2890	77.85	2.12	0.14	0.971		-30.5	-19.9			本文

续表

井号	层位	井深/m	天然气主要组分/%					$\delta^{13}C/‰$，PDB				文献
			CH_4	C_2H_6	C_3H_8	C_4H_{10}	C_1/C_{1-4}	CH_4	C_2H_6	C_3H_8	C_4H_{10}	
独1	N_1t	868	82.53	8.86	3.27	0	0.871	−37.5	−27.1	−24.4	−24.4	[53]
独62a	E_3	1285~1926	80.02	4.29	2.57	1.38	0.906	−40.7	−26.5	−24.6	−23.4	
独85	N_2	575~597	80.65	9.95	5.80	2.17	0.818	−40.4	−27.5	−22.7	−21.0	
霍3	N_1-E_3	541~1135	84.92	5.07	0.93	0.34	0.930	−36.5	−22.5	−22.3	−21.6	
霍10	$E_{1-2}z$	3064	90.13	6.39	1.41	0.70	0.913	−33.6	−23.0	−22.1	−22.0	[53]
		3159	83.85	9.91	3.14	1.47	0.852	−34.4	−24.1	−24.0	−23.9	
呼2	$E_{1-2}z$	3594~3597	93.58	3.88	0.66	0.34	0.950	−37.8	−23.0	−21.3	−21.0	本文
玛纳1	$E_{1-2}z$	2557~2561	93.01	3.63	0.45	0.16	0.956	−32.6	−25.1	−21.1		刘得光 通信资料
玛纳2	$E_{1-2}z$	2520~2524	87.26	3.16	0.52	0.20	0.957	−32.8	−24.7	−24.1	−23.3	

7　结论

（1）通过时隔19年两次对准噶尔盆地南缘泥火山的考察，从气压减小、出气量减少、泥浆池口陷落和泥浆池干涸等变化，可见该区泥火山活动渐趋衰弱。

（2）泥火山天然气具有相似的地球化学特征，表明其具有同源性或同因性。泥火山天然气主要组分是烷烃气，含量为91.15%~97.49%，其中甲烷含量最高，是优质商业气；天然气$\delta^{13}C_1$值为−49.1‰~−40.6‰，与世界范围内泥火山气$\delta^{13}C_1$频率高峰段一致，且烷烃气碳同位素系列具有$\delta^{13}C_1<\delta^{13}C_2<\delta^{13}C_3$特征，是典型热成因气；研究区泥火山气具有较低的$^3He/^4He$值，$R/R_a$为0.011~0.054，属典型壳源氦。

（3）泥火山天然气的$\delta^{13}C_2$值均大于−28‰，是典型煤成气，且C_1/C_{1-4}和$\delta^{13}C_1$值两指标与该盆地中—下侏罗统气源岩形成煤成气的特征一致，因此，准噶尔盆地南缘泥火山烷烃气的气源主要是中—下侏罗统煤系气源岩。

（4）泥火山是勘探发现油气田的重要标志，也是表征地下断裂的存在。

致　谢：新疆油田公司勘探开发研究院范光华、袁文贤高级工程师指导泥火山踏勘与取样，参加第一、二次取样的还有陈世加教授、宋岩教授级高级工程师、洪峰、胡国艺高级工程师和廖凤蓉博士，审稿专家提出宝贵意见，在此一并致谢。

参 考 文 献

[1] 刘嘉麒. 大地"沸腾"——泥火山. 大自然探索,2003,22:8-9.

[2] Dimitrov L I. Mud volcanoes—The most important pathway for degassing deeply buried sediments. Earth-Science Reviews,2002,59:49-76.

[3] Kopf A J. Significance of mud volcanism. Reviews of Geophysics,2002,40(2):1-52.

[4] Etiope G, Caracausi A, Favara R, et al. Methane emission from the mud volcanoes of Sicily (Italy). Geophysical Research Letters,2002,29(8):1215.

[5] Shakirov R, Obzhirov A, Suess E, et al. Mud volcanoes and gas vents in the Okhotsk Sea area. Geo-Marine

Letters,2004,24:140-149.

[6] Planke S,Svensen H,Hovland M,et al. Mud and fluid migration in active mud volcanoes in Azerbaijan. Geo-Marine Letters,2003,23:258-268.

[7] Davies R J,Mathias S A,Swarbrick R E,et al. Probabilistic longevity estimate for the LUSI mud volcano,East Java. Journal of the Geology Society,2011,168:517-523.

[8] Mazzini A,Svensen H,Akhmanov G G,et al. Triggering and dynamic evolution of the LUSI mud volcano,Indonesia. Earth and Planet Science Letters,2007,261:375-388.

[9] 钟华邦. 我国的泥火山简述. 地质科技情报,1986,5:58.

[10] 陈秉范. 四川盆地式泥火山的发现. 地质论评,1946,11:65-70.

[11] 胡东生,张华京. 青藏高原可可西里地区玛章错钦湖畔苟纠麦尕沟的泥火山机理雏议. 干旱区地理,1998,21:13-18.

[12] Yang T F,Yeh G H,Fu C C,et al. Composition and exhalation flux of gases from mud volcanoes in Taiwan. Environmental Geology,2004,46(8):1003-1011.

[13] 朱婷婷,陆现彩,祝幼华,等. 台湾西南部乌山顶泥火山的成因机制初探. 岩石矿物学杂志,2009,28:465-472.

[14] Sun C H,Chang S C,Kuo C L,et al. Origins of Taiwan's mud volcanoes:evidence from geochemistry. Journal of Asian Earth Sciences,2010,37:105-116.

[15] 王道. 新疆北天山地区泥火山与地震. 内陆地震,2000,14:350-353.

[16] 彭希龄. 谈谈新疆的泥火山. 西部油气勘探,2007,25:71-81.

[17] 解超明,李才,李林庆,等. 藏北羌塘中部首次发现泥火山. 地质通报,2009,28:1319-1324.

[18] 范卫平,郑雷清,龚建华,等. 泥火山的形成及其与油气的关系. 吐哈油气,2007,12:43-47.

[19] Milkov A V. Worldwide distribution of submarine mud volcanoes and associated gas hydrates. Marine Geology,2000,167:29-42.

[20] Milkov A. Geological, geochemical, and microbial processes at the hydrate-bearing Håkoн Mosby mud volcano:a review. Chemical Geology,2004,205:347-366.

[21] Etiope G,Milkov A V. A new estimate of global methane flux from onshore and shallow submarine mud volcanoes to theatmosphere. Environmental Geology,2004,46:997-1002.

[22] Milkov A V,Sassen R,Apanasovich T V,et al. Global gas flux from mud volcanoes:a significant source of fossil methane in the atmosphere and the ocean. Geophysical Research Letters,2003,30:1037.

[23] Hedberg H D. Relation of methane generation to under compacted shales,shale diapirs,and mud volcanoes. AAPG Bulletin,1974,58:661-673.

[24] 夏鹏,印萍. 地中海海岭泥火山的构造特征及其油气意义. 海洋地质动态,2008,24:1-6.

[25] Guliyev I S,Feizullayev A A. All about Mud Volcanoes,Azerbaijan,Baku. Baku:Nafta Press,1997.

[26] 段海岗,陈开远,史卜庆. 南里海盆地泥火山构造及其对油气成藏的影响. 石油与天然气地质,2007,28:337-344.

[27] 陈胜红,贺振华,何家雄,等. 南海东北部边缘台西南盆地泥火山特征及其与油气运聚关系. 天然气地球科学,2009,20:872-878.

[28] Kopf A J. Volcanoes:making calderas from mud. Nature Geoscience,2008,1(8):500-501.

[29] Sawolo N,Sutriono E,Istadi B P,et al. The LUSI mud volcano triggering controversy:was it caused by drilling? Marine and Petroleum Geology,2009,26:1766-1784.

[30] Manga M,Brumm M,Rudolph M L. Earthquake triggering of mud volcanoes. Marine and Petroleum Geology,2009,26:1785-1798.

[31] Etiope G,Feyzullayev A,Baciu C. Terrestrial methane seeps and mud volcanoes:a global perspective of gas

origin. Marine and Petroleum Geology,2009,26:333-344.

[32] 王道,李茂玮,李锰,等. 新疆独山子泥火山喷发的初步研究. 地震地质,1997,19:14-16.

[33] 高小其,王海涛,高国英,等. 霍尔果斯泥火山活动与新疆地区中强以上地震活动关系的初步研究. 地震地质,2008,30:464-472.

[34] 刘和甫,梁慧社,蔡立国,等. 天山两侧前陆冲断系构造样式与前陆盆地演化. 地球科学——中国地质大学学报,1994,19:727-741.

[35] 戴金星. 我国煤成气资源勘探开发和研究的重大意义. 天然气工业,1993,13:7-12.

[36] Dai J X,Xia X,Qin S,et al. Origins of partially reversed alkane $\delta^{13}C$ values for biogenic gases in China. Organic Geochemistry,2004,35:405-411.

[37] O'Nions R K,Oxburgh E R. Heat and helium in the Earth. Nature,1983,306:429-431.

[38] Ballentine C J,Burnard P G. Production,release and transport of noble gases in the continental crust. Reviews in Mineralogy & Geochemistry,2002,47:481-538.

[39] 戴金星,李剑,侯路. 鄂尔多斯盆地氦同位素的特征. 高校地质学报,2005,11:473-478.

[40] 王先彬. 稀有气体同位素地球化学和宇宙化学. 北京:科学出版社,1989.

[41] 徐永昌,沈平,刘文汇,等. 天然气中稀有气体地球化学. 北京:科学出版社,1998:17-25.

[42] 戴金星,裴锡古,戚厚发. 中国天然气地质学(卷一). 北京:石油工业出版社,1992.35-87.

[43] Высоцкий И В. Геология Природно Гогаза. Москва:Недра,1979.

[44] Rice D D,Claypool G E. Generation,accumulation,and resource potential of biogenic gas. AAPG Bulletin,1981,65:5-25.

[45] 戴金星,陈英. 中国生物气中烷烃组分的碳同位素特征及其鉴别标志. 中国科学(B辑),1993,23:303-310.

[46] 张士亚,郜建军,蒋泰然. 利用甲、乙烷碳同位素判识天然气类型的一种新方法. 见:地质矿产部石油地质研究所. 石油与天然气地质文集(第一集). 北京:地质出版社,1988:48-58.

[47] 王世谦. 四川盆地侏罗—系震旦系天然气的地球化学特征. 天然气工业,1994,14:1-5.

[48] 戴金星,秦胜飞,陶士振,等. 中国天然气工业发展趋势和天然气地学理论重要进展. 天然气地球科学,2005,16:127-142.

[49] Dai J X,Ni Y Y,Zou C N,et al. Stable carbon isotopes of alkane gases from the Xujiahe coal measures and implication forgas- source correlation in the Sichuan Basin,SW China. Organic Geochemistry,2009,40:638-646.

[50] Rodriguez N D,Philp R P. Geochemical characterization of gases from the Mississippian Barnett shale,Fort Worth Basin,Texas. AAPG Bulletin,2010,94:1641-1656.

[51] 何登发,陈新发,况军,等. 准噶尔盆地石炭系烃源岩分布与含油气系统. 石油勘探与开发,2010,37:397-408.

[52] 国建英,李志明. 准噶尔盆地石炭系烃源岩特征及气源分析. 石油实验地质,2009,31:275-281.

[53] 李剑,姜正龙,罗霞,等. 准噶尔盆地煤系烃源岩及煤成气地球化学特征. 石油勘探与开发,2009,36:365-374.

中国致密砂岩大气田的稳定碳氢同位素组成特征[*]

戴金星，倪云燕，胡国艺，黄士鹏，廖凤蓉，于　聪，龚德瑜，吴　伟

非常规气的研究、勘探和开发日益被重视。非常规气主要包括致密砂岩气、页岩气、煤层气和天然气水合物。在世界产气大国中，非常规气勘探开发取得显著进展和效益的是致密砂岩气，世界第一产气大国——美国 2010 年致密砂岩气产量占该国总产量的 26%，而页岩气只占 23%（USEIA，2012 年）；中国致密砂岩气 2010 年产量为 $233×10^8 m^3$，占全国总产量的 24.6%[1]，其中致密砂岩大气田年产量占全国的 23.5%，故中美两国非常规气中以致密砂岩气的产量为最多者。致密砂岩气的储量也占有重要地位，美国储量排名前 100 的气藏中有 58 个是致密砂岩气藏[2]。中国至 2010 年底，致密砂岩气探明地质储量 $30109×10^8 m^3$，占全国总储量的 39.2%[1]。因此，致密砂岩气的勘探开发对现今一些天然气大国和未来世界天然气工业持续发展有很大的意义。

与致密砂岩气的勘探开发相比，致密砂岩气的地球化学研究则相对逊色，特别是对其气源追踪、鉴别和成藏有重要作用的稳定碳氢同位素研究薄弱。目前仅对西加拿大盆地两个深盆气气田致密砂岩烷烃气的碳同位素[3]和 Appalachian 盆地北部深盆气的稳定碳氢同位素[4]组成做了研究。本文将对中国 15 个致密砂岩大气田烷烃气的碳氢同位素做系统研究，以推动和丰富致密砂岩气这方面的进展。

1　中国致密砂岩大气田

根据中国国家能源局标准（SY/T 6832—2011）[5]，把覆压基质渗透率小于或等于 0.1mD 砂岩称为致密砂岩，这与世界上许多学者的致密砂岩标准是一致的[6-8]。以此标准衡量，美国落基山盆地群中众多深盆气藏的储层砂岩属于致密砂岩，所以 Surdam[9] 把深盆气藏纳入致密砂岩气藏中。

目前，在中国鄂尔多斯盆地、四川盆地、塔里木盆地和渤海湾盆地均发现了致密砂岩气田（藏）[1,10-17]。中国第一个致密砂岩气田是四川盆地中坝须家河组二段（T_3x^2）气藏，1973 年发现并已投产多年。根据 1435 个岩心统计，该气藏砂岩平均孔隙度为 6.4%；根据 1319 个岩心统计，渗透率平均为 0.0804mD[18]。按中国标准把探明天然气储量大于 $300×10^8 m^3$ 的气田称为大气田（表1，图1），中国至 2010 年底共发现致密砂岩大气田 15 个[1]。表 1 中一些大气田渗透率大于 0.1mD，如中国最大致密砂岩大气田苏里格气田，3 个气层 1434 个样品平均渗透率为 1.284mD，其中山 1 段（P_1s^1）砂岩产层平均渗透率 0.60mD[19]，超过致密砂岩 0.1mD 的渗透率标准，但根据砂岩大面积致密化，成藏和气水

---

* 原载于《中国科学：地球科学》，2014 年，第 44 卷，第 4 期，563～578。

分布研究，众多学者认为苏里格气田的 3 套气层均属致密砂岩[10,11,20,21]，渗透率超标，是由甜点区少量渗透率高的样品所致，实际上砂岩主流渗透率都小于 0.1mD，童晓光等[22] 指出苏里格气田和四川盆地须家河组（T_3x）砂岩产层的覆压渗透率小于 0.1mD 的占样品比例 80%~92%；杨华等[11]指出鄂尔多斯盆地上古生界砂岩产气层，在覆压条件下，基质渗透率小于 0.1mD；张国生等[21]指出四川盆地须家河组天然气主力产层须二段（T_3x^2）、须四段（T_3x^4）和须六段（T_3x^6）砂岩孔隙度为 6%~10%，渗透率为 0.01~0.5mD，均小于 0.1mD，所以属致密砂岩大气田。中国致密砂岩大气田在天然气工业中起着主要的作用，2010 年其探明天然气地质储量和产量（表 1）分别占全国的 37.3% 和 23.5%。苏里格致密气田是中国储量和产量最大的气田，2011 年产天然气 $137 \times 10^8 m^3$[11]。

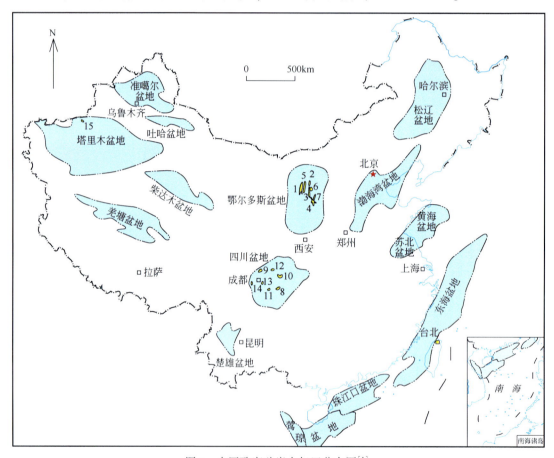

图 1　中国致密砂岩大气田分布图[1]

致密砂岩大气田名称：1. 苏里格气田；2. 大牛地气田；3. 榆林气田；4. 子洲气田；5. 乌审旗气田；
6. 神木气田；7. 米脂气田；8. 合川气田；9. 新场气田；10. 广安气田；11. 安岳气田；
12. 八角场气田；13. 洛带气田；14. 邛西气田；15. 大北气田

2　样品和分析方法

在鄂尔多斯、四川以及塔里木盆地采集致密砂岩大气田 81 个气样，基本的地球化学数据见表 2，样品测试分析均在中国石油勘探开发研究院廊坊分院测定。天然气组分分析采用 HP 6890 型气相色谱仪。单个烃类气体组分通过毛细柱分离（PLOT Al_2O_3，50m× 0.53mm）。通过 2 个毛细柱分离稀有气体（PLOT 5Å 分子筛，30m×0.53mm；PLOT Q，30m×0.53mm）。气相色谱仪炉温首先设定在 30℃ 保持 10min，然后以 10℃/min 的速率升高到 180℃。

表 1　中国致密砂岩大气田基础数据表[①]

盆地	气田	主要产层	探明储量 /$10^8 m^3$	年产量 /$10^8 m^3$	平均孔隙度 /%	渗透率/mD	
						范围	平均值
鄂尔多斯	苏里格	P_2sh、P_2x、P_1s^1	11008.2	104.75	7.163(1434)	0.001~101.099	1.284(1434)
	大牛地	P、C	3926.8	22.36	6.628(4068)	0.001~61.000	0.532(4068)
	榆林	P_1s^2	1807.5	53.3	5.630(1200)	0.003~486.000	4.744(1200)
	子洲	P_2x	1152.0	5.87	5.281(1028)	0.004~232.884	3.498(1028)
	乌审旗	P_2sh、P_2x、O_1	1012.1	1.55	7.820(689)	0.001~97.401	0.985(687)
	神木	P_1t^1、P_1s、P_2x	935.0	0	4.712(187)	0.004~3.145	0.353(187)
	米脂	P_1s^1、P_2x、P_2sh	358.5	0.19	6.180(1179)	0.003~30.450	0.655(1179)
四川	合川	T_3x	2299.4	7.46	8.45		0.313
	新场	J_3、T_3x	2045.2	16.29	12.31(>1300)		2.560(>1300)
	广安	T_3x	1355.6	2.79	4.2		0.35
	安岳	T_3x	1171.2	0.74	8.7		0.048
	八角场	J、T_3x	351.1	1.54	T_3x^4 平均 7.93		0.58
	洛带	J_3	323.8	2.83	11.80(926)		0.732(814)
	邛西	J、T	323.3	2.65	T_3x^4 平均 3.29		0.0636
塔里木	大北	K	587.0	0.22	2.629(5)		0.036(5)

①据文献 [1] 简化。

天然气碳同位素分析采用 Delta S GC-C-IRMS 同位素质谱仪。气体组分通过气相色谱仪分离，然后转化为 CO_2 注入质谱仪。单个烷烃气组分（C_1–C_5）和 CO_2 通过色谱柱分离（PLOT Q 30m），色谱柱升温过程为 35~80℃（升温速率8℃/min），一直到260℃（升温速率5℃/min），在最终温度保持炉温 10min，一个样品分析 3 次。稳定碳同位素值采用 VPDB 标准，符号采用 δ，单位为‰，分析精度为±0.5‰。

烷烃气氢同位素测试采用装备有 Ultra TM 色谱仪的 MAT 253 同位素质谱仪测定。载气为氦气，色谱柱为 HP-PLOT Q 毛细色谱柱（30m×0.32mm×20μm），流速为 1.4mL/min。进口温度设定为180℃，甲烷氢同位素测定时采用分流注入模式（分流比为1∶7）。色谱升温程序：初始温度为 40℃，恒温 5min，以 5℃/min 速度从 40℃ 程序升温到 80℃，随后以 5℃/min程序升温至 140℃，30℃程序升温至 260℃。反应炉中的温度为 1450℃。天然气组分转化成 C 和 H_2，H_2 被带进质谱仪来测定氢同位素组成。氢同位素测试采用 VSMOW 标准，符号采用 δ，单位为‰，氢同位素测试精度为±3‰。实验所用的碳氢同位素标样 NG1（煤成气）和 NG3（油型气）由中国石油勘探开发研究院廊坊分院以及国外著名实验室进行过校正[23]，并采用两点校正法与国家标样进行了校正[24]。

3　烷烃气稳定碳同位素组成特征

表 2 为中国 15 个致密砂岩大气田 81 个气样烷烃气稳定碳同位素 $\delta^{13}C_{1-4}$ 分析成果，由表 2 可得如下结论。

表 2　鄂尔多斯、四川和塔里木盆地致密砂岩大气田天然气组分、稳定碳和氢同位素组成

盆地	气田	序号	井号	地层	组分/%，vol								$\delta^{13}C$/‰，VPDB				δ^2H/‰，VSMOW		
					CH_4	C_2H_6	C_3H_8	iC_4	nC_4	C_{1-4}	CO_2	N_2	$\delta^{13}C_1$	$\delta^{13}C_2$	$\delta^{13}C_3$	$\delta^{13}C_4$	δ^2H_1	δ^2H_2	δ^2H_3
鄂尔多斯	苏里格	1	苏 21	P_1s,P_2x	92.39	4.48	0.83	0.13	0.14	97.97	0.99	0.68	−33.4	−23.4	−23.8	−22.7	−194	−167	−163
		2	苏 53	P_1s,P_2x	86.05	8.36	2.17	0.37	0.44	97.39	1.13	0.72	−35.6	−25.3	−23.7	−23.9	−202	−165	−160
		3	苏 75	P_2x	92.47	3.92	0.66	0.11	0.11	97.27	1.30	1.10	−33.2	−23.8	−23.4	−22.7	−194	−163	−157
		4	苏 76	P_1s,P_2x	86.41	8.37	2.33	0.39	0.51	98.01	0.13	1.21	−35.1	−24.6	−24.4	−24.4	−203	−165	−161
		5	苏 95	P_2x	92.24	3.95	0.66	0.11	0.11	97.07	1.64	1.00	−32.5	−23.9	−24.0	−23.7	−193	−167	−160
		6	苏 139	P_1s,P_2x	93.16	3.05	0.51	0.07	0.07	96.86	1.31	1.45	−30.4	−24.2	−26.2	−23.7	−192	−178	−180
		7	苏 336	P_1s,P_2x	90.20	1.40	0.15	0.02	0.01	91.78	0.00	8.06	−28.7	−22.6	−25.1		−189	−169	−168
		8	苏 14-0-31	P_1s,P_2x	93.00	4.05	0.65	0.10	0.10	97.91	1.20	0.59	−32.0	−23.8	−24.7	−22.0	−196	−168	−172
		9	苏 48-2-86	P_1s	92.85	4.00	0.63	0.10	0.10	97.69	1.44	0.57	−31.7	−23.2	−24.3	−22.3	−190	−172	−170
		10	苏 48-14-76	P_1s,P_2x	92.73	3.48	0.65	0.11	0.12	97.10	1.47	1.14	−33.5	−22.8	−24.2	−22.2	−192	−172	−171
		11	苏 48-15-68	P_2x^8	92.79	3.28	0.61	0.11	0.12	96.91	1.70	1.07	−29.8	−23.3	−25.0	−22.6	−195	−170	−172
		12	苏 53-78-46H	P_1s,P_2x	89.82	6.21	1.24	0.22	0.24	97.73	0.93	0.87	−33.9	−23.5	−23.0	−23.2	−198	−165	−156
		13	苏 75-64-5X	P_2x	89.45	6.36	1.26	0.14	0.32	97.53	0.13	0.93	−33.5	−24.0	−23.3	−22.8	−199	−167	−159
		14	苏 76-1-4	P_2x	90.38	6.03	1.18	0.21	0.22	98.02	0.82	0.71	−32.7	−23.2	−22.9	−23.0	−198	−168	−165
		15	苏 77-2-5	P_2x	89.90	5.53	1.24	0.24	0.27	97.18	1.46	0.70	−30.8	−22.7	−23.3	−22.2	−194	−168	−164
		16	苏 77-6-8	P_2x^8	89.90	5.80	1.24	0.22	0.24	97.40	0.60	0.79	−33.6	−23.9	−24.1	−22.8	−201	−165	−166
		17	苏 120-52-82	P_1s,P_2x	91.64	3.69	0.64	0.16	0.16	96.33	2.58	0.93	−31.1	−23.3	−25.6	−23.6	−192	−176	−179
		18	召 61	P_1s	88.98	6.83	1.53	0.31	0.37	98.02	0.55	0.85	−33.2	−23.5	−23.3	−23.2	−194	−159	−154
	榆林	19	榆 217	P_1s	93.02	2.69	0.36	0.05	0.05	96.17	1.84	0.32	−31.1	−26.5	−24.4	−23.4	−201	−183	−171
		20	榆 43-6	P_1s	88.81	6.04	2.03	0.50	0.57	97.95	0.24	n.d	−31.6	−26.1	−24.0	−22.9	−201	−181	−172
	子洲	21	洲 1	O_1	94.43	2.64	0.35	0.05	0.05	97.51	1.17	1.09	−34.9	−23.8	−21.8	−21.0	−191	−174	−149
		22	洲 16-19	P_1s	91.53	5.25	1.16	0.19	0.18	98.30	0.06	n.d.	−34.0	−24.3	−21.7	−21.7	−199	−169	−164
		23	洲 22-18	P_1s	93.12	4.22	0.76	0.14	0.13	98.37	0.02	n.d.	−31.1	−25.7	−24.3	−23.1	−198	−174	−175
	大牛地	24	D11	P_2sh^1	94.66	2.90	0.53	0.10	0.11	98.29	0.18	1.39	−34.5	−26.3	−24.7	−24.2	−192	−166	−165
		25	D13	P_1s	94.49	1.71	0.31		0.07	96.58	0.28	0.25	−36.0	−25.7	−24.5	−22.6	−206	−164	−156
		26	D16	P_2sh	94.37	2.52	0.26	0.06	0.09	97.31	0.37	1.96	−35.0	−27.1	−26.0	−23.9	−192	−167	−164
		27	D22	$P1t^2$	86.21	4.11	0.81	0.11	0.13	91.37	1.05	7.31	−38.1	−25.3	−23.0	−21.7	−204	−160	−159

续表

盆地	气田	序号	井号	地层	组分/%，vol								$\delta^{13}C$/‰，VPDB				δ^2H/‰，VSMOW		
					CH_4	C_2H_6	C_3H_8	iC_4	nC_4	C_{1-4}	CO_2	N_2	$\delta^{13}C_1$	$\delta^{13}C_2$	$\delta^{13}C_3$	$\delta^{13}C_4$	δ^2H_1	δ^2H_2	δ^2H_3
鄂尔多斯	大牛地	28	D24	P_2sh^1	87.95	6.92	1.83	0.45	0.63	97.78	0.33	1.49	−37.1	−26.1	−25.3	−23.7	−210	−170	−172
		29	DK4	P_2sh^3	96.19	2.48	0.32	0.05	0.05	99.09	0.32	0.35	−34.9	−26.4	−24.0	−23.0	−187	−164	−154
		30	DK9	P_2sh^1	96.31	2.21	0.18	0.04	0.03	98.77	0.26	0.42	−35.0	−26.0	−23.4	−21.9	−185	−164	−160
		31	DK17	P_2s	93.64	3.46	0.54	0.08	0.11	97.83	0.18	1.64	−36.0	−27.2	−25.6	−23.3	−186	−164	−156
	乌审旗	32	米37-13	P_1s	94.19	3.77	0.53	0.11	0.09	98.69	0.71	0.39	−33.0	−23.2	−22.4	−21.1	−182	−156	−145
		33	榆12	P_2sh	91.24	5.81	0.84	0.17	0.16	98.22	1.13	0.04	−34.2	−26.3	−24.0	−23.2	n.d.	n.d.	n.d.
		34	乌22-7	P_2x	92.97	4.27	0.76	0.11	0.11	98.22	0.74	0.87	−32.2	−23.5	−24.9	−21.9	n.d.	n.d.	n.d.
	神木	35	陕215	P_2sh	93.60	3.79	0.55	0.08	0.08	98.10	0.76	0.46	−32.9	−26.0	−24.0	−22.3	n.d.	n.d.	n.d.
		36	陕243	P_2x	90.85	5.46	1.03	0.18	0.17	97.69	0.54	1.55	−35.0	−24.0	−23.6	−22.4	n.d.	n.d.	n.d.
		37	神1	P_2x	92.86	4.69	1.23	0.16	0.18	99.12	n.d.	0.73	−37.1	−24.7	−24.5	−23.9	n.d.	n.d.	n.d.
		38	双15	P_1s	93.65	3.59	0.75	0.11	0.13	98.28	1.45	0.42	−35.9	−23.6	−22.6	−22.2	n.d.	n.d.	n.d.
		39	双20	P_1t	93.06	3.22	0.56	0.11	0.10	97.05	2.47	0.82	−35.8	−25.6	−24.0	−23.0	n.d.	n.d.	n.d.
四川	合川	40	合川106	T_3x^2	89.28	6.83	1.87	0.46	0.37	98.81	0.21	0.39	−39.8	−27.0	−24.1	n.d.	−172	−129	−119
		41	合川108	T_3x^2	85.76	8.24	3.25	0.67	0.68	98.60	0.26	0.54	−41.4	−28.3	−25.0	−27.2	−183	−135	−118
		42	合川109	T_3x^2	92.54	5.15	0.98	0.28	0.20	99.15	0.15	0.31	−38.3	−26.2	−23.6	n.d.	−163	−136	−126
		43	合川001-1	T_3x^2	89.27	6.98	1.89	0.46	0.35	98.95	0.16	0.44	−39.5	−27.1	−23.9	−24.4	−169	−132	−116
		44	合川001-2	T_3x^2	89.87	6.64	1.69	0.43	0.32	98.95	0.16	0.44	−39.0	−26.8	−23.8	n.d.	−166	−120	−111
		45	合川001-30-x	T_3x^2	90.46	6.14	1.51	0.41	0.35	98.87	0.20	0.39	−38.8	−27.6	−24.5	−25.5	−166	−121	−120
		46	潼南104	T_3x^2	86.44	7.69	2.96	0.73	0.67	98.49	0.26	0.43	−41.0	−27.4	−24.0	−26.7	−179	−128	−119
		47	潼南105	T_3x^2	87.78	7.42	2.32	0.57	0.50	98.59	0.27	0.37	−40.4	−27.4	−24.0	−25.9	−173	−128	−118
		48	潼南001-2	T_3x^2	87.10	7.65	2.56	0.65	0.59	98.55	0.30	0.39	−40.7	−27.5	−24.5	−26.1	−176	−123	−116
	新场	49	川孝254	J_3p	93.16	4.47	1.09	0.22	0.23	99.17	0	0.68	−33.2	−24.0	−21.6	−21.3	−176	−151	−147
		50	川孝263	J_2s	91.95	5.20	1.46	0.26	0.35	99.22	0	0.36	−33.3	−24.0	−22.3	−21.7	−180	−143	−137
		51	川孝480-1	J_2s	91.65	5.70	1.34	0.27	0.30	99.26	0	0.32	−34.8	−23.7	−20.1	−20.0	−182	−147	−117
		52	川孝480-2	J	92.62	4.94	1.23	0.26	0.26	99.31	0	0.32	−34.6	−24.4	−22.1	−21.5	−182	−147	−147
		53	新882	T_3x^4	93.41	3.78	0.93	0.20	0.18	98.50	0.46	0.85	−34.3	−23.1	−21.4	−20.0	−182	−151	−147
	广安	54	广安56	T_3x^6	88.98	6.16	2.51	0.57	0.60	98.82	0.29	0.40	−39.2	−27.4	−26.0	−24.2	n.d.	n.d.	n.d.
		55	广安002-39	T_3x^6	94.28	4.36	0.50	0.18	0.08	n.d.	0.10	0.50	−38.8	−26.9	−25.6	−24.7	−180	−145	−146
	安岳	56	岳101	T_3x^2	84.38	7.87	2.50	0.69	0.79	96.23	0.35	0.71	−41.3	−26.8	−23.7	−25.2	−188	−132	−125
		57	岳105	T_3x^2	84.64	8.67	3.86	0.70	0.73	98.60	0.29	0.59	−41.6	−28.5	−25.4	−26.2	−183	−129	−119
		58	岳101-11	T_3x^2	83.95	10.13	3.50	0.70	0.60	98.88	0.30	0.43	−41.1	−26.3	−23.0	−25.1	−178	−129	−117
		59	岳101-X12	T_3x^2	84.18	9.97	2.83	0.66	0.59	98.23	0	0.51	−40.8	−27.5	−23.8	−25.3	−184	−129	−120
		60	岳101-X12	T_3x^2	83.86	10.13	2.89	0.68	0.62	98.18	0	0.47	−40.8	−27.3	−23.3	−24.7	−181	−131	−116

续表

盆地	气田	序号	井号	地层	组分/%,vol								δ13C/‰,VPDB				δ2H/‰,VSMOW		
					CH4	C2H6	C3H8	iC4	nC4	C1-4	CO2	N2	δ13C1	δ13C2	δ13C3	δ13C4	δ2H1	δ2H2	δ2H3
四川	八角场	61	角33	T3x⁴	92.95	4.93	1.14	0.20	0.24	99.46	0.38	-40.1	-27.4	-24.6	-24.6	-182	-144	-138	
		62	角48	T3x⁶	91.90	5.30	1.38	0.26	0.31	99.15	n.d.	0.67	-40.3	-26.5	-24.2	-22.7	-185	-153	-142
		63	角49	T3x²	96.26	2.85	0.53	0.10	0.09	99.83	n.d.	0.11	-37.0	-27.3	-24.2	-22.9	-172	-144	-139
	洛带	64	角57	T3x	90.99	5.51	1.71	0.33	0.33	98.87	0.41	0.25	-37.3	-25.5	-22.9	-22.7	-178	-144	-138
		65	龙3	J3p	86.41	5.00	1.76	0.39	0.51	94.07	0	5.33	-34.0	-23.0	-21.0	-20.6	-173	-143	-143
		66	龙42	J3p	90.52	4.96	1.50	0.32	0.39	97.69	n.d.	1.80	-32.9	-24.0	-21.2	-21.3	-173	-144	-143
		67	龙55	J3p	90.01	5.45	1.76	0.40	0.48	98.10	0	1.19	-34.4	-24.6	-21.9	-21.6	-176	-144	-131
		68	LS3	J3sn	89.65	5.87	1.90	0.41	0.50	98.33	0	0.96	-33.7	-24.3	-21.4	-21.0	-180	-146	-126
		69	LS35	J3sn	88.72	6.00	2.03	0.41	0.52	97.68	n.d.	1.70	-33.5	-24.0	-21.5	-21.2	-177	-145	-117
	邛西	70	邛西3	T3x²	93.57	3.85	0.59	0.09	0.07	98.17	1.55	0.23	-33.1	-23.0	-22.7	-20.6	-173	-145	-150
		71	邛西4	T3x²	93.52	3.19	0.62	0.10	0.08	97.51	1.47	0.24	-32.9	-23.2	-23.0	-22.0	-173	-145	-152
		72	邛西6	T3x²	95.95	2.48	0.30	0.04	0.04	98.81	0.92	0.26	-31.3	-23.2	-23.1	-20.9	-174	-144	-133
		73	邛西10	T3x²	93.57	3.85	0.59	0.09	0.07	98.17	1.55	0.23	-33.2	-22.8	-22.8	-20.4	-170	-147	-138
		74	邛西13	T3x²	93.49	3.90	0.63	0.11	0.08	98.21	1.47	0.25	-33.7	-24.1	-23.4	-20.9	-173	-146	-152
		75	邛西14	T3x²	96.50	1.57	0.12	0.02	0.01	98.22	1.55	0.23	-30.5	-24.1	-23.8	n.d.	-173	-147	-152
		76	邛西16	T3x²	96.46	1.74	0.16	0.02	0.02	98.40	1.39	0.21	-31.6	-23.8	n.d.	n.d.	-175	-146	-154
		77	邛西006-X1	T3x²	93.17	4.12	0.71	0.13	0.11	98.24	1.36	0.26	-31.6	-22.4	-22.4	n.d.	-173	-144	-154
塔里木	大北	78	大北102	K	96.01	2.08	0.38	0.10	0.08	98.65	0.44	0.64	-29.5	-21.6	-21.0	-22.5	-168	-135	-129
		79	大北103	K	95.67	2.21	0.43	0.10	0.11	98.52	0.53	0.66	-30.2	-22.3	-21.1	-22.3	-171	-132	-117
		80	大北201	K	96.04	1.93	0.35	0.08	0.09	98.49	0.53	0.65	-28.5	-21.7	-20.9	-22.3	-168	-128	-111
		81	大北202	K	96.56	1.57	0.27	0.06	0.07	98.53	0.54	0.64	-28.6	-20.5	-20.6	-22.2	-168	-126	-110

3.1　中国致密砂岩大气田烷烃气碳同位素组成具有煤成气的特征

戴金星 1992 年[25]综合了中国各盆地、德国西北盆地、库珀盆地、瓦尔沃得-德拉瓦尔盆地、北海盆地、安大略盆地以及苏联 11 个油气田大量油型气和煤成气的 $\delta^{13}C_1$、$\delta^{13}C_2$ 和 $\delta^{13}C_3$ 值，戴金星等[26]予以完善而编制了 $\delta^{13}C_1$-$\delta^{13}C_2$-$\delta^{13}C_3$ 图版鉴别煤成气和油型气。把表 2 中所有 $\delta^{13}C_1$、$\delta^{13}C_2$ 和 $\delta^{13}C_3$ 值投入该图版中（图 2），可见中国致密砂岩大气田的天然气均属于来自含煤岩系的煤成气。

Whiticar[27]根据 $\delta^{13}C_1$-C_1/C_{2+3} 参数编制了天然气成因鉴别图版（图 3），把表 2 中各井 $\delta^{13}C_1$ 值与 C_1/C_{2+3} 投入该图版（图 3），表明中国致密砂岩大气田的天然气是由Ⅲ型干酪根的气源岩生成的煤成气。

中国致密砂岩气田烷烃气 $\delta^{13}C_1$-$\delta^{13}C_2$ 回归线与 Sacramento 盆地[28]以及尼日尔三角洲[29]Ⅲ型气源岩生成的煤成气具有相似性，说明中国致密砂岩气属于煤成气（图 4）。

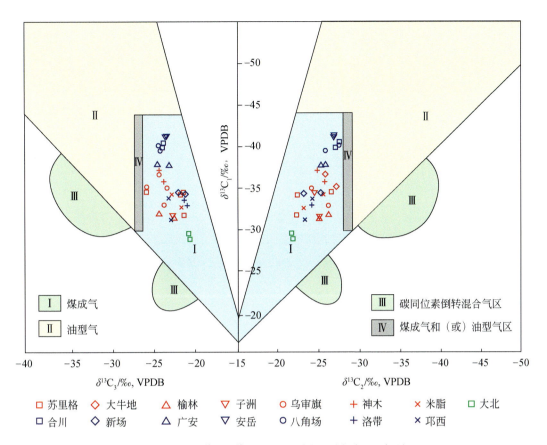

图2　$\delta^{13}C_1 - \delta^{13}C_2 - \delta^{13}C_3$ 有机不同成因烷烃气鉴别图版

图版据文献［25］、文献［26］完善

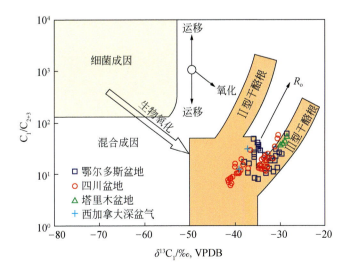

图3　$\delta^{13}C_1 - C_1/C_{2+3}$ 天然气成因鉴别图版[27]

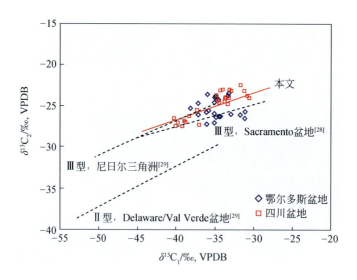

图 4 $\delta^{13}C_1 - \delta^{13}C_2$ 回归线对比图

不仅天然气的 $\delta^{13}C_1 - \delta^{13}C_2 - \delta^{13}C_3$ 图版、$\delta^{13}C_1 - C_1/C_{2+3}$ 图版以及 $\delta^{13}C_1 - \delta^{13}C_2$ 回归线都可确定中国致密砂岩大气田的天然气是来自含煤岩系的煤成气，同时通过对中国各盆地致密砂岩大气田的生-储-盖组合、TOC 值和成藏等特征的分析也支持致密砂岩大气田的气源是煤成气。由图 5 可知：鄂尔多斯盆地山西组、太原组和本溪组是中国华北地区著名的大面积稳定展布的煤系，一般煤层总厚度为 10~15m，局部大于 40m，煤及泥岩累计厚度可达 200m 左右[12]；煤的平均有机碳含量为 60%，暗色泥质岩有机碳含量在 1%~5%，高的可达 10% 以上，一般为 2%~4%，以Ⅲ型干酪根为主，是一套好的气源岩[12,30-32]；本溪组、太原组和山西组是海陆交互相，分别产有 2~5m 和 20~40m 的灰岩，TOC 含量一般分布在 0.5%~5%，以Ⅱ₁型干酪根为主，灰岩最厚发育在靖边气田地区，向外减薄或缺失，在苏里格气田地区厚度常在 10m 以下，是套分布区域有限的次要油型气源岩，仅在靖边气田发现部分油型气或煤成气和油型气的混合气[12]。该煤系下伏地层是经过 1.4 亿年古喀斯特作用形成的下奥陶统马家沟组泥质白云岩偶夹石膏层。根据马家沟组泥质白云岩 449 个样品的 TOC 分析，TOC 最高值为 1.81%，最低值为 0.04%，平均值为 0.24%[12,33]。因此，马家沟组为非烃源岩，故该套煤系中以及煤系之上的紫色、红色或杂色的下石盒子组（P_2x）、上石盒子组（P_2sh）和石千峰组（P_3s）中气层，其气源岩只能是本溪组、太原组和山西组煤系。而且从图 5 可看出从本溪组到石千峰组各相关 $\delta^{13}C$ 值，特别是 $\delta^{13}C_2$、$\delta^{13}C_3$ 和 $\delta^{13}C_4$ 值具有上下基本一致性，旁证了石千峰组、上石盒子组和下石盒子组气源来自下伏煤系气源岩。

图 6 为四川盆地致密砂岩大气田的主要产气层须家河组须二段（T_3x^2）、须四段（T_3x^4）和须六段（T_3x^6），与次要产层上沙溪庙组（J_2s）、遂宁组（J_2sn）和蓬莱镇组（J_3p）的地层柱状图及 TOC、碳氢同位素值的垂直剖面分布图。须家河组煤系底一般与中三叠统雷口坡组海相的灰白色白云岩或部分灰岩接触，该组碳酸盐岩 60 个样品平均 TOC 为 0.13%[34]，为非烃源岩。陆相为主的须家河组分 6 段，一、三、五段为以平原沼泽相沉积为主的深灰色、灰色泥岩、页岩，夹煤层，间夹少许石英砂岩和粉砂岩，是烃源岩，

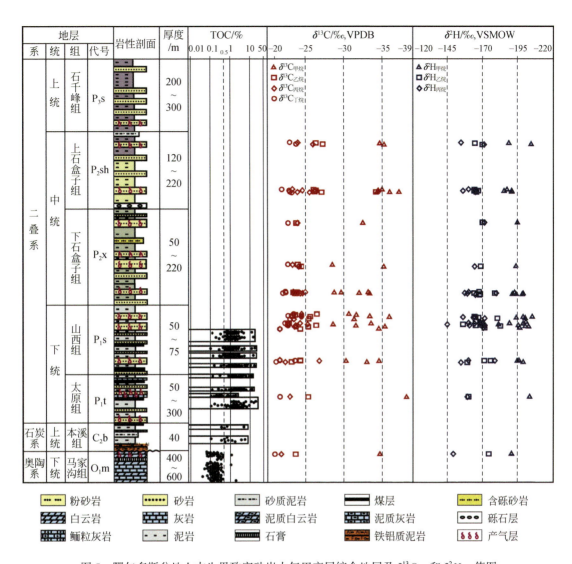

图 5　鄂尔多斯盆地上古生界致密砂岩大气田产层综合地层及 $\delta^{13}C_{1-4}$ 和 δ^2H_{1-3} 值图

烃源岩西厚东薄，暗色泥岩厚 $10 \sim 1500m$，平均厚 $232m$。煤系烃源岩有机质丰度较高，据对 863 块样品分析统计，泥岩有机碳含量为 $0.5\% \sim 6.5\%$，绝大部分样品大于 1.0%，烃源岩有机显微组分是镜质组–惰质组组合，壳质组和腐泥组含量低，属腐殖型。盆地西部烃源岩 R_o 普遍大于 1.5%，而在盆地中部一般小于 1.3%[35]。须二、须四、须六段为以分支河道和河口坝（须六段）沉积为主的灰色、深灰色石英砂岩、岩屑砂岩，夹深灰色砂质页岩、页岩、薄煤层或煤线，是储层。沙溪庙组、遂宁组和蓬莱镇组是棕紫色、紫红色、棕红色泥岩、砂质泥岩与岩屑砂岩、含钙砂岩不等厚互层。从泥质岩颜色可知这 3 组为非烃源岩而可作储层。此 3 组产气层以下自流井组有暗色泥岩和介壳灰岩，干酪根为 II_1 型为主，处于生油阶段，目前产少量含伴生气极低的石油，由图 6 纵向气层 $\delta^{13}C_{1-4}$ 值一致性，说明油型气未对其上产气层产生影响。

由图 6 可知，从须二段（T_3x^2）至蓬莱镇组（J_3p）各相关 $\delta^{13}C$ 值特别是 $\delta^{13}C_2$、$\delta^{13}C_3$

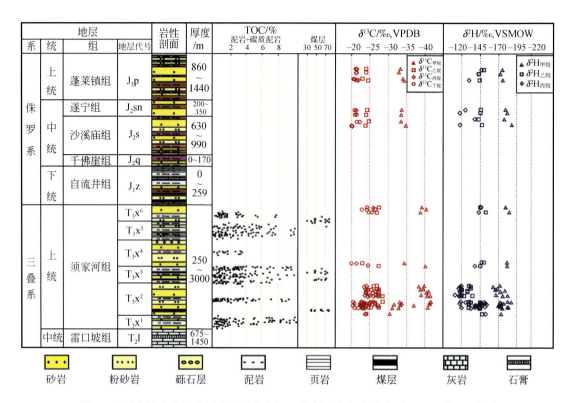

图 6　四川盆地中生界中部致密砂岩大气田的产层综合地层及 $\delta^{13}C_{1-4}$ 和 $\delta^2 H_{1-3}$ 值图

和 $\delta^{13}C_4$ 值上下基本一致，旁证了蓬莱镇组、遂宁组和上沙溪庙组这些杂色地层中天然气气源是从下伏须家河组煤系烃源岩中运移来的，而运移未使同位素产生明显分馏，这种情况与图 5 中 $\delta^{13}C$ 十分相似。

为什么中国致密砂岩大气田的天然气均为来自含煤岩系的煤成气？这是因为致密砂岩孔渗很低，由于腐殖煤系是"全天候"气源岩，从褐煤开始至无烟煤各煤阶的成烃作用中都以形成天然气为主，而且含煤岩系分布广而稳定，能有长期供应的充足气源，致使致密砂岩获得大量天然气成为大气田。腐泥型烃源岩在热演化中期有相当长时间是形成石油为主的"生油窗"，而为"中断型气源岩"，故相对在地史上不能长期的充足向致密砂岩供气，因此，油型气成为致密砂岩的气源比煤成气的逊色得多。中国除致密砂岩大气田气源均为煤成气外，还有许多致密砂岩中、小型气田的气源也是煤成气，如中坝气田须二段（$T_3 x^2$）气藏、孝泉气藏、户部寨气藏[16-17,36]。不仅在中国煤成气成为大、中、小型致密砂岩气气田的气源，在北美煤成气也是致密砂岩的主流气源。西加拿大盆地西缘是著名深盆气区，下白垩统 Spirit River 组暗色泥岩、页岩夹煤层，有机质以腐殖型为主，TOC 平均在 2% 以上，是煤成气的气源岩，该组中 Father A 段、Peace River 组 Cadotte 段致密砂岩是深盆气的主要气层，在该盆地气田内发现了 Elmworth 气田、Edson 气田、Hoadley 气田和 Simonette 气田等一批致密砂岩气田[37]。Edson 气田的烷烃气 $\delta^{13}C_1$、$\delta^{13}C_2$、$\delta^{13}C_3$、$\delta^{13}C_{i4}$ 和 $\delta^{13}C_{n4}$ 值分别为 −37.3‰、−23.59‰、−23.29‰、−22.42‰ 和 −22.42‰；Simonette 气田的烷烃气 $\delta^{13}C_1$、$\delta^{13}C_2$、$\delta^{13}C_3$、$\delta^{13}C_{i4}$ 和 $\delta^{13}C_{n4}$ 值分别为 −39.22‰、−24.77‰、−22.25‰、

–22.41‰和–22.23‰[3]，均具有煤成气的特征（图2、图3）。美国落基山盆地群中众多深盆气（致密砂岩气）主要气源来自白垩系煤层和煤系有机碳含量丰富的Ⅲ型干酪根泥质岩[22,38]。Law[39]认为大绿河盆地深盆气的气源来自上白垩统 Lance、Almond 和 Rock Springs 组的煤层和腐殖型的碳质页岩。圣胡安盆地深盆气的气源主要来自上白垩统 Mesaverde、Fruitland 组中暗色泥页岩和广泛夹的煤层[40]。目前，中国发现的致密砂岩气的气源均来自煤系烃源岩，北美科迪勒拉山和落基山脉东部的致密砂岩深盆气的气源也来自煤系烃源岩，但不排除少数致密砂岩气的气源可以来自腐泥型烃源岩的油型气，如阿巴拉契亚盆地北部深盆气[4]。

3.2 原生烷烃气碳同位素值随分子碳数顺序递增

原生的未受次生改造的烷烃气，碳同位素值随烷烃气分子碳数顺序递增，$\delta^{13}C$ 值依次递增称为正碳同位素系列，即 $\delta^{13}C_1<\delta^{13}C_2<\delta^{13}C_3<\delta^{13}C_4$[41]。烷烃气正碳同位素系列在国内外含油气盆地天然气中普遍存在[12,42-45]。根据表2鄂尔多斯盆地和四川盆地具有正碳同位素系列的气样值编了图7（a）和（b）。从图7可见各盆地的正碳同位素系列，其 $\delta^{13}C_1$、$\delta^{13}C_2$、$\delta^{13}C_3$ 和 $\delta^{13}C_4$ 的最重值连线（A′–D′）、最轻值连线（A–D）和平均值连线均具有随烷烃气碳数分子增加而递重的规律。表3为鄂尔多斯盆地和四川盆地 $\delta^{13}C_1$、$\delta^{13}C_2$、$\delta^{13}C_3$ 和 $\delta^{13}C_4$ 正碳同位素系列最大值、最小值和平均值的井号及 $\delta^{13}C$ 值。由于中国致密砂岩大气田天然气都是煤成气，表3的 $\delta^{13}C_1$ 分布范围为–40.3‰～–30.5‰，也是煤成气 $\delta^{13}C_1$ 分布数值域。Patience[46]认为煤成气的 $\delta^{13}C_1$ 值分布在–38‰～–22‰，中国的 $\delta^{13}C_1$ 最轻值和最重值比 Patience 报道的都轻。

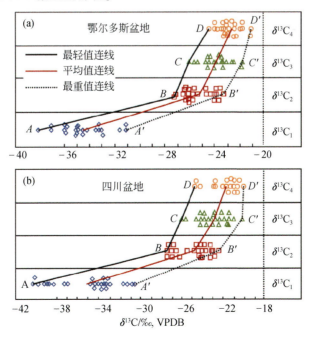

图7　鄂尔多斯盆地（a）和四川盆地（b）致密砂岩烷烃气碳同位素分布以及最重值、最轻值和平均值连线

3.3 重烃气与甲烷碳同位素的差值随烃源岩成熟度增加而渐减

对于有机成因的烷烃气，随着气源岩成熟度的增加，干燥系数（C_1/C_{1-4}）也逐渐增大[47-48]。中国致密砂岩大气田煤成气的重烃气与甲烷碳同位素的差值，有随气源岩成熟度增加而渐减的特征。煤成气的 R_o 值可以利用 $\delta^{13}C_1 = 14.12\lg R_o - 34.39$[49]求得。图 8（a）、（c）表明鄂尔多斯盆地和四川盆地具有 $\delta^{13}C_2 - \delta^{13}C_1$ 及 $\delta^{13}C_3 - \delta^{13}C_1$ 差值随着气源岩 R_o 增大而渐减的特征。同时重烃气与甲烷碳同位素的差值，也有随 C_1/C_{1-4} 值增大而渐减的特征〔图 8（b）~（d）〕。

表 3　鄂尔多斯盆地和四川盆地正碳同位素系列的最大值、最小值和平均值

盆地		$\delta^{13}C_1$ /‰，VPDB	井号	$\delta^{13}C_2$ /‰，VPDB	井号	$\delta^{13}C_3$ /‰，VPDB	井号	$\delta^{13}C_4$ /‰，VPDB	井号
鄂尔多斯盆地	最大值	−31.1	洲 22-8	−23.2	米 37-13	−21.7	洲 16-9	−21.0	洲 1
	最小值	−38.1	D22	−27.2	DK17	−26.0	D16	−24.4	苏 76
	平均值	−34.5		−25.2		−23.8		−22.7	
四川盆地	最大值	−30.5	邛西 14	−22.4	邛西 006-x1	−20.1	CX480-1	−20.0	CX480-1，新 882
	最小值	−40.3	角 48	−27.4	广安 56，角 33	−26.0	广安 56	−24.7	广安 002-39
	平均值	−35.1		−24.8		−22.9		−21.8	

3.4 烷烃气稳定碳同位素倒转的成因

当烷烃气的 $\delta^{13}C$ 值不按分子碳数顺序递增或递减，即排列出现混乱时，称为碳同位素倒转，如 $\delta^{13}C_1 > \delta^{13}C_2 < \delta^{13}C_3 < \delta^{13}C_4$、$\delta^{13}C_1 < \delta^{13}C_2 > \delta^{13}C_3 < \delta^{13}C_4$ 等。表 2 中 81 个气样中有 31 个发生碳同位素倒转，倒转率为 38%。值得注意的是中国 15 个致密砂岩大气田，多数气田（榆林、子洲、大牛地、米脂、神木、新场、广安、八角场和邛西）碳同位素没有发生倒转，而苏里格气田、合川气田、安岳气田和大北气田多口井烷烃气碳同位素倒转，乌审旗气田和洛带气田仅个别井出现碳同位素倒转。苏里格气田 18 个气样中 14 个出现碳同位素倒转（表 2），倒转率高达 78%。

由表 2 和图 9 可知，在倒转的 31 个样品中以 $\delta^{13}C_4$ 值变轻（即 $\delta^{13}C_3 > \delta^{13}C_4$）占首位的有 19 个，四川盆地合川气田、安岳气田、洛带气田和塔里木盆地大北气田均属此类倒转，倒转值 0.1‰（龙 42）~2.7‰（潼南 104），一般为 0.8‰以上，四川盆地此类倒转明显（图 9）；倒转占第 2 位的为 $\delta^{13}C_3$ 变轻（即 $\delta^{13}C_2 > \delta^{13}C_3$），倒转值为 0.1‰（苏 95）~1.6‰（苏 139、苏 48-15-68），一般为 0.9‰以上；倒转占第 3 位的为 $\delta^{13}C_2$ 变重，倒转值为 0.2‰（苏 77-6-8）~2.3‰（苏 120-52-82），一般在 0.6‰以上。后两种倒转仅出现在鄂尔多斯盆地，主要在苏里格气田（图 10）。前人认为 $\delta^{13}C_3 > \delta^{13}C_4$ 相当普遍[50]，而 $\delta^{13}C_2 > \delta^{13}C_3$ 则很少见[50-51]。本文研究也说明 $\delta^{13}C_3 > \delta^{13}C_4$ 倒转是普遍占首位的，同时也指出 $\delta^{13}C_2 > \delta^{13}C_3$ 并不是很少见，在苏里格气田还成为倒转的主流。

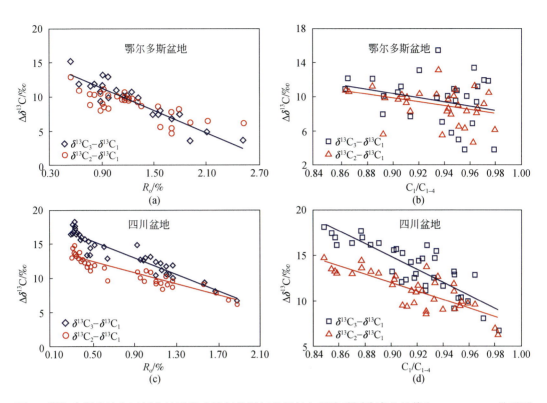

图8　鄂尔多斯盆地和四川盆地致密砂岩气烷烃气重烃气与甲烷碳同位素之差值和R_o、C_1/C_{1-4}关系图

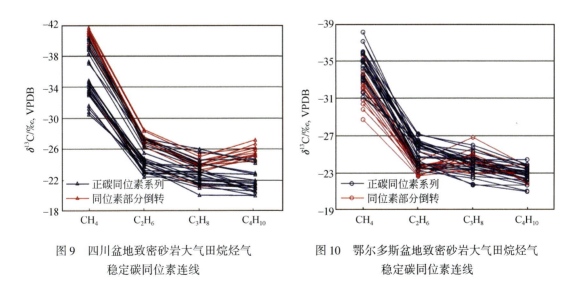

图9　四川盆地致密砂岩大气田烷烃气　　　图10　鄂尔多斯盆地致密砂岩大气田烷烃气
　　稳定碳同位素连线　　　　　　　　　　　稳定碳同位素连线

　　烷烃气碳同位素倒转的成因有以下几种：①有机烷烃气和无机烷烃气的混合；②煤成气和油型气的混合；③同型不同源气或同源不同期气的混合；④天然气的某一或某些组分被细菌氧化[41]；⑤气层气和水溶气的混合[52]；⑥硫酸盐热化学还原（TSR）[53-54]；⑦氧化还原反应过程中的瑞利分馏作用[4]。

　　利用与烷烃气伴生的氦同位素的R/R_a值可作为旁证烷烃气是有机成因或无机成因的

指标。一般认为与壳源氦伴生的烷烃气是有机成因烷烃气，与幔源氦伴生的烷烃气可能是无机成因烷烃气，通常认为壳源氦的 R/R_a 值为 $0.01 \sim 0.1$[55-57]，Poreda 等[58]认为壳源氦 $^3He/^4He$ 值为 $2 \times 10^{-8} \sim 3 \times 10^{-8}$，即 R/R_a 为 $0.014 \sim 0.021$。四川盆地 57 个气样的 $^3He/^4He$ 分布在 $0.40 \times 10^{-8} \sim 4.86 \times 10^{-8}$，平均为 1.89×10^{-8}，塔里木盆地 32 个气样的 $^3He/^4He$ 分布在 $2.09 \times 10^{-8} \sim 23.5 \times 10^{-8}$，平均 6.07×10^{-8}[59]；鄂尔多斯盆地 46 个气样的 $^3He/^4He$ 分布在 $3.1 \times 10^{-8} \sim 1.2 \times 10^{-7}$，平均为 4.36×10^{-8}，R/R_a 值为 $0.022 \sim 0.085$[60]。由此可见：致密砂岩大气田所在的鄂尔多斯盆地、四川盆地和塔里木盆地 R/R_a 均具壳源气的特征。并且一些倒转气井的氦同位素（表4）也是壳源型，由此得出发生碳同位素倒转井的烷烃气均为有机成因烷烃气。由表2可见烷烃气大部分是正碳同位素系列，具有机成因气的特征，没有发现无机成因烷烃气的负碳同位素系列（$\delta^{13}C_1 > \delta^{13}C_2 > \delta^{13}C_3 > \delta^{13}C_4$）[25,61-63]。以上两方面说明碳同位素倒转不是有机成因气和无机成因气混合所致。

天然气烷烃气的某一或某些组分被细菌氧化致使的倒转，往往某组分含量降低[41]。但从表2可知：所有倒转的某组分含量并没有降低；同时细菌一般在80℃以下繁殖，由于普遍出现倒转的苏里格气田所有倒转的井气层埋深均大于3321m，气层地温高于80℃，故倒转并不是细菌氧化某烷烃气组分造成的。

由图9及上述可知：四川盆地产于须家河组和上覆杂色地层蓬莱镇组（J_2p）、遂宁组（J_2sn）和上沙溪庙组（J_2s）的天然气，尽管有须一段（T_3x^1）和自流井组（J_2z）Ⅱ型烃源岩形成少许油型伴生气，但图2、图3和图9中 $\delta^{13}C_{1-4}$ 值均具煤成气性质，说明四川盆地致密砂岩大气田烷烃气碳同位素倒转不是煤成气和油型气混合造成的。由图5和上述可知：鄂尔多斯盆地杂色地层的上石盒子组（P_2sh）和下石盒子组（P_2x）为非烃源岩，而山西组（P_1s）、太原组（P_1t）和本溪组（C_2b）是主要煤成气源岩，但太原组和本溪组灰岩是油型气源岩，并在灰岩烃源岩发育的靖边气田马家沟组（O_1m）储层中发现少量油型气，并致使出现煤成气和油型气混合的烷烃气碳同位素倒转[12,33]。但从图2、图3、图10中 $\delta^{13}C_{1-4}$ 值均具煤成气性质，说明鄂尔多斯盆地苏里格气田出现大量的碳同位素倒转和乌审旗气田出现的个别碳同位素倒转，不是煤成气和油型气相混合的结果。

表 4   有关碳同位素倒转井的氦同位素

井号	氦同位素		井号	氦同位素	
	$(^3He/^4He)/10^{-8}$	R/R_a		$(^3He/^4He)/10^{-8}$	R/R_a
苏21	4.478 ± 0.34	0.032	岳105	2.124 ± 0.26	0.015
苏139	9.171 ± 0.48	0.066	大北102	5.962 ± 0.65	0.043
苏48-2-86	5.650 ± 0.36	0.040	大北103	5.037 ± 0.63	0.036
苏77-2-5	4.190 ± 0.27	0.030	大北201	6.505 ± 0.27	0.046
苏77-6-8	4.687 ± 0.30	0.033	大北202	6.507 ± 0.37	0.046

许多学者利用包裹体、生烃史模拟、古地温史、地层埋藏史和甲烷碳同位素动力学的综合分析，得出苏里格气田和乌审旗气田具有多期充注和成藏。但各家确定成藏期次多少不一：6期充注-成藏[64]、3期充注-成藏[65-66]和2期充注-成藏[67-69]。尽管各学者充注-成藏期2、3、6期不一，但都认为168~156Ma 或 190~154Ma 和 148~143Ma 或 137~

96Ma 是两个主要充注–成藏期。由此可以确定苏里格气田和乌审旗气田烷烃气碳同位素倒转，是由煤成气不同充注–成藏期气的混合造成的。苏里格气田碳同位素倒转率高达 78%，是与多次充注–成藏有关。四川盆地合川气田和安岳气田烷烃气碳同位素倒转，是侏罗纪末和白垩纪末两期充注–成藏的煤成气混合所致[70]。塔里木盆地大北气田在 5Ma 充注大量煤成气，在 3~1Ma 充注少量煤成气相混合而导致烷烃气碳同位素倒转[71]。由上可见中国致密砂岩大气田烷烃气的碳同位素倒转是不同期充注–成藏所致。

4　烷烃气稳定氢同位素组成特征

表 2 为中国 15 个致密砂岩大气田 73 个气样烷烃气稳定氢同位素 δ^2H_{1-3} 分析成果，由表 2 可得如下特征。

4.1　原生烷烃气随分子中碳数增

加氢同位素值递增原生的未发生次生改造的烷烃气随着分子中碳数递增氢同位素值而逐渐变重，称为正氢同位素系列，即 $\delta D_1 < \delta D_2 < \delta D_3$。烷烃气正氢同位素系列在国内外含油气盆地中普遍存在[4,13,42,53,72-73]。鄂尔多斯盆地和四川盆地致密砂岩大气田烷烃气的氢同位素系列绝大部分呈现正氢同位素系列，从图 11 可见两盆地致密砂岩大气田烷烃气呈正氢同位素系列。根据表 2 中氢同位素值编制图 12，该图中烷烃气最轻氢同位素值连线 $A–B–C$、最重氢同位素值连线 $A'–B'–C'$ 以及平均值连线均呈现随分子中碳数增加而逐渐变重的规律。

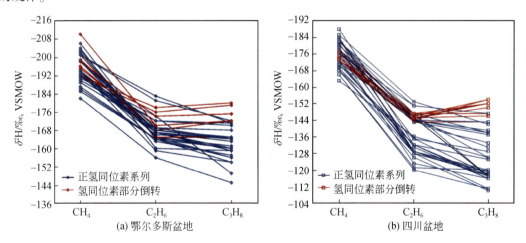

图 11　中国致密砂岩大气田烷烃气稳定氢同位素连线

4.2　重烃气与甲烷稳定氢同位素的差值随成熟度增加而逐渐减小

对于有机热成因的烷烃气，随着成熟度的增加，干燥系数也会逐渐增大[48,74]。利用中国煤成气 $\delta^{13}C_1 = 14.12\lg R_o - 34.39$ 关系式[49]，计算了鄂尔多斯盆地和四川盆地致密砂岩气（表 2）的烃源岩成熟度。中国致密砂岩气烷烃气重烃气与甲烷氢同位素之差值随着成熟度（干燥系数）的增加呈现逐渐减小的趋势（图 13），另外，鄂尔多斯盆地二叠系致密砂岩气的源岩成熟度明显比四川盆地三叠系以及侏罗系致密砂岩气的高，而鄂尔多斯盆地致密砂岩气的重烃气与甲烷氢同位素的差值要小于四川盆地，表明天然气生成过程中，越到后期，重烃气与甲烷氢同位素值越趋向一致。

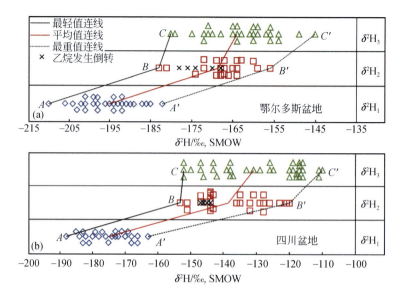

图 12   鄂尔多斯盆地（a）和四川盆地（b）致密砂岩大气田烷烃气氢同位素分布和烷烃气氢同位素
最轻、最重及平均值

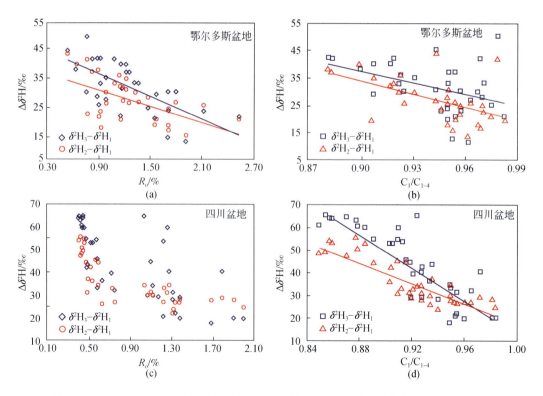

图 13   鄂尔多斯盆地和四川盆地致密砂岩气重烃气与甲烷氢同位素差值和 R_o-C_1/C_{1-4} 关系图

4.3 烷烃气稳定氢同位素倒转的成因

由表 2 可知，鄂尔多斯盆地和四川盆地致密砂岩大气田 73 个氢同位素系列样品中仅有 13 个发生倒转，倒转率为 17.8%，明显低于碳同位素倒转率，且均表现为乙烷氢同位素值相对于丙烷偏重，即 $\delta^2 H_2 > \delta^2 H_3$（图 11）。鄂尔多斯盆地致密砂岩气 $\delta^2 H_2 > \delta^2 H_3$ 倒转幅度为 1‰（洲 22-18）~ 4‰（苏 14-0-31），而四川盆地的倒转幅度较大，为 1‰（广安 002-39）~ 10‰（邛西 006-X1）。中国 15 个致密砂岩大气田中大部分气田的烷烃气表现为正氢同位素系列，仅有少部分气田发生倒转，如苏里格气田、子洲气田、新场气田、广安气田、洛带气田和邛西气田，其中苏里格气田和邛西气田发生氢同位素倒转的比例最大。

烷烃气氢同位素倒转在世界多个地区广泛发现，不同的学者对其原因进行了探讨[4,53,75]。烷烃气受到细菌氧化以及煤成气和油型气的混合是造成氢同位素倒转的两个重要原因[75]。Kinnaman 等[76]定量研究了海洋沉积物中细菌氧化对甲烷、乙烷以及丙烷氢同位素的分馏效应，天然气中不同组分抗生物降解的能力不同，丙烷、正丁烷最容易遭到生物降解，剩余天然气组分碳氢同位素会逐渐变重。Liu 等[77]研究塔里木盆地天然气氢同位素组成时，认为硫酸盐热还原反应（如 TSR）会造成油型气的甲烷和乙烷氢同位素发生倒转（如 $\delta^2 H_1 > \delta^2 H_2$）。Burruss 等[4]研究 Appalachian 盆地奥陶系和志留系储层深盆气时，发现甲烷和乙烷氢同位素之间存在倒转现象，他们认为这是由于原生天然气和在高温条件下与水介质发生反应的高成熟甲烷混合所造成。中国致密砂岩气烷烃气未发生细菌氧化，并且中国致密砂岩气均是煤成气，前文分析造成碳同位素倒转的原因是同源不同期煤成气的混合，因此造成氢同位素倒转的原因也是不同期煤成气的混合。苏里格气田烷烃气碳氢同位素均表现出较高的倒转率，这与其多期成藏充注有着密切联系。

5 结论

2010 年底，中国致密砂岩大气田的年产量和储量分别为 $222.5 \times 10^8 m^3$ 和 $28657 \times 10^8 m^3$，分别占中国年产量和储量的 23.5% 和 37.3%，是中国非常规气中的最高者和最多者，对中国天然气工业快速发展起到重要作用。

中国致密砂岩大气田烷烃气的稳定碳氢同位素组成特征是：①综合 $\delta^{13} C_1 - \delta^{13} C_2 - \delta^{13} C_3$ 图版、$\delta^{13} C_1 - C_1 / C_{2-3}$ 图版和 $\delta^{13} C_1$ 与 $\delta^{13} C_2$ 关系对比确定，中国致密砂岩大气田的气源是煤成气；②原生烷烃气随分子中碳数递增，其碳同位素值和氢同位素值也随之递重，即 $\delta^{13} C_1 < \delta^{13} C_2 < \delta^{13} C_3 < \delta^{13} C_4$ 和 $\delta^2 H_1 < \delta^2 H_2 < \delta^2 H_3$；③碳氢同位素倒转的成因多达 6 种，中国致密砂岩大气田碳氢同位素倒转主要是多期成藏充注所致；④$\delta^{13} C_2 - \delta^{13} C_1$、$\delta^{13} C_3 - \delta^{13} C_1$ 随 R_o（%）和 C_1 / C_{1-4} 的增大而减小。

致 谢：张文正教授在鄂尔多斯盆地气样采集时给予协助；中国石油勘探开发研究院廊坊分院马新华和李谨高级工程师对碳氢同位素测试给予支持，审稿人为本文提供了宝贵的修改意见，在此深表感谢。

参 考 文 献

[1] Dai J X, Ni Y Y, Wu X Q. Tight gas in China and its significance in exploration and exploitation. Petroleum

Exploration and Development,2012,39:274-284.

[2] Baihly J,Grant D,Fan L,et al. Horizontal wells in tight gas sands:a method for risk management to maximize success. SPE Annual Technical Conference and Exhibition,Anaheim,California,USA,2007.

[3] James A T. Correlation of reservoired gases using the carbon isotopic compositions of wet gas components. AAPG Bulletin,1990,74:1441-1458.

[4] Burruss R C,Laughrey C D. Carbon and hydrogen isotopic reversals in deep basin gas:evidence for limits to the stability of hydrocarbons. Organic Geochemistry,2010,41:1285-1296.

[5] 中国国家能源局.中华人民共和国石油与天然气行业标准(SY/T 6832—2011).北京:石油工业出版社,2011.

[6] Elkins L E. The technology and economics of gas recovery from tight sands. SPE Production Technology Symposium,1978.

[7] Spencer C W. Geologic aspects of tight gas reservoirs in the Rocky Mountain region. Journal of Petroleum Geology,1985,37:1308-1314.

[8] Holditch S A. Tight gas sands. Journal of Petroleum Technology,2006,58:86-93.

[9] Surdam R C. A new paradigm for gas exploration in anomalously pressured"tight gas sands"in the Rocky Mountain Laramide basins. AAPG Memoir,1997,67:283-298.

[10] Yang H,Fu J H,Wei X S,et al. Sulige field in the Ordos Basin:geological setting,field discovery and tight gas reservoirs. Marine and Petroleum Geology,2008,25:387-400.

[11] 杨华,刘新社,杨勇.鄂尔多斯盆地致密气勘探开发形势与未来发展展望.中国工程科学,2012,14:40-48.

[12] Dai J X,Li J,Luo X,et al. Stable carbon isotope compositions and source rock geochemistry of the giant gasaccumulations in the Ordos Basin,China. Organic Geochemistry,2005,36:1617-1635.

[13] Dai J X,Ni Y Y,Zou C N. Stable carbon and hydrogen isotopes of natural gases sourced from the Xujiahe Formation in the Sichuan Basin,China. Organic Geochemistry,2012,43:103-111.

[14] Zhang S C,Mi J K,Liu L P,et al. Geological features and formation of coal-formed tight sandstone gas pools in China:cases from Upper Paleozoic gas pools,Ordos Basin. Petroleum Exploration and Development,2009,36:320-330.

[15] Zou C N,Jia J H,Tao S Z,et al. Analysis of reservoir forming conditions and prediction of continuous tight gas reservoirs for the deep Jurassic in the eastern Kuqa depression,Tarim Basin. Acta Geologica Sinica (English Edition),2011,85:1173-1186.

[16] 许化政.东濮凹陷致密砂岩气藏特征的研究.石油学报,1991,12:1-8.

[17] 曾大乾,张世民,卢立泽.低渗透致密砂岩气藏裂缝类型及特征.石油学报,2003,24:36-39.

[18] 《中国油气田开发志》总编纂委员会.中国油气田开发志(卷十三):西南"中国石油"油气区卷.北京:石油工业出版社,2011:753-768.

[19] 邹才能,陶士振,袁选俊,等."连续型"油气藏及其在全球的重要性:成藏、分布与评价.石油勘探与开发,2009,36:669-682.

[20] 杨涛,张国生,梁坤,等.全球致密气勘探开发进展及中国发展趋势预测.中国工程科学,2012,14:64-68.

[21] 张国生,赵文智,杨涛,等.我国致密砂岩气资源潜力、分布与未来发展地位.中国工程科学,2012,14:87-93.

[22] 童晓光,郭彬程,李建忠,等.中美致密砂岩气成藏分布异同点比较研究与意义.中国工程科学,2012,14:9-15.

[23] Dai J X,Xia X Y,Li Z S,et al. Inter-laboratory calibration of natural gas round robins for δ^2H and δ^{13}C using

off-line and on-line techniques. Chemical Geology,2012,310-311:49-55.

[24] Coplen T B,Brand W A,Gehre M,et al. New Guidelines for δ^{13}C measurements. Analytical Chemistry,2006, 78:2439-2441.

[25] 戴金星.各类烷烃气的鉴别.中国科学(B辑),1992,22:183-195.

[26] 戴金星,倪云燕,黄士鹏,等.煤成气研究对中国天然气工业发展的重要意义.天然气地球科学,2014, 25:1-22.

[27] Whiticar M J. Carbon and hydrogen isotope systematics of bacterial formation and oxidation of methane. Chemical Geology,1999,161:291-314.

[28] Jenden P D,Kaplan I R,Poreda R,et al. Origin of nitrogen-rich natural gases in the California Great Valley: evidence from helium, carbon and nitrogen isotope ratios. Geochimica et Cosmochimica Acta, 1988, 52: 851-861.

[29] Rooney M A,Claypool G E,Chung H M,et al. Modeling thermogenic gas generation using carbon isotope ratios of natural gas hydrocarbons. Chemical Geology,1995,126:219-232.

[30] 戴金星.我国煤系含气性的初步研究.石油学报,1980,1:27-37.

[31] 张士亚.鄂尔多斯盆地天然气气源及勘探方向.天然气工业,1994,14:1-4.

[32] 杨俊杰,裴锡古.中国天然气地质学(卷四:鄂尔多斯盆地).北京:石油工业出版社,1996:107-120.

[33] 夏新宇.碳酸盐岩生烃与长庆气田气源.北京:石油工业出版社,2000.

[34] 四川油气区石油地质志编写组.中国石油地质志(卷十):四川油气区.北京:石油工业出版社,1989: 121-122.

[35] 戴金星,钟宁宁,刘德汉,等.中国煤成大中型气田地质基础和主控因素.北京:石油工业出版社,2000: 180-182.

[36] 耿玉臣.孝泉构造侏罗系"次生气藏"的形成条件和富集规律.石油实验地质,1993,15:262-271.

[37] Masters J A. Lower Cretaceous oil and gas in western Canada. Pressured "Elimworth-case study of a deep basin gas field". AAPG Memoir,1984,38:1-33.

[38] 张金亮,常象春.深盆气地质理论及应用.北京:地质出版社,2002.

[39] Law B E. Relationships of source rocks,thermal maturity and overpressuring to gas generation and occurrence in lowpermeability Upper Cretaceous and Lower Tetiary rocks, Greater Green River Basin, Wyoming, Colorado,and Utah. Massachusetts Institute of Technology,68(3):411-414.

[40] Law B E. Thermal maturity patterns of Cretaceous and Tertiary rock, San Juan Basin, Colorado and New Mexico. Geological Society of America Bulletin,1992,104:192-207.

[41] Dai J X,Xia X Y,Qin S F,et al. Origins of partially reversed alkane δ^{13}C values for biogenic gases in China. Organic Geochemistry,2004,35:405-411.

[42] 戴金星,裴锡古,戚厚发.中国天然气地质学(卷一).北京:石油工业出版社,1992:35-60.

[43] Chen J F,Xu Y C,Huang D F. Geochemistry characteristics and origin of natural gas in Tarim Basin,China. AAPG Bulletin,2000,84:591-606.

[44] Boreham C J,Edwards D S. Abundance and carbon isotopic composition of neo-pentane in Australian natural gases. Organic Geochemistry,2008,39:550-566.

[45] Ni Y Y,Ma Q S,Ellis G F,et al. Fundamental studies on kinetic isotope effect (KIE) of hydrogen isotope fractionationin natural gas systems. Geochimica et Cosmochimica Acta,2011,75:2696-2707.

[46] Patience R. Where did all the coal gas go? Org Geochem,2003,34:375-387.

[47] Faber E, Schmitt M, Stahl W J. Geochemische daten nordwestdeutscher Oberkarbon, Zechtein-und Buntsandstein-gase-migrations-und reifebedingte Anderungen. Erdolund Kohle-Erdgas-Petrochemie, 1979, 32(2):65-70.

[48] Prinzhofer A,Mello M R,Takaki T. Geochemical characterization of natural gas:a physical multivariable approach and its applications in maturity and migration estimates. AAPG Bulletin,2000,84:1152-1172.

[49] 戴金星,戚厚发.我国煤成烃气的 $\delta^{13}C-R_o$ 关系.科学通报,1989,34:690-692.

[50] Fuex A A. The use of stable carbon isotopes in hydrocarbon exploration. Journal of Geochemical Exploration,1977,7:155-188.

[51] Erdman J G,Morris D A. Geochemical correlation of petroleum. AAPG Bulletin,1974,58:2326-2377.

[52] Qin S F. Carbon isotopic composition of water-soluble gases and its geological significance in the Sichuan Basin. Petroleum Exploration and Development,2012,39:335-342.

[53] 刘全有,戴金星,李剑,等.塔里木盆地天然气氢同位素地球化学与对热成熟度和沉积环境的指示意义.中国科学(D辑),2007,37:1599-1608.

[54] Hao F,Guo T L,Zhu Y M,et al. Evidence for multiple stages of oil cracking and thermochemical sulfate reduction in the Puguang gas field,Sichuan Basin,China. AAPG Bulletin,2008,92:611-637.

[55] Jenden P D,Kaplan I R,Hilton D R,et al. Abiogenic hydrocarbons and mantle helium in oil and gas fields. The future of energy gases. US Geol Surv Professional Paper,1993,1570:31-56.

[56] 王先彬.稀有气体同位素地球化学和宇宙化学.北京:科学出版社,1989.

[57] 徐永昌,沈平,刘文汇,等.天然气中稀有气体地球化学.北京:科学出版社,1998:17-25.

[58] Poreda R J,Jenden P D,Kaplan E R. Mantle helium in Sacramento basin natural gas wells. Geochimica et Cosmochimica Acta,1986,65:3847-2853.

[59] Dai J X,Song Y,Dai C S,et al. Conditions Governing the Formation of Abiogenic Gas and Gas Pools in Eastern China. Beijing and New York:Science Press,2000:65-66.

[60] 戴金星,李剑,侯路.鄂尔多斯盆地氦同位素的特征.高校地质学报,2005,11:473-478.

[61] Des Marais D J,Donchin J H,Nehring N L,et al. Molecular carbon isotope evidence for the origin of geothermal hydrocarbon. Nature,1981,292:826-828.

[62] Dai J X,Yang S F,Chen H L,et al. Geochemistry and occurrence of abiogenic gas accumulations in the Chinese sedimentary basins. Organic Geochemistry,2005,36:1664-1688.

[63] Hosgörmez H. Origin of the natural gas seep of Cirali(Chimera),Turkey:site of the first Olympic fire. Journal Asian Earth Sciences,2007,30:131-141.

[64] 刘建章,陈红汉,李剑,等.运用流体包裹体确定鄂尔多斯盆地上古生界油气成藏期次和时期.地质科技情报,2005,24:60-66.

[65] 丁超,陈刚,郭兰,等.鄂尔多斯盆地东北部上古生界油气成藏期次.地质科技情报,2011,30:69-73.

[66] 刘新社,周立发,侯云东.运用流体包裹体研究鄂尔多斯盆地上古生界天然气成藏.石油学报,2007,28:37-42.

[67] 李贤庆,李剑,王康东,等.苏里格低渗砂岩大气田天然气充注.运移及成藏特征.地质科技情报,2012,31:55-62.

[68] 薛会,王毅,毛小平,等.鄂尔多斯盆地北部上古生界天然气成藏期次——以杭锦旗探区为例.天然气工业,2009,29:9-12.

[69] 张文忠,郭彦如,汤达祯,等.苏里格气田上古生界储层流体包裹体特征及成藏期次划分.石油学报,2009,30:685-691.

[70] Zhao W Z,Wang H J,Xu C C,et al. Reservoir-forming mechanism and enrichment conditions of extensive Xujiahe Formation gas reservoirs,central Sichuan Basin. Petroleum Exploration Development,2010,37:146-157.

[71] 朱忠谦,杨学君,赵力彬,等.陆相湖盆致密砂岩储层裂缝形成机理研究——以塔里木盆地A气田巴什基奇克组为例.见:国际非常规油气勘探开发(青岛)大会论文集.北京:地质出版社,2011:147-158.

[72] Barker J F, Pollock S J. The geochemistry and origin of natural gases in southern Ontario. Bull Canadian Petrol Geol, 1984, 32:313-326.

[73] Laughrey C D, Baldassare F J. Geochemistry and origin of some natural gases in the plateau province, central Appalachian Basin, Pennsylvania and Ohio. AAPG Bulletin, 1998, 82:317-335.

[74] Stahl W J. Carbon and nitrogen isotopes in hydrocarbon research and exploration. Chemical Geology, 1977, 20:121-149.

[75] 戴金星. 我国有机烷烃气的氢同位素的若干特征. 石油勘探与开发, 1990, 5:27-32.

[76] Kinnaman F S, Valentine D L, Tyler S C. Carbon and hydrogen isotope fractionation associated with the aerobic microbial oxidation of methane, ethane, propane and butane. Geochimica et Cosmochimica Acta, 2007, 71:271-283.

[77] Liu Q Y, Dai J X, Li J, et al. Hydrogen isotope composition of natural gases from the Tarim Basin and its indication of depositional environments of the source rocks. Science in China Series D: Earth Sciences, 2008, 51:300-311.

四川盆地南部下志留统龙马溪组
高成熟页岩气地球化学特征[*]

戴金星，邹才能，廖仕孟，董大忠，倪云燕，黄金亮，
吴　伟，龚德瑜，黄士鹏，胡国艺

1　页岩气地质及其勘探开发概况

四川盆地面积达 $18.1 \times 10^4 km^2$，是中国最稳定的大型沉积盆地之一及重要天然气产区（图1），目前已发现含气层系21个、气田136个，2012年产天然气 $242.1 \times 10^8 m^3$。该盆地基底由中、新元古界变质岩、岩浆岩及部分沉积岩构成，厚 $1000 \sim 10000m$，盆地边缘分布元古宇、古生界构成环绕盆地周边的龙门山、米仓山、大巴山等大型造山带，中生界遍及盆地内部，新生界主要分布在盆地西北部（四川油气区石油地质志编写组，1989；戴金星等，2009；邹才能等，2013）。

本文研究区位于盆地南部，总面积约 $8.8 \times 10^4 km^2$，包括长宁–威远、云南昭通和富顺–永川等主要页岩气勘探区（图1）。

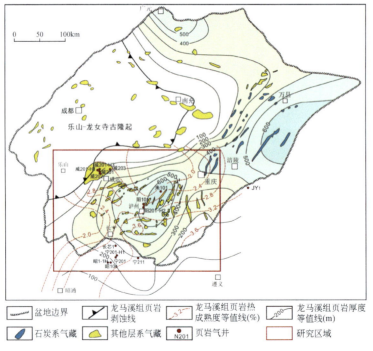

图1　四川盆地龙马溪组页岩厚度和 R_o 等值线图及气田分布图

* 原载于 *Organic Geochemistry*，2014年，第74卷，3～12。

研究区内共发育 8 套黑色页岩（图 2），自下而上分别是元古宇下震旦统陡山沱组、古生界下寒武统筇竹寺组、下奥陶统大乘寺组、下志留统龙马溪组、下二叠统梁山组、上二叠统龙潭组，中生界上三叠统须家河组及下—中侏罗统自流井组—沙溪庙组。其中，龙马溪组（S_1l）页岩具有厚度大、有机质丰富、成熟度高、生气能力强、岩石脆性好等特点，有利于页岩气形成与富集，是页岩气勘探开发重要目的层，研究区已经成为中国页岩气勘探开发前沿地区。

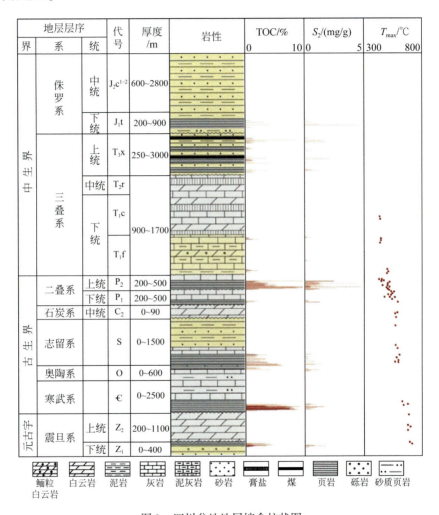

地层层序			代号	厚度/m	岩性	TOC/%	S_2/(mg/g)	T_{max}/℃
界	系	统				0 10	0 5	300 800
中生界	侏罗系	中统	J_2c^{1-2}	600~2800				
		下统	J_1t	200~900				
	三叠系	上统	T_3x	250~3000				
		中统	T_2r					
		下统	T_1c	900~1700				
			T_1f					
古生界	二叠系	上统	P_2	200~500				
		下统	P_1	200~500				
	石炭系	中统	C_2	0~90				
	志留系		S	0~1500				
	奥陶系		O	0~600				
	寒武系		€	0~2500				
元古宇	震旦系	上统	Z_2	200~1100				
		下统	Z_1	0~400				

鲕粒白云岩　白云岩　泥岩　灰岩　泥灰岩　砂岩　膏盐　煤　页岩　砾岩　砂质页岩

图 2　四川盆地地层综合柱状图

据不完全统计，截至 2013 年 7 月底，四川盆地及其周缘（主要为盆地南部地区）已完钻页岩气井 32 口，获工业性气流 19 口，显示出良好的页岩气勘探前景。中石油在盆地南部的长宁–威远、云南昭通地区的龙马溪组、筇竹寺组页岩气勘探中获得突破，并与荷兰壳牌公司在富顺–永川地区合作开发龙马溪组页岩气获得高产气流，单井初始产量为 $(0.3 \sim 43) \times 10^4 m^3/d$。中石化在四川盆地东北部下侏罗统自流井组—大安寨组陆相页岩、东部龙马溪组与西南部筇竹寺组海相页岩中获得工业性气流，单井初始产量 $(0.3 \sim 50) \times 10^4 m^3/d$。在上述地区取得突破的页岩层系中，证实四川盆地南部地区海相页岩是目前最现实的页岩气勘探开发目的层系。目前勘探开发中，从页岩气单井产量工业价值和层位上，以龙马溪组最佳。因此，本文仅研究龙马溪组页岩气地质、地球化学特征。

1.1　龙马溪组页岩分布特征

早志留世龙马溪期，四川盆地发育川东北、川东-鄂西、川南 3 个深水陆棚区（梁狄刚等，2008，2009）。龙马溪组因加里东运动抬升遭受区域性剥蚀，在盆地西南部缺失，围绕乐山-龙女寺古隆起向南、东部逐渐增厚，最厚 400～600m（邹才能等，2013）（图 1）。

龙马溪组页岩下部由深灰色、黑色砂质页岩、碳质页岩、笔石页岩，夹生物碎屑灰岩组成，上部为灰绿色、黄绿色页岩及砂质页岩，夹粉砂岩及泥灰岩。研究区内龙马溪组页岩除在威远构造西南部缺失，其他地区均分布广泛，厚 50～600m（图 1）；富有机质页岩（TOC 含量大于 2%）主要发育于龙马溪组底部，厚 20～70m，向西北、向南逐渐变薄，威远构造厚 0～40m，长宁构造厚 30～50m（图 3），天宫堂构造厚约 40m。

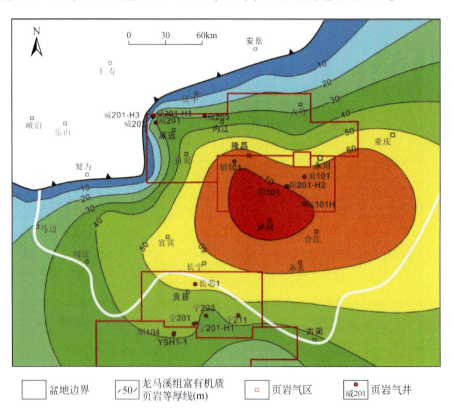

图 3　四川盆地南部龙马溪组富有机质页岩等厚图

1.2　页岩地球化学特征

四川盆地油气勘探实践表明，龙马溪组页岩是盆地东部石炭系黄龙组气田的主力气源岩（胡光灿和谢姚祥，1997；戴金星等，2010），具有以下几个特征。

（1）页岩有机质含量丰富。龙马溪组页岩 TOC 含量为 0.35%～18.4%，平均为 2.52%，TOC 含量大于 2% 以上占 45%。如图 4 所示，在四川长宁-威远、云南昭通以及重庆涪陵地区，龙马溪组优质页岩储层（TOC 含量大于 2%）主要发育在页岩层系的下部，向上随着粉砂质、钙质的增加，页岩颜色变浅，TOC 含量随之降低。

（2）页岩热成熟度高，已达高－过成熟裂解成气阶段，以生成干气或油型裂解气为主。龙马溪组由盆地西北部到东南缘埋深逐渐增大，热成熟度 R_o 值也相应由西北部到东南缘逐渐增高（图 1），成熟度 R_o 值为 1.8%～4.2%（图 1、图 4）。

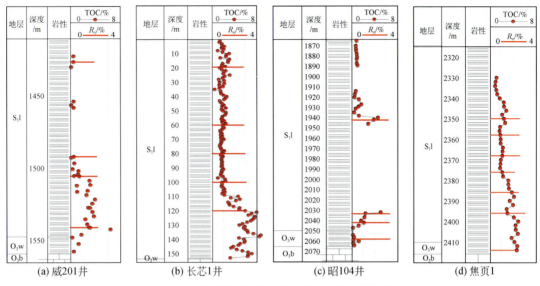

图 4　龙马溪组页岩单井 TOC 和 R_o 纵向分布图

（3）页岩有机质类型较好，有机质呈无定形状，以 I、II$_1$ 型为主，母质来源于低等水生生物；有机显微组分中，腐泥质组分占 72%～78.4%，属典型的腐泥型干酪根（图 5）。

1.3　页岩储层特征

龙马溪组页岩具有一定的孔渗条件（王社教等，2009；Zou et al.，2010；黄金亮等，2012；王玉满等，2012；邹才能等，2013）。龙马溪组页岩孔隙度为 1.15%～10.8%，平均为 3.0%，渗透率为 0.00025～1.737mD，平均为 0.421mD。

龙马溪组页岩主要发育无机矿物基质微－纳米孔、有机质纳米孔和微裂缝 3 种孔隙类型，无机矿物基质孔隙类型为粒间孔、晶间孔、溶蚀孔、黏土矿物层间孔等（图 6），孔隙直径一般小于 2μm，以 0.1～1μm 大小孔隙为主，部分小于 0.1μm，孔隙结构复杂，比表面积大，是页岩气的主要储集空间。有机质纳米孔包括有机质内孔、有机质间孔及有机质与无机矿物颗粒间孔 3 种类型，形态以圆形、椭圆形、不规则多边形、复杂网状、线状或串珠状为主，孔隙直径为 5～750nm，平均为 100nm。微裂缝在三维空间呈网状分布，部分被方解石、沥青等次生矿物充填。

龙马溪组页岩储层脆性矿物含量较高，易于压裂，与美国 Barnett 页岩、Haynesville 页岩脆性矿物分布具有可比性（Montgomery et al.，2005；Zou et al.，2010；Hammes et al.，2011；邹才能等，2013）。区域上，龙马溪组页岩的矿物成分变化不明显，页岩脆性矿物含量为 47.6%～74.1%，平均为 56.3%，黏土矿物含量为 25.6%～51.5%，平均为 42.1%，黏土矿物以伊利石、绿泥石为主（图 7）。

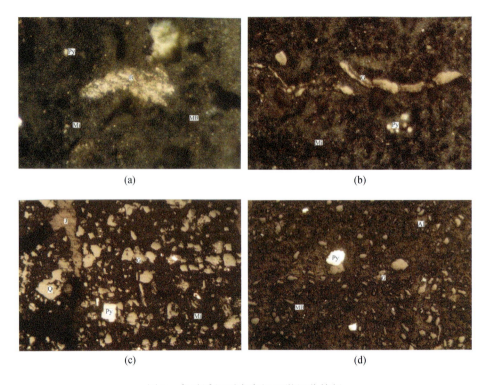

图5　龙马溪组页岩有机显微组分特征

(a) 碳质粉砂质页岩，孔洞中充填碳沥青（B），微粒集合体，外形不规则，单颗粒非均质性显著。矿物沥青基质（MB）见微粒体（Mi）、黄铁矿（Py）等。光片，油浸，×480；长芯1井，S₁l，100m。(b) 碳质粉砂质页岩中平行层面分布的笔石壳层体（G），具双层结构，部分破碎成粒状；黄铁矿（Py）成堆产出，少量微粒体（Mi）分散分布。光片，油浸，×300；长芯1井，S₁l，120m。(c) 含粉砂质碳质页岩，碎屑主要为陆源碎屑石英（Q），也见笔石壳层体（G）碎屑、微粒体（Mi）及黄铁矿（Py）微裂隙空留或被胶结物（J）充填。光片，×120；长芯1井，S₁l，140m。(d) 含粉砂质碳质页岩，少量笔石壳层体（G）碎屑零星分布，微孔结构；藻类体（Al）碎屑与矿物沥青基质（MB）边界不清；见黄铁矿（Py）球粒集合体。光片，×120；长芯1井，S₁l，153m

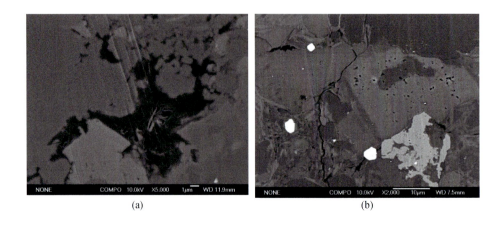

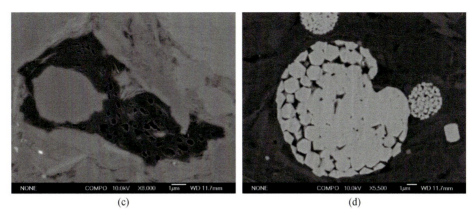

图6　龙马溪组页岩孔隙结构的扫描电镜镜下特点

（a）有机质孔，S₁l，N201井，×5000；（b）溶蚀孔，S₁l，N201井，×2000；（c）有机质孔，
S₁l，N201井，×8000；（d）粒间孔，黄铁矿莓球体，S₁l，N201井，×5500

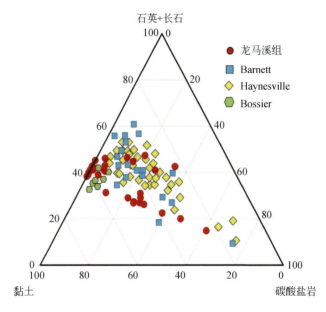

图7　四川盆地南部龙马溪组与美国主要页岩矿物组成对比图

2　分析方法

　　页岩气组分分析采用配有火焰离子化检测器和热导检测器的 Agilent 6890N 气相色谱仪。单个烃类气体组分（C_1–C_5）通过毛管细柱分离（PLOT Al_2O_3，50m×0.53mm），气相色谱仪炉温首先设定在 30℃，保持 10min，然后以 10℃/min 的速率升高到 180℃ 并维持20~30min。

　　稳定碳同位素组成测定在 HP 5890II 气相色谱和 Finnigan MAT Delta S 同位素质谱联用仪上进行。载气为 He，分离后的气体被氧化为 CO_2 进入质谱分析。单个烃类气体组分

（C_1–C_5）通过毛管细柱分离（PLOT，30m×0.32mm）。气相色谱仪设定初始温度为35℃，以8℃/min的升温速率从35℃升到80℃，然后以5℃/min的升温速率升温到260℃，在最终温度保持炉温10min。每个样品分析3次以上取平均值，分析精度保持为±0.5‰，采用VPDB标准。

页岩气氢同位素组成分析应用赛默飞MAT 253同位素质谱仪与Ultra TM色谱仪联用。气体组分通过色谱柱（HP-PLOT Q柱，30m×0.32mm×20μm）分离，载气为He，流速为1.4mL/min。进样口温度为180℃，甲烷氢同位素检测设置分流比为1∶7，升温程序设定为40℃稳定5min，以5℃/min升温至80℃，再以10℃/min升温至140℃，最后以30℃/min升温至260℃。热解炉温设置为1450℃。气体组分被转化为C和H_2以便检测。氢同位素标准气为来自中国石油勘探开发研究院廊坊分院和国外实验室共同制备的NG1（煤成气）和NG3（油型气）。样品均分析两次，分析精度需达到±3‰以内，采用VSMOW标准。

氦同位素分析是在中国石油勘探开发研究院廊坊分院的VG5400质谱仪上进行的。气体样品被输送到一条制备线中，该制备线可将惰性气体与其他气体分子分离并净化，而后进入分析仪。^{3}He/^{4}He值标准为兰州空气中氦的绝对值（$R_a = 1.4 \times 10^{-6}$），分析精度在±3‰以内。

3　页岩气地球化学

表1为10口井13井次（图1）龙马溪组页岩气的地球化学参数。龙马溪组页岩也是四川盆地东部石炭系黄龙组众多气田（大天池等）的气源岩（胡光灿和谢姚祥，1997；戴金星等，2010）（图1）。

3.1　页岩气组分特征

由表1可见页岩气组分以甲烷占绝对优势，从95.52%（威201-H1井）至99.59%（阳201-H2井）。贫重烃气，没有丁烷，无或者痕量丙烷（0~0.03%），乙烷含量为0.23%（来101井）至0.68%（威202井）。无H_2S，含低量的CO_2（0.01%~1.48%）和N_2（0~2.95%）。页岩气烷烃气与由其为气源岩生成的四川盆地东部黄龙组常规气田烷烃气含量有相似的特征（戴金星等，2009），也与高成熟的Fayetteville页岩气和Barnett页岩气高成熟阶段烷烃气相似，但与成熟阶段Barnett页岩气高含重烃气（C_{2-5}）的湿气不同（Rodrigues and Philp，2010；Zumberge et al.，2012；Tilley and Muehlenbach，2013）（图8、图9）。从图9可知，龙马溪组页岩气是甲烷含量最高、乙烷含量最低的页岩气，阳201-H2井是页岩气甲烷含量最高的。

3.2　烷烃气碳同位素组成特征

由表1可见，龙马溪组页岩气$\delta^{13}C_1$值从–26.7‰（昭104井）至–37.3‰（威201井），$\delta^{13}C_2$值从–31.6‰（昭1-1H井）至–42.8‰（威202井）。除来101井$\delta^{13}C_1 < \delta^{13}C_2$外，所有龙马溪组页岩气烷烃气的碳同位素组合具有$\delta^{13}C_1 > \delta^{13}C_2 > \delta^{13}C_3$的特征。由此可见，研究区基本上是$\delta^{13}C_1 > \delta^{13}C_2$，这与龙马溪组页岩的高–过成熟度有关（图9），由$R_o$值为1.6%~4.2%、湿度（$\sum C_2$–$C_5$/$\sum C_1$–$C_5$）小两指标体现出来。阿科玛（Arkoma）盆地$R_o$

表1　龙马溪组页岩气主要地球化学参数表

井名	深度/m	主要组分/%					湿度/%	$\delta^{13}C$/‰, VPDB				δD/‰, SMOW		$^3He/^4He/10^{-8}$	R/R_a	$\delta^{13}C_2-\delta^{13}C_1$
		CH_4	C_2H_6	C_3H_8	CO_2	N_2		$\delta^{13}C_1$	$\delta^{13}C_2$	$\delta^{13}C_3$	$\delta^{13}C_{CO_2}$	δD_1	δD_2			
威201	1520~1523	98.32	0.46	0.01	0.36	0.81	0.48	-36.9	-37.9			-140		3.594±0.653	0.03	-1.0
威201*	1520~1523	99.09	0.48		0.42	2.95	0.48	-37.3	-38.2		-0.2	-136				-0.9
威201-H1	2840	95.52	0.32	0.01	1.07	0.43	0.34	-35.1	-38.7			-144		3.684±0.697	0.03	-3.6
威201-H1*	2840	98.56	0.37		1.06	0.01	0.37	-35.4	-37.9		-1.5	-138				-2.5
威202	2595	99.27	0.68	0.02	0.02	0.01	0.70	-36.9	-42.8		-2.2	-144	-164	2.726±0.564	0.02	-5.9
威203*	3137~3161	98.27	0.57		1.05	0.08	0.58	-35.7	-40.4	-43.5	-1.2	-147				-4.7
宁201-H1	2745	99.12	0.50	0.01	0.04	0.3	0.51	-27.0	-34.3			-148		2.307±0.402	0.02	-7.3
宁201-H1*	2745	99.04	0.54		0.40		0.54	-27.8	-34.1							-6.3
宁211	2313~2341	98.53	0.32	0.03	0.91	0.17	0.35	-28.4	-33.8	-36.2	-9.2	-148	-173	1.867±0.453	0.03	-5.4
昭104	2117.5	99.25	0.52	0.01	0.07	0.15	0.53	-26.7	-31.7	-33.1	3.8	-149	-163	1.958±0.445	0.01	-5.0
YSL1-1H	2002~2028	99.45	0.47	0.01	0.01	0.03	0.48	-27.4	-31.6	-33.2		-147	-159	1.556±0.427	0.01	-4.2
阳201-H2	4568	99.59	0.33	0.01	0.06	0.01	0.34	-33.8	-36.0	-39.4	5.4	-151	-140	3.263±0.636	0.02	-2.2
来101	4700	97.64	0.23		1.48	0.61	0.24	-33.2	-33.1			-151	-130	2.606±0.470	0.02	0.1

* 数据为2012年10月取样，其他数据为2013年4月取样。

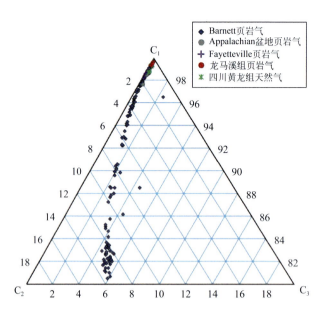

图8　中国四川盆地蜀南地区龙马溪组页岩气和美国主要页岩气的烷烃气含量对比图

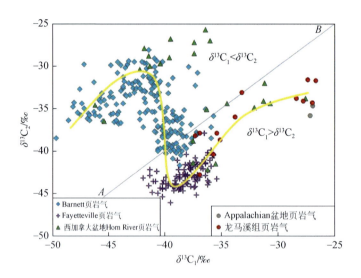

图9　中国、美国和加拿大海相主要页岩气 $\delta^{13}C_1$–$\delta^{13}C_2$ 图

2.5%~3.0% 的 Fayetteville 页岩气、Fort Worth 盆地东部 R_o 值 1.2%~1.7% 的 Barnett 页岩气（Zumberge et al.，2012）、西加拿大盆地湿度小于或等于1的高–过成熟度 Horn River 页岩气，Doig 组页岩气（Tilley and Muehlenbachs，2013）等均具有 $\delta^{13}C_1 > \delta^{13}C_2$ 的特征，但成熟阶段的页岩气则具有 $\delta^{13}C_1 < \delta^{13}C_2$ 的特征，如 Fort Worth 盆地西部众多页岩气（Zumberge et al.，2012）、西加拿大盆地部分页岩气（Tilley and Muehlenbachs，2013）。

　　1）$\delta^{13}C_1$ 和 $\delta^{13}C_2$ 值

　　根据表1中国龙马溪组页岩气 $\delta^{13}C_1$ 值与 $\delta^{13}C_2$ 值，并利用美国 Barnett 页岩气、Fayetteville 页岩气（Rodriguez and Philp，2010；Zumberge et al.，2012）及西加拿大盆地

Horn River 页岩气（Tilley and Muehlenbachs，2013）的相应数据，编制的 $\delta^{13}C_1$–$\delta^{13}C_2$ 图见图 9。从图 9 中可见：AB 连线代表 $\delta^{13}C_1 = \delta^{13}C_2$，在 AB 线上方是成熟阶段页岩气，其特征是 $\delta^{13}C_1 < \delta^{13}C_2$；在 AB 线下方是高–过成熟阶段页岩气，其特征是 $\delta^{13}C_1 > \delta^{13}C_2$。

2）$\delta^{13}C_2$ 和湿度

根据表 1 中国龙马溪组页岩气 $\delta^{13}C_2$ 和湿度值，并利用美国 Barnett 页岩气、Fayetteville 页岩气（Rodriguez and Philp，2010；Zumberge et al.，2012），Appalachian 盆地奥陶系页岩气（Burruss and Laughrey，2010）及西加拿大盆地 Horn River 页岩气（Tilley and Muehlenbachs，2013）的相应数据，编制了图 10。发现图 10 同图 9 相似，也呈卧"S"形，第一个拐点在 5.8% 处，有可能是二次裂解的开始（Hao and Zou，2013），第二个拐点在 1.2% 处，反映出非常高的成熟度，为二次裂解高峰。

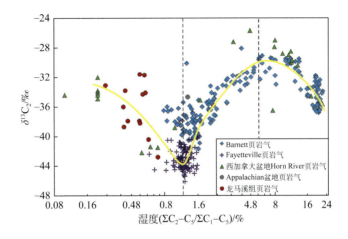

图 10　中国、美国和加拿大海相主要页岩气 $\delta^{13}C_2$–湿度关系图（呈卧"S"形）

3.3　烷烃气氢同位素组成

1）δD_1–$\delta^{13}C_1$

由表 1 可见，龙马溪组页岩气 δD_1 值从 –140‰（威 201 井）至 –151‰（阳 201-H2 井和来 101 井）。δD_2 值从 –130‰（来 101 井）至 –173‰（宁 211 井）。龙马溪组页岩气烷烃气的氢同位素组成以 $\delta D_1 < \delta D_2$ 为主，仅有两个样品表现为 $\delta D_1 > \delta D_2$。

根据表 1 龙马溪组页岩气 δD_1 值和 $\delta^{13}C_1$ 值，Barnett 页岩气、Fayetteville 页岩气、Antrim 页岩气、New Albany 页岩气和 Appalachian 盆地页岩气的 δD_1 值和 $\delta^{13}C_1$ 值（Martini et al.，2003，2008；Rodriguez and Philp，2010；Strapoć et al.，2010；Burruss and Laughrey，2010；Zumberge et al.，2012），编制了 δD_1–$\delta^{13}C_1$ 图（图 11）。从图 11 可知，中国龙马溪组有目前世界上一批 $\delta^{13}C_1$ 值最重的甲烷碳同位素井。其中，昭 104 井 $\delta^{13}C_1$ 值为 –26.7‰，比美国页岩中 $\delta^{13}C_1$ 值最重的 –26.97‰ 还高（Appalachian 盆地 Utica 页岩 MLU#2）。

2）δD_1–湿度

根据表 1 中国龙马溪组页岩气 δD_1 值和湿度值，同时利用 Barnett 页岩气、Fayetteville 页岩气和 Appalachian 盆地页岩气的相关值，编制了 δD_1–湿度图（图 12）。图 12 展现了从干气至湿气，δD_1值呈抛物线演变的特点，龙马溪组页岩气填补最干段的空白，并表现出随湿度增加δD_1值增长之势。

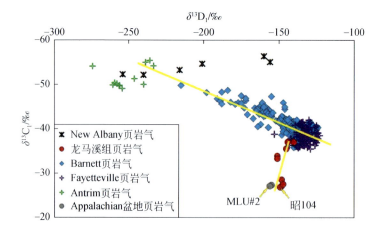

图11　中国龙马溪组页岩气与美国主要页岩气的δD_1-$\delta^{13}C_1$图

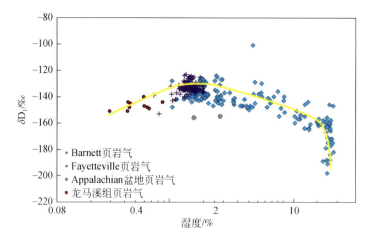

图12　中国龙马溪组页岩气与美国主要页岩气的δD_1-湿度图

3.4　氦同位素组成

由表1可见，龙马溪组页岩气中$^3He/^4He$值为（2.3～3.6）×10^{-8}，R/R_a从0.01～0.03，壳源氦R/R_a值为0.01～0.1（王先彬，1989）。Jenden等（1993）指出当$R/R_a >$0.1时指示有幔源气的存在。应用这些参数鉴别研究区龙马溪组页岩气中的氦属于壳源氦。壳源氦的存在表示所在处构造稳定，如四川盆地57个$^3He/^4He$平均值为1.89×10^{-8}，R/R_a为0.01；鄂尔多斯盆地25个$^3He/^4He$平均值为3.74×10^{-8}，R/R_a为0.04；塔里木盆地32个$^3He/^4He$平均值6.07×10^{-8}，R/R_a为0.04；以上3个盆地的He均属壳源气，说明此3个盆地属稳定的沉积盆地（Dai et al.，2000）。与壳源氦伴生的烷烃气是有机成因，所以龙马溪组烷烃气也应该如此。阳 201-H2 井和焦页 1 井获得高产稳产页岩气（>10×10⁴m³/d），说明构造稳定区有利于勘探开发高效页岩气。

3.5 二氧化碳碳同位素组成

由表 1 可见，龙马溪组页岩气 $\delta^{13}C_{CO_2}$ 值从 –9.2‰ ~ 5.4‰。关于二氧化碳的成因鉴别，好些学者有研究：Moore 等（1997）指出太平洋中脊玄武岩包裹体中 $\delta^{13}C_{CO_2}$ 值为 –6.0‰ ~ –4.5‰；Gould 等（1981）认为岩浆来源的 $\delta^{13}C_{CO_2}$ 值虽多变，但一般在 –7‰±2‰；Shangguan 和 Gao（1990）指出，变质成因的 $\delta^{13}C_{CO_2}$ 值应与沉积碳酸盐岩的相近，即在 –3‰~1‰，而幔源 CO_2 的 $\delta^{13}C$ 值平均为 –8.5‰ ~ –5‰。综合中国大量 CO_2 研究成果，并同时利用国外许多相关文献资料，指出有机成因二氧化碳的 $\delta^{13}C_{CO_2}$ 值小于 –10‰，主要在 –30‰ ~ –10‰；无机成因二氧化碳的 $\delta^{13}C_{CO_2}$ 值大于 –8‰，主要在 –8‰ ~ 3‰（Dai et al.，2000）。无机成因二氧化碳中，由碳酸盐岩变质形成的二氧化碳的 $\delta^{13}C_{CO_2}$ 值接近于碳酸盐岩的 $\delta^{13}C$ 值，在 0±3‰；火山岩浆成因和幔源二氧化碳的 $\delta^{13}C_{CO_2}$ 值大多在 –6±2‰。根据上述鉴别指标，龙马溪组页岩气除宁 211 井 $\delta^{13}C_{CO_2}$ 值为 –9.2‰ 外，其余井 $\delta^{13}C_{CO_2}$ 值均为 –3.8‰ ~ –2.2‰，即在碳酸盐岩变质成因二氧化碳的 $\delta^{13}C_{CO_2}$ 值范围（0±3‰）之内。由图 7 可知，部分龙马溪组页岩样品中碳酸盐岩矿物含量相当高（20% ~ 60%），含碳酸钙页岩在高温下（龙马溪组 R_o 值为 1.6% ~ 4.2%）分解变质生成无机成因 CO_2，这种无机成因 CO_2 在我国南海莺琼盆地存在，$\delta^{13}C_{CO_2}$ 值一般在 –3.4‰ ~ –2.8‰，伴生的 $^3He/^4He$ 值为 9.8×10⁻⁸ ~ 6.99×10⁻⁷，即 R/R_a 为 0.01 ~ 0.03（戴金星等，2003），二者十分一致（表 1），也说明两者具有相同的成因。宁 211 井 $\delta^{13}C_{CO_2}$ 值为 –9.2‰，相对较轻，可能是高含碳酸钙页岩在高温下热解生成的 $\delta^{13}C_{CO_2}$ 值较重的 CO_2 和页岩中有机质生成的 $\delta^{13}C_{CO_2}$ 值更轻的 CO_2（$\delta^{13}C_{CO_2}$<–10‰）混合所致。

4 结论

中国四川盆地南部下志留统龙马溪组海相页岩厚度大（100 ~ 600m）、有机质丰度高（TOC 为 0.35% ~ 18.4%）、类型好（以 I、II₁ 型为主）、成熟度高（R_o 为 1.8% ~ 4.2%）、岩石脆性好（脆性矿物含量平均为 56.3%）、生气能力强。尤其是该组底部富有机质页岩（TOC>2%），厚度为 20 ~ 70m，成为近期中国页岩气开发的主要目的层，并成为中国页岩气突破区。本文根据该区 10 口井 13 井次页岩气的地球化学参数研究了龙马溪组页岩气主要地球化学特征，并与美国 Barnett、Fayetteville 和西加拿大盆地等页岩气进行了比较研究：

（1）气组分以甲烷占绝对优势，含量为 95.52% ~ 99.59%，乙烷含量为 0.23% ~ 0.68%，丙烷含量为 0 ~ 0.03%，是世界上页岩气中最干的；无 H_2S，含低量的 CO_2（0.01% ~ 1.48%）和 N_2（0 ~ 2.95%）。

（2）烷烃气碳同位素组成表现出正碳同位素系列特征（$\delta^{13}C_1$>$\delta^{13}C_2$>$\delta^{13}C_3$）；具有一批目前世界上 $\delta^{13}C_1$ 值最重的页岩气井；$\delta^{13}C_1$ 与 $\delta^{13}C_2$ 存在正相关关系；$\delta^{13}C_2$ 随湿度值变大，呈卧 "S" 形演变轨迹，本次研究数据填补了该演变轨迹在高–过成熟阶段的空白。

（3）δD$_1$值为−151‰~−140‰；δD$_2$值为−173‰~−130‰，氢同位素组成特征以δD$_1$<δD$_2$为主，δD$_1$与δ^{13}C$_1$呈负相关关系。

（4）氦气中^{3}He/^{4}He值为（2.3~4.3）×10^8，R/R$_a$为0.01~0.03，是壳源氦。

（5）δ^{13}C$_{CO_2}$值主要分布在−2.2‰~5.4‰，属于碳酸盐高温变质无机成因。仅有一口井为−9.2‰，是有机和无机成因二氧化碳混合所致。

参 考 文 献

戴金星,陈践发,钟宁宁,等.2003.中国大气田及其气源.北京:科学出版社:6-8.

戴金星,倪云燕,邹才能,等.2009.四川盆地须家河组煤系碳同位素特征及气源对比意义.石油与天然气地质,30(5):519-529.

戴金星,倪云燕,黄士鹏.2010.四川盆地黄龙组烷烃气碳同位素倒转成因的探讨.石油学报,31(5):710-717.

董大忠,程克明,王世谦,等.2009.页岩气资源评价方法及其在四川盆地的应用.天然气工业,29(5):33-39.

胡光灿,谢姚祥.1997.中国四川东部高陡构造石炭系气田.北京:石油工业出版社:47-60.

黄金亮,邹才能,李建忠,等.2012.川南志留系龙马溪组页岩气形成条件与有利区分析.煤炭学报,37(5):782-787.

梁狄刚,郭彤楼,陈建平,等.2008.中国南方海相生烃成藏研究的若干新进展,(一)南方四套区域性海相烃源岩的分布.海相油气地质,13(2):1-16.

梁狄刚,郭彤楼,边立曾,等.2009.中国南方海相生烃成藏研究的若干新进展,(三)南方四套区域性海相烃源岩的沉积相及发育的控制因素.海相油气地质,14(2):1-19.

四川油气区石油地质志编写组.1989.中国石油地质志(卷十):四川油气区.北京:石油工业出版社.

王社教,王兰生,黄金亮,等.2009.上扬子区志留系页岩气成藏条件.天然气工业,29(5):45-50.

王先彬.1989.稀有气体同位素地球化学和宇宙化学.北京:科学出版社.

王玉满,董大忠,李建忠,等.2012.川南下志留统龙马溪组页岩气储层特征.石油学报,33(4):551-561.

邹才能,等.2013.非常规油气地质(第二版).北京:地质出版社:127-167.

Burruss R,Laughrey C.2010.Carbon and hydrogen isotopic reversals in deep basin gas:evidence for limits to the stability of hydrocarbons.Organic Geochemistry,42:1285-1296.

Dai J X,Song Y,Dai C,et al.2000.Conditions Governing the Formation of Abiogenic Gas and Gas Pools in Eastern China.Beijing and New York:Science Press:65-66.

Gould K W,Hart G H,Smith J W.1981.Carbon dioxide in the Southern Coalfields—a factor in the evaluation of natural gas potential.Proceedings of the Australasian Institute of Mining and Metallurgy,279:41-42.

Hammes U,Hamlin S,Ewing T.2011.Geologic analysis of the Upper Jurassic Haynesville shale in east Texas and west Louisiana.AAPG Bulletin,95(10):1643-1666.

Hao F,Zou H.2013.Cause of shale gas geochemical anomalies and mechanisms for gas enrichment and depletion in highmaturity shales.Marine and Petroleum Geology,44:1-12.

Jenden P,Kaplan I,Hilton D,et al.1993.Abiogenic hydrocarbons and mantle helium in oil and gas fields:the future of energy gases.US Geol Surv Professional Paper,1570:31-56.

Martini A M,Walter L M,Ku T C W,et al.2003.Microbial production and modification of gases in sedimentary basins:a geochemical case study from a Devonian shale gas play,Michigan Basin.AAPG Bulletin,87:1355-1375.

Martini A M,Walter L M,McIntosh J C.2008.Identification of microbial and thermogenic gas components from Upper Devonian black shale cores,Illinois and Michigan Basins.AAPG Bulletin,92:327-339.

Montgomery S, Jarvie D, Bowker K, et al. 2005. Mississippian Barnett shale, Fort Worth Basin, north-central Texas: gas-shale play with multi-trillion cubic foot potential. AAPG Bulletin, 89(2):155-175.

Moore J, Bachlader N, Cunningham C. 1977. CO_2 filled vesicle in mid-ocean basalt. Journal of Volcano Geothermal Research, 2:309-327.

Rodriguez N, Philp R P. 2010. Geochemical characterization of gases from the Mississippian Barnett shale, Fort Worth Basin, Texas. AAPG Bulletin, 94(11):1641-1656.

Shangguan Z, Gao S. 1990. The CO_2 discharges and earthquakes in western Yunnan. Acta Seismoloigica Sinica, 12(2):186-193.

Strapo-D, Mastalerz M, Schimmelmann A, et al. 2010. Geochemical constraints on the origin and volume of gas in the New Albany shale (Devonian−Mississippian), eastern Illinois Basin. AAPG Bulletin, 94:1713-1740.

Tilley B, Muehlenbachs K. 2013. Isotope reversals and universal stages and trends of gas maturation in sealed, self-contained petroleum systems. Chemical Geology, 339:194-204.

Wang D, Gao S, Dong D, et al. 2013. A primary discussion on challenges for exploration and development of shale gas resources in China. Natural Gas Industry, 33(1):8-19.

Zou C N, Dong D Z, Wang S J, et al. 2010. Geological characteristics, formation mechanism and resource potential of shale gas in China. Petroleum Exploration and Development, 37(6):641-653.

Zumberge J, Ferworn K, Brown S. 2012. Isotopic reversal ("rollover") in shale gases produced from the Mississippian Barnett and Fayetteville Formations. Marine and Petroleum Geology, 31:43-52.

次生型负碳同位素系列成因[*]

戴金星，倪云燕，黄士鹏，龚德瑜，刘　丹，冯子齐，彭威龙，韩文学

1　引言

天然气中烷烃气碳同位素按其分子中碳数相互关系有一定排列规律：若随烷烃气分子碳数递增，$\delta^{13}C$ 值依次递增（$\delta^{13}C_1 < \delta^{13}C_2 < \delta^{13}C_3 < \delta^{13}C_4$）称为正碳同位素系列，是有机成因烷烃气的一个特征；随烷烃气分子碳数递增，$\delta^{13}C$ 值依次递减（$\delta^{13}C_1 > \delta^{13}C_2 > \delta^{13}C_3 > \delta^{13}C_4$）称为负碳同位素系列；不按以上两规律而出现不规则的增减（$\delta^{13}C_1 > \delta^{13}C_2 < \delta^{13}C_3 > \delta^{13}C_4$）则称为碳同位素倒转[1-2]，可简称为倒转。

2　负碳同位素系列

2.1　原生型负碳同位素系列

在岩浆岩包裹体、现代火山岩活动区（美国黄石公园）、大洋中脊和陨石中（澳大利亚）（表1）发现一些烷烃气体的 $\delta^{13}C$ 值具有负碳同位素系列特征，其明显属于无机成因烷烃气[3-7]，这种负碳同位素系列可称为原生型负碳同位素系列[1-2]。

表1　原生型负碳同位素系列

气样位置	$\delta^{13}C/‰$，VPDB				文献
	CH_4	C_2H_6	C_3H_8	C_4H_{10}	
俄罗斯西比内山岩浆岩	−3.2	−9.1	−16.2		[3]
美国黄石公园泥火山	−21.5	−26.5			[4]
土耳其喀迈拉	−11.9	−22.9	−23.7		[5]
北大西洋洋中脊失落城市	−9.9	−13.3	−14.2	−14.3	[6]
澳大利亚默奇森陨石	9.2	3.7	1.2		[7]

2.2　次生型负碳同位素系列

近年来，在一些沉积盆地过成熟地区，发现一些规模性负碳同位素系列，尤其在某些页岩气中，如中国四川盆地蜀南地区（表2）五峰组—龙马溪组页岩气中[8-9]、美国阿科玛（Arkoma）气区 Fayetteville 页岩气中[10] 及加拿大西加拿大盆地 Horn River 页岩气中[11]（表3）。这些页岩气均产自高 TOC 值页岩且都处于低湿度和过成熟阶段：从表2可知五峰

---

　*　原载于《天然气地球科学》，2016年，第27卷，第1期，1~7。

组—龙马溪组页岩气湿度为 0.34% ~ 0.77%，$R_o > 2.2\%$[12] 或 2.2% ~ 3.13%[13]，Fayetteville 页岩气湿度在 0.86% ~ 1.6%（表3）。R_o 值为 2% ~ 3%[11]；Horn River 页岩气湿度为 0.2%（表3）。而且五峰组—龙马溪组页岩气与 R/R_a 值为 0.01 ~ 0.04 的壳源氦伴生（表2）说明页岩气为有机成因气，所以其负碳同位素系列与原生型无机成因负碳同位素系列不同，是由有机成因烷烃气改造而成，可称为次生型负碳同位素系列。

表2　四川盆地礁石坝、长宁–威远五峰组—龙马溪组页岩气组分及同位素

井位	层位	天然气主要组分/%					湿度/%	$\delta^{13}C$/‰，VPDB			$^3He/^4He$ /10^{-8}	R/R_a	来源
		CH_4	C_2H_6	C_3H_8	CO_2	N_2		CH_4	C_2H_6	C_3H_8			
JY1	O_3l、S_1l	98.52	0.67	0.05	0.32	0.43	0.72	−30.1	−35.5		4.851±0.944	0.03	本文
JY1-2	O_3l、S_1l	98.8	0.7	0.02	0.13	0.34	0.73	−29.9	−35.9		6.012±0.992	0.04	
JY1-3	O_3l、S_1l	98.67	0.72	0.03	0.17	0.41	0.75	−31.8	−35.3				
JY4-1	O_3l、S_1l	97.89	0.62	0.02		1.07	0.65	−31.6	−36.2				
JY4-2	O_3l、S_1l	98.06	0.57	0.01		1.36	0.59	−32.2	−36.3				
JY-2	O_3l、S_1l	98.95	0.63	0.02	0.02	0.39	0.65	−31.1	−35.8		2.870±1.109	0.02	
JY7-2	O_3l、S_1l	98.84	0.67	0.03	0.14	0.32	0.7	−30.3	−35.6		5.544±1.035	0.04	
JY12-3	O_3l、S_1l	98.87	0.67	0.02	0	0.44	0.69	−30.1	−35.1	−38.4			
JY12-4	O_3l、S_1l	98.76	0.66	0.02	0	0.57	0.68	−30.7	−35.1	−38.7			
JY13-1	O_3l、S_1l	98.35	0.6	0.02	0.39	0.64	0.62	−30.2	−35.9	−39.3			
JY13-3	O_3l、S_1l	98.57	0.66	0.02	0.25	0.51	0.68	−29.5	−34.7	−37.9			
JY20-2	O_3l、S_1l	98.38	0.71	0.02	0	0.89	0.74	−29.7	−35.9	−39.1			
JY42-1	O_3l、S_1l	98.54	0.68	0.02	0.38	0.38	0.71	−31	−36.1				
JY42-2	O_3l、S_1l	98.89	0.69	0.02	0	0.39	0.71	−31.1	−35.8	−39.1			
JY1HF	S_1l	97.22	0.55	0.01		2.19	0.56	−30.3	−34.3	−36.4			[8]
	S_1l	98.34	0.68	0.02	0.1	0.84	0.7	−29.6	−34.6	−36.1			
	S_1l	98.34	0.66	0.02	0.12	0.81	0.69	−29.4	−34.4	−36.1			
	S_1l	98.41	0.68	0.02	0.05	0.8	0.71	−30.1	−35.5				
	S_1l	98.34	0.68	0.02	0.1	0.84	0.7	−30.6	−34.1	−36.3			
JY1-3HF	S_1l	98.26	0.73	0.02	0.13	0.81	0.77	−29.4	−34.5	−36.3			
	S_1l	98.23	0.71	0.03	0.12	0.86	0.74	−29.6	−34.7	−35			
威201	S_1l	98.32	0.46	0.01	0.36	0.81	0.48	−36.9	−37.9		3.594±0.653	0.03	[8]
威201-H1	S_1l	95.52	0.32	0.01	1.07	2.95	0.34	−35.1	−38.7		3.684±0.697	0.03	[9]
威202	S_1l	99.27	0.68	0.02	0.02	0.01	0.7	−36.9	−42.8	−43.5	2.726±0.564	0.02	
宁201-HI	S_1l	99.12	0.5	0.01	0.04	0.3	0.51	−27	−34.3		2.307±0.402	0.02	
宁211	S_1l	98.53	0.32	0.03	0.91	0.17	0.35	−28.4	−33.8	−36.2	1.867±0.453	0.03	
昭104	S_1l	99.25	0.52	0.01	0.07	0.15	0.53	−26.7	−31.7	−33.1	1.958±0.445	0.01	
YSL1-1H	S_1l	99.45	0.47	0.01	0.01	0.03	0.48	−27.4	−31.6	−33.2	1.556±0.427	0.01	

注：湿度 $= \sum C_2 - C_5 / \sum C_1 - C_5$。

表 3 北美页岩气中次生型负碳同位素系列

盆地	层位	天然气主要组分/%					湿度/%	$\delta^{13}C/‰$，VPDB				来源
		CH_4	C_2H_6	C_3H_8	CO_2	N_2		CH_4	C_2H_6	C_3H_8	CO_2	
东阿科玛盆地	Fayetteville	98.22	1.14	0.02	0.61		1.17	−38.0	−43.5	−43.5	−17.2	[10]
		98.06	1.34	0.02	0.58		1.37	−41.3	−42.2	−43.6	−19.5	
		95.3	1.14	0.02	3.53		1.20	−36.8	−42.0	−42.6	−9.9	
		95.84	0.82	0.01	3.33		0.86	−36.2	−40.5	−40.6	−8.8	
		98.01	1.28	0.02	0.69		1.31	−41.3	−42.9	−43.5	−19.9	
		97.95	1.1	0.02	0.93		1.13	−38.4	−42.8	−43.2	−11.7	
		93.1	1.25	0.02	5.63		1.35	−35.7	−40.4	−40.4	−10.2	
		93.72	1.16	0.02	5.1		1.24	−37.7	−41.9	−42.3	−12.5	
		98.31	1.19	0.02	0.48		1.22	−40.8	−43.6	−43.6	−17.6	
		97.98	0.96	0.02	1.04		0.99	−41.4	−44.1	−44.3	−15.7	
		97.82	1.23	0.03	0.92		1.27	−41.9	−43.2	−45.2	−17.6	
		96.8	1.51	0.03	1.67		1.57	−39.9	−44.4	−44.6	−11.7	
		92.38	1.11	0.02	6.49		1.21	−36.4	−41.4	−41.5	−8.9	
		95.57	1.11	0.02	3.29		1.17	−36.5	−37.9	−39.7		
		96.28	1.55	0.03	2.14		1.61	−35.9	−39.9	−41.1	−6.2	
		96.51	1.53	0.02	1.94		1.59	−36.2	−40.2	−40.2	−5.7	
		96.47	1.31	0.03	2.2		1.37	−37.9	−41.7	−42.0	−4.7	
		97.08	1.26	0.02	1.64		1.30	−37.3	−41.8	−41.9	−8.9	
		97.01	1.36	0.02	1.61		1.40	−38.1	−40.4	−41.8	−6.9	
西加拿大盆地	Horn River						0.20	−27.6	−33.8			[11]
							0.20	−32.1	−34.9	−38.8		
							0.20	−31.3	−34.1	−37.3		
							0.20	−31.2	−32.0	−35.5		
							0.20	−30.7	−34.4	−36.9		

注：湿度 = $\sum C_2 - C_5 / \sum C_1 - C_5$。

不仅在过成熟页岩气中发现次生型负碳同位素系列，而且在中国鄂尔多斯盆地南部过成熟的煤成气区也发现了规模性次生型负碳同位素系列（表4，图1）。这些煤成气的气源岩是本溪组（C_2b）、太原组（P_1t）和山西组（P_1s）煤系中的煤和暗色泥岩。煤层主要发育于太原组和山西组。煤层厚度一般为 2 ~ 20m，其残余有机碳平均含量为 70.8% ~ 74.7%，氯仿沥青"A"平均为 0.61% ~ 0.80%，为腐殖煤。暗色泥岩厚度为 20 ~ 150m，大部分地区平均残余有机碳含量变化在 2.0% ~ 3.0%，氯仿沥青"A"平均值为 0.04% ~ 0.12%[14]。从图1可知：这些次生型负碳同位素系列煤成气，出现在鄂尔多斯盆地南部 R_o > 2.2% 的地区，同时与部分碳同位素系列倒转相伴存。这些具有次生型负碳同位素系列煤成气的湿度为 0.46% ~ 1.41%（表4），平均为 0.87%，比北美页岩气的次生型负碳同位素系列湿度小（表3），而比四川盆地五峰组—龙马溪组页岩气次生型负碳同位素系列湿度大（表2）。

表4 鄂尔多斯盆地南部过成熟区次生型负碳同位素系列

| 井号 | 层位 | 天然气主要组分/% | | | | | | | 湿度 | $\delta^{13}C/‰$，VPDB | | | $^3He/^4He$ | R/R_a |
		CH_4	C_2H_6	C_3H_8	C_4H_{10}	C_5H_{12}	CO_2	N_2	/%	CH_4	C_2H_6	C_3H_8	$/10^{-8}$	
试2	盒8	96.68	0.73	0.09	0.08		1.41	1.07	0.92	−29.20	−30.70	−31.90	6.64±0.7	0.06
试225	山2	93.87	0.42	0.03			5.01	0.67	0.48	−28.80	−34.10			
试48	本2	94.89	0.52	0.04			4.29	0.25	0.59	−29.90	−36.50		7.66±1.04	0.07
试37	本1-2	96.60	0.42	0.03			2.74	0.22	0.46	−30.80	−37.10	−37.30	7.49±1.41	0.07
陕380	盒8	90.58	0.94	0.13	0.02	0.01	1.13	7.18	1.20	−24.50	−28.30	−29.30		
陕428	山1	90.20	0.67	0.11	0.02		3.21	5.79	0.88	−28.10	−29.20	−29.30		
苏353	山1-盒8	93.12	1.11	0.17	0.04	0.01	1.86	3.69	1.41	−24.10	−25.60	−28.70		
苏243	盒8	92.81	0.80	0.14	0.02		0.56	5.51	1.02	−26.20	−28.90	−30.60		

注：湿度 = $\sum C_2 - C_5 / \sum C_1 - C_5$。

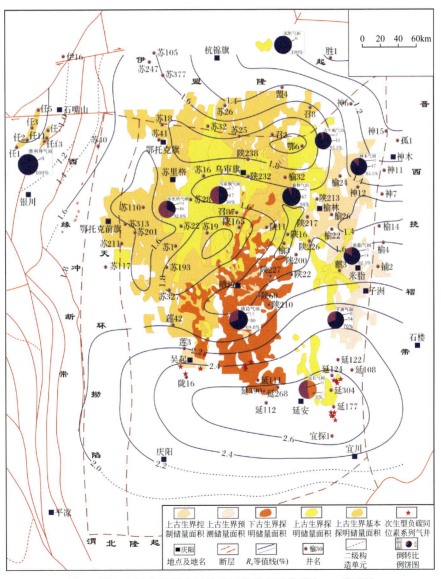

图1 鄂尔多斯盆地煤成气的碳同位素系列类型与 R_o 关系图

3 次生型负碳同位素系列成因讨论

此前，关于在煤成气中出现规模性次生型负碳同位素系列未见报道，而在页岩气中次生型负碳同位素系列的成因则有较多的研究，以下对其主要成因观点进行综述和推敲而提出主要控制因素。

3.1 页岩气中次生型负碳同位素系列仅出现在过成熟页岩中而低成熟、成熟和高成熟页岩中则未见

表 2 和表 3 中次生型负碳同位素系列出现在过成熟页岩中，中国四川盆地南部五峰组—龙马溪组页岩上述已指出均处在过熟阶段，而美国则有不同成熟阶段的页岩气，特别是 Barnett 页岩有许多成熟和过成熟阶段页岩气（R_o 值为 0.7%~2.0%），烷烃气碳同位素值[10,15]绝大部分是正碳同位素系列，还有少量碳同位素倒转，仅有个别为次生型负碳同位素系列。Marcellus 页岩气当湿度大时（14.7%~20.8%）为正碳同位素系列，当湿度小时（1.49%~1.57%）则出现次生型负碳同位素系列[16]。湿度大为低成熟和成熟阶段，湿度小则为过成熟阶段。在西加拿大盆地 Montney 页岩中烷烃气湿度大的出现许多正碳同位素系列，只有湿度小的才有碳同位素倒转。Horn River 页岩气湿度为 0.2 时则都为次生型负碳同位素系列（表3）[11]。把表 2、表 3 与上述 Barnett、Marcellus 和 Montney 页岩气烷烃气碳同位素和湿度关系编为图2。从图 2 明显可见：中国、美国和加拿大次生型负碳同位素系列出现在过成熟阶段或湿度小的页岩气中；在低成熟和成熟阶段或者湿度大的页岩气中，正碳同位素系列是主流，而未见次生型负碳同位素系列。大量次生型负碳同位素系列只出现在过成熟页岩气中，说明了其成因受高温控制。

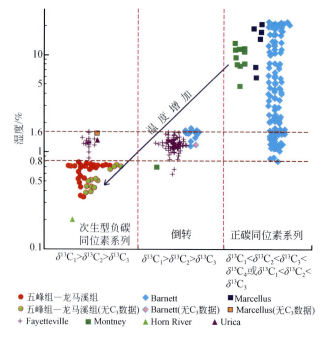

图 2　中国、美国和加拿大页岩气的湿度和碳同位素系列类型关系图

3.2 煤成气中次生型负碳同位素系列仅出现在过成熟源岩区中，而在低成熟、成熟和高成熟区中则未见

由鄂尔多斯盆地 433 个气样编制的煤成气碳同位素系列类型分布与 R_o 关系图（图 1）可见，该盆地南部过成熟源岩区出现规模性次生型负碳同位素系列（表 4），即 R_o 值在 2.3%~2.7%，湿度在 0.46%~1.41%。从图 1 还可看出，次生型负碳同位素系列仅分布在延安气田和靖边气田的南缘。鄂尔多斯盆地煤成气的气源岩成熟度在胜利井气田最低至 0.75%，在神木气田最低为 1.1%（处于成熟阶段），以及其他从成熟至高熟地区的气田至今未发现次生型负碳同位素系列。在神木气田分析烷烃气碳同位素组成气样 55 个，正碳同位素系列占 47 个，占有率达 85.5%，仅有 8 个样品为发生小幅度倒转。同样统计了大牛地、榆林、子洲、靖边、乌审旗、苏里格、东胜和胜利井等气田，发现在成熟和高成熟源岩区煤成气中正碳同位素系列占优势，仅有部分的碳同位素系列倒转，未发现次生型负碳同位素系列（图 1）。通过对鄂尔多斯盆地 433 个碳同位素系列类型与低成熟、成熟、高成熟及过成熟关系的系统研究，确定次生型负碳同位素系列只出现在过成熟区，也说明次生型负碳同位素系列的成因受高温控制。

3.3 二次裂解产生次生型负碳同位素系列

在高–过成熟演化阶段中，由于二次裂解，页岩气系统内的天然气来自干酪根、滞留油和湿气的同时裂解，其中油或凝析物的裂解可产生轻碳同位素乙烷。此时原天然气中的乙烷含量已经很少，少量的轻碳同位素乙烷的掺入可造成碳同位素系列倒转[17]。

3.4 过渡金属和水介质在 250~300℃环境中发生氧化还原作用导致乙烷和丙烷瑞利分馏

Burruss 和 Laughrey[18] 指出部分深盆气次生型负碳同位素系列，是在过渡金属和水介质在 250~300℃ 地质环境中发生氧化还原作用，导致乙烷和丙烷瑞利分馏的结果。

3.5 烷烃气分子中碳数渐增扩散速度递减和 ¹³C 组成分子扩散速度递减，导致次生型负碳同位素系列形成

分子的扩散受分子量和分子大小的影响，分子量大比小的扩散慢。烷烃气分子中随碳数增大分子量增大，分子直径也增大，故扩散速度 $CH_4 > C_2H_6 > C_3H_8 > C_4H_{10}$。

CH_4、C_2H_6、C_3H_8 和 C_4H_{10} 中有 ^{12}C 和 ^{13}C 以下分子组构型式：

$$CH_4 \longrightarrow {}^{12}CH_4、{}^{13}CH_4 \tag{1}$$

$$C_2H_6 \longrightarrow {}^{12}C^{12}CH_6、{}^{12}C^{13}CH_6、{}^{13}C^{13}CH_6 \tag{2}$$

$$C_3H_8 \longrightarrow {}^{12}C^{12}C^{12}CH_8、{}^{12}C^{12}C^{13}CH_8、{}^{12}C^{13}C^{13}CH_8、{}^{13}C^{13}C^{13}CH_8 \tag{3}$$

$$C_4H_{10} \longrightarrow {}^{12}C^{12}C^{12}C^{12}CH_{10}、{}^{12}C^{12}C^{12}C^{13}CH_{10}、{}^{12}C^{12}C^{13}C^{13}CH_{10}、{}^{12}C^{13}C^{13}C^{13}CH_{10}、{}^{13}C^{13}C^{13}C^{13}CH_{10} \tag{4}$$

由于 ^{12}C 的质量小于 ^{13}C，所以 $^{12}CH_4$ 质量小于 $^{13}CH_4$ 而导致前者扩散速度快于后者，使 CH_4 集群碳同位素产生分馏而使该集群 $\delta^{13}C_1$ 值变大；由式（2）可知 C_2H_6 集群 ^{12}C 和 ^{13}C 分子组构型式有 3 种，同理质量上 $^{12}C^{12}C_6 < {}^{12}C^{13}CH_6 < {}^{13}C^{13}CH_6$，故前者扩散速度最快，中者

居中，后者扩散速度最慢，结果使 C_2H_6 集群碳同位素产生分馏而使该集群 $\delta^{13}C_2$ 值也变大；由式（3）和式（4）可知 C_3H_8 集群和 C_4H_{10} 集群的 ^{12}C 和 ^{13}C 分子组构形式分别为 4 种和 5 种，由于与 CH_4 集群、C_2H_6 集群同理扩散分馏结果使 $\delta^{13}C_3$ 值和 $\delta^{13}C_4$ 值变大。

但由于式（1）~式（4）所代表集群的 ^{12}C 和 ^{13}C 组构形式不同，使扩散体（源岩）中产生分馏功能式（1）>式（2）>式（3）>式（4）；同时又存在扩散速度 $CH_4 > C_2H_6 > C_3H_8 > C_4H_{10}$，在此双重作用下，经历相当长时间后可使正碳同位素系列（$\delta^{13}C_1 < \delta^{13}C_2 < \delta^{13}C_3 < \delta^{13}C_4$），改造为次生型负碳同位素系列（$\delta^{13}C_1 > \delta^{13}C_2 > \delta^{13}C_3 > \delta^{13}C_4$）。

腐泥型烃源岩在不同热阶段油气初次运移相态不同：在未成熟和低成熟阶段为水溶相；成熟阶段为油溶相；高成熟阶段为气相；过成熟阶段为扩散相。腐殖型烃源岩在未成熟和低成熟阶段也为水溶相；在成熟阶段和高熟阶段为气相；在过成熟阶段为扩散相[19]。由于不论腐泥型或腐殖型源岩形成的天然气在过成熟阶段初次运移相态均为扩散相，对扩散作用最为有利，故过成熟阶段页岩气利于由扩散作用形成次生型负碳同位素系列。

3.6 地温高于200℃形成次生型负碳同位素系列

Vinogradov 等[20]指出不同温度下碳同位素交换平衡作用有异：地温高于 150℃，出现 $\delta^{13}C_1 > \delta^{13}C_2$；高于 200℃ 则使正碳同位素系列改变为次生型负碳同位素系列，即 $\delta^{13}C_1 > \delta^{13}C_2 > \delta^{13}C_3$。

以上综合了 6 种次生型负碳同位素系列的成因观点。页岩气和煤成气过成熟阶段出现次生型负碳同位素系列，是综合研究了中国五峰组—龙马溪组页岩和美国 Barnett 页岩、Marcellus 页岩、Montney 页岩、Fayetteville 页岩、Horn River 页岩，以及中国鄂尔多斯盆地石炭系—二叠系煤成气从低成熟—成熟—高成熟—过成熟阶段的整个演化过程，得出次生型负碳同位素系列仅形成于过成熟阶段。二次裂解形成次生型负碳同位素系列，关键是二次裂解只有在高–过成熟阶段才出现。过渡金属和水介质氧化还原作用致使乙烷和丙烷瑞利分馏，导致次生型负碳同位素系列形成，关键是水介质温度在 250~300℃。扩散致使出现次生型负碳同位素系列，关键是最利于天然气初次运移时期的过成熟阶段的扩散。Vinogradov 等[20]指出地温高于 200℃ 出现次生型负碳同位素系列。

综合以上 6 种观点，次生型负碳同位素系列形成的主控因素是高温。只有在高温环境下，可由以上一种或几种作用而形成次生型负碳同位素系列。规模性次生型负碳同位素系列出现，是油气演化进入过成熟阶段的标志。

4 结论

碳同位素系列可分为原生型和次生型两种。原生型负碳同位素系列是无机成因气的标志。次生型负碳同位素系列的天然气，是由有机成因正碳同位素系列在高温条件下次生改造来的，既可形成于过成熟阶段的腐泥型页岩气中，也可形成于腐殖型源岩的过熟阶段的煤成气中。

规模性次生型负碳同位素系列出现，是油气演化进入过熟阶段的标志。

参 考 文 献

[1] 戴金星,夏新宇,秦胜飞,等. 中国有机烷烃气碳同位素系列倒转的成因. 石油与天然气地质,2003,

24(1):1-6.

[2] Dai J X,Xia X Y,Qin S F,et al. Origins of partially reversed alkane δ^{13}C values for biogenic gases in China. Organic Geochemistry,2004,35(4):405-411.

[3] Zorikin L M,Starobinets I S,Stadnik E V. Natural Gas Geochemistry of Oil-gas Bearing Basin. Moscow:Mineral Press,1984.

[4] Marais D J D,Donchin J H,Nehring N L,et al. Molecular carbon isotopic evidence for the origin of geothermal hydrocarbons. Nature,1981,292(5826):826-828.

[5] Hosgörmez H. Origin of the natural gas seep of Cirali (Chimera),Turkey:site of the first Olympic fire. Journal of Asian Earth Sciences,2007,30(1):131-141.

[6] Proskurowski G,Lilley M D,Seewald J S,et al. Abiogenic hydrocarbon production at Lost City hydrothermal field. Science,2008,319(5863):604-607.

[7] Yuen G,Blair N,Marais D J D,et al. Carbon isotope composition of low molecular weight hydrocarbons and monocarboxylic acids from Murchison meteorite. Nature,1984,307(5948):252-254.

[8] 刘若冰. 中国首个大型页岩气田典型特征. 天然气地球科学,2015,26(8):1488-1498.

[9] Dai J X,Zou C N,Liao S M,et al. Geochemistry of the extremely high thermal maturity Longmaxi shale gas, southern Sichuan Basin. Organic Geochemistry,2014,74:3-12.

[10] Zumberge J,Ferworn K,Brown S. Isotopic reversal ("rollover") in shale gases produced from the Mississippian Barnett and Fayetteville Formations. Marine & Petroleum Geology,2012,31(1):43-52.

[11] Tilley B,Muehlenbachs K. Isotope reversals and universal stages and trends of gas maturation in sealed,self-contained petroleum systems. Chemical Geology,2013,339(339):194-204.

[12] Guo T,Zeng P. The structural and preservation conditions for shale gas enrichment and high productivity in the Wufeng－Longmaxi Formation,southeastern Sichuan Basin. Energy Exploration & Exploitation,2015, 33(3):259-276.

[13] 张晓明,石万忠,徐清海,等. 四川盆地焦石坝地区页岩气储层特征及控制因素. 石油学报,2015, 36(8):926-939.

[14] 戴金星,等. 中国煤成大气田及气源. 北京:科学出版社,2014:28-91.

[15] Rodriguez N D,Philp R P. Geochemical characterization of gases from the Mississippian Barnett shale,Fort Worth Basin,Texas. AAPG Bulletin,2010,94(11):1641-1656.

[16] Jenden P D,Drazan D J,Kaplan I R. Mixing of thermogenic natural gases in northern Appalachian Basin. AAPG Bulletin,1993,77(6):980-998.

[17] Xia X,Chen J,Braun R,et al. Isotopic reversals with respect to maturity trends due to mixing of primary and secondary products in source rocks. Chemical Geology,2013,339(2):205-212.

[18] Burruss R C,Laughrey C D. Carbon and hydrogen isotopic reversals in deep basin gas:evidence of limits to the stability of hydrocarbons. Organic Geochemistry,2009,41(12):1285-1296.

[19] 李明诚. 石油与天然气运移,第四版. 北京:石油工业出版社,2013:93-94.

[20] Vinogradov A P,Galimor E M. Isotopism of carbon and the problem of oil origin. Geochemistry,1970,(3): 275-296.

四川盆地超深层天然气地球化学特征[*]

戴金星，倪云燕，秦胜飞，黄士鹏，彭威龙，韩文学

0 引言

中国以往的油气勘探开发主要集中在中、浅层，但目前其勘探开发程度已很高，油气潜力下降。深层和超深层勘探开发程度还较低，油气潜力巨大，成为目前油气勘探开发的重要接替领域，尤其是天然气。有关深层和超深层的定义，不同国家、不同机构和不同学者有所不同。据 2005 年中国矿产储量委员会《石油天然气储量计算规范》[1]，将埋深 3500~4500m 定义为深层，大于 4500m 定义为超深层；中国钻井工程领域把埋深 4500~6000m 称为深层，大于 6000m 称为超深层。欧美大部分学者把埋深大于 4500m 的层系称为深层，因为在平均地温梯度为 2.5~3.0℃/100m 时，当深度为 4000~5000m 时，大量液态烃的生成趋于结束而转变为生成气态烃[2]，李小地也持此观点[3]，妥进才等也认为深层指深度大于 4500m[4]，刘文汇等指出"深层气是指储于 4500m 以深的天然气"[5]，Samvelov 把深度大于 4000m 称为深层[6]。许多学者指出深层的深度标准应该考虑所处盆地的地温梯度大小[7-8]，在地温梯度高的盆地，深层的深度相对为浅；在地温梯度低的盆地，深层的深度相对为深。松辽盆地平均地温梯度为 3.7℃/100m，最高达 6.1℃/100m[9]，华北盆地平均地温梯度为 3.58℃/100m[10]，故中国东部地区深层深度门槛值为 3500m，超深层门槛值为 4500m[8]；中国西部塔里木盆地平均地温梯度为 (2.26±0.30)℃/100m[11]，故深层深度门槛值为 4500m，超深层门槛值为 6500m[8]。四川盆地平均地温梯度为 2.28℃/100m[12]，与塔里木盆地几乎一致，故其深层与超深层的深度门槛值与塔里木盆地一样。

由于中国东部盆地地温梯度高、中西部盆地地温梯度低，故东部和中西部盆地深层和超深层的深度标准有别，赵文智等[13]认为中国东部地区埋深 3500m 以深为深层，深度值大于 4500m 为超深层；西部地区埋深 4500~5500m 为深层，深度值大于 5500m 为超深层。王招明等基于库车坳陷勘探实践，认为埋深大于 6500m 为超深层[14]。冯佳睿等认为埋深大于 7000m 为超深层[15]。肖德铭等认为松辽盆地北部深层指下白垩统泉头组二段以下至基底各层[16]，中国石油学会把中国东部地区前新生界定义为深层，中国西部地区古生界以下地层定义为深层[8]。Mielieniexsk 认为生油窗以下的天然气统称深层气[17]。何治亮等、李忠和孙玮等认为中国中西部含油气盆地中，深层一般对应深度范围为 4500~6000m，超深层埋深大于 6000m[18-20]。作者支持何治亮、李忠的深层和超深层的深度划分标准。

四川盆地老关庙中二叠统气藏（7153.5~7175.0m）是中国最早发现的超深层气

---

* 原载于《石油勘探与开发》，2018 年，第 45 卷，第 4 期，588~597。

藏[21]。美国阿纳达科盆地 Mills Ranch 气田曾是世界上最深气田，在下奥陶统碳酸盐岩 7663～8083m 深度范围探明储量为 365×10^{8}m^3[22]。截至 2016 年底，世界共发现埋深大于 6000m 的工业性油气田 52 个，美国墨西哥湾盆地 Merganser 深水气田是目前世界最深的气田[23]，深度为 8547m，储量仅 21.89×10^{8}m^3。中国最深气田为塔里木盆地克深气田，该气田克深 9 气藏平均井深为 7785m；克深 902 井深为 8038m，在未进行储集层改造条件下用 5mm 油嘴产气 30×10^{4}m^3/d[24]。

1　四川盆地天然气地质概况

四川盆地是在克拉通基础上发育的大型叠合含气盆地，面积约 18×10^{4}km^2。四川盆地也是世界上最早勘探开发天然气的盆地之一，早在中国秦汉时期就出现了人工钻盐井，且伴随天然气产出[25]。威远气田是中国储集层时代最老的震旦系气田。2016 年盆地产天然气 300.19×10^{8}m^3，其中页岩气 78.82×10^{8}m^3。截至 2016 年底，盆地共发现气田 131 个（包括页岩气田 3 个），其中大气田 21 个（图 1），探明天然气地质储量 37544×10^{8}m^3（其中页岩气 5441×10^{8}m^3），仅为盆地天然气总资源量 38.11×10^{12}m^3 的 9.85%，说明盆地天然气勘探的潜力还很大。盆地工业性油气层系多，常规、致密油气产层 25 个（海相 18 个），页岩气产层 2 个，是中国迄今发现工业性油气层系最多的盆地。前人认为四川盆地有 8 个超深层大气田的观点值得商榷，因为他们把四川盆地超深层的门槛值定为 4500m 显然过小了[26]。元坝气田和龙岗气田为储集层深度大于 6000m 的两个超深层大气田。最近，川西地区双探 3 井在超深层 7569.0～7601.5m 泥盆系观雾山组获得工业气流，填补了中国泥盆系无工业气藏的空白。

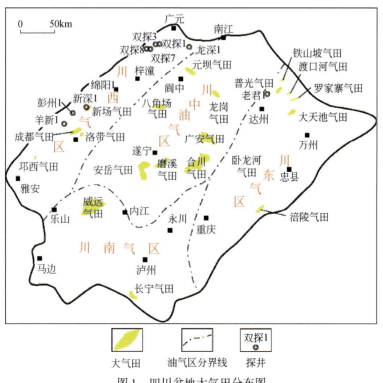

图 1　四川盆地大气田分布图

　　四川盆地由基底和沉积盖层二元结构组成，前震旦系基底之上的沉积盖层总厚度为6000~10000m，盖层由海相地层和陆相地层叠合而成。震旦系至中三叠统主要发育海相地层，厚2000~5000m，盆地绝大部分气源岩［主要为震旦系陡山沱组（Z_1d）、寒武系筇竹寺组（$\in_1q$）、志留系龙马溪组（S_1l）、二叠系龙潭组（P_3l）和大隆组（P_3d）］和气层分布在这套地层中。中三叠统以上为陆相碎屑岩地层，厚2000~5000m，其中上三叠统须家河组（T_3x）煤系、下侏罗统凉高山组（J_1l）和自流井组（J_1z）湖相暗色泥岩为主要烃源岩，四川盆地少量石油与下侏罗统相关。四川盆地油气生-储-盖组合如图2所示。

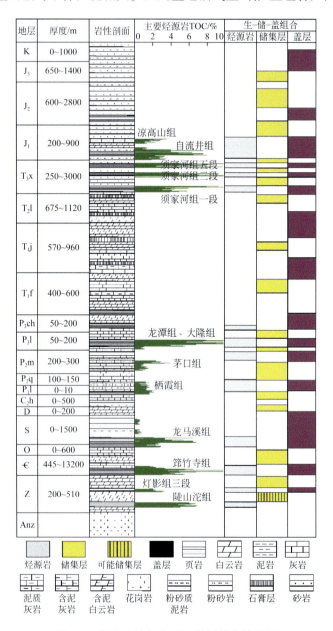

图2　四川盆地油气生-储-盖层综合柱状图

T_2l. 中三叠统雷口坡组；T_1j. 下三叠统嘉陵江组；T_1f. 下三叠统飞仙关组；P_3ch. 上二叠统长兴组；
P_2m. 中二叠统茅口组；P_2q. 中二叠统栖霞组；P_1l. 下二叠统梁山组；C_2h. 中石炭统黄龙组

2 天然气的组分特征

四川盆地超深层天然气主要发现于龙岗和元坝大气田（图1），尽管在普光大气田有个别井（普光9、普光10井）已钻入超深层，但井深主要在5259m左右[26]，处于深层大气田范围。由表1可见，区域探井均为超深层气井，超深层气最新层位为中三叠统雷口坡组（彭州1、新深1、羊新1井），最老层位为下寒武统龙王庙组（龙探1井），龙岗大气田和元坝大气田超深层天然气储集层为长兴组和飞仙关组。所有超深层气的储集层岩性均为碳酸盐岩。

由表1和图3可见：超深层天然气的烷烃气中甲烷占绝对优势，根据38口井资料分析，甲烷含量最高的占99.56%（双探7井），最低的占53.25%（元坝1井），平均为86.67%；乙烷含量很低，最高的占1.05%（元坝12井），最低的仅占0.01%（老君1井），平均为0.13%；丙烷含量有35个样品为0，个别井达0.29%（普光9井）；丁烷46个样品含量为0。由此可见，四川盆地超深层天然气均为干气，乙烷含量低，丙烷、丁烷几乎没有，这与处于超深层成熟度高，乙烷、丙烷、丁烷被裂解有关。氮的含量一般较低，最高为15.06%（元坝221井），最低为0.01%（龙岗9井），平均为1.84%。CO_2含量最高的为40.05%（龙岗39井），最低为0.07%（元坝222井），平均为7.72%。H_2S含量最高为25.21%（老君1井），最低为0.02%（双探1井），平均为5.45%。

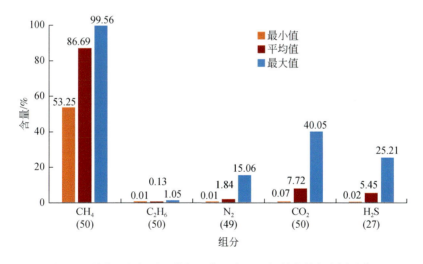

图3　四川盆地超深层天然气组分及含量（括号内数字为样品数）

3 碳氢同位素组成

由表1可见四川盆地超深层所有井烷烃气中最常见组分为甲烷和乙烷，所以烷烃气碳氢同位素组成主要为$\delta^{13}C_1$、$\delta^{13}C_2$和δD_1，碳氢同位素组成信息非常有限，使得天然气成因类型鉴别难度增加。

3.1 烷烃气碳同位素组成

由表1可见：$\delta^{13}C_1$值从-33.6‰（新深1井）变化至-26.7‰（双探8井），$\delta^{13}C_2$值从

表 1　四川盆地超深层气井天然气地球化学参数表[27-29]

气田或地区	井位	地层	深度/m	气组分/%								湿度/%	$\delta^{13}C$/‰, VPDB				δD/‰, VSMOW		参考文献
				CH_4	C_2H_6	C_3H_8	iC_4H_{10}	nC_4H_{10}	N_2	CO_2	H_2S		CH_4	C_2H_6	C_3H_8	CO_2	CH_4	C_2H_6	
龙岗	龙岗1	P_3ch	6202~6240	92.33	0.07	0.090	0	0	0.70	4.41		0.17	-29.4	-24.3		-17.2			本文
	龙岗3	P_3ch	6390~6408	77.48	0.07	0.010	0	0	1.53	20.21		0.10	-29.2			-2.3			
	龙岗8	P_3ch	6713~6731	83.80	0.05	0	0	0	0.25	8.63	7.24	0.06	-29.0	-22.1		1.6			
	龙岗12	T_1f	6130	97.01	0.12	0	0	0	0.49	2.37		0.12	-30.4	-27.6					
	龙岗29	P_3ch	6020~6244	88.52	0.10	0.010	0	0	1.46	4.98	4.78	0.12	-29.3	-25.3		-1.5			
	龙岗39	P_3ch	6459~6490	58.29	0.05	0.010	0	0	0.42	40.05	0.92	0.10	-30.3	-23.8		0.4			
	龙岗61	T_1f	6261~6330	94.95	0.08	0	0	0	0.09	1.84	3.01	0.08	-27.4	-22.2		1.9			
	龙岗62	P_3ch	6351~6480	89.86	0.03	0.030	0	0	0.22	4.23	5.61	0.07	-26.9	-29.7		0.6			
	龙岗001-2	P_3ch	6735~6828	93.88	0.06	0	0	0	2.28	3.76		0.06	-28.8	-25.4		-9.7			
	龙岗001-3	P_3ch	6353	88.80	0.04	0	0	0	0.44	5.35	5.36	0.05	-30.1	-30.8		0.9			
	龙岗001-6	T_1f	6090	95.05	0.07	0	0	0	1.15	2.47	1.22	0.08	-28.2	-25.1		-3.9	-115		
	龙岗001-7	T_1f	6006	94.89	0.06	0	0	0	1.10	2.98		0.06	-29.3	-25.7		0.4	-115		
	龙岗1	T_1f	6055~6124	94.48	0.06	0.010	0	0	1.19	2.89		0.06	-30.0	-25.8		-1.8			
	龙岗2	T_1l^{1-3}	6011	79.39	0.04	0	0	0	3.52	1.93	14.96	0.06	-29.4	-23.9					
	龙岗001-2	P_3ch	6938~7286	92.37	0.06	0	0	0	0.40	4.49		0.06	-29.7	-26.3		-0.9			
	龙岗001-8-1	P_3ch	6261~6364	93.59	0.07	0	0	0	0.41	3.70		0.07	-29.7	-26.9		-2.4			
	龙岗1	P_3ch	6202~6204	92.33	0.07	0	0	0	0.70	4.40	2.50	0.08	-29.4	-22.7					
	龙岗9	P_3ch	6353~6373	63.50	0.26	0.040	0	0	0.01	30	6.19	0.47	-31.7	-22.7		0.7			
	龙岗11	P_3ch	6045~6143	84.53	0.07	0.010	0	0	0.17	6.08	9.11	0.09	-27.8	-27.0					
元坝	元坝1	P_3ch^2	7081~7150	53.25	0.09	0	0	0	3.04	30.20	13.33	0.17	-30.2	-27.6					[27]
	元坝2	P_3ch^2	6545~6593	87.12	0.03	0	0	0	0.65	7.61	4.59	0.03	-30.5						
	元坝11	P_3ch^2	6797~6917	80.55	0.05	0	0	0	0.23	11.80	7.37	0.06	-27.9	-25.2			-114		
	元坝101	P_3ch^2	6955~7023	83.35	0.03	0.250	0	0.016	2.63	9.46	4.53	0.04	-28.4				-114		
	元坝1	T_1f^2	6787~6799	78.30	0.05	0	0	0	12.82	7.70	0.20	0.38	-27.5		-20.7	0.9			[28]
	元坝2	P_3ch^2	6445~6593	87.12	0.03	0	0	0	0.65	7.61	4.54	0.03	-30.5						
	元坝27	P_3ch^2	7367	90.71	0.04	0	0	0	0.83	3.12	5.14	0.04	-28.9	-26.6	-26.9	-10.9			[29]
	元坝221	P_3ch^2	6686~6720	61.98	0.04	0.020	0	0	15.06	22.90		0.06	-29.2	-28.6		-0.4	-156		
	元坝222	P_3ch^2	7020~7030	99.15	0.47	0	0	0	0.28	0.07		0.49	-30.9	-29.7	-29.0	-8.1	-131	-103	
	元坝273	P_3ch^2	6811~6880	92.57	0.05	0	0	0	0.84	6.04	0.44	0.05	-28.6	-25.4		-0.5	-127		

续表

气田或地区	井位	地层	深度/m	气组分/% CH₄	C₂H₆	C₃H₈	iC₄H₁₀	nC₄H₁₀	N₂	CO₂	H₂S	湿度/%	δ¹³C/‰, VPDB CH₄	C₂H₆	C₃H₈	CO₂	δD/‰, VSMOW CH₄	C₂H₆	参考文献
元坝	元坝224	P_3ch^2	6625~6636	86.17	0.06	0	0	0		4.68	6.67	0.07	-28.3	-25.9		-1.0	-129		[29]
	元坝1-侧1	T_1f	7330~7367	86.23	0.04	0	0	0	0.30	6.22		0.05	-28.9	-25.3		-2.4			
	元坝101	P_3ch	6955~7022	83.30	0.03	0	0	0	2.63	9.46		0.04	-28.4				-114		
	元坝12	T_1f^2	6456~6555	95.24	1.05	0.100	0.01	0.010	0.75	2.30		1.19	-27.9				-113		
	元坝2	P_3ch	6545~6592	90.72	0.21	0	0	0	0.71	8.36		0.23	-29.7						
普光	普光9	P_3ch	6110~6130	84.24	0.58	0.290	0.09	0.070	0.12	13.67		1.02	-30.0	-31.5		-1.3	-122	-89	本文
	普光10	T_1f^3	6080~6164	88.51	0.14	0	0	0	0.64	10.71		0.16	-29.6						
	双探1	P_2m	6853~6881	95.23	0.15	0	0	0	2.20	2.38	0.02	0.16	-30.4	-26.1					
	双探1	P_2q	7112~7308	96.65	0.10	0	0	0	0.87	2.00	0.34	0.10	-31.1	-25.6					
	双探3	P_2q	7443~7488	91.27	0.10	0.002	0	0	5.47	1.88		0.11	-30.0	-27.6			-135		
	双探3	D_2g	7569~7601	96.96	0.23	0.010	0	0	0.61	2.12		0.25	-32.3	-28.4			-139		
	双探3	D_2g	7569~7601	96.97	0.23	0	0	0	0.58	2.18		0.24	-31.2	-27.3					
	双探7	$C_1z - D_2g$	7716~7723 7731~7761	95.72	0.10	0	0	0	0.87	2.70	0.17	0.10							
	双探7	P_3ch	6921~6929	99.56	0.09	0	0	0	0.19	0.13		0.09	-28.8						
	双探8	P_2q	7312~7329	97.18	0.10	0	0	0	0.52	1.77	0.41	0.10	-29.9						
			7332~7346										-26.7						
区探井区	龙探1	ϵ_1l	6657~6663										-29.5 -30.0						
	老君1	T_1f	6020~6080	60.85	0.16	0.050	0.01	0.010	6.87	32.04	9.64	0.34	-29.2	-24.8		-1.6			[28]
	老君1	P_3ch	6181~6191	86.16	0.03	0	0	0	3.18	0.39	25.21	0.03	-29.8	-24.8		-2.2			
	老君1	P_3ch	6230~6244	62.32	0.01	0	0	0	7.14	0.87	3.72	0.02	-29.7			-3.4			
	彭州1	T_2l^4	6050	90.29	0.12	0	0	0	1.25	4.59		0.13	-31.6	-26.4	-22.8		-140	-97	本文
	新深1	T_2l^4	6241	89.19	0.34	0	0	0	0.95	9.48		0.38	-33.6	-30.8	-24.4		-148	-102	
	羊新1	T_2l^4	6313	92.39	0.12	0	0	0	0.65	6.82		0.13	-31.7	-32.9			-136		
													-31.8	-32.6			-138		

注: D_2g. 中泥盆统观雾山组; C_1z. 下石炭统总长沟组。

–32.9‰（羊新1井）变化至–22.1‰（龙岗8井）。从图4可知，绝大部分天然气为原生型天然气[27-32]可用其碳同位素值进行气源对比。

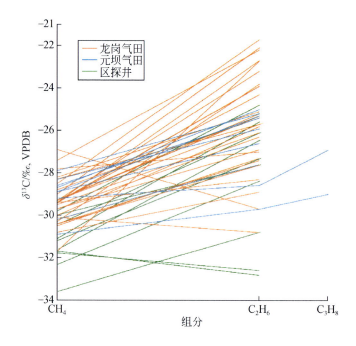

图4   四川盆地超深层天然气碳同位素组成系列类型

3.2   烷烃气氢同位素组成

由表1可见：δD_1值从–156‰（元坝221井）变化至–113‰（元坝12井），只有4个样品检测到δD_2值，从–103‰（元坝222井）变化至–89‰（普光9井）。

3.3   二氧化碳碳同位素组成

由表1可见：$\delta^{13}C_{CO_2}$值从–17.2‰（龙岗1井）变化至1.9‰（龙岗61井），中国天然气$\delta^{13}C_{CO_2}$值从–39‰变化至7‰[33]，曾认为世界天然气$\delta^{13}C_{CO_2}$值变化范围为–42‰~27‰[34]，最近有学者发现其变化范围更大，为–55.2‰~45.0‰[35]，因此，四川盆地超深层天然气$\delta^{13}C_{CO_2}$值变化范围比前人统计的中国乃至世界的变化范围要小得多。

4   天然气的成因

4.1   烷烃气的成因

把表1中$\delta^{13}C_1$、$\delta^{13}C_2$和$\delta^{13}C_3$各值投入图5中，同时根据表1按龙岗气田、元坝气田、普光气田和区探井分别讨论各烷烃气的成因。

由图5可知[36]，除龙岗62和龙岗001-3两口井碳同位素组成倒转外，龙岗气田的烷烃气均为煤成气。胡国艺等[27]和秦胜飞等[30]研究也认为是煤成气；赵文智等[37]指出龙岗

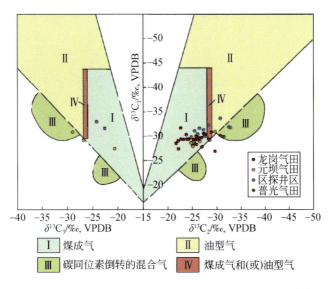

图 5 四川盆地超深层天然气 $\delta^{13}C_1$–$\delta^{13}C_2$–$\delta^{13}C_3$ 鉴别图[36]

台内礁滩天然气是单一的煤成气聚集，储集层中发育浸染状沥青。导致烷烃气碳同位素组成倒转的可能因素有[32,38]：①天然气运移过程中同位素的分馏效应；②某一烷烃气组分被细菌氧化；③有机气和无机气的混合；④煤成气和油型气的混合；⑤同一类型成熟度不同的两个层段烃源岩生成气的混合；⑥同一层段烃源岩在不同成熟度生成气的混合。由于龙岗 62 和龙岗 001-3 两口井天然气组分特征不支持第②种因素；四川盆地稀有气体均为壳源气[39]，不支持第③种因素；该气田天然气以煤成气为主体，不支持第④~⑥种因素，故导致这两口井碳同位素组成倒转的因素可能与煤成气运移过程中碳同位素组成分馏有关，即由于分馏效应使正碳同位素组成系列的煤成气发生倒转。

由表 1 可知，元坝气田的烷烃气，凡是有 $\delta^{13}C_1$、$\delta^{13}C_2$ 或 $\delta^{13}C_3$ 值的，均属正碳同位素组成系列，故是原生型烷烃气，未受次生改造和混合。由图 5 可见，元坝气田烷烃气主要是煤成气，仅有元坝 221 和元坝 222 井显示出油型气特征。关于元坝气田烷烃气成因与烃源岩许多学者有不同观点，一种观点与笔者观点相同，认为烷烃气主要是煤成气，也有少量油型气[27,40]。元坝 3 井在龙潭组下部有较多暗色泥岩和泥灰岩，TOC 值大于 0.5% 的层段厚度达 70m；在距气田不远的东南部仪陇附近的龙潭组煤层达 3 组[27]，说明存在形成煤成气的烃源岩条件。另一种观点认为烷烃气主要是原油裂解而成的油型气[29,41-43]，烃源岩以大隆组和龙潭组 [吴家坪组 （P_3w）] 为主，TOC 值为 0.27%~7.20%，元坝 3 井龙潭组干酪根 $\delta^{13}C$ 在 –27.8‰ ~ –24.9‰，平均为 –26.8‰，有机质以混合型为主[44-45]。还有学者根据氩同位素特征，判定元坝气藏气源可能是震旦系或下寒武统筇竹寺组形成原油的裂解气[46]。笔者认为元坝气田的烷烃气以煤成气为主，还有少许油型气，气源岩应为龙潭组（吴家坪组）和大隆组。元坝 3 井龙潭组干酪根 $\delta^{13}C$ 值与 Redding 等[47]划分的 III 型干酪根 $\delta^{13}C$ 值 –26.6‰ ~ –25.4‰ 基本相当，故元坝气田龙潭组或吴家坪组烃源岩不是混合型而是腐殖型并利于生气。根据表 1 中 $\delta^{13}C_1$ 和 $\delta^{13}C_2$ 值编制图 6，由图可见，元坝气田的烷烃气也主要为煤成气。

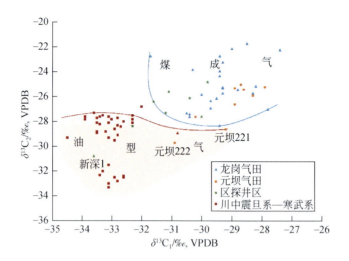

图6　四川盆地超深层天然气煤成气和油型气$\delta^{13}C_1$–$\delta^{13}C_2$对比图

由表1可见，区域探井的烷烃气除羊新1井外，凡有$\delta^{13}C_1$、$\delta^{13}C_2$和$\delta^{13}C_3$值的均属正碳同位素组成系列，根据凡$\delta^{13}C_2$大于–28.0‰属煤成气、$\delta^{13}C_2$小于–28.5‰为油型气的鉴别标准[31-32]，彭州1井烷烃气为煤成气，新深1井烷烃气为油型气，图5也验证了此观点。根据凡$\delta^{13}C_2$值大于–28.0‰属煤成气、$\delta^{13}C_2$值变化在–28.5‰～–28.0‰主要为煤成气[32]，除无机成因气外，凡$\delta^{13}C_1$值大于–30‰的甲烷是煤成气[33]的鉴别指标，表1中所有双探号井、龙探1井和老君1井的烷烃气也是煤成气。

表1中δD_{1-2}值不多，但从有限数值总观，煤成气的δD_1值较重，主要为–129‰～–113‰，而油型气的δD_1值轻，主要为–156‰～–131‰。$\delta^{13}C_1$–δD_1图（图7）就反映出了此特点，特别要指出，四川盆地寒武系筇竹寺组和震旦系腐泥型烃源岩生成、聚集在川中古隆起上的油型气，δD_1值同样较轻，为–150‰～–131‰[48]。由图7可见，龙岗气田、元坝气田除新深1井外所有区域探井烷烃气均为煤成气。$\delta^{13}C_1$–$\delta^{13}C_2$对比图也证明区域探井的烷烃气主要是煤成气（图6）。

四川盆地西北部有许多双探号钻井（表1），其中多数井获得工业气流，产层主要为长兴组、茅口组、栖霞组、观雾山组和龙王庙组。以往对川西北地区古生界油气的烃源岩研究较多，根据露头区发现固体沥青、油砂岩、油苗的多种生物标志物研究，认为烃源岩为震旦系陡山沱组[49]、寒武系[50-51]（主要下寒武统）和下志留统黑色页岩[52-53]。腾格尔等指出龙门山北段海相油气藏优质烃源岩主要有筇竹寺组、大隆组泥质岩和栖霞组、茅口组碳酸盐岩[54]；同时还指出，需特别注意上古生界烃源岩，因为川西北地区如果存在与元坝气田一样的大隆组烃源岩，就可解释双探号井烷烃气是煤成气，而不是陡山沱组和下寒武统筇竹寺组来源油型气（图6）。

4.2　二氧化碳的成因

四川盆地二氧化碳有无机成因和有机成因两种，$\delta^{13}C_{CO_2}$是鉴别两种成因的有效指标。国内外学者对此做过较多研究，沈平等认为无机成因的$\delta^{13}C_{CO_2}$值大于–7‰，有机成因的

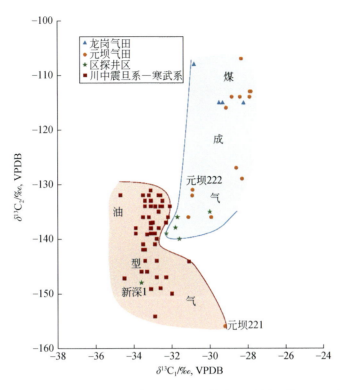

图 7　四川盆地震旦系—寒武系与长兴组—飞仙关组天然气 $\delta^{13}C_1$-δD_1 对比图

$\delta^{13}C_{CO_2}$ 值为 $-20‰ \sim -10‰$[55]；上官志冠等指出：变质成因 $\delta^{13}C_{CO_2}$ 值为 $-3‰ \sim 1‰$，幔源成因的 $\delta^{13}C_{CO_2}$ 值平均为 $-8.5‰ \sim -5.0‰$[56]；Moore 等指出太平洋中脊玄武岩包裹体中 $\delta^{13}C_{CO_2}$ 值为 $-6.0‰ \sim -4.5‰$[57]；Gold 等认为岩浆来源的 $\delta^{13}C_{CO_2}$ 值虽多变，但一般值在 $-7‰\pm2‰$[58]；戴金星等综合研究国内外大量 $\delta^{13}C_{CO_2}$ 值后发现，凡有机成因 $\delta^{13}C_{CO_2}$ 值小于 $-10‰$，无机成因 $\delta^{13}C_{CO_2}$ 值大于 $-8‰$。碳酸盐岩变质成因的无机二氧化碳 $\delta^{13}C_{CO_2}$ 值接近于碳酸盐岩的 $\delta^{13}C$ 值，在 $0\pm3‰$；火山-岩浆和幔源相关无机成因二氧化碳 $\delta^{13}C_{CO_2}$ 值大多在 $-6‰\pm2‰$，并编制了有机成因和无机成因二氧化碳鉴别图（图8）[59]。

把表1中相关井 $\delta^{13}C_{CO_2}$ 值与 CO_2 含量投入图8中，从图8可见：除2口井（龙岗1、元坝27井）为标准有机成因外（这些二氧化碳和生烃同期形成），绝大部分二氧化碳为无机成因，是碳酸盐岩储集层在过成熟阶段产生裂解变质形成的，这些井天然气 $\delta^{13}C_{CO_2}$ 值基本上在碳酸盐岩的 $\delta^{13}C$ 值区间（$0\pm3‰$）就是佐证。

4.3　硫化氢的成因

1）生物还原型（微生物硫酸盐还原，BSR）

硫酸盐还原菌利用各种有机物（包括油气）作为给氢体来还原硫酸盐而形成硫化氢，可以用以下反应式概括[60]：

$$\sum CH(油气) + CaSO_4 \xrightarrow{硫酸盐还原菌作用} CaCO_3 + H_2S + H_2O \tag{1}$$

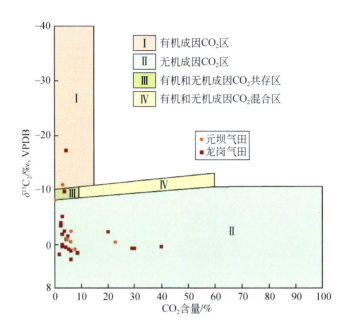

图8　四川盆地超深层天然气有机成因和无机成因二氧化碳鉴别图

BSR 一般发生在地层温度低于 80℃、R_o 值为 $0.2\% \sim 0.3\%$[61-63]的条件下，其硫化氢含量一般小于 5%[64]。由于表 1 中硫化氢处于过成熟阶段的干气中，生气时 R_o 值远大于 0.3%，故四川盆地超深层天然气中硫化氢不属于 BSR 成因。

2）非生物还原型（硫酸盐热化学还原，TSR）

由硫酸盐在烃类或者有机质参与下的高温化学还原作用形成的硫化氢，其形成可用以下反应式概括：

$$2C + CaSO_4 + H_2O \longrightarrow CaCO_3 + H_2S + CO_2 \tag{2}$$

$$\sum CH(油气) + CaSO_4 \longrightarrow CaCO_3 + H_2S + H_2O \tag{3}$$

式（2）中，C 为生烃源岩中有机化合物的碳；式（3）中，$\sum CH$ 为油气，TSR 所需温度为 $100 \sim 140℃$[65]。中坝气田雷口坡组硫化氢形成时温度高于 119℃[60]，蔡春芳也认为温度高于 120℃[66]。根据天然气特征识别 TSR 的标志，一是硫化氢浓度高（大于 5%），二是反应起始最低温度一般高于 120℃[67]。元坝气田硫化氢含量为 0.20%（元坝 1 井，T_1f^2）$\sim 13.33\%$（元坝 1 井，P_3ch^2），多数大于 5%（表 1），同时飞仙关组气藏地层温度为 149.9℃，长兴组气藏地层温度为 $139.2 \sim 150.3℃$[68]，均显示元坝气田硫化氢为 TSR 型。龙岗气田不少井的硫化氢含量大于 5%，故其硫化氢也为 TSR 型。四川盆地中、下三叠统和震旦系气藏的硫化氢属于 TSR 成因[69]，威远气田震旦系气藏硫化氢为 TSR 成因[70]、普光气田硫化氢也是 TSR 成因[66,70-71]。表 1 中老君 1 和彭州 1 井均为干气，硫化氢含量为 $3.72\% \sim 25.21\%$，初步分析硫化氢成因也属 TSR 型。

3）裂解型（硫酸盐热裂解——TDS）

石油或干酪根裂解也可形成硫化氢，其典型特征一是处于过成熟阶段硫酸盐岩地层中；二是硫化氢含量一般小于 2%[60]或者一般不超过 3%[72]。石油与凝析油过热气化形成的气体成分组合是 $4CO_2 \cdot 46CH_4 \cdot N_2 \cdot H_2S+$痕量氢[73]，据此组合气体分子式换算可得过热形式的天然气组合中，硫化氢含量约占该天然气组合总体的 1.9%，这决定了 TDS 成因的 H_2S 含量小于 2%。前述威远震旦系气藏硫化氢成因有学者[69-70]认为是 TSR，但也有学者认为是 TDS 成因，理由如下：该气藏为干气，R_o 最大值为 3.136%~4.640%，硫化氢含量绝大部分为 0.9%~1.5%，仅有两口井大于 2%，少数井含量为 0.5%~0.9%[60]。另一些学者[74]认为其为 TDS 成因的理由是，根据 447 个气样分析，H_2S 含量最大值为 3.44%，平均值为 1.09%。表 1 中双探号各井为甲烷含量很高的干气，硫化氢含量很低，仅 0.02%~0.41%，故初步分析硫化氢可能也属 TDS 成因，但因多口井没有 H_2S 分析结果，故其成因有待进一步研究确定。

5　结论

四川盆地在超深层已发现了龙岗和元坝两个煤成气大气田，除新深 1 井和元坝 222 井为油型气，其他所有超深层井天然气均为具正碳同位素组成系列的煤成气。随着勘探的进行，这批超深层探井能探明一些超深层气田。目前超深层探井主要集中在川东北和川西地区，建议在川南、川中和川东地区开展超深层天然气勘探，将会有新发现和突破。

所有超深层气均为湿度很低（0.02%~1.25%）的干气，说明天然气是过成熟阶段产物。深层气硫化氢成因主要为 TSR 型，双探号探井 H_2S 可能为 TDS 成因。

以往通常发现气藏中有沥青，就认为气藏天然气是原油裂解生成的油型气，此观点值得商榷。例如，龙岗气田储集层中发育有浸染状沥青，但它是煤成气田，这是由于在煤系成烃气、油兼生期，除形成大量煤成气外，还有少量凝析油和轻质油生成，后者在过成熟阶段也产生沥青。故天然气储集层中发现沥青不能就肯定是油型气，要对沥青规模、产状与气同位素组成综合研究后才能有定论。

致　谢：感谢刘全有教授和谢邦华高工提供了区探井地球化学数据与有关文献。

参 考 文 献

[1] 中华人民共和国国土资源部. 石油天然气储量计算规范：DZ/T 0217—2005. 北京：中国标准出版社，2005.

[2] 史斗，刘文汇，郑军卫. 深层气理论分析和深层气潜势研究. 地球科学进展，2003，18(2)：236-244.

[3] 李小地. 中国深部油气藏的形成与分布初探. 石油勘探与开发，1994，21(1)：34-39.

[4] 妥进才，王先彬，周世新，等. 深层油气勘探现状与研究进展. 天然气地球科学，1999，10(6)：1-8.

[5] 刘文汇，郑建京，妥进才，等. 塔里木盆地深层气. 北京：科学出版社，2007：1-3.

[6] Samvelov R G. Features of hydrocarbon pools formation at depths. Oil and Gas Geology，1995，(9)：5-15.

[7] 戴金星，丁巍伟，侯路，等. 松辽盆地深层气勘探和研究. 见：贾承造. 松辽盆地深层天然气勘探研讨会报告集. 北京：石油工业出版社，2004：27-44.

[8] 中国石油学会. 深层油气地质学科发展报告. 北京：中国科学技术出版社，2016：5-6.

[9] 侯启军，杨玉峰. 松辽盆地无机成因天然气及勘探方向探讨. 天然气工业，2002，22(3)：5-10.

[10] 陈墨香. 华北地热. 北京：科学出版社，1988：24-31.

[11] 冯昌格，刘绍文，王良书，等. 塔里木盆地现今地热特征. 地球物理学报，2009，52(11)：2752-2762.

[12] 徐明，朱传庆，田云涛，等. 四川盆地钻孔温度测量及现今地热特征. 地球物理学报，2011，54(4)：1052-1060.

[13] 赵文智,胡素云,刘伟,等.再论中国陆上深层海相碳酸盐岩油气地质特征与勘探前景.天然气工业,2014,34(4):1-9.

[14] 王招明,李勇,谢会文,等.库车前陆盆地超深层大油气田形成的地质认识.中国石油勘探,2016,21(1):37-43.

[15] 冯佳睿,高志勇,崔京钢,等.深层、超深层碎屑岩储集层勘探现状与研究进展.地球科学进展,2016,31(7):718-736.

[16] 肖德铭,迟元林,蒙启安,等.松辽盆地北部深层天然气地质特征研究.见:谯汉生,罗广斌,李先奇.中国东部深层石油勘探论文集.北京:石油工业出版社,2001:1-27.

[17] Mielieniexsk V N. About deep zonation of oil/gas formation. Exploration and Protection Minerals,1999,11:42-43.

[18] 何治亮,金晓辉,沃玉进,等.中国海相超深层碳酸盐岩油气成藏特点及勘探领域.中国石油勘探,2016,20(1):3-14.

[19] 李忠.盆地深层流体-岩石作用与油气形成研究前沿.矿物岩石地球化学通报,2016,35(5):807-816.

[20] 孙玮,刘树根,曹俊兴,等.四川叠合盆地西部中北段深层-超深层海相大型气田形成条件分析.岩石学报,2017,33(4):1171-1188.

[21] 戴金星.我国天然气藏的分布特征.石油与天然气地质,1982,3(3):270-276.

[22] Jemison R M. Geology and development of Mills Ranch complex:world's deepest field. AAPG Bulletin,1979,63(5):804-809.

[23] IHS. IHS energy. https://ihsmarkit.com/country-industry-forecasting.html? ID=106597420 [2018-04-01].

[24] 苏华,田崇辉.超深井如何打出超水平.中国石油报 [2017-12-07].

[25] 四川油气区石油地质志编写组.中国石油地质志(卷十):四川油气区.北京:石油工业出版社,1989:6-9.

[26] 李熙喆,郭振华,胡勇,等.中国超深层构造型大气田高效开发策略.石油勘探与开发,2018,45(1):111-118.

[27] Hu G Y,Yu C,Gong D Y,et al. The origin of natural gas and influence on hydrogen isotope of methane by TSR in the Upper Permian Changxing and the Lower Triassic Feixianguan Formations in northern Sichuan Basin,SW China. Energy Exploration & Exploitation,2014,32(1):139-158.

[28] 郭旭升,郭彤楼.普光、元坝碳酸盐岩台地边缘大气田勘探理论与实践.北京:科学出版社,2012.

[29] Wu X Q,Liu G X,Liu Q Y,et al. Geochemical characteristics and genetic types of natural gas in the Changxing-Feixianguan Formations from the Yuanba gas field in the Sichuan Basin,China. Journal of Natural Gas Geoscience,2016,1(4):267-275.

[30] Qin S F,Zhou G X,Zhou Z,et al. Geochemical characteristics of natural gases from different petroleum systems in the Longgang gas field,Sichuan Basin,China. Energy Exploration & Exploitation,2018,36(6):1376-1394.

[31] 戴金星.天然气中烷烃气碳同位素研究的意义.天然气工业,2011,31(12):1-6.

[32] 戴金星.煤成气及鉴别理论研究进展.科学通报,2018,63(14):1291-1305.

[33] 戴金星,裴锡古,戚厚发.中国天然气地质学(卷一).北京:石油工业出版社,1992:37-69.

[34] Barker C. Petroleum Generation and Occurrence for Exploration Geologists. Berlin:Springer,1883.

[35] Bucha M,Jedrysek M O,Kufka D,et al. Methanogenic fermentation of lignite with carbon-bearing additives,inferred from stable carbon and hydrogen isotopes. International Journal of Coal Geology,2018,186:65-79.

[36] 戴金星,倪云燕,黄士鹏,等.煤成气研究对中国天然气工业发展的重要意义.天然气地球科学,2014,25(1):1-22.

[37] 赵文智,徐春春,王铜山,等.四川盆地龙岗和罗家寨-普光地区二、三叠系长兴—飞仙关组礁滩体天然

气成藏对比研究与意义.科学通报,2011,56(28/29):2404-2412.

[38] Dai J X,Xia X Y,Qin S F,et al. Origins of partially reversed alkane $\delta^{13}C$ values for biogenic gases in China. Organic Geochemistry,2004,35(4):405-411.

[39] Ni Y Y,Dai J X,Tao S Z,et al. Helium signatures of gases from the Sichuan Basin,China. Organic Geochemistry,2014,74:33-43.

[40] 戴金星,等.中国煤成大气田及气源.北京:科学出版社,2014:197-203.

[41] 郭旭升,黄仁春,付孝悦,等.四川盆地二叠系和三叠系礁滩天然气富集规律与勘探方向.石油与天然气地质,2014,35(3):295-302.

[42] 郭彤楼.元坝深层礁滩气田基本特征与成藏主控因素.天然气工业,2011,31(10):1-5.

[43] Li P P,Hao F,Guo X S,et al. Processes involved in the origin and accumulation of hydrocarbon gases in the Yuanba gas field,Sichuan Basin,Southwest China. Marine & Petroleum Geology,2015,59(1):150-165.

[44] 朱扬明,顾圣啸,李颖,等.四川盆地龙潭组高热演化烃源岩有机质生源及沉积环境探讨.地球化学,2012,41(1):35-44.

[45] 黄福喜,杨涛,闫伟鹏,等.四川盆地龙岗与元坝地区礁滩成藏对比分析.中国石油勘探,2014,19(3):12-20.

[46] 仵宗涛,刘兴旺,李孝甫,等.稀有气体同位素在四川盆地元坝气藏气源对比中的应用.天然气地球科学,2017,28(7):1072-1077.

[47] Redding C E,Schoell M,Monin J C,et al. Hydrocarbon and carbon isotope composition of coals and kerogens. Physics & Chemistry of the Earth,1980,12(79):711-723.

[48] 魏国齐,谢增业,宋家荣,等.四川盆地川中古隆起震旦系—寒武系天然气特征及成因.石油勘探与开发,2015,42(6):702-711.

[49] 王广利,王铁冠,韩克猷,等.川西北地区固体沥青和油砂的有机地球化学特征与成因.石油实验地质,2014,36(6):731-735.

[50] 饶丹,秦建中,腾格尔,等.川西北广元地区海相层系油苗和沥青来源分析.石油实验地质,2008,30(6):596-599.

[51] 刘春,张惠良,沈安江,等.川西北地区泥盆系油砂岩地球化学特征及成因.石油学报,2010,31(2):253-258.

[52] 周文,邓虎成,丘东洲,等.川西北天井山构造泥盆系古油藏的发现及意义.成都理工大学学报(自然科学版),2007,34(4):413-417.

[53] 邓虎成,周文,丘东洲,等.川西北天井山构造泥盆系油砂成矿条件与资源评价.吉林大学学报(地球科学版),2008,38(1):69-75.

[54] 腾格尔,秦建中,付小东,等.川西北地区海相油气成藏物质基础:优质烃源岩.石油实验地质,2008,30(5):478-483.

[55] 沈平,徐永昌,王先彬,等.气源岩和天然气地球化学特征及成气机理研究.兰州:甘肃科学技术出版社,1991:120-121.

[56] 上官志冠,张培仁.滇西北地区活动断层.北京:地质出版社,1990:162-164.

[57] Moore J G,Batchelder J N,Cunningham C G. CO_2-filled vesicles in mid-ocean basalt. Journal of Volcanology & Geothermal Research,1977,2(4):309-327.

[58] Gold T,Soter S. Abiogenic methane and the origin of petroleum. Energy Exploration & Exploitation,1981,1(2):89-103.

[59] 戴金星,宋岩,戴春森,等.中国东部无机成因气及其气藏形成条件.北京:科学出版社,1995:17-20.

[60] 戴金星.中国含硫化氢的天然气分布特征、分类及其成因探讨.沉积学报,1985,3(4):109-120.

[61] Machel H G,Foght J. Products and Depth Limits of Microbial Activity in Petroliferous Subsurface Setting.

Berlin:Springer,2000:105-120.

[62] Machel H G. Bacterial and thermochemical sulfate reduction in diagenetic settings:old and new insights. Sedimentary Geology,2001,140(1-2):143-175.

[63] Orr W L. Geologic and geochemical controls on the distribution of hydrogen sulfide in natural gas. Advances in Organic Geochemistry,1977:571-597.

[64] Worden R H,Smalley P C. H₂S- producing reactions in deep carbonate gas reservoirs:Khuff Formation,Abu Dhabi. Chemical Geology,1996,133(1-2-3-4):157-171.

[65] Machel H G. Gas souring by thermochemical sulfate reduction at 140℃:discussion. AAPG Bulletin,1998, 82(10):1870-1873.

[66] 蔡春芳. 有机硫同位素组成应用于油气来源和演化研究进展. 天然气地球科学,2018,29(2):159-167.

[67] 蔡春芳,赵龙. 热化学硫酸盐还原作用及其对油气与储集层的改造作用:进展与问题. 矿物岩石地球化学通报,2016,35(5):851-859.

[68] 郭旭升,郭彤楼,黄仁春,等. 四川盆地元坝大气田的发现与勘探. 海相油气地质,2014,19(4):57-64.

[69] 李志生,李谨,王东良,等. 四川盆地含硫化氢气田天然气地球化学特征. 石油学报,2013,34(Supp 1): 84-91.

[70] 朱光有,张水昌,马永生,等. TSR(H₂S)对石油天然气工业的积极性研究:H₂S 的形成过程促进储层次生孔隙的发育. 地学前缘,2006,13(3):141-149.

[71] 朱光有,张水昌,梁英波,等. 川东北飞仙关组高含 H₂S 气藏特征与 TSR 对烃类的消耗作用. 沉积学报,2006,24(2):300-308.

[72] Orr W L. Changes in sulfur content and isotopic ratios of sulfur during petroleum maturation:study of Big Horn Basin Paleozoic oils. AAPG Bulletin,1974,58(11):2295-2318.

[73] Aksenov A A, Anisimot L A. Forecast of the sulphide distribution in subsalt sediments within the Caspian depression. Soviet Geology,1982,10:46-52.

[74] 侯路,胡军,汤军. 中国碳酸盐岩大气田硫化氢分布特征及成因. 石油学报,2005,26(3):26-32.

吐哈盆地台北凹陷天然气碳氢同位素组成特征[*]

倪云燕，廖凤蓉，龚德瑜，焦立新，高金亮，姚立邈

0 引言

自 1979 年《成煤作用中形成的天然气和石油》[1]一文发表以来，在煤成气理论的指导下，中国天然气地质储量近 40 年来有了一个快速的增长。1978 年煤成气理论之前，中国天然气总储量 $2284×10^8 m^3$（其中煤成气 $203×10^8 m^3$），年产气 $137×10^8 m^3$（其中煤成气 $3.43×10^8 m^3$），至 2016 年全国天然气总储量 $118951.20×10^8 m^3$（其中煤成气 $82889.32×10^8 m^3$），年产气 $1384×10^8 m^3$（其中煤成气 $742.91×10^8 m^3$），共发现煤成大气田 39 个，占全国大气田总数（59 个）的 66%，全国储量最大、年产气量最高的苏里格气田就是煤成气田[2]。随着经济的发展和社会的进步，世界对油气资源的需求不断增加，而随着常规油气已被大量发现，其勘探变得越来越困难，勘探的目标不断向其他高难领域扩展，如非常规、深层、低熟、高–过成熟以及无机成因等。由于天然气主要由少数简单的低分子量烃类组成，其成因分析主要依靠碳氢同位素组成特征和组分含量[2]。前人针对天然气成因判识和气源对比，利用天然气碳氢同位素组成进行了一系列卓有成效的研究，这为叠合盆地复杂天然气成因的判识提供了重要的研究手段[3-10]。

吐哈盆地为中国重要的侏罗系富油气盆地，长期以来被认为是煤成油的典型盆地[11-14]，其煤成气勘探始于 20 世纪 90 年代初。目前该盆地 85% 以上的天然气勘探工作主要集中在台北凹陷，因此，台北凹陷天然气地球化学特征及成因来源研究对于吐哈盆地天然气勘探意义重大。但对于台北凹陷天然气的成因与来源，一直存在诸多争议，目前主要观点如下：台北凹陷天然气为来自下—中侏罗统的低熟煤成气，以西山窑组为主[15-16]、八道湾组为辅或者以八道湾组为主、西山窑组为辅[17]；吐哈盆地天然气大多数属于接近油型气的混合气，来自煤系泥岩而非煤层[13]；台北凹陷天然气主要为煤成气，但巴喀和鄯善油田个别井属于生物改造气或混合气[18]；丘东次凹致密砂岩气为来自于煤系泥岩的煤成气和混合气，柯柯亚地区煤成气来自于煤系泥岩，而混合气主要来源于西山窑组煤系源岩[19]。对于台北凹陷天然气的成因与来源，目前还没有定论。Ni 等[3]根据天然气地球化学特征，结合天然气氢同位素组成研究，认为丘东和红台气田天然气为来自下—中侏罗统煤系源岩的煤成气，但没有对台北凹陷其他地区的天然气成因进行详细研究。本文将根据天然气组分、稳定碳同位素组成、稳定氢同位素组成，对台北凹陷巴喀、鄯善、丘陵和温米等油气田天然气成因进行深入分析，探讨其成因和来源。

---

* 原载于《石油勘探与开发》，2019 年，第 46 卷，第 3 期，509 ~ 520。

1 区域地质背景

吐哈盆地位于新疆东部，呈东西向展布，是新疆地区三大沉积盆地之一。盆地东西长660km，南北宽60km，面积约$5.35\times10^4km^2$。盆地内部构造单元分为东部哈密坳陷、中部了墩隆起、西部吐鲁番坳陷三大部分。其中吐鲁番坳陷是盆地的主体坳陷，台北凹陷是吐鲁番坳陷的次一级构造单元，面积为$9600m^2$，是主要的侏罗系煤系含油气区（图1）。盆地中发育石炭系—第四系 [图1（b）]，最大累计厚度逾9000m。其中石炭系—二叠系为海相沉积岩–火山岩组合，三叠系为半深湖–浅湖相沉积，下—中侏罗统为半深湖—河流沼泽相含煤沉积，白垩系和第三系为浅湖–河流相沉积[13]。侏罗系在盆地中分布最广泛，厚度可达4600m，而台北凹陷则是其中侏罗系发育最为齐全的（图2）。吐哈盆地烃源岩主要包括：石炭系—下二叠统海相泥岩，上二叠统和上三叠统黄山街组半深湖–浅湖相泥岩，下—中侏罗统八道湾组和西山窑组半深湖–河流沼泽相含煤沉积，以及中侏罗统七克台组黑色泥岩[11,14,20]。其中，下—中侏罗统的八道湾组和西山窑组是盆地中最主要的烃源岩层，煤化程度较低，西山窑组顶面R_o值为0.4%~0.9%，多数是成熟源岩，部分为低熟源岩，其下伏早侏罗世地层成熟度更高，下侏罗统八道湾组是成熟–高成熟源岩[13]。西山窑组暗色泥岩厚达600m，主体厚度为200~400m，暗色泥岩TOC值为0.5%~3.6%，煤层厚度为40~60m，最大厚度可达100m；八道湾组暗色泥岩厚度为50~300m，暗色泥岩TOC值为0.5%~3.0%，煤层厚度为40~60m[11,13]。盆地中三工河组暗色泥岩厚度为50~100m，三间房组和七克台组暗色泥岩厚度分别为50~200m和100~200m[13]。盆地中煤层厚度平均为70~80m，西山窑组相比八道湾组含煤更多，三工河组、三间房组和七克台组含煤较少或几乎不含煤[13]。

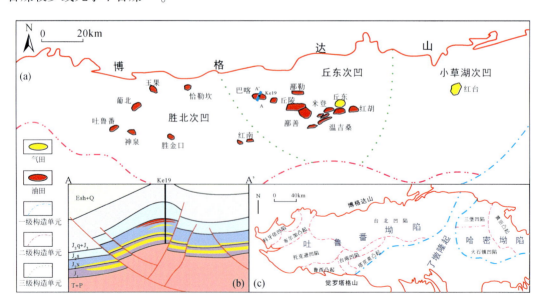

图1 吐哈盆地台北凹陷油气田分布图

2 样品和测试方法

在吐哈盆地台北凹陷巴喀、鄯善、丘陵和温米等油气田共采集天然气样品 23 个，另外对比分析了红台气田的 12 个气样和丘东气田的 11 个气样[3]。天然气样品的采集采用双阀门高压钢瓶，天然气组分和碳氢同位素组成测试均在中国石油勘探开发研究院完成。天然气组分分析采用 Agilent 7890 型气相色谱仪，碳同位素组成分析则采用气相色谱-同位素质谱联用仪（GC-IRMS），该装置由一台 Thermo Delta V 质谱仪和一台 Thermo Trace GC Ultra 色谱仪连接组成。天然气氢同位素组成分析是在 GC/TC/IRMS 上进行的，该装置由一台 MAT 253 质谱仪与一台装有 1450℃ 显微热解炉的 Trace GC Ultra 色谱仪相连接。每个样品至少重复两次，碳同位素组成分析精度为 ±0.3‰，标准为 VPDB，氢同位素组成分析精度为 ±3‰，标准为 VSMOW[21]。

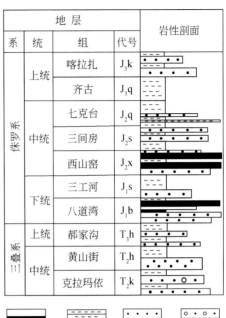

地 层				岩性剖面
系	统	组	代号	
侏罗系	上统	喀拉扎	J_3k	
		齐古	J_3q	
	中统	七克台	J_2q	
		三间房	J_2s	
		西山窑	J_2x	
	下统	三工河	J_1s	
		八道湾	J_1b	
三叠系	上统	郝家沟	T_3h	
	中统	黄山街	T_2h	
		克拉玛依	T_2k	

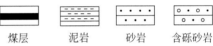

煤层　　泥岩　　砂岩　　含砾砂岩

图 2　吐哈盆地台北凹陷侏罗系、中—上三叠统地层柱状图

3 天然气地球化学特征

通过对台北凹陷巴喀、鄯善、温米和丘陵等油气田天然气样品的测试分析（表 1），并结合前期对丘东和红台气田天然气的研究（表 2），进一步分析该区天然气的地球化学特征。

3.1 组分特征

台北凹陷巴喀、丘陵、鄯善和温米等地区天然气以烃类气体为主，甲烷含量为 65.84%~97.94%，平均为 81.29%，重烃气（C_{2-5}）含量为 1.55%~34.98%，平均为 18.70%（表 1）。天然气干燥系数（C_1/C_{1-5}）为 0.66~0.98，平均值为 0.81，略低于丘东（干燥系数：均值 0.83）和红台（干燥系数：均值 0.85）的天然气，全部为湿气。非烃气体（CO_2、N_2）含量非常低，只在个别井含微量 N_2（小于 0.04%），未检测到 CO_2。

3.2 碳同位素组成特征

台北凹陷巴喀、丘陵、鄯善和温米等地区天然气 $\delta^{13}C_1$ 值变化范围为 $-44.9‰ \sim -40.4‰$，平均值为 $-41.6‰$；$\delta^{13}C_2$ 值为 $-28.2‰ \sim -24.9‰$，平均值为 $-26.9‰$；$\delta^{13}C_3$ 值为 $-27.1‰ \sim -18.0‰$，平均值为 $-25.2‰$；$\delta^{13}C_4$ 值为 $-26.7‰ \sim -22.1‰$，平均值为 $-24.9‰$；$\delta^{13}C_5$ 值为 $-25.9‰ \sim -22.5‰$，平均值为 $-24.4‰$（表 1）。除了巴喀油田巴 23 井和柯 19 井，天然气甲烷及其同系物（C_2-C_5）基本上表现为碳同位素组成正序排列（$\delta^{13}C_1 < \delta^{13}C_2 < \delta^{13}C_3 < \delta^{13}C_4 < \delta^{13}C_5$），这与典型的有机成因烷烃气碳同位素组成特征一致[25]。

表1 吐哈盆地台北凹陷巴喀、鄯善、丘陵和温米等油田天然气组分、碳氢同位素组成地球化学特征表

地区	井名	地层	井深/m	组分/%						$\delta^{13}C$/‰					δD/‰			干燥系数	R_o/%			
				CH_4	C_2H_6	C_3H_8	C_4H_{10}	C_5H_{12}	N_2	CH_4	C_2H_6	C_3H_8	C_4H_{10}	C_5H_{12}	CH_4	C_2H_6	C_3H_8	C_1/C_{1-5}	①	②	③	④
巴喀	柯19-2C	J₁b	3397.0~3429.0	75.97	12.33	6.20	3.94	1.54	0.02	−41.7	−27.3	−25.4	−24.3		−254	−218	−207	0.76	0.68	0.64	0.30	0.70
	柯21-5	J₁b	3484.2~3528.0	85.72	8.86	3.32	1.60	0.49	0	−40.8	−27.0	−25.1	−24.9	−24.0	−253	−215	−203	0.86	0.72	0.68	0.35	0.73
	柯21-2	J₁b	3436.0~3525.0	86.79	8.35	2.96	1.45	0.45	0	−40.4	−27.0	−25.5	−24.5	−24.3	−252	−218	−208	0.87	0.74	0.70	0.38	0.74
	柯19-8	J₁b	3397.0~3620.0	84.47	9.52	3.64	1.79	0.57	0.01	−41.2	−26.7	−24.7	−24.1	−22.5	−254	−214	−201	0.84	0.70	0.66	0.33	0.71
	柯21C	J₁b	3465.0~3636.0	97.94	0.80	0.51	0.51	0.21	0.02	−40.8	−27.1	−25.1	−23.4		−254	−219	−200	0.98	0.72	0.68	0.35	0.73
	柯19	J₂x	2374.6~3195.0	92.83	6.41	0.41	0.31	0.04	0	−42.3	−24.9	−23.8	−24.5	−24.1	−252	−200	−199	0.93	0.66	0.62	0.28	0.68
	巴23	J₂s-J₂x	1174.0~1951.2	89.07	8.38	1.29	1.07	0.18	0.01	−44.9	−25.4	−18.0	−22.1	−23.1	−256	−200	−174	0.89	0.57	0.54	0.18	0.60
丘陵	陵5-5	J₂s	2279.7~2367.0	81.49	9.76	5.39	2.66	0.70	0	−42.3	−27.8	−26.5	−25.9	−24.9	−263	−235	−216	0.81	0.66	0.63	0.28	0.68
	陵6-301	J₂s	2514.1~2601.0	78.67	12.70	5.96	2.24	0.42	0.01	−42.2	−27.7	−26.6	−25.9	−24.9	−267	−235	−216	0.79	0.66	0.63	0.28	0.68
	陵4-31	J₂q	2043.4~2050.0	83.47	8.94	4.83	2.33	0.42	0.01	−42.4	−27.9	−26.1	−25.9	−24.7	−265	−232	−216	0.83	0.66	0.62	0.27	0.68
鄯善	鄯南3-15	J₂s	2930.4~2950.0	75.30	11.83	7.82	4.16	0.88	0	−42.4	−27.5	−25.6	−25.5	−24.6	−260	−233	−218	0.75	0.66	0.62	0.27	0.68
	鄯南1C	J₂s	3254.2~3268.0	87.31	4.62	4.38	3.00	0.66	0.03	−41.3	−27.7	−25.9	−25.8	−25.5	−252	−224	−214	0.87	0.70	0.66	0.32	0.71
	鄯13-61C	J₂x	3393.4~3414.0	75.55	9.23	7.17	6.00	2.03	0	−43.2	−28.2	−27.1	−26.7	−25.9	−267	−236	−220	0.76	0.62	0.59	0.24	0.65
温米	温8-507	J₂s	2342.0~2359.0	82.75	9.32	4.62	2.60	0.70	0.01	−40.4	−26.4	−25.4	−25.4	−24.8	−267	−231	−215	0.83	0.74	0.70	0.38	0.74
	温气12	J₂s	2770.0~2802.2	84.87	8.93	3.82	1.87	0.51	0	−41.3	−26.8	−26.0	−25.6	−25.0	−271	−235	−222	0.85	0.70	0.66	0.32	0.71
	温5-508	J₂s	2493.0~2500.0	65.84	16.84	10.11	5.59	1.61	0.01	−40.9	−26.6	−25.7	−25.8	−24.9	−272	−235	−218	0.66	0.72	0.68	0.35	0.73
	温8-48	J₂s	2400.0~2410.0	80.56	11.01	5.17	2.58	0.68	0.01	−41.2	−26.9	−25.4	−25.3	−25.1	−269	−232	−217	0.81	0.70	0.66	0.33	0.71
	温5-45	J₂s	2467.0~2491.0	80.44	9.83	5.46	3.25	1.01	0.01	−41.8	−27.0	−25.1	−24.5	−24.3	−266	−228	−213	0.80	0.68	0.64	0.30	0.69
	温5-216	J₂s	2484.0~2492.0	70.21	15.84	8.92	4.14	0.89	0	−41.0	−26.8	−25.1	−24.4	−24.0	−268	−229	−215	0.70	0.71	0.67	0.34	0.72
	温5-317	J₂s	2460.0~2469.0	78.57	11.95	5.95	2.86	0.66	0.01	−40.8	−27.0	−25.2	−24.7	−23.9	−265	−229	−215	0.79	0.72	0.68	0.35	0.73
	温气17	J₂q-J₂x	2287.0~2778.0	82.02	9.07	5.06	2.96	0.88	0	−41.6	−26.9	−25.3	−24.8	−24.3	−265	−225	−209	0.82	0.69	0.65	0.31	0.70
	温5-408	J₂s	2481.0~2519.0	69.11	14.68	9.41	5.43	1.36	0	−41.5	−26.9	−25.3	−24.9	−24.0	−267	−231	−216	0.69	0.69	0.65	0.31	0.70
	温5-57	J₂s	2332.6~2398.6	80.75	9.22	5.43	3.56	1.04	0	−41.0	−26.5	−25.1	−24.8	−24.1	−263	−228	−213	0.81	0.71	0.67	0.34	0.72

注：①王昌桂等[11]，$\delta^{13}C_{CH_4}=39.2\lg R_o-35.2$；②沈平等[22]，$\delta^{13}C_{CH_4}=40.5\lg R_o-34$；③戴金星和戚厚发[23]，$\delta^{13}C_{CH_4}=14.12\lg R_o-34.39$；④刘文汇和徐永昌[24]，$\delta^{13}C_{CH_4}=48.77\lg R_o,-34.39$。

表2 吐哈盆地台北凹陷红台和丘东气田天然气组分、碳氢同位素组成地球化学特征表

地区	井名	组分/%						$\delta^{13}C$/‰					δD/‰		
		CH_4	C_2H_6	C_3H_8	C_4H_{10}	C_5H_{12}	N_2	CH_4	C_2H_6	C_3H_8	C_4H_{10}	C_5H_{12}	CH_4	C_2H_6	C_3H_8
红台	红台6	85.29	8.28	3.93	1.88	0.62	0	−38.7	−26.4	−25.3	−24.9	−24.4	−255	−225	−209
	红台6-1	86.49	8.49	3.39	1.35	0.25	0.03	−38.5	−26.4	−25.4	−24.5		−257	−226	−214
	红台202	86.09	7.71	3.74	1.89	0.48	0.08	−38.5	−26.0	−24.8	−24.3	−24.0	−250	−218	−206
	红台206	81.61	9.62	5.32	2.78	0.67	0.01	−38.3	−26.0	−24.7	−24.4	−23.5	−253	−222	−203
	红台2-37	92.57	5.20	1.50	0.61	0.12	0	−38.0	−26.3	−25.4	−25.4	−24.2	−253	−221	−209
	红台2-40	83.98	8.19	4.56	2.52	0.72	0.03	−38.4	−26.1	−24.7	−24.8	−23.7	−252	−219	−206
	红台2-47	86.08	8.20	3.67	1.66	0.37	0.01	−37.7	−26.1	−25.7	−25.7	−24.7	−253	−220	−206
	红台2-50C	83.21	8.45	4.81	2.73	0.80		−37.9	−25.6	−25.4	−24.1	−23.6	−252	−222	−208
	红台2-51	84.79	8.06	4.22	2.29	0.64	0.01	−38.9	−26.2	−25.3	−25.1	−24.3	−257	−221	−208
	红台2-57	85.65	7.95	3.98	1.95	0.45	0.02	−38.3	−26.2	−25.4	−25.1	−24.3	−253	−221	−206
	红台2-61	81.97	8.79	5.30	3.08	0.85		−39.0	−26.4	−25.1	−24.9	−23.9	−253	−221	−208
	红台2-63	85.80	7.79	4.05	1.91	0.39	0.05	−38.4	−25.9	−24.4	−24.0		−253	−221	−205
丘东	东深2	83.30	9.52	4.41	2.21	0.55	0	−41.4	−27.2	−26.1	−25.0	−24.7	−268	−235	−217
	丘东48	83.61	9.04	4.45	2.33	0.58	0	−39.8	−26.7	−25.5	−24.8	−23.7	−268	−233	−210
	温11	75.57	9.69	6.79	5.48	2.41	0.05	−40.8	−27.3	−26.1	−25.2	−24.5	−268	−230	−218
	丘东7	86.04	8.46	3.50	1.62	0.37	0.01	−40.8	−26.6	−26.3	−25.4	−24.0	−270	−236	−218
	丘东26	84.40	8.71	4.15	2.18	0.57	0	−42.2	−27.2	−26.3	−25.7	−24.9	−269	−238	−218
	丘东29	81.24	9.45	5.35	3.13	0.83	0	−41.9	−26.8	−26.2	−25.6	−24.8	−269	−234	−216
	丘东33	86.70	7.52	3.56	1.83	0.39	0	−42.3	−27.0	−25.8	−25.2	−24.4	−279	−245	−221
	丘东37	83.72	8.54	4.48	2.51	0.74	0.02	−42.6	−27.0	−26.0	−25.5	−25.1	−270	−236	−216
	丘东47	84.61	8.38	4.15	2.28	0.57	0	−41.5	−27.5	−26.3	−25.4		−267	−238	−224
	丘东55	79.42	9.60	5.54	3.87	1.56	0.01	−40.4	−27.1	−26.3	−25.5	−24.6	−269	−231	−216
	丘东58	79.33	10.91	5.74	3.16	0.86	0	−39.8	−25.8	−25.7	−24.7	−24.0	−267	−235	−223

注：数据引自 Ni 等[3]。

该区天然气甲烷碳同位素组成总体上与丘东气田（$\delta^{13}C_1$均值为−41.2‰）的比较相近，而比红台（$\delta^{13}C_1$均值为−38.4‰）的轻。总体上，巴喀、丘陵、鄯善和温米等4个油气田甲烷碳同位素组成相近，均轻于−40‰，说明天然气成熟度较低，与丘东气田的相近，比红台气田的要低[3]。巴喀油田巴23井和柯19井天然气丙烷和（或）丁烷碳同位素组成相对变重，使整个碳同位素组成序列出现部分倒转现象（图3），表明后期发生次生改造作用。巴喀、丘陵、鄯善和温米等4个油气田乙烷碳同位素组成也都相近，巴喀油田乙烷$\delta^{13}C$均值为−26.5‰，丘陵油田乙烷$\delta^{13}C$均值为−27.8‰，鄯善油田乙烷$\delta^{13}C$均值也为−27.8‰，温米油田乙烷$\delta^{13}C$均值为−26.8‰。温米油田乙烷$\delta^{13}C$值总体上较重，变化范围很小，为−27.0‰～−26.4‰，巴喀油田除了巴23井和柯19井乙烷$\delta^{13}C$值较重外（巴23井$\delta^{13}C_2$：−25.4‰，柯19井$\delta^{13}C_2$：−24.9‰），其余井乙烷$\delta^{13}C$值变化范围很小，为−27.3‰～−26.7‰。巴23井和柯19井的丙烷$\delta^{13}C$值也相对较重，巴23井丙烷$\delta^{13}C$值为−18.0‰，

柯 19 井丙烷 $\delta^{13}C$ 值为 $-23.8‰$，均高于其他井。

3.3　氢同位素组成特征

台北凹陷巴喀、丘陵、鄯善和温米等地区天然气 δD_1 值变化不大，为 $-272‰ \sim -252‰$，平均值为 $-262‰$；乙烷氢同位素组成值变化范围稍大，为 $-236‰ \sim -200‰$，平均值为 $-225‰$；而丙烷氢同位素组成值变化范围则更大，为 $-222‰ \sim -174‰$，平均值为 $-211‰$（表 1）。该区天然气甲烷及其同系物（C_2、C_3）表现为正序排列（$\delta D_1 < \delta D_2 < \delta D_3$）（图 3）。

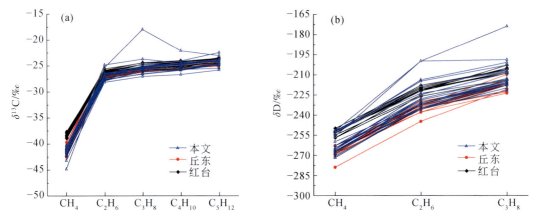

图 3　吐哈盆地台北凹陷天然气甲烷及其同系碳氢同位素组成分布特征图
丘东和红台数据据文献[3]

4　天然气成因和来源

台北凹陷巴喀、丘陵、鄯善和温米等地区天然气甲烷及其同系物（C_2-C_5）整体上表现为正序碳氢同位素组成系列（$\delta^{13}C_1 < \delta^{13}C_2 < \delta^{13}C_3 < \delta^{13}C_4 < \delta^{13}C_5$，$\delta D_1 < \delta D_2 < \delta D_3$）（图 3），即烷烃气的碳同位素组成随着碳数的增加而更加富集 ^{13}C，这与典型有机成因烷烃气一致[2]。这是同位素组成动力学分馏效应的结果，即当一个烷基从其母源有机质分离的时候，$^{12}C—^{12}C$ 键比 $^{12}C—^{13}C$ 键弱，所以优先断裂，使得热解产物相对于其高分子母质更加贫 ^{13}C[26]。根据 Whiticar 图版[27]（图 4）和 Bernard 图版[28]（图 5），研究区天然气样品都落在热成因气区，数据相对比较集中，没有出现与生物气之间的混合现象。与丘东和红台的样品数据相近，有的几乎是重叠。在 Whiticar 图版中，样品主要落在低成熟的热成因气区，而在 Bernard 图版中，则主要偏向于 III 型干酪根母质类型。

根据原始有机质类型不同，可以将热成因气划分为煤成气（主要来自于陆相腐殖型有机质）和油型气（主要来自于海相或湖相腐泥型及腐泥-腐殖型有机质）两种类型。煤成气气源岩干酪根类型为 III 和 II$_2$ 型，其主要是由相对富集 ^{13}C 的芳香结构及短支链结构组成；油型气则是由烃源岩中 I 和 II$_1$ 型干酪根形成，主要由相对富集 ^{12}C 的长链脂肪族结构组成[29]。烃源岩在相同或相近成熟度进行成气作用，腐殖型和腐泥型干酪根在生气过程中，其碳同位素组成均会发生继承作用，致使煤成气甲烷及其同系物比油型气甲烷及其同

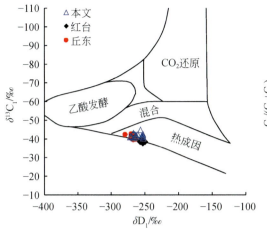

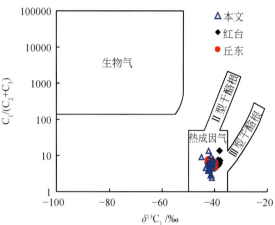

图4　吐哈盆地台北凹陷天然气甲烷碳氢
同位素组成分布特征图

底图据 Whiticar[27]，红台和丘东数据来自 Ni 等[3]

图5　吐哈盆地台北凹陷天然气 $\delta^{13}C_1 - C_1/(C_2+C_3)$
相关图

底图据 Bernard 等［28］，红台和丘东数据来自 Ni 等[3]

系物的 $\delta^{13}C$ 值重[30]。乙烷碳同位素组成具有较强的原始母质继承性，尽管也受源岩热演化程度的影响，但受影响程度远小于甲烷碳同位素组成；因此，乙烷碳同位素组成经常被用来作为区别煤成气和油型气的有效指标[30]。目前，国内学者主要采用−28‰[31-32]或者−29‰[30,33-34]作为分界值。根据前人的研究成果，Ni 等[3]采用−28‰作为煤成气和油型气的界限，指出丘东和红台两气田天然气乙烷碳同位素组成都不低于−27.5‰，属于煤成气。本区天然气乙烷碳同位素组成为−28.2‰ ~ −24.9‰，均值为−26.9‰。除了鄯 13-61C 井，其乙烷碳同位素组成为−28.2‰，其他井乙烷碳同位素组成都重于−28‰（图6）。采用−28‰作为煤成气和油型气的界限，根据乙烷碳同位素组成比值，分析认为台北凹陷鄯善、巴喀、丘陵和温米等4个油气田的天然气主要为煤成气。

乙烷碳同位素组成除了主要受母质类型影响外，还会受到烃源岩热演化程度的影响。一般来说，甲烷和乙烷的碳同位素组成随着烃源岩热演化程度的增加而增加[7,29,35]，如图6所示，成熟度越高的气样则越落在图版右上方，而成熟度越低的气样则越落在图版的左下方。对于没有经历过次生改造的原生气，如果落在同一个成熟度趋势线上，则可能代表其处于不同成熟度阶段，而如果落在不同成熟度趋势线上，则更可能反映其不同源或者后期发生过次生改造。图6显示了前人有关来自Ⅲ型干酪根煤成气的不同类型 $\delta^{13}C_1 - \delta^{13}C_2$ 关系[23,36-38]。台北凹陷鄯善、巴喀、丘陵和温米的气样与 Sacramento 盆地来自Ⅲ型干酪根的气样相似[36]，落在同一个成熟度趋势线上，这说明研究区气样属于来自Ⅲ型干酪根的煤成气。与红台的气样相比，研究区部分井气样在图6的落点更偏向右下方，即处在成熟度趋势线的下端位置，与丘东的气样相似，说明这些井气样所代表的烃源岩成熟度更低，这与其组分中含有更多的重烃气即干燥系数更低一些完全对应。因此，台北凹陷鄯善、巴喀、丘陵和温米等4个油气田天然气为成熟度较低的煤成气。下—中侏罗统煤系源岩在小草湖凹陷的热演化程度相对于丘东凹陷的要高，这与前人的研究完全一致[3,11]。总体上来说，台北凹陷鄯善、巴喀、丘陵和温米油田天然气成熟度较低，甲烷和乙烷的碳同位素也相应较低，与四川盆地须家河组天然气相比[8]，在 $\delta^{13}C_1$-$\delta^{13}C_2$ 图版中明显落在左下方（图6）。

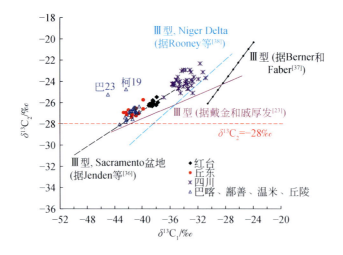

图6　吐哈盆地台北凹陷天然气 $\delta^{13}C_1$-$\delta^{13}C_2$ 相关特征图

数据来自戴金星和戚厚发[23]，Berner 和 Faber[37]，Dai 等[8]，Jenden 等[36]，Ni 等[3]以及 Rooney 等[38]

利用 Dai 等[39]的 $\delta^{13}C_1$-$\delta^{13}C_2$-$\delta^{13}C_3$ 图版（图7），研究区气样也都主要落在煤成气区，这与红台和丘东的气样相似。巴23井和柯19井气样在图6中明显偏离了 $\delta^{13}C_1$-$\delta^{13}C_2$ 成熟度曲线，巴23井在图7中也落在煤成气区域外。这两口井的丙烷和丁烷之间的碳同位素都发生了倒转（$\delta^{13}C_3 > \delta^{13}C_4$）。许多因素可能都会导致烷烃气碳同位素组成系列倒转，比如混合、生物降解等[25]。巴23井和柯19井则符合生物降解成因，主要有以下4点原因：①巴23井（1174~1180m、1854.6~1876.2m、1901.8~1916.0m 和 1930.0~1951.2m）储集层深度较浅，在2000m以浅，地层温度一般低于80℃，生物活性强，容易发生生物降解作用。②除了柯21C井为干气外，研究区其余22口井气样中，巴23井和柯19井 C_{2-5} 重烃含量是最低的，其中巴23井 C_{2-5} 含量为10.92%，柯19井 C_{2-5} 含量为7.16%；研究区剩余20口井气样 C_{2-5} 含量则为12.67%~34.15%，平均为20.50%，明显高于巴23井和柯19井。巴23井和柯19井的 C_{3-5} 重烃含量则更低，其中巴23井 C_{3-5} 含量为2.54%，柯19井 C_{3-5} 含量为0.75%；研究区剩余20口井气样（除了柯21C井为干气）C_{3-5} 含量则为4.87%~17.31%，平均为9.86%，明显高于巴23井和柯19井。③巴喀油田7口井中，巴23井和柯19井的乙烷和丙烷 $\delta^{13}C$ 值明显偏重。巴23井乙烷和丙烷 $\delta^{13}C$ 值分别为-25.4‰和-18.0‰，柯19井乙烷和丙烷的 $\delta^{13}C$ 值分别为-24.9‰和-23.8‰，而巴喀油田其余5口井乙烷和丙烷的均值分别为-27.0‰和-25.2‰。④巴喀油田7口井中，巴23井和柯19井的甲烷碳同位素明显偏轻。巴23井和柯19井的甲烷 $\delta^{13}C$ 值分别为-44.9‰和-42.3‰，而其余5口井甲烷 $\delta^{13}C$ 均值为-41.0‰。因此，认为巴23井和柯19井发生重烃生物降解，导致重烃组分降低、碳同位素组成变重。这是因为细菌会优先氧化 ^{12}C—^{12}C 键，使得剩余组分富集 ^{13}C，从而使其 $\delta^{13}C$ 变重。菌种不同，被氧化降解的组分也不同，比如存在丙烷氧化菌，天然气中丙烷就优先被降解消耗，致使剩余丙烷的 $\delta^{13}C$ 值变重，组分变轻[29]；同时，生物降解过程中还可以产生以甲烷为主的、碳同位素组成偏轻的次生生物气。因此，推断巴 23 井和柯 19 井发生重烃生物降解作用，导致其重烃含量降低，重烃碳同位素偏重，丙烷和丁烷之间发生碳同位素倒转，甲烷碳同位素偏轻。巴喀油田离盆地北缘主要供水区最近，且断裂发育。储集层埋藏较浅，地下水活动和地表水渗入都会破坏油气藏，对烃类进行改造[18]。巴 23 井气藏埋藏最浅，为1174 ~ 1951m，最容易遭受地下水活动和地表水渗入导致的生物降解。根据台北凹陷地表温度为 20℃，地温梯度为 2.3℃/100m，则巴 23 井对应的储集层温度为 47 ~ 65℃[40]。考虑到地质历史过程中可能存在地层抬升，该储集层温度完全适宜细菌活动，不构成限制因素。另外，天然气中丙烷、丁烷和戊烷碳同位素组成倒转最明显，甲烷碳同位素组成也比其他探井天然气偏轻（表1，图3），充分表明该天然气确实遭受了生物降解。这一认识与前人研究结果一致[40,41]。

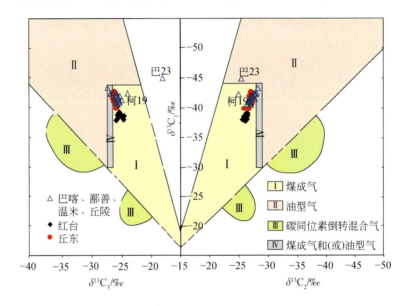

图 7　吐哈盆地台北凹陷天然气 $\delta^{13}C_1$-$\delta^{13}C_2$-$\delta^{13}C_3$ 分布特征图

底图据 Dai 等[37]，红台和丘东数据来自 Ni 等[3]

甲烷碳同位素组成随烃源岩成熟度增加而变重，$\delta^{13}C_1$ 与 R_o 之间存在对数线性相关性，但这种 $\delta^{13}C_1$-R_o 成熟度模型有一定的适用范围，如成熟度范围、地域范围、母质类型等[11,23,42]。吐哈盆地台北凹陷天然气尽管属于煤成气，但是成熟度较低，因此本文采用戴金星和戚厚发[23]、沈平等[22]、王昌桂等[11]、刘文汇和徐永昌[24]的 $\delta^{13}C_1$-R_o 成熟度计算公式对研究区天然气进行 R_o 的计算，其计算结果 R_o 平均值分别为 0.31%、0.65%、0.69%、0.70%（表1）。戴金星和戚厚发[23]和沈平等[22]的 $\delta^{13}C_1$-R_o 关系式反映了长期连续演化的煤成气特征，前者体现的主要为高演化阶段，而后者则更反映了低演化阶段煤成甲烷碳同位素组成分馏特征[24,43]。在高演化阶段，煤成甲烷碳同位素组成比油型甲烷的重；但有研究指出，低演化阶段煤成甲烷的碳同位素组成并不一定比油型甲烷的重[22]，说明不同演化阶段的煤系成气机制可能不同[24]。因此，刘文汇和徐永昌[24]提出了煤系甲烷的二阶段碳同位素组成分馏模式，即煤系成气过程中，早期主要为脂肪侧链降解为主，其形成的煤成气 $\delta^{13}C$ 也较轻，后期主要为芳香核缩聚作用，形成的煤成气 $\delta^{13}C$ 则较重。王昌桂等[11]的计算公式则是基于吐哈盆地天然气而推导的。不同的关系式具有不同的适用范围，王昌桂等[11]、刘文汇和徐永昌[24]的$\delta^{13}C_1-R_o$关系式得出的R_o均值相似，分别为0.69%和0.70%。王昌桂等[11]的$\delta^{13}C_1-R_o$关系式主要是基于吐哈盆地天然气归纳总结的，理论上该关系式计算的R_o值应该最接近于实际值。但$\delta^{13}C_1-R_o$关系式准确度在很大程度上依赖于所统计的样品，王昌桂等[11]当时统计的气井深度主要都在3000m以浅，埋深超过3000m的气井较少，这在一定程度上可能会导致其$\delta^{13}C_1-R_o$关系式所计算的R_o值低于实际值。在吐哈盆地4套烃源岩中，下—中侏罗统西山窑组和八道湾组为半深湖–河流沼泽相含煤沉积，被认为是台北凹陷内煤成气的主要气源岩[3,11,13]。研究区西山窑组顶部的现今R_o值为0.4%~0.9%，八道湾组顶部的现今R_o值为0.6%~1.0%，已经进入生烃门限，具备大量生烃的条件[11,13]。西山窑组暗色泥岩全盆地都有分布，厚度一般为200~400m，煤层厚度一般为40~60m，八道湾组暗色泥岩厚度一般为50~200m，煤层厚度一般为40~60m[11,13]。西山窑组暗色泥岩TOC值平均为1.51%，热解生烃潜量（S_1+S_2）值平均为1.84mg/g，八道湾组暗色泥岩TOC值平均为2.08%，（S_1+S_2）值平均为3.79mg/g；从全盆地来看，煤显微组分中镜质组含量60%~80%，壳质组含量小于10%，惰质组含量为10%~40%，其中西山窑组煤层TOC值平均为62.07%，（S_1+S_2）值平均154.14mg/g，八道湾组煤层TOC值平均为68.35%，（S_1+S_2）值平均183.43mg/g，总体上台北凹陷西山窑组和八道湾组煤系烃源岩的TOC值和热解生烃潜量都明显高于全盆地平均值，具有较好的生烃潜力[13]。两套烃源岩在研究区也均有分布，生烃潜力都较大，热演化程度匹配，综合认为其为研究区天然气的主要气源岩。

5 天然气氢同位素组成及地质意义

在所有元素中，氢的两种稳定同位素组成（H：99.985%；D：0.015%）之间的相对质量差最大，导致了氢具有最大的稳定同位素组成比值变化范围[44-45]。成熟阶段的天然气甲烷碳同位素组成变化范围从−50‰到−20‰，而甲烷氢同位素组成的变化范围可以从−250‰到−150‰[46]；因此，氢同位素组成由于具有更大的变化范围，相比较碳同位素组成，其变化增量更大，对同一环境地球化学变化的反应也相对更加灵敏。前人已经针对油气中的氢同位素组成开展了一系列卓有成效的研究[7-8,10,29,46-50]，指出天然气氢同位素组成除了受到烃源岩热演化程度的影响外，还受到水介质条件的影响。海相和（或）咸水湖相环境下形成的生物甲烷氢同位素组成一般重于−190‰[7]或−200‰[51]，而陆相淡水环境下形成的生物甲烷氢同位素组成则轻于−190‰[7]或−200‰[51]。煤成甲烷氢同位素组成也具有类似特征，其主要取决于水介质性质，即随水介质盐度的增加，煤成甲烷的氢同位素组成变重[9]。研究区天然气甲烷的氢同位素组成都比较轻，小于−200‰。但巴喀油田天然气甲烷的氢同位素组成总体上比鄯善、丘陵和温米的偏重，大于−260‰，与红台地区相当，而鄯善、丘陵和温米等油田天然气甲烷氢同位素组成则与丘东气田的相当，均小于−260‰[图8（b）]。这与下—中侏罗统煤系源岩在台北凹陷的形成环境可能存在水体局部咸化有关[52]，与烃源岩热演化程度关系不大，其甲烷碳氢同位素组成之间相关性不强。总体上来说，研究区天然气甲烷氢同位素组成反映的烃源岩形成环境具备陆相淡水环境特征；中国其他类似地区，如以松辽为代表的煤成甲烷氢同位素组成为−257‰~−217‰，属于陆相淡水–微咸水沼泽成煤环境[9]。吐哈盆地下—中侏罗统煤系源岩主要为淡水湖沼沉积，没有发生过海水入侵，可能只在巴喀地区发生过水体局部咸化[11,52]，因此研究区天然气甲烷氢同位素组成（δD_1）均小于$-250‰$，比松辽的煤成甲烷氢同位素组成要轻。

台北凹陷天然气甲烷在碳氢同位素组成上存在一定的差异。总体上来说，红台气田天然气甲烷的碳氢同位素相对偏重，丘东、鄯善、巴喀、丘陵和温米等4个油气田天然气甲烷碳氢同位素则相对偏轻，但其中巴喀气田天然气甲烷的氢同位素与红台气田的类似。这主要是因为下—中侏罗统煤系源岩在小草湖凹陷的热演化程度相对于丘东凹陷的要高，因此，红台气田天然气的成熟度相对要高，其碳氢同位素也相应偏高[3,11]。巴喀油田甲烷氢同位素与红台气田的相似，则主要与下—中侏罗统煤系源岩在台北凹陷的形成环境存在水体局部咸化有关[11,52]。

研究区甲烷和乙烷的碳同位素组成和氢同位素组成之间都各自具有较好的相关性，比如$\delta^{13}C_1$-$\delta^{13}C_2$的线性相关系数R^2为0.7174（不包含巴23井和柯19井），δD_1-δD_2的线性相关系数R^2为0.8165（不包含巴23井和柯19井）（图8）。这是由于随着烃源岩热演化程度的增加，甲烷和乙烷的碳氢同位素组成都逐渐变重，并呈现线性相关性（成熟度趋势线）[26,40]。随着烃源岩热演化程度的逐渐增加，甲烷和乙烷之间的碳氢同位素组成差值也将逐渐变小，在高-过成熟阶段甚至可能发生倒转现象，其分别与甲烷的碳氢同位素组成之间呈现线性相关性。除了巴23井和柯19井外，鄯善、丘陵、巴喀、温米、红台和丘东等地区天然气$\delta^{13}C_1$-$\delta^{13}C_{2-1}$（$\delta^{13}C_{2-1}$表示$\delta^{13}C_{C_2H_6-CH_4}$）之间有着很好的线性相关性（$R^2=$0.9126）[图9（a）]，说明随着烃源岩热演化程度的增加，甲烷和乙烷之间的碳同位素组成差异变得越来越小。但随着烃源岩热演化程度的增加，甲烷和乙烷之间的氢同位素组成差异并没有变得越来越小，两者之间没有相关性[图9（b）]。如果与碳同位素相似，烃源岩热演化程度为天然气氢同位素的主要影响因素，则随着烃源岩热演化程度的增加，δD_{2-1}（δD_{2-1}表示$\delta D_{C_2H_6-CH_4}$）与δD_1之间将具有线性相关性。结合图8（b）中δD_1与δD_2之间具有较好的相关性（$R^2=$0.8165），但图9（b）中δD_{2-1}与δD_1之间的相关系数R^2为0.071，认为天然气氢同位素受到烃源岩热演化程度的影响，但烃源岩热演化程度不是唯一的影响因素。研究发现，自然界中，水介质条件对天然气氢同位素组成具有较强的影响[7,51,53]。海相和咸水湖相环境下形成的生烃母质氢同位素组成远重于陆相淡水环境下的；另外，由于成岩过程中的同位素组成交换反应，水介质条件也会影响生烃母质氢同位素组成，但天然气形成过程中，水介质条件对其氢同位素组成的影响相对较小[53]。这可能是导致甲烷和乙烷之间的氢同位素组成差异与烃源岩热演化程度之间没有线性相关性的重要原因。

尽管天然气氢同位素组成可以反映许多地质过程的重要特征，但是，野外地质样品中氢同位素的解释可能存在一系列的不确定性。例如，与水[54]和（或）黏土[55]之间的同位素交换、热成熟过程[56-57]、生物降解[58]、水洗以及运移等都会严重改变氢同位素比值。通过本文对吐哈盆地台北凹陷巴喀、鄯善、丘陵和温米等油气田天然气的研究，证实研究区天然气氢同位素受到烃源岩热演化程度和烃源岩形成环境水介质条件的影响。甲烷氢同位素，这一指标可以应用到有关烃源岩形成环境水介质条件的判识研究中。总体上，陆相淡水湖沼条件下形成的甲烷氢同位素组成较轻，在研究区甲烷δD均小于$-250‰$。而由海相或者海陆交互相烃源岩形成的甲烷，其氢同位素组成普遍偏重，如四川盆地须家河组天然气也为来自煤系烃源岩的煤成气，但其甲烷氢同位素组成相对较重（δD_1：$-173‰\sim-155‰$），这可能与其海陆交互相背景下存在海水咸化有关[8]。

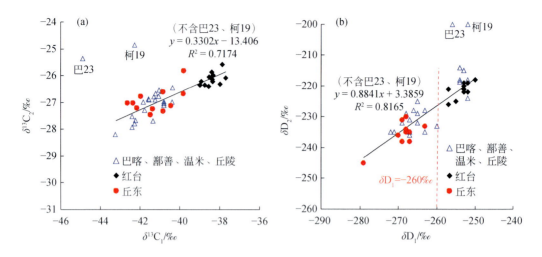

图 8　吐哈盆地台北凹陷天然气甲烷和乙烷碳氢同位素组成线性相关图

红台和丘东数据来自 Ni 等[3]

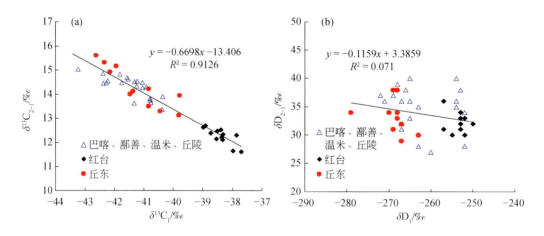

图 9　吐哈盆地台北凹陷甲烷与乙烷之间的碳氢同位素组成差异图

$\delta^{13}C_{2-1}$ 表示 $\delta^{13}C_{C_2H_6-CH_4}$，$\delta D_{2-1}$ 表示 $\delta D_{C_2H_6-CH_4}$，红台和丘东数据来自 Ni 等[3]

6　结论

　　根据吐哈盆地台北凹陷巴喀、鄯善、丘陵和温米等油气田 23 个天然气样品的组分和碳氢同位素组成数据分析，结合前人研究成果和区域地质背景，指出研究区天然气以烷烃类气体为主，甲烷含量为 65.84%~92.84%，几乎不含非烃气体（N_2、CO_2），属于湿气。根据 $\delta^{13}C_1$-R_o 计算公式，天然气成熟度 R_o 均值为 0.7%。研究区天然气 $\delta^{13}C_2$ 值为 -28.2‰ ~ -24.9‰，属于成熟度比较低的煤成气，主要来自下—中侏罗统煤系源岩。天然气甲烷及其同系物（C_{2-5}）基本上为碳氢同位素组成正序排列（$\delta^{13}C_1 < \delta^{13}C_2 < \delta^{13}C_3 < \delta^{13}C_4 < \delta^{13}C_5$、$\delta D_1 < \delta D_2 < \delta D_3$），与典型的有机成因烷烃气碳氢同位素组成特征一致，没有遭受后期的次生改造。但巴喀油田巴 23 井和柯 19 井天然气为生物改造气。研究区天然气甲烷 δD 较轻，

小于-250‰，表明其烃源岩形成环境为陆相淡水湖沼相沉积，没有发生海水入侵事件。

　　致　谢：本文写作过程中，得到戴金星院士和陈建平教授的悉心指导，样品采集得到邹才能院士和吐哈油田金颖、余进之、周国兵、余飞等主任的帮助，样品分析得到中国石油勘探开发研究院米敬奎教授、张文龙博士的帮助，在此一并表示诚挚感谢！

参 考 文 献

[1] 戴金星. 成煤作用中形成的天然气和石油. 石油勘探与开发,1979,6(3)：10-17.

[2] 戴金星. 煤成气及鉴别理论研究进展. 科学通报,2018,63(14)：1291-1305.

[3] Ni Y Y,Zhang D J,Liao F R,et al. Stable hydrogen and carbon isotopic ratios of coal-derived gases from the Turpan-Hami Basin,NW China. International Journal of Coal Geology,2015,152(Part A)：144-155.

[4] 戴金星. 天然气碳氢同位素特征和各类天然气鉴别. 天然气地球科学,1993,(2-3)：1-40.

[5] 王万春. 天然气、原油、干酪根的氢同位素地球化学特征. 沉积学报,1996,14(S1)：131-135.

[6] 刘全有,戴金星,李剑,等. 塔里木盆地天然气氢同位素地球化学与对热成熟度和沉积环境的指示意义. 中国科学：地球科学,2007,37(12)：1599-1608.

[7] Schoell M. The hydrogen and carbon isotopic composition of methane from natural gases of various origins. Geochimica et Cosmochimica Acta,1980,44(5)：649-661.

[8] Dai J X,Ni Y Y,Zou C N. Stable carbon and hydrogen isotopes of natural gases sourced from the Xujiahe Formation in the Sichuan Basin,China. Organic Geochemistry,2012,43：103-111.

[9] 沈平,徐永昌. 中国陆相成因天然气同位素组成特征. 地球化学,1991,(2)：144-152.

[10] Wang X F,Liu W H,Shi B G,et al. Hydrogen isotope characteristics of thermogenic methane in Chinese sedimentary basins. Organic Geochemistry,2015,(83-84)：178-189.

[11] 王昌桂,程克明,徐永昌,等. 吐哈盆地侏罗系煤成烃地球化学. 北京：科学出版社,1998.

[12] 苏传国,朱建国,孟旺才,等. 吐哈盆地"煤成油"形成机制探讨. 吐哈油气,2005,10(1)：14-20.

[13] 陈建平,黄第藩,李晋超,等. 吐哈盆地侏罗纪煤系油气主力源岩探讨. 地质学报,1999,73(2)：140-152.

[14] 程克明. 吐哈盆地油气生成. 北京：石油工业出版社,1994.

[15] 王璐,李剑,国建英,等. 吐哈盆地台北凹陷煤成气判识及气源分析. 煤炭技术,2018,37(10)：148-150.

[16] 徐永昌,王志勇,王晓锋,等. 低熟气及我国典型低熟气田. 中国科学：地球科学,2008,38(1)：87-93.

[17] 柳波,黄志龙,罗权生,等. 吐哈盆地北部山前带下侏罗统天然气气源与成藏模式. 中南大学学报(自然科学版),2012,43(1)：258-264.

[18] 曾凡刚,吴朝东,苏传国. 吐-哈盆地天然气成因类型探讨. 石油与天然气地质,1998,19(2)：76-78.

[19] 郭小波,王海富,黄志龙,等. 吐哈盆地丘东洼陷致密砂岩气地球化学特征. 特种油气藏,2016,23(4)：33-36.

[20] 高岗,梁浩,李华明,等. 吐哈盆地石炭系—下二叠统烃源岩地球化学特征. 石油勘探与开发,2009,36(5)：583-592.

[21] Dai J X,Xia X Y,Li Z S,et al. Inter-laboratory calibration of natural gas round robins for δ^2H and δ^{13}C using off-line and on-line techniques. Chemical Geology,2012,310-311：49-55.

[22] 沈平,徐永昌,王先彬,等. 气源岩和天然气地球化学特征及成气机理研究. 兰州：甘肃科学技术出版社,1991.

[23] 戴金星,戚厚发. 我国煤成烃气的 δ^{13}C-R_o 关系. 科学通报,1989,34(9)：690-692.

[24] 刘文汇,徐永昌. 煤型气碳同位素演化二阶段分馏模式及机理. 地球化学,1999,28(4):359-366.

[25] Dai J X,Xia X Y,Qin S F,et al. Origins of partially reversed alkane $\delta^{13}C$ values for biogenic gases in China. Organic Geochemistry,2004,35(4):405-411.

[26] Des M D J,Donchin J H,Nehring N L,et al. Molecular carbon isotopic evidence for the origin of geothermal hydrocarbons. Nature,1981,292(5826):826-828.

[27] Whiticar M J. Carbon and hydrogen isotope systematics of bacterial formation and oxidation of methane. Chemical Geology,1999,161(1):291-314.

[28] Bernard B B,Brooks J M,Sackett W M. Natural gas seepage in the gulf of Mexico. Earth and Planetary Science Letters,1976,31(1):48-54.

[29] 戴金星,裴锡古,戚厚发. 中国天然气地质学(卷一). 北京:石油工业出版社,1992.

[30] 戴金星,秦胜飞,陶士振,等. 中国天然气工业发展趋势和天然气地学理论重要进展. 天然气地球科学,2005,16(2):127-142.

[31] 肖芝华,谢增业,李志生,等. 川中–川南地区须家河组天然气同位素组成特征. 地球化学,2008,37(3):245-250.

[32] 陈践发,李春园,沈平,等. 煤型气烃类组分的稳定碳、氢同位素组成研究. 沉积学报,1995,13(2):59-69.

[33] 王世谦,罗启后,邓鸿斌,等. 四川盆地西部侏罗系天然气成藏特征. 天然气工业,2001,21(2):1-8.

[34] 刚文哲,高岗,郝石生,等. 论乙烷碳同位素在天然气成因类型研究中的应用. 石油实验地质,1997,19(2):164-167.

[35] Tang Y,Perry J K,Jenden P D,et al. Mathematical modeling of stable carbon isotope ratios in natural gases. Geochimica et Cosmochimica Acta,2000,64(15):2268-2673.

[36] Jenden P D,Newell K D,Kaplan I R,et al. Composition and stable-isotope geochemistry of natural gases from Kansas,Midcontinent,U. S. A. Chemical Geology,1988,71(1-2-3):117-147.

[37] Berner U,Faber E. Empirical carbon isotope/maturity relationships for gases from algal kerogens and terrigenous organic matter,based on dry,open-system pyrolysis. Organic Geochemistry,1996,24(10-11):947-955.

[38] Rooney M A,Claypool G E,Chung H M. Modeling thermogenic gas generation using carbon isotope ratios of natural gas hydrocarbons. Chemical Geology,1995,126(3-4):219-232.

[39] Dai J X,Ni Y Y,Wu X Q. Tight gas in China and its significance in exploration and exploitation. Petroleum Exploration and Development,2012,39(3):277-284.

[40] Wang Y P,Zou Y R,Zhan Z W,et al. Origin of natural gas in the Turpan-Hami Basin,NW China:evidence from pyrolytic simulation experiment. International Journal of Coal Geology,2018,195:238-249.

[41] Gong D Y,Ma R L,Gang C,et al. Geochemical characteristics of biodegraded natural gas and its associated low molecular weight hydrocarbons. Journal of Natural Gas Science and Engineering,2017,46:338-349.

[42] Stahl W J,Carey B D. Source-rock identification by isotope analyses of natural gases from fields in the Val Verde and Delaware Basins,west Texas. Chemical Geology,1975,16(4):257-267.

[43] Galimov E M. Isotope organic geochemistry. Organic Geochemistry,2006,37(10):1126-1200.

[44] Bigeleisen J. Chemistry of isotopes. Science,1965,147(3657):463-471.

[45] Criss R E. Principles of Stable Isotope Distribution. New York:Oxford University Press,1999.

[46] Ni Y Y,Ma Q S,Ellis G S,et al. Fundamental studies on kinetic isotope effect (KIE) of hydrogen isotope fractionation in natural gas systems. Geochimica et Cosmochimica Acta,2011,75(10):2270-2696.

[47] Ni Y Y,Dai J X,Zhu G Y,et al. Stable hydrogen and carbon isotopic ratios of coal-derived and oil-derived gases:a case study in the Tarim basin,NW China. International Journal of Coal Geology,2013,116-117:

302-313.

[48] Tang Y C,Huang Y S,Ellis G S,et al. A kinetic model for thermally induced hydrogen and carbon isotope fractionation of individual *n*-alkanes in crude oil. Geochimica et Cosmochimica Acta, 2005, 69 (18): 4452-4505.

[49] Feng Z Q,Dong D Z,Tian J Q,et al. Geochemical characteristics of Longmaxi Formation shale gas in the Weiyuan area,Sichuan Basin,China. Journal of Petroleum Science and Engineering,2018,167: 538-548.

[50] Shen P,Xu Y C. Isotopic compositional characteristics of terrigenous natural gases in China. Chinese Journal of Geochemistry,1993,12(1): 14-24.

[51] 沈平. 轻烃中碳、氢同位素组成特征. 中国科学：化学,1993,23(11): 1216-1225.

[52] 王作栋,陶明信,孟仟祥,等. 吐哈盆地烃源岩研究进展与低演化油气的形成. 天然气地球科学,2008, 19(6): 754-760.

[53] 王晓锋,刘文汇,徐永昌,等. 水介质对气态烃形成演化过程氢同位素组成的影响. 中国科学：地球科学,2012,42(1): 103-110.

[54] Sessions A L,Sylva S P,Summons R E,et al. Isotopic exchange of carbon-bound hydrogen over geologic timescales. Geochimica et Cosmochimica Acta,2004,68(7): 1545-1559.

[55] Alexander R,Kagi R I,Larcher A V. Clay catalysis of aromatic hydrogen-exchange reactions. Geochimica et Cosmochimica Acta,1982,46(2): 219-222.

[56] Schimmelmann A,Lewan M D,Wintsch R P. D/H isotope ratios of kerogen,bitumen,oil,and water in hydrous pyrolysis of source rocks containing kerogen types I,II,IIS and III. Geochimica et Cosmochimica Acta,1999,63(22): 3751-3766.

[57] Schimmelmann A,Boudou J P,Lewan M D,et al. Experimental controls on D/H and $^{13}C/^{12}C$ ratios of kerogen,bitumen and oil during hydrous pyrolysis. Organic Geochemistry,2001,32(8): 1009-1018.

[58] Kinnaman F S,Valentine D L,Tyler S C. Carbon and hydrogen isotope fractionation associated with the aerobic microbial oxidation of methane,ethane,propane and butane. Geochimica et Cosmochimica Acta, 2007,71(2): 271-283.

川中地区须家河组天然气氢同位素特征及其对水体咸化的指示意义[*]

倪云燕，廖凤蓉，姚立邈，高金亮，张蒂嘉

0 引言

天然气主要由少数简单的低分子量烃类组成，其成因分析主要依靠碳氢同位素和组分含量[1]。所有同位素中，氢具有最大的稳定同位素比值变化范围，成熟阶段的天然气甲烷碳同位素变化范围在 $-50‰ \sim -20‰$，而甲烷氢同位素的变化范围可以在 $-250‰ \sim -150‰$[2]。因此，氢同位素可以更加灵敏地反映地球化学环境的变化，是对天然气碳同位素数据的一个重要补充。前人针对天然气氢同位素开展了一系列卓有成效的研究，取得了重要的认识[3-10]。普遍观点认为，天然气氢同位素主要受烃源岩形成环境水介质条件和烃源岩热演化程度等影响，烃源岩有机质类型对天然气氢同位素的影响较弱[5,7,9,11-12]。

四川盆地上三叠统须家河组沉积环境与沉积相一直有较大争议。普遍认为，须一段为海陆交互相沉积，须二段至须六段为陆相沉积[13-15]。也有研究认为，须家河组须一段—须三段为海相沉积，须四段—须六段也有海侵作用，都为咸水沉积[16]；或认为须一段为海相，须二段—须六段也都为潮汐作用下的浅海相[17]；更有证据证明，四川盆地上三叠统须家河组曾受到海侵作用影响[18]。本文将根据川中地区须家河天然气氢同位素地球化学特征，推演须家河组气源岩形成环境水介质条件。

1 区域地质概况

四川盆地是中国西部重要的富油气盆地，面积为 $18 \times 10^4 km^2$。盆地北部、东北部有米苍山、大巴山，西南部为大凉山，东南部为大娄山，西部为龙门山、邛崃山。盆地分为4个油气聚集区：川东气区、川南气区、川西气区和川中油气区（图1）[8,19]。川中地区位于四川盆地西侧龙泉山与东侧华蓥山两大断裂之间，北到营山构造，南至威远古隆起以北，面积约 $5.3 \times 10^4 km^2$[19]。构造上隶属于四川盆地川中古隆平缓构造区，构造平缓，地表无大断裂[20]。

1.1 烃源岩发育特征

四川盆地发育5套烃源岩：下寒武统泥页岩、下志留统页岩、上二叠统含煤沉积、上三叠统含煤沉积和下—中侏罗统泥岩。盆地中、下三叠统以海相沉积为主，到晚三叠世，由海相过渡到陆相。传统认为，上三叠统须家河组为四川盆地从海相过渡到陆相之后的第

---

[*] 原载于《天然气地球科学》，2019 年，第 30 卷，第 6 期，880～896。

一套陆相沉积，在整个盆地普遍发育。这是一套发育在潮湿环境下的含煤沉积，其沉积中心在川西地区，由西向东南方向逐渐减薄，在川西地区沉积厚度达 1800～2500m，而在川中地区厚度为 600～1000m[21]。

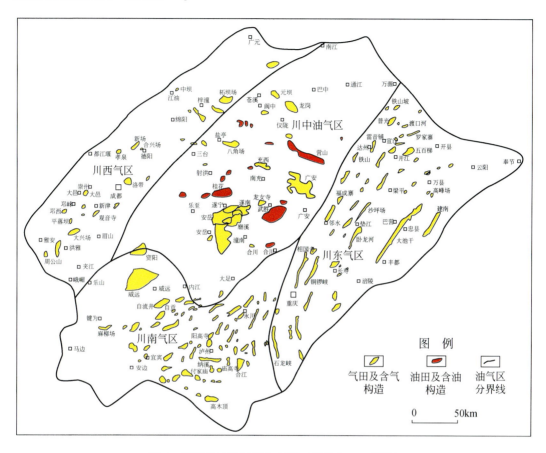

图 1　四川盆地油气田分布图（修改自 Dai 等[8]）

须家河组自下而上分为 6 段，为 3 套含煤泥页岩和 3 套砂岩互层状分布，其中须一、须三、须五段是以暗色泥岩和页岩为主的夹薄层粉砂岩、砂岩、煤层或煤线的含煤沉积，为主要的烃源岩和盖层，须二、须四、须六段则以灰色中细粒砂岩为主，夹薄层暗色泥岩，为主要的储气层[8,22-23]。须一段为残留海湾相沉积，仅在川中西部发育，须三、须五段主要为湖沼相沉积，在川中广泛分布[24]。须家河组的烃源岩有暗色泥岩和煤，其中暗色泥岩为主力烃源岩，厚度一般 300m 以上，可达 1500m 以上，东薄西厚，向东方向明显减薄，而煤层则在龙门山山前带最为发育，厚度一般 10m 以上，盆地中部和北部地区也有发育，但川南和川东煤层较少或不发育[23]。

1.2　烃源岩有机质丰度与成熟度

须家河组泥质烃源岩有机质丰度高，有机碳 0.5%～9.7%，平均 1.96%，干酪根类型以 II 型和 III 型为主[8]。川中地区烃源岩以须五段最好，其次为须三段，最差为须一段[24]。须家河组烃源岩镜质组反射率（R_o）为 0.8%～2.6%，其中，须一段烃源岩 R_o 值为

1.0%～2.5%，川西坳陷可达2.5%以上，川中地区较川西低，大部分在1.0%～1.3%，潼南一带 R_o 值超过1.3%；须三段 R_o 值在1.0%～1.9%，川中地区烃源岩 R_o 值分布与川中的须一段相似；须五段烃源岩 R_o 值则在0.9%～1.5%，在川中地区也已达到成熟[25]。四川盆地侏罗系蓬莱镇组、遂宁组、沙溪庙组、千佛崖组和自流井组等层位均发现天然气，普遍认为其主要来自下伏须家河组煤系烃源岩[8,26-29]。

2　样品和测试方法

在四川盆地川中地区（广安、充西、遂南、潼南等地）采集须家河组气样21个。天然气样品的采集采用双阀门高压钢瓶，天然气组分和碳氢同位素测试均在中国石油勘探开发研究院完成。天然气组分分析采用Agilent 7890型气相色谱仪，天然气碳同位素分析采用气相色谱-同位素质谱联用仪（GC-IRMS），该装置由一台Thermo Delta V质谱仪和一台Thermo Trace GC Ultra色谱仪连接组成，色谱柱为PLOT Q（27.5m×0.32mm×10μm）。天然气氢同位素分析采用GC/TC/IRMS，该装置由一台MAT 253质谱仪与一台装有1450℃显微热解炉的Trace GC Ultra色谱仪相连接，色谱柱为HP-PLOT Q（30m×0.32mm×20μm）。每个样品至少重复两次，碳同位素分析精度为±0.3‰（VPDB标准，下同），氢同位素分析精度为±3‰（VSMOW标准，下同）[30]。

3　天然气地球化学特征

通过对川中广安、充西、遂南等地区天然气样品的测试分析，并结合前人对四川盆地上三叠统须家河组（包括侏罗系）天然气氢同位素的研究，来进一步分析川中地区天然气的地球化学特征（表1，表2）。

3.1　组分特征

四川盆地川中地区天然气以烃类气体为主，甲烷含量为67.89%～98.05%，平均为88.70%，重烃气（C_{2+}）含量为0.42%～16.62%，平均为9.40%（表1）。天然气干燥系数（C_1/C_{1+}）为0.849～0.997，平均为0.906。元坝须家河组气样为干气，干燥系数为0.990～0.997，平均高达0.991，八角场角49井天然气干燥系数为0.964（甲烷含量为96.26%）。除此之外，川中地区其余气样干燥系数皆小于0.95，甲烷含量为67.89%～94.28%，为湿气。非烃气体（CO_2、N_2）含量较低，仅岳121井 N_2 含量高达19.94%，CO_2 含量为1.65%，其他气样 N_2 含量为0.11%～2.64%（均值为0.82%），CO_2 含量小于0.8%，均值为0.26%。

3.2　碳同位素特征

川中地区天然气 $\delta^{13}C_1$ 值变化范围为-43.8‰～-29.2‰，平均值为-38.7‰；$\delta^{13}C_2$ 值在-33.5‰～-20.7‰，平均值为-26.9‰；$\delta^{13}C_3$ 值则为-33.6‰～-19.3‰，平均值为-25.0‰；$\delta^{13}C_4$ 值变化范围为-27.2‰～-22.2‰，平均值为-24.8‰（表1）。甲烷及其同系物（C_2-C_4）基本上表现为碳同位素组成正序排列（$\delta^{13}C_1 < \delta^{13}C_2 < \delta^{13}C_3 < \delta^{13}C_4$），即烷烃气的碳同位素随着碳数的增加而更加富集 ^{13}C，这与典型的没有经历次生改造的原生型有机

表 1 四川盆地川中地区天然气地球化学特征

地区或气田	井号	层位	主要组分/%							δ^{13}C/‰				δD/‰			C_1/C_{1+}	R_o /% *	文献
			CH_4	C_2H_6	C_3H_8	C_4H_{10}	C_5H_{12}	CO_2	N_2	CH_4	C_2H_6	C_3H_8	C_4H_{10}	CH_4	C_2H_6	C_3H_8			
广安	广安2	T_3x^6	89.82	6.59	1.86	0.68	0.16	0.06	0.67	−39.7	−27.4	−25.7	−24.7	−184	−158	−134	0.906	0.77	本文
	广安002-21	T_3x^6								−39.7	−27.8	−26.2	−25.1	−180	−139	−137		0.77	本文
	广安002-x22	T_3x^6	90.10	6.45	1.71	0.63	0.20	0.18	0.69	−41.4	−27.7	−27.1	−26.1	−180	−145	−131	0.909	0.71	本文
	广安002-23	T_3x^6	87.97	6.29	1.57	0.47	0.35	0.71	2.64	−39.0	−27.3	−25.8	−24.8	−180	−140	−130	0.910	0.79	本文
	广安002-30	T_3x^6	89.98	6.52	1.81	0.69	0.12	0.20	0.64	−39.2	−27.1	−25.7	−24.7	−182	−161	−144	0.908	0.79	本文
	广安002-32	T_3x^6	89.79	6.54	1.84	0.73	0.28		0.72	−39.6	−27.1	−25.8	−24.5	−178	−149	−133	0.905	0.77	本文
	广安002-33	T_3x^6	89.18	6.21	2.29	0.99	0.33	0.50	0.98					−183	−140	−153	0.901		本文
	广安002-x34	T_3x^6	88.55	6.73	1.95	0.37	0.14	0.33	1.76	−40.6	−28.4	−27.5	−26.4	−167	−141	−132	0.906	0.74	本文
	广安002-35	T_3x^6	89.20	6.74	1.98	0.77	0.25	0.33	0.70	−39.8	−27.2	−25.7	−24.7	−182	−143	−136	0.902	0.76	本文
	广安002-x36	T_3x^6	89.65	6.71	1.89	0.74	0.13	0.10	0.52	−39.3	−27.2	−25.7	−24.5	−181	−143	−132	0.904	0.78	戴金星[31]
	广安002-39	T_3x^6	94.28	4.36	0.50	0.26		0.13	0.50	−38.8	−26.9	−25.6	−24.7	−180	−145	−146	0.948	0.80	本文
	广安002-x70	T_3x^6	89.72	6.57	1.83	0.71	0.24	0.36	0.70	−40.2	−27.0	−26.1	−25.0	−183	−146	−145	0.906	0.75	本文
	广安002-H1-2	T_3x^6	88.45	7.08	2.41	1.16	0.35	0	0.77	−40.0	−27.7	−25.9	−24.8	−181	−144	−151	0.889	0.76	本文
	广安003-H1	T_3x	93.42	4.58	0.79	0.25	0.06	0.37	0.67	−39.8	−26.3	−25.2	−23.5	−168	−147	−142	0.943	0.76	本文
	广安51	T_3x^6								−39.5	−26.5	−25.5		−168	−127	−112		0.77	肖芝华等[22]
	广安126	T_3x	92.56	5.18	0.96	0.32	0.09	0	0.49	−39.0	−26.3	−24.8	−22.2	−171	−155	−140	0.934	0.79	本文
	兴华1	T_3x^6								−39.3	−27.1			−170	−135	−126		0.78	肖芝华等[22]
充西	西20	T_3x^4	89.26	6.22	2.30	1.00	0.34	0	0.87	−42.5	−28.0	−25.2	−24.1	−183	−140	−144	0.901	0.67	本文
	西35-1	T_3x	88.96	6.13	2.13	0.88	0.27	0.25	1.37	−42.6	−27.7	−25.6	−24.7	−188	−145	−153	0.904	0.67	本文
	西72	T_3x^4								−42.3	−27.3			−177	−137	−122		0.68	肖芝华等[22]
	西73x	T_3x	90.31	5.91	1.83	0.69	0.16	0.28	0.80	−43.7	−28.4	−26.2	−25.5	−186	−141	−147	0.913	0.64	本文

续表

地区或气田	井号	层位	主要组分/%							$\delta^{13}C$/‰				δD/‰			C_1/C_{1+}	R_o/%*	文献
			CH_4	C_2H_6	C_3H_8	C_4H_{10}	C_5H_{12}	CO_2	N_2	CH_4	C_2H_6	C_3H_8	C_4H_{10}	CH_4	C_2H_6	C_3H_8			
遂南	遂9	T_3x	85.93	8.00	3.14	1.34	0.40	0	1.04	-42.6	-27.7	-24.5	-24.4	-191	-136	-125	0.870	0.67	本文
	遂56	T_3x	87.14	7.24	2.11	0.79	0.18	0.30	2.24	-41.5	-27.3	-23.7	-23.6	-177	-129	-126	0.894	0.71	本文
	遂56	T_3x^2								-42.5	-26.8	-23.9		-162	-127	-116		0.67	肖芝华等[22]
	遂37	T_3x	84.39	8.56	3.42	1.59	0.60	0.00	1.36	-43.8	-27.8	-25.3	-25.0	-167	-165	-134	0.856	0.63	本文
	遂37	T_3x^{2-4}								-42.5	-27.4	-24.6		-179	-127	-113		0.67	肖芝华等[22]
合川	合川001-1	T_3x^2	89.27	6.98	1.89	0.81		0.16	0.44	-39.5	-27.1	-23.9	-24.4	-169	-132	-116	0.902	0.77	戴金星[31]
	合川001-2	T_3x^2	89.87	6.64	1.69	0.75		0.16	0.41	-39.0	-26.8	-23.8		-166	-120	-111	0.908	0.79	戴金星[31]
	合川001-30-x	T_3x^2	90.46	6.14	1.51	0.76		0.20	0.39	-38.8	-27.6	-24.5	-25.5	-166	-121	-120	0.915	0.80	戴金星[31]
	合川106	T_3x^2	89.28	6.83	1.87	0.83		0.21	0.39	-39.8	-27.0	-24.1		-172	-129	-119	0.904	0.76	戴金星[31]
	合108	T_3x^2	85.76	8.24	3.25	1.35		0.26	0.54	-41.4	-28.3	-25.0	-27.2	-183	-135	-118	0.870	0.71	戴金星[31]
	合川109	T_3x^2	92.54	5.15	0.98	0.48		0.15	0.31	-38.3	-26.2	-23.6		-163	-136	-126	0.933	0.82	戴金星[31]
潼南	潼南1	T_3x^{2-4}								-41.8	-27.1	-24.5		-163	-117	-107		0.70	肖芝华等[22]
	潼南101	T_3x^2	88.04	8.81	1.78	0.69		0.26	0.43	-41.0	-27.4	-24.0	-26.7	-165	-120	-111	0.886		本文
	潼南104	T_3x^2	86.44	7.69	2.96	1.40		0.27	0.37	-41.1	-26.8	-24.0	-25.9	-179	-128	-119	0.878	0.72	戴金星[31]
	潼南105	T_3x^2	87.78	7.42	2.32	1.07		0.30	0.39	-40.4	-27.4	-24.5	-26.1	-173	-128	-118	0.890	0.74	戴金星[31]
	潼南001-2	T_3x^2	87.10	7.65	2.56	1.24		0.35	0.71	-40.7	-27.5	-23.7	-25.2	-176	-123	-116	0.884	0.73	戴金星[31]
安岳	岳101	T_3x^2	84.38	7.87	2.50	1.48		0.30	0.43	-41.3	-26.8	-23.0	-25.1	-188	-132	-125	0.877	0.71	戴金星[31]
	岳101-11	T_3x^2	83.95	10.13	3.50	1.30			0.51	-41.1	-26.3	-23.8	-25.3	-178	-129	-117	0.849	0.72	戴金星[31]
	岳101-X12	T_3x^2	84.18	9.97	2.83	1.25			0.47	-40.8	-27.5	-23.3	-24.7	-184	-129	-120	0.857	0.73	戴金星[31]
	岳101-X12	T_3x^2	83.86	10.13	2.89	1.30				-40.8	-27.3			-181	-131	-116	0.854	0.73	戴金星[31]
	岳101-1-H1	T_3x^2	85.36	8.55	2.70	1.03		0.38	1.24					-185	-127	-114	0.874		戴金星[31]
	岳101-9-X1	T_3x^2	86.75	7.83	2.07	0.82		0.63	1.27					-182	-127	-115	0.890		戴金星[31]

续表

地区或气田	井号	层位	主要组分/%							$\delta^{13}C$/‰				δD/‰			C_1/C_{1+}	R_o/%*	文献
			CH_4	C_2H_6	C_3H_8	C_4H_{10}	C_5H_{12}	CO_2	N_2	CH_4	C_2H_6	C_3H_8	C_4H_{10}	CH_4	C_2H_6	C_3H_8			
安岳	岳105	T_3x^2	84.64	8.67	3.86	1.43		0.29	0.59	-41.6	-28.5	-25.4	-26.2	-183	-129	-119	0.858	0.70	戴金星[31]
	岳106	T_3x^2	82.99	8.61	3.46	2.03		0.20	1.28					-178	-126	-111	0.855		戴金星[31]
	岳108	T_3x^2	85.47	8.78	2.61	0.92		0.28	1.37					-183	-129	-114	0.874		戴金星[31]
	岳121	T_3x^2	67.89	5.57	1.49	0.41		1.65	19.94					-185	-129	-114	0.901		戴金星[31]
	岳3	T_3x^2								-43.2	-27.4	-24.6		-171	-121	-112		0.65	肖芝华等[22]
八角场	角33	T_3x^4	92.95	4.93	1.14	0.44			0.38	-40.1	-27.4	-24.6	-24.6	-182	-144	-138	0.935	0.75	戴金星[31]
	角33	T_3x^2								-40.0	-25.0	-23.0		-173	-142	-125		0.76	肖芝华等[22]
	角47	T_3x^2								-41.0	-24.8	-23.8		-174	-141	-119		0.72	肖芝华等[22]
	角48	T_3x^6	91.90	5.30	1.38	0.57			0.67	-40.3	-26.5	-24.2	-22.7	-185	-153	-142	0.927	0.75	戴金星[31]
	角57	T_3x	90.99	5.51	1.71	0.66		0.41	0.25	-37.3	-25.5	-22.9	-22.7	-178	-144	-138	0.920	0.86	戴金星[31]
	角49	T_3x^2	96.26	2.85	0.53	0.19			0.11	-37.0	-27.3	-24.2	-22.9	-172	-144	-139	0.964	0.87	戴金星[31]
其他	充深1	T_3x^4								-40.5	-26.5			-162	-126	-112		0.74	肖芝华等[22]
	莲深1	T_3x^4								-39.7	-26.4	-23.3		-173	-149	-129		0.77	肖芝华等[22]
	磨6	J								-42.0	-26.0	-23.7		-165	-132	-115		0.69	肖芝华等[22]
	金17	T_3x^4								-35.8	-24.8	-22.7		-174	-134	-126		0.92	肖芝华等[22]
	女103	T_3x^2								-39.9	-26.0	-23.0		-152	-115	-107		0.76	肖芝华等[22]
	庙4	T_3x^6								-37.6	-24.9	-22.7		-154	-121	-114		0.85	肖芝华等[22]

续表

地区或气田	井号	层位	主要组分/%							$\delta^{13}C$/‰				δD/‰			C_1/C_{1+}	R_o/%*	文献
			CH_4	C_2H_6	C_3H_8	C_4H_{10}	C_5H_{12}	CO_2	N_2	CH_4	C_2H_6	C_3H_8	C_4H_{10}	CH_4	C_2H_6	C_3H_8			
元坝	元坝3	T_3x^4								-31.4	-21.5	-23.9		-158				1.42	胡烨等[32]
	元陆3	T_3x^4								-30.6	-24.8			-154				1.54	胡烨等[32]
	元陆4	T_3x^4								-33.8	-23.3	-22.7		-160				1.11	胡烨等[32]
	元坝9	T_3x^5								-31.4				-174				1.42	胡烨等[32]
	元坝11	T_3x^3								-29.2				-148				1.78	胡烨等[32]
	元坝22	T_3x^3								-31.3	-20.7	-19.3		-157				1.43	胡烨等[32]
	元坝222	T_3x^4								-34.0	-25.2			-159				1.09	胡烨等[32]
	元陆10	T_3x^4	98.05	0.93	0.09	0.02		0.67	0.20	-32.0	-25.7	-27.3		-162			0.990	1.33	吴小奇等[33]
	元陆10	T_3x^3	96.93	0.31	0.03			0.08	2.64	-29.3	-25.0	-23.6		-162			0.997	1.76	吴小奇等[33]
	元陆10	T_3x^2	96.16	1.1	0.1	0.02		0.05	2.56	-31.5	-32.3	-32.7		-157			0.987	1.40	吴小奇等[33]
	元陆8	T_3x^2								-30.4	-33.5	-33.5		-160				1.57	吴小奇等[33]
	元陆9	T_3x^2	89.71	0.72	0.06	0.02		8.13	1.29	-30.0	-33.0	-33.6		-155			0.991	1.64	吴小奇等[33]

*：R_o值计算根据刘文汇等[34]的 $\delta^{13}C_1$-R_o 二阶段分馏公式：$\delta^{13}C_1 = 48.77 \lg R_o - 34.1$ ($R_o < 0.8\%$)，$\delta^{13}C_1 = 22.42 \lg R_o - 34.8$ ($R_o > 0.8\%$)。

表 2　四川盆地川西、川南地区天然气地球化学特征

地区或气田	井号	层位	主要组分/%							δ13C/‰				δD/‰			C_1/C_{1+}	R_o/%*	文献
			CH₄	C₂H₆	C₃H₈	C₄H₁₀	C₅H₁₂	CO₂	N₂	CH₄	C₂H₆	C₃H₈	C₄H₁₀	CH₄	C₂H₆	C₃H₈			
川西 孝新合	川孝254	J_3p	93.16	4.47	1.09	0.45			0.68	−33.2	−24.0	−21.6	−21.3	−176	−151	−147	0.939	1.18	戴金星[31]
	川孝263	J_2s	91.95	5.20	1.46	0.61			0.36	−33.4	−24.8	−22.3	−21.7	−178	−143	−137	0.927	1.15	戴金星[31]
	CX480-1	J_2s	91.65	5.70	1.34	0.57			0.32	−34.8	−23.7	−20.1	−20.0	−182	−147	−117	0.923	1.00	戴金星[31]
	CX480-2	J	92.62	4.94	1.23	0.52			0.32	−34.6	−24.4	−22.1	−21.5	−178	−147	−147	0.933	1.02	戴金星[31]
	新882	T_3x^4	93.41	3.78	0.93	0.38			0.85	−34.3	−23.1	−21.4	−20.0	−182	−151	−147	0.948	1.05	戴金星[31]
	新882	T_3x^4								−34.3	−23.1	−21.4	−20.0	−166	−139	−132		1.05	Dai等[8]
	新沱105	Jr^2	85.38	4.87	1.25	0.47	0.08		7.93	−33.4	−24.4	−22.1	−21.6	−162	−135	−122	0.928	1.15	Dai等[8]
	川孝254	Jp_1^2	93.16	4.47	1.09	0.45	0.08		0.68	−33.2	−24.0	−21.6	−21.3	−160	−139	−132	0.939	1.18	Dai等[8]
	川孝480-1	Js_2^1	91.65	5.70	1.34	0.57	0.12		0.32	−34.8	−23.7	−20.1	−20.0	−166	−135	−102	0.922	1.00	Dai等[8]
	川孝480-2	J	92.62	4.94	1.23	0.52	0.11		0.32	−34.6	−24.4	−22.1	−21.5	−162	−135	−132	0.932	1.02	Dai等[8]
	川孝263	Js_1^7	91.95	5.20	1.46	0.61	0.14		0.36	−33.4	−24.8	−22.3	−21.8	−162	−131	−122	0.925	1.15	Dai等[8]
	川孝455	J_2s												−174	−133	−109			陶成等[35]
	川孝152	J_2q												−171	−133	−120			陶成等[35]
	新856	$T_3x_2^2$												−157	−151	−115			陶成等[35]
	川合127	$T_3x_2^2$												−163	−161	−123			陶成等[35]
	川孝260	J_3p												−159	−136				钱志浩等[36]
	合蓬1	J_3p												−167	−128				钱志浩等[36]
	新882	T_3x^4												−171	−137				钱志浩等[36]
	龙3	J_3p	86.41	5.00	1.76	0.90			5.33	−34.0	−23.0	−21.0	−20.6	−173	−143	−143	0.919	1.09	戴金星[31]
	龙3	Jp_1^1	86.41	5.00	1.76	0.90	0.22		5.33	−34.0	−23.0	−21.0	−20.6	−157	−131	−128	0.916	1.09	Dai等[8]
	龙遂3	J_3sn	89.65	5.87	1.90	0.91			0.96	−33.7	−24.3	−21.4	−21.0	−180	−146	−126	0.912	1.12	戴金星[31]
	龙遂3	J	89.65	5.87	1.90	0.91	0.22		0.96	−33.7	−24.3	−21.4	−21.1	−164	−134	−111	0.910	1.12	Dai等[8]

续表

地区或气田		井号	层位	主要组分/%							$\delta^{13}C/‰$				$\delta D/‰$			C_1/C_{1+}	$R_o/‰^*$	文献
				CH_4	C_2H_6	C_3H_8	C_4H_{10}	C_5H_{12}	CO_2	N_2	CH_4	C_2H_6	C_3H_8	C_4H_{10}	CH_4	C_2H_6	C_3H_8			
川西	洛带	龙5	Jp_4^1	85.57	6.48	2.81	1.40	0.35		2.86	-34.5	-24.1	-21.4	-21.9	-158	-126	-178	0.886	1.03	Dai等[8]
		龙9	J_3p^2												-165	-126				钱志浩等[36]
		龙遂12D	J	89.94	5.87	1.72	0.73	0.17		1.21	-32.9	-24.0	-20.9	-20.8	-161	-132	-107	0.914	1.22	Dai等[8]
		龙17	Jp_3^6	90.68	5.60	1.64	0.73	0.17		0.82	-34.4	-23.1	-20.5	-21.2	-163	-132	-111	0.918	1.04	Dai等[8]
		龙遂17D	J	90.66	5.47	1.46	0.52	0.11		1.59	-32.7	-24.1	-21.6	-22.0	-156	-130	-102	0.923	1.24	Dai等[8]
		龙25	Jp_4^1	89.21	5.33	1.66	0.75	0.19		2.42	-32.2	-23.6	-20.8	-20.9	-150	-129	-110	0.918	1.31	Dai等[8]
		龙遂27D	J_3sn												-167	-128				钱志浩等[36]
		龙遂35	J_3sn	88.72	6.00	2.03	0.93			1.70	-33.5	-24.0	-21.5	-21.2	-177	-145	-117	0.908	1.14	戴金星[31]
		龙遂35	J	88.72	6.00	2.03	0.93	0.22		1.70	-33.5	-24.0	-21.5	-21.2	-161	-133	-102	0.906	1.14	Dai等[8]
		龙45-1	Jp_2^3	86.14	4.72	1.66	0.88	0.24		5.92	-33.7	-23.0	-21.0	-21.2	-157	-130	-121	0.920	1.12	Dai等[8]
		龙42	J_3p	90.52	4.96	1.50	0.71			1.80	-32.9	-24.0	-21.2	-21.3	-173	-144	-143	0.927	1.22	戴金星[31]
		龙42	Jp_2^4	90.52	4.96	1.50	0.71	0.18		1.80	-32.9	-24.0	-21.2	-21.3	-157	-132	-128	0.925	1.22	Dai等[8]
		龙55	J_3p	90.01	5.45	1.76	0.88			1.19	-34.4	-24.6	-21.9	-21.6	-176	-144	-131	0.918	1.04	戴金星[31]
		龙55	Jp_3^3	90.01	5.45	1.76	0.88	0.23		1.19	-34.4	-24.6	-21.9	-21.6	-160	-132	-116	0.915	1.04	Dai等[8]
		龙75	J	89.69	5.98	1.85	0.77	0.17		1.24	-32.5	-23.7	-20.9	-20.3	-158	-129	-110	0.911	1.27	Dai等[8]
	邛西	邛西3	T_3x^2	93.57	3.85	0.59	0.16		1.55	0.23	-33.1	-23.0	-22.7	-20.6	-173	-145	-150	0.953	1.19	戴金星[31]
		邛西4	T_3x^2	93.52	3.19	0.62	0.18		1.47	0.24	-32.9	-23.2	-23.0	-22.0	-173	-145	-152	0.959	1.22	戴金星[31]
		邛西6	T_3x^2	95.95	2.48	0.30	0.08		0.92	0.21	-31.2	-23.2	-23.1	-20.9	-174	-144	-133	0.971	1.45	戴金星[31]
		邛西10	T_3x^2	93.57	3.85	0.59	0.16		1.55	0.23	-33.2	-22.8	-22.8	-20.4	-170	-147	-138	0.953	1.18	戴金星[31]
		邛西13	T_3x^2	93.49	3.90	0.63	0.19		1.47	0.25	-33.7	-24.1	-23.4	-20.9	-174	-146	-152	0.952	1.12	戴金星[31]
		邛西14	T_3x^2	96.50	1.57	0.12	0.03		1.55	0.23	-30.5	-24.1	-23.8		-173	-147	-152	0.982	1.56	戴金星[31]
		邛西16	T_3x^2	96.46	1.74	0.16	0.04		1.39	0.20	-30.8	-23.8			-175	-146	-154	0.980	1.51	戴金星[31]
		邛西006-X1	T_3x^2	93.17	4.12	0.71	0.24		1.36	0.26	-31.6	-22.4			-173	-144	-154	0.948	1.39	戴金星[31]

续表

地区或气田		井号	层位	主要组分/%							δ13C/‰				δD/‰			C1/C1+	Ro*/%	文献
				CH4	C2H6	C3H8	C4H10	C5H12	CO2	N2	CH4	C2H6	C3H8	C4H10	CH4	C2H6	C3H8			
川西	中坝	中2	T3x²	90.82	5.77	1.44	0.67	0.21	0.47	0.27	-35.5	-24.3	-22.9	-22.5	-170	-144	-136	0.918	0.94	Dai等[8]
		中2	T3x²	90.53	5.75	1.46	0.68	0.22	0.54	0.46	-35.3	-24.3	-23.0	-22.6	-171	-146	-137	0.918	0.95	Dai等[8]
		中4	T3x²	90.53	5.75	1.46	0.68	0.22			-35.3	-24.3	-22.96	-22.57	-171	-146	-137	0.918	0.95	本文
		中16	T3x²	89.80	6.10	1.65	0.81	0.25	0.56	0.49	-35.6	-24.3	-22.8		-171	-147	-138	0.911	0.93	Dai等[8]
		中19	T3x²	90.36	5.81	1.53	0.67	0.21	0.45	0.63	-35.0	-24.0	-22.5	-22.2	-170	-144	-135	0.917	0.96	Dai等[8]
		中29	T3x²	87.86	6.53	2.1	1.43	0.00	0.39	0.28					-171	-133		0.897		Dai等[8]
		中34	T3x²	90.80	5.70	1.43	0.64	0.19	0.48	0.53	-35.4	-24.5	-22.8	-22.7	-170	-143	-135	0.919	0.94	Dai等[8]
		中36	T3x²	90.90	5.75	1.49	0.66	0.19	0.52	0.21	-35.4	-24.4	-22.9	-22.6	-171	-143	-136	0.918	0.94	Dai等[8]
		中39	T3x²	87.82	6.36	2.7	2.32	0.00	0.32	0.03					-173	-147.3		0.885		Dai等[8]
		中44	T3x²	90.19	5.79	1.55	0.68	0.19	0.47	0.91	-35.0	-24.0	-22.7	-22.6	-171	-145	-137	0.917	0.96	Dai等[8]
		中54	T3x²	87.76	6.41	2.64	1.39	0.36	0.60	0.24	-34.0	-25.9	-24.3	-23.9	-173	-147	-139	0.890	1.00	Dai等[8]
		中63	T3x²	91.00	5.75	1.43	0.66	0.19	0.46	0.28	-35.5	-24.4	-23.0	-22.5	-170	-145	-136	0.919	0.93	Dai等[8]
	金马	金遂12	J	88.82	5.66	1.95	0.93	0.23	0.00	2.01	-34.4	-25.2	-22.3	-21.9	-162	-135	-110	0.910	0.99	Dai等[8]
		金遂17	J	89.60	5.66	1.89	0.90	0.23	0.00	1.20	-34.7	-24.8	-22.1	-21.8	-164	-133	-117	0.912	0.97	Dai等[8]
		马沙1	J2s												-164	-132			0.96	钱志浩等[36]
	新都	川都416	Jp2⁴	90.08	4.39	1.15	0.50	0.12	0.00	3.55	-30.5	-24.3	-22.4	-21.4	-149	-121	-109	0.936	1.56	Dai等[8]
		都遂1	J	91.03	4.94	1.40	0.65	0.15	0.00	1.49	-32.7	-25.2	-22.2	-21.6	-160	-137	-119	0.927	1.24	Dai等[8]
		都遂11	J	88.93	5.46	1.77	0.84	0.22	0.00	2.36	-31.9	-23.9	-21.1	-20.9	-157	-125	-107	0.915	1.35	Dai等[8]
		都遂18	J	91.81	5.23	1.40	0.61	0.14	0.00	0.48	-33.3	-24.8	-22.1	-21.6	-164	-136	-121	0.926	1.17	Dai等[8]
		都蓬16	Jp2³	91.58	4.35	1.14	0.52	0.12	0.00	2.07	-32.8	-24.5	-22.0	-21.7	-155	-129	-119	0.937	1.23	Dai等[8]
		都蓬33	Jp2¹	91.95	4.85	1.36	0.62	0.14	0.00	0.89	-34.0	-24.6	-22.0	-21.7	-160	-133	-124	0.930	1.09	Dai等[8]
		都沙8	J2s												-168	-129				钱志浩等[36]

续表

地区或气田	井号	层位	主要组分/%							$\delta^{13}C$/‰				δD/‰			C_1/C_{1+}	R_o/%*	文献
			CH_4	C_2H_6	C_3H_8	C_4H_{10}	C_5H_{12}	CO_2	N_2	CH_4	C_2H_6	C_3H_8	C_4H_{10}	CH_4	C_2H_6	C_3H_8			
川南 荷包场	包27	T_3x^2								-39.9	-28.3			-156	-114	-105		0.76	肖芝华等[22]
丹凤场	丹2	T_3x^2								-37.2	-28.6	-27.6		-151	-136	-122		0.86	肖芝华等[22]
观音场	音17	T_3x^6								-40.2	-27.2	-23.7		-183	-134	-119		0.75	肖芝华等[22]
观音场	音27	T_3x^4								-38.8	-26.9	-23.5		-173	-131	-118		0.80	肖芝华等[22]
观音场	音10	T_3x^6								-38.5	-26.5	-23.3		-175	-129	-115		0.81	肖芝华等[22]

*：R_o值计算根据刘文汇等[34]的$\delta^{13}C_1-R_o$二阶段分馏公式：$\delta^{13}C_1=48.77 \lg R_o-34.1$（$R_o<0.8\%\sim1.0\%$），$\delta^{13}C_1=22.42 \lg R_o-34.8$（$R_o>0.8\%$）。

成因烷烃气碳氢同位素组成特征一致[37]（图2）。这是同位素动力学分馏效应的结果，即当一个烷基从其母源有机质分离的时候，$^{12}C—^{12}C$ 比$^{12}C—^{13}C$ 键弱，所以优先断裂，使得热解产物相对于其母质更加贫^{13}C[38]。与川中其他地区不同，元坝须家河组天然气可分为两组：须二段天然气乙烷和丙烷碳同位素明显偏轻，出现碳同位素部分倒转甚至完全倒转现象，而须三、须四和须五段天然气则与川中其他地区的须家河组气样类似，甲烷及其同系物（C_2-C_3）基本上也都表现为正序碳同位素系列（$\delta^{13}C_1 < \delta^{13}C_2 < \delta^{13}C_3$）。

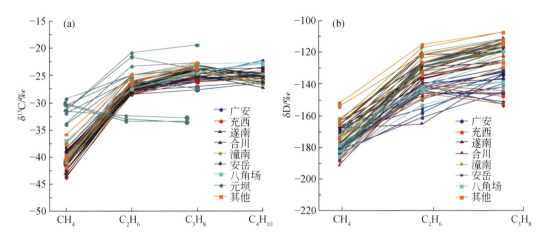

图2 四川盆地川中地区天然气甲烷及其同系物碳（a）、氢（b）同位素分布特征图

3.3 氢同位素特征

川中须家河组天然气甲烷 δD 值变化介于$-191‰ \sim -148‰$，平均值为$-173‰$；乙烷 δD 值变化范围为$-165‰ \sim -115‰$（均值为$-136‰$），丙烷 δD 值变化范围为$-153‰ \sim -107‰$（均值为$-126‰$）（表1）。甲烷及其同系物（C_2-C_3）氢同位素组成基本上为正序排列（$\delta D_1 < \delta D_2 < \delta D_3$）（图2）。元坝气样为干燥系数非常高的干气，其乙烷和丙烷含量都非常低，因此，只有甲烷氢同位素数据，没有重烃气的氢同位素数据，无法判断其氢同位素系列是否存在部分倒转的可能。

4 天然气成因和来源

4.1 天然气成因与来源判识

天然气由于组成简单，其成因鉴别主要依靠组分和碳氢同位素数据。在 $\delta^{13}C_1$-$C_1/$（C_2+C_3）图版[39]中，四川盆地须家河组天然气为热成因气。川中、川南地区须家河组绝大多数天然气干燥系数总体上小于0.95，变化范围为0.849~0.964（仅八角场角49井干燥系数大于0.95，为0.964），平均8.898，为湿气，其 $C_1/(C_2+C_3)$ 值在5~20，甲烷碳同位素值在$-42‰ \sim -39‰$，表明其成熟度相对较低；川中北部元坝地区天然气与川中地区其他天然气明显不同，其干燥系数较高，$C_1/(C_2+C_3)$ 值均在50以上，其成熟度明显高于川中地区其他天然气，似乎与川中地区天然气构成一个成熟度序列。川西地区须家河组天然气与川中地区天然气有明显差异，其 $C_1/(C_2+C_3)$ 值在10~50，甲烷碳同位素值在

−38‰~−30‰，似乎更偏向于来自Ⅲ型干酪根，成熟度也略高于川中地区绝大多数天然气 [图3 (a)]。在$\delta^{13}C_1$-δD_1图版[40]中，川中、川西和川南天然气样品都落在热成因气区，数据相对比较集中，但仍然可以看出，川中地区绝大多数天然气与川西地区天然气有一定差异；元坝地区天然气与川中其他天然气也明显不同，显示了较高的成熟度 [图3 (b)]。

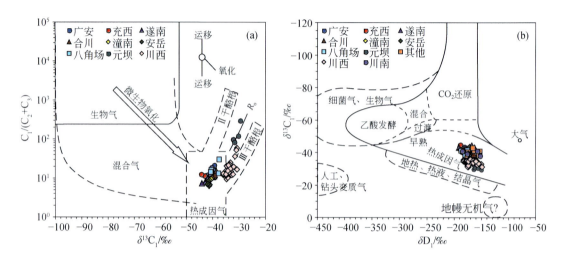

图3 四川盆地须家河组天然气 $\delta^{13}C_1$-$C_1/(C_2+C_3)$ (a) 和 $\delta^{13}C_1$-δD_1 (b) 相关图

底图据 Bernard 等[39] 和 Whiticar[40]

根据原始有机质类型，热成因气分为煤成气和油型气两种类型。煤成气气源岩为Ⅲ型和Ⅱ₂型干酪根，由相对富集^{13}C的芳香结构组成，而油型气气源岩为Ⅰ型和Ⅱ₁型干酪根，由相对富集^{12}C的脂肪族组成[41]。乙烷碳同位素由于其较强的原始母质继承性，常被用来区分煤成气和油型气[22,27,42-44]。根据前人对须家河组天然气的研究[8,45]，采用−29‰作为川中地区煤成气和油型气的分界值，即$\delta^{13}C_2$值大于−29‰的为煤成气，小于−29‰的为油型气。除了元坝地区须二段的3口井（元陆8井、元陆9井和元陆10井）乙烷δ^{13}C值小于−29‰外，其他气样乙烷δ^{13}C值都大于−29‰，因此，川中须家河组天然气基本上为煤成气。如图4所示[46]，须家河组气样基本上都落在煤成气区，只有元坝须二段的3口井气样落在碳同位素倒转混合气区。从甲烷及其同系物的碳同位素组成分布来看，须家河组天然气甲烷及其同系物碳同位素组成基本上为正序排列，即$\delta^{13}C_1<\delta^{13}C_2<\delta^{13}C_3<\delta^{13}C_4$，但元坝须二段的3口井甲烷、乙烷和丙烷碳同位素值出现明显的倒转现象，甚至完全倒转（图2）。尽管这3口井甲烷 δ^{13}C 值（$\delta^{13}C_1$：−31.5‰~−30.0‰）与元坝其他井（$\delta^{13}C_1$：−34.0‰~−29.2‰）相似，但其乙烷和丙烷δ^{13}C值（$\delta^{13}C_2$：−33.5‰~−32.3‰；$\delta^{13}C_3$：−33.6‰~−32.7‰）比元坝其他井（$\delta^{13}C_2$：−25.7‰~−20.7‰；$\delta^{13}C_3$：−27.3‰~−19.3‰）要低得多。

由于乙烷碳同位素除了主要受母质类型影响外，也会受到烃源岩热演化程度的影响[7,41,47]，因此，在$\delta^{13}C_1$-$\delta^{13}C_2$图版中，成熟度越高的气样则越落在图版右上方，而成熟度越低的气样则越落在图版的左下方（图5）。图5中不同$\delta^{13}C_1$-$\delta^{13}C_2$趋势线代表不同母

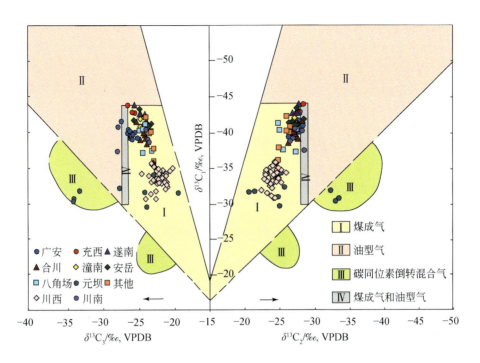

图4　四川盆地须家河组天然气 $\delta^{13}C_1$–$\delta^{13}C_2$–$\delta^{13}C_3$ 分布特征图（底图据 Dai 等[46]）

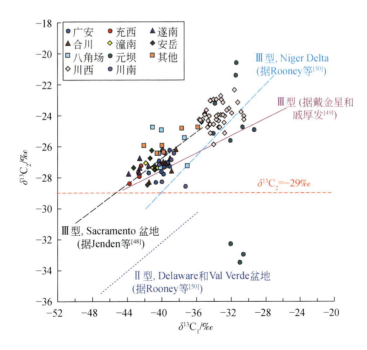

图5　四川盆地须家河组天然气 $\delta^{13}C_1$–$\delta^{13}C_2$ 相关图

底图模型数据来自 Jenden 等[48]，戴金星和戚厚发[49]，Rooney 等[50]

质类型天然气的成熟度趋势线，相同母质类型而成熟度不同同源并且没有经历后期次生改造的天然气基本上落在同一个成熟度趋势线上。四川盆地须家河组天然气与 Sacramento 盆地来自Ⅲ型干酪根的气样相似[48]，落在同一个成熟度曲线上，这说明研究区气样属于来自Ⅲ型干酪根的煤成气。元坝须二段 3 口井则落在图版的右下方，与典型的来自Ⅱ型干酪根的天然气也不完全相似。

成气过程中，当一个烷基从原始有机质分离时，^{12}C—^{12}C 比 ^{12}C—^{13}C 键弱，更容易断裂，这使得热解产物比有机母质更加贫 ^{13}C（$\delta^{13}C_{\text{干酪根}} > \delta^{13}C_{\text{热解产物}}$）[38,51]。与甲烷相比，乙烷的 $\delta^{13}C$ 值具有更强的原始母质继承性，并且当烃源岩演化程度增加时，乙烷的 $\delta^{13}C$ 值则更加接近原始母质的 $\delta^{13}C$ 值。上三叠统须家河组为一套发育在潮湿环境下的含煤沉积，在川中地区厚度为 $600 \sim 1000m$[21]，泥岩有机质丰度高，TOC 平均达 1.96%[8]，镜质组反射率变化较大，$0.8\% \sim 2.6\%$[25]，干酪根 ^{13}C 值较高，$-24.3‰ \sim -26.8‰$[52]，为一套很好的烃源岩。不考虑元坝地区，川中须家河组天然气乙烷碳同位素变化范围为$-28.5‰ \sim -24.8‰$，这与上三叠统须家河组干酪根 $\delta^{13}C$ 值相近。元坝地区须三、须四和须五段乙烷 $\delta^{13}C$ 值变化范围为$-25.7‰ \sim -20.7‰$，明显高于川中地区须家河组其他气样，这与其很高的成熟度有关。根据刘文汇等[34]的碳同位素二阶分馏公式，元坝气田须家河组天然气成熟度变化范围为 $1.09\% \sim 1.78\%$，但川中其他地区须家河组天然气成熟度总体上较低，R_o 值变化范围为 $0.64\% \sim 0.92\%$，平均为 0.75%，这与须家河组烃源岩的成熟度也相匹配。因此，川中地区须家河组天然气主要为来自须家河组煤系源岩的煤成气，为自生自储型，这与前人的研究成果也一致[8,26,33,45,53-54]。

4.2 元坝须二段天然气来源探讨

元坝气田须二段 3 口井气样甲烷 $\delta^{13}C$ 值变化范围为 $-31.5‰ \sim -30.0‰$（均值为$-30.6‰$），乙烷 $\delta^{13}C$ 值变化范围为$-33.5‰ \sim -32.3‰$（均值$-32.9‰$），丙烷 $\delta^{13}C$ 值变化范围为$-33.6‰ \sim -32.7‰$（均值$-33.3‰$），而元坝须三、须四段和须五段气样甲烷 $\delta^{13}C$ 均值为$-31.4‰$，乙烷 $\delta^{13}C$ 均值为$-23.7‰$，丙烷 $\delta^{13}C$ 均值为$-23.4‰$。两者甲烷 $\delta^{13}C$ 值差异不大，但是须二段乙烷和丙烷 $\delta^{13}C$ 值比须三、须四段和须五段偏低近$-10‰$。印峰等[55]认为元坝须二段天然气乙烷 $\delta^{13}C$ 值小于$-28.5‰$，为油型气；戴金星等[54]基于以下两点原因，认为元坝须二段天然气为煤成气。首先，戴金星等[54]认为，对于同一口井须家河组煤系源岩段，地层垂直剖面上出现油型气—煤成气—油型气—煤成气的气源组合是不可能的；其次，与威远气田灯影组油裂解气进行比对，威远气田灯影组天然气的甲烷 $\delta^{13}C$ 值（$-32.4‰$）比元坝的低，而威远气田气源岩成熟度已高达 3.39%，推断元坝气田的气源岩比威远的还高，认为与实际不符；最后，假定元坝天然气为油型气，取元坝气田甲烷 $\delta^{13}C$ 均值（$-32.0‰$），利用油型气 $\delta^{13}C_1$-R_o（%）关系式得到成熟度高达 4.42%（或 3.57%），与实际不符。如果换成须二段甲烷 $\delta^{13}C$ 均值（$-30.6‰$），则计算得到的成熟度值会更高。而采用刘文汇等[34]的煤成气碳同位素二阶分馏公式[34]，元坝气田须二段天然气成熟度变化范围为 $1.40\% \sim 1.64\%$，这与元坝须三、须四、须五段天然气的成熟度（$1.09\% \sim 1.78\%$）相似，也与实际相符（表 1），这一方面也说明元坝须二段天然气整体上为煤成气。吴小奇等[33]认为须二段天然气为混合气，为来自须家河组煤系烃源岩的煤成气混入二叠系吴家坪组烃源岩生成的原油在裂解程度较低时产生的裂解气的产物。

实际上，来源于二叠系吴家坪组—龙潭组烃源岩干酪根[56-57]及其生成的天然气具有很重的甲烷和乙烷碳同位素组成，如龙岗气田的天然气[58]，甲烷碳同位素组成 $\delta^{13}C$ 值在 $-30‰\sim-27‰$，乙烷碳同位素 $\delta^{13}C$ 值在 $-27‰\sim-22‰$。因此，两者混合不可能形成乙烷和丙烷碳同位素组成如此轻的天然气。众所周知，四川盆地下古生界海相烃源岩干酪根及其生成的天然气，如川东石炭系黄龙组天然气藏、川南威远气田天然气等，具有轻的乙烷和丙烷碳同位素组成，其甲烷的碳同位素组成 $\delta^{13}C$ 值在 $-35‰\sim-31‰$，乙烷的碳同位素组成 $\delta^{13}C$ 值在 $-38‰\sim-31‰$[54,59]，这样的天然气与须家河组煤系来源的天然气混合可能形成具有较轻乙烷和丙烷碳同位素组成的天然气。元坝地区下古生界海相烃源岩主要为下寒武统，可能有少量下志留统烃源岩分布[60-67]，在川西北地区广泛存在来源于下寒武统的固体沥青[68-70]，沥青碳同位素值为 $-36.1‰\sim-34.3‰$[68]，同地质时代比较，来源于下寒武统筇竹寺组的固体沥青碳同位素值为 $-35.4‰\sim-33.1‰$[71]，因此，元坝地区须二段这些具有很轻乙烷与丙烷碳同位素组成的天然气可能主要来源于下寒武统（以及下志留统）原油的裂解气。

5　天然气氢同位素组成的地质意义

5.1　影响天然气氢同位素组成的主要因素

天然气碳同位素组成主要受有机质类型与烃源岩热演化程度的影响[7,41,49,72]，而天然气氢同位素组成主要受到烃源岩形成环境水介质与烃源岩热演化程度的影响[5,7,9,11-12]。海相和（或）咸水湖相环境下形成的生物甲烷氢同位素值一般重于 $-190‰$，而陆相淡水环境下形成的生物甲烷氢同位素值则轻于 $-190‰$[7]。煤成气甲烷氢同位素组成也具有类似特征，主要取决于烃源岩形成环境水介质性质，即随水介质盐度的增加，煤成甲烷的氢同位素组成变重[9]。有机母质类型对天然气氢同位素没有显著的影响[7,11]。

川中须家河组天然气甲烷的氢同位素值变化区间为 $-191‰\sim-148‰$，均值为 $-173‰$（ $n=72$ ）。元坝须家河组天然气甲烷 δD 均值为 $-159‰$（ $n=12$ ），川中其他须家河组天然气甲烷 δD 均值为 $-176‰$（ $n=60$ ），比元坝须家河组的低 $17‰$。这主要与元坝须家河组天然气比川中其他须家河组天然气成熟度高有关。元坝须家河组天然气 R_o 值为 $1.09\%\sim1.78\%$，川中其他地区须家河组天然气 R_o 值为 $0.64\%\sim0.92\%$。

随着烃源岩热演化程度的增加，天然气甲烷及其同系物将变得越来越富集 ^{13}C 和 D，因此天然气碳氢同位素组成随着成熟度 R_o 的增加都逐渐变重。当成熟度变得越来越高时，甲烷和乙烷之间的同位素差异也将变得越来越小。图6显示了四川盆地不同层系天然气和吐哈盆地台北凹陷天然气甲烷碳氢同位素组成与天然气干燥系数之间的关系。须家河组天然气总体上为来自须家河组煤系源岩的煤成气，雷口坡组、飞仙关组和震旦系天然气则主要为来自咸水海相层系的油型气，吐哈盆地台北凹陷天然气主要为来自下—中侏罗统淡水湖沼沉积的煤系烃源岩的煤成气。甲烷碳同位素与天然气干燥系数之间总体上变化较为连续，随着天然气干燥系数逐渐变大，甲烷 $\delta^{13}C$ 值也逐渐增高 [图6（a）]。但四川盆地天然气甲烷 δD 值与天然气干燥系数之间的关系和吐哈盆地的差异明显，这可能与两者的烃源岩形成环境水介质条件明显不同有关，也说明烃源岩形成环境水介质条件对天然气 δD 有着重要的影响作用，这也是导致图7（b）中甲烷和乙烷的氢同位素差异与甲烷的氢同位素之间缺乏良好的线性相关性的重要原因。与氢同位素不同，甲烷和乙烷的碳同位素组成差异与甲烷的碳同位素之间有着良好的线性相关性，R^2为 0.8547，说明烃源岩热演化程度对甲烷 $\delta^{13}C$ 值的影响是举足轻重的，但是对甲烷 δD 值的影响比不上环境水介质的影响。

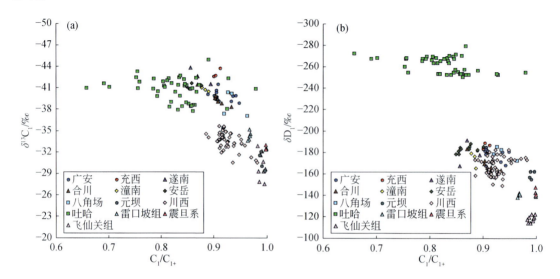

图 6　四川盆地天然气 $\delta^{13}C_1$–(C_1/C_{1+})（a）和 δD_1–(C_1/C_{1+})（b）相关图

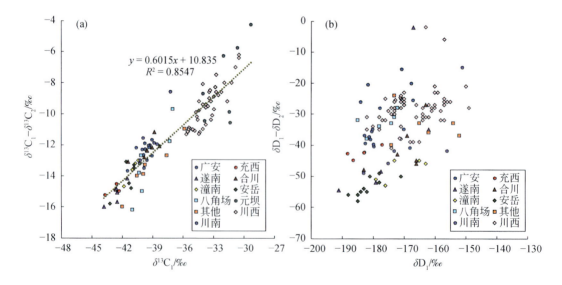

图 7　四川盆地须家河组天然气 $(\delta^{13}C_1–\delta^{13}C_2)$–$\delta^{13}C_1$（a）和 $(\delta D_1–\delta D_2)$–δD_1（b）相关图
元坝气样不包括须家河组二段 T_3x^2 的 3 个样品：元陆 10、元陆 8 和元陆 9

5.2　天然气氢同位素组成与沉积环境

　　川中须家河组天然气甲烷的氢同位素值变化区间为 –191‰ ～ –148‰，均值为 –173‰（$n=72$），川西和川南须家河组天然气甲烷 δD 值为 –183‰ ～ –149‰，均值为 –167‰

（$n=72$），总体上四川盆地须家河组天然气甲烷 δD 值处于$-200‰\sim-150‰$的区间范围内。须家河组天然气甲烷 δD 值明显偏高，反映其气源岩形成于水介质咸化的环境。这与前人的研究一致。须家河组天然气为自生自储型，气源岩主要为须家河组煤系源岩。施振生等[16]根据样品中所夹黏土层中的硼含量恢复须二段至须六段古水体盐度，发现须二段砂岩和泥岩样品古盐度均值分别为39.4‰和40.3‰，与现代海水盐度相近（35‰），须三段泥岩样品古盐度均值为17‰，须四段为12‰（砂岩为16.7‰），须五段为12.2‰，须六段为8.8‰（砂岩为7.5‰）。与正常淡水湖泊水体盐度（均值0.5‰）相比，须家河组古水体盐度明显偏高，水体咸化明显。赵霞飞等[17]认为四川盆地安岳地区须家河组须一段为海相沉积，而且须二段—须六段也皆为潮汐作用下的浅海相沉积。气源岩分子地球化学特征也证明须家河组气源岩曾受到海侵作用影响[18]。因此，须家河组煤系源岩形成于水介质咸化的沉积环境。

作为比较，四川盆地雷口坡组、飞仙关组和震旦系天然气甲烷 δD 值一般大于$-150‰$，其中震旦系与雷口坡组的甲烷 δD 值更加接近，均值约为$-140‰$，飞仙关组天然气甲烷 δD 值则相对较高，均值约为$-118‰$[8,73]。雷口坡组和飞仙关组天然气主要来源于二叠系海相烃源岩[8,73]，震旦系天然气则主要来自寒武系海相烃源岩[8]，水介质都为海水，因此，来自这些烃源岩的天然气甲烷 δD 值也都相对比较高，大于$-150‰$。四川盆地须家河组天然气与雷口坡组、飞仙关组和震旦系天然气甲烷 δD 值基本上属于连续变化，以$-150‰$为界限，须家河组天然气甲烷 δD 值基本上都小于$-150‰$，飞仙关组、雷口坡组和震旦系天然气甲烷 δD 值一般都大于$-150‰$。

与来自淡水湖沼沉积的天然气相比，四川盆地须家河组甲烷 δD 值明显偏高。如图8所示，吐哈盆地台北凹陷煤成气为来自下—中侏罗统淡水湖沼相的含煤沉积，其甲烷 δD 值基本上都小于$-250‰$，变化区间为$-279‰\sim-250‰$，均值为$-261‰$（$n=46$）[3,74]。台北凹陷天然气 $\delta^{13}C_1$ 值变化范围为$-44.9‰\sim-37.7‰$，平均值为$-40.7‰$[3,74]，而川中须家河组天然气 $\delta^{13}C_1$ 值变化范围为$-43.8‰\sim-29.2‰$，平均值为$-38.7‰$。从甲烷 $\delta^{13}C$ 值来看，两地区甲烷 $\delta^{13}C$ 平均值相差2‰，甲烷 $\delta^{13}C$ 最低值相差1.1‰，但台北凹陷甲烷 δD 平均值为$-261‰$，最低值为$-279‰$[3,74]，四川须家河组甲烷 δD 平均值为$-170‰$，最低值为$-191‰$，两者甲烷 δD 平均值相差高达91‰，甲烷 δD 最低值相差高达88‰。台北凹陷天然气成熟度 R_o 值为$0.70\%\sim0.86\%$[3,74]，川中须家河组天然气成熟度主体为$0.64\%\sim0.92\%$（不含元坝地区），可见烃源岩形成环境水介质条件对天然气甲烷氢同位素的重要影响。

6 结论

四川盆地川中地区须家河组天然气以烃类气体为主，除元坝地区天然气为干气，干燥系数均值为0.991，成熟度 R_o 均值为1.46%，川中须家河组其他地区天然气都为湿气，干燥系数均值为0.898%，成熟度 R_o 均值为0.75%。川中须家河组天然气主要为煤成气，其气源岩为须家河组煤系源岩，但元坝须二段天然气是混合气，为须家河组高-过成熟阶段的煤成气与下寒武统（及下志留统）原油裂解气混合的结果。川中须家河组天然气甲烷 $\delta^{13}C$ 值为$-43.8‰\sim-29.2‰$，甲烷 δD 值偏重，为$-191‰\sim-148‰$，都大于$-200‰$，比来自淡水湖沼相烃源岩的成熟度相近的煤成甲烷 δD 值重达90‰，说明须家河组煤系源岩形成于水体咸化的环境。

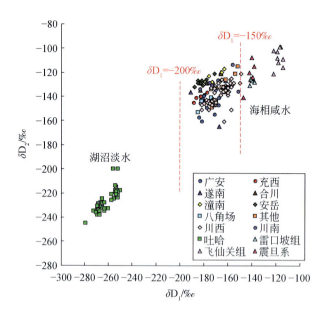

图 8　四川盆地和吐哈盆地天然气 δD_1–δD_2 相关图

吐哈数据来自 Ni 等[3]、倪云燕等[74]，雷口坡和震旦系数据来自 Dai 等[8]，飞仙关组数据来自胡安平[73]

　　致　谢：本文写作过程中，得到戴金星院士和陈建平教授的悉心指导，样品采集得到四川盆地研究中心李伟主任的帮助，样品分析得到中国石油勘探开发研究院米敬奎教授、张文龙博士的帮助，在此一并表示诚挚感谢！

参 考 文 献

[1] 戴金星. 煤成气及鉴别理论研究进展. 科学通报,2018,63(14)：1291-1305.

[2] Ni Y Y,Ma Q S,Ellis G S,et al. Fundamental studies on kinetic isotope effect（KIE）of hydrogen isotope fractionation in natural gas systems. Geochimica et Cosmochimica Acta,2011,75(10)：2696-2707.

[3] Ni Y Y,Zhang D J,Liao F R,et al. Stable hydrogen and carbon isotopic ratios of coal-derived gases from the Turpan-Hami Basin,NW China. International Journal of Coal Geology,2015,152：144-155.

[4] 戴金星. 天然气碳氢同位素特征和各类天然气鉴别. 天然气地球科学,1993,(2-3)：1-40.

[5] 王万春. 天然气、原油、干酪根的氢同位素地球化学特征. 沉积学报,1996,14(S1)：131-135.

[6] 刘全有,戴金星,李剑,等. 塔里木盆地天然气氢同位素地球化学与对热成熟度和沉积环境的指示意义. 中国科学：D 辑,2007,37(12)：1599-1608.

[7] Schoell M. The Hydrogen and Carbon isotopic composition of methane from natural gases of various origins. Geochimica et Cosmochimica Acta,1980,44(5)：649-661.

[8] Dai J X,Ni Y Y,Zou C N. Stable carbon and hydrogen isotopes of natural gases sourced from the Xujiahe For-mation in the Sichuan Basin,China. Organic Geochemistry,2012,43：103-111.

[9] 沈平,徐永昌. 中国陆相成因天然气同位素组成特征. 地球化学,1991(2)：144-152.

[10] Wang X F,Liu W H,Shi B G,et al. Hydrogen isotope characteristics of thermogenic methane in Chinese sedimentary basins. Organic Geochemistry,2015,83-84：178-189.

[11] Ni Y Y,Liao F R,Gao J L,et al. Hydrogen isotopes of hydrocarbon gases from different organic facies of the

Zhongba gas field, Sichuan Basin, China. Journal of Petroleum Science and Engineering, 2019, 179: 776-786.

[12] 王晓锋,刘文汇,徐永昌,等.水介质对气态烃形成演化过程氢同位素组成的影响.中国科学:地球科学,2012,42(1):103-110.

[13] 李熙喆,张满郎,谢武仁,等.川西南地区上三叠统须家河组沉积相特征.天然气工业,2008,28(2):54-57,165.

[14] 张金亮,王宝清.四川盆地中西部上三叠统沉积相.西安石油学院学报:自然科学版,2000,15(2):1-6,60.

[15] 施振生,杨威,金惠,等.川中–川南地区上三叠统沉积相研究.沉积学报,2008,26(2):211-220.

[16] 施振生,谢武仁,马石玉,等.四川盆地上三叠统须家河组四段—六段海侵沉积记录.古地理学报,2012,14(5):583-595.

[17] 赵霞飞,吕宗刚,张闻林,等.四川盆地安岳地区须家河组——近海潮汐沉积.天然气工业,2008,28(4):14-18,134.

[18] Zhang M, Huang G H, Li H B, et al. Molecular geochemical characteristics of gas source rocks from the Upper Triassic Xujiahe Formation indicate transgression events in the Sichuan Basin. Science in China: Series D, 2012, 55(8): 1260-1268.

[19] 四川油气区石油地质志编写组.中国石油地质志(卷十):四川油气区.北京:石油工业出版社,1990.

[20] 秦启荣,苏培东,李乐,等.川中低缓构造成因.新疆石油地质,2005,26(1):108-111.

[21] 陈义才,郭贵安,蒋裕强,等.川中地区上三叠统天然气地球化学特征及成藏过程探讨.天然气地球科学,2007,18(5):737-742.

[22] 肖芝华,谢增业,李志生,等.川中–川南地区须家河组天然气同位素组成特征.地球化学,2008,37(3):245-250.

[23] 王兰生,陈盛吉,杜敏,等.四川盆地三叠系天然气地球化学特征及资源潜力分析.天然气地球科学,2008,19(2):222-228.

[24] 唐跃,王靓靓,崔泽宏.川中地区上三叠统须家河组气源分析.地质通报,2011,30(10):1608-1613.

[25] 易士威,林世国,杨威,等.四川盆地须家河组大气区形成条件.天然气地球科学,2013,24(1):1-8.

[26] 吴小奇,黄士鹏,廖凤蓉,等.四川盆地须家河组及侏罗系煤成气碳同位素组成.石油勘探与开发,2011,38(4):418-427.

[27] 王世谦,罗启后,邓鸿斌,等.四川盆地西部侏罗系天然气成藏特征.天然气工业,2001,21(2):1-8,10.

[28] 樊然学,周洪忠,蔡开平.川西坳陷南段天然气来源与碳同位素地球化学研究.地球学报,2005,26(2):157-162.

[29] 秦胜飞,陶士振,涂涛,等.川西坳陷天然气地球化学及成藏特征.石油勘探与开发,2007,34(1):34-38,54.

[30] Dai J X, Xia X Y, Li Z S, et al. Inter-laboratory calibration of natural gas round robins for δ^2H and $\delta^{13}C$ using off-line and on-line techniques. Chemical Geology, 2012, 310-311: 49-55.

[31] 戴金星,等.中国煤成大气田及气源.北京:科学出版社,2014.

[32] 胡炜,朱扬明,李颖,等.川东北元坝地区陆相气地球化学特征及来源.浙江大学学报(理学版),2014,41(4):468-476.

[33] 吴小奇,刘光祥,刘全有,等.四川盆地元坝–通南巴地区须家河组天然气地球化学特征和成因.石油与天然气地质,2015,36(6):955-962,97.

[34] 刘文汇,徐永昌.煤型气碳同位素演化二阶段分馏模式及机理.地球化学,1999,28(4):359-366.

[35] 陶成,把立强,王杰,等.天然气氢同位素分析及应用.石油实验地质,2008,30(1):94-97.

[36] 钱志浩,曹寅,张美珍.川东北天然气单体烃氢同位素组成特征.海相油气地质,2008,13(2):17-21.

[37] Dai J X,Xia X Y,Qin S F,et al. Origins of partially reversed alkane δ^{13}C values for biogenic gases in China. Organic Geochemistry,2004,35(4):405-411.

[38] Marais D D,Donchin J H,Nehring N L,et al. Molecular carbon isotopic evidence for the origin of geothermal hydrocarbons. Nature,1981,292(5826):826-828.

[39] Bernard B B,Brooks J M,Sackett W M. Natural gas seepage in the gulf of Mexico. Earth and Planetary Science Letters,1976,31(1):48-54.

[40] Whiticar M J. Carbon and Hydrogen isotope systematics of bacterial formation and oxidation of methane. Chemical Geology,1999,161(1):291-314.

[41] 戴金星,裴锡古,戚厚发.中国天然气地质学(卷一).北京:石油工业出版社,1992.

[42] 戴金星,秦胜飞,陶士振,等.中国天然气工业发展趋势和天然气地学理论重要进展.天然气地球科学,2005,16(2):127-142.

[43] 刚文哲,高岗,郝石生,等.论乙烷碳同位素在天然气成因类型研究中的应用.石油实验地质,1997,19(2):164-167.

[44] 陈践发,李春园,沈平,等.煤型气烃类组分的稳定碳、氢同位素组成研究.沉积学报,1995,13(2):59-69.

[45] Dai J X,Ni Y Y,Zou C N,et al. Stable Carbon isotopes of alkane gases from the Xujiahe coal measures and implication for gas-source correlation in the Sichuan Basin,SW China. Organic Geochemistry,2009,40(5):638-646.

[46] Dai J X,Ni Y Y,Wu X Q. Tight gas in China and its significance in exploration and exploitation. Petroleum Exploration and Development,2012,39(3):277-284.

[47] Tang Y,Perry J K,Jenden P D,et al. Mathematical modeling of stable Carbon isotope ratios in natural gases. Geochimica et Cosmochimica Acta,2000,64(15):2268-2673.

[48] Jenden P D,Newell K D,Kaplan I R,et al. Composition and stable-isotope geochemistry of natural gases from Kansas,Midcontinent,U.S.A. Chemical Geology,1988,71(1-3):117-147.

[49] 戴金星,戚厚发.我国煤成烃气的 δ^{13}C-R_o 关系.科学通报,1989,34(9):690-692.

[50] Rooney M A,Claypool G E,Chung H M. Modeling thermogenic gas Generation using Carbon isotope ratios of natural gas hydrocarbons. Chemical Geology,1995,126(3-4):219-232.

[51] Tissot B P,Welte D H. Petroleum Formation and Occurrence,2nd ed. Berlin,Heidelberg,New York,Tokyo:Springer-Verlag,1984.

[52] 马永生.普光气田天然气地球化学特征及气源探讨.天然气地球科学,2008,19(1):1-7.

[53] Hao F,Guo T L,Zhu Y M,et al. Evidence for multiple stages of oil cracking and thermochemical sulfate reduction in the Puguang gas field,Sichuan Basin,China. AAPG Bulletin,2008,92(5):611-637.

[54] 戴金星,廖凤蓉,倪云燕.四川盆地元坝和通南巴地区须家河组致密砂岩气藏气源探讨——兼答印峰等.石油勘探与开发,2013,40(2):250-256.

[55] 印峰,刘若冰,秦华.也谈致密砂岩气藏的气源——与戴金星院士商榷.石油勘探与开发,2013,40(1):125-128.

[56] 梁狄刚,郭彤楼,陈建平,等.中国南方海相生烃成藏研究的若干新进展(二):南方四套区域性海相烃源岩的地球化学特征.海相油气地质,2009,14(1):1-15.

[57] 陈建平,李伟,倪云燕,等.四川盆地二叠系烃源岩及其天然气勘探潜力(二):烃源岩地球化学特征与天然气资源潜力.天然气工业,2018,38(6):33-45.

[58] 戴金星,倪云燕,秦胜飞,等.四川盆地超深层天然气地球化学特征.石油勘探与开发,2018,45(4):588-597.

[59] 戴金星,倪云燕,黄士鹏.四川盆地黄龙组烷烃气碳同位素倒转成因的探讨.石油学报,2010,31(5):710-717.

[60] 梁狄刚,郭彤楼,陈建平,等.中国南方海相生烃成藏研究的若干新进展(一):南方四套区域性海相烃源岩的分布.海相油气地质,2008,13(2):1-16.

[61] 王兰生,邹春艳,郑平,等.四川盆地下古生界存在页岩气的地球化学依据.天然气工业,2009,29(5):59-62,138.

[62] 黄文明,刘树根,王国芝,等.四川盆地下古生界油气地质条件及气藏特征.天然气地球科学,2011,22(3):465-476.

[63] 邹才能,杜金虎,徐春春,等.四川盆地震旦系—寒武系特大型气田形成分布、资源潜力及勘探发现.石油勘探与开发,2014,41(3):278-293.

[64] 魏国齐,杨威,谢武仁,等.四川盆地震旦系—寒武系大气田形成条件、成藏模式与勘探方向.天然气地球科学,2015,26(5):785-795.

[65] 魏国齐,王志宏,李剑,等.四川盆地震旦系、寒武系烃源岩特征、资源潜力与勘探方向.天然气地球科学,2017,28(1):1-13.

[66] 刘树根,邓宾,钟勇,等.四川盆地及周缘下古生界页岩气深埋藏–强改造独特地质作用.地学前缘,2016,23(1):11-28.

[67] 谢增业,张本健,杨春龙,等.川西北地区泥盆系天然气沥青地球化学特征及来源示踪.石油学报,2018,39(10):1103-1118.

[68] 黄第藩,王兰生.川西北矿山梁地区沥青脉地球化学特征及其意义.石油学报,2008,29(1):23-28.

[69] 饶丹,秦建中,腾格尔,等.川西北广元地区海相层系油苗和沥青来源分析.石油实验地质,2008,30(6):596-599,60.

[70] 刘春,张惠良,沈安江,等.川西北地区泥盆系油砂岩地球化学特征及成因.石油学报,2010,31(2):253-258.

[71] 郝彬,胡素云,黄士鹏,等.四川盆地磨溪地区龙王庙组储层沥青的地球化学特征及其意义.现代地质,2016,30(3):614-626.

[72] Stahl W J,Carey B D. Source-rock identification by isotope analyses of natural gases from fields in the Val Verde and Delaware basins,West Texas. Chemical Geology,1975,16(4):257-267.

[73] 胡安平.川东北飞仙关组高含硫化氢气藏有机岩石学与有机地球化学研究.杭州:浙江大学,2009.

[74] 倪云燕,廖凤蓉,龚德瑜,等.吐哈盆地台北凹陷天然气碳氢同位素组成特征.石油勘探与开发,2019,46(3):1-12.

四川盆地长宁地区志留系页岩气碳同位素组成[*]

冯子齐，刘　丹，黄士鹏，吴　伟，董大忠，彭威龙，韩文学

0　引言

四川盆地长宁地区于 2011 年 11 月开始产页岩气，至 2015 年 4 月其日产气逾 $170×10^4\,m^{3\,[1]}$，与威远、昭通地区共建成页岩气产能 $26×10^8\,m^3/a^{[2]}$。目前，该地区上奥陶统五峰组—下志留统龙马溪组页岩气碳同位素组成分析的相关研究鲜有发表，且实验数据公布较少。

页岩气普遍存在碳同位素组成反转（rollover）和倒转（reversal）现象[3-16]：反转是指随成熟度增加，天然气某组分同位素组成演化趋势发生改变，如 Barnett 页岩气乙烷碳同位素组成随着成熟度增加，当湿度降至 8% 左右时，由逐渐变重趋势转而变轻[7,10]；倒转是指碳同位素组成不遵循原生的正碳同位素序列（$\delta^{13}C_1<\delta^{13}C_2<\delta^{13}C_3$），发生部分倒转甚至碳同位素值随碳数反序的现象[3-15]。需要注意的是即使某种组分的同位素已开始反转（即演化趋势发生改变），但由于其他组分的碳同位素组成也在变化，故整体分布序列不会立即发生倒转[10,16]。

反转和倒转现象体现了页岩气来源于页岩系统内在不同演化阶段、不同来源（干酪根裂解、滞留液态烃裂解和湿气裂解）天然气的混合[3-5]，并与封闭体系下的超压以及页岩气高产有关[6-9]；此外，基于"自生自储"等特性，页岩气的地球化学性质更贴近烃源岩内部原始气体[4,6-7]，其稳定碳同位素组成演化研究对揭示烃源岩的生气过程、页岩气成藏机理有着重要的指示意义。

前人普遍通过结合北美各地区典型页岩气地球化学特征来系统研究低成熟至高成熟阶段页岩气的碳同位素组成演化过程，并在研究过程中以湿度（$W=C_{2-5}/C_{1-5}$）作为热演化程度的指示参数[3-16]。因四川盆地南部长宁地区已全部进入过成熟阶段，所以本研究填补了演化过程中过成熟区的空白。

对比四川南部威远地区和四川东部涪陵地区的龙马溪组页岩气，结合北美典型页岩气碳同位素组成，系统分析长宁地区页岩气碳同位素组成的演化特征和倒转现象，力求为全面认识四川盆地龙马溪组页岩气地球化学特征提供参考。

1　研究区地质背景

长宁地区位于宜宾市长宁县南部、筠连县北部，包括高县及珙县上罗镇一带，面积近 $4000\,km^{2\,[1]}$［图 1（a）］。页岩气井（平台）位于珙县上罗镇地区，总体处于长宁背斜西

---

　　* 原载于《石油勘探与开发》，2016 年，第 43 卷，第 5 期，705～715。

南方向的翼部平缓区内［图1（b）］。该区龙马溪组底部龙一段优质页岩厚度超35m［图1（c）］，为Ⅰ-Ⅱ₁型有机质，有机碳含量高（平均为4.0%），热成熟度R_o为2.8%～3.3%[2,15]，处于过成熟阶段，脆性矿物含量高，发育基质孔隙及少量裂缝，具备良好的成藏和储集条件[17]。

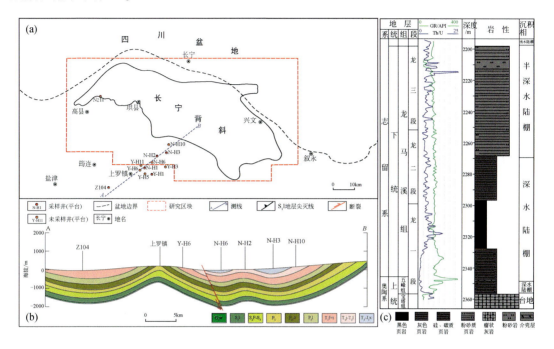

图1　四川盆地长宁地区地质概图及地层剖面

O₃w. 上奥陶统五峰组；S₁l. 下志留统龙马溪组；S₂l₂. 中志留统罗惹坪组；P₂β. 上二叠统峨眉山玄武岩；

P₂l. 上二叠统乐平组；T₁f. 下三叠统飞仙关组；T₁t. 下三叠统铜街子组；T₁j. 下三叠统嘉陵江组；

T₂l. 中三叠统雷口坡组；J₁x. 下侏罗统香溪群

2　地球化学分析结果

2.1　天然气组分特征

本研究分析的页岩气钢瓶气样取自长宁地区生产井（图1）。烃类气体中CH_4占绝对优势，为97.11%～99.45%，平均为98.69%，与涪陵地区（平均98.16%）和威远地区（平均98.01%）相当[13-14]；乙烷、丙烷含量极少，重烃含量平均仅0.49%，与涪陵地区（平均0.69%）和威远地区（平均0.46%）相当[13-14]。长宁地区页岩气湿度平均仅为0.49%，为典型干气（表1）。

非烃类气为少量CO_2和N_2，平均含量分别为0.32%和0.81%。由于页岩埋藏适中，温度较高，不稳定含硫化合物所产生的H_2S气体运移散失，少量残留H_2S在页岩内与铁、锌离子的反应中被消耗，形成黄铁矿等硫化物[18]，因此在本次与前人研究中，长宁和威远地区龙马溪组页岩气均未检测出H_2S。

表1   四川盆地长宁地区龙马溪组页岩气组分和碳同位素组成表

区块	井位	地层	主要组分/%					湿度	$\delta^{13}C/‰$				数据来源
			CH_4	C_2H_6	C_3H_8	CO_2	N_2	$(W)/\%$	CH_4	C_2H_6	C_3H_8	CO_2	
长宁	NH1	S_1l	99.12	0.50	0.01	0.04		0.51	−27.0	−34.3			[3]
	NH1*	S_1l	99.04	0.54		0.40		0.54	−27.8	−34.1			
	N211	S_1l	98.53	0.32	0.03	0.91		0.35	−28.4	−33.8	−36.2	−9.2	
	Z104	S_1l	99.25	0.52	0.01	0.07		0.53	−26.7	−31.7	−33.1	3.8	
	YH1-1	S_1l	99.45	0.47	0.01	0.01		0.48	−27.4	−31.6	−33.2		本文
	NH2-1	S_1l	99.07	0.42	0.10			0.53	−28.7	−33.8	−35.4		
	NH2-2	S_1l	99.28	0.47	0.01			0.48	−28.9	−34.0			
	NH2-3	S_1l	98.62	0.42	0.01	0.59		0.43	−31.3	−34.2	−35.5		
	NH2-4	S_1l	99.15	0.44	0.01			0.45	−28.4	−33.8			
	NH2-5	S_1l	97.96	0.48	0.01	0.16	1.37	0.50	−27.6	−32.8	−34.8		
	NH2-6	S_1l	98.91	0.47	0.01	0.39	0.21	0.49	−28.7	−33.5	−36.4		
	NH2-7	S_1l	98.66	0.47	0.01	0.48	0.35	0.48	−29.3	−33.3	−35.6		
	NH3-1	S_1l	98.29	0.53	0.01		1.14	0.55	−27.6	−32.3	−35.0		
	NH3-2	S_1l	99.25	0.44	0.02		0.24	0.46	−28.9	−33.4	−36.0		
	NH3-3	S_1l	98.76	0.09			1.10	0.09	−28.4	−33.5	−35.8		
	NH3-4	S_1l	97.11	0.57	0.01	0.46	1.79	0.60	−28.1	−33.0	−34.9		
	NH3-5	S_1l	98.21	0.54	0.01	0.72	0.51	0.56	−27.1	−32.9	−34.9		
	NH3-6	S_1l	98.47	0.52	0.01	0.68	0.32	0.53	−29.4	−33.1	−35.1		
	YH1-3	S_1l	97.97	0.58	0.02		1.41	0.61	−27.7	−32.8	−36.0		
	YH1-5	S_1l	99.08	0.49	0.01	0.26	0.15	0.50	−26.8	−33.1	−35.7		

2.2 碳同位素组成

长宁地区龙马溪组页岩 R_o 为 2.80%~3.30%，页岩气 $\delta^{13}C_1$ 为–31.3‰~–26.7‰，平均为–28.2‰，与同样过成熟的涪陵（R_o：2.20%~3.06%）、威远地区（R_o：2.00%~2.20%）页岩气相当[7,15]。原生的乙烷碳同位素组成被认为具备良好的母质继承性，油型气 $\delta^{13}C_2$ 一般小于–28‰或–29‰，煤成气 $\delta^{13}C_2$ 则大于–28‰[19]。长宁地区龙马溪组烃源岩为腐泥型有机质，$\delta^{13}C_2$ 为–34.3‰~–31.6‰，平均为–33.2‰，明显属于油型气；丙烷含量很少，平均仅0.02%，且考虑测试仪器精度，所测丙烷碳同位素组成仅用于参考。由图2可知，四川盆地长宁、涪陵和威远地区过成熟页岩气的甲烷碳同位素组成普遍较重，具有碳同位素完全倒转（$\delta^{13}C_1>\delta^{13}C_2>\delta^{13}C_3$）的现象，其中长宁和涪陵地区热演化程度相近，碳同位素组成分布模式相似。威远地区热演化程度相对于长宁和涪陵地区稍低[15]，烷烃气组分的碳同位素组成普遍较轻。

按照戴金星等[20]提出的 $\delta^{13}C_1$-$\delta^{13}C_2$-$\delta^{13}C_3$ 鉴别图版显示，四川盆地龙马溪组页岩气碳同位素数据皆落入Ⅲ区的混合倒转气区内及附近（图3），偏近Ⅱ区的油型气区，与其腐

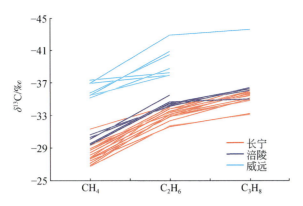

图2　四川盆地龙马溪组页岩气碳同位素组成分布特征图
据文献［13］和［14］修改

泥型干酪根一致。前人研究发现，长宁和涪陵地区龙马溪组页岩气碳同位素组成在
Whiticar 和 Schoell 判识图版上会向Ⅲ型干酪根偏离，甚至投入煤成干气区内[14,18]，说明在
过成熟阶段，页岩系统中还存在其他次生作用的影响。

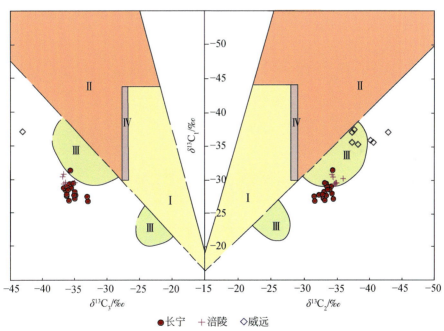

图3　四川盆地龙马溪组页岩气 $\delta^{13}C_1$-$\delta^{13}C_2$-$\delta^{13}C_3$ 鉴别图版
据文献［3］、［13］和［14］修改

按照戴金星等提出的天然气 CO_2 成因判识标准：有机成因 CO_2 在天然气中的含量小于
20%，其 $\delta^{13}C_{CO_2}$ 小于-10‰；而无机成因 CO_2 含量则大于 60% 或 $\delta^{13}C_{CO_2}$ 值大于-8‰[20]。长
宁龙马溪组页岩气中 CO_2 含量较低，$\delta^{13}C_{CO_2}$ 平均仅为-2.7‰，且龙马溪组优质页岩段（龙
一段）下伏宝塔组发育灰岩，页岩气中 CO_2 气体为无机成因的碳酸盐矿物热裂解的
产物[3-4]。

3　页岩气碳同位素组成演化

前人研究认为随热演化程度增加，页岩气碳同位素组成序列会由正碳同位素序列发生部分倒转，乃至后期完全倒转，并在研究过程中以湿度作为热演化程度的指示参数[3-16]。四川盆地龙马溪组页岩气碳同位素组成皆处于演化的过成熟区，并且具有完全倒转（$\delta^{13}C_1 > \delta^{13}C_2 > \delta^{13}C_3$）的分布模式（图4），结合北美典型低熟至高成熟页岩气地球化学特征，以期完整认识页岩气在热演化过程中的碳同位素组成变化。

3.1　页岩气 $\delta^{13}C_1$ 及湿度分布模式

如图5所示，随热演化程度增加，湿度逐渐降低，烷烃气逐渐富集 ^{13}C，页岩气甲烷碳同位素组成整体变重，演化趋势稳定。四川盆地威远地区页岩气（R_o：2.00%～2.20%）处于过成熟阶段[15]，甲烷碳同位组成逐渐变重，长宁、涪陵地区（R_o：2.20%～3.30%）以及西加拿大沉积盆地（WCSB）Horn River 页岩气（R_o：2.20%～4.00%）热演化程度更高[10,15,21]，这些地区各自页岩气 $\delta^{13}C_1$ 值的变化规律不太明显（图5）。

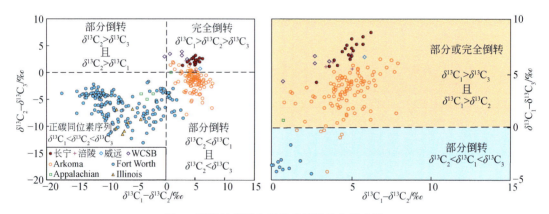

图4　页岩气碳同位素组成倒转分布模式图

据文献［7］～［9］、［10］～［14］和［16］修改

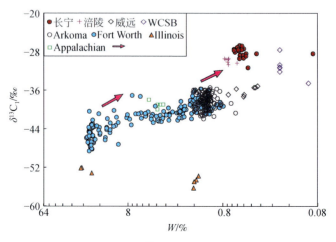

图5　页岩气 $\delta^{13}C_1$ 与湿度分布模式图

据文献［7］～［9］、［10］～［14］和［16］修改

3.2 碳同位素组成的两次反转现象

页岩气乙烷和丙烷碳同位素组成在演化过程中会发生反转现象，Tilley 和 Muehlenbachs 将反转前后的阶段称为组分的反转前阶段（pre-rollover zone）和反转后阶段（post-rollover zone）[10]。

在第一次反转的节点处，$\delta^{13}C_2$ 和 $\delta^{13}C_3$ 均达到了极大值，前期较低熟气和后期更高熟气的碳同位素组成均小于此值[14]。同时，iC_4/nC_4 也由增高趋势转为逐渐降低，iC_4/nC_4 发生改变是因为二者在裂解过程中的热稳定性不同，故第一次反转也预示二次裂解开始[16]，此时页岩系统内的天然气为干酪根初次裂解气与液态烃二次裂解气的混合[5,10,22-23]。

四川盆地长宁地区过成熟页岩气的湿度平均仅为 0.49%，已完全进入反转后阶段，演化趋势已超出前人倒"S"形的演化趋势，其 $\delta^{13}C_2$ 和 $\delta^{13}C_3$ 值并没有随湿度的降低而持续升高，这可能与页岩本身的干酪根碳同位素组成有关，即原生的天然气碳同位素组成不应重于其烃源岩干酪根的碳同位素组成[20,22]（图 6）。

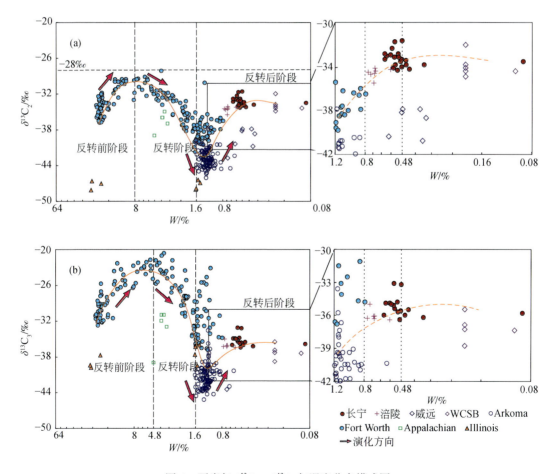

图 6 页岩气 $\delta^{13}C_2$、$\delta^{13}C_3$ 与湿度分布模式图

据文献 [7] ～ [9]、[10] ～ [14] 和 [16] 修改

3.3　碳同位素组成的倒转现象

在乙烷碳同位素组成开始反转时，处于成熟阶段的干酪根和液态烃开始裂解，来自原油裂解气的乙烷、丙烷更富集 ^{12}C 并逐渐变轻[16]，页岩气 $\delta^{13}C_2$ 值开始降低，$\delta^{13}C_1$ 值升高，故两者的差值（$\delta^{13}C_1 - \delta^{13}C_2$）升高并开始向纵向 0 坐标线"收敛"［图 7（a）中紫色线］[10,16]；当湿度降低到 1.6% 左右时，液态烃裂解殆尽，湿气开始二次裂解[16]，部分数据点穿过纵向 0 点坐标线，$\delta^{13}C_1$ 开始大于 $\delta^{13}C_2$，发生 $\delta^{13}C_1 > \delta^{13}C_2$ 的部分倒转，并在之后呈发散趋势（即远离纵坐标 0 线）[5,10,16]。

同样丙烷碳同位素组成开始反转时变轻较快，$\delta^{13}C_3$ 值逐渐降低[23]，两者差值（$\delta^{13}C_2 - \delta^{13}C_3$）的演化趋势开始收敛［图 7（b）］，当湿度降低到 1.6% 以下后，开始出现 $\delta^{13}C_2 > \delta^{13}C_3$ 的倒转现象，并呈发散趋势[5,10,16]。

热演化程度更高的四川盆地长宁和涪陵地区，以及西加拿大盆地（WCSB）Horn River 页岩气区（$W < 0.8\%$、$R_o > 2.2\%$）的 $\delta^{13}C_1$ 值整体呈升高趋势、$\delta^{13}C_2$ 和 $\delta^{13}C_3$ 值不再持续升高，故甲烷与乙烷碳同位素组成差值（$\delta^{13}C_1 - \delta^{13}C_2$）逐渐再次有"收敛"趋势［图 7（a）］，而乙烷与丙烷碳同位素组成差值在发生倒转后（$\delta^{13}C_2 > \delta^{13}C_3$）的演化趋势不太明显。

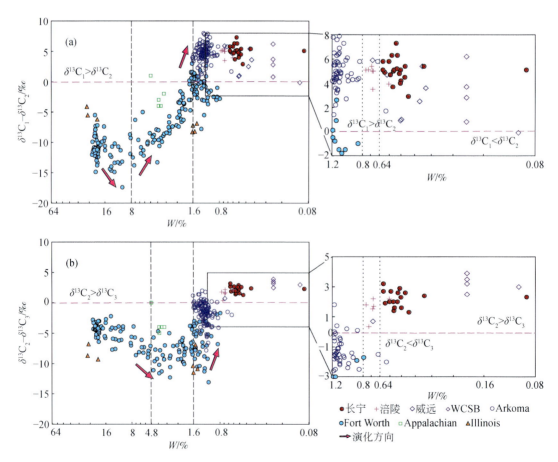

图 7　页岩气碳同位素组成差值与湿度分布模式图

据文献 ［7］ ～ ［9］、［10］ ～ ［14］ 和 ［16］ 修改

4 讨论

原生的负碳同位素序列（$\delta^{13}C_1 > \delta^{13}C_2 > \delta^{13}C_3$）一般是无机成因气的显著特征，是在从低分子量化合物聚合形成高分子量同系物过程中，由于^{12}C键优先断裂而率先进入聚合形成的长链中所造成[24]。近些年来一些沉积盆地的有机成因气，如 Arkoma 盆地东部的密西西比系 Fayetteville 页岩气[7]、西加拿大盆地泥盆系 Horn River 页岩气[10]、四川盆地志留系龙马溪组页岩气[4,13-15]以及鄂尔多斯盆地下古生界马家沟组天然气[25]普遍出现碳同位素序列部分倒转乃至完全倒转的现象，有关其成因探讨一直存在争议，主要观点有：①同源不同期气体的混合[7,16]。高成熟度天然气与早期残留的富含^{12}C的乙烷发生混合，造成乙烷碳同位素组成变轻，导致出现$\delta^{13}C_1 > \delta^{13}C_2$的部分倒转。②二次裂解效应[5,9-10,26]。在高演化阶段，页岩系统中气体来自不同来源，比如干酪根、滞留油和湿气的裂解气、滞留油或沥青所产生的裂解气会产生较轻乙烷（富含^{12}C），导致发生倒转。③水等物质参与氧化还原反应[27]。在高演化阶段，乙烷仅被消耗而无生成，发生瑞利分馏效应，并在有过渡金属情况下，乙烷会和水以及含铁金属发生还原反应，部分消耗并生成碳同位素组成更重的甲烷。在这种乙烷含量极低的情况下，即使混入极少量的较轻乙烷也会产生倒转。④排烃和扩散导致分馏[28-29]。富含^{12}C的甲烷在扩散过程中会优先散失，导致残留的甲烷富集^{13}C而碳同位素组成变重，从而导致倒转。

4.1 甲烷碳同位素组成重异常

扩散作用会造成残留在页岩系统中的甲烷气体富集^{13}C，使碳同位素值升高，扩散实验中页岩内的甲烷碳同位素组成明显重于逸散出的甲烷，扩散导致的分馏为5‰~11‰[28]，但由于甲烷分子量小而优先扩散，故应首先是甲烷的碳同位素组成发生改变、而非乙烷及丙烷[6]，且尽管实验条件下观察到的分馏较大，推算到地质条件下并不高，一般小于3‰[5,29]。长宁页岩气甲烷碳同位素值平均达–28.2‰，主要为–29.64‰~–26.78‰（表1），而四川盆地下寒武统和下志留统页岩的干酪根碳同位素值整体低于–27.5‰，部分数值甚至轻于长宁地区页岩气的$\delta^{13}C_1$值，即使演化程度极高，正常热成因的原生天然气也不应出现$\delta^{13}C_1 > \delta^{13}C_{干酪根}$的现象[14,22]，结合长宁页岩气$\delta^{13}C_1$值在 Whiticar 图版和 Schoell 判识图版上所发生的偏离现象[14,16]，说明在极高演化程度下，还应有其他次生作用产生影响。

4.2 碳同位素组成倒转分析

1）$\delta^{13}C_1$、$\delta^{13}C_2$部分倒转

同源不同期气体的混合不应是页岩气产生较轻乙烷碳同位素组成的主要原因。前人研究中已发现鄂尔多斯盆地山西组煤系地层中的页岩气$\delta^{13}C_2$值总体低于–29‰[14]，但实际上煤成气的$\delta^{13}C_2$值即使在低演化阶段也应普遍高于–28‰，故异常轻的$\delta^{13}C_2$值应是后期高演化阶段的其他成因所导致。

在高演化阶段，页岩系统内的天然气来自于干酪根、湿气、滞留液态烃和沥青的同时裂解[2,14-16]，其中油或凝析油的裂解产生的C_{2+}组分含量相对较高，乙烷较快富集^{12}C率先

开始变轻［图4、图6（a）］[6]，最先出现的部分倒转为$\delta^{13}C_1 > \delta^{13}C_2$。长宁地区页岩气的乙烷含量极少（平均0.47%），即使有少量轻碳同位素组成的乙烷混入也可能会造成$\delta^{13}C_1 > \delta^{13}C_2$倒转[14,16]。但仅仅依靠湿气二次裂解，未必就一定能达到完全倒转的程度，封闭体系下的热模拟实验也表明，单纯热成因页岩气的碳同位素组成不会发生倒转[30]，故应还受其他因素影响。

由于受热液流体的影响，Fayetteville页岩气中轻的$\delta^{13}C_{CO_2}$与$\delta^{13}C_2$共生，在演化过程的早期，水可能和甲烷反应生成了轻碳同位素的CO_2和H_2，在之后的高演化阶段中CO_2和H_2反应再生成轻碳同位素的乙烷[7,27]。热模拟实验在加水时，可以观察到产物更富C_{2+}并发生倒转，不加水时则观察不到该现象，故水在二次裂解和同位素倒转的过程中应有重要的作用[31]。

2）高地温条件

通过总结前人认识，戴金星等[32-33]提出了次生型负碳同位素系列形成机制，认为除了过成熟阶段次生作用产生影响，高地温环境（地层温度大于150℃）[34]也是引起完全倒转的重要因素。

由高地温引起碳同位素组成异常分布的现象早在1970年就有所报道，Vinogradov和Galimov研究发现不同温度下碳同位素组成交换平衡作用有异：地温高于150℃时出现$\delta^{13}C_1 > \delta^{13}C_2$倒转；地温高于200℃时就会出现负碳同位素系列，即$\delta^{13}C_1 > \delta^{13}C_2 > \delta^{13}C_3$[35]。Fuex等[36]认为倒转现象中较罕见的$\delta^{13}C_1 > \delta^{13}C_2$是由于母源生成后期的高–过成熟度气体增加所致。Burruss和Laughrey认为高成熟度阶段的部分倒转现象是由二次裂解效应所引起，而过成熟度阶段页岩气在250~300℃地温环境下，液态烃裂解殆尽、湿气大量裂解，乙烷不再生成而仅是消耗[16]，发生了瑞利分馏，残留乙烷的碳同位素组成迅速变重[27,37]，乃至高于$\delta^{13}C_3$[10]。前人也认为瑞利分馏是某组分碳同位素组成进入反转后阶段的标志，此时在过渡金属催化下，乙烷和水以及含铁金属发生还原反应，部分消耗，并生成碳同位素组成更重的甲烷[27,31]，此特殊反应所生成的较重甲烷，可以解释其异常的地球化学特征。

四川盆地志留系龙马溪组经历过3期以上的油气生成和运移，气藏中$\delta^{13}C_1$最高（平均为–29.2‰）的焦页1井、N201井等的流体包裹体均一温度以172~205℃的区间最为常见，焦页1井均一温度达到215.4~223.1℃[38]。同时下志留统黑色页岩石英中富含大量高密度甲烷包裹体，其拉曼位移主要为2910.0~2911.4cm^{-1}，在拉曼图谱中CH_4的纯度较高，其他组分含量很少，表明其属于热演化程度很高的高密度干气包裹体[39]。四川南部龙马溪组成熟度实验数据表明，成熟度呈现由西北向东南方向增大的变化趋势，R_o为1.8%~3.8%[17]，且长宁地区过成熟页岩气乙烷含量平均仅0.47%，已处于瑞利分馏阶段，页岩气井生产中普遍有一定产水量，满足发生瑞利分馏条件下的特殊反应，具备发生次生型负碳同位素系列的条件。Barnett页岩气（R_o：0.50%~2.00%）虽然从湿度22.06%演化至0.80%均有涉及[7-9]，涵盖从低熟至高–过成熟连续热演化过程，但仅有部分数据出现部分倒转[7]，这可能是由于高成熟阶段的少量Barnett页岩气"进入时间"较短，平衡效应还不够充分所致[33]。长宁页岩气湿度平均仅0.49%，完全进入过成熟演化阶段的"年龄"长，碳同位素组成平衡效应充分，致使碳同位素系列发生倒转，乃至为完全倒转。

5　结论

四川盆地长宁地区龙马溪组过成熟页岩气中甲烷含量平均为98.69%，湿度平均为0.49%，R_o为2.8%~3.3%；非烃类气为少量CO_2和N_2，未检测到丁烷和H_2S；页岩气$\delta^{13}C_1$异常重，平均达-28.2‰，$\delta^{13}C_2$平均为-33.2‰，气源母质为腐泥型干酪根，属于油型干气。

长宁地区龙马溪组页岩气湿度普遍低于0.8%，乙烷和丙烷碳同位素组成处于倒转后阶段，具有（$\delta^{13}C_1 > \delta^{13}C_2 > \delta^{13}C_3$）的完全倒转现象，且乙烷和丙烷的碳同位素组成并未随湿度降低而持续升高。

长宁地区页岩气甲烷碳同位素组成的重异常及碳同位素（$\delta^{13}C_1 > \delta^{13}C_2 > \delta^{13}C_3$）完全倒转现象，是由过成熟阶段二次裂解效应，及乙烷瑞利分馏条件下与水、含铁金属发生反应等次生作用所导致，同时高地温条件也为重要影响因素之一。

致　谢：戴金星院士对本文进行了悉心指导和修改，在此向其表示由衷的感谢！

参 考 文 献

[1] 周泽山,蒋可. 长宁页岩气步入大规模开发期. http://news. cnpc. com. cn/epaper/sysb/20150422/0104894004. htm[2015-04-22].

[2] 董大忠,高世葵,黄金亮,等. 论四川盆地页岩气资源勘探开发前景. 天然气工业,2014,34(12):1-15.

[3] Dai J X,Zou C N,Liao S M,et al. Geochemistry of the extremely high thermal maturity Longmaxi shale gas,southern Sichuan Basin. Organic Geochemistry,2014,74:3-12.

[4] 吴伟,黄士鹏,胡国艺,等. 威远地区页岩气与常规天然气地球化学特征对比. 天然气地球科学,2014,25(12):1994-2002.

[5] Xia X Y,Chen J,Robert B,et al. Isotopic reversals with respect to maturity trends due to mixing of primary and secondary products in source rocks. Chemical Geology,2013,339:205-212.

[6] Ferworn K J,Zumberge J,Reed J,et al. Gas character anomalies found in highly productive shale gas wells. http://www. papgrocks. org/ferworn_p. pdf[2014-12-12].

[7] Zumberge J, Ferworn K, Brown S. Isotopic reversal ("rollover") in shale gases produced from the Mississippian Barnett and Fayetteville Formations. Marine and Petroleum Geology,2012,31(1):43-52.

[8] Hill R J,Jarvie D M,Zumberge J,et al. Oil and gas geochemistry and petroleum systems of the Fort Worth Basin. AAPG Bulletin,2007,91(4):445-473.

[9] Rodriguez N D,Philp R P. Geochemical characterization of gases from the Mississippian Barnett shale,Fort Worth Basin,Texas. AAPG Bulletin,2010,94(11):1641-1656.

[10] Tilley B,Muehlenbachs K. Isotope reversals and universal stages and trends of gas maturation in sealed,self-contained petroleum systems. Chemical Geology,2013,339(339):194-204.

[11] Pashin J C,Kopaska-Merkel D C,Arnold A C,et al. Gigantic, gaseous mushwads in Cambrian shale:Conasauga Formation,southern Appalachians,USA. International Journal of Coal Geology,2012,103(23):70-91.

[12] Strapoc D,Mastalerz M,Schimmelmann A,et al. Geochemical constraints on the origin and volume of gas in the New Albany shale (Devonian-Mississippian),eastern Illinois Basin. AAPG Bulletin,2010,94(11):1713-1740.

[13] 刘若冰. 中国首个大型页岩气田典型特征. 天然气地球科学,2015,26(8): 1488-1498.

[14] 吴伟,房忱琛,董大忠,等. 页岩气地球化学异常与气源识别. 石油学报,2015,36(11): 1332-1340.

[15] 高波. 四川盆地龙马溪组页岩气地球化学特征及其地质意义. 天然气地球科学,2015,26(6): 1173-1182.

[16] Hao F,Zou H Y. Cause of shale gas geochemical anomalies and mechanisms for gas enrichment and depletion in high-maturity shales. Marine and Petroleum Geology,2013,44(3): 1-12.

[17] Zou C N,Yang Z,Dai J X,et al. The characteristics and significance of conventional and unconventional Siniane-Silurian gas systems in the Sichuan Basin,central China. Marine and Petroleum Geology,2015,64: 386-402.

[18] 朱光有,张水昌,梁英波,等. 四川盆地 H_2S 的硫同位素组成及其成因探讨. 地球化学,2006,35(4): 432-442.

[19] 刚文哲,高岗,郝石生,等. 论乙烷碳同位素在天然气成因类型研究中的应用. 石油实验地质,1997, 19(2): 164-167.

[20] 戴金星,裴锡古,戚厚发. 中国天然气地质学(卷一). 北京:石油工业出版社,1992.

[21] Tilley B,Muehlenbachs K. Gas maturity and alteration systematics across the western Canada sedimentary basin from four mud gas isotope depth profiles. Organic Geochemistry,2006,37(12): 1857-1868.

[22] Hao F,Zou H Y,Lu Y C. Mechanisms of shale gas storage:implications for shale gas exploration in China. AAPG Bulletin,2013,99(8): 1325-1346.

[23] Hill R J,Tang Y,Kaplan I R. Insights into oil cracking based on laboratory experiments. Organic Geochemistry,2003,34(12): 1651-1672.

[24] Yuen G,Blair N,Desmarais D J,et al. Carbon isotope composition of low molecular weight hydrocarbons and monocarboxylic acids from Murchison meteorite. Nature,1984,307(5948): 252-254.

[25] 孔庆芬,张文正,李剑锋,等. 鄂尔多斯盆地靖西地区下古生界奥陶系天然气成因研究. 天然气地球科学,2016,27(1): 71-80.

[26] Tilley B,Mclellan S,Hiebert S,et al. Gas isotope reversal in fractured gas reservoirs of the western Canadian Foothills:mature shale gases in disguise. AAPG Bulletin,2011,95(8): 1399-1422.

[27] Burruss R C,Laughery C D. Carbon and hydrogen isotopic reversals in deep basin gas:evidence for limits to the stability of hydrocarbons. Organic Geochemistry,2010,41(12): 1285-1296.

[28] Pernaton E,Prinzhofer A,Schneider F. Reconsideration of methane signature as a criterion for the genesis of natural gas:influence of migration on isotopic signature. Review of the French Petroleum Institute,1996, 51(5): 635-651.

[29] Xia X Y,Tang Y C. Isotope fractionation of methane during natural gas flow with coupled diffusion and adsorption desorption. Geochimica et Cosmochimica Acta,2012,77: 489-503.

[30] 屈振亚,孙佳楠,史健婷,等. 页岩气稳定碳同位素特征研究. 天然气地球科学,2015,26(7): 1376-1384.

[31] Gao L,Schimmelamn A,Tang Y,et al. Isotope rollover in shale gas observed in laboratory pyrolysis experiments:insight to the role of water in thermogenesis of mature gas. Organic Geochemistry,2014,68: 95-106.

[32] Dai J X,Ni Y Y,Huang S P,et al. Secondary origin of negative carbon isotopic series in natural gas. Journal of Natural Gas Geoscience,2016,1(1): 1-7.

[33] Dai J X,Zou C N,Dong D Z,et al. Geochemical characteristics of marine and terrestrial shale gas in China. Marine and Petroleum Geology,2016,76: 444-463.

[34] Hunt J M. Petroleum Geochemistry and Geology. New York:W H Freeman and Company,1996.

[35] Vinogradov A P,Galimov E M. Isotopism of carbon and the problem of oil origin. Geochemistry,1970,3: 275-296.

[36] Fuex A A. The use of stable carbon isotopes in hydrocarbon exploration. Journal of Geochemical Exploration,1977,7(77): 155-188.

[37] Tang Y,Perry J K,Jenden P D,et al. Mathematical modeling of stable carbon isotope ratios in natural gases. Geochimica et Cosmochimica Acta,2000,64(15): 2673-2687.

[38] 郭彤楼,张汉荣. 四川盆地焦石坝页岩气田形成与富集高产模式. 石油勘探与开发,2014,41(1): 28-36.

[39] 刘德汉,肖贤明,田辉,等. 论川东北地区发现的高密度甲烷包裹体类型与油裂解气和页岩气勘探评价. 地学前缘,2013,20(1): 64-71.

塔里木盆地库车坳陷天然气气源对比[*]

李　剑，谢增业，李志生，罗　霞，胡国艺，宫　色

塔里木盆地是我国陆上面积最大的含油气盆地，库车坳陷位于该盆地北部、南天山带之南，是中、新生代前陆盆地，1998 年发现了克拉 2 气田和依南 2 气藏，1999 年发现了吐孜洛克气田和大北 1 气田，2001 年发现了迪那 2 气田，展示了该区天然气勘探的广阔前景，为西气东输战略的顺利实施奠定了物质基础。库车坳陷发育湖相泥岩和煤系泥岩、煤两大类烃源岩，目前发现的天然气是源于煤系烃源岩还是源于湖相泥岩？本文针对这个问题，利用常规技术与新开发的技术，结合天然气形成地质背景进行气–源岩追踪对比。

1　烃源岩发育情况

库车坳陷内沉积了巨厚的中、新生界，厚度超过 10km，北部沉积较厚，向南减薄，呈楔状充填，沉积中心也由北向南迁移，发育两个主要的生烃凹陷，即拜城凹陷和阳霞凹陷，主要烃源岩为三叠系—侏罗系的暗色泥岩及煤系泥岩和煤岩。中、晚三叠世发育冲积扇、河流–湖泊相沉积，形成克拉玛依组（$T_{2+3}k$）和黄山街组（T_3h）暗色泥岩烃源岩。三叠纪晚（末）期至早、中侏罗世发育河流–沼泽–湖泊相沉积，形成塔里奇克组（T_3t）、阳霞组（J_1y）和克孜勒努尔组（J_2k）煤层及煤系泥岩。它们构成了库车前陆盆地的有效烃源岩。

2　气源对比新方法简介

由于天然气组分较轻，可检测的参数较少，过去主要利用 C_1–C_4 碳同位素进行气源对比。但是，C_1–C_4 碳同位素不仅受有机质类型的影响，还受热演化程度、生物降解作用、运移等多种因素的影响，这将降低气源对比结果的可靠性。"九五"期间，笔者开发了全岩热模拟在线同位素技术，检测了天然气和气源岩中具标志特征化合物的稳定碳同位素比值，并通过热变作用、分子扩散吸附作用等在天然气生成、运移和聚集过程中可能受到的影响因素的对比实验，找到了受干扰小、主要与成因有关的气源对比新指标：苯、甲苯、二甲苯、甲基环己烷等轻烃单体碳同位素[1]。为了研究指标的可靠性和适用性而进行的显微组分（藻类体和镜质体）热模拟同位素检测实验发现，随温度升高，单一显微组分模拟产物中甲苯碳同位素基本保持不变（表 1），而不同显微组分之间相差较大（约 4‰），说明甲苯碳同位素受成熟度的影响较小，主要与烃源岩母质有关。就气源岩而言，其有机质由多种显微组分组成，不同热演化阶段生气的主要贡献者不同，因此，碳同位素的变化主要与干酪根分子结构有关。干酪根结构较单一的烃源岩，其热模拟产物中的甲苯碳同位素

---

*　原载于《石油勘探与开发》，2001 年，第 28 卷，第 5 期，29～32。

受成熟度影响不大，而结构复杂的干酪根（尤其Ⅱ型干酪根），其甲苯碳同位素值随成熟度变化呈台阶式跃变，并在某一成熟度范围内基本保持不变，说明同一烃源岩在不同热演化阶段降解生烃的干酪根分子结构不同。因此利用苯、甲苯等轻烃碳同位素指标进行气源对比时须考虑不同热演化阶段，进行动态对比。

表1　烃源岩及显微组分在不同模拟温度下的甲苯碳同位素值表（‰）

温度/℃	藻类体	镜质体	依南2泥岩	板884泥岩
400	−27.3	−22.9	−24.6	−24.6
500	−27.4	−23.0	−24.8	−24.5
600	−27.1	−21.7	−24.3	−21.2
650	−27.2	−22.0		−20.5
700			−24.2	−18.5

3　天然气成因类型

天然气 C_1–C_4 碳同位素序列中，具有较强母质继承性的 $\delta^{13}C_2$ 值是划分天然气成因类型最常用、最有效的指标，这已为许多学者所证实[2-6]。表2列出了库车坳陷克-依构造带主要气藏天然气甲、乙烷碳同位素值。中、西段白垩系产层的天然气，其 $\delta^{13}C_1$ 大于−30‰，$\delta^{13}C_2$ 及 $\delta^{13}C_3$ 基本上均大于−20‰，$\delta^{13}C_4$ 值介于−22.14‰和−20.31‰之间，这一甲烷及同系物碳同位素值均很重的分布特征在国内外实属罕见，它主要受母质类型和成熟度双重因素的控制。$\delta^{13}C_1$ 大于−30‰的情况，在国内外一些高-过成熟的煤成气中也曾出现。此外，典型的煤层烷烃气，尽管不同成熟度下的 $\delta^{13}C_1$ 值有很大变化，但乙烷等重烃碳同位素值则主要在−20‰左右，甚至更重。从上述文献资料推测，库车坳陷克拉苏构造带的天然气可能与煤系烃源岩有关。烃源岩热模拟产物及天然气苯、甲苯、二甲苯之间碳同位素的直接对比则进一步说明这些天然气与其源岩之间的关系（详见下文）。

表2　克-依构造带天然气碳同位素值表（‰）

井号	层位	井段/m	$\delta^{13}C_1$	$\delta^{13}C_2$	$\delta^{13}C_3$	$\delta^{13}C_4$
克拉2	E_1k^1	3500~3535	−27.3	−19.4		
克拉2	K_1bs	3888~3895	−27.8	−19.0		
克拉3	E	3104.6~3198.8	−26.0	−18.7		
克拉201	E_1k^2	3630~3640	−27.1	−18.5	−19.1	−20.3
克拉201	K_1bs	3770~3795	−27.2	−17.9	−19.1	−20.6
克拉201	K_1bs	3936~3938	−26.2	−18.1	−19.1	−22.1
克拉201	K_1bs	4016~4021	−27.3	−19.0	−19.5	−20.9
克拉202	E	1472~1481	−28.2	−18.9	−19.3	−20.9
大北1	E	5568.08~5620	−29.7	−21.4	−20.8	−21.9
依南2	J_1a	4776~4785	−32.2	−24.6	−23.1	−22.8

续表

井号	层位	井段/m	$\delta^{13}C_1$	$\delta^{13}C_2$	$\delta^{13}C_3$	$\delta^{13}C_4$
依南2C	J_1y	4606～4620	-36.0	-27.6	-24.4	-23.6
依南4	J_1y	3619.39～3677.1	-30.7	-25.8	-24.4	-25.4
吐孜1	N_1j	1680.71～1884	-29.4	-18.6	-18.3	-19.6
克孜1	K_1	1130～1141	-35.5	-26.8	-22.8	-21.8
克孜1	J_1k	2955～2970	-37.0	-24.3	-20.9	-20.5
依西1	J_2q	1908～1925	-35.5	-23.4	-20.6	-21.6
依西1	J_2k	2340～2367	-38.4	-24.2	-21.9	-19.3

4　天然气成熟度

根据有机质同位素分馏的基本原理，随着热演化程度的增加，天然气的碳同位素值变重，尤其是甲烷碳同位素值受热成熟作用的影响更大。国内外学者在研究天然气成熟度时主要通过热压模拟方法，求得烃源岩模拟产物中甲烷碳同位素值随温度的变化，建立相应的 $\delta^{13}C_1$–R_o 关系式。但各盆地古地理环境不同，碳同位素在自然界中的分布及热演化历史均不同，故很难把不同盆地的变化规律归纳为一个回归方程表达式。"九五"期间笔者在前人研究的基础上，应用新开发的全岩热模拟–气相色谱–同位素质谱分析检测技术，测定烃源岩在温度条件下热模拟产物中的 $\delta^{13}C_1$ 值，建立了库车坳陷的天然气成熟度与稳定碳同位素值的相关关系，较好地反映了该盆地的地质规律。

库车坳陷西段克拉苏构造带克拉2气藏天然气属干气，甲烷含量为94.36%～98.63%，C_{2+} 含量 0～0.85%，干燥系数（C_1/C_{2+3}）大于106，$\delta^{13}C_1$ 值在-30.8‰～-26.16‰，换算 R_o 值均大于1.8%，属高–过成熟天然气。梁狄刚等对拜城凹陷生烃中心三叠系—侏罗系烃源岩成熟演化史的研究认为，三叠系现今 R_o 值为2.6%～3.0%，侏罗系现今 R_o 值为2.1%～2.5%，这为克拉苏构造带高–过成熟天然气的存在提供了可靠依据。

库车坳陷东段依奇克里克构造带天然气成熟度明显比克拉苏构造带低，甲烷含量为88.2%～93.9%，C_{2+} 含量为4.2%～6.6%，干燥系数小于22，$\delta^{13}C_1$ 值在-38.4‰～-29.38‰，换算 R_o 值主要在1.0%～1.6%，属成熟–高成熟天然气，与阳霞凹陷生烃中心烃源岩目前的成熟度较拜城凹陷低有关（中心处三叠系现今 R_o 值为2.0%～2.5%，侏罗系现今 R_o 值为1.6%～2.2%）。

此外，在克拉202井、克孜1井白垩系产层天然气中检测到有明显含量的 C_2-C_4 烯烃及 CO（图1），表明该井天然气成熟度较高。这是因为天然气中烯烃的生成有两种可能：一是细菌成因，即为有机质在微生物作用下的产物；二是热成因，是有机质在高温下发生裂解生成。克拉202井在埋深4000多米处由微生物作用生成烯烃的可能性不大，因此可以推断，这些烯烃主要是由高温裂解生成。Burnham 和 Braun 的实验结果也表明，有机质在成熟阶段后期及高成熟阶段生成的油进一步裂解成小分子化合物的过程中也将产生烯烃和 CO。虽然克孜1井天然气成熟度低于克拉202井，但从其天然气中烯烃及 CO 的存在也可以证明其至少处于原油裂解气阶段。

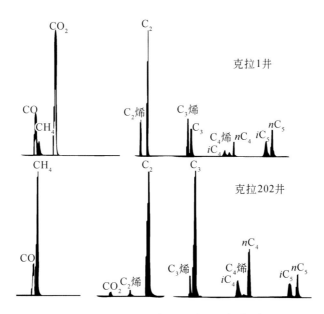

图1　克孜1井和克拉202井天然气色谱图

5　气源综合判识结果

5.1　库车坳陷中、西段克拉苏构造带 E、K 产层天然气主要来源于侏罗系—三叠系高–过成熟煤系烃源岩

岩石热模拟轻烃碳同位素分析表明，随模拟温度的增高，泥岩的甲苯、二甲苯碳同位素值变化很小，变化区间分别为–24.8‰～–24.0‰和–24.1‰～–23.3‰；碳质泥岩和煤的该两项同位素值呈台阶式跃变：碳质泥岩的变化区间分别为–24.8‰～–20.6‰和–23.3‰～–20.7‰，煤的分别为–25.5‰～–20.6‰和–25.3‰～–21.2‰。库车坳陷中、西段的 E、K 产层天然气 $\delta^{13}C_{甲苯}$ 值在–22.0‰～–21.1‰，$\delta^{13}C_{二甲苯}$ 值为–21.6‰，与碳质泥岩、煤在高成熟阶段（模拟温度大于600℃）模拟产物具有非常相似的同位素分布特征（图2）。可见这些天然气已处高成熟阶段，并与碳质泥岩、煤关系较密切（图3），即属于高–过成熟煤型气。

天然气轻烃分析表明，克拉201井天然气与其他天然气相比，苯/甲苯值较大，而大北1井虽然该比值最低，但从它富含甲基环己烷推测，其母质可能与煤系有机质有关。

5.2　库车坳陷东段依奇克里克侏罗系产层天然气为成熟–高成熟煤型气，吉迪克组产层天然气为高–过成熟煤型气

从依南2井区天然气轻烃碳同位素与烃源岩热模拟产物轻烃碳同位素值看（图4），这些天然气也与煤和碳质泥岩的关系密切。依南2C井阳霞组4606～4620m井段天然气碳同位素值比依南2井、依南4井阳霞组、阿合组产层的气略轻，$\delta^{13}C_1$ 值为–35.99‰，$\delta^{13}C_2$ 值为–27.56‰，$\delta^{13}C_3$ 值为–24.35‰，$\delta^{13}C_4$ 值为–23.35‰，预示该层系天然气可能与依南2井（J_1a）和依南4井（J_1y）具有不同的烃源岩层系。

依南断鼻构造及断裂虽然发育时间较早，主要在白垩纪末，但自白垩纪末至库车组（N_2k）沉积前，其形态基本保持不变，而库车组沉积以后，在喜马拉雅晚期，随着南天

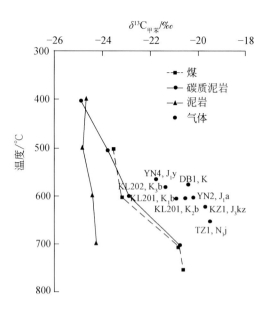

图 2 天然气与气源岩甲苯碳同位素值对比图

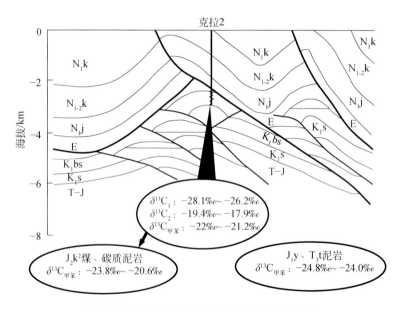

图 3 克拉 2 井区天然气气源综合对比剖面图

山抬升并向南强烈挤压,一次性形成了现今南倾的构造格局。可见依南 2 气藏形成时间应在库车期以后。从烃源岩成熟演化史分析,库车坳陷东端的 J—T 烃源岩成熟程度基本在 R_o 值小于 2% 的范围内,因此天然气成熟度最高应该处于高成熟晚期。

依奇克里克构造带中部依南断鼻构造上的吐孜 1 井吉迪克组产层(1860.71~1884m 井段)天然气烷烃和芳烃的碳同位素值均很重,$\delta^{13}C_1$ 至 $\delta^{13}C_4$ 值分别为 -29.38‰、-18.63‰、-18.34‰ 和 -19.63‰,$\delta^{13}C_{甲苯}$ 和 $\delta^{13}C_{二甲苯}$ 值分别为 -19.9‰ 和 -20.6‰;甲烷含量为

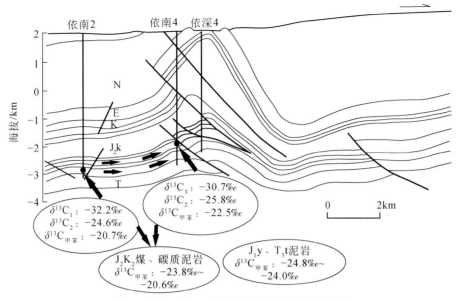

图4 依南2井区天然气气源综合对比剖面图

90.3% C_{2+} 为5.7%。这种天然气组成特征与坳陷西段的大北1井天然气非常相似，表明它们具有相似的源岩特征，即均属于高–过成熟煤型气。

控制依南断鼻的北倾深大断裂南、北两侧的天然气产层及组成特征有差别。北边的克孜1井、依西1井天然气产自恰克马克组（J_2q）和克孜勒努尔组（J_2kz），其 $\delta^{13}C_1$ 值较轻，而 $\delta^{13}C_2$、$\delta^{13}C_3$ 和 $\delta^{13}C_1$ 值则比南边的依南2井、依南4井的略重（表2），表明其成熟度相对较低；南边的依南2井、依南4井天然气产自阳霞组（J_1y）和阿合组（J_1a），其 $\delta^{13}C_1$ 值较重而 C_{2+} 碳同位素则比北边略轻（表2）。形成这种差异的原因可能是①来源于不同的烃源岩层位，北边的天然气可能主要来自中侏罗统的克孜勒努尔组（J_2kz）煤系泥岩段，南边的天然气主要来源于下侏罗统的阳霞组（J_1y）煤系泥岩段；②断裂北边源岩成熟度低，南边（尤其是依南断鼻更靠近烃源岩的高成熟度中心）成熟度高，因此，断裂北边的天然气可能主要来自断裂北边的烃源岩，而南边的天然气主要来自南边的烃源岩。

5.3 大宛齐油田上第三系—第四系天然气属成熟–高成熟煤型气

不同构造部位的天然气组成特征有差异：横向上，构造北翼［大宛（DW）101井、大宛103井、大宛104井］天然气甲烷含量较高，而南翼（大宛111井、大宛105井）甲烷含量相对较低；由构造低部位（如北翼的大宛102井、南翼的大宛109井）向高部位（如北翼的大宛103井、南翼的大宛1井），甲烷含量有增加的趋势（图5）。纵向上，自下而上，甲烷含量也有增高的趋势，如大宛1井从井深1224m的88.32%上升到342m的96.79%。这些规律性的变化反映出天然气自下而上、自低部位向高部位运移的趋势。

从大宛1井、大宛101井天然气甲烷碳同位素估算的烃源岩成熟度主要处于成熟–高成熟阶段换算的 R_o 值主要为1.21%～1.46%，天然气干燥系数也较大，而其他井，尤其是构造南翼上的井，干燥系数较小。可见，大宛齐构造上的天然气成熟度应该处于成熟–高成熟早期的阶段。

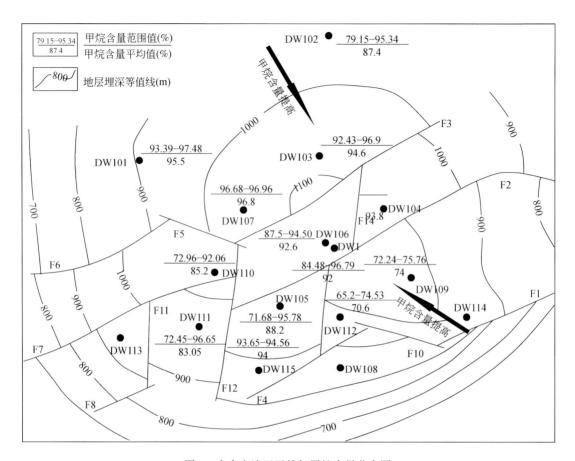

图 5　大宛齐油田天然气甲烷含量分布图

综上所述，库车坳陷不同地区、不同层系天然气的性质存在一定差异（图 6）。平面上，坳陷中部的克拉苏构造带天然气碳同位素最重组分最干成熟程度最高，主要为高−过成熟煤型气与煤系烃源岩的关系较密切；坳陷西部的大宛齐地区天然气碳同位素比中部地区略轻，组分变化幅度大，甲烷含量主要分布在 70% ~ 96%，属成熟−高成熟早期煤型气；坳陷东部的依奇克里克构造带中部天然气碳同位素组成变化较大，$\delta^{13}C_1$ 为 −38.4‰ ~ −29.38‰，甲烷含量则变化不大，为 88.16% ~ 93.9%，属成熟−高成熟煤型气。

6　结论

塔里木盆地库车坳陷天然气主要为与煤系烃源岩有关的煤型气，其烃源岩为三叠系—侏罗系的含煤岩系。不同构造位置上天然气的成熟度有差别，克拉苏构造带的天然气成熟度最高，处于过成熟阶段，由此往东、西两侧天然气成熟程度变低，主要处于成熟−高成熟阶段。这种成熟度的差异主要受烃源岩热演化程度的控制。

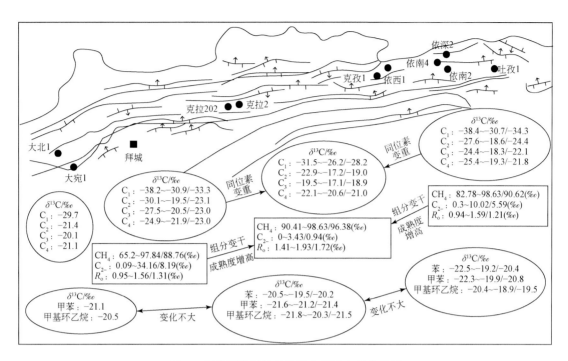

图6 库车坳陷天然气性质在区域上的变化图

参 考 文 献

[1] 李剑,谢增业,罗霞,等.塔里木盆地主要天然气藏的气源判识.天然气工业,1999,19(2):38-42.

[2] 戴金星,等.中国天然气地质学.北京:石油工业出版社,1992.

[3] 陈践发,陈振岩,季东民,等.辽河盆地天然气中重烃异常富集重碳同位素的成因探讨.沉积学报,1998,
16(2):5-7.

[4] 张士亚,郝建军,等.利用甲、乙烷碳同位素判别天然气类型的一种新方法.见:地质矿产部石油地质研
究所.石油与天然气地质文集,第一集:中国煤成气研究.北京:地质出版社,1988.

[5] 刚文哲,高岗,郝石生,等.论乙烷碳同位素在天然气成因类型研究中的应用.石油实验地质,1997,
19(2):164-167.

[6] 谢增业,李剑,卢新卫,等.塔里木盆地海相天然气乙烷碳同位素分类与变化的成因探讨.石油勘探与开
发,1999,26(6):27-29.

库车坳陷天然气地球化学以及成因类型剖析[*]

刘全有，秦胜飞，李　剑，刘文汇，张殿伟，周庆华，胡安平

库车坳陷位于塔里木盆地北部天山山前，叠置于晚古生代被动大陆边缘上的中新生代前陆坳陷，面积为 $2.117\times10^4 km^2$。库车坳陷中新生界地层沉积厚度达 10000m，并向轮台断垒减薄，形成一个楔形体，中新生代沉积中心呈从北向南迁移。库车坳陷自北向南可划分为北部单斜带、克拉苏–依奇克里克（克–依）构造带、秋里塔克构造带和前缘隆起带[1]（图1）。除北部单斜带外，在其余 3 个构造带和一个乌什凹陷上共探明 22 个油气田（藏）。因此，库车坳陷作为塔里木盆地最具勘探前景的区域，天然气成因类型确定将为进一步拓展勘探领域和资源量预测提供有用的地球化学信息。

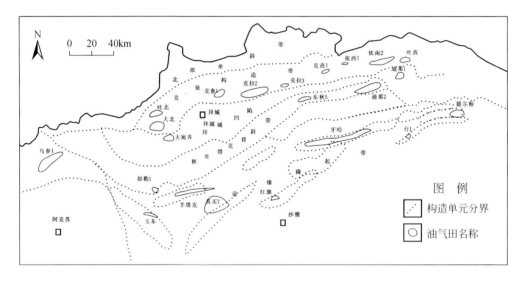

图1　库车坳陷不同构造带天然气藏分布图

1　烃源岩分布与热演化史

库车坳陷烃源岩包括煤和湖相泥岩两类，其成烃母质具有湖泊–沼泽相烃源岩特点，多属于腐殖型（Ⅲ型）干酪根。库车坳陷烃源岩主要分布在侏罗系恰克马克组、克孜勒努尔组、阳霞组和三叠系塔里奇组、黄山街组、克拉玛依组，且侏罗系烃源岩超覆沉积于三叠系之上，分布面积大于三叠系[2-3]。由于侏罗系煤系厚度大、有机质丰度高、生气量大，为库车坳陷主要气源岩。在库车坳陷，三叠系与侏罗系烃源岩热成熟度（R_o，%）普遍大于 0.60%，热成熟度具有中间高两端偏低的分布特点；其中以拜城凹陷为中心的坳陷

＊　原载于《中国科学D辑：地球科学》，2007年，第37卷，增刊Ⅱ，149～156。

中部烃源岩热成熟度已处于过成熟阶段（如拜城凹陷有机质成熟度大于 2.0%），且向东逐渐变窄变小，向西在乌什尖灭；在南北方向上，热成熟度向北部单斜带和南缘隆起带呈降低趋势[3-6]。

2　天然气地球化学特征

2.1　天然气化学组分

库车坳陷天然气组分中以烃类气体占绝对优势，烃类气体 C_{1-4} 平均含量普遍大于 90%，占总统计样品数的 95%，其中大于 95% 的烃类气体占总样品数的 72.5%（表 1，图 2）。甲烷含量大于 95% 的样品主要分布在克拉苏构造带上，而甲烷含量小于 80% 的样品主要集中在牙哈（如牙哈 4、牙哈 401 和牙哈 701）与红旗区（英买 6）等气田。库车坳陷天然气干燥系数为 0.77~1.00，具有中间高两端低和北高南低的特点；在坳陷西端乌参 1 井干燥系数为 0.84，东端提尔根油气田干燥系数平均为 0.86，北部的克拉 3 干燥系数为 0.99，而南端的红旗区油气田为 0.83。干燥系数大于 0.95 的气田主要分布在克拉苏构造带，包括克拉 2、克拉 3、大北 1、大北 2、克参 1、吐孜 2、依西 1、吐孜 3 等 8 个干气田。在坳陷南部前缘隆起带上，天然气干燥系数为 0.77~0.97；除红旗（C_1/C_{1-4} = 0.83）外，干燥系数从高到低依次为羊塔克、英买 7、玉东 2、牙哈、提尔根，具有西段高于东段特征。这样，库车坳陷天然气干燥系数变化特点与其坳陷烃源岩热演化成熟度具有良好的一致性。库车坳陷非烃类气体主要为 CO_2 和 N_2，其他组分甚微。天然气中 N_2 含量要高于 CO_2，N_2 含量主要分布在 1%~5%，占总样品数的 63%（图 3）。

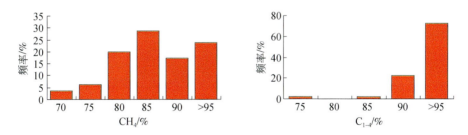

图 2　库车坳陷天然气烷烃气频率分布图（样品数 80 个）

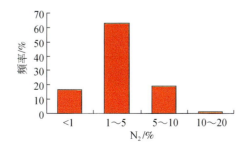

图 3　库车坳陷天然气非烃气 N_2 频率分布图（样品数 73 个）

表1 库车坳陷主要含油气藏天然气化学组分与碳氢同位素数据表（部分数据来源于戴金星等[2]，Chen等[12]和秦胜飞[13]）

构造带	井号	储层	层段/m	化学组分/%						碳同位素/‰，PDB				C_1/C_{1-4}
				C_1	C_2	C_3	C_{4+}	CO_2	N_2	$\delta^{13}C_1$	$\delta^{13}C_2$	$\delta^{13}C_3$	$\delta^{13}C_{CO_2}$	
克拉苏-依奇克里克构造带	大北1	E	5568.08~5620	91.44		4.39		1.09	3.08	−29.3	−21.4	−20.8	−18.0	95.83
	大宛齐1	N	472~475	96.97	1.84	0.58	0.26	0	0.34	−30.9	−20.5	−23.1		99.65
	大宛齐1	N	2140~2145.5	94.81	2.66	1.17	0.40	0.24	0.82	−33.4	−22.9	−27.5		99.04
	大宛齐1	N	2391~2394	72.62	5.56	1.17	0.57	0.07	20	−17.9	−21.4	−26.2		79.92
	大宛齐105-25	$N_{1-2}K$	367~396	89.29	3.40	0.39	0.90		1.25	−28.5	−19.6	−13.2	−24.0	93.98
	克参1	K	5116.5~5122.5	96.24	1.89	0.76		0.59	0.51	−17.3	−23.8	−25.6		98.89
	克拉2	K_2b	3888~3895	98.22	0.53	0.04	0.03	0.55	0.60	−27.8	−19.0	−19.1		98.82
	克拉2	E	3499.87~3534.6	96.90	0.31			1.24	1.55	−31.1	−16.8	−18.5	−2.1	97.21
	克拉201	K_2b	4016~4021	96.88	0.91	1.00	0	0	1.21	−27.3	−19.0	−19.5		98.79
	克拉3	E	3544~3550	94.36	0.73			3.30	1.62	−30.8	−17.7	−17.1	−18.6	95.09
	克孜1	J_2k	2955~2970							−37.0	−24.3	−20.9	−10.8	
	吐北2	K		82.34			7.02			−37.4	−23.3	−25.0	−15.2	89.36
	吐孜1	N_1j	1680.7~1884	90.41	5.11	0.45	0.15	0.27	3.56	−29.4	−18.6	−18.3	−15.1	96.12
	吐孜2	N_1j	1886~1896	94.56	3.49	0.28	0.18	0.14	1.08	−31.5	−17.8	−24.3		98.51
	依南2	J_1a	4776~4785	89.63	5.48	1.26	0.49	2.52	0.62	−32.2	−24.6	−23.1	−17.0	96.86
	依南参2	J_1y	4606~4620					1.16	5.37	−36.0	−27.6	−24.4	−11.4	
	依西1	J_2k	2340~2367	89.04	4.21	0.22	1.51	0.56	2.21	−38.4	−24.2	−21.9	−14.6	93.47
乌什凹陷	乌参1	K	5917.52~6009.93	82.11	11.76	2.50	0.85	0.53	1.39	−36.0	−26.2	−24.3		97.88
	迪那11	E	5719~5721	87.84	7.41	1.55	0.53	0.37	1.55					97.65
东秋里塔克构造带	迪那2	N_1j	4597~4874.6	88.68	7.24	1.36	0.71	1.00	1.72	−36.9	−21.3	−24.4	−15.3	97.81
	迪那22	E	4748~4774	87.66	7.32	1.40	0.16	0.29	3.61	−35.1	−22.5	−20.5	−14.4	97.09
	东秋5	E	4317~4334	91.41	3.76	0.78				−38.8	−21.3	−18.6		96.11

续表

构造带	井号	储层	层段/m	化学组分/%						碳同位素/‰, PDB				C_1/C_{1-4}
				C_1	C_2	C_3	C_{4+}	CO_2	N_2	$\delta^{13}C_1$	$\delta^{13}C_2$	$\delta^{13}C_3$	$\delta^{13}C_{CO_2}$	
	英买6	E	4555~4562	71.43	11.11	5.17	1.26	2.82	8.21	−34.4	−24.6	−22.3		88.97
	英买6	N_1j	4420~4426	76.61	10.12	4.28	3.48	0.12	5.28	−35.2	−23.5	−21.6		94.49
	红旗2	E		83.12	9.68	2.13		0.15	4.38	−27.9	−25.0	−20.8	−10.7	94.93
	羊塔克1	E+K	5234~5332	91.17	5.32	1.11	0.62	0.12	1.84	−38.9	−22.9	−20.9		98.22
	羊塔克101	E	5329~5333	89.22	7.01	1.49	0.53	0.05	1.70	−36.2	−23.2	−25.4		98.25
	羊塔克2	K	5387~5390	92.35	4.96	0.97	0.51	0.15	1.06	−37.3	−23.0	−26.0		98.79
	羊塔克5	E	5310~5315	90.55	1.71	0.57	0.37	0.88	4.94	−34.1	−26.7	−32.5	−7.9	93.20
	英买211	E	4480~4481	89.80	5.18	1.06	0.69	0.07	3.19	−36.8	−21.3	−20.5		96.73
	英买7	E	4707.5~4712.5	86.63	8.01	1.38	0.56	0.32	2.97	−33.5	−22.1	−23.9		96.58
	英买701	E	4690~4697	87.95	3.17	1.12	1.64	0.57	5.52	−33.5	−22.5	−20.7		93.88
前缘隆起带	牙哈1	E	4546~4876	84.53	7.58	0.89	2.23	0.12	3.75	−33.4	−21.9	−17.5	−24.5	95.23
	牙哈23-1-5	N_1j	4980~4983	82.95	8.72	1.55	2.19	0.46	3.94	−30.7	−21.1	−19.2	−14.7	95.41
	牙哈3	N_1j	4997~5001	88.15	2.98	1.72	1.32	0.79	5.05	−38.7	−24.7	−22.3		94.17
	牙哈4	N_1j	5031.23~5103	75.18	14.95	4.82	2.11	0.68	2.32	−34.1	−23.5	−21.2	−16.5	97.06
	牙哈5	N_1j	5160~5163	84.35	6.99	1.98	0.11	1.20	0.26	−37.5	−23.7	−22.0		93.43
	牙哈6	E	5203~5206	83.80	7.08	2.64	1.38	0.24	4.86	−36.8	−23.9	−22.6		94.90
	牙哈701	E	5160~5163	72.37	13.26	4.15	4.25	0.77	5.21	−35.1	−22.1	−23.6		94.03
	牙哈6	E	5203~5206	83.80	7.08	2.64	1.38	0.24	4.86	−36.8	−23.9	−22.6		94.90
	牙哈701	E	5203~5206	72.37	13.26	4.15	4.25	0.77	5.21	−35.1	−22.1	−23.6		94.03
	台2	N_1j		84.79	6.78	1.47		1.02	4.88	−29.2	−21.4	−18.2	−11.6	93.04
	提尔根2	N		80.54	12.36	3.44		0.08	2.25	−27.2	−24.2	−21.8		96.34
	玉东2	E-K	4728.8~4744.9	82.28	7.66	2.06	1.83	1.01	5.09	−37.5	−21.5	−24.5		93.83

2.2 天然气同位素特征

1）烷烃碳同位素组成

根据库车坳陷含油气系统 83 个气样烷烃气碳同位素组成（表 1），编制了这些油气田（藏）的 CH_4、C_2H_6 和 C_3H_8 碳同位素组成频率变化图（图 4）。由图 4 和表 2 可见，库车坳陷烷烃气碳同位素组成普遍较重，$\delta^{13}C_1$ 从 -39‰（-38.9‰，羊塔克 1 井）到 -17‰（-17.3‰，克参 1 井），主频率分布较宽，为 -38‰ ~ -32‰；$\delta^{13}C_2$ 从 -28‰（-27.6‰，依南参 2）到 -17‰（-16.8‰，克拉 2 井），主频率为 -24‰ ~ -22‰；$\delta^{13}C_3$ 从 -33‰（-32.5‰，羊塔克 5 井）到 -13‰（-13.2‰，大宛齐 105-25 井），其与 $\delta^{13}C_2$ 分布类似，具有明显的两个分布频率峰，主频率为 -22‰ ~ -20‰。在库车坳陷，天然气中 $\delta^{13}C_1$、$\delta^{13}C_2$ 和 $\delta^{13}C_3$ 存在一定的相关性，一般随着 $\delta^{13}C_1$ 值变重，$\delta^{13}C_2$、$\delta^{13}C_3$ 也变重，反映了烷烃之间具有一定的同源性。利用 $\delta^{13}C_1$–$\delta^{13}C_2$ 和 $\delta^{13}C_2$–$\delta^{13}C_3$ 关系绘制图 5，可将库车坳陷天然气烷烃碳同位素分为 3 个区域，即 A 区为 $\delta^{13}C_1<\delta^{13}C_2<\delta^{13}C_3$，B 区为 $\delta^{13}C_1<\delta^{13}C_2>\delta^{13}C_3$，C 区为 $\delta^{13}C_1>\delta^{13}C_2>\delta^{13}C_3$。A 区烷烃气碳同位素组成表现为正碳同位素系列特征，说明这些烷烃气为原生型有机成因气，主要分布区域包括坳陷前缘隆起带（红旗区、牙哈、提尔根、英买 7）和克拉苏–依奇克里克构造带（大北、大宛齐、克孜 1）。B 区烷烃气碳同位素组成为 $\delta^{13}C_1<\delta^{13}C_2>\delta^{13}C_3$，说明这些烷烃气可能受到次生改造，主要分布在克拉苏–依奇克里克构造带（克拉 2、大宛、吐孜）和坳陷前缘隆起带西部（羊塔克、玉东 2）。C 区烷烃气碳同位素组成为 $\delta^{13}C_1>\delta^{13}C_2>\delta^{13}C_3$，显示为完全倒转碳同位素系列特征，具有无机成因气特征，包括克参 1 井和大宛齐 1 井的 2391 ~ 2394m 井段。

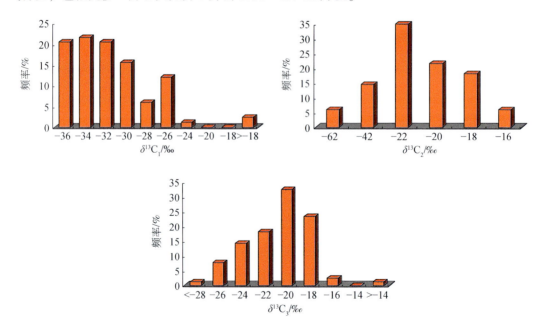

图 4　库车坳陷天然气烷烃气碳同位素（$\delta^{13}C_1$、$\delta^{13}C_2$、$\delta^{13}C_3$）频率分布图（样品数 83 个）

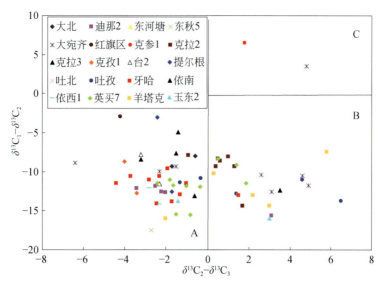

图 5　库车坳陷天然气烷烃气 $\delta^{13}C_1-\delta^{13}C_2$ 与 $\delta^{13}C_2-\delta^{13}C_3$ 关系图

2）CO_2 碳同位素特征

根据库车坳陷不同区域的 27 个天然气样品编制了 $\delta^{13}C_{CO_2}$ 组成频率图；由图 6 和表 1，库车坳陷天然气 $\delta^{13}C_{CO_2}$ 组成分布范围为 -24.5‰ ~ -2.1‰，主频率为 -16‰ ~ -14‰，其中绝大多数样品的 $\delta^{13}C_{CO_2}$ 值轻于 -10‰，仅在羊塔克 5（井深为 5310 ~ 5315m）和克拉 2 井（井深为 3499.87 ~ 3534.6m）$\delta^{13}C_{CO_2}$ 偏重，分别为 -7.9‰ 和 -2.1‰。戴金星等[7]认为，在我国有机成因的 $\delta^{13}C_{CO_2}$ 值主要分布在 -39‰ ~ -10‰，主频率在 -17‰ ~ -12‰，而无机成因 $\delta^{13}C_{CO_2}$ 值为 -8‰ ~ +7‰，主频率段为 -8‰ ~ -3‰。无机成因 CO_2 又可分为碳酸盐岩变质成因（$\delta^{13}C_{CO_2}=0\pm3‰$）和火山-岩浆成因和幔源成因（$\delta^{13}C_{CO_2}=-6\pm2‰$）[7-10]。根据戴金星等[7,11]建立的有机成因与无机成因二氧化碳鉴别图版，库车坳陷天然气中 CO_2 主要为有机成因。

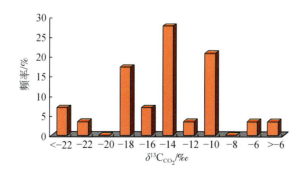

图 6　库车坳陷天然气非烷气 $\delta^{13}C_{CO_2}$ 组成频率分布图（样品数 27 个）

3）$^3He/^4He$ 值

根据库车坳陷 15 个气（油）田 49 口单井天然气中氦同位素组成数据绘制了库车坳

陷^{3}He/^{4}He 值分布图（图7）。库车坳陷天然气中^{3}He/^{4}He 值一般为 $n×10^{-8}$，表现为壳源特征，^{3}He/^{4}He 值具有南部高北部偏低的特点，最低为迪那 2 井（N_1j），^{3}He/^{4}He 为 2.48× 10^{-8}，最高为 8.69×10^{-8}（英买 19，4663.76～4678.7m）。

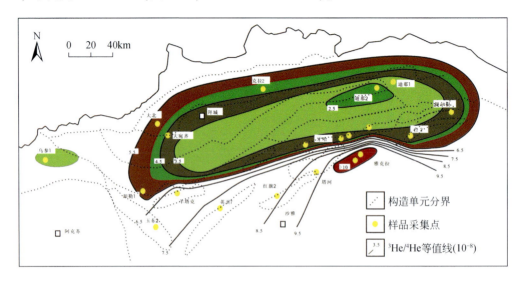

图 7   库车坳陷天然气^{3}He/^{4}He 值等值线图

3   库车坳陷天然气成因类型

3.1   库车坳陷天然气成因类型划分

根据形成天然气母质类型可以将天然气划分为以腐殖型母质为主的煤成气，天然气化学组分以烷烃气体为主，具有 $\delta^{13}C_2>-28‰$，$\delta^{13}C_3>-25‰$ 和 $\delta^{13}C_{CO_2}<-10‰$；以腐泥型母质为主的油型气，主要表现为 $\delta^{13}C_2<-28‰$，$\delta^{13}C_3<-25‰$[12,14-16]。由表 1 可知，库车坳陷烷烃气碳同位素普遍较重，且 $\delta^{13}C_2>-28‰$，$\delta^{13}C_3>-25‰$ 和 $\delta^{13}C_{CO_2}<-10‰$。所以，库车坳陷天然气为典型煤成气。

3.2   库车坳陷异常天然气的成因

异常天然气成因主要指天然气稳定同位素组成之间的变化，即碳同位素组成没有随着碳数增加而逐渐变重。根据 $\delta^{13}C_1$–$\delta^{13}C_2$ 和 $\delta^{13}C_2$–$\delta^{13}C_3$ 关系把库车坳陷天然气分 3 个区域：A 区为正常系列烷烃气碳同位素组成，即 $\delta^{13}C_1<\delta^{13}C_2<\delta^{13}C_3$，为典型热成因作用下源岩形成的天然气；通过对塔里木盆地满加尔凹陷侏罗系低成熟煤（$R_o=0.4\%$）热模拟实验结果也表明[17,18]，在热力作用下，烷烃气具有 $\delta^{13}C_1<\delta^{13}C_2<\delta^{13}C_3$，且随着热模拟温度升高，重烃气碳同位素组成（$\delta^{13}C_2$、$\delta^{13}C_3$）呈变重趋势；B 区为 $\delta^{13}C_1<\delta^{13}C_2>\delta^{13}C_3$，表现为部分倒转系列碳同位素组成，主要气田包括克拉 2、大宛 1、吐孜 2、吐孜 3、羊塔克 101、羊塔克 2、羊塔克 5 以及玉东 2 的部分层段. 造成烷烃气碳同位素组成部分倒转的原因很多，其中与热作用相关主要包括以下几种原因[19-22]：①有机烷烃气和无机烷烃气相混合，②煤成气和油型气混合，③同型不同源不同期气混合，④在高温、高压条件下，烃类气体易发生碳同位素倒转。在库车坳陷克拉苏–依奇克里克构造带、秋里塔克构造带和前缘隆起带上，天然气中$^3He/^4He$为$n\times10^{-8}$数量级（图7），表现为壳源特征，且倒转的天然气以烷烃气为主，没有显示无机成因气特征，故排除①，即库车坳陷不存在无机成因与有机成因气的混合。库车坳陷主要含油气藏位于中生界腐殖型有机质（三叠系湖相泥岩、碳质泥岩，侏罗系煤岩）之上，如克拉2、大宛齐、吐孜、羊塔克以及玉东2，没有明显油型气供给源岩，故②被排除。这样，库车坳陷天然气的部分倒转主要受③和④的影响。③和④在不同类型的气（油）藏中，控制作用不同。对于克拉2气由于成藏期晚，主要为5Ma以来形成的超高压气藏[4-5]，天然气来源于同型不同源气不同期气混合的可能小，排除③；由于克拉2气田天然气来源于高成熟侏罗系煤系[4,23]，故烷烃碳同位素倒转原因倾向于④。也有学者认为克拉2气田天然气为无机成因[24]，主要理由有：克拉2气田位于构造–地球化学巨边界上；深部有低速高导层为费托反应提供场所；膏盐层为深部热卤水沉淀所致；库车坳陷下部有深大断裂沟通地幔；库车坳陷的其他地区（大宛1和克参1）有烷烃碳同位素倒转，以及重的$\delta^{13}C_1$组成等。同时，该学者也指出克拉2气田低$^3He/^4He$值是由于U、Th和K衰变形成^4He引起的。虽然该学者深入地论述关于无机成因天然气形成地质背景、生成化学条件以及地球化学指标。但是，无机气的生成并形成工业性气藏需要非常苛刻的地质地球化学条件。首先，因为费托反应为可逆化学反应，当反应达到边界条件时，正逆反应处于平衡状态；而且岩水费托反应生成的气体主要为甲烷，重烃气体微量，一般生成甲烷碳同位素组成重于$-25‰$[25-26]。发生费托反应的有利实验条件为300℃和50MPa，且有Ni-Fe作为催化剂[25]。当缺乏Ni-Fe催化剂或温度过高时，不宜发生费托反应；而温度较低时，则需要足够的时间来弥补反应速率。所以，通过费托反应不可能形成像克拉2气田的高压气藏。其次，幔源挥发组分主要以CO_2、CO、H_2以及^3He为主。当有^3He从地幔通过深部断裂带或火山活动散溢时，断裂带或火山活动区^3He浓度会快速增加；而远离这些断裂带或火山活动区时^3He浓度很快恢复为正常的地壳值[27-28]。这样，通过深部气体混入不可能形成大面积高$^3He/^4He$值。虽然U和Th衰变产生的^4He能够导致$^3He/^4He$值变小和He浓度增加，如中国最老的威远气田，其$^3He/^4He$值为$0.004R_a\sim0.022R_a$[29-30]；但是岩石中锂$^6Li(n,\alpha)^3H(\beta)^3$衰变形成的$^3He$也能导致天然气中$^3He/^4He$值偏高，因为富锂的矿物（如$100\sim1000ppm$① Li）能使$^3He/^4He$值达到$0.5R_a$[31]。在塔里木盆地广泛分布的火山岩中普遍含有锂[32-33]，也可以形成一定的^3He。通过以上地球化学证据，结合克拉2天然气化学组分与稳定同位素组成，可判定克拉2气田为有机成因气，无机成因气缺乏进一步的地质地球化学证据。C区为$\delta^{13}C_1>\delta^{13}C_2>\delta^{13}C_3$，属于完全倒转烷烃气碳同位素组成系列，主要包括克参1井和大宛齐1井的2391～2394m井段。虽然无机成因天然气具有$\delta^{13}C_1>\delta^{13}C_2>\delta^{13}C_3$的负碳同位素系列关系[7,11,26]，但克参1井和大宛齐1井的2391～2394m井段天然气仍然为有机成因。理由包括以下几点：①在库车坳陷天然气$^3He/^4He$值为$n\times10^{-8}$数量级，没有深部幔源^3He的加入，为典型壳源特征；②除克参1井和大宛齐1井（2391～2394m）外，库车坳陷含油气系统烷烃气碳同位素基本上表现为随着碳数增加而变重，为有机成因天然气特征，造成烷烃气碳同位素组成完全倒转有可能

---

① $1ppm = 1\times10^{-6}$。

与天然气多期成藏混合有关[34]；③大宛齐 1 井仅在2391～2394m 井段烷烃气碳同位素倒转，而其他层段烷烃气碳同位素组成为正常系列，很难判定该层段天然气为无机成因，而^{3}He/^{4}He 值为典型壳源特征，故大宛齐 1 井（2391～2394m）天然气不是无机成因气。这种烷烃气碳同位素组成系列倒转可能与该气藏供气量不足[4,13]和扩散有关[35]；因为扩散可以使甲烷 $\delta^{13}C_1$ 值发生 4.4‰的变化[35]。故，在库车坳陷克参 1 井和大宛齐 1 井的2391～2394m 井段天然气为有机成因，造成天然气地球化学特征异常与气藏多期成藏、供给与扩散等有关。

4　结论

通过对库车坳陷各含油气系统天然气地球化学分析，库车坳陷为典型煤成气；天然气地球化学特征主要表现为：以烷烃气体为主，干燥系数具有两端低中间高和北高南低特征，烷烃气碳同位素组成整体较重，且烷烃气碳同位素组成随着碳数增大而变重。烷烃气化学组分、碳同位素组成以及^{3}He/^{4}He 值等地球化学参数反映了库车坳陷不在无机成因气；烷烃气碳同位素组成的局部倒转与同型不同源不同期气混合和在高温、高压条件下烃类气体形成并成藏有关；多期成藏、供给与扩散等因素可能会引起烷烃气碳同位素组成显示为无机成因特征。

致　谢：本文在研究和完成期间得到了戴金星院士的悉心指导和宝贵意见，谨致谢意。

参 考 文 献

[1] 梁狄刚,陈建平,张宝民,等. 塔里木盆地库车坳陷陆相油气的生成. 北京：石油工业出版社,2004.
[2] 戴金星,陈践发,钟宁宁,等. 中国大气田及其气源. 北京：科学出版社,2003.
[3] Qin S F,Dai J X,Liu X W. The controlling factors of oil and gas generation from coal in the Kuqa depression of Tarim Basin,China. International Journal of Coal Geology,2007,70(1-3):255-263.
[4] 梁第刚,张水昌,赵孟军,等. 库车坳陷的油气成藏期. 科学通报,2002,47(增刊):56-63.
[5] 王飞宇,杜治利,李谦,等. 塔里木盆地库车坳陷中生界油源岩有机成熟度和生烃历史. 地球化学,2005,34(2):136-146.
[6] 贾进华,周东延,张立平,等. 塔里木盆地乌什凹陷石油地质特征. 石油学报,2004,25(6):12-17.
[7] 戴金星,宋岩,戴春森,等. 中国东部无机成因气及其气藏形成条件. 北京：科学出版社,1995.
[8] 上官志冠,张培仁. 滇西北地区活动断层. 北京：地震出版社,1990.
[9] Gould K W,Hart G N,Smith J W. Technical note：carbon dioxide in the southern coalfields N. S. W.：a factor in the evaluation of natural gas potential. Proceedings of the Australasian Institute of Mining and Metallurgy, 1981,(279):41-42.
[10] Moore J G,Batchelder J N,Cunningham C G. CO_2- filled vesicles in mid-ocean basalt. Journal of Volcanology and Geothermal Research,1977,2(4):309-327.
[11] Dai J X,Yang S F,Chen H L,et al. Geochemistry and occurrence of inorganic gas accumulations in Chinese sedimentary basins. Organic Geochemistry,2005,36(12):1664-1688.
[12] Chen J F,Xu Y C,Huang D F. Geochemical characteristics and origin of natural gas in Tarim Basin,China. AAPG Bulletin,2000,84(5):591-606.
[13] 秦胜飞. 塔里木盆地库车坳陷异常天然气的成因. 勘探家:石油与天然气,1999,4(3):21-23.
[14] 徐永昌. 天然气成因理论及应用. 北京：科学出版社,1994.

[15] 戴金星,戚厚发,宋岩. 鉴别煤成气和油型气若干指标的初步探讨. 石油学报,1985,6(2):31-38.

[16] 戴金星. 天然气碳氢同位素特征和各类大然气鉴别. 天然气地球科学,1993,4(2-3):1-40.

[17] Zou Y R,Zhao C,Wang Y,et al. Characteristics and origin of natural gases in the Kuqa depression of Tarim Basin,NW China. Organic Geochemistry,2006,37:280-290.

[18] Liu Q Y,Liu W H,Dai J X. Characterization of pyrolysates from maceral components of Tarim coals in closed system experiments and implications to natural gas generation. Organic Geochemistry, 2007, 38 (6): 921-934.

[19] 戴金星,裴锡古,戚厚发. 中国天然气地质学. 北京:石油工业出版社,1992.

[20] 戴金星. 概论有机烷烃气碳同位素系列倒转的成因问题. 天然气工业,1990,10(6):15-20.

[21] Du J G,Jin Z J,Xie H S,et al. Stable carbon isotope compositions of gaseous hydrocarbons produced from high pressure and high temperature pyrolysis of lignite. Organic Geochemistry,2003,34(1):97-104.

[22] Sherwood L B,Westgate T D,Ward J A,et al. Abiogenic formation of alkanes in the Earth's crust as a minor source for global hydrocarbon reservoirs. Nature,2002,416(4):522-524.

[23] Liang D G,Zhang S C,Chen J P,et al. Organic geochemistry of oil and gas in the Kuqa depression,Tarim Basin,NW China. Organic Geochemistry,2003,34(7):873-888.

[24] 张景廉. 克拉2大气田成因讨论. 新疆石油地质,2002,23(1):70-73.

[25] Horita J,Berndt M E. Abiogenic methane formation and isotopic fractionation under hydrothermal conditions. Science,1999,285:1055-1057.

[26] Wakita H,Sano Y. ^{3}He/^{4}He ratios in CH_4- rich natural gases suggest magmatic origin. Nature,1983,305 (5937):792-794.

[27] 丁巍伟,戴金星,杨池银,等. 黄骅坳陷港西断裂带包裹体中氦同位素组成特征. 科学通报,2005, 50(16):1768-1773.

[28] Basu S,Stuart F M,Klemm V,et al. Helium isotopes in ferromanganese crusts from the central Pacific Ocean. Geochimica et Cosmochimica Acta,2006,70(15):3996-4006.

[29] 徐永昌,沈平,李玉成. 中国最古老的气藏——四川威远震旦纪气藏. 沉积学报,1989,7(4):3-14.

[30] Xu S,Nakai S,Wakita H,et al. Helium isotope compositions in sedimentary basins in China. Applied Geochemistry,1995,10(6):643-656.

[31] Hiyagon H,Kennedy B M. Noble gases in CH_4- rich gas fields, Alberta, Canada. Geochimica et Cosmochimica Acta,1992,56(4):1569-1589.

[32] 贾承造. 中国塔里木盆地构造特征与油气. 北京:石油工业出版社,1997:156-165.

[33] 杨树锋,陈汉林,冀登武,等. 塔里木盆地早—中二叠世岩浆作用过程及地球动力学意义. 高校地质学报,2005,11(4):504-511.

[34] 贾承造,魏国齐. 塔里木盆地构造特征与含油气性. 科学通报,2002,47(增刊):1-8.

[35] Zhang T,Krooss B M. Experimental investigation on the carbon isotope fractionation of methane during gas migration by diffusion through sedimentary rocks at elevated temperature and pressure. Geochimica et Cosmochimica Acta,2001,65(16):2723-2742.

塔里木盆地前陆区和台盆区天然气的地球化学特征及成因[*]

刘全有，戴金星，金之钧，李　剑

在沉积盆地中，天然气根据母质类型可分为油型气和煤成气（煤型气）。煤成气为腐殖型有机质通过干酪根直接降解形成；而腐泥型有机质生成油型气包括干酪根直接降解生成的干酪根裂解气和原油裂解形成的原油裂解气（James，1990；Liu et al.，2007）。相应地煤成气和油型气甲烷系列的碳同位素组成在相同演化阶段，油型气较明显地富集^{12}C（徐永昌等，2002；Dai et al.，2005）。烷烃气氢同位素不仅可以指示沉积环境（Schoell 1980；Shen et al.，1988；王晓锋等，2005），而且也受烃源岩热成熟影响（刘全有等，2007）。天然气中稀有气体除幔源氦外，主要来源于源岩。天然气中幔源氦受深大断裂带、火山活动和岩浆活动控制；幔源挥发分的运移以直接与地幔相连的通道为途径（徐永昌等，1998）。壳源稀有气体进入天然气藏主要为源岩中放射性成因形成的和源岩中以吸附状态附存的原始稀有气体，而对于天然气中氦聚集主要包括古老储层中氦的年代积累储集和幔源氦的运聚动态聚集（徐永昌等，1998）。

塔里木盆地是中国最大的内陆含油气盆地（图1）。塔里木盆地是在前震旦系陆壳基底上发育起来的大型克拉通盆地，基底为前元古宙变质岩。盆地基本构造格架为三隆四拗；3个隆起包括塔北隆起、塔中（中部隆）和塔南隆起（南部）隆起，4个坳陷为库车、北部、西南、东南坳陷。塔里木盆地震旦系、古生界、中生界和新生界十分发育，整套地层均未变质，一般厚度为12000~13000m，最厚达17000~18000m。古生代曾经历了两次较大的海侵，晚白垩世—早第三纪仅在盆地西部有局部海侵。随着塔里木盆地油气勘探力度不断加大，大型–超大型天然气藏陆续被发现；尤其和田河、克拉2、迪那2等大型气田，为国家实施"西气东输"宏伟计划奠定了坚实的天然气资源基础。因此，通过研究塔里木盆地天然气地球化学特征，为进一步认识塔里木盆地天然气的形成与分布具有重要意义，同时，为塔里木盆地天然气的深入勘探提供地球化学信息。

1　环境控源、源控类型

在我国已经利用重烃碳同位素组成较好地区分了判识不同母质来源的天然气（徐永昌等，2002；Dai et al.，2005），一般 $\delta^{13}C_2 > -28‰$ 天然气为煤型气，反之则为油型气。表1为塔里木盆地前陆区与台盆区天然气化学组分与碳氢同位素组成数据表。图2为塔里木盆地不同类型天然气烷烃气碳氢同位素分布关系图，从图中可将天然气明显分为油型气和煤型气。油型气主要分布在塔里木盆地的台盆区，如塔中、轮南等，煤型气主要分布在塔里

* 原载于《地质学报》，2009年，第83卷，第1期，107~114。

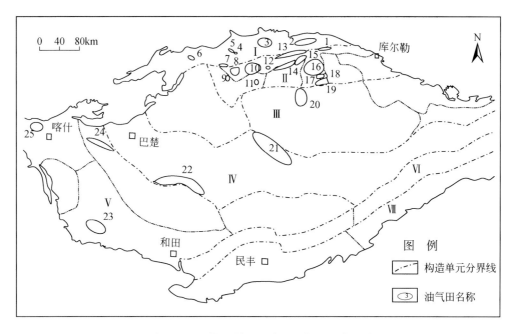

图1　塔里木盆地构造单元划分与油气田（藏）分布图

Ⅰ．库车坳陷；Ⅱ．塔北隆起；Ⅲ．北部坳陷；Ⅳ．塔中隆起；Ⅴ．塔西南坳陷；Ⅵ．塔南隆起；Ⅶ．塔东南坳陷。

1. 提尔根（TRG）；2. 迪那（DN）；3. 克拉2（KL2）；4. 大宛齐（DW）；5. 大北（DB）；6. 乌参1（WC1）；7. 却勒（QL）；8. 羊塔克（YTK）；9. 玉东（YD）；10. 英买7（YM7）；11. 英买2（YM2）；12. 红旗区（HQ）；13. 牙哈（YH）；14. 东河塘（DH）；15. 雅克拉（YKL）；16. 轮南（LN）；17. 桑塔木（STM）；18. 解放渠（JF）；19. 吉拉克（JLK）；20. 哈得（HD）；21. 塔中（TZ）；22. 和田河（HTH）；23. 柯克亚（KKY）；24. 曲3（Qu3）；25. 阿克1（AK1）

木盆地的前陆盆地，如库车坳陷。但是，仅依据烷烃气碳同位素组成无法将不同沉积环境形成的烃源岩生成的天然气区分开来，如寒武系—下奥陶统灰岩或泥岩与下—中奥陶统灰岩或泥岩或页岩所形成的油型气。研究认为不同沉积环境下的甲烷氢同位素组成不同（Schoell，1980；刘全有等，2007），如陆相淡水环境生成的甲烷氢同位素组成小于-190‰，海陆过渡相的半咸水环境中生成的甲烷，δD值一般介于-190‰~-180‰，而海相咸水环境生成的甲烷，δD值一般重于-180‰。王晓锋等（2005）以-170‰为界线将塔里木盆地天然气沉积环境划分为海相和陆相。在本次研究中不同类型天然气之间甲烷氢同位素组成并没有清晰的分界特征，而且油型气甲烷氢同位素组成分布范围较大，δD_1为-190‰~-125‰，煤成气分布较窄，为-191‰~-154‰，煤成气甲烷氢同位素组成介于油型气之间。但利用$\delta^{13}C_2$与δD_1可将塔里木盆地天然气明显划分为6类（图2）：①与陆相沉积环境有关的煤成气，母质主要为三叠系—侏罗系煤系，分布于库车坳陷西部，包括克拉2、大宛齐、却勒1、羊塔克、英买7和红旗区等气田（藏），这类天然气具有重碳同位素组成（$\delta^{13}C_2>-28‰$）和较重氢同位素组成（-150‰>δD_1>-170‰）；②与湖相泥岩有关的煤成气，烃源岩包括上三叠统黄山街组和中侏罗统恰克马克组湖相泥岩，如库车坳陷东部的迪那、提尔根、牙哈等气田（藏），它们的碳同位素组成重（$\delta^{13}C_2>-28‰$），而氢同位素组成较轻（$\delta D_1<-170‰$）；③海相沉积环境有关的寒武系—下奥陶统烃源岩生成的油型气，如塔中、和田河、轮南、解放区、英南2、轮古、吉拉克等气田（藏），碳同位

素较轻，$\delta^{13}C_2 < -28‰$，而氢同位素较重，$-120‰ > \delta D_1 > -170‰$；④与海相–海陆过渡相沉积环境有关的中—上奥陶统或石炭系烃源岩形成的油型气，如东河塘、哈得和轮南西部部分气田（藏），具有轻碳氢同位素组成，$\delta^{13}C_2 < -28‰$，$\delta D_1 < -170‰$；⑤石炭系海陆过渡相烃源岩与中生界腐殖型有机质形成的混合气，如柯克亚油气田；⑥有机热解气与少量深部气体的混合，如阿克1井。前人根据有机地球化学、有机岩石学、古生物学、沉积学等多学科综合分析，曾将塔里木盆地烃源岩可分为以欠补偿和蒸发潟湖相沉积环境为主的寒武系—下奥陶统灰岩或泥岩、台缘斜坡相和半闭塞–闭塞海湾相下—中奥陶统灰岩或泥岩或页岩（张水昌等，2001）、海陆过渡相沉积石炭–二叠系泥岩或煤系（Huang et al.，1999；Chen et al.，2000）、上三叠和中侏罗统湖相泥岩、上三叠统和下—中侏罗统陆相煤系（Liu et al.，2007）；前两种烃源岩以腐泥型有机质为主，后三者多为腐殖型为主。根据烷烃气碳同位素与甲烷氢同位素组成建立的塔里木盆地天然气成因类型与前人关于塔里木盆地烃源岩分布特征相一致。所以，在塔里木盆地天然气具有环境控源、源控类型特征。

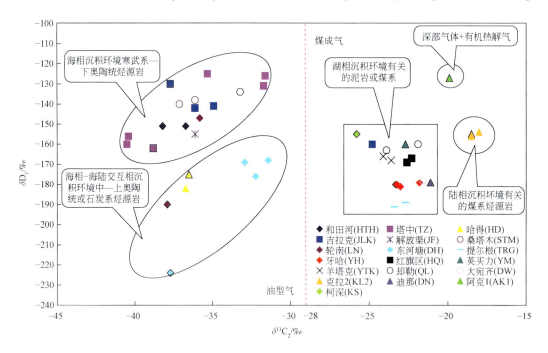

图2　塔里木盆地天然气 $\delta^{13}C_2$ 与 δD_1 关系图

表1　塔里木盆地天然气化学组分与碳氢同位素组成数据表

井号	产层	组分/%							稳定同位素/‰，PDB			
		CH_4	C_2H_6	C_3H_8	N_2	CO_2	H_2S	He	$\delta^{13}C_1$	$\delta^{13}C_2$	$\delta^{13}C_3$	δD_1
MA4	O	80.35	1.87	1.59	10.39	1.36	气味	0.213	−37.2	−38.2	−34.5	−151
MA4-H1	O	84.14	1.60	0.68	12.8	0.09	气味	0.249	−37.1	−36.7	−32.1	−151
TZ117	S	69.68	6.16	3.75	14.35	0.57		0.046	−40.0	−38.8	−33.2	−162
TZ16-6	O	41.00	5.16	8.64	25.97	3.56	气味	0.168	−41.2	−40.5	−33.0	−160
TZ242	O	89.88	1.64	0.56	5.59	1.84	气味	0.049	−37.1	−35.3	−32.1	−125

井号	产层	组分/%							稳定同位素/‰，PDB			
		CH_4	C_2H_6	C_3H_8	N_2	CO_2	H_2S	He	$\delta^{13}C_1$	$\delta^{13}C_2$	$\delta^{13}C_3$	δD_1
TZ4-18-7	C	72.42	5.03	2.38	17.47	0.74		0.071	−42.6	−40.4	−33.6	−156
TZ62	O	90.03	1.52	0.68	4.41	2.76	气味	0.045	−37.1	−31.6	−30.1	−126
TZ621	O	87.31	1.87	1.11	4.16	1.91	气味	0.034	−36.6	−31.7	−29.2	−131
HD113	C_3	19.31	4.40	9.75	52.45	5.89	0.01	0.290	−24.4	−36.5	−33.5	−175
HD2-7	C_2	24.16	16.03	13.57	33.78	1.05		0.153	−35.9	−36.7	−33.4	−182
LN59-H1	C	94.45	1.14	0.20	3.66	0.34			−38.9	−37.7	−34.6	−130
JN4-H2	T	80.94	3.86	2.46	8.62	1.34		0.029	−35.8	−36.1	−33.2	−142
JN1	T	81.38	3.44	2.31	8.11	0.18		0.016	−16.7	−24.8	−27.0	−160
JLK102	T	87.03	3.18	1.45	6.83	0.16			−34.9	−34.9	−32.0	−141
JF1-13-4	T	73.63	3.71	1.98	18.04	1.02		0.022	−35.4	−36.1	−33.8	−155
LG13	O	95.12	1.50	0.33	1.14	1.60	气味		−33.8	−33.2	−29.2	−134
LG201	O	86.06	2.21	1.26	4.09	4.86		0.040	−35.6	−37.1	−34.0	−140
LG16-2	O	92.80	2.05	0.89	1.71	1.64	气味	0.017	−34.3	−36.1	−33.4	−138
LG15-18	O	61.96	7.37	6.12	7.12	7.14	气味	0.034	−41.3	−37.9	−34.5	−190
LN2-33-1	T	81.83	3.48	2.25	8.47	0.64		0.029	−32.0	−35.8	−31.9	−147
DH1	D	89.47	7.25	1.60	0.89	0.30		0.002	−40.4	−37.7	−34.2	−224
DH12	O	41.11	3.54	2.14	31.30	17.95		0.065	−32.4	−32.9	−23.8	−169
DH20		79.30	9.36	3.27	4.89	0.41		0.011	−40.5	−31.4	−29.8	−168
DH23	P	82.92	6.52	2.65	4.29	2.38		0.021	−40.0	−32.2	−30.3	−176
TRG1	E	85.36	7.03	2.98	2.10	0.28			−35.4	−22.7	−20.9	−189
TRG101	K	86.65	6.31	2.74	2.22	0.31			−32.8	−23.4	−21.1	−191
YH701	Є	86.20	5.66	2.24	4.00	0.22			−32.8	−23.3	−21.0	−180
YH23-1-14	E+K	85.89	6.23	2.24	3.77	0.26			−32.3	−23.2	−20.4	−180
YH23-1-18	E+K	86.46	5.80	2.17	3.74	0.47			−31.7	−23.0	−20.6	−181
YH1	K	77.65	7.91	2.92	3.16	1.59		0.006	−30.9	−21.8	−22.3	−179
HQ1		55.96	11.55	12.53	4.96	0.2		0.009	−32.4	−22.3	−21.4	−167
HQ2	O	77.78	9.90	3.83	3.91	0		0.011	−33.4	−22.6	−22.2	−169
YM7-H1	E	90.14	4.62	1.27	2.58	0.12			−32.4	−22.7	−19.8	−160
YTK5-2	E	83.10	6.94	3.67	3.09	0.14			−34.2	−24.1	−22.8	−166
YTK5-3	E+K	85.97	6.91	2.76	2.29	0.32			−34.7	−23.6	−21.6	−168
QL1	K	84.38	6.80	3.23	2.50	0.17			−31.2	−23.9	−22.8	−163
DW109-19	$N_{1-2}K$	90.04	5.49	1.50	2.01	0			−29.7	−21.9	−21.2	−160
DW117-3	$N_{1-2}K$	88.31	4.72	1.53	4.53	0			−32.8	−21.6	−21.2	−178
KL203	E	97.86	0.82	0.05	0.58	0.66			−27.3	−18.5	−19.0	−155
KL2-7	E	98.41	0.80	0.05	0.69	0.05			−27.6	−18.0	−19.9	−154

井号	产层	组分/%							稳定同位素/‰，PDB			
		CH_4	C_2H_6	C_3H_8	N_2	CO_2	H_2S	He	$\delta^{13}C_1$	$\delta^{13}C_2$	$\delta^{13}C_3$	δD_1
KL2-8	E	97.96	0.82	0.05	0.62	0.54			−27.3	−18.5	−19.5	−156
DN102	N	74.24	10.46	4.90	5.58	1.50		0.013	−33.5	−21.1	−19.7	−179
AK1	T	77.16	0.21	0	8.97	13.33		0.093	−22.6	−19.9	−20.3	−127
KS102	J–K	79.16	7.83	4.58	1.69	0		0.004	−29.3	−25.8	−25.1	−155

2　构造活动与热演化引起天然气地球化学多样性

在塔里木盆地，天然气烷烃气碳同位素组成主要表现为正序列碳同位素特征，即 $\delta^{13}C_1<\delta^{13}C_2<\delta^{13}C_3$，反映了塔里木天然气是以热成因作用的有机质降解作用形成的。但在也存在部分气田或产气层段为异常特征。异常天然气成因主要指天然气稳定同位素组成之间的变化，即碳同位素组成没有随着碳数增加而逐渐变重，存在碳同位素组成局部倒转，即 $\delta^{13}C_1<\delta^{13}C_2>\delta^{13}C_3$ 或 $\delta^{13}C_1>\delta^{13}C_2<\delta^{13}C_3$。在塔里木盆地天然气碳同位素组成局部倒转表现为 $\delta^{13}C_1<\delta^{13}C_2>\delta^{13}C_3$，如克拉2气田、牙哈1、阿克1等。$\delta^{13}C_1>\delta^{13}C_2<\delta^{13}C_3$，如轮南地区的吉拉克气田、轮古油气田、解放区油气田、和田河气田、哈得油气田、东河塘油气田等。仅在大宛1井的2391～2394m井段、克参1井和吉南1井为完全倒转（$\delta^{13}C_1>\delta^{13}C_2>\delta^{13}C_3$）（图3）。造成烷烃气碳同位素组成局部倒转的原因很多，其中与热作用相关主要包括以下几种原因（戴金星，1990；Cai et al.，2001；Sherwood et al.，2002；Du et al.，2003）：①有机烷烃气和无机烷烃气相混合；②煤型气和油型气混合；③同型不同源不同期气混合；④硫酸盐热化学还原（TSR）引起甲烷碳同位素偏重；⑤在高温、高压条件下，烃类气体易发生碳同位素倒转。

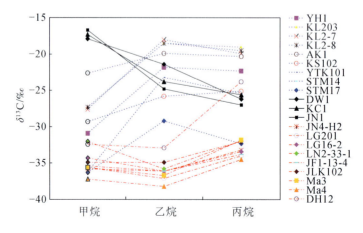

图3　塔里木盆地异常烷烃气碳同位素组成变化图

蓝色虚线代表 $\delta^{13}C_1<\delta^{13}C_2>\delta^{13}C_3$；红色虚线代表 $\delta^{13}C_1>\delta^{13}C_2<\delta^{13}C_3$；黑色实线代表 $\delta^{13}C_1>\delta^{13}C_2>\delta^{13}C_3$

在塔里木盆地无机与有机成因气的混合基本不存在，因为该盆地主要气田附近没有明显的深大断裂存在，$^3He/^4He$ 组成也以 $n\times10^{-8}$ 数量级为主，仅在局部地区可达到 $n\times10^{-7}$ 数量级（Xu et al., 1995；刘全有等，2007）。根据^{3}He/^{4}He 的 $n \times 10^{-8}$ 和低氦含量（<0.3 vol.%）为典型地壳成因氦（Hiyagon and Kennedy, 1992；Littke et al., 1995；Xu et al., 1995），塔里木盆地以 CH_4 为主的天然气中氦主要为地壳成因，仅在阿克 1 井可能也仅有少量幔源气的混入（R/R_a=0.549）（Liu et al., 2007）。另外，当 ^{3}He 从地幔通过深部断裂带或火山活动散溢时，^{3}He 浓度会快速增大，而远离这些深部断裂带或火山活动区时 ^{3}He 浓度就会恢复为正常的地壳值（丁巍伟等，2005）。所以，通过深部气体的混入不可能形成大面积的高 ^{3}He/^{4}He 值。尽管岩浆活动、构造运动、热流和火山活动被认为控制 He 同位素组成的主控因素（Wakita et al., 1983；Xu et al., 1995；郑建京等，2005），但在塔里木盆地 ^{3}He/^{4}He 组成与古地温梯度和热流并不存在必然联系。例如，在中央隆起带热流值高（约 60mW/m^2）（李成等，2000；刘绍文等，2006）和古高地温梯度（3.5℃/100m）（赵孟军等，2006），和田河、东河塘和曲 3 气田（藏）中天然气具有高 ^{3}He/^{4}He 组成（^{3}He/^{4}He=0.088R_a~0.174R_a），然而在塔中和哈德气田天然气中 ^{3}He/^{4}He 组成显示了典型的壳源特征（^{3}He/^{4}He=0.022R_a~0.041R_a）。相反，在塔西南坳陷的热流值比较低（古地温梯度低于 20℃/km，古热流为 40mW/m^2）（李成等，2000；刘绍文等，2006），而柯克亚气田天然气中的 ^{3}He/^{4}He 值却较高（^{3}He/^{4}He=0.044R_a~0.127R_a）。所以，塔里木盆地不存在有机烷烃气和无机烷烃气相混合。

塔里木盆地二叠纪时期的火山活动强烈，之后，仅存在一些小范围的构造活动，但整个塔里木盆地相对趋于稳定。正是因为塔里木盆地的局部构造活动使得塔里木盆地天然气以多期成藏（晚加里东—早海西期、晚海西期和喜马拉雅期）和晚期聚集（喜马拉雅期）为特征（贾承造等，2006）。在早期形成的气藏（如和田河、塔中、吉拉克）在后期的构造活动中遭到一定程度的破坏。幔源成因 CO_2、H_2 和 ^{3}He 主要释放主要发生在晚海西期；在随后的喜马拉雅期构造格架的重新调整过程中，烃类气体和其他非烃气体（CO_2、N_2、He 等）通过断层向上或侧向运移并重新聚集成藏，而残留在岩石中的幔源氦通过有机成因气体一起带到气藏从而形成了高 ^{3}He/^{4}He 组成特征，如和田河、英买 2、雅克拉和柯克亚等。而那些没有经历后期构造调整且距离源岩较近的非构造性油气藏被完整地保存下来，幔源 ^{3}He 也就没有途径可与有机成因天然气相混合，如塔中、哈德、草 2、桑塔木等。在柯克亚、曲 3、和田河、英买 2、东河塘和雅克拉等气田（藏）附近均发育着拉张和拉伸的裂缝，这样就提高了渗透率（Xu et al., 1995；郑建京等，2005）。塔里木盆地火山岩主要分布在中央隆起、北部坳陷、塔北隆起和盆地东南部。在长期的地质成岩和热液作用下，火山岩中气体逐渐被释放出来（Wakita et al., 1983）；而高孔隙和高渗透火山岩恰好为这些气体成藏提供了运移通道。塔西南坳陷高的 ^{3}He/^{4}He 组成，特别是阿克 1 井，与最近南天山断褶带与昆仑山断褶带相互作用有关（郑建京等，2005），幔源组分通过断褶带运移到地壳并成藏（表 2）。在库车坳陷，天然气以两期生烃与晚期成藏为特征（宋岩等，2006；赵孟军等，2006），而且这些气体主要来源为三叠系和侏罗系腐殖型有机质。库车坳陷天然气在 23Ma 年开始生烃，近 5Ma 年被保存下来，不存在幔源 He 混入气藏，因为库车坳陷天然气并没有经历晚海西期大规模构造活动。因此，库车坳陷天然气具有典型的地壳 ^{3}He/^{4}He 组成特征。坳陷西部 ^{3}He/^{4}He 组成（如大宛齐、克拉 2、却勒 1）高于东部（如迪那 1、迪那 2、提尔根和牙哈）可能是由于火山岩中锂衰变造成的，因为在库车坳陷中火山岩分布区对应的 ^{3}He/^{4}He 组成高。塔里木盆地二叠纪火山活动比较活跃，形成了大量火山岩沉积。这些火成岩多分布于中央隆起、北部凹陷、塔北隆起和盆地的东南部等地区；而火成岩中往往富集锂。尽管存在 U 和 Th 的衰变，但在塔里木盆地通过锂 $^6Li(n,\alpha)^3H(\beta)^3$ 衰变形成 ^3He 是导致油型气中 $^3He/^4He$ 值偏高的可能原因。因为富锂的黏土（e.g. 100 ~ 1000ppm Li）能够产生高达 $0.5R_a$ 的 $^3He/^4He$（Hiyagon and Kennedy，1992）；相反，U 和 Th 衰变产生的 ^4He 则导致 $^3He/^4He$ 值变小和 He 浓度增加，如中国最老的威远气田，其 $^3He/^4He$ 值为 $0.004R_a$ ~ $0.022R_a$（Xu et al.，1995）。尽管我们没有分析沉积岩中 U 和 Th，以及 U 和 Th 衰变对 $^3He/^4He$ 组成的影响，但根据 Hiyagon 和 Kennedy（1992），Tolstikhin 等（1999），火山岩中高锂必定引起 ^3He 的富集。

表 2　塔里木盆地天然气 $^3He/^4He$ 组成数据表与构造活动（括弧内数值为样品数）

气田名称	储层	$(^3He/^4He)/10^{-8}$	典型井位	火山岩与构造活动
乌什	K	3.02	WC1	
大北	E、K	5.32	DB2	
大宛	N	5.67 ~ 2.00（3）	DW109-19	
克拉2	E、K	3.49 ~ 4.91（4）	KL2	有火山岩
迪那	N、E	2.48 ~ 3.48（4）	DN2、DN102	
提尔根	E、K	3.33 ~ 3.52（2）	TRG1	
台1	N_1	3.54	T1	
牙哈	E、K	3.24 ~ 4.72（10）	YH1、YH701	
红旗	E	8.18 ~ 9.03（2）	HQ2	有火山岩
英买7	E	7.22 ~ 8.69（4）	YM7	有火山岩
英买2	O	26.00	YM2	有火山岩-深大断裂
羊塔克	E、K	6.72 ~ 7.00（3）	YTK101	有火山岩
玉东	K	6.98	YD2	有火山岩
却勒	K	5.32	QL1	有火山岩
草湖	C	4.00	Cao2	
轮南-桑塔木	T、C、O	3.00 ~ 8.60（23）	LG201、LN10	
解放区-吉拉克	T	8.42 ~ 6.11	JLK102、JF100	
东河塘	O、D、C	2.30 ~ 8.50（7）	DH1、DH12	有火山岩
	P	14.80 ~ 16.80（2）	DH20、DH23	有火山岩
雅克拉	∈、O	21.30 ~ 22.80（2）	SC2、Sha7	有火山岩-深大断裂
哈得	C	3.06 ~ 3.46（2）	HD113	
塔中	O、C	3.73 ~ 5.78（16）	TZ1、TZ621	
和田河	O、C	11.60 ~ 12.70（4）	Ma4	有火山岩-深大断裂
柯克亚	N_1	6.10 ~ 8.60（6）	KE2	构造活动
	J、K	13.70 ~ 17.80（2）	KS102	构造活动
曲3	C	24.30	Qu3	构造活动
阿克1	K	76.90	AK1	构造活动

正如上文所论述，塔里木盆地油型气主要来源于寒武–奥陶系的海相腐泥型有机质，产层古生界和中生界；而煤成气主要形成于三叠–侏罗系的腐殖质有机质，储层为中生界—第三系。但是，在塔里木盆地腐殖型有机质作为有效烃源岩主要分布在台盆区，而中生界腐殖型有机质虽然分布广泛，但仅在盆地周围已经进入生气期，如库车坳陷诸气田；在台盆区以中生界煤岩为主的腐殖型有机质热成熟度普遍偏低，对已发现气田贡献有限（张水昌等，2001）。尽管有些学者认为在轮南地区可能存在库车坳陷煤型气的少量混入（郑建京等，2005）。如果在轮南地区存在远距离运移的煤型气，那么化学组分应以甲烷为主；这样，与轮南本区形成的油型气相混合只能引起甲烷碳同位素组成变重，其他重烃碳同位素影响很小。但是，在轮南地区甲烷碳同位素较重的天然气主要分布在该区的南部或中南部，如吉拉克气田、解放区油气田和桑塔木油气田。因此，塔里木盆地煤型气和油型气的混合非常有限。尽管在塔里木不存在不同类型天然气的混合，但同型不同源不同期气却广泛分布；如库车坳陷南缘地区主要表现为三叠系泥岩与三叠系—侏罗系煤系形成的煤型气（赵孟军等，2006），而在轮南地区天然气主要来源于寒武系—下奥陶统灰岩与下—中奥陶统腐泥型有机质形成的油型气（Liu et al.，2007）。由于它们经历的热演化史不同，形成天然气的阶段各异，经过塔里木盆地局部构造活动使天然气以多期成藏（晚加里东—早海西期、晚海西期和喜马拉雅期）和晚期聚集（喜马拉雅期）为特征，从而形成同型不同源不同期天然气的混合。在塔里木盆地的和田河、塔中、轮南等含气区有含量不等的 H_2S，但因含量相对较低，在本次研究中没有测试出，但取样过程中明显可以闻到 H_2S 气味（表1）。由于这些区域热演化程度普遍较高，已达到高–过成熟阶段，地层温度已经达到了 TSR 发生的初始温度 120～140℃（Cai et al.，2001；Zhang et al.，2005；朱光有等，2006），当发生 TSR 时，大分子烃类会被硫酸盐还原为小分子化合物（甲烷），气体干燥系数增加（Zhang et al.，2007）；同时，烃类中 ^{12}C 会优先与硫酸盐发生还原反应，使得剩余气体碳同位素组成变重，特别是甲烷碳同位素，引起甲烷与乙烷碳同位素组成发生倒转，这种倒转现象在川东北地区和鄂尔多斯盆地靖边气田均有类似发现（Dai et al.，2005；Zhu et al.，2007）。在克拉2气田，乙烷与丙烷碳同位素组成局部倒转可能与煤系在高温、高压条件下生烃有关；因为热模拟实验表明在高温、高压下烃类气体碳同位素容易发生倒转（Du et al.，2003；杨春等，2007）。

虽然有些学者认为在塔里木盆地天然气具有 $\delta^{13}C_1>\delta^{13}C_2>\delta^{13}C_3$，为无机成因气（张景廉，2002），包括大宛1井的2391～2394m井段、克参1井和吉南1井。但这些井气体样品多采集自钻井测试过程中或原油中伴生的少量气体，天然气没有形成工业性气流。虽然它们具有无机成因气的地球化学特点，但它们仍为有机成因气。理由包括以下几点：①在库车坳陷天然气 $^3He/^4He$ 值为 $n\times10^{-8}$ 数量级，没有深部幔源 ^3He 的加入，为典型壳源特征；②除克参1井和大宛齐1井（2391～2394m）外，库车坳陷含油气系统烷烃气碳同位素基本上表现为随着碳数增加而变重，为有机成因天然气特征，造成烷烃气碳同位素组成完全倒转有可能与天然气多期成藏混合有关；③大宛齐1井仅在2391～2394m井段烷烃气碳同位素倒转，而其他层段烷烃气碳同位素组成为正常系列，很难判定该层段天然气为无机成因；④吉南1井除周围各井天然气表现为有机成因气外（如吉南4井），吉南1井天然气中 $^3He/^4He$ 值为 6.42×10^{-8}，He 含量为 0.016%，为典型壳源特征。故大宛齐1井（2391～2394m）和吉南1井天然气不是无机成因气，这种烷烃气碳同位素组成系列倒转可能与该气藏供气量不足（秦胜飞，1999）和扩散有关（Zhang and Krooss，2001）；因为扩散可以使甲烷 $\delta^{13}C_1$ 值发生 4.4‰ 的变化（Zhang and Krooss，2001）。故在塔里木盆地大宛 1 井的 2391~2394m 井段、克参 1 井和吉南 1 井天然气为有机成因，造成天然气地球化学特征异常与气藏多期成藏、供给与扩散等有关。

3　结论

通过对塔里木盆地天然气地球化学研究，包括化学组分、碳氢同位素、稀有气体同位素等，认为塔里木盆地天然气明显受烃源岩类型、热演化程度和时空分布控制。在台盆区，天然气以油型气为主，烃源岩主要为寒武系—下奥陶统灰岩，局部地区存在下—中奥陶统腐泥型烃源岩贡献；而在前陆盆地，如库车坳陷，天然气主要为煤型气，烃源岩主要为三叠系—侏罗系腐殖型有机质。塔里木盆地烷烃气氢同位素组成表明，在台盆区天然气母质沉积环境为海相，而前陆盆地烃源岩形成环境为陆相。烷烃同位素组成的局部倒转可能与烃源岩热演化程度差异有关，因为在塔里木盆地不同类型烃源岩在不同地质时期经历的热演化不同，导致了同型不同源不同期气混合；同时，局部地区天然气因硫酸盐热化学还原（TSR）也可引起碳同位素组成的局部倒转。在塔里木盆地，不存在有机与无机气的混合，局部地区天然气中 $^3He/^4He$ 值偏高，可能与区域构造活动有关，因为在晚海西期通过火山活动释放的残留气体在区域构造活动时与有机成因气体一起进入气藏形成了高 $^3He/^4He$ 组成。

参 考 文 献

戴金星. 1990. 概论有机烷烃气碳同位素系列倒转的成因问题. 天然气工业,10(6)：15-20.

丁巍伟,戴金星,杨池银,等. 2005. 黄骅坳陷港西断裂带包裹体中氦同位素组成特征. 科学通报,50(16)：1768-1773.

贾承造,何登发,昕石,等. 2006. 中国油气晚期成藏特征. 中国科学 D 辑,36(5)：412-420.

李成,王良书,郭随平,等. 2000. 塔里木盆地热演化. 石油学报,21(3)：13-17.

刘全有,戴金星,李剑,等. 2007. 塔里木盆地天然气氢同位素地球化学与对热成熟度和沉积环境的指示意义. 中国科学 D 辑,37(12)：1599-1608.

刘绍文,王良书,李成,等. 2006. 塔里木盆地岩石圈热-流变学结构和新生代热体制. 地质学报,80(3)：344-350.

刘文汇,徐永昌. 1999. 煤型气碳同位素演化二阶段分馏模式及机理. 地球化学,28(4)：359-365.

秦胜飞. 1999. 塔里木盆地库车坳陷异常天然气的成因. 勘探家：石油与天然气,4(3)：21-23.

宋岩,赵孟军,柳少波,等. 2006. 中国前陆盆地油气富集规律. 地质评论,52(1)：85-92.

王晓锋,刘文汇,徐永昌,等. 2005. 塔里木盆地天然气碳、氢同位素地球化学特征. 石油勘探与开发,32(3)：55-58.

徐永昌,沈平,刘文汇,等. 1998. 天然气中稀有气体地球化学. 北京：科学出版社.

徐永昌,沈平,刘全有. 2002. "西气东输"探明天然气的地球化学特征及资源潜势. 沉积学报,20(3)：447-455.

杨春,罗霞,李剑,等. 2007. 松辽盆地北部基底浅变质岩热模拟实验及其气态产物地球化学特征. 中国科学 D 辑,37(增刊Ⅱ)：118-124.

张景廉. 2002. 克拉 2 大气田成因讨论. 新疆石油地质,23(1)：70-73.

张水昌,张保民,王飞宇,等. 2001. 塔里木盆地两套海相有效烃源层——Ⅰ 有机质性质,发育环境及控制因素. 自然科学进展,11(3): 261-268.

赵孟军,王招明,张水昌,等. 2006. 库车前陆盆地天然气成藏过程及聚集特征. 地质学报,79(3):414-422.

郑建京,刘文汇,孙国强,等. 2005. 稳定、次稳定构造盆地天然气氦同位素特征及其构造学内涵. 自然科学进展,15(8): 951-957.

朱光有,张水昌,梁英波,等. 2006. 四川盆地高含 H_2S 天然气的分布与 TSR 成因证据. 地质学报,80(8): 1208-1218.

Cai C,Hu W,Worden R H. 2001. Thermochemical sulphate reduction in Cambro-Ordovician carbonates in central Tarim. Marine and Petroleum Geology,18: 729-741.

Chen J,Xu C,Huang D. 2000. Geochemical characteristics and origin of natural gas in Tarim Basin,China. AAPG Bulletin,84(5): 591-606.

Dai J X,Li J,Luo X,et al. 2005. Stable carbon isotope compositions and source rock geochemistry of the giant gas accumulations in the Ordos Basin,China. Organic Geochemistry,36: 1617-1635.

Du J,Jin Z,Xie H,et al. 2003. Stable carbon isotope compositions of gaseous hydrocarbons produced from high pressure and high temperature pyrolysis of lignite. Organic Geochemistry,34: 97-104.

Galimov E M. 1988. Sources and mechanisms of formation of gaseous hydrocarbons in sedimentary rocks. Chemical Geology,71: 77-95.

Hiyagon H, Kennedy B M. 1992. Noble gases in CH_4-rich gas fields, Alberta, Canada. Geochimica et Cosmochimica Acta,56: 1569-1589.

Huang D,Liu B,Wang T,et al. 1999. Genetic type and maturity of Lower Paleozoic marine hydrocarbon gases in the eastern Tarim Basin. Chemical Geology,162: 65-77.

James A T. 1990. Correlation of reservoired gases using the carbon isotopic compositions of wet gas components. AAPG Bulletin,74: 1441-1458.

Littke R, Krooss B M, Idiz E, et al. 1995. Molecular nitrogen in natural gas accumulations: generation from sedimentary organic matter at high temperatures. AAPG Bulletin,79: 410-430.

Liu Q Y,Dai J X,Zhang T W,et al. 2007. Genetic types of natural gas and their distribution in Tarim Basin,NW China. Journal of Nature Science and Sustainable Technology,1:603-620.

Schoell M. 1980. The hydrogen and carbon isotopic composition of methane from natural gases of various origins. Geochimica et Cosmochimica Acta,44: 649-661.

Shen P,Shen Q X,Wang X B,et al. 1988. Characteristics of the isotope composition of gas form hydrocarbon and identification of coal-type gas. Science in China (Series B),31: 734-747.

Sherwood L B,Westgate T D,Ward J A,et al. 2002. Abiogenic formation of alkanes in the Earth's crust as a minor source for global hydrocarbon reservoirs. Nature,416: 522-524.

Tolstikhin I N,Lehmann B E,Loosli H H,et al. 1999. Radiogenic helium isotope fractionation: the role of tritium as ^3He precursor in geochemical applications. Geochimica et Cosmochimica Acta,63: 1605-1611.

Wakita H, Sano Y. 1983. $^3He/^4He$ ratios in CH_4-rich natural gases suggest magmatic origin. Nature,305: 792-794.

Xu S,Nakai S I,Wakita H,et al. 1995. Mantle-derived noble gases in natural gases from Songliao Basin,China. Geochimica et Cosmochimica Acta,59: 4675-4683.

Zhang S C, Zhu G Y, Liang Y B, et al. 2005. Geochemical characteristics of the Zhaolanzhuang sour gas accumulation and thermochemical sulfate reduction in the Jixian Sag of Bohai Bay Basin. Organic Geochemistry, 36: 1717-1730.

Zhang T,Ellis G S,Wang K S,et al. 2007. Effect of hydrocarbon type on thermochemical sulfate reduction. Organic Geochemistry,38: 897-910.

Zhang T, Krooss B M. 2001. Experimental investigation on the carbon isotope fractionation of methane during gas migration by diffusion through sedimentary rocks at elevated temperature and pressure. Geochimica et Cosmochimica Acta, 65: 2723-2742.

Zhu G Y, Zhang S C, Liang Y B, et al. 2007. Formation mechanism and controlling factors of natural gas reservoir of Jialingjiang Formation in eastern Sichuan Basin. Acta Geologica Sinica, 81(5):805-817.

塔里木盆地天然气成因类型与分布规律[*]

刘全有，金之钧，王　毅，李　剑，刘文汇，刘志舟

在沉积盆地中，天然气母质主要包括腐泥型和腐殖型有机质。腐泥型有机质在热降解过程中生成天然气为油型气，腐殖型有机质形成的天然气为煤型气（煤成气）[1-2]。腐泥型有机质生成油型气的途径主要有两种：干酪根直接降解生成的干酪根裂解气和原油裂解形成的原油裂解气[3-6]。为了区分油型气在不同热演化阶段的天然气类型，Tang 等[5]对原油进行了裂解热模拟实验，并建立了不同温度下裂解生成的甲烷、乙烷和丙烷碳同位素分馏模式；Prinzhofer 等[3-4]利用 C_2/C_3 与 $\delta^{13}C_2$–$\delta^{13}C_3$ 之间关系图版分别对 Thailand 盆地和巴西 Ceara 盆地干酪根裂解气和原油裂解气进行了判识研究。根据这些关系，可定性地描述油型气成因类型。腐殖型有机质生成的煤成气主要通过腐殖型干酪根直接降解形成的气体，源岩包括煤岩和碳质泥岩等[1-2,7]。

1　地质概况

塔里木盆地是中国最大的内陆含油气盆地。塔里木盆地是在前震旦系陆壳基底上发育起来的大型克拉通盆地，其上发育震旦系—古生界海相沉积和中新生界陆相沉积两套地层[8-9]。盆地基本构造格架为三隆四拗：3 个隆起包括塔北、塔中和塔南隆起，4 个拗陷为库车、北部、西南和东南拗陷。塔里木盆地已发现多个天然气藏，层位主要分布在古生界的奥陶系和石炭系、中生界三叠系、侏罗系和白垩系，以及新生界的第三系[7,10-11]。目前的研究认为海相腐泥型天然气来自古生界的寒武–奥陶系海相烃源岩[12-13]，而腐殖型天然气来自三叠–侏罗系煤系[7,14]。在塔里木盆地海相寒武系、奥陶系泥质碳酸盐岩和灰岩[13,15]，分布广泛，厚度变化大，有机质丰度相对较高，其热程度普遍处于成熟至过成熟阶段，且镜质组反射率 R_o（%）值具有从满东向吉拉克、哈德、解放区、桑塔木、东河塘和牙哈逐渐减低的趋势，塔中向巴楚方向降低[13,16]。陆相三叠–侏罗系泥岩、碳质泥岩和煤主要分布在塔里木盆地的四周，包括盆地北部的库车拗陷、塔西南拗陷和塔东南拗陷等，热成熟度变化较大，在库车拗陷的拜城地区镜质组反射率 R_o 高于 2.0%，而在库车前缘和东部仍处于成熟阶段[7,17]。由于天然气具有多源、多阶形成和晚期成藏等特点，塔里木盆地天然气分布规律与天然气类型的识别，对塔里木盆地天然气成藏研究以及天然气勘探具有重要意义。

2　天然气地球化学

在塔里木盆地 294 个天然气样品中，主要以烃类气体为主，绝大多数样品烃类气体

---

　*　原载于《石油学报》，2009 年，第 30 卷，第 1 期，46～50。

（C_{1-4}）大于 70%，占总样品数的 89.9% 以上，烃类气体以甲烷为主，重烃含量也较高（图 1）。随着天然气成熟度的增加，甲烷和重烃含量呈有规律的变化[1,18-20]。未熟阶段甲烷含量较高，重烃含量低；成熟阶段甲烷含量相对降低，而重烃增加；高–过成熟阶段，则以甲烷为主，重烃含量极低。塔里木盆地烃类气体的干燥系数变化较大，C_1/C_{1-4} 为 56%~100%，反映了成气母质成熟度具有较大差异。塔里木盆地天然气中非烃气体主要以氮气和二氧化碳为主，其他非烃气体组分含量极少或无。氮气组分含量变化较大，变化范围为 0.0%~90.9%。在塔中和东河塘等古、中生界气藏中 N_2 普遍含量偏高。

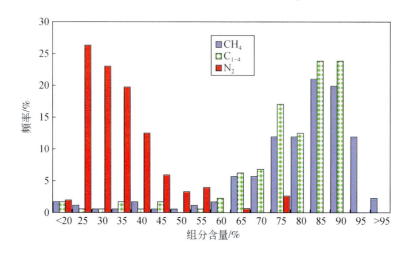

图 1　塔里木盆地天然气组分频率变化图

以 $\delta^{13}C_2 = -28.0‰$ 为界可将塔里木盆地天然气分为 $\delta^{13}C_2 > -28.0‰$ 的煤型气和 $\delta^{13}C_2 < -28.0‰$ 的油型气（图 2）。煤型气 $\delta^{13}C_1$ 值一般也重于油型气的 $\delta^{13}C_1$ 值，$\delta^{13}C_1$ 值在 $-39‰ \sim -33‰$ 油型气和煤型气存在重叠，因此利用 $\delta^{13}C_1$ 值进行天然气类型判识需慎重。随着热演化程度的增高，$\delta^{13}C_1$ 值变重，煤成气与油型气的 $\delta^{13}C_2 - \delta^{13}C_1$ 逐渐由正值向零靠拢（即 $\delta^{13}C_1$ 和 $\delta^{13}C_2$ 值趋于一致），且煤成气与油型气之间存在一个分离区间。随着演化程度的不断升高，$\delta^{13}C_1$ 值进一步变重，油型气的 $\delta^{13}C_2 - \delta^{13}C_1$ 差值开始向负值转变，并且差值增大。虽然 TZ4-7-23、TZ4-7-24 和 TZ4-401-H2 的 $\delta^{13}C_2$ 均大于 $-28.0‰$，根据塔里木盆地烃源岩分布特征[11,13]，塔中地区并没有腐殖型有机质分布。因此，TZ4-7-23、TZ4-7-24 和 TZ4-401-H2 的母质与煤系地层没有直接关系，具体成因有待进一步研究。

2.1　煤成气

塔里木盆地煤成气样品 117 个，$\delta^{13}C_1$ 值分布范围变化较大，$\delta^{13}C_1$ 为 $-39.2‰ \sim -17.3‰$，主频率为 $-38‰ \sim -32‰$，$\delta^{13}C_2$ 和 $\delta^{13}C_3$ 值分布较为集中，$\delta^{13}C_2$ 为 $-27.6‰ \sim -16.8‰$，主频率为 $-24‰ \sim -22‰$，$\delta^{13}C_3$ 为 $-32.5‰ \sim -13.2‰$，主频率为 $-22‰ \sim -20‰$（图 3）。塔里木盆地煤成气产层主要为第三系、白垩系和侏罗系。地理位置主要分布在盆地的四周，包括库车坳陷的北部以及坳陷南缘斜坡带、塔西南（阿克 1 井和柯克亚油气田）、塔东南（若参 1 井）。煤成气的分布范围与中生界侏罗系和三叠系煤系烃源岩分布范围相一致。

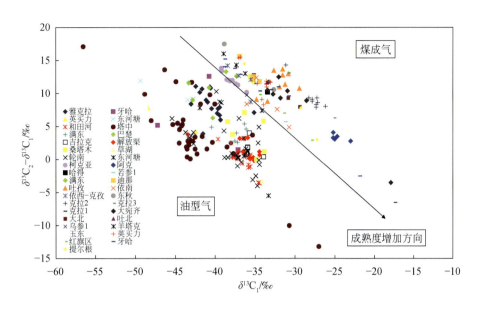

图 2 塔里木盆地烷烃气体 $\delta^{13}C_1$ 与 $\delta^{13}C_2$-$\delta^{13}C_1$ 关系图

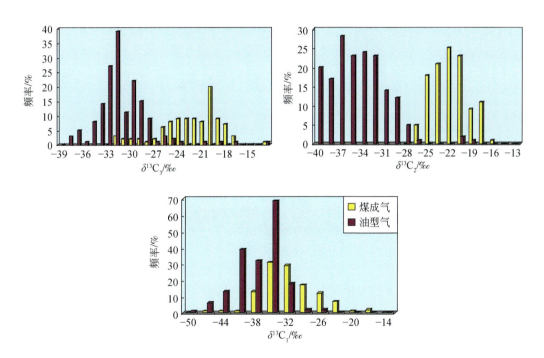

图 3 塔里木盆地烷烃气体碳同位素频率分布图

2.2 油型气

塔里木盆地油型气样品 177 个，$\delta^{13}C_1$ 值分布范围变化较大，$\delta^{13}C_1$ 为 −56.5‰ ~ −27.0‰，主频率分布主要为 −38‰ ~ −36‰，$\delta^{13}C_2$ 为 −43.1‰ ~ −19.6‰，主频率为

−36‰ ～ −34‰，$\delta^{13}C_3$为−38.8‰ ～ −13.2‰，主频率为−34‰ ～ −32‰。塔里木盆地油型气产层与煤成气有别，油型气主要分布在寒武系、古生界（奥陶系、石炭系和志留系）和中生界（三叠系、侏罗系和白垩系）。从地理位置分布来看，塔里木盆地油型气主要分布在塔里木盆地的中部，油气田（藏）分布主要包括塔北隆起、北部坳陷、中央隆起和塔西南坳陷的北部。过去国内许多学者主要利用$\ln(C_1/C_2)$与$\ln(C_2/C_3)$图板进行干酪根裂解气与原油裂解气判识，如塔里木盆地的英南2井气藏和田河气田等，但是该图板很难对热程度相对较为接近的气藏或气田进行判识。因为当天然气热成熟差别较小时，数据点相对较为集中，无法反映C_1/C_2与C_2/C_3随热成熟的变化趋势；或者当数据点呈菱形分布，而不是曲线型分布时，$\ln(C_1/C_2)$与$\ln(C_2/C_3)$图板也很难对干酪根裂解气与原油裂解气做出判识。为了较好地区分塔里木盆地干酪根裂解气与原油裂解气，利用Prinzhofer等[3-4]建立的C_2/C_3与$\delta^{13}C_2-\delta^{13}C_3$图版和原油裂解的实验结果[5,21]，对油型气进行了干酪根裂解气与原油裂解气进行了识别（图4）。由图4可见，塔里木盆地油型气的两种类型均存在，且以原油裂解气为主，特别在和田河气田、吉拉克气田和满东地区。

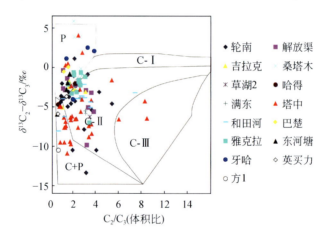

图4　塔里木盆地油型气裂解划分图

C-Ⅰ. 油裂解气；C-Ⅱ. 油气裂解气；C-Ⅲ. 气裂解气；
C+P. 干酪根裂解气与原油裂解气混合；P. 干酪根裂解气

1）干酪根裂解气

在干酪根裂解气中，C_2/C_3值小且变化不大，$\delta^{13}C_2-\delta^{13}C_3$绝对差值变化也较小。在塔里木盆地，干酪根裂解气主要分布在雅克拉油气田、东河塘油气田、轮南油气田、解放区油气田、桑塔木油气田、巴楚地区和塔中油气田。

2）原油裂解气

在原油裂解气中，C_2/C_3值变化大，$\delta^{13}C_2-\delta^{13}C_3$差值更趋向负值，一般小于−4.5‰。塔里木盆地原油裂解气分布较为广泛，在塔北隆起、北部坳陷、中央隆起和塔西南坳陷均有原油裂解气的分布。根据图4的判识模式，在满东、和田河和塔中，原油裂解程度最为强烈，可以达到二次油气裂解，从北部坳陷的满东向塔北隆起的吉拉克、解放区、桑塔木、轮南、东河塘和雅克拉，原油裂解程度有减弱趋势（表1），这与塔里木盆地寒武系—下奥陶统和中、上奥陶统烃源岩的热成熟度变化趋势相一致。轮南、解放区、哈德、东河塘、塔中、方1井等地区 $\delta^{13}C_2$-$\delta^{13}C_3$ 差值大，而 C_2/C_3 值小，样品点落在原油裂解气判识模型的外面（图4）。$\delta^{13}C_2$-$\delta^{13}C_3$ 比 C_2/C_3 高，表明干酪根裂解气的混入，反之，则有原油裂解气的混入[3,6]。因此，上述地区造成样品点落在原油裂解气判识模型的外面主要与干酪根裂解气的混入有关。根据校正后的 C_2/C_3 与 $\delta^{13}C_2$-$\delta^{13}C_3$ 图版不仅有效地判识了塔里木盆地不同热演化阶段油型气，而且对热成熟较近的或数据点分散的油型气做出判识。

表1　塔里木盆地干酪根裂解气与原油（气）裂解气数据表

气田 (区域)	样品数 /个	原油（气）裂解气样品数/个			干酪根裂解气 样品数 /个	干酪根裂解气 占比例 /%	原油（气） 裂解气占比例 /%
		C-Ⅰ	C-Ⅱ	C-Ⅲ			
和田河	17		17			0	100.0
塔中	38	1	29	3	5	13.2	86.8
满东	5		5			0	100.0
巴楚	4		2		2	50.0	50.0
吉拉克	6	1	3		2	33.3	66.7
解放渠	11	1	7		3	27.3	72.7
桑塔木	6	1	2		3	50.0	50.0
草2	1		1			0	100.0
轮南	23	2	17		4	17.4	82.6
雅克拉	14	1	9		4	28.6	71.4
东河塘	5	1	1		3	60.0	40.0
牙哈	4	1	1		2	50.0	50.0
英买力	2		2			0	100.0
哈得	2		2			0	100.0

3　结论

塔里木盆地存在两种不同的烃源岩，即寒武系和奥陶系的腐泥型烃源岩，三叠系和侏罗系与煤系地层有关的腐殖型烃源岩。由于它们分布范围和热演化程度的不同决定了塔里木盆地的主要天然气成因类型。在塔里木盆地主要存在与腐殖型有机质有关的煤成气和与来自腐泥型有机质的油型气。煤成气主要分布在塔里木盆地的四周，包括库车坳陷、塔西南、塔东南和部分满东地区。油型气的分布明显受寒武系和奥陶系的腐泥型烃源岩的控制，主要分布塔北隆起、北部坳陷、中央隆起和塔西南坳陷的北部。由于受烃源岩热成熟度的影响，塔里木盆地油型气可分为干酪根裂解气和原油裂解气两种。从北部坳陷的满东向塔北隆起的轮南方向原油裂解程度有减弱趋势，而在满东、和田河和塔中，原油裂解程度最为强烈，可以达到二次油气裂解。因此，塔里木盆地天然气的成因类型与分布规律明显受腐泥型和腐殖型两套烃源岩的空间展布和热演化程度控制。

参 考 文 献

[1] 徐永昌. 天然气成因理论及应用. 北京：科学出版社,1994.

[2] 戴金星,裴锡古,戚厚发. 中国天然气地质学. 北京：石油工业出版社,1992.

[3] Prinzhofer A A, Mello M R, Takaki T. Geochemical characterization of natural gas, a physical multivariable and its application in maturity and migration estimate. AAPG Bulletin,2000,84(8)：1152-1172.

[4] Prinzhofer A, Battani A. Gas isotopes tracing：an important tool for hydrocarbons exploration. Oil & Gas Science and Technology,2003,58(2):299-311.

[5] Tang Y, Perry J K, Jenden P D, et al. Mathematical modeling of stable carbon isotope ratios in natural gases. Geochimica et Cosmochimica Acta,2000,64(15):2673-2687.

[6] James A T. Correlation of reservoired gases using the carbon isotopic compositions of wet gas components. AAPG Bulletin,1990,74(9):1441-1458.

[7] 梁狄刚,陈建平,张宝民,等. 塔里木盆地库车坳陷陆相油气的生成. 北京：石油工业出版社,2004.

[8] 贾承造,魏国齐. 塔里木盆地构造特征与含油气性. 科学通报,2002,47(增刊)：1-8.

[9] 徐永昌,沈平,刘文汇,等. 天然气中稀有气体地球化学. 北京：科学出版社,1998.

[10] Chen J F, Xu Y C, Huang D F. Geochemical characteristics and origin of natural gas in Tarim Basin, China. AAPG Bulletin,2000,84(5):591-606.

[11] 张水昌,梁狄刚,张宝民,等. 塔里木盆地海相油气的生成. 北京：石油工业出版社,2004.

[12] 黄第藩. 塔里木盆地东部天然气的成因类型及成熟度判识. 中国科学(D 辑),1996,26(4):365-372.

[13] 张水昌,张保民,王飞宇,等. 塔里木盆地两套海相有效烃源层——I 有机质性质,发育环境及控制因素. 自然科学进展,2001,11(3):261-268.

[14] Liang D G, Zhang S C, Chen J, et al. Organic geochemistry of oil and gas in the Kuqa depression, Tarim Basin, NW China. Organic Geochemistry,2003,34(7):873-888.

[15] Zhang G Y, Wang H J, Li H H. Main controlling factors for hydrocarbon reservoir formation and petroleum distribution in Cratonic Area of Tarim Basin. Chinese Science Bulletin,2002,47(Special Issue):139-146.

[16] Zhang S C, Hanson A D, Moldowan J M, et al. Paleozoic oil-source rock correlations in the Tarim Basin, NW China. Organic Geochemistry,2000,31(4):273-286.

[17] Liang D G, Zhang S C, Zhao M J, et al. Hydrocarbon sources and stages of reservoir formation in Kuqa depression, Tarim Basin. Chinese Science Bulletin,2002,47(Special Issue):56-63.

[18] 戴金星,裴锡古,戚厚发. 中国天然气地质学. 北京：石油工业出版社,1995：35-87.

[19] Fuex A N. The use of stable carbon isotopes in hydrocarbon exploration. Journal of Geochemical Exploration,1977,7：155-188.

[20] Schoell M. Genetic characterization of natural gas. AAPG Bulletin,1983,67(12):2225-2238.

[21] 张海祖,熊永强,刘金钟,等. 正十八烷的裂解动力学研究(I):气态烃组分及其碳同位素演化特征. 地质学报,2005,79(4):569-574.

塔里木盆地天然气地球化学及成因与分布特征[*]

秦胜飞，李先奇，肖中尧，李　梅，张秋茶

1　勘探概况

塔里木是中国最大的含油气盆地，1954 年开始在库车坳陷进行油气勘探。1959 年发现产层为中侏罗统依奇克里克小油田。1993 开始加强了山地地震、钻井等工程技术攻关，勘探取得了显著效果。1995 年发现大宛齐盐拱构造上的浅层油藏后，1997 年在依奇克里克油田依南断裂带下盘的侏罗系发现了依南 2 气藏，同时在构造带西段发现了高压、高产、高丰度的克拉 2 大气田（图 1），探明储量为 $2840.29 \times 10^8 \mathrm{m}^3$，为此，启动了西气东输工程。2001 年又在秋里塔克构造带取得重大突破，先后发现了迪那 1、迪那 2 凝析气藏和却勒 1 油藏。此外，在乌什凹陷于 2003 年 11 月发现了乌参 1 凝析气藏。

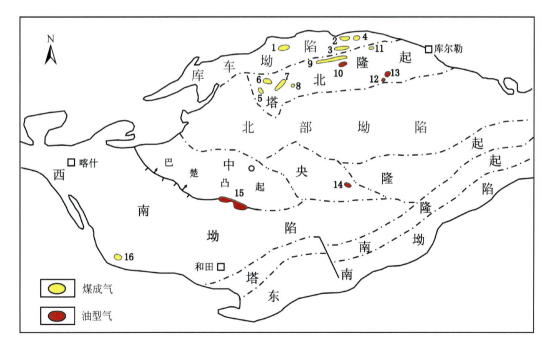

图 1　塔里木盆地二级构造单元和气田分布图

1. 克拉 2；2. 依南 2；3. 迪那 2；4. 吐孜洛克；5. 玉东 2；6. 羊塔克；7. 英买 7；8. 红旗 1 号；
9. 牙哈；10. 雅克拉；11. 提尔根；12. 吉南 4；13. 吉拉克；14. 塔中 6；15. 和田河；16. 柯克亚

* 原载于《石油勘探与开发》，2005 年，第 32 卷，第 4 期，70 ~ 78。

塔北隆起油气勘探工作始于 1958 年，分别在"八五"和"九五"期间探明吉拉克、英买 7、提尔根、红旗 1、牙哈、吉南 4、羊塔克、玉东 2 等 8 个凝析气田。

塔中勘探工作始于 1983 年，1989 年发现了塔中 1 油田，1996 年探明塔中 16 油田，1997 探明塔中 6 凝析气田，2000 年探明塔中 40 号石炭系油田。在中央隆起西部的巴楚凸起上，1998 年探明了和田河大气田。

塔西南 1952 年开始进行油气勘探，于 1985 年探明了柯克亚凝析气田，2001 年 7 月在喀什凹陷阿克 1 井获高产气流，发现阿克莫木中型气田。

塔里木盆地之所以取得这些勘探成果，是天然气地质理论特别是煤成气理论的指导息息相关[1-2]。

从 20 世纪 70 年代末中国开始了煤成气方面的研究[3-4]。"六五"期间国家设立了第一个天然气科技攻关项目"煤成气的开发研究"，研究认为库车坳陷是塔里木盆地有利勘探区[5]。在"七五"和"八五"期间，针对塔里木盆地库车坳陷煤系优越的生气条件，结合国外相邻地区，逐步完善了包括塔里木盆地、准噶尔盆地、吐哈盆地等在内的中亚煤成气聚集域的概念，并对烃源岩[6]和煤成气的地球化学特征[7]进行了全面研究；划分出了若干煤成气有利聚集带[8]。"九五"期间，国家天然气科技攻关课题对库车坳陷煤系形成大中型气田地质基础和勘探方向做了进一步的总结[9]。另外，随着勘探的发展，在"八五"和"九五"期间，国家塔里木盆地油气攻关项目中也设置了天然气研究专题，重点对塔里木盆地天然气形成条件和分布规律进行研究[10-12]，对塔里木盆地天然气勘探也具有一定的指导意义。

2　天然气地球化学特征及成因类型

塔里木盆地天然气主要分布在以侏罗系煤系发育为特征的前陆区和以早古生代海相碳酸盐岩发育的台盆区。两种类型的天然气地球化学特征差别很大。

2.1　天然气组分特征

烃类气体组成：前陆区天然气组分中以烃类气体占绝对优势，含量主频率为 90%～100%。绝大多数样品烃类气体含量大于 95%，大约 1/3 的样品烃类气体含量在 90%～95%，只有少数样品烃类气体含量小于 90%（图 2）。极少数样品类气体含量小于 60%，它们主要分布于英买力地区。

台盆区天然气组分中烃类气体含量与前陆区天然气相比偏低。烃类气体含量范围主频率为 80%～100%。烃类气体含量小于 80% 的样品约占总样品数的 1/3，小于 60% 的样品在总样品数中亦占有一定的比例（图 2）。说明塔里木盆地台盆区天然气中相当多的样品含有较多的非烃气体；而前陆区天然气非烃气体含量却较少。

前陆区烃类气体中甲烷含量为 20.51%～98.31%，主频率分布范围亦较宽，为 75%～100%（图 2），少数样品甲烷含量小于 60%，这些样品主要分布于英买 7 气田。在库车前陆盆地所有气田（藏）中，克拉 2 气藏甲烷含量最高，平均为 96.92%；英买 7 气田甲烷含量最低，平均含量小于 80%。

台盆区天然气甲烷含量略偏低，表现在其含量主频率前移 5%，为 70%～95%；甲烷含量小于 60% 的样品所占比例明显增加，而大于 95% 的样品在总样品比例中相对于煤成气来说大大降低（图 2）。

塔里木盆地前陆区天然气干燥系数（$C_1 / \sum C_{1+}$）主频率为 0.85～1.00。从总体上说，库车坳陷克拉苏构造带上的天然气全为干气，克拉 2 井气藏是唯一的干气藏；依南 2 气藏天然气接近干气，个别样品干燥系数大于 0.95，但绝大多数样品干燥系数小 0.95，平均为 0.92，故仍属湿气。其他几个气田（藏）干燥系数平均值均小于 0.9。

台盆区天然气干燥系数在 0.6～1.0 范围内，近 50% 的样品干燥系数大于 0.95，这些样品主要分布于和田河气田、吉拉克气田，其他气田为湿气。

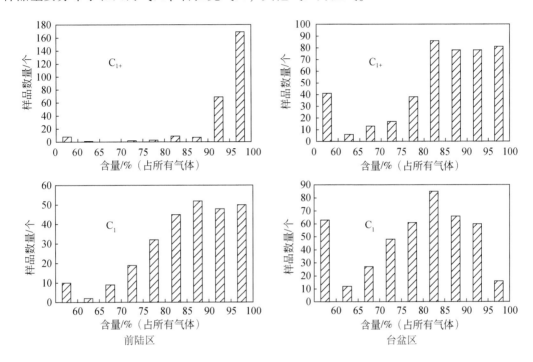

图 2　塔里木盆地天然气烃类气体含量分布频率图

非烃气体组成：主要是 CO_2 和 N_2。和田河气田含有少量 H_2S 气体。

CO_2 含量：前陆区天然气 CO_2 含量不高，主频率为 0～2%，含量大于 2% 的样品不足总体样品数的十分之一；而含量大于 4% 的样品则更少（图 3）。在近 250 个样品中，牙哈气田只有极少数样品 CO_2 含量大于 4%。

N_2 含量：前陆区 N_2 含量范围主频率 0～8%，N_2 含量增加则样品数递减（图 3）。含量大于 10% 的样品较少，它们主要分布于英买 7 气田和牙哈等气田（表 1）。

总体上前陆区天然气非烃气含量中，N_2 含量高于 CO_2，但高含 N_2 的样品（N_2 含量大于 10%）很少，为低 CO_2、N_2 含量的天然气。

台盆区天然气中 CO_2 含量也较低，其含量主频率与库车坳陷煤成气相同，为 0～2%，CO_2 含量大于 2% 的样品亦很少（图 3）。N_2 含量却明显高于前区天然气，半数以上的样品 N_2 含量大于 10%，具有高含 N_2 的特点（图 3）。

H_2S 含量：塔里木盆地天然气只有和田河气田含有 H_2S 气体，含量多为 0.02%～0.20%，平均 0.14%。现场取样 H_2S 气味较浓。主要储集层为石炭系砂泥岩段（C2）、生

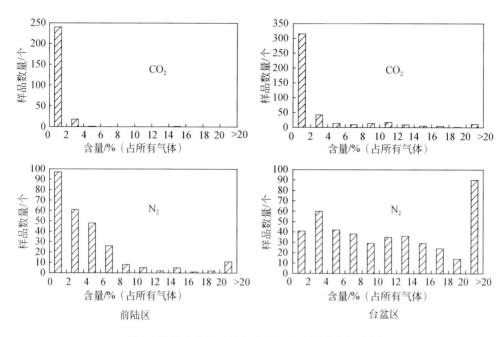

图 3　塔里木盆地天然气非烃气体含量分布频率图

物碎屑灰岩段（C6）、砂砾岩段（C8）和奥陶系古潜山。其中主力储集层之间的中泥岩段（C5）含有膏质泥岩，标准灰岩段（C4）含有白石膏。

2.2　天然气同位素组成特征

塔里木盆地前陆区天然气甲烷碳同位素分布主频率为 −40‰ ~ −32‰，台盆区为 −44‰ ~ −34‰，轻于前陆区。受成熟度影响较小的重烃气碳同位素主频率分布区间二者相差较大。前陆区乙烷碳同位素为 −26‰ ~ −20‰，台盆区为 −38‰ ~ −28‰，二者相差 10‰ ~ 12‰。

前陆区甲烷碳同位素主频率与乙烷碳同位素差别较大，台盆区天然气甲烷碳同位素值与重烃气碳同位素主频率分布范围差别不大，这主要因为台盆区含有大量成熟度很高的腐泥型源岩，由于成熟度较高，生成的天然气甲烷碳同位素值较重，而重烃气碳同位素随成熟程度变化不大，缩短了二者的差别。从图 4 可以看出，台盆区天然气甲烷碳同位素值分布区间有两个高峰，前者系奥陶系烃源岩成熟期热解的产物，后者主要是高–过成熟寒武系烃源岩干酪根热裂解产物。

2.3　天然气成因类型

1）烷烃气成因类型

天然气地球化学特征表明，前陆区天然气低含氮气，烷烃气碳同位素较重，特别是乙烷碳同位素值一般重于−26‰，根据天然气鉴别特征[13-15]，前陆区天然气成因类型为典型煤成气。台盆区天然气烷烃气碳同位素比较轻，特别是乙烷碳同位素值较轻，为一般都轻

表1 塔里木盆地主要气田天然气地球化学特征表

气田	井号	层位	井段/m	组分/% CH$_4$	C$_2$H$_6$	C$_3$H$_8$	nC$_4$H$_{10}$	iC$_4$H$_{10}$	nC$_5$H$_{12}$	iC$_5$H$_{12}$	CO$_2$	N$_2$	碳同位素/‰, PDB δ^{13}C$_1$	δ^{13}C$_2$	δ^{13}C$_3$	δ^{13}C$_4$	δ^{13}C$_{CO_2}$	^{3}He/^{4}He /10^{-8}
克拉2	克拉2	E	3499.9~3534.7	98.05	0.40	0	0	0	0	0	0.94	0.60	-27.30	-19.40				
克拉2	克拉2	K	3803.0~3809.0	98.08	0.42	0.04	0.01	0.01	0	0	0.74	0.56	-27.80	-18.70				
克拉2	克拉2	K	3888.0~3895.0	98.27	0.53	0.04	0.01	0.01	0.01	0.01	0.55	0.60	-27.80	-19.00				4.23
克拉2	克拉201	K$_2$b	3630.0~3640.0	97.65	0.42	0	0	0	0	0	0.42	1.51	-27.07	-18.48	-19.08	-19.88	-19.78	
克拉2	克拉201	K$_2$b	3770.0~3795.0	97.70	0.59	0.50	0	0	0	0	0.50	1.21	-27.19	-17.87	-19.14	-19.90	-22.57	
克拉2	克拉201	K$_2$b	3936.0~3938.0	96.86	0.59	0	0	0	0	0	1.33	1.22	-26.16	-18.09	-19.06	-22.14	-15.83	
克拉2	克拉201	K$_2$b	4016.0~4021.0	96.88	0.91	1.00	0	0	0	0	0	1.21	-27.32	-19.00	-19.54	-21.17	-18.58	
克拉2	克拉202	K$_1$b	1472.0~1481.0										-28.24	-18.86	-19.25	-19.73	-15.37	
克拉2	克拉203	K$_1$b	3963.0~3975.0	97.59	0.74	0.02	0	0	0	0	0.23	1.42						
克拉2	克拉204	K$_1$b	3925.0~3930.0	98.29	0.51	0.02	0	0	0	0	0.55	0.61						
克拉2	克拉205	K	3789.0~3952.0	98.30	0.62	0.04	0.01	0.02	0	0	0.64	0.37						
迪那2	迪那2	N$_1$j	4597.4~4875.6	88.41	7.32	1.43	0.29	0.30	0.11	0.07	0.47	1.34	-36.90	-21.00	-24.4	-24.70	-15.30	2.48
迪那2	迪那201	E	4854.0~4862.0	88.76	7.39	1.44	0.30	0.31	0.13	0.09	0.25	0.86						
迪那2	迪那11	E	5719.0~5721.0	87.84	7.41	1.55	0.31	0.32	0.13	0.09	0.53	1.39						
迪那2	迪那22	E	4748.0~4774.0	87.66	7.32	1.40	0.27	0.27	0.10	0.07	1.00	1.72						
吐孜洛克	吐孜1	N$_1$j	1680.7~1884.0	90.41	5.11	0.45	0.07	0.08			0.27	3.56	-29.38	-18.63	-18.34	-18.87	-15.12	
吐孜洛克	吐孜2	N$_1$j	1886.0~1896.0	94.56	3.49	0.28	0.18	0.18			0.14	1.08	-31.50	-17.80				
吐孜洛克	吐孜2	K	2637.0~2730.0	94.77	3.94	0.38	0.07	0.06			0.07	0.64	-30.80	-17.80				
吐孜洛克	吐孜3	N$_1$j	1839.0~1842.0										-31.90	-20.90				
吐孜洛克	吐孜3	E	2085.0~2093.5										-32.60	-19.10				
依南	依南2	J	4578.8~4758.0	90.86	5.02	1.58	0.31	0.35	0.12	0.15	0.34	1.28	-34.80	-22.40	-25.90	-21.70	-11.70	
英买7	英买23	E	4644.0~4646.0	89.33	4.79	0.99	0.20	1.80			0.07	2.82	-37.01	-21.56	-20.58	-22.40		

续表

气田	井号	层位	井段/m	组分/%									碳同位素/‰, PDB					$^3He/^4He$ /10^{-8}
				CH_4	C_2H_6	C_3H_8	nC_4H_{10}	iC_4H_{10}	nC_5H_{12}	iC_5H_{12}	CO_2	N_2	$\delta^{13}C_1$	$\delta^{13}C_2$	$\delta^{13}C_3$	$\delta^{13}C_4$	$\delta^{13}C_{CO_2}$	
英买7	英买211	E	4480.0~4481.0	89.80	5.18	1.06	0.21	0.28	0.10	0.10	0.07	3.19	-36.84	-21.33	-20.45	-22.16		
英买7	英买701	K	4690.0~4697.0	87.95	3.17	1.12	0.45	0.62	0.30	0.27	0.57	5.52	-33.50	-22.50	-20.70			
英买7	英买9	K	4945.0~4949.0	90.57	4.74	0	0.09	0.09	0.02	0.02	0.07	3.73	-34.10	-25.00	-26.40	-27.40	-11.00	
英买7	英买9	E	4683.0~4801.0	86.38	4.80	2.01	0.32	0.41	0.08	0.08	0.24	5.67	-33.95	-21.50	-20.29	-22.34		8.41
牙哈	牙哈2	K	5194.0~5196.0	81.40	7.76	2.84	0.58	1.01	0.35	0.46	0.86	4.30	-38.68	-23.47	-22.09	-23.50		
牙哈	牙哈3	N₁j	4980.0~4983.0	88.15	2.98	1.72	0.35	0.49	0.15	0.17	0.79	5.05	-38.74	-24.69	-22.26	-22.28		3.19
牙哈	牙哈4	N₁j	4997.0~5001.0	75.18	14.95	4.82	0.89	0.87	0.21	0.14	0.68	2.32	-34.09	-23.50	-21.18	-21.72		
牙哈	牙哈701	E	5203.0~5206.0	72.37	13.26	4.15	0.65	1.03	0.36	0.6	0.77	5.21	-35.10	-22.10	-23.60	-22.80		
牙哈	牙哈5	N₁j	5031.0~5103.0	84.35	6.99	1.98	0.3	0.50	0.14	0.15	0.26	5.22	-37.48	-23.68	-21.98	-21.80		
牙哈	牙哈6	E	5160.0~5163.0	83.80	7.08	2.64	0.52	0.57	0.14	0.12	0.24	4.86	-36.75	-23.88	-22.58	-21.80		
羊塔克	羊塔1	E+K	5234.0~5332.0	91.17	5.32	1.11	0.16	0.20	0.06	0.02	0.12	1.84	-38.92	-22.85	-20.91	-22.08		
羊塔克	羊塔101	E	5329.0~5333.0	89.22	7.01	1.49	0.26	0.25	0.01	0.01	0.05	1.70	-36.20	-23.20	-25.40	-25.30		6.99
羊塔克	羊塔2	K	5387.0~5390.0	92.35	4.96	0.97	0.18	0.21	0.08	0.04	0.15	1.06	-37.30	-23.00	-26.00	-24.60		
羊塔克	羊塔5	E	5310.0~5315.0	68.42	12.86	8.86	2.00	2.77	0.87	0.63	0.09	3.50	-37.90	-23.90	-26.50	-27.10		
柯克亚	柯18	N₁		84.05	8.99	1.93	0.25	0.48	0.07	0.13	0.10	3.98	-38.50	-26.40	-25.10			7.30
柯克亚	柯2	N₁		85.66	9.64	2.26	0.28	0.74	0.17	0.44	0	0	-38.20	-26.20	-25.90			6.10
柯克亚	柯243	N₁		83.99	10.50	3.00	0.42	1.11	0.18	0.45	0.27	0.03	-37.80	-25.80	-24.70	-25.30		7.90
柯克亚	柯8	N₁		88.27	9.33	1.45	0.13	0.30	0.08	0.14	0.02	0	-38.50	-26.40	-25.10	-24.60		7.90
柯克亚	Ke701	N₁		79.88	9.42	2.65	1.44	1.21	0.29	0.76	3.99	0	-38.1	-26.2	-28.1			
吉拉克	轮南58	T	4335.5~4337.5	85.91	2.01	2.24	0.90	0.53	0.16	0.18	1.32	6.52	-35.92	-34.04	-31.98	-28.83		
吉拉克	轮南59	C	5388.0~5393.0	94.75	0.56	0.17	0.02	0.02	0.02	0.02	0.44	3.98	-33.87	-33.51	-30.22	-29.22		
吉拉克	吉拉克102	T	4336.0~4342.0	91.42	1.08	0.60	0.11	0.23	0.08	0.08	0.08	6.34	-36.08	-35.18	32.52	-31.45		

续表

气田	井号	层位	井段/m	组分/%									碳同位素/‰，PDB					$^3He/^4He$ /10^{-8}
				CH_4	C_2H_6	C_3H_8	nC_4H_{10}	iC_4H_{10}	nC_5H_{12}	iC_5H_{12}	CO_2	N_2	$\delta^{13}C_1$	$\delta^{13}C_2$	$\delta^{13}C_3$	$\delta^{13}C_4$	$\delta^{13}C_{CO_2}$	
吉拉克	吉拉109	T	4338.5~4343.5	87.19	3.53	1.62	0.31	0.22	0.04	0.07	0.22	6.81	-36.00	-35.10	-32.10	-30.40		
吉南	吉南4	T	4238.3~4318.4	70.34	11.04	12.02	1.11	0.72	0.36	0.66	0	2.76	-38.20	-30.90	-33.30	-31.50		
红旗	英买1	E	4555.0~4562.0	71.43	11.11	5.17	0.51	0.57	0.11	0.07	2.82	8.21	-34.40	-24.60	-22.30			
红旗	英买6	N_1j	4420.0~4426.0	76.61	10.12	4.28	1.08	1.42	0.52	0.46	0.12	5.28	-35.20	-23.50	-21.60	-22.20		
提尔根	提1	N_1j	4836.5~4847.0	84.69	7.07	2.11	0.59	0.48			0.23	4.65	-35.51	-23.74	-21.25	-21.98		3.50
玉东	玉东2	E-K	4728.8~4744.9	82.28	7.66	2.06	0.29	0.46	0.72	0.36	1.01	5.09	-37.50	-21.50	-24.50	-23.70		6.98
雅克拉	S5	K	5242.5~5262.5										-41.6	-30.9	-30	-29.4		
雅克拉	S15	K											-40.72	-30.09	-22.54	-30.02		
雅克拉	SC2	O											-41.4	-32.1	-30.6			2.10
塔中6	塔中6	C	3710.0~3719.0	85.61	1.55	0.59	0.12	0.28	0.08	0.06	2.16	9.55	-42.25	-41.40	-35.23	-30.97		
和田河	玛2	C	1046.0~1057.0	79.37	1.29	0.17	0	0.04	0	0	0.43	18.7	-39.60	-36.50	-30.80	-27.60		1.17
和田河	玛2	O	1605.0~1607.0	81.78	0.81	0.22	0	0	0	0	1.94	15.25	-37.20	-37.10	-32.00	-28.90	-19.30	
和田河	玛3	C	1414.0~1424.0	77.40	0.69	0.09	0	0	0	0	12.20	9.63	-35.80	-35.50	-32.10	-29.50	-7.80	
和田河	玛4	O	2380.0~2395.0	78.08	1.81	0.54	0.09	0.22	0.06	0.09	2.39	16.72	-37.80	-37.20	-33.10	-29.80	-8.30	1.08
和田河	玛5	C	2073.0~2105.0	74.24	1.08	0.29	0.04	0.11	0	0	11.25	13.00	-37.00	-36.70	-32.20	-29.50	-15.30	

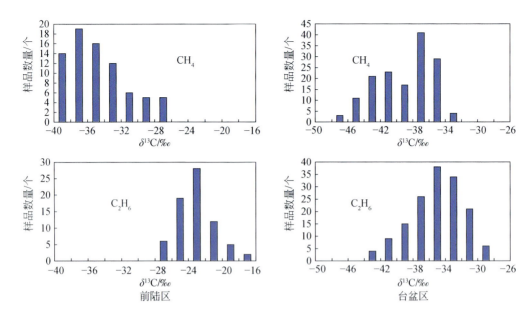

图4　塔里木盆地天然气甲烷和乙烷碳同位素值分布频率图

于−29‰，为典型油型气特征。前陆区和台盆区天然气明显分布在两个不同的区域（图5）。前陆区天然气具有煤成气特征；台盆区天然气具有典型油型气特征。煤成气中，克拉2气田天然气所对应烃源岩成熟度最高；东秋里塔克、羊塔克、牙哈、提尔根、玉东2井天然气对应的源岩成熟度较低。在油型气中，吉拉克和和田河气田源岩成熟度最高，雅克拉气田和塔中6气田源岩成熟度较低（见图5）。

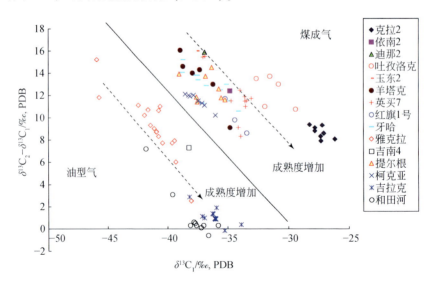

图5　塔里木盆地天然气类型分布图

对于塔里木盆地煤成气和油型气两个最大的气田天然气烷烃气成因类型尚有不同的观点。

（1）无机成因：张景廉主要依据大尺度的地质推断认为克拉 2 大气田是无机成因[16]。但以下两个证据可以否认无机成因气：①整个库车含油气系统各气田天然气烷烃气碳同位素基本上都呈现随分子中碳数变大而变重的特征（表 1，图 4），尽管烷烃气正碳同位素系列中碳同位素有些出现倒转（表 1），然而倒转并没有改变碳同位素由轻变重的总趋势。更何况形成倒转原因比较复杂，与多种因素有关[17]。②无机成因气的特点往往是伴生氦的 R/R_a>1，说明有大量深部幔源 ^3He 的混入，但对整个库车含油气系统的克拉 2 气田、迪那 2 气田、提尔根气田、牙哈气田、红旗气田、英买 7 气田等多口井的天然气样品分析，R/R_a 为 0.016～0.108，是典型壳源天然气特征。克拉 2 气田克拉 2 井天然气稀有气体氦同位素 $^3He/^4He$ 值为 $4.23×10^{-8}$（表 1），R/R_a 值 0.03，为典型壳源氦，反映库车坳陷基底比较稳定，无幔源氦混入，因此也不存在无机成因气。

（2）古生界烃源岩裂解气：罗志立提出，克拉 2 大气田天然气可能是塔里木盆地古生界烃源岩俯冲深埋在库车坳陷和天山之下，受高温裂解成气，与四川盆地威远气田裂解气相似[18]。

塔里木盆地台盆区古生界烃源岩是腐泥型。如果腐泥型烃源岩俯冲至库车坳陷深处并在天山之下，是可以形成腐泥型裂解气，并应具有与威远气田烷烃气相似的轻碳同位素特征，即 $δ^{13}C_2$<-28‰。威远气田 $δ^{13}C_1$ 平均为 -32.5‰，$δ^{13}C_2$ 平均为 -31.93‰。而克拉 2 气田 $δ^{13}C_2$ 值明显远重于 -28‰，所以克拉 2 气田不是古生界腐泥型源岩裂解气。

库车坳陷主要发育中生界烃源岩，以煤系为主，分布广泛，煤系厚度大，主要为侏罗系（包括部分三叠系），含煤地层烃源岩分布范围为 $(1.2～1.4)×10^4 km^2$，总厚度达 1000m 左右，有机质类型以 Ⅲ 型为主，有巨大的生气潜力。这套煤系源岩主体深埋在地腹，最大生气强度可达 $280×10^8 m^3/km^2$，大于 $100×10^8 m^3/km^2$ 的面积达 $10000km^2$ 以上[19]。

在库车坳陷腹部，特别是在拜城凹陷，煤系烃源岩已达高成熟或过成熟阶段，R_o 达 2.2% 以上[20]，正处于干气阶段。巨厚的烃源岩都已达到了成熟或高–过成熟阶段，气源条件相当优越，为天然气的成藏提供丰富的物质基础。

根据充足的天然气地球化学资料与大量的天然气地质事实综合分析，许多学者都认为克拉 2 气田气源属于高–过成熟的煤成气[7,9,20-22]。

其次对于台盆区和田河气田天然气成因有不同观点。一般都认为和田河天然气主要来自寒武系，但对于如何进一步划分天然气的成因类型却有分歧。一些学者认为和田河气田天然气主要是来自原油的裂解气与干酪根裂解气的混合气[23-25]，另一种观点是天然气主要是来自干酪根裂解气，天然气地球化学的东西部差异是由天然气运移所致[26]。另外，笔者认为原油裂解气需要的条件比较苛刻，不仅要求有较好的古油藏，更主要的是要求古油藏达到较高的温度。

2）非烃气成因

（1）N_2 成因：戴金星等认为天然气中 N_2 有 3 种来源[27]：①有机成因、②大气来源和③岩浆来源。R. Littke 认为 N_2 可能来源包括[28]：①大气氮、②幔源脱气、③放射成因、④火山散失、⑤变质岩、⑥岩浆、⑦盐岩、⑧煤及页岩中分散有机质，以及⑨页岩和其他硅质碎屑岩中的黏土矿物和长石等。杜建国等认为，天然气中低含量 N_2 主要源于沉积有机质[29]；中国东部大陆裂谷系内诸盆地发现的高氮天然气，且伴生的氦则较富 ^3He，

^{3}He/^{4}He 为大气 ^{3}He/^{4}He 值的几倍，烃类气体主要源于沉积有机质，氮则来自地球深部，为幔源氮。

塔里木盆地天然气 ^{3}He/^{4}He 值为典型壳源氦特征，因此可以排除幔源氦的成因。因为台盆区天然气氮气含量明显高于前陆区。台盆区烃源岩是以低等生物为主，而前陆区烃源岩主要是煤系，天然气中台盆区氮气含量比煤成气高，可能是因为油型气烃源岩生烃母质主要为富含氮的藻类和细菌，所以在生烃过程中生成的氮气较高[30]。

（2）CO_2 成因：塔里木盆地天然气 CO_2 碳同位素值除了和田河气田部分样品重于 $-10‰$ 外，其他样品都比较轻（表 1）。根据戴金星提出的 CO_2 鉴别标准[15,27]（$\delta^{13}C_{CO_2}$ 值小于 $-10‰$ 是有机成因），塔里木盆地天然气 CO_2 一般属于有机成因，和田河气田部分 CO_2 碳同位素较重的样品，处于无机气和有机成因气之间（表 1），可能混有部分碳酸盐岩经过碳酸腐蚀分解出的 CO_2，导致 CO_2 碳同位素组成变重。

（3）H_2S 成因：和田河气田含有少量的 H_2S，笔者认为 H_2S 成因主要与碳酸盐岩与膏岩共生有关。和田河气田发育寒武系含盐、含膏的碳酸盐岩，具备 H_2S 生成和保存的条件。

3　天然气分布特征

3.1　天然气分布领域

在平面上塔里木盆地天然气主要分布在两大领域，即前陆区和台盆区。前陆区包括库车坳陷、西南坳陷；台盆区主要包括塔北隆起、塔中、巴楚地区等。前陆区天然气主要以煤成气为主，台盆区主要以油型气为主。目前所探明的气田多数分布在前陆区，只有和田河、雅克拉、吉拉克、吉南 4 和塔中 6 气田分布于台盆区。塔里木最大的气田克拉 2 就分布在库车前陆区。塔北隆起北斜坡天然气与库车坳陷煤系烃源岩有关；南斜坡天然气主要与台盆区海相碳酸盐岩烃源岩有关[31-32]。

3.2　天然气符合源控论，以煤成气为主

两种类型的天然气分布在前陆区和台盆区主要是受烃源岩控制。前陆区主要发育中生界煤系烃源岩。库车前陆盆地主要发育侏罗系恰克马克组、克孜勒努而组和阳霞组烃源岩，三叠系发育塔里奇克组、黄山街组和克拉玛依组烃源岩。其中，克孜勒努而组、阳霞组、塔里奇克组主要是煤系烃源岩。恰克马克组、黄山街组和克拉玛依组为湖相烃源岩，分布面积和厚度远小于煤系烃源岩。塔西南坳陷主要发育侏罗系煤系烃源岩，局部（叶城凹陷）发育石炭系—二叠系烃源岩。

塔里木台盆区古生界有效烃源岩有 4 套：下—中寒武统、上寒武统—下奥陶统、中—上奥陶统、石炭系—二叠系。下—中寒武统是塔里木盆地台盆区分布广泛，除柯坪、库鲁克塔格露头区外，从盆地东部的满东凹陷的欠补偿盆地相到盆地中央的内源台地相至西部的蒸发潟湖相都有高丰度的烃源岩的分布。上寒武统—下奥陶统烃源岩仅在盆地东部的满东凹陷和库鲁克塔格露头区发育，塔东 1、塔东 2 及库南 1 井钻遇了这套烃源岩层，在盆地中部和西部广阔的台地区，未发现有高丰度的源岩分布。中—上奥陶统烃源岩主要分布于塔里木台盆区的台地上，有机质丰度高、成熟度适中，是优质烃源岩。石炭系有效源岩

主要分布在巴楚断隆、麦盖提斜坡以及塔西南地区，二叠系烃源岩主要分布于塔西南坳陷的麦盖提斜坡、叶城凹陷以西以及喀什凹陷西部地区。

前陆区的煤系烃源岩主要以生气为主，台盆区寒武系烃源岩由于成熟度已达高-过成熟演化程度，目前主要以生气为主，奥陶系烃源岩成熟度适中，正处于油气兼生阶段。

3.3 天然气主要分布于中亚煤成气聚集域

中亚煤成气聚集域的观点由戴金星在"六五""七五"期间提出，"八五"期间完善的中国煤成气理论之一[6]。在"六五"后期至"七五"后期阶段，认为侏罗纪煤系没有多大勘探潜力。但根据卡拉库姆盆地、塔吉克-阿富汗盆地与费尔干纳盆地都发现了与中、下侏罗统煤系有关的一系列煤成气气田，根据气聚集域含气的统一性原则，从"七五"后期至"八五"期间，戴金星多次指出：中国的塔里木盆地、准噶尔、吐哈盆地、三塘湖盆地等是侏罗系煤成气勘探有利地区，并给出了"煤成气远景最佳"的结论。

至 2003 年底，除了依南 2 气田，塔里木盆地共探明的了 15 个气田（表 2），在中亚煤成气聚集域东部与中、下侏罗统煤系有关的气田有 10 个，探明储量占总储量的 83%。塔里木盆地探明储量大于 $100 \times 10^8 \, m^3$ 的气田 10 个，占总探明储量的 97%，其中位于中亚煤成气聚集域的气田就有 7 个；探明储量大于 $300 \times 10^8 \, m^3$ 的大气田 5 个，占总探明储量的79%。在探明的 5 个大气田中，4 个大气田分布在中亚煤成气聚集域上，储量在大气田中占 88%。如果把位于库车坳陷的依南 2 田提交的控制储量大致根据 20% 的比例换算成探明储量为 $327 \times 10^8 \, m^3$，煤成气大气田数量更多，储量比例会更高。可见，塔里木盆地天然气探明储量的增长依赖于中亚煤成气聚集域的煤成气储量的增长。

4 天然气成藏特点

4.1 天然气集中分布在上部的储、盖组合中

塔里木盆地是多旋回盆地，尽管具有多套生-储-盖组合，但天然气主要分布于最上部的成藏组合之中。塔里木盆地发育五套区域盖层，自上而下主要有中新统—古近系膏岩和膏质泥岩盖层，中生界煤系和泥岩区域盖层，下石炭统以泥岩、膏盐、石膏为主的区域盖层，中—上奥陶统泥岩区域盖层，寒武系膏泥岩区域的盖层。根据储量报告公布的数据（表 2），至 2003 年底，塔里木盆地共探明天然气储量为 $6329.1 \times 10^8 \, m^3$。其中，在白垩系和第三系储集层的储量为 $5474.07 \times 10^8 \, m^3$，占总储量的 86%。其余的储量则分布在中生界和古生界。

塔里木盆地天然气如此分布，是由多种因素决定的。首先，上部的成藏组合中的盖层在塔里木盆地属最优质的区域盖层，在这套优质区域盖层之下的古近系—白垩系中发育多套优质储集层，储集层之下发育了优质的煤系烃源岩。具有很好的生-储-盖组合。其次，新构造运动产生了许多气源断层，沟通了烃源岩与各储集层，构造运动还产生了许多断层相关褶皱，形成了较大型的圈闭，在上部组合为天然气创造了优越的成藏条件。

表 2　塔里木盆地探明大中型气田表（截至 2003 年底）

构造位置	气田	探明年代	面积/km²	天然气探明储量/10⁸m³	凝析油探明储量/10⁴t	主力储集层年代	气田类型	天然气成因
库车坳陷	克拉 2	2000	48.1	2840.29	微量	$E_{1-2}km$	气田	
	迪那 2	2002	52.5	807.61	584.8	E	凝析气田	
	依南 2		98	1635.24①	少量	J_{1-2}	气田	
	吐孜洛克	2000	28.8	221.27	154.89	N_1j	凝析气田	
塔北隆起	英买 7	1993	40.4	295.74	463.1	$E_{1-2}km$	凝析气田	煤成气
	牙哈	1994	57.8	376.45	2975.6	$E_{1-2}m$、K_1	凝析气田	
	羊塔克	1996	17.3	249.07	216.5	$E_{1-2}km$、K_1	凝析气田	
	红旗 1 号		3.7	9.46	34.5	E_{1-2}、N_1j	凝析气田	
	提尔根		8.6	15.99	68.9	K_1、N_1j	凝析气田	
	玉东 2		10.2	73.32	142.5	K	凝析气田	
	吉拉克	1992	52.5	127.05	286	D_3d、$T_{2-3}k$	凝析气田	油型气
	吉南 4		11	25.76	110.3	$T_{2-3}k$	凝析气田	
	雅克拉	1992	38.6	245.63	442.6	K_1	凝析气田	
中央隆起	塔中 6	1997	58	85.28	73.4	D_3d	凝析气藏	
	和田河	1998	143.4	616.94	微量	O、C	气田	
塔西南	柯克亚	1985	27.5	339.24	1664.5	E、N_1	凝析气田	煤成气

① 该气田尚未探明，表中为预测储量。

4.2　气藏形成与断裂密切相关

　　目前塔里木盆地探明的气田都分布于断裂带上，气藏形成与断裂密切相关。在前陆区，克拉 2、迪那 2、牙哈、英买 7、羊塔克等气田都分布在库车坳陷的前陆逆冲带上，柯克亚气田分布于塔西南昆仑山前冲断带上；在台盆区，塔北隆起上吉拉克、雅克拉等气田分布在第三系和白垩系断裂构造带上；塔中 6 气田分布在塔中 I 号断裂构造带上；和田河气田则位于巴楚凸起的玛扎塔格断裂构造带。本文所说的断裂指对烃源岩和储集层有密切关系的基底断裂、断层和裂缝。可见。无论是在前陆区还是在台盆区，断裂在天然气成藏过程中都起重要作用，主要表现为断层作为运移通道以及形成断层相关褶皱（图 6）。

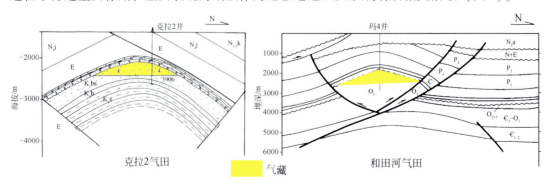

图 6　塔里木盆地克拉 2 和和田河气田气藏剖面图

断层作为油气运移通道在成藏过程中至关重要，不切穿区域性盖层的气源断层是控制库车坳陷天然气成藏的主要因素之一[33-34]。例如，克拉 2 气田，源岩埋藏深（约10000m）、源岩与储集层之间的距离大（大于 5000m），唯靠天然气的渗透和扩散很难形成气藏。又如，在轮台凸起，断层断距控制着构造幅度、气柱高度和油气藏层位，断层断到的层位才有油气[31]。牙哈断裂构造带受牙哈正断裂控制，从新近系库车组下部直断至基底，煤成气通过断裂向上运移至新近系、古近系和上白垩统，沿断裂形成众多凝析气田。

4.3 多期成藏，晚期为主

天然气由于其分子小、密度小、分子结构简单，在地层中易于散失而不易成藏。针对这些特点，"八五"期间提出了天然气晚期成藏理论[35]。塔里木盆地尽管发生多期成藏，但以最后一次的晚期成藏为主，充分验证了天然气的晚期成藏理论。

在前陆区的克拉 2 和克拉 201 井都发现有 3 期流体包裹体，反映在上白垩统中至少发生有 3 次油气充注和运移[36]。依南 2 井侏罗系主要出现较晚期的两期包裹体，库车坳陷油气生成的高峰期与圈闭的形成期都很晚，主要为古近纪—新近纪，属晚、近期成藏，有利于大中型气田的形成[37]。

台盆区油气成藏主要有 3 期，海西晚期、燕山晚期和喜马拉雅晚期[38-39]。对于天然气来说，晚期成藏更重要。在二叠纪，形成了奥陶系大型潜山油藏，在二叠纪末由于构造运动经历了改造；白垩纪至古近纪主要是高成熟的下奥陶统烃源岩生油成藏；新近纪至第四纪高–过成熟寒武系烃源岩生成的气开始成藏[39]。

例如，在巴楚地区，晚加里东期—早海西期是本区的主要生油期。石炭纪末期，和田河构造以北地区进入高成熟阶段，南部的成熟度进一步加大。二叠纪末期，玛扎塔格构造带以北区域处在凝析气和干气阶段，构造带以南达到高成熟阶段，现今构造带以北进入了过成熟阶段，南部区域达高成熟阶段晚期。气田圈闭的形成主要在喜马拉雅期，主要捕获寒武系过高成熟的天然气，故是晚期成藏[40]。

4.4 与塔东侏罗系相比，库车坳陷煤系具有较高的生气速率

根据天然气晚期成藏理论，笔者在 2000 年提出了生气速率大有利于大中型气藏的形成的观点[41]。库车坳陷与塔东侏罗系相比，煤系有机质形成时期、演化时间相当，但前者演化程度较高（R_o 大约在 0.6% ~ 2.5%，阳霞凹陷中心烃源岩 R_o 达 1.4%，拜城凹陷则更高，达 2.2%以上），后者煤系烃源岩演化程度较低，R_o 只有 0.41% ~ 0.58%。显然前者演化进程较快，因而生气速率大，单位时间内源岩的供气量大。在散失率相当的情况下，库车坳陷就更有利于煤成大中型气田的形成。崖 13-1 气田其烃源岩为古近系煤系，虽然很年轻，但由于地温梯度高（平均为 4.56℃/100m），有机质成熟进程加快，供气期集中，虽然天然气散失率很大（$282×10^8 m^3/Ma$），但补充速率更大，为$535.7×10^8 m^3/Ma$[35]，目前仍处于供气增长阶段，形成了中国海上的大气田。由于地温梯度高、有机质演化速率快、供气速率高，天然气的供气量远大于其散失量，因而易形成大中型气田。

参 考 文 献

[1] 戴金星,夏新宇,洪峰. 天然气地学研究促进了中国天然气储量的大幅度增长. 新疆石油地质,2002,

23(5):357-365.

[2] 夏新宇,秦胜飞,卫延召,等. 煤成气研究促进中国天然气储量迅速增加. 石油勘探与开发,2002, 29(2):17-20.

[3] 戴金星. 成煤作用中形成的天然气和石油. 石油勘探与开发,1979,6(3):10-17.

[4] 戴金星. 我国煤系地层含气性的初步研究. 石油学报,1980,1(4):27-37.

[5] 戴金星,戚厚发,王少昌,等. 我国煤系的气油地球化学特征、煤成气藏形成条件及资源评价. 北京:石油工业出版社,2001:125-130.

[6] 戴金星,何斌,孙永祥,等. 中亚煤成气聚集域形成及其源岩. 石油勘探与开发,1995,22(3):1-6.

[7] 戴金星,李先奇,宋岩,等. 中亚煤成气聚集域东部煤成气的地球化学特征. 石油勘探与开发,1995, 22(4):1-5.

[8] 戴金星,李先奇. 中亚煤成气聚集域东部气聚集带特征. 石油勘探与开发,1995,22(5):1-7.

[9] 戴金星,钟宁宁,刘德汉,等. 中国煤成气大中型气田地质基础和主控因素. 北京:石油工业出版社, 2000:191-198,225-226.

[10] 周兴熙,等. 塔里木盆地天然气形成条件及分布规律. 北京:石油工业出版社,1998.

[11] 周兴熙,张光亚,李洪辉,等. 塔里木盆地库车油气系统的成藏作用. 北京:石油工业出版社,2002.

[12] 赵孟军,周兴熙,等. 塔里木盆地天然气分布规律及勘探方向. 北京:石油工业出版社,2002.

[13] 戴金星. 天然气碳氢同位素特征和各类天然气鉴别. 天然气地球科学,1993,4(2-3):1-40.

[14] 戴金星,戚厚发. 鉴别煤成气和油型气等指标的初步探讨. 石油学报,1985,6(2):37-46.

[15] 戴金星,秦胜飞,陶士振,等. 中国天然气工业发展趋势和天然气地学理论重要进展. 天然气地球科学,2005,16(2):127-142.

[16] 张景廉. 克拉2大气田成因讨论. 新疆石油地质,2002,23(1):70-73.

[17] 戴金星. 概论有机烷烃气碳同位素系列倒转的成因问题. 天然气工业,1990,10(6):5-20.

[18] 罗志立. "兴凯"和"峨眉"地裂运动对塔里木盆地古生界油气勘探的重要意义. 中国石化西部新区勘探指挥部2002年度勘探工作暨勘探技术研讨会,2002.

[19] 贾承造,顾家裕,张光亚. 库车坳陷大中型气田形成的地质条件. 科学通报,2002,47(增刊):49-55.

[20] 秦胜飞,潘文庆,韩剑发,等. 库车坳陷油气相态分布的不均一性及其控制因素. 石油勘探与开发, 2005,32(2):19-22.

[21] 梁狄刚,张水昌,陈建平. 库车坳陷油气成藏地球化学. 见:梁狄刚. 有机地球化学研究新进展. 北京:石油工业出版社,2002:22-41.

[22] 李剑,谢增业,李志生,等. 塔里木盆地库车坳陷天然气气源对比. 石油勘探与开发,2001,28(5):29-41.

[23] 赵孟军,张水昌,廖志勤. 原油裂解气在天然气勘探中的意义. 石油勘探与开发,2001,28(4):47-56.

[24] 赵孟军,曾凡刚,秦胜飞,等. 塔里木发现和证实两种裂解气. 天然气工业,2001,21(1):35-38.

[25] 赵孟军. 塔里木盆地和田河气田天然气的特殊来源及非烃组分的成因. 地质论评,2002,48(5):480-486.

[26] 秦胜飞,贾承造,李梅. 和田河气田天然气东西部差异及成因. 石油勘探与开发,2002,29(5):16-18.

[27] 戴金星,裴锡古,戚厚发. 中国天然气地质学(卷一). 北京:石油工业出版社,1992.

[28] Littke R,Krooss B E I,Frielingsdorf J. Molecular nitrogen in natural gas accumulations:generation from sedimentary organic matter at high temperature. AAPG Bulletin,1995,79(3):410-430.

[29] 杜建国,刘文汇,邵波,等. 天然气中氮的地球化学特征. 沉积学报,1996,14(1):143-148.

[30] 李先奇,戴金星. 塔里木盆地天然气中 N_2 含量特征及成因分析. 见:戴金星,傅诚德,关德范. 天然气地质研究新进展. 北京:石油工业出版社,1997:114-122.

[31] 梁狄刚,贾承造. 塔里木盆地天然气勘探成果与前景预测. 天然气工业,1999,19(2):3-12.

[32] 王晓锋,刘文汇,徐永昌,等.塔里木盆地天然气碳、氢同位素地球化学特征.石油勘探与开发,2005,32(3):55-58.

[33] 周兴熙.库车油气系统成藏作用与成藏模式.石油勘探与开发,2001,28(2):8-10.

[34] 付晓飞,吕延防,孙永河.库车坳陷北带天然气聚集成藏的关键因素.石油勘探与开发,2004,31(3):22-25.

[35] 戴金星,王庭斌,宋岩,等.中国大中型天然气气田形成条件与分布规律.北京:地质出版社,1997:47-57,194.

[36] 陶士振,秦胜飞.塔里木盆地克依构造带包裹体油气地质研究.石油学报,2001,22(5):16-22.

[37] 梁狄刚,张水昌,赵孟军,等.库车坳陷的油气成藏期.科学通报,2002,47(增刊):56-63.

[38] 赵靖舟.塔里木盆地烃类流体包裹体与成藏年代分析.石油勘探与开发,2002,29(4):21-25.

[39] 何登发,贾承造,柳少波,等.塔里木盆地轮南低凸起油气多期成藏成藏动力学.科学通报,2002,47(增刊):122-130.

[40] 周新源,贾承造,王招明,等.和田河气田碳酸岩盐气藏特征及多期成藏史.科学通报,47(增刊):131-136.

[41] 秦胜飞,戴金星,李梅,等.塔里木盆地库车坳陷煤系油气成藏地球化学研究及勘探方向.北京:中国石油勘探开发研究院,2000.

四川盆地龙岗气田长兴组和飞仙关组
气藏天然气来源[*]

秦胜飞，杨 雨，吕 芳，周 慧，李永新

0 引言

四川盆地龙岗气田位于川中地区东北部，开江-梁平海槽西侧，是近期发现的以长兴组（P_3ch）和飞仙关组（T_1f）礁滩为主力气层的大型气田，也是目前川中地区在二叠-三叠系礁滩储集层中最大的发现。气田由一系列的独立气藏组成，主要分布于台缘带（图1）。其天然气来源、成因及成藏方面的研究受到广泛的关注。由于气田范围内可能发育多套烃源岩，再加上天然气甲烷碳同位素又异常偏重，所以关于天然气来源、天然气成藏等问题存在不少疑问。

第一，对于长兴组和飞仙关组气藏天然气来源，有观点认为天然气来自龙潭组煤系，也有观点认为天然气可能来自长兴和飞仙关组本身海相灰岩，还有人认为龙岗地区可能存在下志留统龙马溪组和下寒武统筇竹寺组烃源岩，天然气有没有可能来自下古生界高-过成熟的海相烃源岩？

第二，龙岗长兴组和飞仙关组气藏普遍含有演化成都较高的沥青，被公认为是原油裂解的产物。这种情况下，人们也往往认为天然气也是原油裂解气。是否果真如此？

第三，龙岗气田天然气甲烷碳同位素异常偏重，由于气藏中普遍含有 H_2S，并且很多学者认为四川盆地长兴组和飞仙关组气藏 H_2S 是 TSR 所致，TSR 作用在生成 H_2S 的同时，使甲烷碳同位素变重[1-5]。不难想象，如果 TSR 作用是造成甲烷碳同位素变重的主要因素，随 TSR 作用增强，生成的 H_2S 会增加，甲烷碳同位素变重的程度也会随之加深。但通过进一步研究发现，H_2S 含量与甲烷碳同位素并没有上述关系。甲烷碳同位素异常偏重的问题，也有待于另做解释。

针对上述问题，本文在研究龙岗气田长兴组—飞仙关组天然气来源的基础上，对甲烷碳同位素值偏重的问题进行探讨。

1 地质背景

1.1 地层

龙岗气田礁滩气藏发育在三叠系和二叠系中。三叠系自上而下包括上三叠统须家河组（T_3x）、中三叠统雷口坡组（T_2l）、下三叠统嘉陵江组（T_1j）和飞仙关组（T_1f）。须家河

---

 * 原载于《天然气地球科学》，2016年，第27卷，第1期，41～49。

组以煤系为主，发育多层煤系烃源岩与砂岩互层[6-7]；雷口坡组以灰白色中厚层泥–微晶白云岩、泥质白云岩、灰质白云岩、含云质灰岩为主，夹浅灰色石膏和薄层灰黑色页岩，是全区优质盖层；嘉陵江组以灰色泥晶灰岩与泥晶白云岩互层为主，夹石膏层、白云质石膏和泥质白云岩，也是全区优质的盖层；飞仙关组顶部为泥岩、白云质泥岩、石膏、泥晶白云岩和泥晶灰岩及泥灰岩，中下部为溶孔鲕粒白云岩、灰岩，具有较好的孔渗性能，是区域性的优质储集岩类[8-10]。

上二叠统（P_3）自上而下包括长兴组（P_3ch）和龙潭组（P_3l）。长兴组以生物碎屑泥晶灰岩、礁灰岩、白云岩为主，也是川中地区重要的储集层[11]；龙潭组以海陆过渡相煤系、海相生物灰岩为主，是区域重要的烃源岩层系。

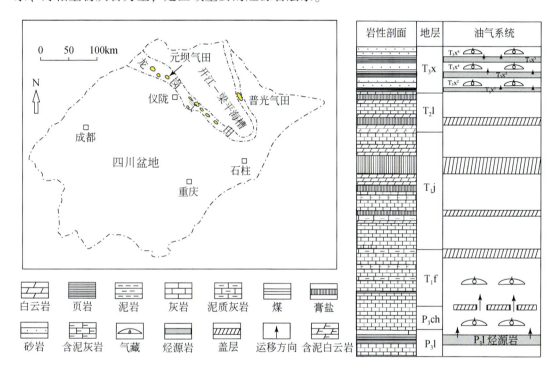

图 1　龙岗气田位置和油气系统图

1.2　构造

龙岗气田主要经历过东吴运动、印支运动、燕山运动与喜马拉雅运动[12]。但对气藏起最终定型作用的是喜马拉雅运动。东吴运动使扬子准地台在经历了早二叠世海盆沉积以后再次抬升为陆，从晚二叠世早期开始，扬子准地台发生的局部张裂运动，造成开江–梁平海槽于长兴期形成，到飞仙关末期，断裂活动基本停止。该期张裂运动造成岩相古地理环境的重要分异，环开江–梁平海槽边缘带是发育长兴组陆棚边缘礁和飞仙关组台缘鲕粒滩、坝的有利环境，为龙岗气田长兴生物礁、飞仙关鲕滩气藏的形成奠定了基础[13]。印支运动整个川中地区地壳由张裂变为压实活动，海相沉积结束，转变为陆相沉积[14]。由于印支和燕山运动期间，龙岗气田接受巨厚沉积，烃源岩埋深快速增加，至白垩纪末达到最大埋深。此时烃源岩演化达到过成熟阶段，储集层中古油藏发生彻底裂解，留下储层沥青和部分天然气。喜马拉雅运动期间，气田整体发生幅度不等的抬升，平均抬升幅度为2500m，气藏中的气、水重新分布，气藏最终定型。

1.3　气藏类型

龙岗气田长兴组和飞仙关组气藏受礁、滩中的储集体控制，礁、滩内部非均质性很强，除发育储集体，在其内部以及礁滩体之间还发育非储层，导致气藏横向分割较强，形成了"一礁、一藏""一滩、一藏"的气藏分布模式。其中，长兴组生物礁以岩性气藏为主，飞仙关组以构造-岩性复合气藏为主。

印支早幕运动使上扬子地台上升为陆，海水退出，大型内陆湖盆开始出现，是四川盆地由海相沉积转为内陆湖相沉积的重要转折时期。早侏罗世，四川盆地为安定环境下的湖盆沉积；中侏罗世为快速沉积的平原河流和浅水湖相，是陆盆主要沉积期；晚侏罗世渐变为一动荡的湖泊与河流相沉积。喜马拉雅运动沉积盖层全面褶皱抬升，构造格局基本定型[15]。喜马拉雅运动在川中地区表现为整体抬升，未出现大的断裂系统，对后期的天然气保存和水溶气的脱气成藏比较有利。

2　天然气地球化学特征

文中天然气样品用1L容量的双头气阀钢瓶在井口取样，样品基本涵盖了气田内目前绝大多数的开发井。

天然气组分分析采用Agilent GC6890N气相色谱仪，以He作为载气，用双TCD检测器来进行测试。碳同位素检测用的是MAT 252气体同位素质谱仪，根据中华人民共和国中国石油天然气行业标准SY/T 5238—2008，将气体组分进行分离，把单组分气体用CuO高温氧化转变成CO_2，测试由单组分转变而来的CO_2的碳同位素。以He作为载气，以标定好的CO_2作为标准气在质谱仪中进行测试。

2.1　天然气组分

龙岗气田长兴组和飞仙关组气藏中两个层系中的天然气地球化学特征基本一致（表1）。天然气都以烷烃气为主，烷烃气中几乎全是甲烷，乙烷等重烃含量很低，多数样品乙烷含量低于0.10%，丙烷及以上的烃类气体几乎检测不出，因此天然气干燥系数（C_1/C_{1+}）很高，几乎为1。非烃气体中，N_2含量较低，CO_2含量稍高，前者含量为0.09%～2.84%，平均为0.84%；后者为0.79%～16.78%，平均为5.35%。气藏普遍含H_2S气体，现场测试含量为0.04%～9.09%，平均为2.79%。

表1　龙岗气田长兴组和飞仙关组天然气组分和碳同位素表

井号	层位	深度/m	天然气组分/%								$\delta^{13}C/‰$, VPDB		
			He	H_2	N_2	CO_2	H_2S	CH_4	C_2H_6	C_3H_8	C_1/C_{1+}	CH_4	C_2H_6	CO_2
龙岗001-2	P_3ch	6735～6828	0.02	0	2.28	3.76	未测	93.88	0.06		0.999	-28.8	-25.4	-9.7
龙岗001-3	P_3ch	6353.01	0.01	0.01	0.44	5.35	5.36	88.80	0.04		1.000			
龙岗1	P_3ch	6202～6240	0.02	0.01	0.70	4.41	2.48	92.33	0.07		0.999	-29.4	-24.3	-17.2
龙岗2	P_3ch	6112～6124	0.01	0	0.31	6.07	4.52	89.03	0.06		0.999	-28.5	-21.7	1.2

续表

井号	层位	深度/m	天然气组分/%									$\delta^{13}C/‰$，VPDB		
			He	H_2	N_2	CO_2	H_2S	CH_4	C_2H_6	C_3H_8	C_1/C_{1+}	CH_4	C_2H_6	CO_2
龙岗 6	P_3ch	5111～5189.3	0.03	0.14	0.94	8.63	3.34	86.85	0.07		0.999			
龙岗 6	P_3ch	5305～5339	0.03	0.02	0.40	11.19	0.09	85.23	0.04		1.000			
龙岗 8	P_3ch	6713～6731	0.02	0.02	0.25	8.63	7.24	83.80	0.05		0.999	−29.0	−22.1	1.6
龙岗 11	P_3ch	6045～6143	0.01	0	0.17	6.08	9.09	84.56	0.07	0.01	0.999	−27.8	−27.0	2.8
龙岗 26	P_3ch	5774～5796	0.02	0	0.64	4.71	1.67	92.88	0.08		0.999	−29.4	−23.0	−0.5
龙岗 26	P_3ch	4904～4953	0.02	0	0.74	5.62	4.15	89.41	0.06		0.999			
龙岗 28	P_3ch	5996.7	0.02	0	0.58	2.48	0.70	96.15	0.07		0.999	−29.3	−24.7	
龙岗 29	P_3ch	6020～6244	0.01	0.13	1.46	4.98	4.78	88.52	0.10	0.01	0.999	−29.3	−25.2	−1.5
龙岗 39	P_3ch	6459～6490										−30.3	−23.8	0.4
龙岗 62	P_3ch	6351.6～6480	0.02	0	0.22	4.23	5.61	89.86	0.03	0.03	0.999			
龙岗 63	P_3ch	6988.1～7045	0.02	0.1	0.52	16.78	2.56	79.87	0.03	0.03	0.999			
龙岗 001-1	T_1f	6015.5	0.03	0	0.92	2.40	1.21	95.38	0.07		0.999			
龙岗 001-3	T_1f	6104.41	0.01	0	0.68	3.74	2.68	92.82	0.07		0.999	−29.8	−28.3	−0.9
龙岗 001-3	T_1f	6141.77	0.02	0	1.21	2.32	1.44	94.94	0.07		0.999	−29.4	−28.3	−3.4
龙岗 001-6	T_1f	6086.55	0.04	0	0.76	2.31	1.24	95.58	0.07		0.999	−28.6	−24.7	−8.0
龙岗 001-6	T_1f	6069.11	0.03	0	0.64	2.95	1.16	95.15	0.07		0.999	−28.3	−25.7	−5.1
龙岗 001-6	T_1f	6094.08	0.04	0	1.15	2.47	1.22	95.05	0.07		0.999	−28.2	−25.1	−3.9
龙岗 001-6	T_1f	6090～6130	0.02	0	1.49	3.42	1.89	93.10	0.07		0.999			
龙岗 001-11	T_1f	5946.7～6088										−29.2	−23.1	−1.0
龙岗 2	T_1f	5953～5990	0.02	0	0.20	4.77	3.06	91.90	0.05		0.999	−28.5	−24.3	1.5
龙岗 3	T_1f	5905～5917	0.03	0.26	1.76	15.84	0.04	81.96	0.11		0.999			
龙岗 3	T_1f	5984～5998										−30.2	−21.0	−5.6
龙岗 6	T_1f	4854～4890	0.02	0.11	0.44	3.34	2.58	93.44	0.06	0.01	0.999			
龙岗 12	T_1f	6046.4	0.01	0	0.49	2.37	未测	97.01	0.12		0.999	−30.4	−27.6	
龙岗 12	T_1f	6130.1	0.04	0.21	2.84	1.12	未测	95.70	0.09		0.999	−30.5	−27.3	−11.4
龙岗 12	T_1f	6314	0.03	0.15	1.23	0.79	未测	97.74	0.07		0.999			
龙岗 26	T_1f	5558.98	0.01	0	0.26	4.27	0.13	95.23	0.10		0.999	−31.1	−29.8	−1.6
龙岗 26	T_1f	4694～4728	0.02	0	0.59	7.09	2.75	89.48	0.06	0.01	0.999	−29.1	−25.8	−1.0
龙岗 27	T_1f	4772～4795										−29.5	−26.0	
龙岗 61	T_1f	6261～6330	0.02	0.01	0.09	1.84	3.01	94.95	0.08		0.999	−27.4	−22.2	1.9
龙岗 62	T_1f	6220～6285	0.01	0.01	1.70	11.77	1.52	84.91	0.06	0.02	0.999			

2.2　天然气碳同位素

长兴和飞仙关组礁滩气藏甲烷和乙烷碳同位素都很重，平均分别为 −29.2‰ 和

−25.0‰，根据天然气类型判别标准[16]，乙烷碳同位素重于−28.0‰，应为煤型气，样品与来自侏罗系烃源岩、志留系烃源岩和寒武系等腐泥型烃源岩生成的天然气分布在不同区域（图2）。CO_2碳同位素除龙岗1井、龙岗001-2井和龙岗12井较轻外，其余样品都重于−8‰，根据判识指标[17]，龙岗1井、龙岗001-2井和龙岗12井CO_2为有机成因，其他钻井为无机成因。

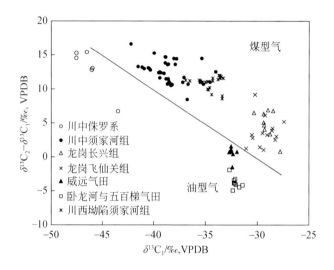

图2　龙岗气田长兴组和飞仙关组气藏天然气成因类型图

威远气田、卧龙河与五百梯气田数据来自文献［18］和［19］

3　天然气来源

由于龙岗气田下伏地层较多，可能存在多套烃源岩，所以对长兴组和飞仙关组气藏天然气来源还有争议。除了龙潭组被认为是可能烃源岩以外，长兴组和飞仙关组本身是否存在烃源岩一直困扰着勘探家。另外，龙岗气田靠近川东北的志留系龙马溪组烃源岩分布区，天然气有没有可能来自龙马溪组？寒武系在四川盆地广泛分布，天然气有没有可能来自下寒武统筇竹寺烃源岩？对此，笔者对部分相关层系有机碳进行了研究，并结合气−气对比，来确定龙岗礁滩天然气来源。

3.1　长兴和飞仙关组不具备生烃条件

通过对四川盆地477个飞仙关组灰岩样品分析表明，飞仙关组灰岩有机碳含量很低，绝大多数样品TOC含量小于0.2%，含量大于0.2的样品只有12.17%，大于0.4的样品只有5.24%，远达不到烃源岩的标准（图3）。

通过对龙岗3、8、9井中的飞仙关组样品的分析表明，有机碳含量也很低，最高为0.52%，最低为0.05%，平均为0.17%也未达烃源岩标准；对龙岗11井的长兴组灰岩进行有机碳分析，平均含量仅有0.07%，也远未达烃源岩标准（表2）。

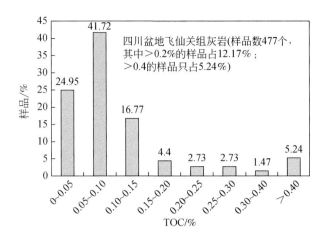

图3 四川盆地飞仙关组灰岩有机碳含量直方图

表2 龙岗气田长兴组和飞仙关组有机碳含量表

井号	层位	井深/m	岩性	TOC/%
龙岗11	P_3ch	6060.93	灰色灰岩	0.07
龙岗11	P_3ch	6058.78	灰色灰岩	0.08
龙岗8	T_1f	6522.26	灰色鲕粒灰岩	0.15
龙岗8	T_1f	6529.06	灰色鲕粒灰岩	0.25
龙岗9	T_1f	6003.89	灰色灰岩	0.07
龙岗9	T_1f	6011.45	灰色灰岩	0.05
龙岗9	T_1f	6018.27	灰色灰岩	0.08
龙岗3	T_1f	5939.80	白云质鲕粒灰岩	0.52

所以通过以上分析,在龙岗气田,无论是飞仙关组还是长兴组,都不能作为本区天然气有效的气源岩。

3.2 天然气并非来自寒武系和志留系烃源

寒武系在四川盆地普遍发育,志留系主要发育在川东北、川东和川南地区,在龙岗发育期都有可能发育寒武系筇竹寺组和志留系龙马溪组烃源岩。龙岗气田天然气是否也有可能来自筇竹寺组和龙马溪组烃源岩?针对这个问题,把威远气田震旦系储集层来自寒武系烃源岩的天然气以及川东石炭系储集层来自志留系天然气碳同位素与龙岗气田长兴组和飞仙关组天然气进行对比(图4),不难发现,龙岗气田天然气与来自四川盆地寒武系和志留系烃源岩的天然气差别很大,长兴组和飞仙关组甲烷和乙烷碳同位素明显偏重,符合腐殖型母质生成的天然气特征;来自寒武系和志留系天然气符合腐泥型天然气特征,因此,龙岗气田长兴组和飞仙关组气藏天然气与来自寒武系和志留系烃源岩的天然气不同源,说明气源并非来自可能的寒武系和志留系烃源。

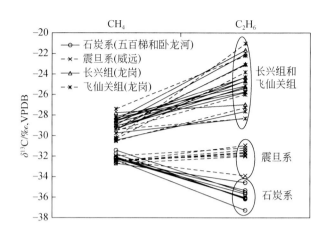

图 4 龙岗气田长兴组和飞仙关组烷烃气系列碳同位素与震旦系和石炭系对比图

震旦系和石炭系天然气数据来自文献 [18] 和 [19]

3.3 天然气并非直接来自原油裂解气

龙岗气田长兴组和飞仙关组气藏普遍发育沥青，多分布在孔隙和溶蚀孔洞中，肉眼可以直接观察到，无疑是原油裂解的产物，该现象与川东北地区类似[20]。储层沥青普遍发育很容易让人们联想到天然气也是来自古油藏的裂解。根据碳同位素分馏原理，原油裂解成沥青和天然气，碳同位素分馏后的排列顺序为 $\delta^{13}C_{烷烃气} < \delta^{13}C_{原油} < \delta^{13}C_{沥青}$，并且三者之间碳同位素分馏现象会比较明显。原油完全裂解成沥青和天然气后，甲烷碳同位素和沥青之间分馏现象会更加明显，但从表 1 和表 3 的数据来看，$\delta^{13}C_{沥青}$ 为 –32.3‰ ~ –28.2‰，平均为 –29.2‰；$\delta^{13}C_1$ 为 –31.1‰ ~ –27.4‰，平均为 –29.2‰，与储层沥青完全一致。龙岗气田长兴组和飞仙关组储层沥青碳同位素和甲烷之间并没有发现分馏现象，说明天然气并不是直接来自古油藏的二次裂解。

3.4 天然气来自龙潭组煤系烃源岩

四川盆地发生过两期典型的聚煤期，分别发育了上二叠统龙潭煤系和上三叠统须家河组煤系，这与中国南方的聚煤期是一致的[21]。龙岗地区勘探实践也证实了须家河组煤系的存在，但龙潭煤系由于埋藏较深，钻探还未完全证实。但从区域聚煤环境来看，龙岗气田范围内龙潭煤系是存在的[21]。此外，在开江-梁平海槽东侧的普光气田，其长兴组—飞仙关组天然气也主要来自龙潭组煤系烃源岩[1]，并且在普光气田 PG-2 井中龙潭组取出的天然气样品，甲烷、乙烷碳同位素分别为 –30.6‰、–25.2‰，与龙岗气田长兴组和飞仙关组天然气相当，也是典型的煤型气。因此，从多方面分析，龙岗气田长兴组和飞仙关组气藏天然气来自龙潭组煤系烃源岩，并且主要的干酪根裂解气。

4 甲烷碳同位素偏重的原因探讨

4.1 甲烷碳同位素异常偏重的现象

从图 2 中看出，同属于煤成气，由于川西坳陷须家河组已处于高-过成熟阶段[22]，演化程度远高于川中地区，所以川西坳陷须家河组天然气主要是干气，川中须家河组主要是凝析气。川西坳陷甲烷碳同位素也明显重于川中地区，与地质背景完全相符。但同属于煤成气的龙岗气田长兴组和飞仙关组天然气甲烷碳同位素又明显重于川西坳陷，显示出甲烷碳同位素异常偏重的现象。

表3　龙岗气田长兴组和飞仙关组储层沥青碳同位素表

井号	岩性	层位	深度/m	$\delta^{13}C/‰$，VPDB
龙岗2	含沥青白云岩	P_3ch	6119.50	−28.6
龙岗2	含沥青白云岩	P_3ch	6121.80	−28.9
龙岗2	含沥青白云岩	P_3ch	6122.20	−28.8
龙岗2	含沥青白云岩	P_3ch	6130.95	−29.0
龙岗2	含沥青白云岩	P_3ch	6131.20	−28.9
龙岗8	含沥青白云岩	T_1f	6523.30	−32.2
龙岗8	含沥青白云岩	T_1f	6529.40	−32.3
龙岗68	含沥青白云岩	T_1f	7060.40	−29.9
龙岗68	含沥青白云岩	T_1f	7062.40	−29.6
龙岗68	含沥青白云岩	T_1f	7063.50	−29.7
龙岗82	含沥青白云岩	P_3ch	4220.20	−28.4
龙岗82	含沥青白云岩	P_3ch	4220.70	−29.0
龙岗82	含沥青白云岩	P_3ch	4221.50	−28.5
龙岗82	含沥青白云岩	P_3ch	4223.80	−28.7
龙岗82	含沥青白云岩	P_3ch	4234.50	−28.7
龙岗82	含沥青白云岩	P_3ch	4253.62	−28.2
龙岗001-10	含沥青白云岩	T_1f	5857.50	−28.4
龙岗001-10	含沥青白云岩	T_1f	5864.10	−28.7
龙岗001-10	含沥青白云岩	T_1f	5871.30	−28.5

4.2　甲烷碳同位素与H2S含量关系

龙岗气田长兴组和飞仙关组天然气普遍含有 H_2S。很多研究人员对川东和川东北天然气 H_2S 的成因进行研究，认为 H_2S 是由 TSR 作用形成，并且随 TSR 作用增强，甲烷同位素值变重[2-4]。本文不打算讨论 H_2S 的形成机理，但从龙岗气田天然气 H_2S 含量与甲烷碳同位素关系图上可以看出（图5），二者没有明显的相关性。所以，龙岗气田长兴和飞仙关组天然气甲烷碳同位素明显重于须家河组，TSR 作用可能不是主因，而是由其他因素造成。

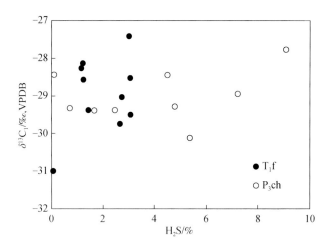

图5　龙岗长兴组和飞仙关组气藏 H₂S 含量与 δ¹³C₁ 关系

4.3　甲烷碳同位素偏重的原因

根据表1中钻探资料，龙岗气田长兴组气藏产层埋深为 5111~7045m，目前钻井深度仍未达到龙潭组煤系烃源岩。由于整个川中地区在喜马拉雅期整体抬升 2000~2500m[23-25]，据此判断，在地层发生抬升之前，龙潭组烃源岩埋深至少比现今的长兴组储集层大 2000m 以上，这样的深度足以使龙潭组烃源岩达到高–过成熟阶段。另外，对龙岗2井长兴组 6118.84~6119.89m 井段储层沥青进行测试，反射率达 2.81%，也达到过成熟阶段。所以，笔者更倾向于认为，长兴组和飞仙关组天然气甲烷碳同位素偏重，烃源岩演化程度高是其原因之一。

另外，如果气藏中混有一部分自水中释放出的溶解气，也会使气藏中甲烷碳同位素变重。因为从气田水中释放出的天然气，甲烷碳同位素比相同层位的游离气藏中甲烷碳同位素明显偏重[26]。喜马拉雅期的构造运动，地层发生抬升，水溶气经过减压脱溶，释放出甲烷混入游离气藏中，作为补充气源为圈闭供气。研究表明，龙岗气田长兴组和飞仙关组具备很好的水溶气成藏条件。

首先，龙岗气田长兴组和飞仙关组气藏大面积含水，水量充沛。储集层含水饱和度高，多数样品含水饱和度超过 40%（图6）。丰富的地下水可以溶解大量的天然气，形成资源量相当可观的水溶气。

其次，龙岗气田储集层中的气田水具有很好的保存条件。只有气田水很好地保存下来，溶解在其中的天然气才能较好地保存下来。根据气田水的分析资来看（表4），尽管气田水地球化学性质非均质性较强、矿化度差异较大，但水型都是 CaCl₂ 型水，未受地表水的干扰，反映出保存条件较好。另外，气田水非均质性较强，也间接反映出水的流动性差、保存条件较好。

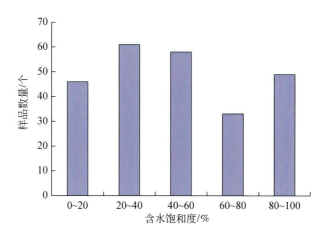

图6　龙岗地区长兴组和飞仙关储集层含水饱和度分布频率图

表4　龙岗气田长兴组和飞仙关组地层水主要离子含量及矿化度

井号	层位	井段/m	离子含量/（mg/L）						矿化度/（g/L）	水型
			K⁺	Na⁺	Ca²⁺	Mg²⁺	Cl⁻	SO₄²⁻		
龙岗 001-1	T_1f	6015.5	465	18113	4726	342	31498	6277	61.4	氯化钙
龙岗 001-1	T_1f	6069.5	3157	26624	4034	361	50187	4148	88.5	氯化钙
龙岗 001-6	T_1f	6090-6130	374	11280	7774	3599	42370	449	67.1	氯化钙
龙岗 001-10	T_1f	5862.7	1360	39861	710	181	52667	15030	110.0	氯化钙
龙岗 2	T_1f	5953-5990	716	13991	7168	2909	39257	29	64.3	氯化钙
龙岗 3	T_1f	5905-5917	361	13622	5817	37	31429	14	52.9	氯化钙
龙岗 6	P_3ch	5111-5189	1294	6285	25308	5314	73724	604	116.0	氯化钙
龙岗 7	P_3ch	6632.7	1871	19216	1289	80	32575	1896	57.1	氯化钙
龙岗 12	T_1f	6130.1	3104	39670	2703		66529	5572	118.0	氯化钙
龙岗 13	T_1f	5530-5545	694	12189	7039	1258	34709		56.9	氯化钙
龙岗 16	T_1f	5836.1	1945	34836	2320	352	62462	527	106.0	氯化钙

最后，龙岗气田后期经历过大幅度抬升，有利于水溶气的释放。喜马拉雅运动使四川盆地的沉积盖层全面褶皱，并把不同时期不同地域的褶皱和断裂连成一体，从此盆地格局基本定型[15]。由于构造运动使龙岗地区地层再次抬升。抬升、剥蚀作用使气藏埋深变浅、温度降低，烃源岩终止生气，储集层温度和压力降低。在高温、高温状态下水中溶解的大量天然气开始释放，为天然气后期成藏补充了部分气源。

5　结论

尽管四川盆地发育多套海相烃源岩，但龙岗气田长兴组和飞仙关组气藏天然气来自龙潭组高–过成熟的煤系烃源岩，与寒武系和志留系烃源岩无关，也并非来自长兴和飞仙关组本身以及大龙组，因其有机碳含量很低，不具备有效的生烃能力；尽管储层中普遍发育由古油藏裂解后留下的沥青，但天然气并非来自油的裂解气，而是以干酪根晚期裂解气为主。气藏中甲烷碳同位素异常偏重，并非是由 TSR 作用造成，而是由高–过成熟的干酪根裂解生成的天然气混入了水中脱出的天然气所致。龙岗气田具备很好的水溶气成藏以及后期构造抬升致水溶气脱气释放的地质条件。

参 考 文 献

[1] Hao F, Guo T L, Zhu Y M, et al. Evidence for multiple stages of oil cracking and thermochemical sulfate reduction in the Puguang gas field, Sichuan Basin, China. AAPG Bulletin, 2008, 92(5): 611-637.

[2] Cai C F, Zhang C M, He H, et al. Carbon isotope fractionation during methane- dominated TSR in east Sichuan Basin gasfields, China: a review. Marine and Petroleum Geology, 2013, 48: 100-110.

[3] Liu Q Y, Worden R H, Jin Z J, et al. TSR versus non- TSR processes and their impact on gas geochemistry and carbon stable isotopes in Carboniferous, Permian and Lower Triassic marine carbonate gas reservoirs in the eastern Sichuan Basin, China. Geochimica et Cosmochimica Acta, 2013, 100: 96-115.

[4] Long S X, Huang R C, Li H T, et al. Formation mechanism of the Changxing Formation gas reservoir in the Yuanba gas field, Sichuan Basin, China. Acta Geologica Sinica-English Edition, 2011, 85(1): 233-242.

[5] Ma Y S, Guo X S, Guo T L, et al. The Puguang gas field: new giant discovery in the mature Sichuan Basin, southwest China. American Association of Petroleum Geologists Bulletin, 2007, 91(5): 627-643.

[6] 杨晓萍, 邹才能, 陶士振, 等. 四川盆地上三叠统—侏罗系含油气系统特征及油气富集规律. 中国石油勘探, 2005, 10(2): 15-22.

[7] 李伟, 邹才能, 杨金利, 等. 四川盆地上三叠统须家河组气藏类型与富集高产主控因素. 沉积学报, 2010, 28(5): 1037-1045.

[8] 祝海华, 钟大康. 四川盆地龙岗气田三叠系飞仙关组储集层特征及成因机理. 古地理学报, 2013, 15(2): 275-282.

[9] 张建勇, 周进高, 潘立银, 等. 川东北地区孤立台地飞仙关组优质储层形成主控因素——大气淡水淋滤及渗透回流白云石化. 天然气地球科学, 2013, 24(1): 9-18.

[10] 文龙, 张奇, 杨雨, 等. 四川盆地长兴组—飞仙关组礁、滩分布的控制因素及有利勘探区带. 天然气工业, 2012, 32(1): 39-44.

[11] 彭才, 刘克难, 张延充, 等. 川中地区长兴组生物礁地震沉积学研究. 天然气地球科学, 2011, 22(3): 460-464.

[12] 汪泽成, 等. 四川盆地构造层序与天然气勘探. 北京: 地质出版社, 2002: 111-333.

[13] 何登发, 李德生, 张国伟, 等. 四川多旋回叠合盆地的形成与演化. 中国地质, 2011, 46(3): 589-606.

[14] 姜华, 汪泽成, 杜宏宇, 等. 乐山–龙女寺古隆起构造演化与新元古界震旦系天然气成藏. 天然气地球科学, 2014, 25(2): 192-200.

[15] 童崇光. 新构造运动与四川盆地构造演化及气藏形成. 成都理工学院学报, 2000, 27(2): 123-130.

[16] Dai J X. Identification and distribution of various alkane gases. Science in China (Series B), 1992, 35(10): 1246-1257.

[17] 戴金星. 各类天然气的成因鉴别. 中国海上油气(地质), 1992, 6(1): 11-19.

[18] 戴金星, 陈建发, 钟宁宁, 等. 中国大气田各论. 北京: 科学出版社, 2003: 9-36.

[19] 徐永昌, 沈平, 李玉成. 中国最古老的气藏——四川威远震旦纪气藏. 沉积学报, 1989, 7(4): 1-11.

[20] 谢增业, 田世澄, 魏国齐, 等. 川东北飞仙关组储层沥青与古油藏研究. 天然气地球科学, 2005, 16(3): 283-288.

[21] 毛节华, 许惠龙. 中国煤炭资源预测与评价. 北京: 科学出版社, 1999.

[22] 秦胜飞, 戴金星, 王兰生. 2007. 川西前陆盆地次生气藏天然气来源追踪. 地球化学, 36(4): 368-374.

[23] Dai J X, Ni Y Y, Zou C N. Stable carbon and hydrogen isotopes of natural gases sourced from the Xujiahe Formation in the Sichuan Basin, China. Organic Geochemistry, 2012, 43: 103-111.

[24] 邓宾, 刘树根, 刘顺, 等. 四川盆地地表剥蚀量恢复及其意义. 成都理工大学学报(自然科学版), 2009, 36(6): 675-686.

[25] 刘树根, 孙玮, 李智武, 等. 四川盆地晚白垩世以来的构造隆升作用与天然气成藏. 天然气地球科学, 2008, 19(3): 293-300.

[26] Qin S F. Carbon isotopic composition of water-soluble gases and its geological significance in the Sichuan Basin. Petroleum Exploration and Development, 2012, 39(3): 335-342.

利用包裹体中气体地球化学特征与源岩生气模拟实验探讨鄂尔多斯盆地靖边气田天然气来源[*]

米敬奎，王晓梅，朱光有，何　坤

0　前言

鄂尔多斯盆地是我国第二大沉积盆地，其古生界蕴藏丰富的天然气资源。目前在该盆地古生界探明储量 $1000×10^8 m^3$ 以上大气田有苏里格、靖边、大牛地、榆林、子洲和乌审旗 6 个气田，探明储量在 $300×10^8 \sim 1000×10^8 m^3$ 的有神木和米脂两个气田（图1）。鄂尔多斯盆地有上古生界和下古生界有两套含气系统，上述 8 个气田除靖边气田主要发育在下古生界奥陶系风化壳外，其他气田都主要发育在上古生界石炭–二叠煤系砂岩中。

目前，关于鄂尔多斯盆地上古生界天然气的成因国内外学者一致认为煤成气，气源为已达高–过成熟的上古生界海–陆交互相煤系气源岩（戴金星和戚厚发，1989；戴金星，1993；陈安定，1994，2002；Dai et al.，2005；Zhu et al.，2007）。对靖边气田（下古生界）的气源虽然经过近三十多年的研究，但仍存在以上古生界煤成气为主和以下古生界海相油型气为主的争论（戴金星和戚厚发，1989；戴金星，1993；陈安定，1994，2002；关德师等，1993；黄第藩等，1996；Dai et al.，2005）。

总结前人关于靖边气田天然气成因的研究成果，持煤成气观点的学者一般采用的气体地球化学参数是甲烷碳同位素值，而持油型气观点的学者采用的气体地球化学参数主要是乙烷碳同位素。持煤成气观点的学者认为靖边气田主要是上古生界源岩生成的天然气倒灌或侧向运移，在奥陶系风化壳聚集成藏。其主要证据有①下古生界有机碳含量都比较低（一般 TOC<0.5%），不可能大规模成藏；②奥陶系风化壳天然气 $\delta^{13}C_1 = -33.83‰$，具有煤成气的特征（徐永昌，1994；夏新宇等，1998；张文正等，1992；夏新宇，2000）。持下古生界气源观点学者则认为：①下古生界源岩成熟度非常高，可以生成 $\delta^{13}C_1 = -33.83‰$ 的天然气；②虽然下古生界天然气乙烷碳同位素变化比较大，但大部分天然气中乙烷的碳同位素显著偏轻，乙烷碳同位素的平均值 $\delta^{13}C_2 = -30.04‰$，表现出油型气特征（黄第藩等，1996）。

根据戴金星（1993）的研究成果煤成气的甲烷碳同位素的分布范围为 –43‰ ~ –10‰，而海相碳酸盐岩生成的油型气甲烷碳同位素的分布范围为 –55‰ ~ –30‰，而且天然气的碳同位素随着源岩成熟度的升高而变重（戴金星和戚厚发，1989；戴金星，1993）。由于

* 原载于《岩石学报》，2012 年，第 28 卷，第 3 期，859 ~ 869。

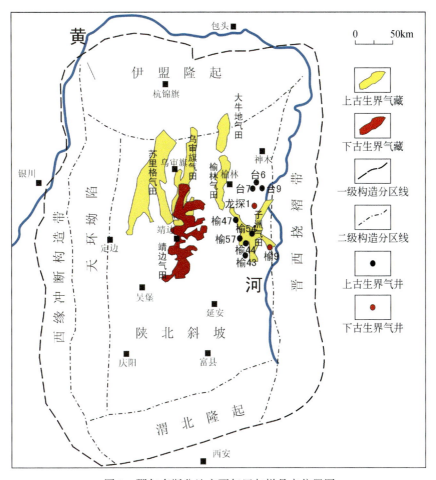

图1 鄂尔多斯盆地主要气田与样品点位置图

上古生界煤系与下古生界海相源岩都已达到高–过成熟阶段，来源于上、下古生界源岩的天然气的碳同位素可能存在重叠。

天然气成藏以后，由于受气洗、水洗、散失、混合等各种后生作用的影响，其地球化学性质与原始气体相比可能会发生很大的变化（Zhu et al., 2005a, 2005b；Zhang et al., 2007）。这时，仅凭目前气藏中天然气的地球化学信息来判断天然气的成因是很不可靠的。对于靖边气田来说，关于其天然气的成因不管是持哪一种观点，几乎所有的学者都承认上、下古生界天然气存在混合现象，只不过两类观点争论的焦点是以煤成气为主，还是以油型气为主？正是由于这些后生作用，使靖边气田天然气地球化学性质更加复杂，采用气藏中气体不同的地球化学参数来探讨天然气的成因，可能会得到截然相反的结论。

包裹体是成岩矿物在形成过程中捕获的、至今仍保留在成岩矿物中的流体介质包裹物。天然气在运移及成藏过程会随着流体介质被成岩矿物所捕获，形成包裹体。包裹体是一个封闭体系，只要不发生破裂，其中所包含的气体地球化学信息能准确反映地天然气的原始性质。因此，包裹体中流体地球化学性质地研究被广泛地应用于油气源对比研究（George et al.,1997, 1998；陈孟晋和胡国艺，2002；胡国艺等，2005；米敬奎等，2005；Mi et al., 2007）；源岩模拟生成气体地球化学性质从另一个方面也可以揭示源岩在地质条件下生成气体的原始地球化学特征，源岩生气模拟也被广泛应用于气源对比和气体成藏研究（帅燕华等，2003；Fu et al.，2003）。把上述两种方法结合起来，对于天然气源研究就更有意义。

本文欲通过对上、下古生界包裹体中天然气地球化学特征的分析，结合模拟实验结果及其与实际气体地球化学性质的对比，判定甲烷与乙烷碳同位素哪一个更适宜作为判别鄂尔多斯盆地下古生界天然气来源的地球化学指标，在此基础上来确定中部气田的主要来源。

1 包裹体样品选择

对于上古生界天然气来说，由于气源认识不存在争议，对于任意一个上古生界气藏储层中的包裹体均可以进行分析。而对于下古生界气藏而言，所选样品必须能满足包裹体内所包含的气体来源于下古生界源岩。本次研究的包裹体样品均选自盆地中、东部（图1），其中上古生界样品为砂岩，进行包裹体分析的矿物颗粒为石英；下古生界样品为榆9井和龙探1井马家沟组盐下马五段的白云质石膏盐中的方解石脉。由于盐岩具有很强的封闭能力，从地质角度上能确定两个样品包裹体中的天然气来源于奥陶系。表1是本次进行包裹体研究样品的基本特征。

表1　样品的岩性与包裹体分析宿主矿物表

井号	层位	深度/m	岩性描述	包裹体分析矿物
台6	山西组	2578.0	深灰色岩屑砂岩	石英颗粒
榆43	山西组	2681.4	含碳屑石英砂、砾岩	石英颗粒
榆54	山西组	2613.8	褐灰色粗砂岩	石英颗粒
榆47	山西组	2707.3	褐色细砂岩	石英颗粒
榆44	山西组	2669.2	褐灰色石英粗砂岩	石英颗粒
龙探1	马家沟组	2990.3	白云质石膏盐	方解石脉
榆9井	马家沟组	2311.5	白云质石膏盐	方解石脉

2 实验分析

2.1 包裹体研究

1）包裹体的镜下特征

上古生界天然气藏包裹体主要发育在石英微裂缝和石英次生加大边中，主要为气液两相流体包裹体和气体包裹体，盆地东北部个别井中可以见到荧光包裹体，但本次研究的样品中未见到荧光包裹体。

下古生界碳酸盐岩方解石中的包裹体主要为气液两相流体包裹体和气体包裹体，未见荧光包裹体，包裹体一般呈串珠状分布在方解石的微裂缝中（图2）。在榆9样品中常可见到包裹体与黑色沥青共生。

表2是相关样品中包裹体的均一温度。相比较下古生界的两个样品，龙探1井包裹体的均一温度较低，说明其形成时间比较早；而上古生界样品包裹体的均一温度比较接近，说明天然气的成藏时间也比较一致。

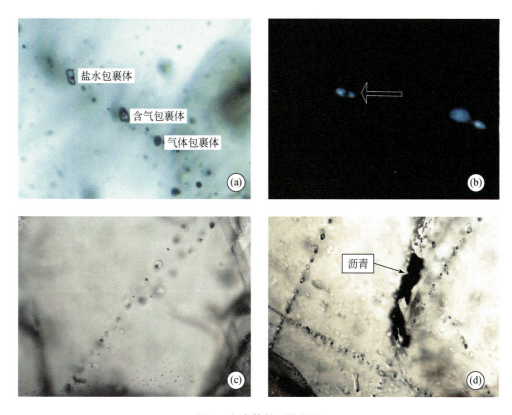

图 2　包裹体镜下特征图

（a）石英微裂缝中的包裹体（榆 47 井，2707.1m）；（b）石英微裂缝中荧光包裹体（盟 5 井，1890m）；
（c）方解石脉中的包裹体（龙探 1 井，2990.3m）；（d）方解石脉中的包裹体与沥青（榆 9 井，2311.5m）

表 2　包裹体的均一温度表

井名	层位	深度/m	均一温度范围/℃	主要区间/℃
榆 43	山西组	2681.4	80～120	85～110
榆 44	山西组	2669.7	80～120	85～105
榆 47	山西组	2695.2	85～115	90～110
榆 47	山西组	2707.3	82～118	90～110
榆 54	山西组	2613.8	75～121	85～105
台 6	山西组	2578.0	77～118	85～110
龙探 1	马五段	2990.3	78～105	80～95
榆 9	马五段	2311.5	90～135	105～125

2）包裹体气体地球化学特征分析方法

包裹体中气体地球化学性质的分析方法和步骤如下：

（1）样品前处理：对于上古生界的砂岩样品，首先根据矿物颗粒大小把样品粉碎至相应大小。先用比重液法初步分选出石英颗粒，然后手选出纯净的石英颗粒，使其纯度达 95% 以上；对于下古生界样品，先从岩心上凿下方解石脉，再把方解石脉粉碎至 80 目左右；最后把处理好的样品放在可抽真空的烘箱中，80℃抽真空条件下烘干 24 小时，以去处颗粒表面和方解石裂缝中的吸附气。

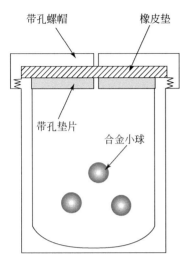

图 3　包裹体压碎容器

（2）包裹体破碎：取出 15～20g 处理好的样品（根据矿物中包裹体发育程度），放入压碎容器中（图 3），再对压碎容器抽真空，以减小空气对包裹体成分的影响；把装有样品压碎器包装好后整体放入碎样机中，将压碎器在碎样机中固定好后，震荡 10min 使颗粒中的包裹体完全破碎。

（3）包裹体中气体性质分析：包裹体中气体成分分析在 Agilent 公司与 Wasson 合作生产炼厂气微量气相色谱仪上进行，Pora PLOT Q 型色谱柱（30m×0.25mm×0.25μm），氦气作载气。升温程序如下：初始温度 30℃，恒温 5min，再以 15℃/min 的速率升至 180℃，恒温 15min。该系统分析误差在 1% 范围内。气体单体烃稳定碳同位素分析采用 Isochrom Ⅱ 型 GC-IRMS 同位素质谱仪，Pora PLOT Q 型色谱柱，氦气作载气。升温程序：初始温度 50℃，恒温 3min，再以 15℃/min 的速率升至 150℃，

恒温 8min。每种气体碳同位素均分析两次，两次分析误差在 0.5‰以内。

2.2　包裹体气体地球化学性质

表 3 是包裹体中气体组成以及甲烷与乙烷的碳同位素。从气体组成方面来看，不同井上古生界样品包裹体中天然气组成比较接近，与上古生界气藏中气体成分也基本一致；而不同井上古生界样品包裹体天然气碳同位素差异比较大。这主要是由于鄂尔多斯盆地上古生界储层属河流沉积，砂体变化大，储层为低渗透致密砂岩，不同砂体之间连通性比较差。相距比较近的两个井可能属于不同的气藏。不同样品中包裹体地球化学性质的差异，与不同气藏的成藏过程有关。

表 3　包裹体中的有机气体成分地球化学特征

时代	井号	层位	深度/m	气体成分/%								$\delta^{13}C$/‰	
				甲烷	乙烷	丙烷	异丁烷	正丁烷	异戊烷	正戊烷	烯烃	甲烷	乙烷
上古生界	榆 43	山西组	2681.4	96.77	2.50	0.38	0.06	0.09	0	0	0.26	−34.2	−30.9
	榆 44	山西组	2669.7	96.85	2.14	0.40	0.06	0.05	0.04	0.06	0.4	−32.9	−26.3
	榆 47	山西组	2695.2	94.67	3.84	0.79	0.12	0.15	0.25	0.03	0.35	−32.2	−25.8
	榆 47	山西组	2707.3	97.44	2.10	0.29	0.04	0.05	0.02	0.01	0.05	−30.2	−22.9
	榆 54	山西组	2613.8	96.10	3.05	0.40	0.07	0.16	0	0	0.26	−33.0	−28.0
	台 6	山西组	2578.0	92.51	5.47	1.30	0.21	0.21	0.03	0.02	0.25	−36.7	−26.5
下古生界	龙探 1	马五₇	2990.3	74.51	11.6	8.75	1.83	1.83	3.15	0.67	2.66	−39.5	−35.5
	榆 9	马五	2311.5	99.14	0.80	0.04	0.01	0.01	0	0	0	−38.7	−28.0

　　表 4 是榆 47 井山西组储层中气体与包裹体中有机气体成分比较,对比结果表明:
①气层天然气成分与包裹体中的烷烃气体成分非常接近,井中烷烃气体含量基本上就是两
个包裹体中相应组分的平均值。②二者最大的区别就是包裹体成分中含有一定量的烯烃,
而井中气体成分中不含烯烃。目前气层中不含烯烃的原因可能和烯烃气体在水中的溶解度
相对较大有关。室温条件下,甲烷在水中的溶解度为 $2 \times 10^{-8} \sim 5 \times 10^{-8} \mathrm{g/cm}^3$,乙烯在水中
的溶解度为 $131 \times 10^{-6} \mathrm{g/cm}^3$。由于烯烃相对更易溶解于水中,且烯烃本身含量比较小,气
体中少量的原始烯烃很容易被水全部带走 (Mi et al.,2007)。

　　包裹体中的有机气体组成与气井中气体组成的相似性表明,后生作用对于鄂尔多斯盆
地上古生界气藏的影响非常小的。这可能和鄂尔多斯盆地上古生界天然气藏储层致密有非
常大的关系。

表 4　榆 47 井山西组气体成分与包裹体中有机气体成分比较

井深/m	气体产状	天然气组分/%									
		甲烷	乙烷	其他	丙烷	丙烯	异丁烷	正丁烷	丁烯	异戊烷	正戊烷
2694~2697	气藏中	96.288	3.061	0	0.477	0	0.069	0.075	0	0.016	0.013
2695.2	包裹体中	94.670	3.840	0.280	0.790	0.050	0.120	0.150	0.020	0.050	0.030
2707.3	包裹体中	97.440	2.100	0.030	0.290	0.020	0.040	0.050	0	0.002	0.010

　　在本次研究的过程中,由于一些井中只采到岩心样品,而未采集到相应层位的气体样
品。对于部分井储层样品包裹体气体地球化学特征只能和附近井相同层位的天然气地球化
学特征进行对比。表 5 是两个不同区域样品包裹体中气体碳同位素与相邻井中气体碳同位
素比较。

表 5　不同区域样品包裹体中与相邻井中气体碳同位素比较

区域	井号	层位	气体产状	井深/m	$\delta^{13}C_1$/‰	$\delta^{13}C_2$/‰
台 6 井区	台 6	山 2 段	包裹体中	2578	-36.7	-26.5
	台 9	山 2 段	井中	2570~2572.5	-37.0	-25.8
	台 7	山 2 段	井中	2756.5~2759	-36.7	-24.5
榆 44 井区	榆 44	山西组	包裹体中	2669.7	-33.0	-26.3
	榆 55	山 2 段	井中	2580~2584	-33.3	-24.5
	榆 56	山 2 段	井中	2659~2663	-32.0	-25.7

　　通过以上比较可以发现:包裹体中气体成分和碳同位素与井中气体成分及碳同位素的
基本一致性。包裹体与气藏中气体地球化学性质产生微小的差异其主要原因有两个方面:
①气井中的气体来自一个深度段,而包裹体样品来自一个深度点,鄂尔多斯盆地上古生界
天然气藏的储层多为透镜状和条带状砂体,砂体之间的连通性比较差,在一个试气层段内
可能包含着多个砂体,不同砂体成藏的先后不同,井中的气体为来源于不同砂体气体的混
合物。②包裹体必须在水介质存在的存在下才能形成,当储层被气体饱和后,包裹体便不
能形成。所以,包裹体中捕获的是源岩相对早期生成的气体,而气层中的气体是源岩各阶

段生成气体的混合物。

上述结果说明上古生界天然气成藏后的气体次生变化不明显，目前气藏中气体能代表气藏中的原始气体。

对于下古生界来说，表3中下古生界两个样品包裹体中气体地球化学性质相差比较大，龙探1井包裹体中的气体中重烃含量为25.49%，甲烷和乙烷的碳同位素都非常氢（$\delta^{13}C_1 = -39.5‰$、$\delta^{13}C_2 = -35.5‰$），显示出原油伴生气特征；而榆9包裹体中的气体的碳同位素同样也比较轻（$\delta^{13}C_1 = -38.7‰$、$\delta^{13}C_2 = -28.0‰$），但干燥系数达到99.14%，为典型的原油裂解气。这说明这两个样品包裹体中捕获的气体均为来源于奥陶系海相源岩不同阶段生成的气体。来源于两个样品包裹体中的气体具有共同的特征是$\delta^{13}C_1 < -38.7‰$、$\delta^{13}C_2 < -28‰$，这与Dai等（2005）认为$\delta^{13}C_2 < -28‰$时为油型气的观点一致。

对于上述两个样品包裹体中气体地球化学特征的差异与包裹体的形成过程有关。在天然气运移成藏的任意一个阶段，只要条件合适，包裹体均可以形成。我们所采到的龙探1井方解石脉样品深度为2990.3m，在气藏（2832~2837m）之下。该裂缝（未被方解石充填时）可能只是早期油气运移的通道，因此包裹体中只捕获了源岩早期形成的湿气。到了源岩高-过成熟阶段，该裂缝已经被方解石充填堵死，该"裂缝"已经不能运移高-过成熟阶段的天然气，裂缝包裹体中捕获的是源岩早期形成湿气。气藏中的天然气则是源岩不同阶段生成的天然气通过各种运移通道到达气藏中的累积气，因此包裹体与气藏中天然气的地球化学特征也有比较大的差别（表4）。相比在榆9井奥陶系中所采到的方解石脉，它则可能是在源岩高-过成熟阶段天然气的运移通道，因此包裹体中的气体重烃含量更低，气体碳同位素偏重。榆9井方解石脉中与包裹体共生着许多沥青［图2（d）］，沥青为原油裂解的产物。包裹体共生的沥青从另一方面也证明包裹体中捕获的应该是原油裂解气。

龙探1奥陶系盐下马五$_7$白云岩储层获低产天然气，含气层段深度为2832~2837m。图4是龙探1井含气层段上的岩性柱状图，该含气层段距风化壳顶部约250m，且在含气层段之上直接封盖着厚达120m的岩盐（膏盐）层（马五$_6$），岩盐具有很强的封闭能力，上古生界的天然气不可能穿过250m以上的地层（特别是120厚的盐层）倒灌于下古生界马五$_7$白云岩中。因此，在地质角度上，龙探1井马五$_7$储层中的天然气应属奥陶系原生天然气。

表6是龙探1井奥陶系天然气的地球化学性质，天然气组分中总烃组分为99.267%，非烃组分含量极低，CO_2仅为0.067，N_2仅为0.665%。低CO_2含量反映出气体受储层酸化改造的影响已很小。烃类组分中甲烷含量很高，达96.871%，C_{2+}重烃组分含量低，仅为2.396%，干燥系数大，应属典型的过成熟干气。但龙探1井天然气的地球化学性质本身存在着一定的矛盾。龙探1井马五$_7$天然气甲烷碳同位素值（$\delta^{13}C_1 = -39.26‰$）很轻，上古生界源岩模拟生成甲烷碳同位素与目前上古生界发现的天然气甲烷碳同位素分析结果证明：上古生界高-过成熟源岩不可能产生碳同位素如此之轻的甲烷（帅燕华等，2003；Fu et al.,2003）。所以，龙探1井马五$_7$段的天然气应该是来源于下古生界的油型气；而按照Dai等（2005）根据乙烷碳同位素对天然气成因的分类标准，当$\delta^{13}C_2 > -28‰$时，天然气为煤成气，龙探1井盐下天然气应该是煤成气。

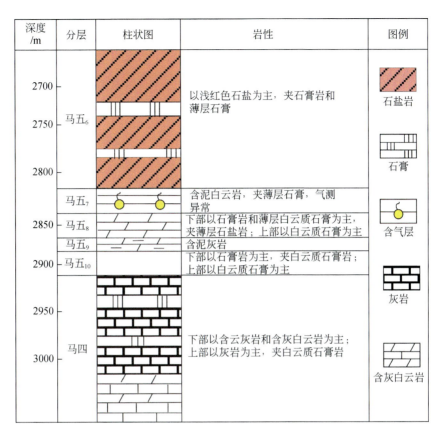

图4　龙探1井奥陶系马五段地层柱状图

表6　龙探1井天然气地球化学特征（据杨华等，2009）

气体地化特征	CH_4	C_2H_6	C_3H_8	iC_4H_{10}	nC_4H_{10}	iC_5H_{12}	nC_5H_{12}	CO_2	N_2
成分/%	96.87	1.80	0.45	0.09	0.04	0.01	0.01	0.067	0.665
碳同位素/‰		−39.26	−23.78	−19.72	−19.27	−20.45	−21.96	−22.48	

　　造成上述这样一个相互矛盾结论的原因什么？杨华等（2009）推测硫酸盐热化学还原（TSR）作用导致了龙探1井天然气乙烷碳同位素偏重现象。下古生界天然气的另一个特点是气体干燥系数非常大（一般大于0.99），Cai等（2005）曾利用TSR作用来解释下古生界气藏中天然气干燥系数非常高的现象，在我国四川盆地飞仙关组天然气中也发现了TSR作用使天然气地球化学性质发生明显变化的现象（朱光有等，2005，2006；Zhang et al.，2007；Zhang et al.，2009）。

　　从整个龙探1井奥陶系天然气碳同位素的分布序列来看，甲烷至戊烷的碳同位素发生部分倒转（表6），说明龙探1井的天然气发生了一定程度的后生变化。笔者认为TSR反应可能不是气藏中乙烷碳同位素变重的原因，因为天然气组分中几乎不含TSR作用产物H_2S气体（朱光有等，2005，2006）。至于何种后生作用使龙探1井天然气发生了后生变化还需进一步研究。但有一点可以肯定，龙探1井的天然气发生了次生变化，天然气地球化学性质不能反映天然气的原始性质，乙烷碳同位素可能更不适宜作为判定上、下古生界来源天然气的标准。

2.3 源岩模拟实验

源岩生气模拟生成气体的分析具有即时性，源岩模拟生成气体更能反映源岩生成气体的原始本质，因此，源岩模拟生成气体地球化学特征分析也是气源对比一个非常重要的手段。

模拟实验一般要用低成熟的样品，鄂尔多斯盆地古生界（特别是下古生界）源岩成熟度普遍偏高，本次研究上古生界模拟样品为采自山西保德县成家庄煤矿山西组 8# 煤（$R_o = 0.65\%$），下古生界低成熟源岩未采集，下古生界模拟实验结果采用杨华等（2009）实验数据。源岩生气模拟实验采用黄金管体系，关于黄金管实验体系的模拟原理在许多文章中都有详细介绍，这里不再赘述。

表 7 是上古生界与下古生界源岩模拟生成气体碳同位素的对比，从表 7 可以看出，上古生界与下古生界源岩模拟生成气体碳同位素值有比较大的差别，相同温度点甲烷碳同位素相差 2‰ ~ 10‰，乙烷碳同位素相差 6‰ ~ 10‰；下古生界源岩模拟生成乙烷碳同位素均小于 −28‰，而上古生界源岩模拟生成乙烷碳同位素基本大于 −28‰。模拟实验的结果与包裹体中气体碳同位素分析结果一样，同样证明下古生界的天然气应该具有 $\delta^{13}C_1 < -38.7\%$、$\delta^{13}C_2 < -28\%$的特征。

表 7 上古生界与下古生界源岩模拟生成气体碳同位素的对比

上古生界源岩模拟试验结果						下古生界源岩模拟试验结果（来源于杨华等，2009）		
升温速率	2℃/h		升温速率	20℃/h		温度/℃	碳同位素/‰	
温度/℃	碳同位素/‰		温度/℃	碳同位素/‰			C_1	C_2
	C_1	C_2		C_1	C_2			
380	−33.45	−28.19	350	−36.59		350	−45.26	−35.08
410	−35.60	−28.06	380	−37.27	−27.41	400	−42.62	−34.16
430	−36.62	−27.42	410	−37.82	−26.62	450	−38.60	−32.05
450	−37.35	−26.75	440	−36.68	−23.93	500	−38.14	−28.13
470	−37.14	−25.29	460	−36.17	−21.68			
490	−36.81	−23.51	480	−35.32	−17.96			
520	−36.11		510	−34.33				
550	−34.99		540	−32.84				
580	−33.30		570	−31.43				
600	−31.47		590	−29.80				

3 靖边气田气体来源探索

图 5、图 6 是靖边气田上下古生界气藏甲烷与乙烷碳同位素的分布图，从图中可以发现靖边气田上、下古生界天然气甲烷碳同位素分布重叠严重，而乙烷却分得比较开；这也是一些学者利用乙烷碳同位素区别上、下古生界来源，进而得到靖边气田天然气来源于下

古生界源岩结论的原因。从分布形态上，甲烷碳同位素呈单峰的正态分布，说明其来源应该比较单一；而乙烷碳同位素为双峰分布，说明其可能有多种来源。

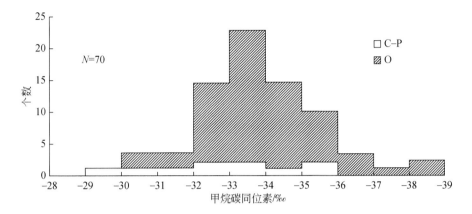

图 5　靖边气田甲烷碳同位素的分布图（据戴金星等，2005a，2005b）

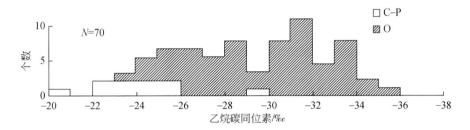

图 6　靖边气田乙烷碳同位素的分布图（据戴金星等，2005a，2005b）

关于靖边气田的成因，不论是以煤成气为主论者还是以油型气为主论者都承认上、下古生界来源的天然气发生了混合作用。表 8 是靖边气田奥陶系天然气的碳同位素，不少天然气碳同位素发生了倒转（黑体），说明混合作用或其他后生作用确实存在。因此，利用发生了不同混合作用的天然气碳同位素来确定其本身的成因是不可靠的。对表 8 中天然气碳同位素值进行数据分析发现，天然气碳同位素变化比较大（特别是乙烷），甲烷与乙烷碳同位素值的方差分别为 3.88、57.51，乙烷碳同位素值方差更大。所以，乙烷碳同位素更不适合作为判断上、下古生界来源天然气的标准。

表 8　靖边气田奥陶系天然气的碳同位素表

井号	层位	井深/m	$\delta^{13}C/‰$, PDB				资料来源
			$\delta^{13}C_1$	$\delta^{13}C_2$	$\delta^{13}C_3$	$\delta^{13}C_4$	
陕 9	$O_1m_5^{1-6}$		−38.6	−29.0	−23.4		夏新宇，2000
陕 11	$O_1m_5^{1-2}$		−32.3	−36.7	−33.9		夏新宇，2000
陕 12	$O_1m_5^{1-4}$	3638～3700	−34.21	−25.46	−26.37	−20.67	
陕 13	$O_1m_5^{1-4}$	3394～3445	−31.60	−31.42	−28.82		
陕 14	$O_1m_5^{1-4}$	3703～3754	−32.86	−32.51	−25.05		

续表

井号	层位	井深/m	$\delta^{13}C$/‰，PDB				资料来源
			$\delta^{13}C_1$	$\delta^{13}C_2$	$\delta^{13}C_3$	$\delta^{13}C_4$	
陕 15	$O_1m_5^{1-4}$	3521～3560	−33.19	−33.31	−25.87		
陕 17	$O_1m_5^4$	3176.9～3182	−33.34	−30.24	−27.76		戴金星等，2005a，2005b
陕 20	$O_1m_5^{1-3}$	3522～3524	−34.58	−30.96	−27.50	−22.10	
陕 20	$O_1m_5^{1-4}$	3561～3565	−34.21	−31.34	−26.40		
陕 21	$O_1m_5^1$	3198～3203	−35.01	−24.59	−26.11	−24.27	杨华等，2009
陕 21	$O_1m_5^{2-4}$	3292～3308	−34.16	−28.17	−27.57	−23.03	
陕 22	$O_1m_5^4$	3327～3332	−34.71	−31.83	−27.21		
陕 23	$O_1m_5^{1-4}$	3412.6～3477.6	−33.10	−31.81	−27.14		
陕 24	O_1m_5	3315～3375	−32.47	−28.70	−26.40		
陕 25	$O_1m_5^{2-4}$	3490～3548	−33.25	−33.19	−27.82		
陕 25	$O_1m_5^4$	3523.5～3528.8	−33.40	−33.40	−29.15		
陕 25	$O_1m_5^{2-4}$	3486～3500	−33.33	−33.47	−28.07		
陕 26	$O_1m_5^{3-4}$	3502～3525	−38.27	−34.13	−21.56	−25.17	
陕 27	$O_1m_5^1$	3321～3330	−36.67	−28.06	−27.41	−23.11	
陕 27	$O_1m_5^{2-3}$	3333.9～3342.8	−36.90	−26.26	−22.47	−22.60	
陕 27	$O_1m_5^4$	3360～3366	−36.76	−28.50	−26.36	−23.54	
陕 28	O		−34.13	−28.3	−27.26		李贤庆等，2003
陕 30	$O_1m_5^4$	3643～3659	−33.06	−33.58	−26.46	−25.57	
陕 30	$O_1m_5^{1-4}$	3588～3659	−32.51	−32.45			
陕 31	$O_1m_5^{1-4}$	3521～3562	−32.11	−30.54	−26.30		
陕 33	O_1m	3560.2～3614.2	−34.99	−26.71	−25.53	−22.10	
陕 34	$O_1m_5^{1-2}$	3437～3441	−33.99	−24.51	−22.42	−23.77	
陕 34	$O_1m_5^{1-2}$	3410～3413	−35.33	−25.54	−24.39	−21.90	
陕 35	$O_1m_5^{1-3}$	3524～3528	−33.72	−26.26	−21.65	−20.10	
陕 36	$O_1m_5^4$	3538～3559	−34.42	−32.12	−24.11	−23.25	
陕 41	$O_1m_5^{6-7}$	3390～3530	−38.87	−28.67	−22.62	−20.40	
陕 44	$O_1m_5^{1-4}$	3414～3461	−32.96	−34.91	−29.87		
陕 44	$O_1m_5^4$	3456.2～3463.3	−33.10	−35.28	−28.05		
陕 45	$O_1m_5^{1-4}$	3245～3298	−33.45	−30.56	−22.89	−22.51	
陕 46	$O_1m_5^{1-4}$	3371～3472	−34.44	−29.66	−25.95	−22.83	
陕 49	O		−33.38	−31.8			李贤庆等，2003
陕 51	$O_1m_5^4$	3690～3694	−33.95	−31.83	−24.98		
陕 55	O_1m_5	3714.6～3785	−35.43	−31.20	−26.29		
陕 61	$O_1m_5^{1-2}$	3459～3506	−33.95	−27.72	−28.39	−24.80	

续表

井号	层位	井深/m	$\delta^{13}C/‰$，PDB				资料来源
			$\delta^{13}C_1$	$\delta^{13}C_2$	$\delta^{13}C_3$	$\delta^{13}C_4$	
陕 62	O		-32.84	-33.1	-30		李贤庆等，2003
陕 63	$O_1m_5^4$	3745.3 ~ 3750.5	-32.81	-30.52	-28.68		
陕 68	$O_1m_5^1$	3675 ~ 3681	-34.04	-23.52	-21.60	-20.52	
陕 76	$O_1m_5^{1-2}$		-32.30	-32.9	-28.3		夏新宇，2000
陕 79	$O_1m_5^5$	3677.8 ~ 3681	-37.25	-31.81			
陕 81	$O_1m_5^{1-2}$	2996 ~ 3025	-30.85	-28.68	-25.10	-21.66	
陕 83	$O_1m_5^{2-4}$	3594.3 ~ 3633	-32.32	-29.24	-26.28	-25.26	
陕 84	O		-31.77	-28.49	-24.24		李贤庆等，2003
陕 85	O_1m_5	3266.6 ~ 3287	-33.05	-26.65	-20.88	-19.00	
陕 90	$O_1m_5^{1-2}$		-32.91	-31.12	-26.97		涂建琪等，2007
陕 93	$O_1m_5^{1-3}$	3503.2 ~ 3540.9	-31.69	-33.57	-27.56		
陕 96	$O_1m_5^{1-2}$	3284.8 ~ 3310.4	-31.11	-33.65	-24.05		杨华等，2009
陕 102	$O_1m_5^{1-3}$	3370.36 ~ 3423	-32.63	-33.91	-24.28		
陕 106	$O_1m_5^1$	3224.6 ~ 3237	-30.66	-37.53	-29.95		
陕 154	$O_1m_5^1$	3154 ~ 3164	-32.64	-30.67	-27.18	-22.19	
陕 155	$O_1m_5^1$	3217.3 ~ 3229.6	-33.08	-30.29	-27.31	-23.95	
陕 194	$O_1m_5^{1-4}$		-33.4	-26.97	-26.83		涂建琪等，2007

　　下古生界源岩模拟生成气体与下古生界样品包裹体中气体碳同位素的一致性（$\delta^{13}C_1<-38‰$、$\delta^{13}C_2<-28‰$）说明：包裹体中气体的地球化学特征能够代表来源于奥陶系来源天然气地球化学性质。奥陶系发现不少 $\delta^{13}C_1<-38‰$ 天然气（表9），相比较，表9中乙烷的碳同位素变化更大（10.35‰），其方差为11.19，不适宜作为判定上、下古生界来源天然气的标准；而甲烷的碳同位素变化则较小（1.63‰），其方差为0.34，更适宜作为判定下古生界来源天然气的标准。

表9　在奥陶系发现的 $\delta^{13}C_1<-38‰$ 的天然气碳同位素组成表

井号	层位	井深/m	$\delta^{13}C/‰$，PDB			
			$\delta^{13}C_1$	$\delta^{13}C_2$	$\delta^{13}C_3$	$\delta^{13}C_4$
陕 9	$O_1m_5^{1-6}$		-38.60	-29.00	-23.40	
陕 26	$O_1m_5^{3-4}$	3502 ~ 3525	-38.27	-34.13	-21.56	-25.17
陕 41	$O_1m_5^{6-7}$	3390 ~ 3530	-38.87	-28.67	-22.62	-20.40
双 13	$O_1m_5^3$	2906 ~ 2908	-39.35	-29.94	-28.11	-26.16
神 1	O_1m_5	2832 ~ 2850	-39.90	-27.78		
龙探 1	$O_1m_5^7$	2832 ~ 2837	-39.26	-23.78	-19.72	-20.45

　　表9中甲烷碳同位素的平均值为-38.90‰，而靖边气田天然气中甲烷碳同位素的平均

值为33.83‰，上古生界天然气中甲烷碳同位素的平均值为-32.90‰。从我们前期研究结果表明：上古生界天然气储层包裹体的气体与气藏中天然气的地球化学特征一致（Mi et al.，2007）说明天然气基本没有遭受后生作用的影响。因此，本次研究我们以目前上古生界天然气甲烷碳同位素的平均值（-32.90‰）作为该盆地煤成气甲烷碳同位素的端元值，以表9中天然气甲烷碳同位素的平均值（-39.04‰）为下古生界来源天然气的标准，对靖边气田天然气的来源进行如下简单计算：

$$-32.90‰X - 39.04‰（1-X）= -33.83‰$$

式中，X 为上古生界煤成气所占的比例。通过计算，$X=84.9\%$。所以，靖边气田天然气中有84.9%的天然气来源于上古生界的煤成气。

4   结论

根据以上研究可以得到如下认识：

（1）通过包裹体中气体、奥陶系源岩模拟生成气体以及实际气体地球化学特征的对比，认为来源与奥陶系源岩天然气的碳同位素特征为 $\delta^{13}C_1 < -38‰$、$\delta^{13}C_2 < -28‰$。

（2）下古生界包裹体中气体及下古生界源岩模拟生成气体与目前下古生界气藏中天然气地球化学性质对比结果表明：来源于下古生界源岩的天然气地球化学性质已经发生了很大的变化。这可能与上、下古生界不同来源天然气的混合作用及其他后生作用（TSR）有关。

（3）下古生界天然气碳同位素值数据分析结果说明甲烷碳同位素更适合作为区别鄂尔多斯盆地上、下古生界来源天然气的标准。

（4）以甲烷碳同位素为标准，通过计算表明靖边气田天然气中大约有85%的天然气来源于上古生界的煤成气。

致 谢：在岩心采样过程中得到了长庆油田公司勘探开发研究院包洪平高工的帮助，在此致以衷心地感谢！

参 考 文 献

陈安定.1994.陕甘宁盆地中部气田奥陶系天然气的成因及运移.石油学报，15(2)：1-10.

陈安定.2002.论鄂尔多斯盆地中部气田混合气的实质.石油勘探与开发，29(2)：33-38.

陈孟晋，胡国艺.2002.流体包裹体中气体碳同位素测定新方法及其应用.石油与天然气地质，23(4)：339-342.

戴金星.1993.天然气碳氢同位素特征与各类天然气鉴别.天然气地球科学，4(2-3)：1-40.

戴金星，戚厚发.1989.我国煤成气的关系.科学通报，34(9)：265-269.

戴金星，李剑，丁巍伟，等.2005a.中国储量千亿立方米以上气田天然气地球化学特征.石油勘探与开发，32(4)：16-23.

戴金星，李剑，罗霞，等.2005b.鄂尔多斯盆地大气田的烷烃气碳同位素组成特征及其气源对比.石油学报，26(1)：18-26.

付锁堂，冯乔，张文正.2003.鄂尔多斯盆地苏里格庙与靖边天然气单体碳同位素特征及其成因.沉积学报，21(3)：528-532.

关德师，张文正，裴戈.1993.鄂尔多斯盆地中部气田奥陶系产层的油气源.石油与天然气地质，14(3)：

191-199.

胡国艺, 单秀琴, 李志生, 等, 2005. 流体包裹体烃类组成特征及对天然气成藏示踪作用——以鄂尔多斯盆地西北部奥陶系为例. 岩石学报, 21(5): 1461-1466.

黄第藩, 熊传武, 杨俊杰, 等. 1996. 鄂尔多斯盆地中部气田气源判识和天然气成因类型. 天然气工业, 16(6): 1-6.

李贤庆, 胡国艺, 李剑, 等, 2003. 鄂尔多斯盆地中部气田天然气混源的地球化学标志. 地球化学, 32(5): 282-289.

米敬奎, 刘新华, 杨孟达, 等. 2005. 利用生烃动力学和碳同位素生烃动力学探索油气田气体来源. 沉积学报, 23(3): 537-541.

帅燕华, 邹燕荣, 彭平安. 2003. 塔里木盆地库车凹陷煤成甲烷碳同位素动力学研究及其成藏意义. 地球化学, 32(5): 469-475.

夏新宇. 2000. 碳酸盐岩生烃与长庆气田气源. 北京: 石油工业出版社.

夏新宇, 赵林, 戴金星, 等. 1998. 鄂尔多斯盆地中部气田奥陶系风化壳气藏天然气来源及混源比计算. 沉积学报, 16(3): 75-79.

徐永昌. 1994. 天然气成因理论及应用. 北京: 科学出版社.

杨华, 张文正, 李剑锋, 等. 2004. 鄂尔多斯盆地北部上古生界天然气的地球化学研究. 沉积学报, 22(1): 39-44.

杨华, 张文正, 昝川莉, 等. 2009. 鄂尔多斯盆地东部奥陶系盐下天然气地球化学特征及其对靖边气田气源再认识. 天然气地球科学, 20(1): 8-13.

张文正, 裴戈, 关德师. 1992. 鄂尔多斯盆地中、古生界原油轻烃单体系列碳同位素研究. 科学通报, (3): 249-251.

朱光有, 张水昌, 梁英波. 2005. 硫酸盐热化学反应对烃类的蚀变作用. 石油学报, 26(5): 48-52.

朱光有, 张水昌, 梁英波, 等. 2006. TSR 对深部碳酸盐岩储层的溶蚀改造——四川盆地深部碳酸盐岩优质储层形成的重要方式. 岩石学报, 22(8): 2182-2194.

Cai C F, Hu G Y, Hong H, et al. 2005. Geochemical characteristics and origin of natural gas and thermochemical sulphate reduction in Ordovician carbonates in the Ordos Basin, China. Journal of Petroleum Science and Engineering, 48: 209-226.

Dai J X, Li J, Luo X, et al. 2005. Stable carbon isotope compositions and source rock geochemistry of the giant gas accumulations in the Ordos Basin, China. Organic Geochemistry, 36: 1617-1635.

Fu S Y, Peng P A, Zhang W Z, et al. 2003. Kinetic study of the hydrocarbon generation from Upper Paleozoic coals in Ordos Basin. Science in China Series D: Earth Sciences, 46(4): 333-341.

George S C, Eadington P J, Lisk M. 1998. Geochemical comparison of oil trapped in fluid inclusions and reservoired oil in Blackback oilfield, Gippsland Basin, Australia. Petroleum Exploration Society of Australia, 26: 64-81.

George S C, Krieger F W, Eadington P J. 1997. Geochemical comparison of oil-bearing fluid inclusions and produced oil from the Toro sandstone, Papua New Guinea. Organic Geochemistry, 26: 155-173.

Jones D M, Macleod G. 2000. Molecular analysis of petroleum in fluid inclusions: a practical methodology. Organic Geochemistry, 31(11): 1163-1173.

Liu Q Y, Chen M J, Liu W H, et al. 2009. Origin of natural gas from the Ordovician paleo-weathering crust and gas-filling model in Jingbian gas field, Ordos Basin, China. Journal of Asian Earth Sciences, 35: 74-88.

Mi J K, Dai J X, Zhang S C, et al. 2007. The components and carbon isotope of the gases in inclusions in reservoir layers of Upper Palaeozoic gas pools in the Ordos Basin. Science in China Series D: Earth Sciences, 37(Suppl): 97-103.

Pang L S K, George S C,Quezada R A. 1998. A study of the gross composition of oil-bearing fluid inclusions using high performance liquid chromatography. Organic Geochemistry, 29: 1149-1161.

Ruble T E, George S C, Lisk M. 1998. Organic compounds trapped in aqueous fluid inclusions. Organic Geochemistry, 29(1-3): 195-205.

Zhang S C,Zhu G Y. 2007. Origin of natural gas and distribution of large-and-middle-sized gas field in sedimentary basin in China. Science in China Series D: Earth Sciences, 37(Suppl II): 1-11.

Zhang S C, Mi J K, Liu L H,et al. 2009. Geological features and formation of coal-formed tight sandstone gas pools in China: cases from Upper Paleozoic gas pools, Ordos Basin and Xujiahe Formation gas pools, Sichuan Basin. Petroleum Exploration and Development, 36(3): 320-330.

Zhang T W, Ellis G S, Wang K S, et al. 2007. Effect of hydrocarbon type on thermochemical Sulfate Reduction. Organic Geochemistry, 38: 897-910.

Zhu G Y, Zhang S C, Liang Y B, et al. 2005a. Isotopic evidence of TSR origin for natural gas bearing high H_2S contents within the Feixianguan Formation of the northeastern Sichuan Basin, southwestern China. Science in China Series D: Earth Sciences, 48(11): 1960-1971.

Zhu G Y, Jin Q, Zhang S C, et al. 2005b. Character and genetic types of shallow gas pools in Jiyang depression. Organic Geochemistry, 36(11): 1650-1663.

Zhu G Y, Zhao W Z, Liang Y B,et al. 2007. Discussion of gas enrichment mechanism and natural gas origin in marine sedimentary basin, China. Chinese Science Bulletin, 52(Suppl): 62-76.

准噶尔盆地南缘天然气地球化学特征及来源[*]

吴小奇，黄士鹏，廖凤蓉，李振生

准噶尔盆地是我国西部重要的油气区之一，但多年的勘探以找油为主，天然气勘探和研究程度比较低，至 2006 年全盆地天然气资源探明率仅为 3.65%，不同地区天然气的探明率不同，南缘仅为 2.31%[1]。因此，准噶尔盆地具有巨大的天然气勘探潜力和空间，近年来随着投入的加大和研究的深入，天然气勘探进展很快，2008 年，准噶尔盆地腹部陆东–五彩湾地区发现了克拉美丽大气田[2]，其天然气探明储量超过 $1000 \times 10^8 m^3$，这也是准噶尔盆地发现的首个大气田，表明盆地具有丰富的天然气资源。

天然气的组分和同位素等地球化学特征是揭示天然气成因和来源的重要手段，前人在这方面进行了大量的工作，取得了丰硕的成果[3-9]，这不仅对于反演天然气经历的原生和次生过程十分有效，而且也为寻找更多天然气资源提供了理论依据。

就准噶尔盆地南缘而言，天然气较为富集，前人对其开展了一些研究工作[10-15]，但仍然存在一些问题，如目前业内普遍认为该区天然气主要来自侏罗系成熟–过成熟煤系烃源岩[10,13,15]，然而近年来的研究也发现了一些油型气，如卡因迪克油田卡 6 井白垩系天然气中乙烷的 $\delta^{13}C$ 值为 -29.7‰[16]，独山子油气田独 58 井古近系天然气中乙烷的 $\delta^{13}C$ 值为 -30.0‰[15]，这些油型气来自哪一套烃源岩？齐古油气田天然气 $\delta^{13}C_1$ 值随深度减小而减小，尽管有学者认为其主要是由于天然气由深至浅运移过程中发生了同位素分馏[13]，但这却无法解释甲烷含量也随深度减小而减小，如何理解？另外，一些气样发生了明显的碳同位素倒转，以往主要认为是细菌氧化作用所致[13,17]，是否有油型气与煤成气混合的影响？因此，有必要对准噶尔盆地南缘典型天然气样品进行综合分析，结合前人的工作来探讨天然气的成因、来源和次生变化及影响因素。

1 地质背景

准噶尔盆地位于我国新疆北部，处于三大古板块（即哈萨克斯坦板块、塔里木板块和西伯利亚板块）的交汇部位，受控于古亚洲洋和周边造山带的演化，经历了多阶段不同性质的构造变革[18]。准噶尔盆地南缘的形成演化与北天山造山带紧密相关，按变形强弱及动力源的关系，自南向北可以划分为 3 排背斜带（图 1），其中第一排背斜带主要包括清水河鼻状构造、齐古背斜、昌吉背斜、喀拉扎背斜和煤系背斜等，第二排背斜带主要由霍尔果斯背斜、玛纳斯背斜、吐谷鲁背斜等组成，第三排背斜带自西向东由卡因迪克背斜、西湖背斜、独山子背斜、安集海背斜、呼图壁背斜和古牧地鼻隆构造组成[12,19-20]。长期以来，这 3 排背斜带与本区丰富的油气显示一直吸引着业内的关注。

* 原载于《天然气地球科学》，2011 年，第 22 卷，第 2 期，224 ~ 232。

准噶尔盆地南缘目前已发现了独山子、齐古、古牧地、吐谷鲁、卡因迪克、呼图壁等一批油气田以及霍尔果斯等诸多含油气构造。该区天然气显示非常活跃，预示着该区天然气勘探的良好前景，故一直是盆地天然气研究和勘探的重点[11]。

准噶尔盆地南缘主要发育3套气源岩[10]：中二叠统过成熟烃源岩，以形成油型裂解气为主，但埋深过大，对天然气勘探十分不利；古近系未成熟–低成熟气源岩，以形成生物气和低熟气为主，生气强度不够；中、下侏罗统主要包括八道湾组、三工河组和西山窑组成熟–过成熟煤系烃源岩，主要形成煤成气，对天然气的生成、运移、聚集及其勘探最有利，是南缘天然气勘探的主要目的层。近年来的研究表明，白垩系烃源岩也是本区不可忽视的一套重要烃源岩，有机质类型以 I – II_1 型为主[21]。

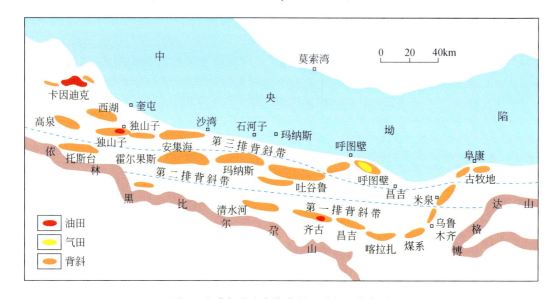

图1　准噶尔盆地南缘背斜及油气田分布图

2　天然气地球化学特征

本次工作笔者收集了前人发表的有关准噶尔盆地南缘的天然气数据共 62 个样品，通过分析天然气地球化学特征，可以为探讨天然气的成因和来源提供有益的信息。

2.1　天然气组分特征

准噶尔盆地南缘天然气在组成上以烃类为主，其含量超过 95% 的占 74.1%，小于 90% 的仅占 10.1%，且烃类组分以甲烷为主（图2）。绝大部分样品中甲烷含量超过 70%，重烃含量一般不超过 20%。

准噶尔盆地南缘天然气中的非烃组分主要为 N_2 和 CO_2，其中 N_2 普遍存在，其含量一般小于 2%，个别气样中含量偏高，最高可达 52.49%（图2）。煤系烃源岩在高–过成熟阶段会产生大量的 N_2[25]，准噶尔盆地南缘天然气中的 N_2 主要来自侏罗系高–过成熟煤系烃源岩。CO_2 含量绝大部分小于 0.5%，个别气样中 CO_2 含量可达 14.52%（图2）。准噶尔盆地南缘目前仅有有限的 $\delta^{13}C_{CO_2}$（–15.8‰、–18.2‰）数据[10]，均表现出有机成因 CO_2

的特征[26-27]。

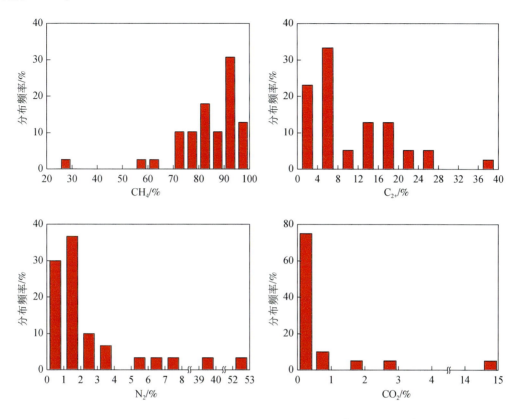

图2　准噶尔盆地南缘天然气组分特征直方图①[10-11,13,15-17,22-24]

2.2　甲烷和乙烷碳同位素组成

准噶尔盆地南缘天然气中甲烷$\delta^{13}C$值介于−46.5‰ ~ −29.3%，表现出典型热成因气的特征。其中C_1/C_{2+3}–$\delta^{13}C_1$图（图3）上主要落入Ⅲ型干酪根生成的天然气范围，表现出腐殖型气的典型特征；其余的部分气样尽管表现出Ⅱ型干酪根的部分特征，但这可能是后期次生作用影响的结果，如向上运移以及乙烷菌或丙烷菌的氧化作用会使得Ⅲ型干酪根生成的天然气在$\delta^{13}C_1$值变化不大的同时C_1/C_{2+3}迅速增大，从而在C_1/C_{2+3}–$\delta^{13}C_1$图上向上漂移落入Ⅱ型干酪根范围。

傅家谟等[28]研究表明，煤系有机质相对于腐泥型有机质常富集^{13}C，煤总体的$\delta^{13}C$值在−24.0‰±1.0‰，煤系分散有机质的$\delta^{13}C$值一般都高于−27.0‰ ~ −26.0‰；而腐泥型有机质则一般相对富集^{12}C，$\delta^{13}C$值多小于−28.0‰。甲烷碳同位素值容易受到成熟度等因素的影响，且油型气和煤成气$\delta^{13}C_1$值有较大范围的重叠，而乙烷碳同位素具有较强的原始母质继承性，尽管也受源岩热演化程度的影响，但受影响程度远小于甲烷碳同位素，因此，乙烷碳同位素是区别煤成气和油型气的最常用的有效指标[9,29]。油型气$\delta^{13}C_2$值一般明

---

①　王东良，2007，准噶尔盆地天然气成藏条件及有利区带评价，中国石油勘探开发研究院廊坊分院。

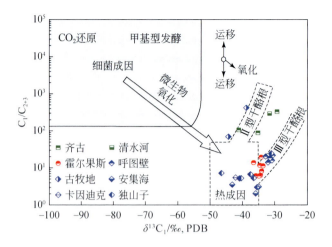

图3 准噶尔盆地南缘天然气 C_1/C_{2+3}-$\delta^{13}C_1$ 图（底图据文献［8］，数据来源同图2）

显小于煤成气值[4,6]，中国煤成气的 $\delta^{13}C_2$ 值大于 –27.5‰，而油型气 $\delta^{13}C_2$ 值小于 –29.0‰[29-30]。

根据乙烷 $\delta^{13}C$ 值不同可以将准噶尔盆地南缘天然气分为两类（图4）：①煤成气，$\delta^{13}C_2$ 值介于–27.5‰ ~ –20.6‰。准噶尔盆地南缘第一排和第二排背斜带所有样品以及第三排背斜带大部分样品均为该类型。②油型气，$\delta^{13}C_2$ 值介于–30.0‰ ~ –29.7‰。这类样品数目较少，仅在第三排背斜带卡因迪克和独山子个别层位有发现。

就单一类型有机质（腐泥型或腐殖型）而言，随着成熟度的增加，天然气的 $\delta^{13}C_1$、$\delta^{13}C_2$ 值逐渐增大[4]，因此在 $\delta^{13}C_2$-$\delta^{13}C_1$ 图上，同一类型有机质生成的天然气其 $\delta^{13}C_1$、$\delta^{13}C_2$ 值表现出正相关关系[6]。准噶尔盆地南缘煤成气就表现出这种特征，油型气则由于样品较少而没有体现（图4）。

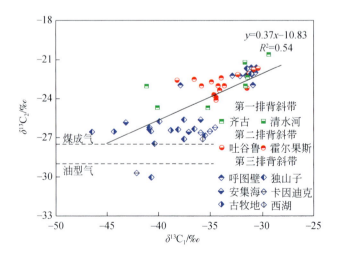

图4 准噶尔盆地南缘天然气 $\delta^{13}C_2$-$\delta^{13}C_1$ 图（数据来源同图2）

　　从 $\delta^{13}C_2$-$\delta^{13}C_1$ 图（图4）上可以看出，准噶尔盆地南缘第一排和第二排背斜带天然气 $\delta^{13}C_1$、$\delta^{13}C_2$ 值明显较高，反映其有机质热演化程度很高；第三排背斜带煤成气尽管有部分气样（如呼图壁）表现出类似的特征，但大都具有较低的 $\delta^{13}C_1$、$\delta^{13}C_2$ 值，反映其成熟度相对较低。从整体上看，呼图壁气田天然气 $\delta^{13}C_1$、$\delta^{13}C_2$ 值普遍偏高，这主要是由于其埋深普遍较大（>3000m）。从整体上看，准噶尔盆地南缘煤成气尽管表现出 $\delta^{13}C_1$、$\delta^{13}C_2$ 值正相关关系，但相关性并不是非常好（$R^2=0.54$），表明受到了后期次生作用的影响。

2.3　$\delta^{13}C_1$-$\delta^{13}C_2$-$\delta^{13}C_3$ 连线特征

　　Chung 等[31] 提出的天然气 $\delta^{13}C$-$1/C_n$ 图解可以用于判别天然气可能发生的变化，未发生后期变化的天然气一般 $\delta^{13}C$-$1/C_n$ 连线为直线。但 Zou 等[9] 综合分析了干酪根裂解实验和自然界天然气特征后指出，如果不考虑烃源岩，成熟阶段的天然气其 $\delta^{13}C_1$-$\delta^{13}C_2$-$\delta^{13}C_3$ 连线近乎直线，而高-过成熟油型气和煤成气的连线则分别具有下凹和上凸的特征。

　　根据 $\delta^{13}C_2$ 值和 $\delta^{13}C$-$1/C_n$ 图（图5）上 $\delta^{13}C_1$-$\delta^{13}C_2$-$\delta^{13}C_3$ 连线的特征可以将准噶尔盆地南缘天然气分为3种类型：

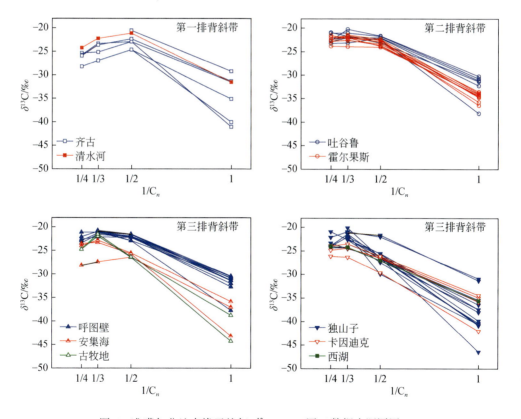

图5　准噶尔盆地南缘天然气 $\delta^{13}C$-$1/C_n$ 图（数据来源同图2）

　　（1）$\delta^{13}C_2$>-25.0‰，且 $\delta^{13}C_1$-$\delta^{13}C_2$-$\delta^{13}C_3$ 连线均表现出上凸特征，反映其为典型高-过成熟阶段煤成气。第一排背斜带（齐古、清水河）和第二排背斜带（吐谷鲁、霍尔果斯）天然气均是这种类型，在第三排背斜带，呼图壁背斜的所有气样均为该类型，独山子背斜下古近统天然气也均表现出这种特征（图5）。

（2）–27.5‰<$\delta^{13}C_2$<–25.0‰，其 $\delta^{13}C_1$–$\delta^{13}C_2$–$\delta^{13}C_3$ 连线均近乎直线，表明这类天然气为典型成熟阶段煤成气。其分布局限于第三排背斜带，主要分布在西湖、卡因迪克、古牧地、安集海和独山子背斜，安集海背斜有一个气样例外，其由于 $\delta^{13}C_3$ 值较低（–27.5‰）而 $\delta^{13}C_1$–$\delta^{13}C_2$–$\delta^{13}C_3$ 连线上凸（图5）。

（3）$\delta^{13}C_2$<–29.0‰。卡因迪克背斜白垩系气样其 $\delta^{13}C_1$–$\delta^{13}C_2$–$\delta^{13}C_3$ 连线几乎是直线，而独山子油气田古近系一个气样则连线下凹（图5），反映二者分别为成熟和高–过成熟阶段油型气。

2.4 碳同位素部分倒转

准噶尔盆地南缘天然气碳同位素系列表现出典型的正序（$\delta^{13}C_1$<$\delta^{13}C_2$<$\delta^{13}C_3$<$\delta^{13}C_4$）特征，与生物成因烷烃气的典型特征一致，但普遍有乙烷和丙烷、丙烷和丁烷碳同位素系列的部分倒转（$\delta^{13}C_2$>$\delta^{13}C_3$，$\delta^{13}C_3$>$\delta^{13}C_4$）（图5）。Dai 等[17]研究指出，生物成因烷烃气碳同位素系列的部分倒转主要有以下四种原因：生物成因与非生物成因烷烃气的混合；煤成气和油型气的混合；同型不同源气或同源不同期气混合；烷烃气中某一或某些组分被细菌氧化。

非生物成因烷烃气具有典型的碳同位素系列反序（$\delta^{13}C_1$>$\delta^{13}C_2$>$\delta^{13}C_3$>$\delta^{13}C_4$）特征，与生物成因气恰好相反[4,27,32]；非生物成因 CO_2 也以较高的 $\delta^{13}C_{CO_2}$（≥–10.0‰）而与生物成因（$\delta^{13}C_{CO_2}$<10.0‰）的有明显区别[26-27]；此外，地幔来源的非生物成因气常伴随着较高的 R/R_a 值（R 为 $^3He/^4He$，R_a 指大气值，为 $1.4×10^{-6}$，而地壳和上地幔的 R 值分别为 $2×10^{-8}$ 和 $1.1×10^{-5}$[4]），一般认为 R/R_a>1 表明其中有幔源组分的加入。准噶尔盆地南缘迄今未发现碳同位素系列完全反序的天然气，加上有限的 $\delta^{13}C_{CO_2}$（–18.16‰ ~ –15.83‰）和 R/R_a（0.01）数据[10]，均表明该区没有典型的非生物成因天然气。因此，该区天然气碳同位素系列的部分倒转不是源自非生物成因气与生物成因气的混合。

在碳同位素部分倒转方面，不同类型天然气表现出不同的特征（图5）：

（1）高–过成熟煤成气普遍发生了丙烷和丁烷碳同位素倒转，部分气样由于同时发生了乙烷和丙烷的倒转，因此产生了连续倒转的特征（$\delta^{13}C_2$>$\delta^{13}C_3$>$\delta^{13}C_4$），如第一排背斜带所有气样和第二排背斜带吐谷鲁背斜个别气样。

（2）成熟阶段煤成气均分布在第三排背斜带，大部分气样发生了丙烷和丁烷碳同位素倒转，但仅有安集海背斜一个气样发生了乙烷和丙烷的倒转，从而表现出与齐古背斜高–过成熟煤成气类似的连续倒转特征。

（3）卡因迪克背斜油型气为典型正碳序列，而独山子油气田油型气则发生了丙烷和丁烷碳同位素的倒转。

准噶尔盆地南缘的煤成气成熟度普遍较高，结合该区烃源岩发育情况可以得知其主要源自侏罗系煤系烃源岩，这与前人[10,13,15]观点一致。多数煤成气样品仅发生丙烷和丁烷碳同位素倒转，部分（如古牧地背斜）有组分的相应倒转（C_3%<C_4%），因此这主要源自丙烷菌的氧化作用。而多数样品则未见有组分的相应倒转，表明没有发生明显的细菌氧化作用；其 $\delta^{13}C_2$ 均大于–27.5‰，$\delta^{13}C_3$ 均大于–25.0‰，表明未受到油型气的明显混合；四

川盆地须家河组天然气有相当一部分表现出了类似的特征，而前人主要将其归因于同源不同期气的混合[33-34]，而准噶尔南缘成藏过程相对较为简单，但侏罗系发育 3 套煤系烃源岩（八道湾组、三工河组、西山窑组），因此，准噶尔南缘天然气普遍出现的丙烷和丁烷碳同位素倒转主要源自侏罗系不同层位、不同成熟度煤系烃源岩生成的天然气的混合，即同型不同源气的混合。

对于发生连续倒转的煤成气而言，齐古和安集海背斜的部分气样 $\delta^{13}C_3 < -25.0‰$，表现出油型气的部分特征[4]，反映了其碳同位素的连续倒转可能主要源自油型气与煤成气的混合；个别气样如齐 8 井侏罗系气样同时还发生了乙烷和丙烷组分的倒转（$C_2\% < C_3\%$），反映其受到了乙烷菌氧化作用；而其余气样 $\delta^{13}C_3$ 值较大，表明其受到油型气混合的影响不明显，因此主要源自同型不同源（侏罗系不同层位）气的混合。

在油型气方面，由于缺少组分数据，因此尚不能确定独山子油型气的部分倒转究竟是源自丙烷菌的氧化作用还是煤成气与油型气的混合。尽管有观点认为该区煤成气碳同位素的部分倒转主要源自细菌氧化作用[13]，但组分特征（$C_3\% > C_4\%$）并不支持该认识。因此推测油型气的部分倒转可能是受到了煤成气混合的影响。该样品 $\delta^{13}C_1 - \delta^{13}C_2 - \delta^{13}C_3$ 连线下凹，表明其为高-过成熟阶段油型气。而该区古近系安集海河组烃源岩有机质热演化仅达到未成熟-低成熟阶段，因此推测其来自深部二叠系成熟度较高的腐泥型烃源岩。

魏东涛等[21]研究指出，白垩系烃源岩主要是指下白垩统吐谷鲁群的一套含暗色泥岩层系，有机质类型以 $I-II_1$ 型为主，在古近纪末进入成熟排烃阶段，是准噶尔南缘不可忽视的一套重要烃源岩。卡因迪克油田卡 6 井白垩系气样表现出明显的成熟油型气特征，推测其主要来自白垩系烃源岩。

3   齐古背斜天然气来源

齐古油田含油层位较多，由浅到深油气几乎遍及每层，主要为三工河组，其次为西山窑组，还有头屯河组[35]。齐古油田三叠系小泉沟组（齐 8 井）原油来自二叠系[15]，侏罗-白垩系原油主要与下侏罗统煤系地层有关[35-36]，古近系和新近系原油主要与安集海河组（E_3a）腐泥型烃源岩有关[35]，而各层位天然气均来自下—中侏罗统煤系烃源岩[13]。齐古油气田天然气在 $\delta^{13}C-1/C_n$ 图（图5）上均表现出高-过成熟阶段煤成气的特征，其 $\delta^{13}C_1$ 值随层位上升而减小（表1）。王屹涛[13]将其归结为天然气由深至浅运移过程中发生了同位素分馏。如果浅部天然气是深部运移而来，考虑到甲烷比乙烷分子更小、扩散速度更快，则浅部天然气中甲烷的含量要高于深部天然气。然而齐古背斜天然气中甲烷含量也随深度减小而减小，这让人费解。

齐古油田二叠系和三叠系气样均表现出煤成气的特征（$\delta^{13}C_1$ 为 $-31.6‰ \sim -29.3‰$，$\delta^{13}C_2$ 为 $-23.0‰ \sim -20.6‰$），甲烷含量很高（98.11% $\sim$ 99.53%），为典型干气，其来自高-过成熟的下—中侏罗统煤系烃源岩；而侏罗系气样碳同位素值（$\delta^{13}C_1$ 为 $-41.1‰ \sim -35.2‰$，$\delta^{13}C_2$ 为 $-24.7‰ \sim -23.0‰$）和甲烷含量（95.82% $\sim$ 97.47%）均相对较小，反映其成熟度相对较低。齐古背斜北侧发育一条高角度逆冲断层即齐北断裂（图6），断开侏罗系及以下层位[13]，这在地震剖面上有明显显示[10]。受逆冲作用影响，断裂上盘三叠系甚至二叠系直接覆盖在下盘侏罗系上，因此齐古背斜二叠系和三叠系中煤成气主要是由断裂下盘与其紧邻的下侏罗统八道湾组煤系烃源岩所生成，而侏罗系中煤成气则主要来自中侏罗统西山窑组和下侏罗统三工河组烃源岩，其埋深相对较浅，成熟度相对较低，因此生成的天然气碳同位素值和甲烷含量均相对较小。

表 1　齐古背斜天然气组分和碳同位素特征表

井号	层位	深度/m	组分/%						$\delta^{13}C/‰$，PDB				数据来源
			CH_4	C_2H_6	C_3H_8	C_4	N_2	CO_2	$\delta^{13}C_1$	$\delta^{13}C_2$	$\delta^{13}C_3$	$\delta^{13}C_4$	
齐34	J_1s	880~920	97.38	0.82	0.09				−41.1	−23.0	−23.4	−25.8	[10]
齐5	J_1s	1029~1153	95.82	0.81			0.79	2.58	−40.1	−24.7			[22]
齐8	J_1b	1662~1713	97.47	0.52	0.56	0.43	0.72	0.06	−35.2	−24.7	−27.0	−28.3	[10]
齐8	T_3xq	2715~2737	98.11				1.03		−31.6	−23.0	−25.2	−25.4	[11]
齐009	T_{2-3}	2257~2587	99.53	0.26	0.04		0.16		−29.3	−20.6			[13]
齐220	P_{1-2}	1083~1076							−31.4	−22.4	−23.7	−26.0	[15]

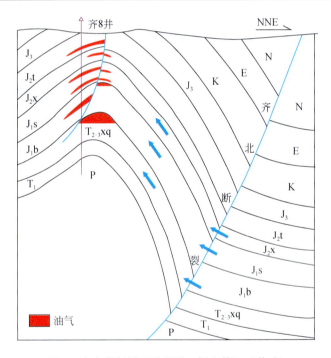

图 6　齐古背斜剖面示意图（据文献[13]修改）

齐北断裂是沟通该区深部油气源的重要通道[13]，二叠系和古近系腐泥型烃源岩生成的油型气会通过该断裂运移而与侏罗系煤成气发生混合，侏罗系不同层位烃源岩生成的煤成气也会发生混合，这也是齐古背斜部分气样具有较低的 $\delta^{13}C_3$ 值和碳同位素部分倒转的原因。

4　结论

准噶尔盆地南缘天然气在组分上以烃类为主，其中甲烷占主导；普遍含有氮气和二氧化碳。

准噶尔盆地南缘天然气均为典型热成因气，主要为煤成气，在 3 排背斜带均有发育，其中第一排背斜带和第二排背斜带天然气 $\delta^{13}C_2$ 均大于 $-25.0‰$，且 $\delta^{13}C_1 - \delta^{13}C_2 - \delta^{13}C_3$ 连线上凸，均为典型高–过成熟阶段煤成气，第三排背斜带独山子背斜下古近统和呼图壁背斜所有气样也是这种类型；第三排背斜带其余煤成气样的 $\delta^{13}C_1 - \delta^{13}C_2 - \delta^{13}C_3$ 连线近乎直线，为典型成熟阶段煤成气。这些煤成气主要源自下—中侏罗统成熟–过成熟煤系烃源岩。

准噶尔盆地南缘煤成气普遍具有丙烷和丁烷碳同位素倒转的特征，其中有些气样由于同时还发生了乙烷和丙烷的倒转而表现出连续倒转的特征。该区碳同位素的部分倒转主要源自同型不同源（侏罗系不同层位）气的混合，也有部分源自细菌氧化作用（古牧地背斜）或油型气和煤成气的混合（齐古和安集海）。

准噶尔盆地南缘油型气样品较少，目前发现的两个油型气样品分别位于卡因迪克油田白垩系和独山子油气田古近系，在 $\delta^{13}C - 1/C_n$ 图上 $\delta^{13}C_1 - \delta^{13}C_2 - \delta^{13}C_3$ 连线分别表现出直线和下凹特征，反映其分别为成熟和高–过成熟阶段油型气，二者分别来自白垩系烃源岩和二叠系腐泥型烃源岩。

齐古背斜天然气均表现出高–过成熟煤成气的特征，且随着层位上升，烷烃气碳同位素值和甲烷含量均逐渐减小。位于齐古背斜北侧的齐北断裂是一条逆冲断裂，其沟通了深部油气源。该区二叠系和三叠系中天然气主要来自位于断裂下盘与其紧邻的下侏罗统八道湾组煤系烃源岩，其成熟度相对较高；而侏罗系中煤成气则主要来自中侏罗统西山窑组和下侏罗统三工河组烃源岩，其埋深相对较浅，成熟度相对较低。

致　谢：感谢戴金星院士的悉心指导！

参 考 文 献

[1] 蔚远江，张义杰，董大忠，等. 准噶尔盆地天然气勘探现状及勘探对策. 石油勘探与开发，2006，33(3)：267-273.

[2] 达江，胡咏，赵孟军，等. 准噶尔盆地克拉美丽气田油气源特征及成藏分析. 石油与天然气地质，2010，31(2)：187-192.

[3] Schoell M. The hydrogen and carbon isotopic composition of methane from natural gases of various origins. Geochimica et Cosmochimica Acta, 1980, 44(5): 649-661.

[4] 戴金星，裴锡古，戚厚发. 中国天然气地质学(卷一). 北京：石油工业出版社，1992.

[5] Dai J. Identification and distinction of various alkane gases. Science in China Series B: Chemistry, 1992, 35(10): 1246-1257.

[6] Rooney M A, Claypool G E, Moses C H. Modeling thermogenic gas generation using carbon isotope ratios of natural gas hydrocarbons. Chemical Geology, 1995, 126(3-4): 219-232.

[7] Prinzhofer A A, Huc A Y. Genetic and post- genetic molecular and isotopic fractionations in natural gases. Chemical Geology, 1995, 126(3-4): 281-290.

[8] Whiticar M J. Carbon and hydrogen isotope systematics of bacterial formation and oxidation of methane. Chemical Geology, 1999, 161(1-3): 291-314.

[9] Zou Y R, Cai Y, Zhang C, et al. Variations of natural gas carbon isotope-type curves and their interpretation– a case study. Organic Geochemistry, 2007, 38(8): 1398-1415.

[10] 宋岩. 准噶尔盆地天然气聚集区带地质特征. 北京：石油工业出版社，1995.

[11] 王屿涛，蒋少斌. 准噶尔盆地南缘天然气垂向运移特征及成因分析. 沉积学报，1997，15(2)：70-74.

[12] 王屺涛, 谷斌, 王立宏. 准噶尔盆地南缘油气成藏聚集史. 石油与天然气地质, 1998, 19(4): 291-295.

[13] 王屺涛. 准噶尔盆地油气形成与分布论文集. 北京: 石油工业出版社, 2003.

[14] 郑建京, 吉利明, 孟仟祥. 准噶尔盆地天然气地球化学特征及聚气条件的讨论. 天然气地球科学, 2000, 11(5): 17-21.

[15] 李延钧, 王廷栋, 张艳云, 等. 准噶尔盆地南缘天然气成因与成藏解剖. 沉积学报, 2004, 22(3): 529-534.

[16] 李剑, 姜正龙, 罗霞, 等. 准噶尔盆地煤系烃源岩及煤成气地球化学特征. 石油勘探与开发, 2009, 36(3): 365-374.

[17] Dai J X, Xia X Y, Qin S F, et al. Origins of partially reversed alkane $\delta^{13}C$ values for biogenic gases in China. Organic Geochemistry, 2004, 35(4): 405-411.

[18] 肖序常, 汤耀庆, 冯益民, 等. 新疆北部及其邻区大地构造. 北京: 地质出版社, 1992.

[19] 李铁军. 准噶尔盆地南缘异常高压及其成因机制初探. 地质科学, 2004, 39(2): 234-244.

[20] 陈书平, 漆家福, 于福生, 等. 准噶尔盆地南缘构造变形特征及其主控因素. 地质学报, 2007, 81(2): 151-157.

[21] 魏东涛, 贾东, 赵应成, 等. 准噶尔盆地南缘白垩系原油成藏特征. 地质论评, 2008, 54(3): 399-408.

[22] 戴金星. 戴金星天然气地质和地球化学论文集(卷一). 北京: 石油工业出版社, 1998.

[23] 戴金星, 倪云燕, 李剑, 等. 塔里木盆地和准噶尔盆地烷烃气碳同位素类型及其意义. 新疆石油地质, 2008, 29(4): 403-410.

[24] 况军, 刘得光, 陈新. 准噶尔盆地天然气成藏规律与勘探方向. 勘探家, 1999, 4(2): 28-32.

[25] Krooss B M, Littke R, Muller B, et al. Generation of nitrogen and methane from sedimentary organic matter: implications on the dynamics of natural gas accumulations. Chemical Geology, 1995, 126(3-4): 291-318.

[26] Dai J X, Song Y, Dai C S, et al. Geochemistry and accumulation of carbon dioxide gases in China. AAPG Bulletin, 1996, 80(10): 1615-1626.

[27] Dai J X, Yang S F, Chen H L, et al. Geochemistry and occurrence of inorganic gas accumulations in Chinese sedimentary basins. Organic Geochemistry, 2005, 36(12): 1664-1688.

[28] 傅家谟, 刘德汉, 盛国英. 煤成烃地球化学. 北京: 科学出版社, 1990.

[29] 戴金星, 秦胜飞, 陶士振, 等. 中国天然气工业发展趋势和天然气地学理论重要进展. 天然气地球科学, 2005, 16(2): 127-142.

[30] 戴金星. 中国煤成气研究二十年的重大进展. 石油勘探与开发, 1999, 26(3): 1-10.

[31] Chung M H, Gormly J R, Squires R M. Origin of gaseous hydrocarbons in subsurface environments: theoretical consideration of carbon isotope distribution. Chemical Geology, 1988, 71(1-4): 97-103.

[32] Galimov E M. Isotope organic geochemistry. Organic Geochemistry, 2006, 37(10): 1200-1262.

[33] Dai J X, Ni Y Y, Zou C N, et al. Stable carbon isotopes of alkane gases from the Xujiahe coal measures and implication for gas-source correlation in the Sichuan Basin, SW China. Organic Geochemistry, 2009, 40(5): 638-646.

[34] 吴小奇, 黄士鹏, 廖凤蓉, 等. 四川盆地须家河组及侏罗系煤成气碳同位素组成. 石油勘探与开发, 2011, 38(4): 418-427.

[35] 新疆油气区石油地质志(上册)编写组. 中国石油地质志(卷十五): 新疆油气区(上册). 北京: 石油工业出版社, 1993.

[36] Ding A N, Hui R Y, Zhang Z N. Hydrocarbon potential of Jurassic source rocks in the Junggar Basin, NW China. Journal of Petroleum Geology, 2003, 26(3): 307-324.

四川盆地须家河组及侏罗系煤成气碳同位素组成[*]

吴小奇，黄士鹏，廖凤蓉，李振生

1 研究区概况

四川盆地是中国陆上重要的天然气产区之一。该盆地可分为 4 个油气聚集区（图 1）：川东气区、川南气区、川西气区和川中油气区[1]，其中川西气区又大致以绵竹–新场和大邑–成都为界分为北部、中部和南部[2]。

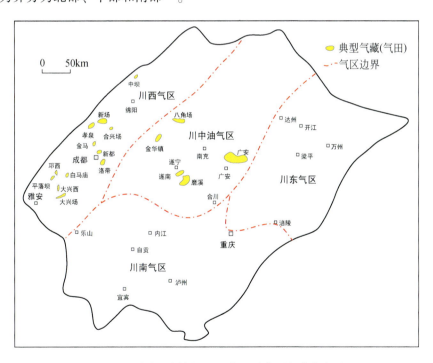

图 1 四川盆地须家河组和侏罗系典型气藏分布图

四川盆地上三叠统须家河组（T_3x）主要为一套滨湖、沼泽相沉积，其暗色泥质岩和所夹煤层是主要烃源岩。须家河组自下而上可以分为 6 段（T_3x^1—T_3x^6），其中须一、须三、须五段以泥岩、页岩为主，夹薄层粉砂岩、碳质页岩和煤线，须二、须四、须六段以灰色、灰白色砂岩为主，夹薄层泥岩[4]。须家河组泥岩有机质极为丰富，有机碳分布范围

＊ 原载于《石油勘探与开发》，2011 年，第 38 卷，第 4 期，418～427。

为 0.50% ~9.70%，平均为 1.96%，干酪根类型以 II 型和 III 型为主，是一套良好的生气源岩[1]。川西北和川中地区须家河组烃源岩厚度大、类型好（以生气为主的腐殖型干酪根），具有很高的生气强度，为须家河组和上覆侏罗系储集层提供了充沛的气源条件；在川东和川南地区，须家河组烃源岩厚度薄，生气强度小，难以充满自身储集层，因此这两个地区的须家河组天然气具有其他气源[1,3]。

近年来，随着勘探不断取得突破，上三叠统须家河组已成为四川盆地仅次于飞仙关组的天然气储集层，显示出巨大的勘探潜力[1]。上三叠统须家河组气田（藏）或以须家河组为主要气层的气田共计 39 个，主要分布在川西北和川中地区，川东和川南地区须家河组储集层厚度和气藏规模均较小，如卧龙河气田与合江气田的须家河组含气层[1]。

四川盆地早在 1977 年就发现了第 1 个侏罗系气藏——川西大兴西沙溪庙组气藏，但直到 20 世纪 90 年代才真正取得较大发现，在川西地区陆续发现了平落坝、孝泉-新场、松华-白马庙和洛带等侏罗系气田（藏），到 2001 年已获得天然气探明加控制储量近 $1500 \times 10^8 m^3$[5]。四川盆地侏罗系从上到下依次可分为蓬莱镇组（J_3p）、遂宁组（J_3s）、沙溪庙组（J_2s）、千佛崖组（J_2q）和自流井组（J_1z），目前各层中均发现了天然气。四川盆地侏罗系天然气集中在川中和川西气区[5-12]。川西地区侏罗系总体上缺乏生烃条件，泥岩有机质丰度极低，有机碳含量一般小于 0.2%，基本不具备生油气能力，天然气普遍被认为来自下伏的须家河组煤系烃源岩[2,6,8-10]，但在孝泉-新场-合兴场地区自流井组烃源岩可能有一定程度的贡献[6]。在川中油气区，除八角场气田在侏罗系中发现部分油型气外[11]，侏罗系中的气样均为煤成气[12]，其气源亦主要来自三叠系须家河组煤系烃源岩[7]。

须家河组煤系烃源岩不仅为须家河组气藏提供了充足的气源，而且也是上覆侏罗系中天然气的主要源岩。从烷烃气碳同位素组成、碳同位素序列、垂向和横向分布特征等角度探讨须家河组煤系生成的天然气的地球化学特征，不仅有利于明确其与烃源岩成熟度、成藏期次和次生作用的关系，而且可以为进一步深化勘探提供理论指导。

2　须家河组及侏罗系煤成气特征

本次研究采集了川西气区须家河组和侏罗系共 22 个气样，天然气组分和甲烷及其同系物碳同位素组成分析均在中国石油勘探开发研究院廊坊分院进行，分别采用 HP 6890 型气相色谱仪和 Delta S GC-C-IRMS 同位素质谱仪测定，分析结果见表 1。此外，笔者还收集了 68 井次侏罗系煤成气气样数据和 134 井次须家河组煤成气气样数据[1,3-4,6-8,10-11,13-26]，以便于综合分析。

2.1　煤成气的鉴别

前人提出了多种鉴别煤成气和油型气的指标，考虑到前人发表的数据以烷烃气碳同位素组成为主，因此本研究也选用碳同位素组成进行鉴别比较。

乙烷碳同位素组成具有较强的原始母质继承性，其受烃源岩热演化程度的影响远小于甲烷碳同位素组成，因此，乙烷碳同位素组成是区别煤成气和油型气最常用的有效指标[27]。王世谦[12]研究了四川盆地侏罗系—震旦系天然气的地球化学特征后指出，煤成气的 $\delta^{13}C_2$ 值大于-29‰；刚文哲等[28]研究认为，$\delta^{13}C_2$ 值对天然气的母质类型反映比较灵敏，腐殖型天然气中 $\delta^{13}C_2$ 值大于-29‰，腐泥型天然气中 $\delta^{13}C_2$ 值小于-29‰；Dai 等[1]综合研究了中国天然气特征后指出，油型气的 $\delta^{13}C_2$ 值小于 $-29‰$，而煤成气的 $\delta^{13}C_2$ 值大于 $-27.5‰$；肖芝华等[4]认为，腐泥型天然气碳同位素组成比腐殖型天然气轻，尤其是 $\delta^{13}C_2$ 值有较明显的区别，腐泥型气的 $\delta^{13}C_2$ 值一般小于 $-30‰$，而腐殖型气的 $\delta^{13}C_2$ 值一般大于 $-28‰$。

表 1　川西气区侏罗系和须家河组煤成气地球化学参数表

气田	井号	层位	深度/m	组分/%							$\delta^{13}C/‰$			
				N_2	CO_2	CH_4	C_2H_6	C_3H_8	iC_4	nC_4	$\delta^{13}C_1$	$\delta^{13}C_2$	$\delta^{13}C_3$	$\delta^{13}C_4$
合兴场	川合 117	J_2s	2000.00								−34.85	−23.52	−20.97	−19.83
新场	川孝 105	J_2s	2481.62								−33.03	−23.11	−20.99	−20.00
	川孝 135(2)	J_2q	2747.00 ~ 2756.00								−34.67			
	川孝 133	J_3p	609.00 ~ 635.00								−33.03			
	新浅 6	J_3p	780.00								−33.98	−24.06	−21.46	−20.42
	川孝 134	J_3s	1786.12								−32.27	−25.68	−23.60	−18.87
	川孝 129	J_2s									−32.97			
洛带	龙遂 24D	J_3s									−36.24	−23.62	−19.55	−21.33
新都	都遂 3	J_3s									−34.49	−23.94	−20.79	−20.19
	都遂 10	J_3s									−34.80	−22.98	−18.52	−19.00
金马	金遂 12-1	J_3s									−38.48	−23.53	−19.86	−19.95
	川聚 618	J_2q	2986.80								−34.29	−21.53	−19.00	
邛西	QX006-X1	T_3x^2	3605.09	0.26	1.36	93.17	4.12	0.71	0.13	0.11	−31.60	−22.40	−22.40	
	QX6	T_3x^2	3360.00	0.21	0.92	95.95	2.48	0.30	0.04	0.04	−31.20	−23.20	−23.10	−20.90
	QX14	T_3x^2	3410.85	0.23	1.55	96.5	1.57	0.12	0.02	0.01	−30.50	−24.10	−23.80	
	QX16	T_3x^2	3374.20	0.20	1.39	96.46	1.74	0.16	0.02	0.02	−30.80	−23.80		
中坝	中 54	T_3x^2		0.24	0.60	87.76	6.41	2.64	0.63	0.76	−34.00	−25.90	−24.30	−23.90
	中 16	T_3x^2	2446.00	0.49	0.56	89.80	6.10	1.65	0.38	0.43	−35.64	−24.31	−22.79	
	中 19	T_3x^2	2602.00	0.63	0.45	90.36	5.81	1.53	0.31	0.36	−35.01	−23.95	−22.54	−22.20
	中 4	T_3x^2	2578.50	0.46	0.54	90.53	5.75	1.46	0.32	0.36	−35.27	−24.30	−22.96	−22.60
	中 63	T_3x^2	2366.00	0.28	0.46	91.00	5.75	1.43	0.31	0.35	−35.54	−24.37	−23.01	−22.50
	中 48	T_3x^2		0.25	0.58	88.34	6.30	2.44	0.56	0.67	−36.20	−24.70	−23.60	−24.10

综合前人提出的判别标准，笔者采用 $\delta^{13}C_2$ 值为 $-29‰$ 作为油型气和煤成气的界线，即 $\delta^{13}C_2$ 值大于 $-29‰$ 的天然气主要为煤成气，$\delta^{13}C_2$ 值小于 $-29‰$ 的天然气则以油型气为主。依据这一原则选取出的须家河组和侏罗系煤成气在（C_1/C_{2+3}）- $\delta^{13}C_1$ 相关图（图 2）上均表现出热成因气的典型特征，且基本落在Ⅲ型干酪根生成的天然气范围附近，表现出腐殖型气的特点。

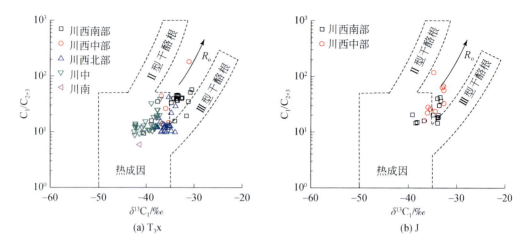

图2　四川盆地须家河组和侏罗系煤成气（C_1/C_{2+3}）$-\delta^{13}C_1$相关图

底图及部分数据来自文献 [1]、[3]、[4]、[6] ~ [8]、[10]、[11]、[13] ~ [26] 和 [29]

2.2　烷烃气碳同位素组成

1）须家河组天然气

研究区须家河组埋深差异很大[1]，使得须家河组烃源岩的热演化程度存在较大差别。秦胜飞等[2]研究指出，须家河组须一、须三和须五段烃源岩演化程度有明显差别，如白马庙气田白马9井随埋深增加，镜质组反射率 R_o 值明显增大，须一段烃源岩 R_o 值最高，须五段最低。这也使得须家河组自生自储的煤成气碳同位素组成具有较大的分布范围。

从图3可以看出，须一、须三、须五段作为烃源岩层，其中发现的气样较少；烃源岩生成的天然气主要分布在须二、须四、须六段储集层中，故这些地层中发现的气样明显较多。

从须家河组天然气 $\delta^{13}C$ 值（图3）的分布特征看，尽管不同层位 $\delta^{13}C$ 分布范围有所差异，但其平均值从须一段到须六段整体表现出逐渐变小的趋势。

2）侏罗系天然气

川西地区只有1个侏罗系气样（新场气田）位于下侏罗统，其余均位于中、上侏罗统，且中侏罗统下部千佛崖组中气样也较少，这主要是由于川西地区构造活动较为强烈，须家河组气样多沿断裂向上逸散，在侏罗系上部层位中发生聚集。这也正是该区上三叠统天然气勘探未取得明显突破，却在侏罗系红层中陆续发现气田（藏）[5]的原因。

中、上侏罗统不同层位天然气 $\delta^{13}C$ 值分布区间尽管有一定的差异，但各层位烷烃气碳同位素值分布范围大体一致，未表现出明显的分馏趋势，这是由于川西地区断裂切穿了须家河组不同层位，侏罗系聚集了来自不同层位烃源岩的天然气。

中、上侏罗统烷烃气的 $\delta^{13}C$ 值基本落在须家河组气样范围内，表现出同源的特征；部分气样的 $\delta^{13}C_3$ 和 $\delta^{13}C_4$ 值偏大，个别大于须家河组气样值。考虑到须家河组气样中有很少部分来自须一段，$\delta^{13}C_3$ 和 $\delta^{13}C_4$ 值大于须家河组气样的个别样品可能直接来自须一段，断裂直接沟通须一段烃源岩。如川西白马庙气田上侏罗统天然气 $\delta^{13}C_1$ 值大于须二、须三和

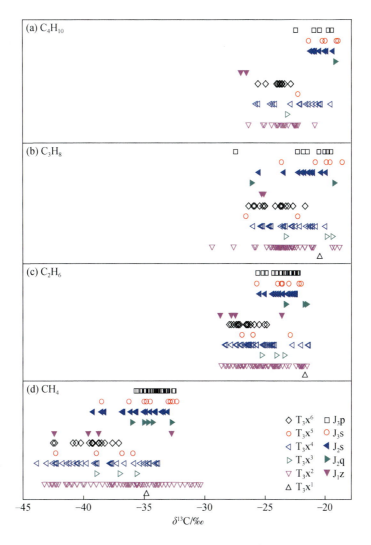

图 3　四川盆地须家河组和侏罗系煤成气 $\delta^{13}C_{1-4}$ 值分布图

部分数据来自文献［1］、［3］、［4］、［6］~［8］、［10］、［11］、［13］~［26］和［29］

须四段天然气，表明该气田侏罗系烷烃气可能来自须一段烃源岩[2]。

　　川中地区侏罗系气样均位于下侏罗统自流井组中。川中地区区域构造稳定，自流井组沉积时受到的区域构造应力较弱，断层不发育[13]。因此，川中地区须家河组生成的天然气除了在须家河组中聚集成藏外，还在其上覆紧邻的自流井组中发生近源聚集成藏。由于缺乏断裂的连通，中、上侏罗统中未发现须家河组煤成气。

　　对于下侏罗统烷烃气，除川西新场地区报道了一个气样（$\delta^{13}C_1$ 和 $\delta^{13}C_2$ 值明显较大）外，其余气样均来自川中地区；图 3 中 $\delta^{13}C_1$、$\delta^{13}C_2$ 和 $\delta^{13}C_4$ 值较小的下侏罗统气样均分布在川中气区；此外，川中地区下侏罗统煤成气 $\delta^{13}C$ 值与四川盆地须家河组煤成气 $\delta^{13}C$ 值相比整体较小，$\delta^{13}C_4$ 值明显小于须家河组气样，不落入须家河组气样 $\delta^{13}C_4$ 值分布范围（图 3）。这些都表明川中气区的煤成气受到了侏罗系自流井组油型气的明显影响。

2.3 甲烷和乙烷碳同位素值出现频率

须家河组煤成气 $\delta^{13}C_1$ 值分布表现出宽峰特征，峰值范围为 $-43‰ \sim -33‰$；$\delta^{13}C_2$ 值分布则具有双峰特征，峰值范围分别为 $-28‰ \sim -24‰$ 和 $-22‰ \sim -21‰$（图4）。

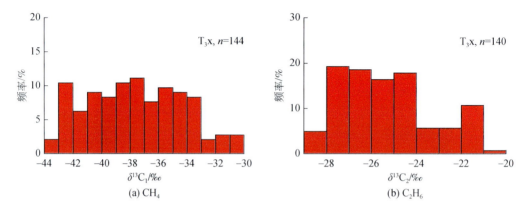

图4　四川盆地须家河组煤成气 $\delta^{13}C_1$ 和 $\delta^{13}C_2$ 频率分布图

除本文所测数据外，其余数据来自文献 [1]、[3]、[4]、[7]、[8]、[10]、[13]、[14]、
[16]、[19] ～ [21] 和 [24] ～ [26]

四川盆地侏罗系煤成气 $\delta^{13}C_1$ 值和 $\delta^{13}C_2$ 值分布均具有单峰特征，峰值范围分别为 $-35‰ \sim -33‰$ 和 $-24‰ \sim -22‰$（图5），这与四川盆地须家河组煤成气 $\delta^{13}C_1$ 值和 $\delta^{13}C_2$ 值分布特征明显不同。考虑到不同地区须家河组埋深和厚度具有明显的差异[1]，笔者针对在侏罗系中发现天然气的气田，统计其须家河组天然气的 $\delta^{13}C_1$ 和 $\delta^{13}C_2$ 值，且分川中和川西地区分别进行统计（图5）。

从图5可以看出，川西气区须家河组和侏罗系煤成气的碳同位素分布特征具有较好的对应性。川西地区须家河组和侏罗系煤成气 $\delta^{13}C_1$ 峰值均为 $-35‰ \sim -33‰$，且后者主峰值较小；$\delta^{13}C_2$ 值均具有双峰特征，须家河组的峰值为 $-25‰ \sim -24‰$ 和 $-23‰ \sim -21‰$，侏罗系的峰值分别为 $-26‰ \sim -25‰$ 和 $-24‰ \sim -22‰$，与前者相一致，且峰值略小。这反映了须家河组煤系生成的甲烷和乙烷在向上运移进入侏罗系的过程中发生了轻微的碳同位素分馏。

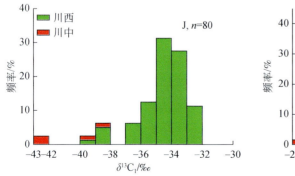
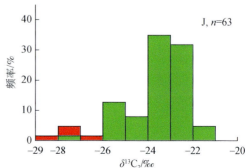

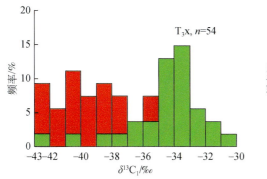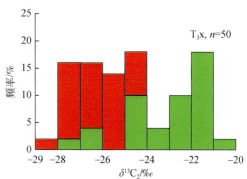

图5　四川盆地侏罗系及下伏须家河组煤成气 $\delta^{13}C_1$ 和 $\delta^{13}C_2$ 频率分布图

除本文所测数据外，其余数据来自文献 [1]、[3]、[4]、[6] ~ [8]、[10]、[11]、[13] ~ [15]、[17]、[18]、[20] ~ [23] 和 [26]

对川中地区而言，由于构造稳定，断裂不发育，侏罗系仅在下侏罗统自流井组发现有小部分煤成气，气样数明显少于川西侏罗系的气样数。从有限的样品数据来看，川中地区侏罗系 $\delta^{13}C_1$ 和 $\delta^{13}C_2$ 值均落在其下伏须家河组煤成气 $\delta^{13}C_1$ 和 $\delta^{13}C_2$ 值范围内，且整体略小，这与川西地区的特征一致。

从区域上看，川中地区须家河组煤成气的 $\delta^{13}C_1$ 和 $\delta^{13}C_2$ 值明显小于川西地区，侏罗系煤成气也表现出同样的区域性差异，且特征更为明显，这主要是因为川中地区须家河组埋深比川西地区小[1]，烃源岩热演化程度较低；此外，川中地区下侏罗统自流井组油型气与须家河组煤成气发生一定程度的混合，也会使得该区煤成气的 $\delta^{13}C_1$ 和 $\delta^{13}C_2$ 值变小。

结合图4和图5可以看出，四川盆地侏罗系煤成气具有近源聚集成藏的特点，主要来自与其紧邻的下伏须家河组煤成气，且未发生大规模、远距离的运移。

2.4　烷烃气碳同位素序列

四川盆地部分气田在侏罗系和须家河组中均发现了天然气，也有部分气田在须家河组中发现了天然气而在侏罗系中未发现天然气。对这两类气田天然气甲烷及其同系物碳同位素序列分别作图，见图6和图7。

侏罗系煤成气与其所在气田须家河组煤成气碳同位素序列（图6）一致，但二者碳同位素值的相对大小却表现出不同的特征，可以分为3种。

（1）大多数气田侏罗系煤成气与其所在气田的须家河组煤成气 $\delta^{13}C$ 值一致，如磨溪、孝泉、合兴场等气田。在这些气田中，侏罗系和须家河组煤成气碳同位素序列基本重合，反映出同源的特征。

（2）部分气田侏罗系煤成气碳同位素值普遍大于其所在气田须家河组煤成气碳同位素值，如白马庙、大兴场等气田。以白马庙气田为例，下侏罗统—须二段—须三段—须四段，煤成气 $\delta^{13}C_1$ 值逐渐降低[2]，反映侏罗系煤成气可能直接来自须一段。

（3）部分气田侏罗系煤成气碳同位素值普遍小于其所在气田的须家河组煤成气碳同位素值，如八角场、金华镇、平落坝等气田。这可能有两种原因：一种是可能混合了 $\delta^{13}C$ 值较小的油型气，如川中地区在八角场等气田下侏罗统中发现了油型气；另外一种则是由于须家河组煤成气在向上运移进入侏罗系的过程中发生了碳同位素分馏而使得 $\delta^{13}C$ 值有所降低，川西气区侏罗系中没有发现油型气，因而该区煤成气较低的 $\delta^{13}C$ 值很可能源自自下而上运移过程碳同位素的分馏效应。

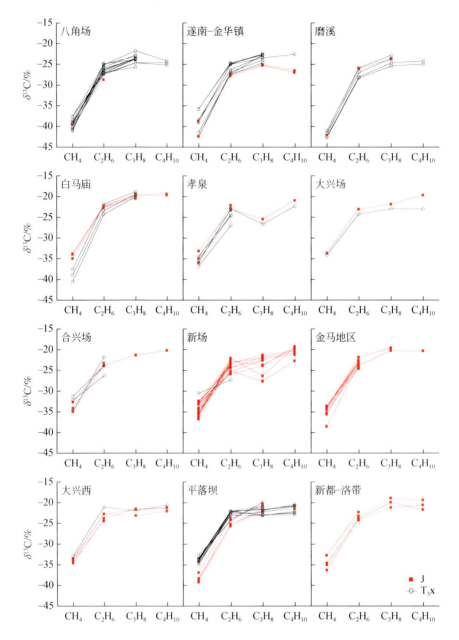

图 6　四川盆地部分气田侏罗系和须家河组煤成气烷烃碳同位素序列对比图

除本文所测数据外，其余数据来自文献 [1]、[3]、[4]、[6]~[8]、[10]、[11]、[13]~[15]、[17]、[18]、[20]~[23] 和 [26]

　　四川盆地须家河组和侏罗系煤成气少许气样发生了部分碳同位素倒转（图6、图7），具体有两种，$\delta^{13}C_2 > \delta^{13}C_3$ 或 $\delta^{13}C_3 > \delta^{13}C_4$。烷烃气碳同位素倒转的原因有 4 种[30]：生物成因与非生物成因烷烃气混合；煤成气和油型气混合；同型不同源气或同源不同期气混合；以及烷烃气中某一或某些组分被细菌氧化。从图6和图7可以看出，四川盆地须家河组和侏罗系煤成气没有表现出完全反序的碳同位素序列，与典型非生物成因气不同；四川盆地迄今未发现有非生物成因烷烃气的报道，因此可以排除非生物成因气与生物成因气混合的可能。重烃气某组分被细菌氧化，在使得该组分含量降低的同时还会使剩余部分碳同位素组成变重[31]。四川盆地须家河组气藏深度大多在2000m以下，受细菌改造作用影响较小[1]，且发生碳同位素倒转的侏罗系和须家河组气样组分含量变化正常，甚至部分样品碳同位素变化趋势与细菌氧化后的趋势完全相反，如孝泉地区川孝96井须五段2625～2630m煤成气 C_1–C_4 的含量依次为95.36%、2.95%、0.74%、0.83%，即丙烷含量小于乙烷和丁烷含量，但 $\delta^{13}C$ 值分别为 −35.9‰、−22.9‰、−26.6‰、−22.3‰，$\delta^{13}C_2 > \delta^{13}C_3$，$\delta^{13}C_3 < \delta^{13}C_4$。因此，可以排除细菌氧化作用的影响。

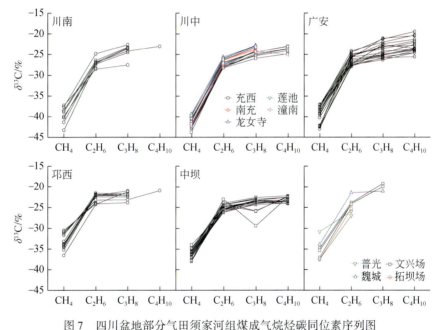

图7　四川盆地部分气田须家河组煤成气烷烃碳同位素序列图
除本文所测数据外，其余数据来自文献 [1]、[3]、[4]、[7]、[8]、[13]、[19]、[24] 和 [25]

戴金星等研究指出，须家河组少数气样发生碳同位素倒转是同源不同期气混合所致[1]。流体包裹体岩相学与显微测温分析结果[32]表明，四川盆地中部上三叠统须家河组致密砂岩储集层存在早、晚两期流体包裹体，证明了这一观点。当然，考虑到川中地区下侏罗统油型气的存在，该区侏罗系和须家河组部分烷烃气碳同位素倒转也可能源自油型气混合的影响。

2.5　甲烷与其同系物碳同位素相关性

由须家河组煤成气 $\delta^{13}C_1$–$\delta^{13}C_2$ 相关图（图8）可见，川中和川南气区煤成气 $\delta^{13}C_1$、$\delta^{13}C_2$ 值特征类似，均明显小于川西气区，主要是因为这两个地区须家河组埋藏相对较浅，烃源岩厚度较薄，热演化程度比川西要低；川东气区样品很少（仅在普光气田有两个气样），其$\delta^{13}C_1$值与川西气区气样范围类似，但$\delta^{13}C_2$值小于川西气样的值，而与川中和川南气样的值接近；川西气区北部气样具有较低的$\delta^{13}C_1$、$\delta^{13}C_2$值，南部气样的$\delta^{13}C_1$、$\delta^{13}C_2$值明显偏高，而中部地区$\delta^{13}C_1$值与南部类似，但$\delta^{13}C_2$值偏小，与北部地区类似。

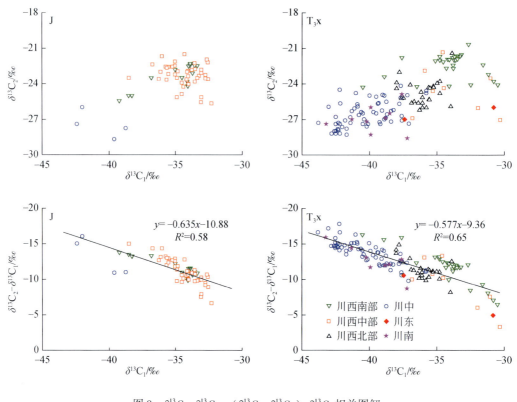

图8　$\delta^{13}C_2-\delta^{13}C_1$、$(\delta^{13}C_2-\delta^{13}C_1)-\delta^{13}C_1$相关图解

部分数据来自文献 [1]、[3]、[4]、[6]~[8]、[10]、[11]、[13]~[26] 和 [29]

由侏罗系煤成气$\delta^{13}C_1-\delta^{13}C_2$相关图（图8）可见，川中地区气样的$\delta^{13}C_1$、$\delta^{13}C_2$值明显小于川西气样的值，这与须家河组气样的特征一致，一方面反映其继承了下伏须家河组气样的特征，另一方面也反映其受到了下侏罗统油型气的影响致使$\delta^{13}C_1$、$\delta^{13}C_2$值降低；川西气区侏罗系烷烃气主要分布在其南部和中部，且两个地区气样的$\delta^{13}C_1$、$\delta^{13}C_2$值范围基本重合。

四川盆地侏罗系和须家河组烷烃气$\delta^{13}C_2-\delta^{13}C_1$值与$\delta^{13}C_1$值表现出良好的线性相关性，且二者趋势基本一致（图8）。少数气样由于$\delta^{13}C_2$值偏小而落在数据点主体部分的下方。这可以有两种原因导致：①甲烷菌的氧化作用会使得$\delta^{13}C_1$值增大而$\delta^{13}C_2$值保持不变，从而数据点表现出异常。但是甲烷菌的氧化作用会使得甲烷含量明显减小，而上述异常气样其甲烷的含量却基本大于97%，没有表现出减小趋势。因此，这些气样受到甲烷菌影响的可能性很小。②在相同$\delta^{13}C_1$值时，油型气的$\delta^{13}C_2$值明显小于煤成气的$\delta^{13}C_2$值，因此这些气样中如果混合了部分油型气就会使得$\delta^{13}C_2$值明显偏小而表现出异常。须家河组中也发现了部分油型气，如川南气区合江气田合8井1262.00~1276.98m井段天然气$\delta^{13}C_1$、$\delta^{13}C_2$值分别为-30.2‰、-33.8‰[1]，赤水地区官8井须一段烷烃气$\delta^{13}C_1$、$\delta^{13}C_2$、$\delta^{13}C_3$值分别为–32.4‰、–32.81‰、–28.65‰[3]，因此，油型气的混合会使得烷烃气碳同位素特征与典型煤成气不同而表现出异常。川南气区丹凤场气田丹2井$\delta^{13}C_2$值为–28.6‰，因此在图8中均落在主体数据点的下部，这类气样可能混有深部以腐泥型为主的天然气[4]。对于侏罗系煤成气而言，受下侏罗统自流井组油型气的影响，川中地区部分气样表现出较低的$\delta^{13}C_2$值。沈忠民等[6]研究认为，川西孝泉–新场–合兴场地区部分侏罗系气样表现出$\delta^{13}C_2$值较低的特征，也可能与该区自流井组烃源岩的贡献有关。

与此类似，四川盆地侏罗系和须家河组煤成气在$\delta^{13}C_3$–$\delta^{13}C_1$图上表现出与在$\delta^{13}C_1$–$\delta^{13}C_2$相关图（图8）上类似的特征，在（$\delta^{13}C_3$–$\delta^{13}C_1$）–$\delta^{13}C_1$相关图（图9）上也表现出与在（$\delta^{13}C_2$–$\delta^{13}C_1$）–$\delta^{13}C_1$图（图8）上类似的线性趋势，个别气样落在主体区域的下方，亦是受到了油型气混合的影响。

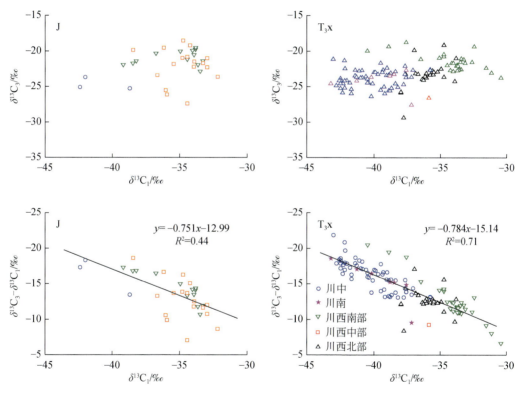

图9　$\delta^{13}C_3$–$\delta^{13}C_1$、（$\delta^{13}C_3$–$\delta^{13}C_1$）–$\delta^{13}C_1$相关图解
部分数据来自文献［1］、［3］、［4］、［6］~［8］、［10］、［11］、［13］~［26］和［29］

3　结论

四川盆地须家河组气藏主要分布在川西和川中气区，而侏罗系气藏则主要分布在川西气区。须家河组煤系烃源岩生成的天然气在（C_1/C_{2+3}）–$\delta^{13}C_1$相关图上均表现出典型的热成因气特征，基本落在Ⅲ型干酪根生成的天然气范围附近。

侏罗系中烷烃气$\delta^{13}C$值基本落在须家河组范围内，但由于断裂切穿了须家河组不同层位，使得侏罗系中天然气的来源不尽相同，因此侏罗系内部天然气$\delta^{13}C$值分布没有明显的规律性。

　　由于埋深等的区域性差异，须家河组和侏罗系天然气 $\delta^{13}C$ 值具有明显的区域性差异，川西气区烷烃气 $\delta^{13}C$ 值南部大于北部，且均明显大于川中和川南气区。侏罗系天然气具有近源聚集的特点。

　　须家河组和侏罗系少许气样发生了碳同位素的倒转，主要是受同源不同期气混合的影响，但在川中气区也可能源自油型气混合的影响。

　　须家河组煤系生成的烷烃气在 $(\delta^{13}C_2-\delta^{13}C_1)-\delta^{13}C_1$ 相关图和 $(\delta^{13}C_3-\delta^{13}C_1)-\delta^{13}C_1$ 相关图上均表现出明显的线性相关性，受油型气混合的影响，部分气样 $\delta^{13}C$ 值表现出异常。

参 考 文 献

[1] Dai J X, Ni Y Y, Zou C N, et al. Stable carbon isotopes of alkane gases from the Xujiahe coal measures and implication for gas-source correlation in the Sichuan Basin, SW China. Organic Geochemistry, 2009, 40(5): 638-646.

[2] 秦胜飞, 戴金星, 王兰生. 川西前陆盆地次生气藏天然气来源追踪. 地球化学, 2007, 36(4): 368-374.

[3] 黄世伟, 张廷山, 王顺玉, 等. 四川盆地赤水地区上三叠统须家河组烃源岩特征及天然气成因探讨. 天然气地球科学, 2004, 15(6): 590-592.

[4] 肖芝华, 谢增业, 李志生, 等. 川中-川南地区须家河组天然气同位素组成特征. 地球化学, 2008, 37(3): 245-250.

[5] 王世谦, 罗启后, 邓鸿斌, 等. 四川盆地西部侏罗系天然气成藏特征. 天然气工业, 2001, 21(2): 1-8.

[6] 沈忠民, 刘涛, 吕正祥, 等. 川西坳陷侏罗系天然气气源对比研究. 高校地质学报, 2008, 14(4): 577-582.

[7] 朱光有, 张水昌, 梁英波, 等. 四川盆地天然气特征及气源. 地学前缘, 2006, 13(2): 234-248.

[8] 秦胜飞, 陶士振, 涂涛, 等. 川西坳陷天然气地球化学及成藏特征. 石油勘探与开发, 2007, 34(1): 34-38.

[9] 秦胜飞, 赵孟军, 宋岩, 等. 川西前陆盆地天然气成藏过程. 地学前缘, 2005, 12(4): 517-524.

[10] 樊然学, 周洪忠, 蔡开平. 川西坳陷南段天然气来源与碳同位素地球化学研究. 地球学报, 2005, 26(2): 157-162.

[11] 韩耀文, 王廷栋, 王海清, 等. 四川八角场油气田大安寨组凝析气藏的地质-地球化学研究. 沉积学报, 1990, 8(4): 94-103.

[12] 王世谦. 四川盆地侏罗系—震旦系天然气的地球化学特征. 天然气工业, 1994, 14(6): 1-5.

[13] 陈义才, 郭贵安, 蒋裕强, 等. 川中地区上三叠统天然气地球化学特征及成藏过程探讨. 天然气地球科学, 2007, 18(5): 737-742.

[14] 樊然学. 川西坳陷中段气藏天然气形成、运移的碳同位素地球化学证据. 自然科学进展, 1999, 9(12): 1126-1132.

[15] 樊然学. 四川盆地西部天然气碳同位素组成分析及应用. 质谱学报, 2003, 24(1): 257-260.

[16] 李登华, 李伟, 汪泽成, 等. 川中广安气田天然气成因类型及气源分析. 中国地质, 2007, 34(5): 829-836.

[17] 田军, 沈忠民, 吕正祥, 等. 川西坳陷中段新场地区天然气研究及气源对比. 四川地质学报, 2009, 29(1): 20-23.

[18] 王顺玉, 戴鸿鸣, 王海清, 等. 白马庙气田侏罗系天然气地化特征. 天然气工业, 2004, 24(3): 12-15.

[19] 王顺玉, 明巧, 黄羚, 等. 邛西地区邛西构造须二段气藏流体地球化学特征及连通性研究. 天然气地球科学, 2007, 18(6): 789-792.

[20] 叶军. 川西新场851井深部气藏形成机制研究: X851井高产工业气流的发现及其意义. 天然气工业, 2001, 21(4): 16-20.

[21] 尹长河. 川西白马松华地区和平落坝构造上三叠统—侏罗系气藏地球化学研究. 南充: 西南石油学院, 2000.

[22] 张学玉, 李国建. 新场气田上侏罗统蓬莱镇组气藏成藏条件及模式. 西南石油学院学报, 1999, 21(增刊): 92-94.

[23] 周文. 川西孝泉构造中侏罗统"次生气藏"特征及成藏机理探讨. 石油实验地质, 1992, 14(4): 399-409.

[24] Hao F, Guo T L, Zhu Y M, et al. Evidence for multiple stages of oil cracking and thermochemical sulfate reduction in the Puguang gas field, Sichuan Basin, China. AAPG Bulletin, 2008, 92(5): 611-637.

[25] 戴金星, 夏新宇, 卫延召, 等. 四川盆地天然气的碳同位素特征. 石油实验地质, 2001, 23(2): 115-121.

[26] 戴金星. 中国煤成气研究30年来勘探的重大进展. 石油勘探与开发, 2009, 36(3): 264-279.

[27] 戴金星, 秦胜飞, 陶士振, 等. 中国天然气工业发展趋势和天然气地学理论重要进展. 天然气地球科学, 2005, 16(2): 127-142.

[28] 刚文哲, 高岗, 郝石生, 等. 论乙烷碳同位素在天然气成因类型研究中的应用. 石油实验地质, 1997, 19(2): 164-167.

[29] Whiticar M J. Carbon and hydrogen isotope systematics of bacterial formation and oxidation of methane. Chemical Geology, 1999, 161(1-2-3): 291-314.

[30] Dai J X, Xia X Y, Qin S F, et al. Origins of partially reversed alkane δ^{13}C values for biogenic gases in China. Organic Geochemistry, 2004, 35(4): 405-411.

[31] 戴金星, 裴锡古, 戚厚发. 中国天然气地质学: 卷一. 北京: 石油工业出版社, 1992.

[32] 李云, 时志强. 四川盆地中部须家河组致密砂岩储层流体包裹体研究. 岩性油气藏, 2008, 20(1): 27-32.

四川盆地川西坳陷成都大气田致密
砂岩气地球化学特征*

吴小奇，陈迎宾，王彦青，曾华盛，蒋小琼，胡　烨

0　引言

致密砂岩气为近期我国天然气增储上产做出了重要贡献[1-4]。四川盆地致密砂岩气资源丰富[1-2,5-6]，致密砂岩气藏主要分布于上三叠统须家河组和侏罗系中，其中侏罗系气藏主要分布于川西地区[7-8]。川西坳陷侏罗系致密砂岩气勘探近年来获得重大突破，在马井–什邡地区发现了成都大气田，主力储层为上侏罗统蓬莱镇组，探明天然气储量超过 $2000×10^8 m^3$[9]。前人对成都气田及邻区蓬莱镇组沉积特征与储层分布[10]、层序结构及控制因素[11]等开展了较为细致的工作，对天然气成藏特征和过程也进行了初步分析[12-13]，但缺乏对天然气地球化学特征和来源的系统研究。前人对川西新场、洛带等气田侏罗系天然气成因和来源进行了详细探讨[14-21]，侏罗系以往被认为一般不发育有效烃源岩，天然气来自下伏须家河组[14,22-23]。近年来的研究表明，川西洛带等局部地区下侏罗统白田坝组（自流井组）具有较好的生烃潜力，对气藏也有一定的贡献[16-17]。因此，川西侏罗系天然气的来源具有一定的区域性差异[17]。

目前对成都气田天然气地化特征和来源的研究较为薄弱。尽管成都气田蓬莱镇组天然气被认为来自下伏须家河组[12]特别是须五段烃源岩[5]，但缺乏天然气地球化学方面的系统研究和证据支持。此外，须三段等深层烃源岩生成的天然气是否有跃层运移的贡献，下侏罗统是否具有一定的生烃潜力而对气藏有所贡献，成都气田与邻区新场、新都和洛带气田侏罗系天然气地化特征及来源有何差异，都尚不明确。因此，有必要对天然气地球化学特征和潜在下侏罗统烃源岩的有效性开展系统分析，这不仅利于揭示天然气的来源和成藏过程，而且可以为天然气资源评价和勘探领域拓展提供科学依据。

1　地质背景

川西坳陷中段位于四川盆地西部，整体上属于川西气区，东邻龙泉山断裂，西界为龙门山造山带。根据陆相层系分布特征可以划分为大邑–安县构造带、梓潼凹陷、新场构造带、成都凹陷、知新场构造带和中江–回龙构造带这 6 个构造单元（图 1），总面积约 $10000km^2$。陆相层系自下而上包括上三叠统须家河组（T_3x）、侏罗系白田坝组（J_1b）、千佛崖组（J_2q）、沙溪庙组（J_2s）、遂宁组（J_3sn）、蓬莱镇组（J_3p）和下白垩统天马山组（K_1t）（图 2）。目前该区陆相层系勘探在须家河组和侏罗系多套砂岩中均获得工业气流，

---

* 原载于《天然气地球科学》，2021 年，第 32 卷，第 8 期，1107～1115。

发现了新场、新都、洛带、中江和成都等大中型气田，表现出叠覆型致密砂岩气区的特征[5]。烃源断层、相对高孔渗的储集条件及有效的圈闭对川西坳陷中段侏罗系天然气富集高产具有不同程度的控制作用[24]。

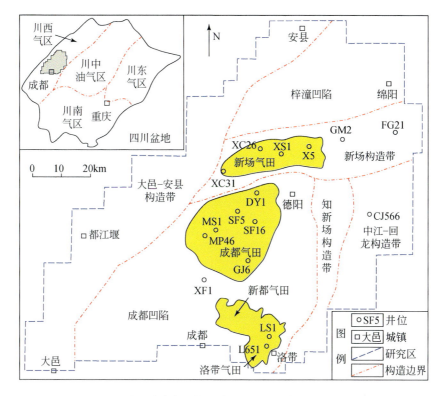

图1　川西坳陷中段构造单元分布和成都气田位置图

　　成都气田位于成都凹陷北侧马井–什邡地区，为正常地温、异常高压气藏，主力储层为蓬莱镇组致密砂岩。受长轴和短轴两大物源体系共同影响，蓬莱镇组主要发育辫状河–曲流河三角洲前缘水下分流河道、河口坝沉积，砂体发育且分布稳定[5]。该区总体上构造较为单一，为自西南向东北逐渐增高的斜坡，仅在马井局部地区表现为北东向低幅背斜隆起，气藏在纵横向上具有明显的非均质性，气藏含气性与构造部位没有明显相关性[5]。

　　须家河组往往被认为是侏罗系气藏的主要烃源岩层系[14]。成都气田须五段暗色泥岩厚度达 $300 \sim 350 m$，总有机碳（TOC）含量可达 $2.0\% \sim 3.5\%$，有机质类型为腐殖型[5]。谢刚平等[5]研究认为，马井地区天然气为须家河组烃源岩生成的天然气沿 F1 断层向上运移而来，什邡地区断层欠发育，该区蓬莱镇组天然气由西部马井地区侧向运移而来。

2　天然气地化特征

　　本次工作中采集了成都气田蓬莱镇组和沙溪庙组共 13 个天然气样品进行组分和稳定同位素分析，对川西坳陷下侏罗统白田坝组 11 口钻井共 94 块泥岩开展了总有机碳（TOC）含量分析，并对 DY1、LS1 和 L651 井须家河组和白田坝组共 13 块泥岩样品开展了镜质组反射率测定，相关地球化学分析均在中国石化油气成藏重点实验室完成。天然气组分和稳定碳氢同位素分析分别采用 Varian CP-3800 型气相谱、MAT 253 稳定同位素质谱

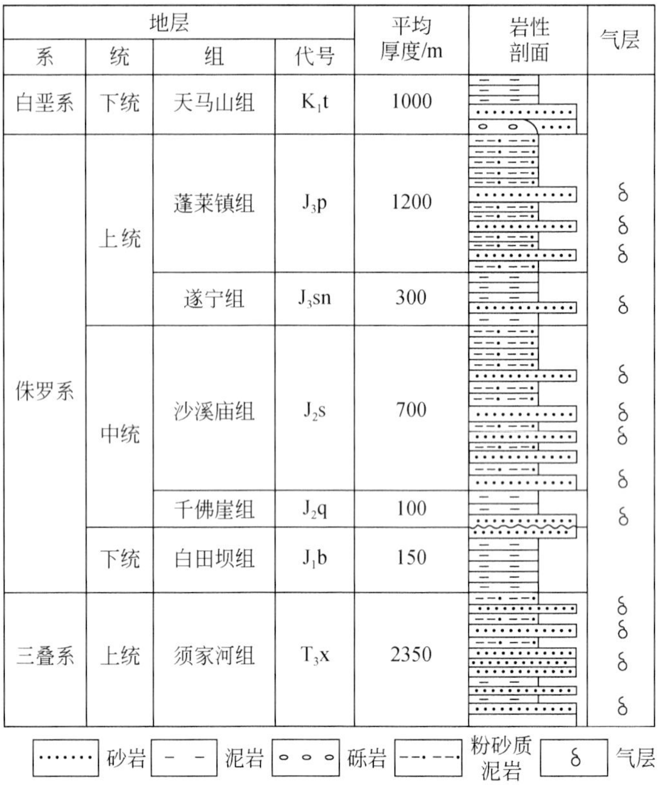

地层				平均厚度/m	岩性剖面	气层
系	统	组	代号			
白垩系	下统	天马山组	K_1t	1000		
侏罗系	上统	蓬莱镇组	J_3p	1200		δ δ δ
		遂宁组	J_3sn	300		δ
	中统	沙溪庙组	J_2s	700		δ δ δ
		千佛崖组	J_2q	100		δ
	下统	白田坝组	J_1b	150		δ
三叠系	上统	须家河组	T_3x	2350		δ δ δ δ

┈┈┈ 砂岩　－－ 泥岩　∘∘∘ 砾岩　—·—· 粉砂质泥岩　δ 气层

图 2　川西坳陷侏罗系地层柱状图（据杨克明等[20]，修改）

和 Delta V Advantage 稳定碳同位素质谱，泥岩总有机碳（TOC）含量分析采用 CS-230 碳硫分析仪，镜质组反射率测定采用 MPV Ⅲ 型显微光度计，结果详见表 1、表 2 和表 3。此外，还收集了前人发表的新场（J_2q、J_2s、J_3p）[14]、洛带（J_3sn、J_3p）和新都（J_3sn、J_3p）[23] 等气田侏罗系天然气数据进行对比分析。

表 1　成都气田侏罗系致密砂岩气组分和碳氢同位素组成表

井号	层位	组分/%							C_1/C_{1-5}	$\delta^{13}C$/‰			δD/‰		R_o①/%	R_o②/%	R_o③/%
		CH_4	C_2H_6	C_3H_8	C_4H_{10}	C_5H_{12}	N_2	CO_2		$\delta^{13}C_1$	$\delta^{13}C_2$	$\delta^{13}C_3$	δD_1	δD_2			
MB2	J_3p	96.30	2.08	0.38	0.18	0.05	0.68	0.27	0.973	-30.7	-23.5	-20.6	n. d.	n. d.	1.84	1.53	0.65
MP13	J_3p	93.53	4.14	0.92	0.33	0.09	0.9	0	0.945	-33.5	-22.3	-19.4	n. d.	n. d.	1.15	1.14	0.40
MP46	J_3p	94.60	3.05	0.68	0.27	0.08	1.22	0.03	0.959	-31.1	-25.4	-21.0	-153	-109	1.70	1.46	0.60
SF10	J_3p	95.81	2.27	0.49	0.21	0.07	1.04	0.09	0.969	-32.1	-25.0	-22.5	-162	-136	1.45	1.32	0.51
SF16	J_3p	93.57	2.48	0.45	0.16	0.03	3.25	0.07	0.968	-32.5	-24.7	-21.7	-161	-147	1.36	1.27	0.48
SF17	J_3p	94.81	2.23	0.44	0.16	0.03	1.84	0.14	0.971	-32.3	-23.4	-20.8	-156	-138	1.41	1.29	0.49
SF17	J_3p	95.32	2.24	0.45	0.16	0.03	1.73	0.07	0.971	-31.9	-23.8	-20.7	-155	-137	1.50	1.35	0.53
SF20	J_3p	94.24	2.49	0.51	0.19	0.07	1.64	0.14	0.967	-33.1	-25.0	-22.0	-159	-138	1.23	1.19	0.43
SF9	J_3p	96.80	1.29	0.35	0.12	0	1.34	0.09	0.982	-33.0	-24.7	-25.2	-162	-135	1.25	1.20	0.44
GJ6	J_3p	94.63	2.78	0.38	0.06	0	1.93	0.15	0.967	-31.8	-24.1	-22.5	-159	-130	1.53	1.36	0.54

续表

井号	层位	组分/%								$\delta^{13}C/‰$			$\delta D/‰$		R_o① /%	R_o② /%	R_o③ /%
		CH_4	C_2H_6	C_3H_8	C_4H_{10}	C_5H_{12}	N_2	CO_2	C_1/C_{1-5}	$\delta^{13}C_1$	$\delta^{13}C_2$	$\delta^{13}C_3$	δD_1	δD_2			
JP7	J_3p	93.71	3.49	0.71	0.31	0.11	1.27	0.23	0.953	-33.7	-22.9	-20.4	n. d.	n. d.	1.11	1.12	0.39
MS1	J_2s	93.78	3.67	0.93	0.41	0.14	0.96	0	0.948	-33.5	-23.8	-19.8	-164	-132	1.15	1.14	0.40
MS1	J_2s	92.01	4.24	1.05	0.48	0.16	1.61	0.13	0.939	-32.7	-24.7	-21.6	-164	-135	1.32	1.24	0.46

注：n. d. 表示无数据；①、②、③分别为根据文献［25］、［26］、［27］中的公式计算所得 R_o 值。

表2 川西坳陷下侏罗统白田坝组泥岩 TOC 分布表

构造单元	井号	最小值/%	最大值/%	平均值/%	样品数/个	TOC≥0.5% 样品数/个	达标率/%
成都凹陷	XF1	0.04	3.68	0.76	8	2	25
	L651	1.19	3.76	2.6	6	6	100
	DY1	0.03	0.09	0.04	7	0	0
	MS1	0.03	0.67	0.15	9	1	11.1
中江-回龙构造带	CJ566	0.06	1.87	0.55	10	4	40
新场构造带	X5	0.03	2.24	0.63	9	4	44.4
	XC26	0.05	0.09	0.07	5	0	0
	XC31	0.07	0.17	0.11	4	0	0
	XS1	0.04	0.98	0.32	8	1	12.5
	GM2	0.03	0.19	0.08	9	0	0
	FG21	0.03	1.28	0.22	19	3	15.8

表3 成都凹陷陆相烃源岩实测镜质组反射率（R_o）表

气田	井号	层位	深度/m	岩性	平均 R_o/%	测点数	离差/%
成都	DY1	T_3x^5	3515	黑色泥岩	1.14	48	0.05
		T_3x^5	3627	黑色碳质泥岩	1.32	45	0.09
		T_3x^5	3905	黑色泥岩	1.37	29	0.14
		T_3x^4	4155	黑色碳质泥岩	1.43	16	0.06
		T_3x^3	4738	黑色泥岩	1.50	23	0.05
		T_3x^3	5130	黑色泥岩	1.57	34	0.12
		T_3x^2	5735	黑色泥岩	1.81	21	0.09
洛带	L651	J_1b	2936	深灰色泥岩	1.01	46	0.08
		J_1b	3014	深灰色泥岩	1.06	49	0.08
	LS1	T_3x^5	3443.5	黑色碳质泥岩	1.39	23	0.07
		T_3x^4	3740	黑色泥岩	1.42	26	0.07
		T_3x^3	4114.5	黑色泥岩	1.56	17	0.06
		T_3x^2	4246.69	黑色泥岩	1.58	40	0.09

2.1　组分特征

成都气田侏罗系致密气以烷烃气为主，干燥系数（C_1/C_{1-5}）介于 0.939～0.982，平均为 0.962，多数表现出干气特征，其中 CH_4 含量介于 92.01%～96.80%，平均为 94.55%（表1）。非烃气体主体 CO_2 和 N_2 含量分别介于 0～0.27% 和 0.68%～3.25%（表1），均不含 H_2S。成都气田天然气干燥系数略高于新场气田侏罗系天然气，明显高于洛带和新都气田侏罗系天然气，这些天然气 CH_4 含量与干燥系数之间具有明显的正相关性（图3）。

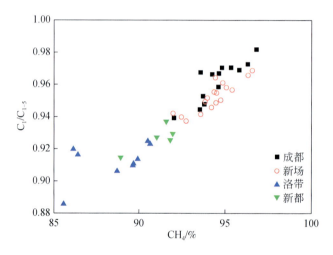

图3　侏罗系致密气干燥系数（C_1/C_{1-5}）与 CH_4 相关图
数据来源：新场据 Wu 等[14]；新都和洛带据 Dai 等[23]

2.2　碳同位素组成

成都气田侏罗系致密气 $\delta^{13}C_1$ 值介于 −33.7‰～−30.7‰，平均为 −32.5‰；$\delta^{13}C_2$ 值介于 −25.4‰～−22.3‰，平均为 −24.1‰；烷烃气碳同位素系列表现出典型的正序特征（$\delta^{13}C_1 < \delta^{13}C_2 < \delta^{13}C_3$）（表1）。洛带、新都和新场气田侏罗系天然气 $\delta^{13}C_1$ 值分别介于 −34.5‰～−32.5‰、−34.0‰～−31.9‰ 和 −36.8‰～−32.5‰，平均分别为 −33.4‰、−32.9‰ 和 −34.5‰[14,23]。成都气田天然气 $\delta^{13}C_1$ 值普遍高于新场气田侏罗系天然气 $\delta^{13}C_1$ 值，其平均值略高于洛带和新都气田天然气 $\delta^{13}C_1$ 平均值，但不同气田天然气 $\delta^{13}C_2$ 值分布范围基本一致（图4）。

2.3　氢同位素组成

成都气田侏罗系致密气 δD_1 值介于 −162‰～−153‰，平均为 −159‰；δD_2 值介于 −147‰～−109‰，平均为 −134‰；CH_4 和 C_2H_6 氢同位素系列表现出典型的正序特征（$\delta D_1 < \delta D_2$）（表1）。成都气田天然气 δD_1 值普遍高于新场气田侏罗系天然气 δD_1 值，与洛带和新都气田侏罗系天然气 δD_1 值分布范围基本一致（图5）。包括成都气田在内的川西坳陷侏罗系天然气整体上 δD_1 值与 $\delta^{13}C_1$ 值呈正相关关系，表现出成熟度的明显影响（图5）。

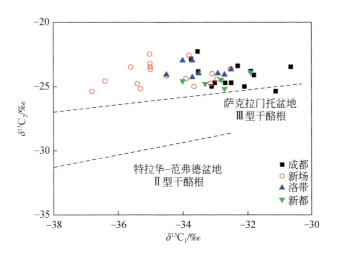

图 4　侏罗系致密气 $\delta^{13}C_1$ 与 $\delta^{13}C_2$ 相关图

特拉华–范弗德盆地 II 型干酪根和萨克拉门托盆地 III 型干酪根分别据 Rooney 等[28] 和 Jenden 等[29]。
数据来源：新场据 Wu 等[14]；新都和洛带据 Dai 等[23]

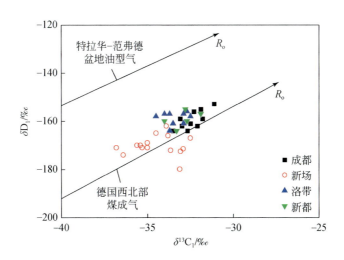

图 5　侏罗系致密气 δD_1 与 $\delta^{13}C_1$ 相关图

特拉华–范弗德盆地油型气和德国西北部煤成气据 Schoell[30]。数据来源：新场据 Wu 等[14]；
新都和洛带据 Dai 等[23]

3　天然气成因和来源

3.1　天然气成因

成都气田侏罗系致密气 $\delta^{13}C_1$ 值介于 $-33.7‰ \sim -30.7‰$（表 1），表现出典型热成因气的特征，明显不同于具有异常低 $\delta^{13}C_1$ 值（多数 $<-55‰$）的生物气（图 6）。成都气田侏罗系致密气在 Bernard 图[31] 上遵循 III 型干酪根生成的天然气演化趋势，与新场、洛带和新都

气田侏罗系天然气一致，均表现出典型煤成气特征。成都气田侏罗系致密气 $\delta^{13}C_2$ 值介于 $-25.4‰ \sim -22.3‰$（表1），均明显高于 $-27.5‰$，与典型煤成气[32]特征一致；这些气样在 $\delta^{13}C_1$ 与 $\delta^{13}C_2$ 相关图上均沿萨克拉门托盆地Ⅲ型干酪根生成的天然气趋势分布，与新场、新都和洛带气田侏罗系煤成气特征一致，而与特拉华-范弗德盆地的油型气明显不同（图4）。成都气田侏罗系致密气在 δD_1 值与 $\delta^{13}C_1$ 值相关图（图5）遵循德国西北部煤成气趋势分布，这些样品 δD_1 值介于 $-162‰ \sim -153‰$（表1），均低于 $-150‰$，与四川盆地典型煤成气[33]特征一致。因此，成都气田侏罗系致密气为典型煤成气。

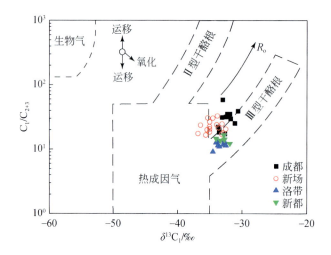

图6　侏罗系致密气 C_1/C_{2+3} 与 $\delta^{13}C_1$ 相关图

底图据 Bernard 等[31]。数据来源：新场据 Wu 等[14]；新都和洛带据 Dai 等[23]

3.2　潜在烃源岩地化特征

川西坳陷陆相层系潜在烃源岩主要为上三叠统须家河组和下侏罗统白田坝组。对白田坝组烃源岩而言，本次工作对11口钻井泥岩的TOC分析表明，94个样品中有21个TOC≥0.5%（表2），达到了有效烃源岩的丰度标准，达标率仅为22.3%，且不同构造单元之间、同一构造单元内部TOC达标率均有明显的差异，如新场构造带仅 X5 井达标率相对较高，其余井达标率均较低甚至不发育有效烃源岩（表2）。

对成都凹陷白田坝组泥岩而言，位于凹陷南侧的 L651 井泥岩 TOC 均为2.6%，且达标率为100%；位于其西北侧的 XF1 井 TOC 平均值和达标率分别降低至0.76%和25%；而在凹陷北侧成都气田范围内，DY1 和 MS1 井 16 个样品中仅1个 TOC 大于0.5%，为0.67%（表2）。这一方面反映了成都凹陷内白田坝组有效烃源岩发育程度自南向北逐渐降低，另一方面也表明成都气田内白田坝组烃源岩发育程度很低，因此无法构成上覆中—上侏罗统致密砂岩气藏的重要气源，侏罗系致密气主要来自下伏须家河组腐殖型烃源岩。

四川盆地须家河组煤系烃源岩主要发育在须一、三、五段中，而须二、四、六段尽管以砂岩为主，但仍然有一定厚度的暗色泥岩分布[15]。须家河组煤系是四川盆地最重要的一套陆相腐殖型烃源岩，为须家河组自身和上覆侏罗系砂岩储层提供了充足的气源，分别构成了自生自储和下生上储两种成藏组合[7,15]。须家河组不同层段干酪根碳同位素值差异不大[15]，因此，同一地区须家河组不同层段烃源岩的差异主要体现在成熟度方面。

川西坳陷须家河组顶部缺失须六段，下侏罗统白田坝组和须五段呈不整合接触[34]。成都气田所在的马井-什邡地区须五段暗色泥岩厚度达 300～350m，TOC 可达 2.0%～3.5%，有机质类型为腐殖型（Ⅲ型），生气强度可达（30～45）×$10^8 m^3/km^2$，具有较好的烃源条件[5]。DY1 井须家河组烃源岩实测镜质组反射率（R_o）值随埋深逐渐增大，其中须五段 R_o 介于 1.14%～1.37%，平均为 1.28%；须四段及之下层系烃源岩则明显成熟度（$R_o>1.4\%$）更高（表3）。

3.3　天然气来源

天然气中 CH_4 的碳同位素值（$\delta^{13}C_1$）与烃源岩成熟度（镜质组反射率，R_o）之间具有较好的相关性[27,35]，因此可以利用 $\delta^{13}C_1$ 值来估算烃源岩 R_o 值，并与潜在烃源岩的实测 R_o 值对比来进行气源分析。不同的学者针对油型气和煤成气提出的经验公式均有一定的差异，刘文汇和徐永昌[26]研究指出，不同的煤成气 $\delta^{13}C_1$-R_o 经验公式具有其特定的研究背景，如 Stahl[27] 的公式（$\delta^{13}C_1=14\lg R_o-28$）适用于属高演化阶段瞬间成气，具有沉降—抬升—沉降的二次成气特征，而戴金星等[25]的公式（$\delta^{13}C_1=14.12\lg R_o-34.39$）基本反映中生界及之下高演化阶段连续或累积聚气的特征。刘文汇和徐永昌[26]研究认为，在不同的热演化阶段，腐殖型母质生烃的机理具有一定的差异，并提出了二阶段分馏模式，即 $\delta^{13}C_1=48.77\lg R_o-34.1$（$R_o\leqslant0.8\%$）和 $\delta^{13}C_1=22.42\lg R_o-34.8$（$R_o>0.8\%$）。

包括成都凹陷在内的川西坳陷经历了沉降-抬升过程，在晚三叠世至白垩纪表现出持续埋深的特征，白垩纪末至今主要表现出区域性的持续抬升，须家河组烃源岩未经历二次沉降或生烃过程，因此 Stahl[27] 的公式不适用于研究区。根据该公式结合成都气田侏罗系致密气 $\delta^{13}C_1$ 值（-33.7‰～-30.7‰，平均为-32.5‰，表1）计算所得 R_o 值介于 0.39%～0.65%，平均为 0.49%（表1），与须家河组烃源岩的成熟度（表3）明显不符。

根据戴金星等[25]提出的累积聚气 $\delta^{13}C_1$-R_o 经验公式计算所得 R_o 介于 1.11%～1.84%，平均为 1.39%（表1）。根据刘文汇和徐永昌[26]二阶段分馏模式的公式计算所得 R_o 值介于 1.12%～1.53%，平均为 1.28%（表1）。二者分布范围整体上较为接近。考虑到不同热演化阶段腐殖型有机质成烃机理差异的影响，煤成气 CH_4 碳同位素二阶段分馏模式更加客观反映了煤成气形成机理与演化特征，特别是对相对低演化阶段的煤成气可能更加适用[26]。根据二阶段分馏模式计算所得 R_o 值（1.12%～1.53%，平均为 1.28%，表1）与 DY1 井须五段烃源岩实测 R_o 值（1.14%～1.37%，平均为 1.28%，表3）高度一致。这表明，成都气田侏罗系致密气主要来自须五段烃源岩。

4　川西坳陷侏罗系致密气地化特征差异的原因

致密砂岩储层孔隙度和渗透率较低，因此致密砂岩气一般难以发生大规模、长距离的侧向运移，其充注方式往往以原地垂向或短距离侧向运移为主[38]。川西坳陷不同气田侏罗系致密气尽管均为煤成气（图4～图6），但其地球化学特征却有明显的差异。与新都和洛带天然气相比，成都气田天然气 $\delta^{13}C_1$ 平均值略高，但 δD_1 值基本一致（图4、图5），而 C_1/C_{1-5} 和 C_1/C_{2+3} 值明显较高（图3、图6）。与新场侏罗系天然气相比，成都气田天然气

$\delta^{13}C_1$ 和 δD_1 值明显较高（图4、图5），但 C_1/C_{1-5} 和 C_1/C_{2+3} 值却差异相对较小（图3、图6）。川西坳陷侏罗系天然气地球化学特征的差异与不同气田气源及成藏过程的差异有关。

对洛带气田侏罗系天然气而言，其 $\delta^{13}C_1$ 值介于 $-34.5‰ \sim -32.5‰$，平均为 $-33.4‰$，根据二阶段分馏模式[26]计算所得 R_o 值介于 $1.03\% \sim 1.27\%$，平均 1.15%。L651 井白田坝组泥岩实测 R_o 值介于 $1.01\% \sim 1.06\%$，而 LS1 井须家河组泥岩实测 R_o 值均高于 1.3%（表3）。由此可见，根据 $\delta^{13}C_1$ 值计算所得 R_o 值介于白田坝组和须家河组实测 R_o 值之间，反映了下侏罗统白田坝组烃源岩对气藏具有显著贡献。这也与前人认为的洛带地区下侏罗统白田坝组具有较好的生烃潜力、对气藏有一定贡献[16-17]相一致。

与成都气田侏罗系天然气相比，新都和洛带气田侏罗系天然气一方面具有略低的 $\delta^{13}C_1$ 平均值（图4）和明显较低的 C_1/C_{1-5}、C_1/C_{2+3} 值，表现出其烃源岩有机质成熟度略低（图3、图6）；另一方面，其 δD_1 值与成都气田天然气基本一致（图5）。CH_4 氢同位素组成除了受烃源岩母质类型、成熟度影响外，还与沉积时水体盐度紧密相关，较高的水体盐度会导致天然气 δD_1 值增大[23,30,36-37]。因此，烃源岩成熟度较低但天然气 δD_1 值基本一致可能反映了须家河组和白田坝组烃源岩沉积时水体盐度差异的影响，即这种差异可能主要源自白田坝组对气藏是否具有显著贡献。在 $\delta^{13}C_1$-$\delta^{13}C_2$ 与 $\ln(C_1/C_2)$ 相关图上，新都、洛带气田侏罗系天然气与成都气田天然气表现出明显不同的成熟度演化趋势，当 $\delta^{13}C_1$-$\delta^{13}C_2$ 值相近时，前者的 $\ln(C_1/C_2)$ 值明显略低（图7），这也与其较低的 C_1/C_{1-5} 和 C_1/C_{2+3} 值特征（图3、图6）相一致。由此可见，成都气田与新都、洛带气田侏罗系致密砂岩气组分特征的差异主要源自后者中有下侏罗统白田坝组烃源岩的贡献，因而组分比值表现出不同的热演化趋势（图7）。

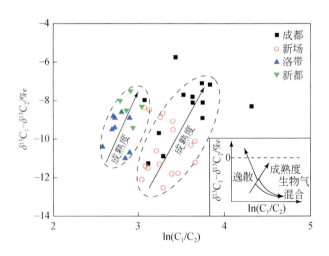

图7 川西坳陷侏罗系致密气 $\delta^{13}C_1$-$\delta^{13}C_2$ 与 $\ln(C_1/C_2)$ 相关图
底图据 Prinzhofer 和 Huc[39]。数据来源：新场据 Wu 等[14]；新都和洛带据 Dai 等[23]

新场气田除局部地区（如X5井）外，白田坝组烃源岩整体发育程度较低（表2），无法构成重要的气源，因此侏罗系天然气主要来自下伏须家河组烃源岩。天然气地球化学分析表明，侏罗系天然气其干燥系数、$\delta^{13}C_1$ 和 δD_1 值均明显高于该区须五段自生自储天然气，而与须四段储层中天然气分布范围一致，反映了天然气主体来自须三、四段烃源岩[14,19]。

与成都气田侏罗系天然气相比，新场气田侏罗系天然气一方面 $\delta^{13}C_1$ 和 δD_1 值均明显较低（图4、图5），反映出明显较低的烃源岩热演化程度，$\delta^{13}C_1-\delta^{13}C_2$ 与 $\ln(C_1/C_2)$ 相关图同样表明其成熟度较低（图7）；另一方面其 C_1/C_{1-5} 和 C_1/C_{2+3} 值尽管也分别略低于成都气田天然气的值，但分布范围较为接近（图3、图6）。天然气运移距离越大，分子直径较小的 CH_4 相对聚集程度越高，运移后的天然气 C_1/C_{1-5} 和 C_1/C_{2+3} 值就越大。新场气田侏罗系天然气经历了从须三、四段烃源岩至中—上侏罗统致密砂岩储层的垂向运移，其运移距离明显大于成都气田侏罗系天然气自须五段至中—上侏罗统的运移距离，因此新场—侏罗系天然气尽管成熟度低于成都气田侏罗系天然气，但运移造成的组分分馏使得 C_1/C_{1-5} 和 C_1/C_{2+3} 值分布范围差异不如同位素组成差异明显。

对新场构造带而言，受构造演化和历史最大埋深差异影响，烃源岩现今热演化程度明显低于成都凹陷同层系烃源岩[20]。此外，新场构造带须五段 14 个烃源岩样品现今埋深为 2788～3288m，实测 R_o 介于 0.91%～1.27%，平均为 1.17%[34]；而本次工作中成都凹陷 DY1 井须五段 3 个烃源岩样品埋深 3515～3905m，实测 R_o 介于 1.14%～1.37%，平均为 1.28%（表3），与新场构造带相比，埋深更大、热演化程度更高。因此，成都凹陷和新场构造带天然气地化特征的差异主要源自烃源岩成熟度的差异。

5 结论

川西坳陷成都气田侏罗系致密砂岩气干燥系数（C_1/C_{1-5}）介于 0.939～0.982，$\delta^{13}C_1$ 值和 $\delta^{13}C_2$ 值分别介于 $-33.7‰～-30.7‰$ 和 $-25.4‰～-22.3‰$，δD_1 值介于 $-162‰～-153‰$，烷烃气碳氢同位素系列均表现出正序特征。碳氢同位素组成揭示了侏罗系致密气为典型煤成气。

成都气田下侏罗统白田坝组基本不发育有效烃源岩，对侏罗系气藏没有显著贡献。根据煤成气二阶段分馏模式的 $\delta^{13}C_1-R_o$ 经验公式计算所得 R_o 值与须五段烃源岩实测 R_o 值一致，反映了侏罗系致密气主体来自须五段烃源岩。

川西坳陷不同气田侏罗系天然气地球化学特征的差异与气源及成藏过程的差异有关。与成都气田天然气相比，新都、洛带气田天然气 $\delta^{13}C_1$ 平均值略低，δD_1 值基本一致，而 C_1/C_{1-5} 和 C_1/C_{2+3} 值明显偏低，主要是受白田坝组烃源岩贡献的影响；新场气田侏罗系天然气 $\delta^{13}C_1$ 和 δD_1 值明显低于成都气田天然气，C_1/C_{1-5} 和 C_1/C_{2+3} 值也略低，但差异相对较小，这主要源自其较大的运移距离使得组分分馏较为明显。

致　谢：戴金星院士对第一作者给予了悉心指导，审稿专家对初稿提出了宝贵修改意见，样品采集和资料收集得到了中国石化西南油气分公司的大力协助，样品分析测试得到了中国石化油气成藏重点实验室的有力支持，在此一并深表谢意！

参 考 文 献

[1] 戴金星，倪云燕，胡国艺，等.中国致密砂岩大气田的稳定碳氢同位素组成特征.中国科学：地球科学，2014，44(4)：563-578.

[2] 戴金星, 倪云燕, 吴小奇. 中国致密砂岩气及在勘探开发上的重要意义. 石油勘探与开发, 2012, 39(3): 257-264.

[3] 位云生, 贾爱林, 郭智, 等. 致密砂岩气藏多段压裂水平井优化部署. 天然气地球科学, 2019, 30(6): 919-924.

[4] 李勇, 陈世加, 路俊刚, 等. 近源间互式煤系致密砂岩气成藏主控因素——以川中地区须家河组天然气为例. 天然气地球科学, 2019, 30(6): 798-808.

[5] 谢刚平, 朱宏权, 叶素娟, 等. 四川盆地叠覆型致密砂岩气区地质特征与评价方法. 北京: 科学出版社, 2018.

[6] 赵正望, 唐大海, 王小娟, 等. 致密砂岩气藏天然气富集高产主控因素探讨——以四川盆地须家河组为例. 天然气地球科学, 2019, 30(7): 963-972.

[7] 吴小奇, 黄士鹏, 廖凤蓉, 等. 四川盆地须家河组和侏罗系煤成气碳同位素组成. 石油勘探与开发, 2011, 38(4): 418-427.

[8] Wu X Q, Huang S P, Liao F R, et al. Carbon isotopic characteristics of Jurassic alkane gases in the Sichuan Basin, China. Energy Exploration & Exploitation, 2010, 28(1): 25-36.

[9] 李书兵, 胡昊, 宋晓波, 等. 四川盆地大型天然气田形成主控因素及下一步勘探方向. 天然气工业, 2019, 39(增刊1): 1-8.

[10] 胡向阳, 李宏涛, 史云清, 等. 川西坳陷斜坡带蓬莱镇组三段沉积特征与储层分布——以什邡地区 Jp_2^3 砂组为例. 天然气地球科学, 2018, 29(4): 468-480.

[11] 刘君龙, 纪友亮, 杨克明, 等. 川西地区中侏罗世前陆盆地河流层序结构及控制因素. 天然气地球科学, 2017, 28(1): 14-25.

[12] 赵双丰, 张枝焕, 李文浩, 等. 川西坳陷什邡地区蓬莱镇组天然气藏特征及成藏过程分析. 中国地质, 2015, 42(2): 515-524.

[13] 叶素娟, 朱宏权, 李嵘, 等. 天然气运移有机–无机地球化学示踪指标——以四川盆地川西坳陷侏罗系气藏为例. 石油勘探与开发, 2017, 44(4): 549-560.

[14] Wu X Q, Liu Q Y, Liu G X, et al. Geochemical characteristics and genetic types of natural gas in the Xinchang gas field, Sichuan Basin, SW China. Acta Geologica Sinica (English Edition), 2017, 91(6): 2200-2213.

[15] Dai J X, Ni Y Y, Zou C N, et al. Stable carbon isotopes of alkane gases from the Xujiahe coal measures and implication for gas- source correlation in the Sichuan Basin, SW China. Organic Geochemistry, 2009, 40(5): 638-646.

[16] 罗啸泉, 张箭, 卜淘. 川西坳陷洛带地区遂宁组气藏成藏模式. 天然气工业, 2007, 27(3): 13-16.

[17] 陈佩佩, 胡望水, 周钱山, 等. 四川盆地什邡–德阳–广金地区蓬莱镇组致密气藏特征. 科学技术与工程, 2014, 14(22): 164-168, 175.

[18] 秦胜飞, 戴金星, 王兰生. 川西前陆盆地次生气藏天然气来源追踪. 地球化学, 2007, 36(4): 368-374.

[19] 吴小奇, 王萍, 刘全有, 等. 川西坳陷新场气田上三叠统须五段天然气来源及启示. 天然气地球科学, 2016, 27(8): 1409-1418.

[20] 杨克明, 朱宏权, 叶军, 等. 川西致密砂岩气藏地质特征. 北京: 科学出版社, 2012.

[21] 王鹏, 刘四兵, 沈忠民, 等. 地球化学指标示踪天然气运移机理及有效性分析——以川西坳陷侏罗系天然气为例. 天然气地球科学, 2015, 26(6): 1147-1155.

[22] 秦胜飞, 陶士振, 涂涛, 等. 川西坳陷天然气地球化学及成藏特征. 石油勘探与开发, 2007, 34(1): 34-38.

[23] Dai J X, Ni Y Y, Zou C N. Stable carbon and hydrogen isotopes of natural gases sourced from the Xujiahe

Formation in the Sichuan Basin, China. Organic Geochemistry, 2012, 43(1): 103-111.

[24] 陈迎宾, 王彦青, 胡烨. 川西坳陷中段侏罗系气藏特征与富集主控因素. 石油实验地质, 2015, 37(5): 561-565.

[25] 戴金星, 宋岩, 关德师, 等. 煤成气地质研究. 北京: 石油工业出版社, 1987: 156-170.

[26] 刘文汇, 徐永昌. 煤型气碳同位素演化二阶段分馏模式及机理. 地球化学, 1999, 28(4): 359-365.

[27] Stahl W J. Carbon and nitrogen isotopes in hydrocarbon research and exploration. Chemical Geology, 1977, 20: 121-149.

[28] Rooney M A, Claypool G E, Moses C H. Modeling thermogenic gas generation using carbon isotope ratios of natural gas hydrocarbons. Chemical Geology, 1995, 126(3-4): 219-232.

[29] Jenden P D, Kaplan I R. Origin of natural gas in Sacramento Basin, California. AAPG Bulletin, 1989, 73(4): 431-453.

[30] Schoell M. The hydrogen and carbon isotopic composition of methane from natural gases of various origins. Geochimica et Cosmochimica Acta, 1980, 44(5): 649-661.

[31] Bernard B B, Brooks J M, Sackett W M. Natural gas seepage in the gulf of Mexico. Earth and Planetary Science Letters, 1976, 31(1): 48-54.

[32] 戴金星, 秦胜飞, 陶士振, 等. 中国天然气工业发展趋势和天然气地学理论重要进展. 天然气地球科学, 2005, 16(2): 127-142.

[33] 廖凤蓉, 于聪, 吴伟, 等. 四川盆地中坝气田天然气碳、氢同位素特征及气源探讨. 天然气地球科学, 2014, 25(1): 79-86.

[34] 吴小奇, 陈迎宾, 赵国伟, 等. 四川盆地川西坳陷新场气田上三叠统须家河组五段烃源岩评价. 天然气地球科学, 2017, 28(11): 1714-1722.

[35] 戴金星. 天然气碳氢同位素特征和各类天然气鉴别. 天然气地球科学, 1993, 4(2-3): 1-40.

[36] Liu Q Y, Dai J X, Li J, et al. Hydrogen isotope composition of natural gases from the Tarim Basin and its indication of depositional environments of the source rocks. Science in China Series D: Earth Sciences, 2008, 51(2): 300-311.

[37] Liu Q Y, Wu X Q, Wang X F, et al. Carbon and hydrogen isotopes of methane, ethane, and propane: a review of genetic identification of natural gas. Earth-Science Reviews, 2019, 190: 247-272.

[38] 吴小奇, 倪春华, 陈迎宾, 等. 鄂尔多斯盆地定北地区上古生界天然气来源. 天然气地球科学, 2019, 30(6): 819-827.

[39] Prinzhofer A A, Huc A Y. Genetic and post-genetic molecular and isotopic fractionations in natural gases. Chemical Geology, 1995, 126(3-4): 281-290.

烷烃气稳定氢同位素组成影响因素及应用[*]

黄士鹏，段书府，汪泽成，江青春，姜　华，苏　旺，冯庆付，

黄彤飞，袁　苗，任梦怡，陈晓月

0　引言

^{1}H 和 ^{2}H（D）相对于其他稳定同位素组成具有最大的同位素组成质量差异，使得有机质的氢同位素组成值域具有很宽的范围[1]。在分析天然气成因类型、母质来源、成熟度、混合作用，以及生物降解、硫酸盐热化学还原（TSR）等方面，烷烃气氢同位素组成结合碳同位素组成和烷烃气组分发挥着非常重要的作用[2-19]。相对于碳同位素组成，烷烃气氢同位素组成的影响因素更为多样且复杂，除了母质类型、成熟度，以及生物降解和 TSR 以外，烃源岩沉积时以及发生成岩作用时的水体环境（如盐度等）也发挥着重要作用[20-21]。

前人对鄂尔多斯盆地二叠系以及四川盆地上三叠统须家河组天然气的氢同位素组成特征开展了大量研究，并依据烷烃气碳氢同位素组成以及组分特征分析了其天然气的成因、来源，证明该地区天然气均为煤成气[22-32]，并提出了鉴别天然气成因和 R_o 值的氢同位素组成指标[19,29]。另外，部分学者对影响烷烃气氢同位素组成的影响因素进行了探讨[19,29]。然而，前人关于这两个盆地二叠系天然气以及上三叠统须家河组天然气（甲烷及其同系物）的氢同位素组成、影响因素探讨大多仅是对单一盆地进行论述，虽然有的进行了对比分析[29]，但仅限于甲烷的氢同位素组成，对于乙烷、丙烷等重烃气的氢同位素组成、影响因素、成熟度和天然气成因鉴别指标的讨论较少。本文将依据鄂尔多斯盆地二叠系和四川盆地上三叠统煤成气的氢同位素组成，明确不同地区烷烃气氢同位素组成特征，对比两个盆地煤成气氢同位素组成差异性，分析不同因素对其影响的程度，优选适用于鉴别和判识天然气成因类型、R_o 值的烷烃气氢同位素组成指标，力争在发展完善煤成气成因和鉴别理论及在天然气勘探中发挥重要作用。

1　地质背景

鄂尔多斯盆地是中国重要的含油气盆地之一，地质构造性质稳定，具有中生界含油、古生界含气，浅部含油、深部含气的特征[33]。古生界面积约 $25×10^4 km^2$，具有明显的双层结构，下古生界为海相碳酸盐岩、膏岩沉积，上古生界为陆相碎屑岩、煤系沉积（图 1）。盆地上古生界二叠系发育大型河流–三角洲沉积、储集砂体大面积展布、煤系普遍发育，相继发现了榆林、乌审旗、大牛地、苏里格、子洲、神木、延安等千亿立方米探明储量的大型气田，已累计探明煤成气地质储量为 $5.24×10^{12} m^3$[34]。煤层厚度一般为 $10～15m$，局

* 原载于《石油勘探与开发》，2019 年，第 46 卷，第 3 期，496～508。

部达 40m，暗色泥岩累计厚度可达 200m，中、东部泥岩厚度一般为 70m[35-36]。泥岩 TOC 值一般为 2%~4%，煤 TOC 值平均可达 60%，有机质类型主要为Ⅲ型，部分泥岩为Ⅱ₂型。鄂托克旗–乌审旗–子洲以北石炭系烃源岩 R_o 值小于 2.0%，以南则达过成熟阶段，靖边–宜川–庆阳以西地区 R_o 值大于 2.4%[37]。

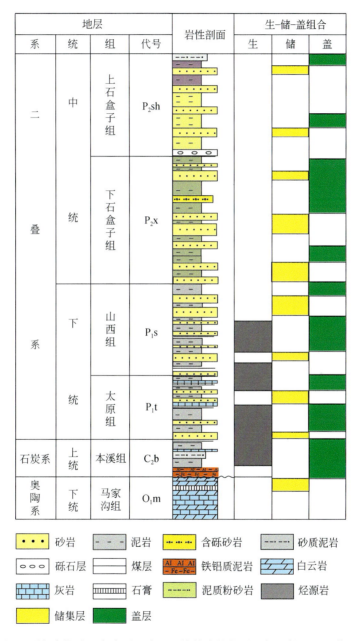

图 1　鄂尔多斯盆地奥陶系—中二叠统综合柱状图（据文献 [23] 修改）

四川盆地也是中国重要的含油气盆地之一，盆地面积约 $18 \times 10^4 km^2$，自印支后期开始经历燕山期与喜马拉雅期的多期强烈构造运动，形成现今的构造格局[38]。震旦系—中三叠统为海相沉积，以碳酸盐岩沉积为主，上三叠统—第四系主要为一套碎屑岩[38]。上三叠统须家河组为前陆盆地沉积，开始沉积时，海水逐渐从盆地西南部退出，主要为陆相半咸水–淡水河流–三角洲–湖泊碎屑岩沉积[37]。2005 年以来，相继发现广安、合川、安岳等大型气田[39]。须家河组在盆内厚度差异较大，总体呈现 NW–SE 向逐渐减薄的趋势[40]。从下至上划分为须一段—须六段（T_3x^1–T_3x^6）（图 2），其中须一段为海陆交互相沉积，上部的须二段—须六段为陆相沉积。须一、三和五段主要发育暗色泥岩和煤层，是重要的

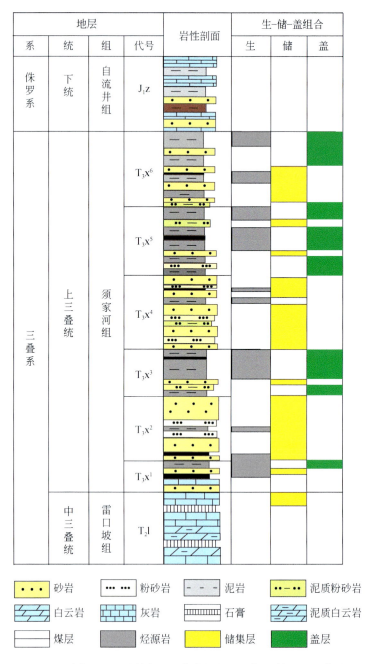

图 2　四川盆地三叠系须家河组综合柱状图（据文献［37］修改）

烃源岩层段，须二、四和六段以砂岩和粉砂岩为主，为主要的储集层段，形成了有利的源–储成藏组合[41]。须家河组泥岩有机质极为丰富，TOC 含量为 0.5% ~ 9.7%，平均为 1.96%，有机质类型以 II_2 型和 III 型为主[42]。须家河组烃源岩 R_o 呈现西北高、东南低的特征，须一段 R_o 值为 1.0% ~ 2.5%，大部分处于高成熟–过成熟阶段；须三段 R_o 值为 1.0% ~ 1.9%，旺苍–南充–遂宁–雅安以西达到高成熟，四川盆地中部地区（后文简称"川中地区"）和四川盆地南部地区（后文简称"川南地区"）大致分布在 1.0% ~ 1.3%；须五段 R_o 值为 0.9% ~ 1.5%[37]。

2 实验和结果

在鄂尔多斯盆地和四川盆地分别采集 8 口井和 5 口井的天然气样品，在中国石油勘探开发研究院廊坊分院进行组分含量和稳定碳氢同位素组成测试，同时结合搜集的前人公开发表的 175 井次天然气组分和碳氢同位素组成数据，其中包括 68 个四川盆地震旦系、寒武系，以及塔里木盆地奥陶系、志留系和石炭系的天然气数据[16,31,43-48]，进行综合对比分析，天然气组分及氢同位素组成数据见表 1、表 2。

鄂尔多斯盆地二叠系以及四川盆地三叠系须家河组天然气中烷烃气组分占比最大，且甲烷及重烃气含量随着碳数增加而逐渐减小，含有少量的二氧化碳和氮气。

鄂尔多斯盆地二叠系天然气甲烷含量为 86.05% ~ 96.68%，平均含量为 92.86%；乙烷含量为 0.30% ~ 8.37%，平均值为 3.43%；丙烷含量为 0.02% ~ 2.33%，平均值为 0.68%；丁烷含量为 0.01% ~ 1.13%，平均值为 0.32%。在干燥系数（C_1/C_{1-4}）方面，鄂尔多斯盆地南部（延安气田）天然气的值明显较高，分布区间为 0.991 ~ 0.997，平均值为 0.994，均为典型的干气；北部地区（苏里格、榆林、大牛地、子洲、米脂、东胜等气田）的天然气干燥系数分布相对较宽，值域为 0.882 ~ 0.983，平均值为 0.946，大部分天然气为湿气。盆地除了南部的延安气田以外，甲烷及其同系物氢同位素组成主体上随着碳数的增加而逐渐变重（$\delta^2 H_{CH_4} < \delta^2 H_{C_2H_6} < \delta^2 H_{C_3H_8}$）[图 3（a）]，延安气田甲烷和乙烷氢同位素组成发生倒转（$\delta^2 H_{CH_4} > \delta^2 H_{C_2H_6}$）[图 3（b）]。甲烷氢同位素组成值域为 –210‰ ~ –163‰，平均值为 –186‰；乙烷氢同位素组成值域为 –197‰ ~ –150‰，平均值为 –169‰；丙烷氢同位素组成范围为 –183‰ ~ –134‰，平均值为 –160‰。

四川盆地上三叠统须家河组天然气甲烷含量为 83.86% ~ 96.50%，平均含量为 89.99%；乙烷含量为 1.57% ~ 10.13%，平均值为 6.06%；丙烷含量为 0.12% ~ 3.86%，平均值为 1.70%；丁烷含量值为 0.03% ~ 2.32%，平均值为 0.78%。盆地西部天然气干燥系数分布区间 0.885 ~ 0.982，平均值为 0.937，绝大部分为湿气；中部地区的天然气干燥系数较西部要小一些，分布值域为 0.853 ~ 0.964，平均值为 0.892，大部分为湿气。氢同位素组成方面，甲烷及其同系物随着碳数的增加而逐渐变重 [图 3（c）、（d）]。甲烷氢同位素组成值域为 –173‰ ~ –147‰，平均值为 –162‰；乙烷氢同位素组成值域为 –147‰ ~ –108‰，平均值为 –129‰；丙烷氢同位素组成范围为 –139‰ ~ –96‰，平均值为 –119‰。

表1　鄂尔多斯盆地石炭系—二叠系天然气地球化学组成表

气田	井号	层位	天然气主要组分/%								$\delta^{13}C$/‰				δ^2H/‰			数据来源
			CH_4	C_2H_6	C_3H_8	iC_4H_{10}	nC_4H_{10}	C_1/C_{1-4}	CO_2	N_2	CH_4	C_2H_6	C_3H_8	C_4H_{10}	CH_4	C_2H_6	C_3H_8	
延安大气田	试2	P_2x	96.68	0.73	0.09	0.02	0.06	0.991	1.31	1.07	-29.2	-30.7	-31.9		-168	-190		[30]
	试217	P_2x	96.30	0.62	0.05			0.993	2.27	0.76	-27.6	-34.9			-170	-183		
	试225	P_1s	93.87	0.42	0.03			0.995	5.01	0.67	-28.8	-34.1			-163	-167		
	试38	P_1s	95.91	0.42	0.03			0.995	3.11	0.53	-28.2	-36.1			-167	-185		
	试212	P_1s	93.24	0.41	0.02			0.995	5.63	0.69	-29.7	-35.1	-34.5		-167	-184		
	延127	P_1s	93.45	0.43	0.03			0.995	5.72	0.37	-29.3	-33.7	-30.7		-168	-184		
	试231	P_1s	93.14	0.40	0.02			0.995	5.96	0.47	-29.4	-34.4	-34.0		-168	-197		
	试36	P_1s	93.90	0.43	0.02			0.995	4.93	0.72	-29.2	-35.4			-166	-182		
	试6	P_1s	96.32	0.76	0.07	0.01	0.01	0.991	1.97	0.86	-28.1	-30.5	-30.4		-168	-187		
	试210	P_1s	93.39	0.43	0.03			0.995	5.85	0.30	-29.7	-34.9	-34.5		-168	-187		
	延217-1	P_1s	94.45	0.30	0.02			0.997	4.79	0.43	-29.3	-34.0			-167	-178		
	试209	P_1s	89.90	0.42	0.02			0.995	9.08	0.57	-28.9	-34.7			-170	-190		
	试48	C_2b	94.89	0.52	0.04			0.994	4.29	0.25	-29.9	-36.5			-163	-186		
	试37	C_2b	96.60	0.42	0.03			0.995	2.73	0.22	-30.8	-37.1	-37.3		-170	-173		
	试12	C_2b	95.31	0.53	0.04			0.994	3.51	0.59	-30.6	-37.2	-35.8		-165	-183		
苏里格	苏21	P_1s,P_2x	92.39	4.48	0.83	0.13	0.14	0.943	0.99	0.68	-33.4	-23.4	-23.8	-22.7	-194	-167	-163	[23]
	苏53	P_1s,P_2x	86.05	8.36	2.17	0.37	0.44	0.884	1.13	0.72	-35.6	-25.3	-23.7	-23.9	-202	-165	-160	
	苏75	P_2x	92.47	3.92	0.66	0.11	0.11	0.951	1.30	1.10	-33.2	-23.8	-23.4	-22.4	-194	-163	-157	
	苏76	P_1s,P_2x	86.41	8.37	2.33	0.39	0.51	0.882	0.13	1.21	-35.1	-24.6	-24.4	-24.4	-203	-165	-161	
	苏95	P_2x	92.24	3.95	0.66	0.11	0.11	0.950	1.64	1.00	-32.5	-23.9	-24.0	-22.7	-193	-167	-160	
	苏139	P_1s,P_2x	93.16	3.05	0.51	0.07	0.07	0.962	1.31	1.45	-30.4	-24.2	-26.8	-23.7	-192	-178	-180	
	苏336	P_1s,P_2x	90.20	1.40	0.15	0.02	0.01	0.983	0.00	8.06	-28.7	-22.6	-25.1		-189	-169	-168	
	苏14-0-31	P_2x_8,P_1s	93.00	4.05	0.65	0.11	0.10	0.950	1.20	0.59	-32.0	-23.8	-24.7	-22.0	-196	-168	-172	

续表

气田	井号	层位	天然气主要组分/%								$\delta^{13}C$/‰				δ^2H/‰			数据来源
			CH_4	C_2H_6	C_3H_8	iC_4H_{10}	nC_4H_{10}	C_1/C_{1-4}	CO_2	N_2	CH_4	C_2H_6	C_3H_8	C_4H_{10}	CH_4	C_2H_6	C_3H_8	
苏里格	SU14-2-14	P_2x	91.71	4.70	1.03	0.19	0.21	0.937			-31.7	-23.8	-24.1	-22.5	-190	-169	-170	[19]
	Su14-22-41	P_1s	91.74	4.81	1.25	0.25	0.25	0.933			-32.6	-23.6	-23.4	-23.0	-193	-169	-171	
	苏14-4-08	P_2x	91.97	4.37	0.94	0.18	0.19	0.942			-31.3	-23.8	-23.8	-22.9	-190	-169	-163	
	苏14-22-21	P_1s	91.74	4.81	1.25	0.25	0.25	0.933			-32.6	-23.6	-23.4	-23.0	-193	-169	-171	
	苏36-10-9	P_1s	92.45	3.52	0.73	0.14	0.14	0.953			-34.0	-25.1	-25.7	-24.8	-193	-167	-179	
	苏36-21-4	P_2x	93.05	3.99	0.79	0.14	0.14	0.948			-32.7	-24.6	-24.9	-23.5	-193	-169	-172	
	苏48-2-86	P_1s	92.85	4.00	0.63	0.11	0.10	0.950	1.44	0.57	-31.7	-23.2	-24.3	-22.3	-190	-172	-170	[23]
	苏48-14-76	P_1s、P_2x	92.73	3.48	0.65	0.13	0.11	0.955	1.47	1.14	-33.5	-22.8	-24.2	-22.2	-192	-172	-171	
	苏48-15-68	P_2x_8	92.79	3.28	0.61	0.11	0.12	0.957	1.70	1.07	-29.8	-23.4	-25.0	-22.6	-195	-170	-172	
	苏53-78-46H	P_1s、P_2x	89.82	6.21	1.24	0.22	0.24	0.919	0.93	0.87	-33.9	-23.9	-23.0	-23.2	-198	-165	-156	
	苏75-64-5X	P_2x	89.45	6.36	1.26	0.22	0.24	0.917	0.13	0.93	-33.5	-24.0	-23.3	-22.8	-199	-167	-159	
	苏76-1-4	P_2x	90.38	6.03	1.18	0.21	0.22	0.922	0.82	0.71	-32.7	-23.6	-22.9	-23.0	-198	-168	-165	
	苏77-2-5	P_2x	89.90	5.53	1.24	0.24	0.27	0.925	1.46	0.70	-30.8	-22.7	-23.3	-22.9	-194	-168	-164	
	苏77-6-8	P_2x_8	89.90	5.80	1.24	0.22	0.24	0.923	0.60	0.79	-33.6	-23.9	-24.1	-23.5	-201	-165	-165	
	苏120-52-82	P_1s、P_2x	91.64	3.69	0.64	0.11	0.10	0.953	2.58	0.93	-31.1	-23.3	-25.6	-23.6	-192	-176	-179	
	Tao2-3-14	P_1s	93.46	4.09	0.69	0.10	0.11	0.949			-31.0	-23.5	-23.9	-22.9	-190	-162	-160	[19]
	Tao2-6-11	P_1s	93.89	4.26	0.77	0.18	0.14	0.946			-31.7	-24.3	-24.5	-22.9	-191	-166	-167	
	Tao3-6-10	P_2x	94.25	3.31	0.51	0.08	0.09	0.959			-31.5	-24.3	-24.9	-23.6	-191	-165	-169	
	召61	P_1s	88.98	6.83	1.53	0.31	0.37	0.908	0.55	0.85	-33.2	-23.5	-23.3	-23.2	-194	-159	-154	[23]

续表

气田	井号	层位	天然气主要组分/%								$\delta^{13}C$/‰				δ^2H/‰			数据来源
			CH_4	C_2H_6	C_3H_8	iC_4H_{10}	nC_4H_{10}	C_1/C_{1-4}	CO_2	N_2	CH_4	C_2H_6	C_3H_8	C_4H_{10}	CH_4	C_2H_6	C_3H_8	
榆林	Yu47-7	P_1s	92.46	4.42	0.80	0.12	0.14	0.944			-32.0	-25.1	-22.6	-22.0	-182	-170	-166	[19]
	Yu44-13	P_1s	93.19	4.27	0.69	0.10	0.11	0.947			-31.7	-25.2	-22.4	-22.8	-185	-171	-160	
	Yu69	P_1s	93.51	4.10	0.88	0.17	0.18	0.946			-31.7	-25.1	-23.2	-22.4	-180	-166	-160	
	Yu50-8	P_1s	92.63	4.49	0.76	0.13	0.13	0.944			-32.4	-24.6	-22.3	-22.3	-188	-155	-146	
	Yu34-16	P_1s	93.09	4.35	0.80	0.15	0.13	0.945			-34.9	-23.7	-21.0	-21.0	-188	-155	-146	
	Yu45-18	P_1s	95.34	3.92	0.13	0.01	0.03	0.959			-32.7	-25.1	-22.4	-22.7	-186	-162		
	榆58	P_1s	92.97	3.89	0.83	0.16	0.16	0.949			-31.3	-25.2	-23.6	-22.9	-180	-170	-166	[23]
	榆217	P_1s	93.02	2.69	0.36	0.05	0.05	0.967	1.84	0.32	-31.1	-26.5	-24.4	-23.4	-185	-171	-156	
	榆42-1	P_1s	91.18	5.03	1.36	0.32	0.32	0.928			-31.0	-25.9	-24.7	-23.2	-183	-170	-156	
	榆43-6	P_1s	88.81	6.04	2.03	0.50	0.57	0.907	0.24		-31.6	-26.1	-23.8	-22.9	-185	-169	-157	
子洲	Z21-24	P_1s	94.22	3.12	0.48	0.08	0.07	0.962	1.58	0.32	-32.7	-25.1	-23.2	-22.2	-183	-163	-155	本文
	Z25-38	P_1s	94.67	2.87	0.42	0.07	0.06	0.965	1.40	0.38	-32.6	-25.7	-23.3	-22.9	-185	-165	-154	
	Z35-28	P_1s	94.81	2.97	0.44	0.06	0.07	0.964	1.20	0.37	-32.5	-25.7	-23.6	-23.3	-181	-164	-157	
	榆30	P_1s	94.1	3.14	0.48	0.07	0.08	0.961	1.62	0.38	-33.1	-23.0	-23.4	-21.7	-183.0	-161	-154	
	榆45	P_1s	94.17	3.12	0.48	0.08	0.08	0.962	1.58	0.36	-33.2	-25.2	-23.1	-22.5	-183.0	-164	-155	
	榆69	P_1s	94.93	2.85	0.4	0.06	0.06	0.966	1.27	0.35	-32.8	-26.3	-24.1	-21.7	-179.0	-162	-151	
	洲16-19	P_1s	91.53	5.22	1.16	0.19	0.20	0.931	0.06		-34.5	-24.3	-21.7	-21.7	-183	-157	-149	[23]
	洲17-20	P_1s	91.55	5.07	1.13	0.19	0.21	0.933			-33.0	-24.5	-22.0	-21.7	-184	-161	-154	
	洲22-18	P_1s	93.12	4.22	0.76	0.14	0.13	0.947	0.02		-31.1	-25.7	-24.3	-23.1	-182	-162	-160	
	洲28-43	P_1s	90.44	5.42	1.54	0.31	0.34	0.922			-33.0	-23.2	-22.4	-21.1	-175	-150	-143	

续表

气田	井号	层位	天然气主要组分/%								$\delta^{13}C$/‰				δ^2H/‰			数据来源
			CH_4	C_2H_6	C_3H_8	iC_4H_{10}	nC_4H_{10}	C_1/C_{1-4}	CO_2	N_2	CH_4	C_2H_6	C_3H_8	C_4H_{10}	CH_4	C_2H_6	C_3H_8	
大牛地	D10	P_1s									-34.0	-24.0	-23.5	-23.6	-203	-161	-150	本文
	D11	P_2sh_1	94.66	2.90	0.53	0.08	0.11	0.963	0.18	1.39	-34.5	-26.3	-24.7	-22.9	-191	-163	-149	
	D13	P_1s	94.49	1.71	0.31	0.04	0.03	0.978	0.28	0.25	-36.0	-25.7	-24.5	-22.6	-206	-164	-156	
	D16	P_2sh	94.37	2.52	0.26	0.06	0.09	0.970	0.37	1.96	-35.1	-27.1	-26.0	-23.9	-194	-157	-136	
	D22	P_1t^2	86.21	4.11	0.81	0.11	0.13	0.944	1.05	7.31	-38.1	-25.3	-23.0	-21.7	-204	-160	-151	[23]
	D24	P_2sh	87.95	6.92	1.83	0.45	0.63	0.899	0.33	1.49	-37.1	-26.1	-25.3	-23.7	-210	-168	-167	
	DK4	P_2sh	96.19	2.48	0.32	0.05	0.05	0.971	0.32	0.35	-34.9	-26.4	-24.0	-23.0	-187	-164	-154	
	DK9	P_2sh	96.31	2.21	0.18	0.04	0.03	0.975	0.26	0.42	-35.0	-26.0	-23.4	-21.9	-185	-161	-134	本文
	DK13	P_2x	95.10	1.65	0.29	0.00	0.07	0.979	0.30	2.43	-34.7	-25.6	-24.2	-22.4	-186	-163	-155	
	DK17	P_2s	93.64	3.46	0.54	0.08	0.11	0.957	0.18	1.64	-36.0	-27.2	-25.6	-23.3	-186	-164	-156	[23]
米脂	米37-13	P_1s	94.19	3.77	0.53	0.11	0.09	0.954	0.71	0.39	-33.0	-23.2	-22.4	-21.1	-182	-156	-145	[23]
东胜	伊深1	P_2x	93.96	3.62	0.87	0.19	0.18	0.951	0.20	0.81	-33.5	-25.1	-24.6	-23.6	-189	-168	-170	[32]
	ES4	P_2x	93.71	3.57	0.86	0.19	0.18	0.951	0.19	1.08	-33.3	-24.5	-23.2	-22.9	-186	-166	-172	
	锦11	P_2x	93.69	3.57	0.87	0.17	0.17	0.951		1.34	-33.8	-25.0	-24.5	-23.6	-187	-171	-179	
	ESP2	P_2x	93.74	3.64	0.85	0.15	0.14	0.951		1.32	-33.2	-25.3	-24.9	-24.4	-190	-173	-183	
	J11P4H	P_2x	93.87	3.71	0.92	0.16	0.16	0.950	0.03	1.04	-33.1	-25.1	-24.6	-23.6	-189	-170	-158	
	锦26	P_2x	93.79	3.67	0.90	0.11	0.10	0.951	0.09	1.13	-33.7	-25.6	-25.3	-24.0	-190	-175	-162	

表2　四川盆地三叠系须家河组天然气地球化学组成

区域	气田	井号	层位	天然气主要组分/%								$\delta^{13}C$/‰				δ^2H/‰			数据来源
				CH_4	C_2H_6	C_3H_8	iC_4H_{10}	nC_4H_{10}	C_1/C_{1-4}	CO_2	N_2	CH_4	C_2H_6	C_3H_8	C_4H_{10}	CH_4	C_2H_6	C_3H_8	
川西	新场	新882	T_3x^4	93.41	3.78	0.93	0.20	0.18	0.948	0.46	0.85	-34.3	-23.1	-21.4	-20.0	-166	-139	-132	[23]
	邛西	邛西 3	T_3x^2	93.57	3.85	0.59	0.09	0.07	0.953	1.55	0.23	-33.1	-23.0	-22.7	-20.6	-157	-133	-135	[23]
		邛西 4	T_3x^2	93.52	3.19	0.62	0.10	0.08	0.959	1.47	0.24	-32.9	-23.2	-23.0	-22.0	-157	-133	-137	
		邛西 6	T_3x^2	95.95	2.48	0.30	0.04	0.04	0.971	0.92	0.21	-31.2	-23.2	-23.1	-20.9	-158	-132	-118	
		邛西 10	T_3x^2	93.57	3.85	0.59	0.09	0.07	0.953	1.55	0.23	-33.2	-22.8	-22.8	-20.4	-154	-135	-123	
		邛西 13	T_3x^2	93.49	3.90	0.63	0.11	0.08	0.952	1.47	0.25	-33.7	-24.1	-23.4	-20.9	-158	-134	-137	
		邛西 14	T_3x^2	96.50	1.57	0.12	0.02	0.01	0.982	1.55	0.23	-30.5	-24.1	-23.8		-157	-135	-137	
		邛西 16	T_3x^2	96.46	1.74	0.16	0.02	0.02	0.980	1.39	0.20	-30.8	-23.8			-159	-134	-139	
		邛西 006-X1	T_3x^2	93.17	4.12	0.71	0.13	0.11	0.948	1.36	0.26	-31.6	-22.4	-22.4		-157	-132	-139	
	中坝	Z2	T_3x^2	90.82	5.77	1.44	0.31	0.36	0.920	0.47	0.27	-35.5	-24.3	-22.9	-22.5	-170	-144	-136	[25]
		中16	T_3x^2	89.80	6.10	1.65	0.38	0.43	0.913	0.56	0.49	-35.6	-24.3	-22.8		-171	-147	-138	[25]
		Z19	T_3x^2	90.36	5.81	1.53	0.31	0.36	0.919	0.45	0.63	-35.0	-24.0	-22.5	-22.2	-170	-144	-135	[25]
		Z29	T_3x^2	87.86	6.53	2.10	0.60	0.83	0.897	0.39	0.28	-34.8	-24.8	-23.7	-23.5	-171	-133		[25]
		中34	T_3x^2	90.80	5.70	1.43	0.30	0.40	0.921	0.13	1.20	-35.4	-24.5	-22.8		-170	-143	-135	[23]
		Z36	T_3x^2	90.90	5.75	1.49	0.31	0.35	0.920	0.52	0.21	-31.2	-23.2	-23.1	-20.9	-158	-132	-118	[25]
		中39	T_3x^2	87.82	6.36	2.70	0.93	1.39	0.885	0.32	0.33	-36.9	-25.6	-23.2		-173	-147		[25]
		Z44	T_3x^2	90.19	5.79	1.55	0.32	0.36	0.918	0.47	0.91	-35.0	-24.0	-22.7	-22.6	-171	-145	-137	[25]
		Z63	T_3x^2	91.00	5.75	1.43	0.31	0.35	0.921	0.46	0.28	-35.5	-24.4	-23.0	-22.5	-170	-145	-136	

续表

区域	气田	井号	层位	CH_4	C_2H_6	C_3H_8	iC_4H_{10}	nC_4H_{10}	C_1/C_{1-4}	CO_2	N_2	CH_4	C_2H_6	C_3H_8	C_4H_{10}	CH_4	C_2H_6	C_3H_8	数据来源
				天然气主要组分/%								$\delta^{13}C$/‰				δ^2H/‰			
川中	合川	合川106	T_3x^2	89.28	6.83	1.87	0.46	0.37	0.904	0.21	0.39	−39.8	−27.0	−24.1		−156	−117	−104	[23]
		合108	T_3x^2	85.76	8.24	3.25	0.67	0.68	0.870	0.26	0.54	−41.4	−28.3	−25.0	−27.2	−167	−123	−103	
		合川109	T_3x^2	92.54	5.15	0.98	0.28	0.20	0.933	0.15	0.31	−38.3	−26.2	−23.6		−147	−124	−111	
		合川001-1	T_3x^2	89.27	6.98	1.89	0.46	0.35	0.902	0.16	0.44	−39.5	−27.1	−23.9	−24.4	−153	−120	−101	
		合川001-2	T_3x^2	89.87	6.64	1.69	0.43	0.32	0.908	0.16	0.41	−39.0	−26.8	−23.8		−150	−108	−96	
		合川001-30-x	T_3x^2	90.46	6.14	1.51	0.41	0.35	0.915	0.20	0.39	−38.8	−27.6	−24.5	−25.5	−150	−109	−105	
		潼南1	T_3x^{2-4}									−41.8	−27.1	−24.5		−163	−117	−107	
		潼南104	T_3x^2	86.44	7.69	2.96	0.73	0.67	0.878	0.26	0.43	−41.0	−27.4	−24.0	−26.7	−163	−116	−104	
		潼南105	T_3x^2	87.78	7.42	2.32	0.57	0.50	0.890	0.27	0.37	−40.4	−27.4	−24.0	−25.9	−157	−116	−103	
		潼南001-2	T_3x^2	87.10	7.65	2.56	0.65	0.59	0.884	0.30	0.39	−40.7	−27.5	−24.5	−26.1	−160	−111	−101	
	广安	广安002-39	T_3x^6									−38.8	−26.9	−25.6	−24.7	−164	−133	−131	[23]
	安岳	岳101	T_3x^2	84.38	7.87	2.50	0.69	0.79	0.877	0.35	0.71	−41.3	−26.8	−23.7	−25.2	−172	−120	−110	[23]
		岳105	T_3x^2	84.64	8.67	3.86	0.70	0.73	0.858	0.29	0.59	−41.6	−28.5	−25.4	−26.2	−167	−117	−104	
		威东12	T_3x^2	84.15	10.04	2.95	0.70	0.61	0.855	0.31	0.42	−41.2	−27.4	−23.8	−25.6	−163	−116	−103	本文
		威东2-C1	T_3x^2	84.50	10.12	2.78	0.61	0.50	0.858	0.30	0.50	−40.6	−26.4	−22.8	−24.9	−167	−116	−105	
		岳101-11	T_3x^2	83.95	10.13	3.00	0.70	0.60	0.853	0.30	0.43	−41.1	−26.3	−23.0	−25.1	−162	−117	−102	
		岳101-X12	T_3x^2	84.18	9.97	2.83	0.66	0.59	0.857	0.30	0.51	−40.8	−27.5	−23.8	−25.3	−168	−117	−105	
		岳101-X12	T_3x	83.86	10.13	2.89	0.68	0.62	0.854	0.00	0.47	−40.8	−27.3	−23.3	−24.7	−165	−119	−101	
	八角场	角33	T_3x^4	92.95	4.93	1.14	0.20	0.24	0.935	0.00	0.38	−40.1	−27.4	−24.6	−24.6	−166	−132	−123	[23]
		角48	T_3x^6	91.90	5.30	1.38	0.26	0.31	0.927		0.67	−40.3	−26.5	−24.2	−22.7	−169	−141	−127	
		角49	T_3x^2	96.26	2.85	0.53	0.10	0.09	0.964		0.11	−37.0	−27.3	−24.2	−22.9	−156	−132	−124	
		角57	T_3x	90.99	5.51	1.71	0.33	0.33	0.920	0.41	0.25	−37.3	−25.5	−22.9	−22.7	−162	−132	−123	

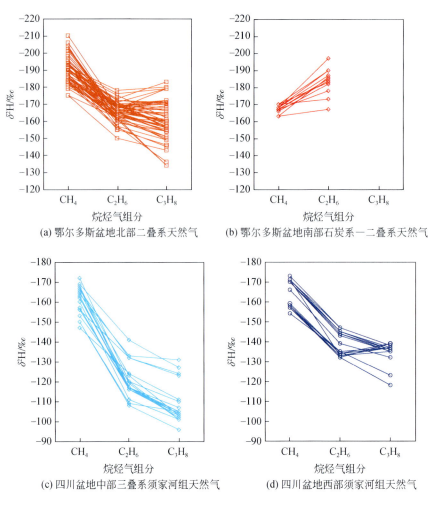

图 3 鄂尔多斯盆地二叠系以及四川盆地三叠系天然气氢同位素组成

数据据文献 [19]、[23]、[25]、[26]、[30] 和 [32]

3 烷烃气氢同位素组成的影响因素

3.1 母质继承性

烷烃气氢同位素组成与碳同位素组成一样，均受烃源岩母质的影响，即具有母源继承性[4,9,11]。海洋中或者高盐度的湖相环境下沉积的烃源岩，其生成的天然气具有富^{2}H的特征[3,43]，因此可以利用烷烃气氢同位素组成来判断天然气的成因，进而判断烃源岩的干酪根类型。应用$\delta^{13}C_{CH_4}$-C_1/C_{2+3}天然气成因判别图版（图4）[10]，可以看出鄂尔多斯盆地二叠系以及四川盆地三叠系须家河组天然气均分布在Ⅲ型干酪根区域，表明该天然气为煤成气，这一认识与前人的观点[8,24-26,44]一致。四川盆地安岳气田震旦系、寒武系天然气，以及塔里木盆地轮南、塔中奥陶系、志留系和石炭系天然气乙烷碳同位素组成均轻于$-28.5‰$，并且在$\delta^{13}C_{CH_4}$-C_1/C_{2+3}天然气成因判别图版上主要分布在Ⅱ型干酪根区域，说明这部分天然气为油型气，这也与前人认识一致[16,45-49]。

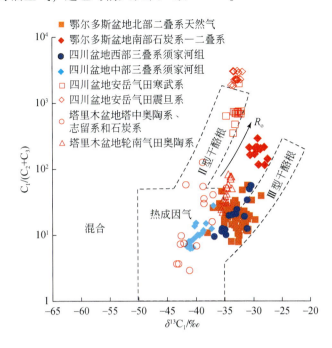

图4　$\delta^{13}C_{CH_4}$-C_1/C_{2+3}天然气成因类型鉴别

底图据文献［10］，数据据文献［16］、［19］、［23］、［25］、［26］、［30］～［32］、［45］、［47］和［48］

应用四川、鄂尔多斯、塔里木盆地天然气数据（表1、表2）本文绘制了$\delta^2H_{CH_4}$-C_1/C_{2+3}天然气成因鉴别图版（图5）。从该图版来看，腐殖型干酪根生成天然气即煤成气的$\delta^2H_{CH_4}$值一般<-150‰，C_1/C_{2+3}一般<1000；腐泥型干酪根生成气即油型气的$\delta^2H_{CH_4}$值一般>-160‰，C_1/C_{2+3}值域分布范围比煤成气要广。随着成熟度的增加，煤成气的$\delta^2H_{CH_4}$值以及C_1/C_{2+3}值均逐渐变重、变大；图5中油型气选用了四川盆地震旦系、寒武系，以及塔里木盆地奥陶系、志留系和石炭系的天然气，两个盆地天然气的来源有着明显差异，$\delta^2H_{CH_4}$值是在-130‰位置发生了反转，出现了变轻现象，这应该是由于不同盆地天然气来源的母质和烃源岩沉积水体环境的差异造成的。除了$\delta^2H_{CH_4}$值域在-160‰～-150‰的少数天然气之外，该图版可以将煤成气和油型气较好地加以区分，鉴别的结果与图4基本一致，表明了该图版的有效性，为其他盆地天然气的成因类型鉴别提供了新的手段。$\delta^2H_{CH_4}$值域在-160‰～-150‰为煤成气和油型气的重合区，如果有数据点落到这个范围以内，则需要慎重，同时也说明天然气的成因鉴别需要多个参数综合对比，该图版结合其他天然气成因鉴别图版，可以有效判别天然气的成因。

$\delta^2H_{C_2H_6}$-$\delta^2H_{CH_4}$是一个比较好的天然气成因类型鉴别指标[19]。鄂尔多斯盆地二叠系以及四川盆地须家河组天然气为煤成气[8,24-26,44]，塔里木盆地奥陶系、志留系和石炭系天然气为典型的油型气[16,45-49]，将这些天然气的重烃气和甲烷氢同位素组成之差与烷烃气氢同位素组成做相关图（图6），发现（$\delta^2H_{C_2H_6}$-$\delta^2H_{CH_4}$）-$\delta^2H_{CH_4}$［图6（a）］、（$\delta^2H_{C_2H_6}$-$\delta^2H_{CH_4}$）-$\delta^2H_{C_2H_6}$［图6（b）］、（$\delta^2H_{C_2H_6}$-$\delta^2H_{CH_4}$）-$\delta^2H_{C_3H_8}$［图6（c）］、（$\delta^2H_{C_3H_8}$-

$\delta^2 H_{CH_4}$）$-\delta^2 H_{CH_4}$ ［图6（d）］、（$\delta^2 H_{C_3H_8}-\delta^2 H_{CH_4}$）$-\delta^2 H_{C_3H_8}$ ［图6（f）］ 等图版可以用来较好的划分油型气和煤成气。同时基于图6可以看出，单纯的一个烷烃气氢同位素组成界限不能有效地将不同类型的天然气完全区分开；因此，在天然气成因研究中应进行多个参数综合对比，避免出现错误鉴别结论。

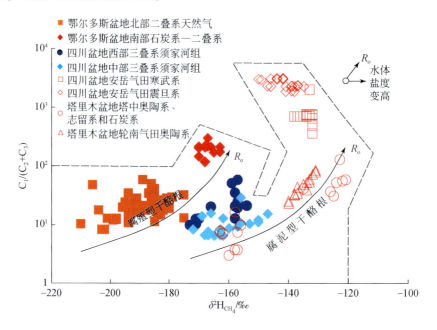

图5　$\delta^2 H_{CH_4}-C_1/C_{2+3}$ 天然气成因类型鉴别图版

数据据文献 ［16］、［19］、［23］、［25］、［26］、［30］～［32］、［45］、［47］ 和 ［48］

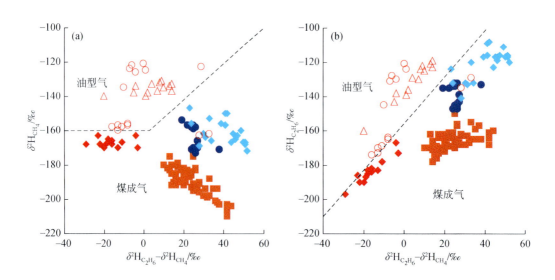

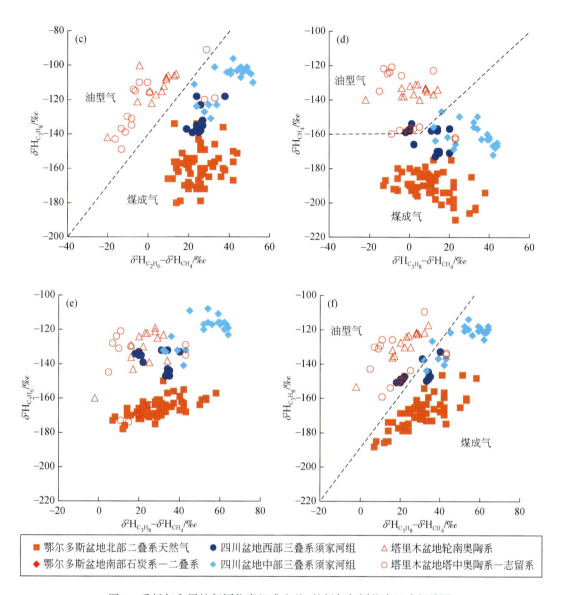

图6　重烃气和甲烷氢同位素组成之差-烷烃气氢同位素组成相关图
数据据文献［16］、［19］、［23］、［25］、［26］、［30］~［32］和［45］

　　显微组分组成是划分烃源岩母质类型的重要参数，不同显微组分的氢同位素组成有着明显的差异，呈现 $\delta^2 H_{惰质组}>\delta^2 H_{镜质组}>\delta^2 H_{壳质组}$ 的分布规律[9,50]。鄂尔多斯盆地石炭系—二叠系与四川盆地三叠系须家河组煤的显微组分组成（图7）表明，前者的惰质组在镜质组–惰质组–壳质组+腐泥组三者相对组成中的比例为 $3.2\%~93.6\%$，平均值为 49.2%；后者的惰质组所占比例为 $0.7\%~80.7\%$，平均值为 28.0%[51-52]，前者中的惰质组明显比后者中的占比要高（图7）。鄂尔多斯盆地石炭系—二叠系煤的干酪根稳定碳同位素组成为 $-26.3‰~-21.5‰$，49 个样品平均值为 $-24.2‰$[53]；四川盆地须家河组干酪根碳同位素组成分布范围为 $-27.2‰~-24.7‰$，平均值为 $-25.9‰$[52-54]，前后两者间存在较小差异，说明鄂尔多斯盆地石炭系—二叠系干酪根组成中有相对较多的陆相高等植物的贡献。

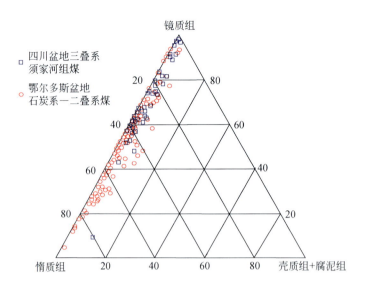

图7　鄂尔多斯盆地石炭系—二叠系以及四川盆地三叠系须家河组煤的显微组分图（数据据文献［51］）

　　鄂尔多斯盆地石炭系—二叠系相对于四川盆地须家河组烃源岩的惰质组含量较高。按照烷烃气氢同位素组成继承性特点，在排除其他控制因素的前提下，推断鄂尔多斯盆地石炭系—二叠系煤系生成的烷烃气氢同位素组成应该比四川盆地须家河组煤系生成的烷烃气要重；然而事实却相反，说明相同或相似干酪根类型的母质生成的天然气氢同位素组成可以有较大差异，原始母质组成不同对于烷烃气氢同位素的组成有一定影响，但是还有其他更为重要的控制因素。

3.2　成熟度

　　烷烃气氢同位素组成随着 R_o 值的增加而逐渐变重[3-4,6]，相关学者也提出了 $\delta^2 H_{CH_4}$-R_o 的关系式[3,29]。对于热成因气来说，甲烷的热稳定性最高，成熟度加大的条件下，重烃气会逐渐发生裂解而形成碳数较小的烃类，最终变成热力学上最稳定的甲烷[55]，因此干燥系数（C_1/C_{1-4}）可以反映天然气的成熟程度[2,56]。由于 $\delta^{13}C_1$-R_o 关系式在确定天然气成熟度方面应用较为成熟，结合实际烃源岩成熟度范围（图8），本文中四川盆地川中地区须家河组天然气 R_o 值采用（1）式[57]，其中 $R_o \leqslant 0.9\%$：

$$\delta^{13}C_1 \approx 48.77 \lg R_o - 34.10 \tag{1}$$

其他地区煤成气的 R_o 值则是采用（2）式[58]：

$$\delta^{13}C_1 \approx 14.12 \lg R_o - 34.39 \tag{2}$$

油型气的 R_o 值则是采用（3）式[58]：

$$\delta^{13}C_1 \approx 15.80 \lg R_o - 42.20 \tag{3}$$

　　鄂尔多斯盆地北部二叠系天然气的 R_o 值为 0.55%～2.53%，平均值为 1.30%，绝大部分处于成熟–高成熟阶段；南部天然气的 R_o 值为 1.80%～3.03%，平均为 2.34%，明显高于北部，绝大部分为烃源岩过成熟阶段的产物；四川盆地西部须家河组天然气 R_o 值为 0.66%～1.89%，平均值为 1.18%，大部分为成熟阶段，少部分处于高成熟阶段；中部地

区须家河组天然气 R_o 值较低，为 0.70% ~ 0.87%，平均值为 0.76%，均为成熟阶段的产物。上述通过计算得出的天然气 R_o 值与实际的烃源岩 R_o 相符，鄂尔多斯盆地二叠系天然气成熟度相对于四川盆地须家河组天然气明显较高。

甲烷氢同位素组成与 R_o 值以及 C_1/C_{1-4} 的关系较好，呈现出明显的正相关关系 [图 8 (a)、(d)]。分别对不同区域天然气甲烷氢同位素组成和 R_o 值线性回归后，得出鄂尔多斯盆地二叠系天然气 $\delta^2 H_{CH_4}$ 与 R_o 的关系式如下，其中，$R^2 = 0.50$，$n = 80$：

$$\delta^2 H_{CH_4} \approx 14.63 R_o - 207.42 \qquad (4)$$

川中地区须家河组天然气 $\delta^2 H_{CH_4}$ 与 R_o 值的关系式如下，其中，$R^2 = 0.66$，$n = 22$：

$$\delta^2 H_{CH_4} \approx 14.48 R_o - 180.80 \qquad (5)$$

鄂尔多斯盆地重烃气氢同位素组成与 R_o 值以及 C_1/C_{1-4} 的关系不是很明显，没有表现出明显的变化趋势 [图 8 (b)(c)、(f)]。鄂尔多斯盆地乙烷氢同位素组成与 R_o 值看似表现出了一种负相关关系 [图 8 (e)]，这是由于盆地南部延安气田天然气在高温条件下乙烷氢同位素组成变得很轻[8,30]，甲乙烷氢同位素组成发生了倒转所造成的。基于这一特征，将重烃气与甲烷氢同位素组成之差与 R_o 值进行拟合（图 9），发现二者之间存在有明显负相关关系，特别是 $(\delta^2 H_{C_2H_6} - \delta^2 H_{CH_4})$ -R_o 值之间的关系更加明显 [图 9 (a)]，可以作为一个指示 R_o 的判别指标。煤成气关系式如下，其中，$R^2 = 0.57$，$n = 105$：

$$\delta^2 H_{C_2H_6} - \delta^2 H_{CH_4} \approx -26.82 R_o + 58.637 \qquad (6)$$

除了氢同位素组成以外，重烃气与甲烷碳同位素组成之差与 R_o 值之间也存在负相关关系[23,27]，说明天然气在生成过程中，烷烃气碳氢同位素组成发生了瑞利分馏，随着成熟度的逐渐增大，分馏效应逐渐减小，重烃气与甲烷的碳氢同位素组成趋同一致，在过成熟阶段（$R_o > 2.2\%$）时，其至出现甲烷、乙烷碳氢同位素组成发生倒转。

鄂尔多斯盆地南部延安大气田甲烷、乙烷的碳氢同位素组成普遍发生倒转（即 $\delta^{13} C_{CH_4} > \delta^{13} C_{C_2H_6}$、$\delta^2 H_{CH_4} > \delta^2 H_{C_2H_6}$）（表 1 和图 3）。与无机烷烃气的原生型负碳同位素组成系列相对应，戴金星等将类似于延安大气田中的烷烃气碳同位素组成完全倒转，称为次生型负碳同位素系列[8]。关于商业气田中大规模的次生型负碳同位素系列形成的原因有多种解释：①高-过成熟条件下烃源岩滞留烃的裂解[8,59]；②扩散作用[8,60]；③过渡金属和水介质在

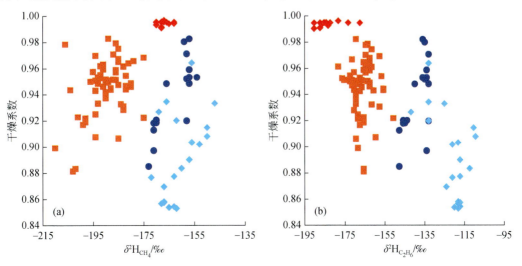

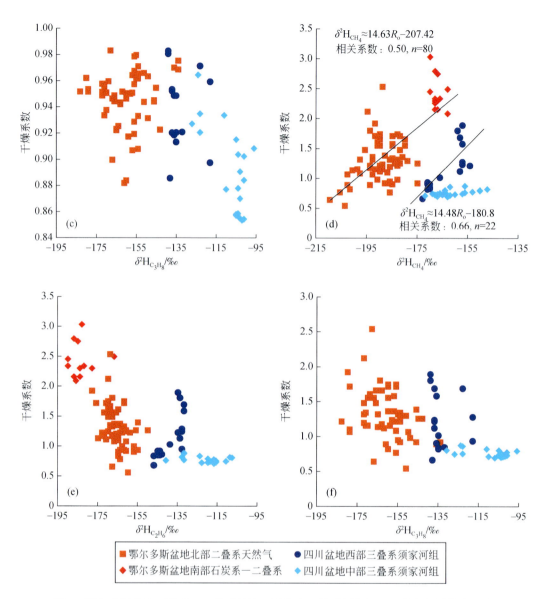

图 8　鄂尔多斯盆地石炭系—二叠系以及四川盆地三叠系须家河组天然气氢同位素组成
与干燥系数和 R_o 值关系图

数据来源同图 3；n 为样品数量（个）

250 ~ 300℃ 环境下发生氧化还原作用导致乙烷和丙烷瑞利分馏[61]；④地温高于 200℃[62]。延安大气田二叠系天然气的 R_o 值范围为 1.80% ~ 3.03%，平均值为 2.34%，与该地区石炭系—二叠系烃源岩的 R_o 值相吻合，说明天然气是在高温条件下所生成。综合上述造成烷烃气碳同位素组成完全倒转的原因，发现高温作用（过成熟）是一种最为重要的控制因素，而这也是烷烃气氢同位素组成发生完全倒转的主要因素，在此主控因素下可由滞留烃二次裂解、扩散或者过渡金属导致瑞利分馏，从而造成烷烃气氢同位素组成的完全倒转。

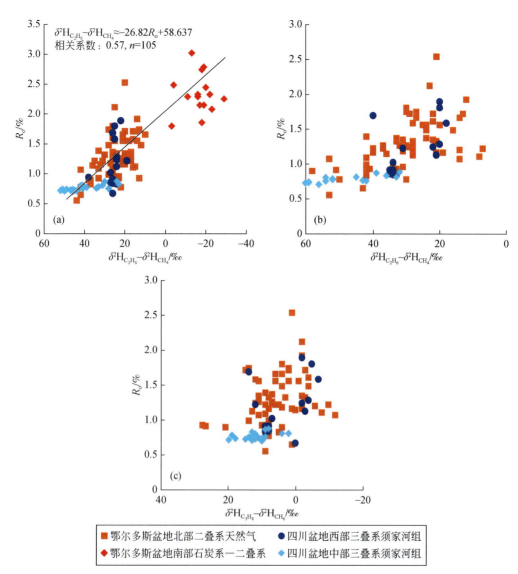

图 9　鄂尔多斯盆地石炭系—二叠系以及四川盆地三叠系须家河组天然气重烃气与甲烷
氢同位素组成之差和 R_o 值关系图（数据来源同图 3）

塔里木盆地塔中奥陶系—石炭系天然气出现烷烃气氢同位素组成局部倒转，即 $\delta^2 H_{CH_4} > \delta^2 H_{C_2H_6} < \delta^2 H_{C_3H_8}$（图 6），而烷烃气碳同位素组成为正常序列。天然气的同位素组成倒转有很多种因素[63]，其中一个重要因素为不同成熟阶段天然气混合。由于 ^1H 和 ^2H（D）相对于其他稳定同位素组成具有最大的同位素质量差异，氢同位素组成分馏效应明显比碳同位素组成明显，使得后期更高热演化阶段的干气（如干酪根裂解气）与高成熟阶段的油裂解气混合时发生了甲烷氢同位素组成与乙烷氢同位素组成的倒转，而由于这种混合程度较低，没有触发碳同位素组成达到倒转的程度，这就形成了塔里木盆地奥陶系—石炭系部分天然气甲烷和乙烷碳同位素组成为正常序列，而氢同位素组成反而出现倒转。Wu 等[64]也认为造成塔中气田奥陶系天然气氢同位素组成倒转是不同烃源岩来源的腐泥型天然气或者是相同来源的不同成熟阶段气的混合所造成。

3.3　水体介质条件

在实验条件下发现，水直接参与了天然气的生成，水与烃源岩发生了氢交换，进而影响了所生成烷烃气的稳定氢同位素组成[29,65-67]。尽管烷烃气与水体可以发生氢的交换[15,66]，但是这种反应在自然条件下，速度极慢，如在温度超过 200～240℃ 的 1 亿年时间内，$\delta^2 H_{CH_4}$ 几乎没有发生变化[4,66]，所以天然气在生成之后，其与水体的氢同位素组成交换可以被忽略[29]，只考虑烃源岩沉积时的水体环境即可。

沉积相研究表明，须家河组开始沉积时，海水从四川盆地西南部地区逐渐退出[67-68]，须一段为海陆过渡相，须二段—须六段为陆相沉积[40]，但是海绿石矿物以及生物标志化合物组成特征表明须二段—须三段沉积期存在海侵现象[69-70]。Sr/Ba 值与古盐度呈正相关关系[71-72]，对比四川盆地须家河组与鄂尔多斯盆地太原组—山西组 Sr/Ba 值发现，前者分布区间为 0.2～1.0，须一段可达 1.0，须二段—须三段部分层段大于 0.5[73]，而鄂尔多斯盆地除了太原组部分层段样品 Sr/Ba 值大于 0.5 以外，山西组 Sr/Ba 值普遍小于 0.5[74-75]。通过分析硼、锶、钡以及钾元素含量，确定须家河组从下到上盐度逐渐降低，须一段和须二段的古盐度比较高，达到了 37‰[68,72]。鄂尔多斯盆地石炭系本溪组和二叠系太原组为陆表海沉积环境[76-77]，而山西组则为海陆过渡相沉积[74]。通过硼元素和黏土矿物计算的太原组—山西组的古盐度表现出明显降低的趋势，太原组古盐度为 5.79‰～44.61‰，平均值 24.18‰；山西组为 8.32‰～39.78‰，平均为 18.45‰[74]。

从以上论述可知，四川盆地须家河组须一段—须三段沉积环境古盐度要高于鄂尔多斯盆地太原组和山西组。四川盆地须家河组相对于鄂尔多斯盆地石炭系—二叠系干酪根碳同位素组成偏轻、显微组分中氢同位素组成偏重的惰质组含量较低且烃源岩 R_o 值亦较低，但是其天然气的氢同位素组成要明显重于后者，这说明，烃源岩沉积环境的水体介质，特别是古盐度对烷烃气氢同位素的组成具有极为重要的影响。

四川盆地川中地区须家河组烷烃气氢同位素组成要普遍重于川西地区（图 3），前者的 R_o 值较低，说明 R_o 值对于须家河组烷烃气氢同位素组成的控制作用相对古盐度并不明显，川中地区古盐度相对较高是造成其烷烃气氢同位素组成重于川西地区的重要因素。

四川盆地安岳气田震旦系天然气 R_o 值为 3.35%～4.42%，平均值为 3.79%；寒武系天然气 R_o 值为 2.98%～4.36%，平均值为 3.90%，两个层系天然气的成熟度差异并不明显，但是震旦系天然气甲烷氢同位要轻于寒武系（图 5）。震旦系天然气来源于筇竹寺组和灯影组三段泥岩，寒武系天然气则主要来源于筇竹寺组[47-49]。大量的伽马蜡烷指示烃源岩沉积时的强还原超盐度环境[78-79]，伽马蜡烷/C_{30}藿烷能够反映烃源岩沉积水体的盐度[78]。从伽马蜡烷/C_{30}藿烷值来看，筇竹寺组烃源岩的值要低于灯影组[80]，虽然没有就伽马蜡烷绝对含量进行比较，但伽马蜡烷/C_{30}藿烷值也在一定程度上说明筇竹寺组烃源岩沉积时的水体盐度要高于灯影组烃源岩。两套气层天然气氢同位素组成的区别是由于灯三段和筇竹寺组烃源岩沉积水体环境的差异造成的，这一认识和前人的观点[47,81]相一致。

四川盆地安岳气田的成熟度要明显高于塔里木盆地奥陶系天然气，但是前者的 $\delta^2 H_{CH_4}$ 值，特别是震旦系天然气的 $\delta^2 H_{CH_4}$ 值要比塔里木奥陶系天然气轻，即前文提到 $\delta^2 H_{CH_4}$ 值在 −130‰ 位置发生了反转（图 5）。通过查阅文献，关于四川盆地寒武系筇竹寺组、灯三段烃源岩，以及塔里木盆地寒武系、奥陶系烃源岩的伽马蜡烷绝对含量以及 Sr/Ba 值等的研究鲜有报道，故不能比较两个盆地烃源岩沉积时的水体盐度。由于分属于两个盆地，烃源岩的沉积时代、母质组成有着巨大差异，作者团队推测"四川盆地震旦系天然气甲烷氢同位素组成轻于塔里木盆地奥陶系天然气"的原因是由于烃源岩母质组成和沉积水体环境的差异造成的。

4 结论

鄂尔多斯盆地二叠系和四川盆地三叠系须家河组天然气均为典型的煤成气，前者干燥系数、成熟度普遍高于后者，而后者的烷烃气稳定氢同位素组成要明显比前者更重。

建立 $\delta^2 H_{CH_4}-C_1/C_{2+3}$ 天然气成因鉴别图版，并提出重烃气与甲烷氢同位素组成之差和烷烃气氢同位素组成相关图可以用来鉴别天然气成因。在两个盆地分区域建立了煤成气 $\delta^2 H_{CH_4}-R_o$ 关系式，并提出了煤成气 $(\delta^2 H_{C_2H_6}-\delta^2 H_{CH_4})-R_o$ 关系式，为煤成气成熟度判别提供了新的指标。

烷烃气稳定氢同位素组成值受到烃源岩母质、成熟度、混合和烃源岩沉积水体介质等多重因素的控制，其中沉积水体盐度是其中极为重要且关键的一种因素。

参 考 文 献

[1] Bigeleisen J. Chemistry of isotopes. Science, 1965, 147(3657): 463-471.

[2] Stahl W J. Carbon and nitrogen isotopes in hydrocarbon research and exploration. Chemical Geology, 1977, 20: 121-149.

[3] Schoell M. The hydrogen and carbon isotopic composition of methane from natural gases of various origins. Geochimica et Cosmochimica Acta, 1980, 44(5): 649-661.

[4] Schoell M. Recent advances in petroleum isotope geochemistry. Organic Geochemistry, 1984, 6: 645-663.

[5] Schoell M. Multiple origins of methane in the Earth. Chemical Geology, 1988, 71(1-2-3): 1-10.

[6] 戴金星, 裴锡古, 戚厚发. 中国天然气地质学(卷一). 北京: 石油工业出版社, 1992: 35-86.

[7] Dai J X, Xia X Y, Li Z S, et al. Inter-laboratory calibration of natural gas round robins for $\delta^2 H$ and $\delta^{13}C$ using off-line and on-line techniques. Chemical Geology, 2012, 310-311: 49-55.

[8] Dai J X, Ni Y Y, Gong D Y, et al. Geochemical characteristics of gases of from the largest tight sand field (Sulige) and shale gas field (Fuling) in China. Marine and Petroleum Geology, 2017, 79: 426-438.

[9] Whiticar M J, Faber E, Schoell M. Biogenic methane formation in marine and freshwater environments: CO₂ reduction vs. acetate fermentation-isotope evidence. Geochimica et Cosmochimica Acta, 1986, 50(5): 693-709.

[10] Whiticar M J. Carbon and hydrogen isotope systematics of bacterial formation and oxidation of methane. Chemical Geology, 1999, 161(1-2-3): 291-314.

[11] Shen P, Xu Y C. Isotopic compositional characteristics of terrigenous natural gases in China. Chinese Journal of Geochemistry, 1993, 12(1): 14-24.

[12] 徐永昌. 天然气成因理论及应用. 北京: 科学出版社, 1994.

[13] Galimov E M. Isotope organic geochemistry. Organic Geochemistry, 2006, 37(10): 1200-1262.

[14] Kinnaman F S, Valentine D L, Tyler S C. Carbon and hydrogen isotope fractionation associated with aerobic microbial oxidation of methane, ethane, propane and butane. Geochimica et Cosmochimica Acta, 2007, 71(2): 271-283.

[15] Ni Y Y, Ma Q S, Geoffrey S E, et al. Fundamental studies on kinetic isotope effect (KIE) of hydrogen

isotope fractionation in natural gas systems. Geochimica et Cosmochimica Acta, 2011, 75(10): 2696-2707.

[16] Ni Y Y, Dai J X, Zhu G Y, et al. Stable hydrogen and carbon isotopic ratios of coal-derived an oil-derived gases: a case study in the Tarim Basin, NW China. International Journal of Coal Geology, 2013, 116-177: 302-313.

[17] Liu Q Y, Worden R H, Jin Z J, et al. Thermochemical sulphate reduction (TSR) versus maturation and their effects on hydrogen stable isotopes of very dry alkane gases. Geochimica et Cosmochimica Acta, 2014, 137: 208-220.

[18] Liu Q Y, Jin Z J, Meng Q Q, et al. Genetic types of natural gas and filling patterns in Daniudi gas field, Ordos Basin, China. Journal of Asian Earth Sciences, 2015, 107: 1-11.

[19] Li J, Li J, Li Z S, et al. The hydrogen isotopic characteristics of the Upper Paleozoic natural gas in Ordos Basin. Organic Geochemistry, 2014, 74: 66-75.

[20] Session A L, Brugoyne T W, Schimmelmann A, et al. Fractionation of hydrogen isotopes in lipid biosynthesis. Organic Geochemistry, 1999, 30(9): 1193-1200.

[21] Li M W, Huang Y, Obermajer M, et al. Hydrogen isotopic compositions of individual alkanes as a new approach to petroleum correlation: case studies from the western Canada Sedimentary Basin. Organic Geochemistry, 2001, 32(12): 1387-1399.

[22] Wang Y P, Dai J X, Zhao C Y, et al. Genetic origin of Mesozoic natural gases in the Ordos Basin (China): comparison of carbon and hydrogen isotopes and pyrolytic results. Organic Geochemistry, 2010, 41(9): 1045-1048.

[23] 戴金星, 倪云燕, 胡国艺, 等.中国致密砂岩大气田的稳定碳氢同位素组成特征.中国科学(地球科学), 2014, 44(4): 563-578.

[24] Hu G Y, Li J, Shao X Q, et al. The origin of natural gas and the hydrocarbon charging history of the Yulin gas field in the Ordos Basin, China. International Journal of Coal Geology, 2010, 81(4): 381-391.

[25] Hu G Y, Yu C, Ni Y Y, et al. Comparative study of stable carbon and hydrogen isotopes of alkane gases sourced from the Longtan and Xujiahe coal-bearing measures in the Sichuan Basin, China. International Journal of Coal Geology, 2014, 116-117: 293-301.

[26] 吴小奇, 王萍, 刘全有, 等.川西坳陷新场气田上三叠统须五段天然气来源及启示.天然气地球科学, 2016, 27(8): 1409-1418.

[27] Huang S P, Fang X, Liu D, et al. Natural gas genesis and sources in the Zizhou gas field, Ordos Basin, China. International Journal of Coal Geology, 2015, 152(Part A): 132-143.

[28] Li J, Li J, Li Z S, et al. Characteristics and genetic types of the lower Paleozoic natural gas, Ordos Basin. Marine and Petroleum Geology, 2018, 89(Part 1): 106-119.

[29] Wang X F, Liu W H, Shi B G, et al. Hydrogen isotope characteristics of thermogenic methane in Chinese sedimentary basins. Organic Geochemistry, 2015, 83-84: 178-189.

[30] Feng Z Q, Liu D, Huang S P, et al. Geochemical characteristics and genesis of natural gas in the Yan'an gas field, Ordos Basin, China. Organic Geochemistry, 2016, 102: 67-76.

[31] Wu X Q, Tao X W, Hu G Y. Geochemical characteristics and source of natural gases from southeast depression of the Tarim Basin, NW China. Organic Geochemistry, 2014, 74: 106-115.

[32] 彭威龙, 胡国艺, 黄士鹏, 等.天然气地球化学特征及成因分析：以鄂尔多斯盆地东胜气田为例.中国矿业大学学报, 2017, 46(1): 74-84.

[33] 杨俊杰, 裴锡古.中国天然气地质学(卷四).北京: 石油工业出版社, 1996.

[34] 杨华, 刘新社.鄂尔多斯盆地古生界煤成气勘探进展.石油勘探与开发, 2014, 41(2): 129-137.

[35] 戴金星, 陈践发, 钟宁宁, 等.中国大气田及其气源.北京: 科学出版社, 2000: 93-126.

［36］Dai J X, Li J, Luo X, et al. Stable carbon isotope compositions and source rock geochemistry of the giant gas accumulations in the Ordos Basin, China. Organic Geochemistry, 2005, 36(12): 1617-1635.

［37］戴金星, 等. 中国煤成大气田及气源. 北京: 科学出版社, 2014: 28-211.

［38］四川油气区石油地质志编写组. 中国石油地质志(卷十): 四川油气区. 北京: 石油工业出版社, 1989.

［39］李伟, 秦胜飞, 胡国艺, 等. 水溶气脱溶成藏: 四川盆地须家河组天然气大面积成藏的重要机理之一. 石油勘探与开发, 2011, 38(6): 662-670.

［40］朱如凯, 赵霞, 刘柳红, 等. 四川盆地须家河组沉积体系与有利储集层分布. 石油勘探与开发, 2009, 36(1): 46-55.

［41］邹才能, 陶士振, 袁选俊, 等. "连续型"油气藏及其在全球的重要性: 成藏、分布与评价. 石油勘探与开发, 2009, 36(6): 669-682.

［42］Dai J X, Ni Y Y, Zou C N, et al. Stable carbon isotopes of alkane gases from the Xujiahe coal measures and implication for gas-source correlation in the Sichuan Basin, SW China. Organic Geochemistry, 2009, 40(5): 638-646.

［43］沈平, 申岐祥, 王先彬, 等. 气态烃同位素组成特征及煤型气判识. 中国科学 B 辑(化学), 1987, 17(6): 647-656.

［44］Dai J X, Ni Y Y, Zou C N, et al. Stable carbon and hydrogen isotopes of natural gases sourced from the Xujiahe Formation in the Sichuan Basin, China. Organic Geochemistry, 2012, 43(1): 103-111.

［45］刘全有, 戴金星, 李剑, 等. 塔里木盆地天然气氢同位素地球化学与对热成熟度和沉积环境的指示意义. 中国科学: 地球科学, 2007, 37(2): 1599-1608.

［46］Liu Q Y, Jin Z J, Li H L, et al. Geochemistry characteristics and genetic types of natural gas in central part of the Tarim Basin, NW China. Marine and Petroleum Geology, 2018, 89(Part 1): 91-105.

［47］魏国齐, 谢增业, 白贵林, 等. 四川盆地震旦系—下古生界天然气地球化学特征及成因判识. 天然气工业, 2014, 34(3): 44-49.

［48］魏国齐, 谢增业, 宋家荣, 等. 四川盆地川中古隆起震旦系—寒武系天然气特征及成因. 石油勘探与开发, 2015, 42(6): 702-711.

［49］Zou C N, Wei G Q, Xu C C, et al. Geochemistry of the Sinian-Cambrian gas system in the Sichuan Basin, China. Organic Geochemistry, 2014, 74: 13-21.

［50］Schwartzkopf T. Carbon and Hydrogen Isotopes in Coals and Their By-products. Bochum: Ruhr Uni Bochum, 1984.

［51］戴金星, 钟宁宁, 刘德汉, 等. 中国煤成大中型气田地质基础和主控因素. 北京: 石油工业出版社, 2000: 66-76.

［52］杨阳, 王顺玉, 黄羚, 等. 川中–川南过渡带须家河组烃源岩特征. 天然气工业, 2009, 29(6): 27-30.

［53］戴金星, 戚厚发, 王少昌, 等. 我国煤系的气油地球化学特征、煤成气藏形成条件及资源评价. 北京: 石油工业出版社, 2001.

［54］黄世伟, 张廷山, 王顺玉, 等. 四川盆地赤水地区上三叠统须家河组烃源岩特征及天然气成因探讨. 天然气地球科学, 2004, 15(6): 590-592.

［55］Hunt J. Petroleum Geochemistry and Geology, 2nd edition. New York: W H Freeman and Company, 1996.

［56］Prinzhofer A, Mello M R, Takaki T. Geochemical characterization of natural gas: a physical multivariable approach and its application in maturity and migration estimates. AAPG Bulletin, 2000, 84(8): 1152-1172.

［57］刘文汇, 徐永昌. 煤型气碳同位素演化二阶段分馏模式及机理. 地球化学, 1999, 18(4): 359-366.

［58］戴金星, 戚厚发. 我国煤成烃气的 $\delta^{13}C$–R_o 关系. 科学通报, 1989, 34(9): 690-692.

［59］Xia X, Chen J, Braun R, et al. Isotopic reversals with respect to maturity trends due to mixing of primary and secondary products in source rocks. Chemical Geology, 2013, 339(2): 205-212.

［60］戴金星，倪云燕，黄士鹏，等.次生型负碳同位素系列成因.天然气地球科学，2016，27(1)：1-7.

［61］Burruss R C, Laughrey C D. Carbon and hydrogen isotopic reversals in deep basin gas：evidence of limits to the stability of hydrocarbons. Organic Geochemistry，2009，41(12)：1285-1296.

［62］Vinogradov A P, Galimov E M. Isotopism of carbon and the problem of oil origin. Geochemistry，1970，3：275-296.

［63］Dai J X, Xia X Y, Qin S F, et al. Origins of partially reversed alkane $\delta^{13}C$ values for biogenic gases in China. Organic Geochemistry，2004，35(4)：405-411.

［64］Wu X Q, Tao X W, Hu G Y. Geochemical characteristics and genetic types of natural gas from Tazhong area in the Tarim Basin, NW China. Energy Exploration & Exploitation，2014，32(1)：159-174.

［65］Schimmelmann A, Lewan M D, Wintsch R P. D/H isotope ratios of kerogen, bitumen, oil, and water in hydrous pyrolysis of source rocks containing kerogen types I, II, IIS and III. Geochimica et Cosmochimica Acta，1999，63(22)：3751-3766.

［66］Schimmelmann A, Boudou J P, Lewan M D, et al. Experimental controls on D/H and $^{13}C/^{12}C$ ratios of kerogen, bitumen and oil during hydrous pyrolysis. Organic Geochemistry，2001，32(8)：1009-1018.

［67］邓康龄.四川盆地形成演化与油气勘探领域.天然气工业，1992，12(5)：7-13.

［68］郭正吾，邓康龄，韩永辉，等.四川盆地形成与演化.北京：地质出版社，1996：113-138.

［69］金惠，杨威，谢武仁，等.黏土矿物在四川盆地须家河组沉积环境研究中的应用.石油天然气学报，2010，32(6)：17-21.

［70］李兴，张敏，黄光辉.川西坳陷须家河组下段腐殖煤系气源岩饱和烃分布异常研究.长江大学学报(自然版)：2013，10(8)：49-52.

［71］邓宏文，钱凯.沉积地球化学与环境分析.兰州：甘肃科学出版社，1993.

［72］郑荣才，柳海青.鄂尔多斯盆地长6油层组古盐度研究.石油与天然气地质，1999，20(1)：20-25.

［73］白斌，邹才能，朱如凯，等.利用露头、自然伽马、岩石地球化学和测井地震一体化综合厘定层序界面.天然气地球科学，2010，21(1)：78-86.

［74］彭海燕，陈洪德，向芳，等.微量元素分析在沉积环境识别中的应用：以鄂尔多斯盆地东部二叠系山西组为例.新疆地质，2006，24(2)：202-205.

［75］陈洪德，李洁，张成弓，等.鄂尔多斯盆地山西组沉积环境讨论及其地质启示.岩石学报，2011，27(8)：2213-2229.

［76］郭英海，刘焕杰，权彪，等.鄂尔多斯地区晚古生代沉积体系及古地理演化.沉积学报，1998，16(3)：44-52.

［77］陈洪德，侯中健，田景春，等.鄂尔多斯地区晚古生代沉积层序地层学与盆地构造演化研究.矿物岩石，2001，21(3)：16-24.

［78］Moldowan J M, Seifert W K, Galldgos E K. Relationship between petroleum composition and depositional environment of petroleum source rocks. American Association of Petroleum Geologists Bulletin，1985，69(8)：1255-1268.

［79］Chang X C, Wang T G, Li Q M, et al. Geochemistry and possible origin of petroleum in Palaeozoic reservoirs from Halahatang depression. Journal of Asian Earth Sciences，2013，74：129-141.

［80］Chen Z H, Simoneit B R, Wang T G, et al. Biomarker signatures of Sinian bitumens in the Moxi-Gaoshiti bulge of Sichuan Basin, China：geological significance for paleo-oil reservoirs. Precambrian Research，2017，296：1-19.

［81］Wu W, Luo B, Luo W J, et al. Further discussion about the origin of natural gas in the Sinian of central Sichuan paleo-uplift, Sichuan Basin, China. Journal of Natural Gas Geoscience，2016，1(5)：353-359.

同源常规–非常规天然气组分与同位素分馏差异及控制因素
——以四川盆地石炭系黄龙组与志留系龙马溪组为例[*]

黄士鹏，冯子齐，姜　华，唐友军，江青春，吴　伟，戴金星

0　引言

当前中国已经进入常规–非常规油气并举勘探时代。四川盆地作为我国最重要的天然气产区之一，纵向上发育多套含油气系统，常规–非常规油气资源有序聚集[1]。上奥陶统五峰组—下志留统龙马溪组（下称龙马溪组）是我国目前最重要的海相页岩气产层[2-3]，盆地及周缘已探明涪陵、长宁、威远、威荣、昭通、太阳等7个千亿立方米级海相页岩气大气田[4-9]。石炭系黄龙组是四川盆地20世纪80年代至21世纪初主力储量层和产层，在川东地区累计发现了数十个中小气田（图1）。前人通过研究表明，川东地区石炭系天然气来源于龙马溪组页岩[10-11]。针对黄龙组常规气、龙马溪组页岩气的组分、碳氢同位素地球化学特征、同位素"倒转"或"反转"、同位素分馏机理前人分别开展了大量卓有成效的工作，取得了重要认识[2,11-21]。但是对于两套相同气源来源的常规气和非常规之间的组分、同位素分馏差异对比前人研究的比较薄弱，特别是过成熟条件下常规、非常规气中烷烃气同位素分馏规律的探讨比较少见。本文拟通过在大量天然气地球化学数据分析基础上，结合实际地质条件，对比川东石炭系黄龙组与龙马溪组页岩气组分及同位素组成特征，通过同源常规和非常规气地化特征详细对比，明确高–过成熟条件下常规、非常规气组分及同位素分馏演化规律及差异性，相关研究对于探索烃源岩生烃机理及组分、同位素演化规律，以及常规和非常规天然气成藏差异特征均具有重要的理论和实践意义。

1　地质条件

四川盆地位于扬子准地台偏西北一侧，为大型叠合含油气盆地，经历了震旦纪—中三叠世的海相克拉通盆地与晚三叠世—新生代陆相前陆-陆内坳陷型盆地两大阶段，是大型叠合含油气盆地，呈北东向延展，外形似菱形，面积约180000km²［图1（a）］，盆地四周皆为高山环绕。发育多套优质烃源岩层位，并且产油气层位众多，纵向上构成多套含油气系统，是一个典型的超级盆地[22]。根据构造特征差异，将盆地划分为川北坳陷、川东高陡构造带、川中平缓构造带、川南低陡构造带以及川西坳陷5个构造分区［图1（a）］。

早志留统全球海平面快速上升，四川盆地龙马溪组沉积于低能、欠补偿、缺氧的深水

---

　*　原载于《长江大学学报（自然科学版）》，2023年，第20卷，第5期，34～46。

陆棚相环境[23-26]，受乐山-龙女寺古隆起影响，黑色页岩主要分布于川北、川东和蜀南地区 [图1（a）]。龙马溪组与下伏临湘组呈整合接触 [图1（b）]，下部由深灰、黑色砂质页岩、碳质页岩、笔石页岩，夹生物碎屑灰岩组成，上部为灰绿、黄绿色页岩及砂质岩。页岩厚度为50~600m，靠近乐山-龙女寺古隆起地层逐渐减薄尖灭。平面上发育两个沉积中心，分别位于川东和蜀南地区，烃源岩累计厚度可达600m以上[25]。烃源岩TOC丰度为0.5%~18.4%，平均为2.59%，下部黑色页岩的TOC含量明显高于上部，目前龙马溪组页岩气主要产出与底部30~50m的优质页岩内[2-3]。龙马溪组烃源岩干酪根碳同位素分布区间为-31‰~-28‰[27]，有机质呈无定型状，母质来源于低等水生生物，为典型的腐泥型有机质，干酪根类型主要为Ⅰ型，部分为Ⅱ$_1$型。已经达到过成熟，R_o值分布范围为2.5%~4.0%，其中威远地区成熟度相对较低，为2.5%~3.0%，长宁、昭通地区达到3.4%~3.7%，涪陵地区达到3.5%~3.7%[21,28]。

　　受海西早期强烈构造隆升和侵蚀作用影响，石炭系黄龙组不整合超覆于中志留统韩家店组泥岩之上，其顶部与梁山组亦呈不整合接触 [图1（b）]。黄龙组沉积体系主要为潮坪-浅海陆棚[29]。黄龙组岩性底部为灰岩，局部为石膏岩，中上部主要为白云岩，残余厚度一般为0~90m。白云岩主要为粉晶-细晶白云岩和残余颗粒白云岩，主要形成于准同生期[30-31]，且是黄龙组最主要的储集岩类。石炭纪中晚期，云南运动导致四川盆地区域隆升，黄龙组遭受岩溶剥蚀[32]。储集空间主要为晶间孔、晶间溶孔，部分孔隙被淡水方解石或沥青充填，总体上具有较好的储集物性[10]。黄龙组白云岩储层通过深大断裂与龙马溪组优质烃源岩形成优质源-储成藏组合。

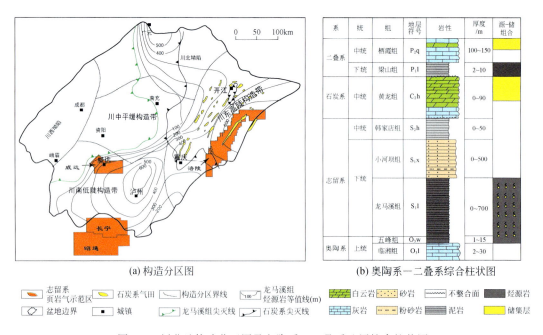

(a) 构造分区图　　　　　　　　　　(b) 奥陶系—二叠系综合柱状图

图1　四川盆地构造分区图及奥陶系—二叠系地层综合柱状图

2 样品及实验方法

2.1 样品采集

本次分析的四川盆地过成熟龙马溪组页岩气样取自国家级页岩气示范区：长宁、昭通、威远和涪陵，因为当页岩气井合采之后，各个单井的不同产层范围的气混合，会对分析结果产生影响，因此本次采样选取各个产区水平井台还在处于单井生产阶段的井。在采集过程中在采集过程中，用天然气流对管线和高压钢瓶（承压15MPa）进行多次冲洗，冲净钢瓶内空气，最终获取 4 ~ 5MPa 页岩气。盆地东部的黄龙组天然气来自卧龙寺、相国寺、五百梯和龙门等十余个气田。

2.2 实验方法

天然气的组分和稳定碳氢同位素组成分析均在中国石油勘探开发研究院油气地球化学重点实验室完成。页岩气组分采用 HP 7890A 型的气相色谱仪上进行，单个烃类气体组分通过毛管细柱分离，执行 GB/T 13610—2014 检测标准，分析采用 HP/AL-S 色谱柱，进样口温度250℃，载气为 He，流速为1mL/min，分流比为50：1，气相色谱仪炉温首先设定在30℃保持10min，然后以10℃/min 的速率升高到180℃，样品在180℃下放置20 ~ 30min。

根据 Liu 等（2018）描述的方法，计算了相对于3种国际上开发的参考气体的稳定碳和氢同位素测量值。页岩气稳定碳同位素组成测定在 Thermo Delta V Advantage 同位素质谱仪上进行，采用 GC-IRMS 在线稳定碳同位素测定方法进行测定，进样口温度为200℃，氦气为载气并保持流速1.1mL/min，升温程序设定初始温度为33℃，以8℃/min 的升温速率从35℃升到80℃，然后以5℃/min 的升温速率升温到250℃，在最终温度保持炉温10min；$\delta^{13}C$ 值用 δ 符号表示，单位为‰，归一化为 Vienna Pee Dee Belemnite（VPDB），测量精度为±0.3‰。与此同时，本文整理了四川盆地东部黄龙组天然气[11]和盆地典型龙马溪组页岩气地球化学数据[2,13,21]。

3 常规–非常规气地球化学组成

3.1 组分

四川盆地东部黄龙组天然气分布广泛，来自15个气田（藏）的黄龙组烷烃气中甲烷 CH_4 占绝对优势，含量介于94.36% ~ 99.63%（平均含量为96.71%）[图2（a）]。重烃气（C_{2-4}）中随着碳数减小，烷烃气含量逐渐降低，常缺丁烷。乙烷含量为0.19% ~ 2.17%，平均为0.65%。非烃气体中，氮气、二氧化碳为主要成分，前者分布范围为0.30% ~ 3.26%（平均为1.05%），后者分布区间为0.20% ~ 2.68%，平均值为1.40%[图2（b）]。值得注意的是，尽管是碳酸盐岩储集层，黄龙组天然气中 H_2S 含量较低，介于0.12% ~ 0.78%（平均为0.27%），明显低于盆地内二叠系—三叠系海相碳酸盐岩地层。

过成熟的龙马溪组页岩气的烷烃气同样以 CH_4 占绝对优势，不同产区的甲烷平均含量均高于 98%，其中热演化程度最高（R_o：2.6% ~3.8%）的昭通地区甲烷 CH_4 含量介于 97.66% ~99.45%，平均为 98.84%，重烃气含量较少，平均仅 0.48%，干燥系数（$\Sigma C_1/\Sigma C_{1-4}$，%）达 99.52%，为典型干气特征 [图 2（a）]；热演化程度相对较低的威远地区也已完全进入过成熟阶段（R_o：2.0 ~2.2%），甲烷 CH_4 含量介于 95.52% ~99.27%，平均为 98.16%，重烃气含量少，乙烷 C_2H_6 含量介于 0.31% ~0.69%，平均为 0.54%，干燥系数平均为 0.47%，同样是典型干气特征。页岩气中非烃气体，氮气和二氧化碳含量普遍较黄龙组天然气低，二者一般低于 1% [图 2（b）]。志留系页岩气以及以其为烃源岩的黄龙组天然气 CH_4 和 CO_2 普遍存在负相关关系（图 3）。

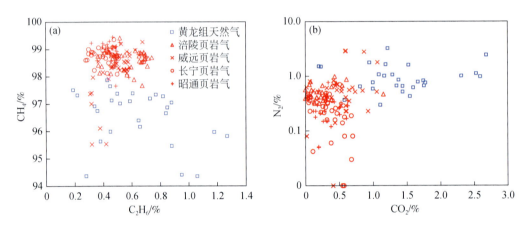

图 2　四川盆地黄龙组和龙马溪组天然气组分含量相关图

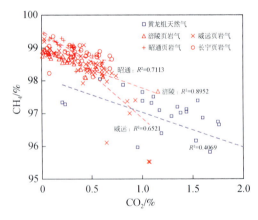

图 3　四川盆地黄龙组天然气和龙马溪组页岩气的 CH_4-CO_2 关系分布图

北美典型页岩气热演化程度整体稍低，如 Arkoma 盆地东部 Fayetteville 页岩成熟度 R_o 介于 1.2% ~4.0%，分布区间较大，但主体处于高成熟阶段（湿度平均为 1.20%），甲烷 CH_4 含量介于 95.93% ~98.78%，平均为 96.87%，重烃气含量平均为 1.17%[16]；Fort Worth 盆地 Barnett 页岩成熟度 R_o 介于 0.5% ~2.0%，涵盖了由低成熟到高-过成熟的演化过程，但主体还是处在油裂解及主生气阶段（湿度平均为 7.89%），各组分含量跨度较大，甲烷 CH_4 含量介于 79.36% ~97.37%，平均为 90.37%，重烃气含量介于 0.77% ~21.97%，平均为 7.77%[16]。

3.2　稳定碳同位素组成

四川盆地黄龙组天然气甲烷碳同位素组成 $\delta^{13}C_1$ 值介于-37.5‰和-31.3‰，平均为-32.8‰；乙烷碳同位素组成 $\delta^{13}C_2$ 值介于-40.7‰和-33.6‰，平均为-36.1‰；丙烷碳同位素组成 $\delta^{13}C_3$ 值分布区间为-36.9‰至-27.1‰，平均为-33.3‰。整体上，相对于四川盆地其他海相层系天然气，石炭系黄龙组天然气烷烃气的碳同位素组成具有偏负的特征。

龙马溪组页岩气碳同位素组成普遍较重[2,13]。长宁地区页岩气甲烷碳同位素组成 $\delta^{13}C_1$ 值介于-31.3‰和-26.7‰，平均为-28.4‰；成熟度相对"稍低"（R_o: 2.2%～3.06%）的涪陵地区页岩气 $\delta^{13}C_1$ 值介于-32.2‰和-29.4‰，平均为-30.6‰；成熟度更低（R_o: 2.0%～2.2%）的威远地区页岩气 $\delta^{13}C_1$ 值介于-37.3‰和-33.1‰，平均为-35.0‰。

长宁地区龙马溪组页岩气 $\delta^{13}C_2$ 值介于-35.3‰～-32.3‰，平均为-33.9‰；涪陵地区页岩气 $\delta^{13}C_2$ 值介于-37.3‰～-34.3‰，平均为-36.0‰；威远地区页岩气 $\delta^{13}C_2$ 值介于-42.8‰～-37.5‰，平均为-39.0‰。黄龙组以及不同产区的龙马溪组页岩气的 $\delta^{13}C_2$ 值均远远轻于-28‰，皆来自于腐泥型干酪根，应属于过成熟油型气。

Chung 等[33]提出天然气碳同位素模式图来鉴别天然气成因类型及其混合，指出来自同一母源，未经后期次生作用的烷烃气应在碳数倒数 $1/n$ 和 $\delta^{13}C_n$ 关系图上呈良好的线性关系，连线的斜率变化可来判识是否有不同类型、不同演化阶段气体的混合[34]、生物氧化作用[33]、甲烷渗漏作用[35]等作用的影响。由图4可知，四川盆地龙马溪组页岩气皆在 $\delta^{13}C_n$-$1/n$ 图上呈线性特征，但却展现出负碳同位素系列（$\delta^{13}C_1 > \delta^{13}C_2 > \delta^{13}C_3$），且热演化程度最高的长宁地区各组分碳同位素组成，整体重于涪陵和威远地区（图4），而黄龙组天然气均具有 $\delta^{13}C_1 > \delta^{13}C_2 < \delta^{13}C_3$ 的次生烷烃气碳同位素倒转特征（表1）。

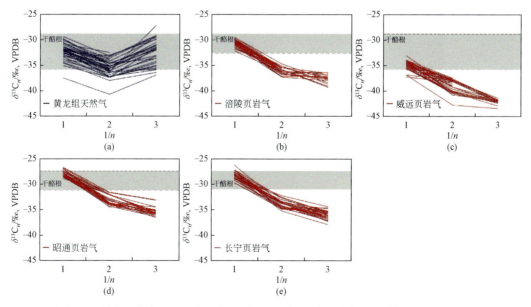

图4　四川盆地黄龙组天然气和龙马溪组页岩气的碳同位素组成 $\delta^{13}C_n$-$1/n$ 分布图

灰色矩形代表龙马溪组页岩 $\delta^{13}C$-干酪根值的分布范围

表 1　四川盆地石炭系黄龙组天然气地球化学数据表

气田名称	井号	地层	井深/m	主要组分/%							干燥系数/%	$\delta^{13}C_n$/‰,VPDB			$^3He/^4He$	R/R_a
				N_2	CO_2	H_2S	CH_4	C_2H_6	C_3H_8	C_4H_{10}		CH_4	C_2H_6	C_3H_8		
卧龙河	卧48	C_2hl	3804.5~3829.8	0.65	0.81	0.17	97.87	0.43	0.03		99.53	-32.2	-36.0			
	卧52	C_2hl		0.59	1.00	未测	97.65	0.45	0.04		99.50	-32.1	-35.3	-30.5		
	卧58	C_2hl	3752.0	0.66	1.44	0.24	97.13	0.46	0.05	0.005	99.47	-32.6	-36.3	-27.1	$(1.69\pm0.3)\times10^{-8}$	0.01
	卧88	C_2hl	4372.0	0.86	1.38	0.12	97.02	0.52	0.06	0.004	99.40	-32.7	-34.6	-31.5	$(1.63\pm0.1)\times10^{-8}$	0.01
	卧65	C_2hl										-32.1	-36.1	-32.0	$(1.86\pm0.13)\times10^{-8}$	0.01
	卧94	C_2hl		0.52	1.44	未测	97.05	0.88	0.11		98.99	-32.4	-36.9	-33.2		
	卧120	C_2hl	4439.0	1.65	1.19	未测	96.40	0.65	0.06		99.27	-32.1	-36.1	-32.0	$(1.46\pm0.13)\times10^{-8}$	0.01
相国寺	相14	C_2hl	2226.5	1.50	0.23	未测	97.28	0.82	0.08	0.003	99.08	-33.9	-35.2	-31.8	$(2.23\pm0.15)\times10^{-8}$	0.02
	相18	C_2hl	2310.5	1.52	0.20	未测	97.34	0.77	0.07	0.001	99.14	-34.5	-37.4	-31.5	$(2.02\pm0.12)\times10^{-8}$	0.01
	相22	C_2hl		0.37	0.58	未测	98.05	0.88	0.12		98.99	-33.0	-35.1	-33.1		
	天东1	C_2hl	4212.5~4243.0	0.77	1.00	0.18	97.38	0.50	0.06	0.007	99.42	-32.4	-37.3	-34.2	$(2.03\pm0.65)\times10^{-8}$	0.02
	天东2	C_2hl										-31.4	-35.6			
五百梯	天东11	C_2hl	4675.0									-31.8	-36.2			
	天东21	C_2hl		0.62	1.60	未测	96.87	0.85	0.06		99.07	-32.0	-36.4	-35.8		
	天东51	C_2hl		0.76	1.78	未测	94.41	0.95	0.09		98.91	-31.9	-37.2	-35.9		
龙门	天东9	C_2hl		0.79	1.67	未测	95.82	1.27	0.42	0.03	98.24	-34.6	-38.0	-36.4		
云和寨	云和2	C_2hl					99.63	0.37				-31.9	-35.8			

续表

气田名称	井号	地层	井深/m	主要组分/%							干燥系数/%	$\delta^{13}C_n$/‰, VPDB			$^3He/^4He$	R/R_a
				N_2	CO_2	H_2S	CH_4	C_2H_6	C_3H_8	C_4H_{10}		CH_4	C_2H_6	C_3H_8		
福成寨	成8	C_2hl	3881.1~3940.5	1.01	2.31	0.19	95.99	0.45	0.02		99.51	-32.1	-35.9			
	成13	C_2hl	3809.0	1.12	2.53	0.28	95.63	0.38	0.02		99.58	-32.9	-36.6			
板东	板16	C_2hl	3937.8~3994.1	1.02	1.17	未测	97.10	0.59	0.05	0.014	99.33	-34.2	-36.5	-33.6	$(2.50\pm0.15)\times10^{-8}$	0.02
铁山	铁4	C_2hl		0.30	1.11	0.79	97.51	0.19	0.01		99.80	-32.0	-33.9			
张家场	张2	C_2hl	4479.1	0.83	1.75	0.25	96.75	0.36	0.03		99.60	-33.2	-35.7	-29.2	$(1.25\pm0.19)\times10^{-8}$	0.01
高峰场	峰6	C_2hl	4923.0	1.08	1.09	0.25	97.32	0.22			99.77	-32.6	-34.6		$(8.8\pm1.07)\times10^{-9}$	0.006
	峰8	C_2hl		3.26	1.22	未测	94.36	1.06	0.10		98.79	-33.8	-37.3	-35.0		
双家坝	七里7	C_2hl	4943.5	2.43	2.68	0.14	94.37	0.28	0.01		99.69	-31.8	-34.4		$(1.23\pm0.17)\times10^{-8}$	0.01
沙罐坪	罐10	C_2hl	4774.0	1.07	1.29	0.33	96.92	0.34	0.01		99.64	-31.8	-33.6		$(1.50\pm0.26)\times10^{-8}$	0.01
	罐17	C_2hl		0.67	1.35	未测	97.20	0.73	0.05		99.20	-31.8	-36.2	-35.6		
檀木场	七里53	C_2hl		0.43	1.55	未测	97.39	0.61	0.02		99.36	-31.9	-34.6	-33.7		
	七里58	C_2hl		1.61	1.53	未测	96.17	0.66	0.03		99.29	-31.3				
沙坪场	天东93	C_2hl		0.98	2.59	未测	95.46	0.88	0.09		98.99	-35.1	-37.4	-34.5		
	月东1	C_2hl		0.67	1.76	未测	96.66	0.84	0.07		99.07	-33.4	-37.3	-35.2		
大池干	池18	C_2hl	2671.5	1.78	0.95	未测	95.97	1.18	0.22	0.01	98.55	-37.5	-40.7	-36.9	$(1.10\pm0.34)\times10^{-8}$	0.01

3.3　稀有气体同位素

稀有气体在大气、地壳和地幔中具有不同的同位素组成[36]，可用于区分天然气的有机和无机来源[37-38]，以追踪碳氢化合物的运移过程，并指示与大气水或地壳源流体或深部高温地幔流体相关的交换反应[39]。一些地壳成因的稀有气体与富有机质页岩相关联，其含量和同位素记录了烃源岩的热历史信息，可用于天然气成因和次生作用的识别[40]。川东地区黄龙组天然气的 $^3He/^4He$ 和 R/R_a 值分别介于 $0.88\times10^{-8} \sim 2.50\times10^{-8}$ 和 $0.006 \sim 0.2$（图5），呈典型壳源特征；龙马溪组页岩气的 R/R_a 值介于 $0.001 \sim 0.069$，表明由放射性 U 和 Th 衰变引起的壳源特征[13,20]。

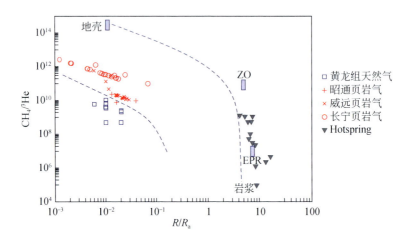

图5　四川盆地黄龙组天然气和龙马溪组页岩气 $CH_4/^3He$ 与 R/R_a 关系图

Hotspring. 幔源氦的加入[41]；EPR. 为东太平洋隆起的地热流体[42]；

ZO. 来自菲律宾 Zambales 蛇绿岩的气体渗漏[43]

4　讨论

4.1　成熟度差异

1）湿度系数

甲烷及其同系物，随着碳数的增加，C—C 键能会逐渐降低，即热稳定性逐渐降低，导致热演化程度增高的情况下，重烃气组分会逐渐裂解，甲烷的相对含量会逐渐增高，进而导致干燥系数（C_1/C_{1+}）逐渐增加，对应的湿度系数（C_{2-4}/C_{1-4}）则逐渐降低[37,44]。前人利用湿度系数，对龙马溪组天然气组分及烷烃气同位素的演化规律开展了大量工作，并取得重要认识[2,21]。虽然，黄龙组和龙马溪组天然气均为干气，但是前者天然气湿度系数分布区间比较宽泛（图6），且部分天然气的湿度系数明显高于页岩气，表明黄龙组天然气的成熟度要稍微低于龙马溪组页岩。

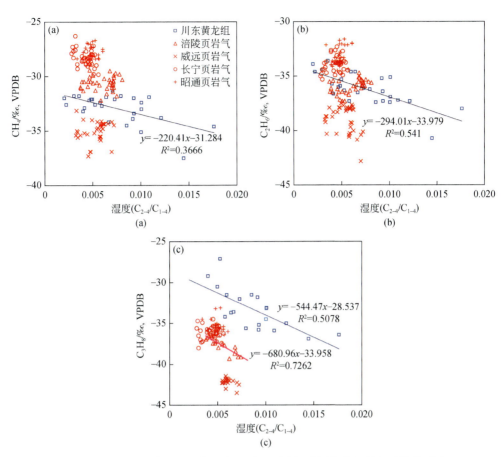

图 6　四川盆地黄龙组天然气和龙马溪组页岩气碳同位素与湿度系数关系图

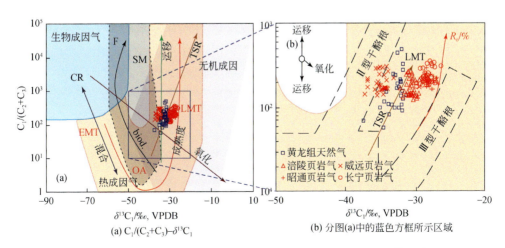

图 7　四川盆地黄龙组天然气和龙马溪组页岩气 $C_1/(C_2+C_3) - \delta^{13}C_1$ 关系图
（据文献 [44]、[53] 和 [54]，修改）

不同阴影区分别代表 CO_2 还原（CR）、甲基型发酵（F）、微生物来源（SM）、早成熟生热气（EMT）、油伴生热气（OA）和晚成熟热成因气（LMT）。这些趋势线代表了影响气体分子和同位素组成的不同过程，如生物降解（biod.）和硫酸盐热化学还原（TSR）

2）天然气成熟度 R_o

在烷烃气组分中，甲烷的碳同位素相对于成熟度最为敏感，随着成熟度的增高而逐渐变重，由此不同学者提出了基于不同干酪根类型的 $\delta^{13}C_1$–R_o 关系式[45-51]。页岩气甲烷碳同位素随着湿度系数的增加而表现出变重特征。四川盆地黄龙组和龙马溪组天然气均为成熟度较高的油型气（图7）。因此，本文利用刘文汇等[52]提出的油型气 $\delta^{13}C_1$–R_o 关系式对黄龙组和龙马溪组天然气的成熟度 R_o 进行计算。计算结果表明，黄龙组天然气成熟度 R_o 值介于 1.34% ~ 2.35%，平均为 2.07%，绝大部分为过成熟天然气。涪陵页岩气 R_o 值为 2.16% ~ 2.78%，平均为 2.50%；长宁页岩气 R_o 值范围为 2.68% ~ 3.68%，平均为 3.07%；昭通页岩气 R_o 分布区间为 2.91% ~ 3.55%，平均为 3.22%；威远页岩气 R_o 值最低，其分布范围从 1.37% ~ 1.99%，平均值为 1.69%。四大页岩气田，龙马溪组天然气的成熟度由高到低顺序为昭通>长宁>涪陵>威远。黄龙组天然气成熟度低于涪陵，而高于威远页岩气。

4.2 天然气组分差异

1）非烃气体含量

硫化氢具有生物成因、有机质中硫化物热降解以及热硫酸盐热还原反应等3种成因来源[2,16,19]。黄龙组天然气中含有硫化氢，而页岩气中普遍不含该类非烃化合物。黄龙组天然气酸性指数 GSI $[H_2S/(H_2S+C_nH_{2n+2})]$ 数值均低于 0.008，按照 Liu 等[55]划分标准，黄龙组油气藏应该未发生硫酸盐热化学还原（TSR）反应，这些少量的 H_2S 应该是来源于干酪根或者原油中硫化物的裂解。川东二叠系长兴组—三叠系飞仙关组礁滩型白云岩油气藏，如普光、罗家寨等普遍经历了强烈的 TSR 反应[16,19]，导致烷烃气同位素明显偏重。黄龙组储层主要为白云岩，可以提供反应物 Mg^{2+}，也达到了 TSR 反应的温度，为什么未发生 TSR 反应需要下一步进行更深入细致的分析。

龙马溪组页岩气中不含硫化氢气体是因为3个原因：①盆地内部龙马溪组在侏罗纪—早白垩世普遍经历快速深埋时期，温度高，缺乏生物成因的地质条件；②页岩储层内不含硫酸盐，不具备 TSR 反应的条件；③烃源岩受热作用性，有机质中含硫化合物热降解形成的少量 H_2S，会与页岩中的金属元素，如铁和锌等发生反应形成黄铁矿等硫化物[20,56]。

前人研究认为[57-58]，天然气中氮气有4种来源：①大气来源；②岩浆–火山活动；③微生物活动；④有机质成熟作用。黄龙组和龙马溪组目前埋深均比较大，普遍超过 3000m，大气来源以及微生物活动的可能性微乎其微，另外气藏形成后区域上并未发生规模的岩浆–火山活动，因此黄龙组和龙马溪组中的天然气应为有机质热降解形成。有机成因来源的氮气含量与成熟度成正比[59-60]。前文已经论证龙马溪组页岩气（除了威远地区）成熟度普遍高于川东石炭系，如果单纯用成熟度因素分析，页岩气中的氮气含量应高于黄龙组常规气，但是事实正好相反 [图2（b）]。N_2 分子量小，在储层中运移的速度要快于烷烃气。模拟实验结果表明，氮气黏土层中的运移速度要快于烷烃气，并且氮气在碳酸盐岩地层的运移速度是在黏土地层中的 200 多倍[61]，并且常规气中氮气的含量随着运移距离增加有逐渐富集的现象[62]，因此龙马溪组页岩中的 N_2 含量低于石炭系黄龙组常规气，我们认为是由于碳酸盐岩常规储层中氮气运移扩散速率快，随着运移距离增加，在圈闭中逐渐富集所导致。

黄龙组常规天然气中二氧化碳含量总体上高于龙马溪组页岩气［图2（b）、图3］，并且二氧化碳含量表现出与成熟度负相关的关系（图3）。龙马溪组页岩气二氧化碳碳同位素分布区间为-15.84‰～-10.42‰，表明既有有机质降解来源，又有部分来源于无机碳酸盐岩矿物受热分解[2,21]。由于缺乏黄龙组天然气二氧化碳碳同位素数据，其成因和来源还不能完全确定。有机质在受热力作用下，早期成熟阶段生成二氧化碳的量要高于成熟晚期[37]，同时随着成熟度的增加，甲烷由于在同系物中热稳定性最高而表现出其含量逐渐增加、干燥系数逐渐增大的特征，进而随着成熟度增加，甲烷与二氧化碳含量呈现出负相关关系（图3）。由于黄龙组常规天然气整体的成熟度要低于龙马溪组页岩气，所以黄龙组常规气中二氧化碳的含量要稍高；同时黄龙组天然气与威远龙马溪组页岩气成熟度相近，它们部分天然气二氧化碳含量相当［图2（b）］。另外黄龙组储层为碳酸盐岩，在晚侏罗世—早白垩世川东地区经历快速埋深，储层经历高温，可能发生碳酸盐岩分解形成无机成因的二氧化碳，导致其含量要高于龙马溪组页岩气。

2）烷烃气组分

高成熟度条件下，甲烷热稳定性最高，重烃气体会发生不同程度裂解最终形成甲烷和石墨[37]。黄龙组烷烃气中乙烷、丙烷含量要高于龙马溪组页岩气，而甲烷的含量要低于后者。前文已经论证除了威远页岩气以外，黄龙组常规气成熟度要低于四川盆地其他示范区的页岩气，成熟度的差异是导致烷烃气组分出现差异的主要因素。

4.3　天然气碳同位素分馏差异

由前文可知，四川盆地黄龙组天然气和龙马溪组页岩气存在碳同位素倒转现象，分别呈 $\delta^{13}C_1>\delta^{13}C_2<\delta^{13}C_3$ 和 $\delta^{13}C_1>\delta^{13}C_2>\delta^{13}C_3$ 特征。在天然气成因识别图版上，黄龙组天然气与威远页岩气整体偏向于Ⅱ型干酪根来源，与实际情况相符，而长宁-昭通和涪陵页岩气反而偏向Ⅲ型干酪根。热模拟实验表明，随热演化程度增加，天然气烷烃气组分的碳同位素组成普遍逐渐变重，过成熟页岩气的乙烷和丙烷经历了两次"反转现象"，先变重后变轻[2,13,15,62]。至过成熟阶段，甲烷占烷烃气的绝对优势，且与其碳同位素组成 $\delta^{13}C_1$ 不存在明显相关性［图8（a）］，重烃气含量逐渐减少，黄龙组 $\delta^{13}C_2$ 值随乙烷含量减少呈持续变重的趋势［图8（b）］。

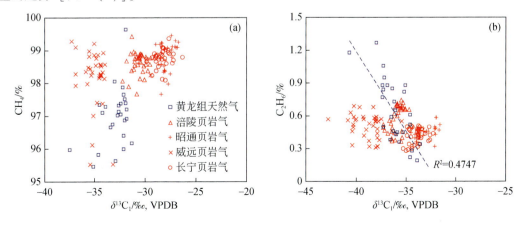

图8　四川盆地黄龙组天然气和龙马溪组页岩气 CH_4-$\delta^{13}C_1$（a）和 C_2H_6-$\delta^{13}C_1$（b）关系图

黄龙组甲烷碳同位素总体上重于威远龙马溪组，而轻于其他示范区龙马溪组页岩气，并且成熟度越高，同位素分馏程度越大［图8（a）］，昭通龙马溪组页岩气与黄龙组成熟度差异最大，为1.13%，甲烷碳同位素分馏幅度达5‰。乙烷碳同位素也有类似特征，但是同位素的分馏程度没有甲烷那么明显［图8（b）］。

黄龙组和龙马溪组天然气甲烷、乙烷碳同位素均发生了倒转，常规天然气随着湿度系数降低（成熟度增加），甲烷、乙烷烃气碳同位素的差异逐渐降低，倒转程度越来越弱［图9（a）］。而页岩气甲烷、乙烷碳同位素差异与湿度系数并未呈现明显相关性［图9（a）］，并且，相同湿度系数下，页岩气比常规气的分馏幅度要更大，表明页岩气中乙烷的来源要比常规气更为多样。黄龙组乙烷和丙烷碳同位素并未发生倒转，湿度系数与乙烷、丙烷碳同位素分馏幅度呈现出负相关关系［图9（b）］。页岩气中乙烷、丙烷碳同位素分馏幅度与湿度系数则未见明显相关性［图9（b）］。

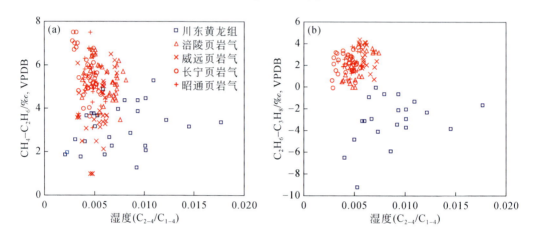

图9   四川盆地黄龙组天然气和龙马溪组页岩气烷烃气碳同位素差异与湿度系数关系图

4.4   碳同位素倒转成因差异

戴金星等[37]曾针对天然气出现的碳同位素组成倒转现象提出5种解释机制：有机和无机成因气的混合、油型气与煤成气的混合、同源不同期或同期不同源气体混合、生物细菌氧化气组分和硫酸盐热化学还原（TSR）反应[20]。前人研究已知，有机与无机烷烃气的混合、煤成气与油型气的混合和细菌氧化均不是导致黄龙组天然气出现倒转的成因，先期形成的伴生气与后期形成的裂解气混合是造成黄龙组天然气倒转的重要原因[11]。

非常规页岩气在生成和聚集过程中往往处于一个相对封闭的体系中，在正常的原油裂解过程中不会出现碳同位素分布异常[63-64]。龙马溪页岩气地球化学异常主要表现为负碳同位素系列（$\delta^{13}C_1 > \delta^{13}C_2 > \delta^{13}C_3$）。Hao和Zou[14]认为在生油高峰期低的排烃效率以及生气高峰期高的排气效率是过成熟页岩气表现出地球化学异常的必要条件。众多研究表明，高演化阶段，封闭体系内不同母质来源（干酪根、滞留油和湿气）裂解生成天然气的混合效应是导致高–过成熟页岩气出现碳同位素倒转的重要成因[2,13,15,34]，在此基础上，无机物质参与的瑞利分馏效应可以为龙马溪组页岩气的异常重甲烷提供较为合理的解释[21,65]。值得注意的是，无机物（水和过渡金属）的二次作用在一定程度上改造了生气母质的遗传特征，从而影响了过成熟页岩气的成因鉴别［图7（b）］。

5　结论

（1）受成熟度、储层岩性、参与裂解物质等因素影响，相同气源的黄龙组常规气和龙马溪组页岩气表现出差异明显的地球化学特征。

（2）整体上，黄龙组常规气成熟度低于龙马溪组页岩气，前者甲烷含量低于后者，而前者重烃气含量稍高；页岩气中有机质生成的 H_2S 易于金属反应而被消耗掉，导致页岩气中不含 H_2S，黄龙组常规气中 H_2S 含量较低，可能并未发生 TSR 反应，主要来源于有机质热降解；黄龙组常规气 CO_2 含量明显高于龙马溪组页岩气，与碳酸盐岩矿物高温分解关系密切；页岩中的 N_2 含量低，是由于 N_2 快速的运移扩散速率所导致

（3）成熟度越高，同源常规气与非常规气甲烷碳同位素分馏程度越大；乙烷碳同位素也有类似特征，但是同位素的分馏程度没有甲烷那么明显。

（4）高演化阶段，封闭体系内不同母质来源（干酪根、滞留油和湿气）裂解生成天然气的混合效应是导致高-过成熟页岩气出现负碳同位素系列，而先期形成的伴生气与后期形成的裂解气混合是造成黄龙组天然气倒转的主要原因。

参 考 文 献

［1］邹才能，杨智，张国生，等.常规-非常规油气"有序聚集"理论认识及实践意义.石油勘探与开发，2014，41（1）：14-26.

［2］Dai J X，Zou C N，Liao S M，et al. Geochemistry of the extremely high thermal maturity Longmaxi shale gas，southern Sichuan Basin. Organic Geochemistry，74：3-12.

［3］Zou C N，Zhu R K，Chen Z Q，et al. Organic-matter-rich shales of China. Earth-Science Reviews，2019，189：51-78.

［4］谢军.关键技术进步促进页岩气产业快速发展——以长宁-威远国家级页岩气示范区为例.天然气工业，37（12）：1-10.

［5］赵文智，朱如凯，胡素云，等.陆相富有机质页岩与泥岩的成藏差异及其在页岩油评价中的意义.石油勘探与开发，2020，47（6）：1079-1089.

［6］孙焕泉，周德华，蔡勋育，等.中国石化页岩气发展现状与趋势.中国石油勘探，2020，25（2）：14-26.

［7］梁兴，徐政语，张朝，等.昭通太阳背斜区浅层页岩气勘探突破及其资源开发意义.石油勘探与开发，2020，47（1）：11-28.

［8］梁兴，张介辉，张涵冰，等.浅层页岩气勘探重大发现与高效开发对策研究：以太阳浅层页岩气田为例.中国石油勘探，2021，26（6）：21-37.

［9］郭旭升，胡德高，舒志国，等.重庆涪陵国家级页岩气示范区勘探开发建设进展与展望.天然气工业，2022，42（8）：14-23.

［10］胡光灿.四川盆地油气勘探突破实例分析.海相油气地质，1997，2（3）：52-53.

［11］戴金星，倪云燕，黄士鹏.四川盆地黄龙组烷烃气碳同位素倒转成因的探讨.石油学报，2010，31（5）：710-717.

［12］Tilley B，Mclellan S，Hiebert S，et al. Gas isotope reversals in fractured gas reservoirs of the western Canadian Foothills：mature shale gases in disguise. AAPG Bulletin，2011，95：1399-1422.

［13］Dai J，Zou C，Liao S，et al. Geochemistry of the extremely high thermal maturity Longmaxi shale gas，southern Sichuan Basin. Organic Geochemistry，2014，74：3-12.

［14］ Dai J, Zou C, Dong D, et al. Geochemical characteristics of marine and terrestrial shale gas in China. Marine and Petroleum Geology, 2016, 76: 444-463.

［15］ Hao F, Zou H. Cause of shale gas geochemical anomalies and mechanisms for gas enrichment and depletion in high-maturity shales. Marine and Petroleum Geology, 2013, 44: 1-12.

［16］ Zumberge J, Ferworn K, Brown S. Isotopic reversal ("rollver") in shale gases produced from the Mississippian Barnett and Fayetteville Formations. Marine and Petroleum Geology, 2012, 31: 43-52.

［17］ Hao F, Zou H Y, Lu Y C. Mechanisms of shale gas storage: implications for shale gas exploration in China. AAPG Bulletin, 2013, 99(8): 1325-1346.

［18］ Xia X Y, Chen J, Braun R, et al. Isotopic reversals with respect to maturity trends due to mixing of primary and secondary products in source rocks. Chemical Geology, 2013, 339: 205-212.

［19］ Milkov A V, Faiz M, Etiope G. Geochemistry of shale gases from around the world: composition, origins, isotope reversals and rollovers, and implications for the exploration of shale plays. Organic Geochemistry, 2020, 143: 103997.

［20］ Liu Q Y, Jin Z J, Wang X F, et al. Distinguishing kerogen and oil cracked shale gas using H, C-isotopic fractionation of alkane gases. Marine and Petroleum Geology, 2018, 91: 350-362.

［21］ Feng Z Q, Hao F, Tian J Q, et al. Shale gas geochemistry in the Sichuan Basin, China. Earth-Science Reviews, 2022, 232: 104141.

［22］ 戴金星, 倪云燕, 刘全有, 等. 四川超级气盆地. 石油勘探与开发, 2021, 48(6): 1081-1088.

［23］ 牟传龙, 周恳恳, 梁薇, 等. 中上扬子地区早古生代烃源岩沉积环境与油气勘探. 地质学报, 2011, 85(4): 526-532.

［24］ 黄福喜, 陈洪德, 侯明才, 等. 中上扬子克拉通加里东期(寒武–志留纪)沉积层序充填过程与演化模式. 岩石学报, 2011, 27(8): 526-532.

［25］ 邹才能, 陶士振, 侯连华, 等. 非常规油气地质, 2版. 北京: 地质出版社, 2013.

［26］ 王淑芳, 董大忠, 王玉满, 等. 四川盆地志留系龙马溪组富气页岩地球化学特征及沉积环境. 矿物岩石地球化学通报, 2015, 34(6): 1203-1212.

［27］ 梁狄刚, 郭彤楼, 陈建平, 等. 中国南方海相生烃成藏研究的若干新进展(二): 南方四套区域性海相烃源岩的地球化学特征. 海相油气地质, 2009, 14(1): 1-15.

［28］ 王玉满, 魏国齐, 沈均均, 等. 四川盆地及其周缘海相页岩有机质炭化区分布规律与主控因素浅析. 天然气地球科学, 2022, 33(6): 843-859.

［29］ 郑荣才, 彭军, 高红灿, 等. 川西坳陷断裂活动期次、热流体性质和油气成藏过程分析. 成都理工大学学报(自然科学版), 30(6): 551-558.

［30］ 胡忠贵, 郑荣才, 文华国. 川东邻水–渝北地区石炭系黄龙组白云岩成因. 岩石学报, 2008, 24(6): 1369-1378.

［31］ 朱光有, 李茜, 李婷婷, 等. 镁同位素示踪白云石化流体迁移路径——以四川盆地石炭系黄龙组为例. 地质学报, 2022, 96: 1-19.

［32］ 张兵, 郑荣才, 王绪本, 等. 四川盆地东部黄龙组古岩溶特征与储集层分布. 石油勘探与开发, 2011, 38(3): 257-267.

［33］ Chung H M, Gormly J R, Squires R M. Origin of gaseous hydrocarbons in subsurface environments: theoretic considerations of carbon isotope distribution. Chemical Geology, 1988, 71: 97-104.

［34］ Xia X, Tang Y. Isotope fractionation of methane during natural gas flow with coupled diffusion and adsorption/desorption. Geochimica et Cosmochimica Acta, 2012, 83(1): 489-503.

［35］ Prinzhofer A, Pernaton E. Isotopically light methane in natural gas: bacterial imprint or diffusive fractionation? Chemical Geology, 1997, 142(3-4): 193-200.

[36] Ozima M, Podosek F A. Noble Gas Geochemistry, Second ed. Cambridge：Cambridge University Press, 2002.

[37] 戴金星, 裴锡古, 戚厚发. 中国天然气地质学. 北京：石油工业出版社, 1992.

[38] Galimov E M. Isotope organic geochemistry. Organic Geochemistry, 2006, 37：1200-1262.

[39] Prinzhofer A, Neto V D, Battani A. Coupled use of carbon isotopes and noble gas isotopes in the Potiguar Basin (Brazil)：fluids migration and mantle influence. Marine and Petroleum Geology, 2010, 27：1273-1284.

[40] Hunt A G, Darrah T H, Poreda R J. Determining the source and genetic fingerprint of natural gases using noble gas geochemistry：a northern Appalachian Basin case study. AAPG Bulletin, 2012, 96 (10)：1785-1811.

[41] Sano Y, Nakamura Y, Wakita H. Areal distribution of ^{3}He/^{4}He ratios in the Tohoku district, northeastern Japan. Chemical Geology：Isotope Geoscience Section, 1985, 52(1)：1-8.

[42] Welhan J A, Craig H. Methane, Hydrogen and Helium in Hydrothermal Fluids at 21°N on the East Pacific Rise. New York：Springer Science Business Media,1983.

[43] Abrajano T A, Sturchio N C, Bohlke J K, et al. Methane-hydrogen gas seeps, Zambales ophiolite, Philippines：deep or shallow origin? Chemical Geology, 1988, 71(1-3)：211-222.

[44] Whiticar M J. Carbon and hydrogen isotope systematics of bacterial formation and oxidation of methane. Chemical Geology, 1999, 161：291-314.

[45] Stahl W J, Carey B D Jr. Source-rock identification by isotope analyses of natural gases from fields in the Val Verde and the Delaware Basin, West Texas. Chemical Geology,1975, 16：257-267.

[46] Stahlw J. Carbon and nitrogen isotopes in hydrocarbon research and exploration. Chemical Geology, 1977, 20：121-149.

[47] Schoell M. Genetic characterization of natural gas. AAPG Bulletin, 1983, 67：2225-2238.

[48] Berner U, Faber E. Empirical carbon isotope/maturity relationships for gases from algal kerogens and terrigenous organic matter, based on dry, open-system pyrolysis. Organic Geochemistry, 1996, 24(10-11)：947-955.

[49] Dai J X, Qi H F. δ^{13}C-R_o correlation of the coal-formed gas in China. Chinese Science Bulletin, 1989, 34(9)：690-692.

[50] Faber T E Fluid Dynamics for Physicists：Surface Waves. New York：Cambridge University Press, 1995.

[51] 刘文汇, 徐永昌. 煤型气碳同位素演化二阶段分馏模式及机理. 地球化学, 1999, (4)：359-366.

[52] 刘文汇. 海相层系多种烃源及其示踪体系研究进展. 天然气地球科学, 2009, 20(1)：1-7.

[53] Bernard B B, Brooks J M, Sackett W M. Light hydrocarbons in recent Texas continental shelf and slope sediments. Journal of Geophysical Research. Part C：Oceans, 1978, 83：4053-4061.

[54] Milkov A V, Etiope G. Revised genetic diagrams for natural gases based on a global dataset of >20,000 samples. Organic Geochemistry, 2018, 125：109-120.

[55] Liu Q Y, Worden R H, Jin Z J, et al. TSR versus non-TSR processes and their impact on gas geochemistry and carbon stable isotopes in Carboniferous, Permian and Lower Triassic marine carbonate gas reservoirs in the eastern Sichuan Basin, China. Geochimica et Cosmochimica Acta, 2013, 100：96-115.

[56] Wang H Y, Shi Z S, Sun S S, 2021. Biostratigraphy and reservoir characteristics of the Ordovician Wufeng Formation–Silurian Longmaxi Formation shale in the Sichuan Basin and its surrounding areas, China. Petroleum Exploration and Development,48(5)：1019-1032.

[57] 宋占东, 姜振学, 宋岩, 等. 准噶尔盆地南缘天然气中 N_2 地球化学特征及成因分析. 天然气地球科学, 2012, 23(3)：541-549.

[58] Xu Y, Shen P, Sun M, et al. Non-hydrocarbon and noble gas geochemistry. Journal of Asian Earth Sciences,

1991, 5(1-4): 327-332.

[59] Littke R, Kroos B. Molecular nitrogen in natural gas accumulations: generation from sedimentary organic matter at high temperatures. AAPG Bulletin, 1995, 79(3): 410-430.

[60] 苏越, 王伟明, 李吉君, 等. 中国南方海相页岩气中氮气成因及其指示意义. 石油与天然气地质, 2019, 40(6): 1185-1196.

[61] 卢家烂, 傅家谟, 张惠, 等. 不同条件下天然气运移影响的模拟实验研究. 石油与天然气地质, 1991, 12(2): 153-160.

[62] 宋占东, 姜振学, 宋岩, 等. 准噶尔盆地南缘天然气中 N_2 地球化学特征及成因分析. 天然气地球科学, 2012, 23(3): 541-549.

[63] Jarvie D M, Hill R J, Ruble T E, et al. Unconventional shale-gas systems: the Mississippian Barnett shale of north-central Texas as one model for thermogenic shale-gas assessment. AAPG Bulletin, 2007, 91(4): 475-499.

[64] Martini A M, Walter L M, Ku T C, et al. Microbial production and modification of gases in sedimentary basins: a geochemical case study from a Devonian shale gas play, Michigan Basin. AAPG Bulletin, 2003, 87(8): 1355-1375.

[65] Burruss R C, Laughrey C D. Carbon and hydrogen isotopic reversals in deep basin gas: evidence for limits to the stability of hydrocarbons. Organic Geochemistry, 2010, 41: 1285-1296.

准噶尔盆地西北缘天然气成因
来源及勘探潜力[*]

龚德瑜，赵长永，何文军，赵　龙，孔玉梅，马丽亚，王瑞菊，吴卫安

准噶尔盆地是中国西部三大叠合含油气盆地之一[1]，油气资源十分丰富。盆地的油气勘探工作始于 19 世纪初，距今已有逾百年历史[2]。截至 2017 年底，准噶尔盆地探明石油地质储量达 33.6×10^8 t，已成为中国最重要的油气生产基地[3-4]。准噶尔盆地西北缘紧邻玛湖和沙湾两大主力生烃凹陷，是油气资源最为丰富的地区[5-6]。2012 年在该区发现的十亿吨级玛湖特大型油田［图 1（a）］是 21 世纪以来中国境内发现的最大陆上油田之一[4,7-9]。

相对原油而言，准噶尔盆地的天然气勘探长期踟蹰不前[3,10]。截至 2018 年，全盆地天然气探明地质储量仅有 2092×10^8 m³[3]。目前已发现的气田主要集中在盆地的东部和南部[2,10-12]，在盆地西北缘也已发现了以克拉玛依、金龙和夏子街气藏为代表的一批小型气藏和出气井点［图 1（a）］，尽管其规模较小，但平面分布广、产气层位多[2,13-14]，已初步展现出一定的天然气勘探潜力。

前人针对盆地西北缘天然气的成因来源开展了一些研究，总体上认为研究区存在油型气和煤型气 2 种类型[13-18]，但关于 2 类天然气的来源仍然存在争论。关于油型气，目前普遍认为其主体为来自玛湖凹陷风城组（P_1f）的低成熟油伴生气[13-18]。然而，与西北缘相邻的沙湾凹陷和盆 1 井西凹陷现今风城组烃源岩已经达到高–过成熟阶段，研究区是否存在该套烃源岩生成的高熟油型气目前仍未开展系统研究[4]。关于煤型气，一部分学者认为其主体来自中二叠统下乌尔禾组（P_2w）烃源岩[13-15]，另一部分学者则更倾向于来自石炭系（C）或下二叠统佳木河组（P_1j）烃源岩[16-18]。之所以出现这样的情况，一方面是由于多套烃源岩叠置导致不同成因来源天然气存在混合的可能[12-14]，给气源追溯带来了难度（图 2）；另一方面，西北缘自燕山期以来经历了多期构造运动，天然气可能发生了聚集—调整—再聚集的过程并伴随各种次生改造作用[4-6]，进一步增加了认识天然气成藏过程的难度。

本文基于准噶尔盆地西北缘主要产气井的天然气地球化学参数（表 1），系统研究了天然气的成因来源及遭受的次生改造，并在此基础上，反演了气藏的形成过程。研究成果提供了一个复杂地质条件下开展气源对比的典型案例，同时也大大深化了对准噶尔盆地天然气勘探潜力的总体认识。

1　地质背景

准噶尔盆地位于中国新疆维吾尔自治区北部，是在前寒武系结晶基底和石炭系褶皱基

* 原载于《石油与天然气地质》，2022 年，第 43 卷，第 1 期，161 ~ 174。

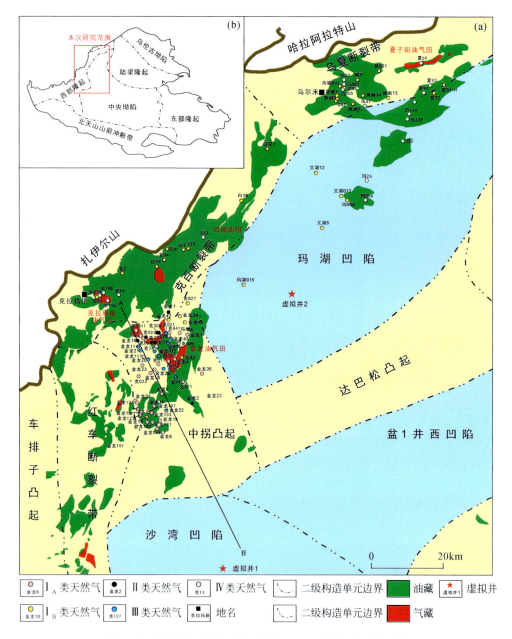

图 1　准噶尔盆地西北缘油气地质概况及不同成因天然气分布

底之上形成并演化的晚古生代—中新生代叠合盆地[19-20]。该盆地处于西伯利亚、塔里木和哈萨克斯坦三大古板块的拼接带，平面上近似呈菱形，面积约 $13 \times 10^4 \, \mathrm{km}^2$ ［图 1 (b)]$^{[20-21]}$。盆地在地质历史上经历了中奥陶世—早石炭世古亚洲洋消亡及碰撞造山、晚石炭世—早二叠世伸展断陷、中—晚二叠世断-坳转换、中生代统一坳陷和新生代陆内前陆等多期演化阶段，分为 6 个一级构造单元[20-22]［图 1 (b)]。本文研究范围包括盆地西部的玛湖凹陷、沙湾凹陷、中拐凸起、克百断裂带和乌夏断裂带等 5 个二级构造单元［图 1 (a)]。研究区自下而上依次发育石炭系—第四系，其中，P_1f 咸水湖相泥岩是该区最重要的一套烃源岩[22]，其次为 C、P_1j 和 P_2w 烃源岩[2,9]（图2）。

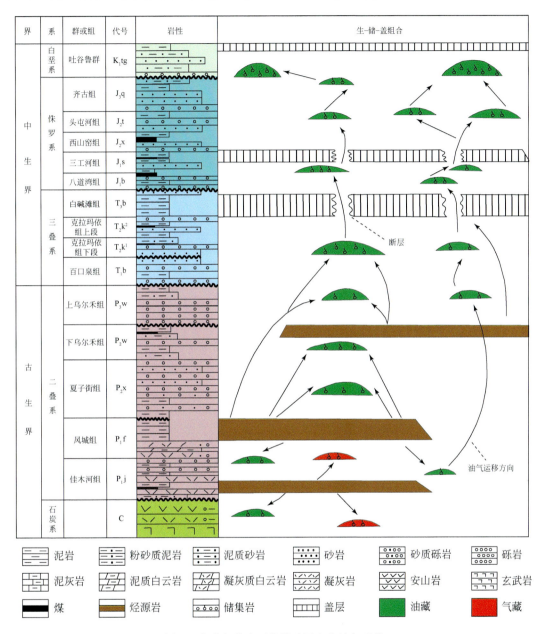

图2　准噶尔盆地西北缘地层和含油气系统

2　样品与实验方法

本次研究分析了准噶尔盆地西北缘 104 口井 125 个天然气样品，基本涵盖了研究区的主要出气井点和层位。平面上，天然气主要分布在中拐凸起，其次为克百断裂带和乌夏断裂带，在玛湖凹陷也有一定分布［图1（a）］。研究区产气层位多（石炭系—古近系），埋深跨度大（500~6000m），但主要分布在石炭系、二叠系和中—下三叠统中，深度集中在

2700～3500m（图2，表1）。

天然气组分分析应用 Hewlett Packard 6890 II 型气相色谱仪，单个烃类气体组分通过毛细柱分离（PLOT Al_2O_3，50m×0.53mm），气相色谱仪炉温首先设定在30℃，保持10min，然后以10℃/min 的速率升高到180℃。烷烃气碳同位素分析采用 Finnigan MAT Delta S 同位素质谱仪，单个烷烃气组分和 CO_2 通过色谱柱（PLOT Q，30m×0.32mm）分离。一个样品分析3次，分析精度为±0.3‰，标准为 VPDB。通过 PetroMod 软件开展了研究区凸起带和凹陷区的一维盆地模拟。烃源岩现今热流值和热导率等参数来自前人的相关研究成果[23-27]。模拟过程中，等效镜质组反射率的计算依据文献 [28] 提出的 Easy%R_o法。

3 实验结果

3.1 天然气组分特征

准噶尔盆地西北缘天然气中，烷烃气占绝对优势，但含量变化很大，为61.10%～99.22%，平均为95.33%，多数样品烷烃气含量大于90%［表1，图3（a）、（b）］。其中，甲烷含量为57.75%～96.11%，平均为86.52%，主频分布在85.00%～95.00%［表1，图3（a）］；重烃气组分（$\sum C_{2-5}$）为1.66%～34.36%，平均为8.82%，主频分布在0～10%［表1，图3（b）］。天然气干燥系数（$C_1/\sum C_{1-5}$）为0.71～0.98，平均为0.91［表1，图3（c）］，说明天然气分布在较宽的成熟度区间，是气源岩在不同热演化阶段的产物。天然气中干气（$C_1/\sum C_{1-5}$>0.95）约占样品总数的42.4%（表1）。

非烃气体中二氧化碳含量低，为0.01%～4.19%，平均为3.26%；氮气含量主要分布在0～5.00%（表1），个别样品氮气含量较高，最高可达30.05%（金龙123）。97.6%的样品氮气含量高于二氧化碳（表1），这与准噶尔盆地南缘、腹部和东部天然气特征相似[10-12,29-30]。

3.2 天然气稳定碳同位素特征

研究区天然气甲烷碳同位素组成（$\delta^{13}C_1$）介于−54.4‰～−25.8‰，平均为−38.7‰，表现出双峰特征，分布在−37.0‰～−30.0‰和−47.0‰～−41.0‰两个主要区间，此外，在−47.0‰～−55.0‰有一个次主要区间［表1，图3（d）］。乙烷碳同位素组成（$\delta^{13}C_2$）主频分布在−35.0‰～−25.0‰，平均为−30.2‰［表1，图3（e）］。丙烷碳同位素组成（$\delta^{13}C_3$）的主要分布区间为−35.0‰～−23.0‰，平均为−28.8‰［表1，图3（f）］。

根据同位素动力学分馏效应，热成因气的 $\delta^{13}C$ 随着碳原子数的增加而更加富集^{13}C，称为正碳同位素系列[31-34]。在一些无机成因气和页岩气中发现了与之截然相反的情况，称为负碳同位素系列[31-34]。当天然气碳同位素不符合以上两种情况，而出现不规则排列则称之为碳同位素倒转[31-34]。研究区正碳同位素系列的样品占所有样品的91.2%（图4）。一部分天然气碳同位素组成发生了倒转，表现为 $\delta^{13}C_1<\delta^{13}C_2>\delta^{13}C_3$（图4）。造成碳同位素倒转的原因包括生物降解和不同成因天然气的混合等，将在下文中具体讨论。

表 1 准噶尔盆地西北缘天然气地球化学参数表

分类	成因来源	参数	深度/m	天然气组分/%									干燥系数	天然气稳定碳同位素/‰, VPDB		
				甲烷	乙烷	丙烷	异丁烷	正丁烷	异戊烷	正戊烷	氮	二氧化碳		甲烷	乙烷	丙烷
I$_A$类	P$_1$f高成熟油型气	最小值	2239	57.75	1.80	0.72	0	0	0	0	0.69	0.01	0.90	-37.3	-31.5	-30.9
		最大值	4519	94.19	5.74	2.45	0.64	0.94	0.51	0.53	30.05	1.43	0.95	-29.8	-27.9	-24.6
		平均值	3060	88.28	3.35	1.36	0.37	0.48	0.19	0.22	4.37	0.32	0.94	-33.3	-29.5	-28.9
I$_B$类	P$_1$f中-低成熟度油型气	最小值	553	64.68	3.08	0.43	0.37	0.34	0.19	0.15	0.39	0.03	0.71	-54.4	-40.9	-37.7
		最大值	4808	94.60	11.42	7.44	4.51	2.86	1.90	1.85	11.50	4.19	0.96	-37.0	-30.1	-25.6
		平均值	3049	79.54	7.28	4.14	1.41	1.57	0.83	0.74	2.79	0.60	0.83	-45.8	-34.2	-32.2
II类	P$_1$j—C高成熟煤型气	最小值	2486	73.77	1.77	0.37	0.09	0.10	0.02	0.01	0.55	0.06	0.93	-35.9	-26.6	-24.7
		最大值	4616	95.21	3.55	1.24	0.53	0.47	0.20	0.27	20.34	1.33	0.98	-25.8	-23.8	-20.6
		平均值	3436	91.35	2.67	0.69	0.17	0.19	0.06	0.07	4.08	0.39	0.96	-30.7	-25.6	-22.9
III类	I类和II类的混合气	最小值	2215	86.61	2.10	0.49	0.16	0.23	0.06	0.05	0.82	0.13	0.91	-37.4	-29.1	-29.4
		最大值	3521	95.63	5.62	3.34	0.51	0.60	0.22	0.23	2.82	0.30	0.97	-31.4	-27.1	-24.2
		平均值	2928	92.21	3.50	1.33	0.28	0.35	0.11	0.11	1.78	0.21	0.94	-33.3	-27.7	-26.8
IV类	次生生物成因气	最小值	528	83.40	1.20	0.17	0.15	0.09	0.03	0.01	0.57	0.03	0.90	-50.6	-33.0	-31.9
		最大值	4313	96.11	6.81	3.12	2.34	0.91	1.08	0.46	7.24	1.35	0.98	-40.5	-25.6	-22.3
		平均值	2260	90.83	3.23	1.28	0.69	0.41	0.34	0.22	2.48	0.39	0.94	-44.5	-30.0	-28.6

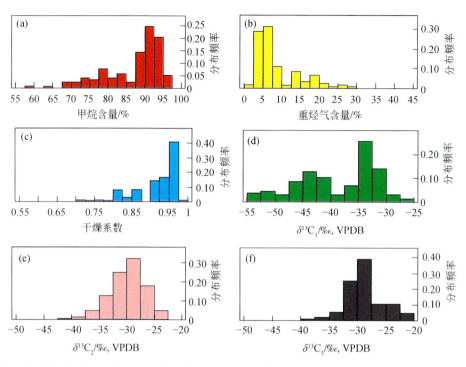

图3 准噶尔盆地西北缘天然气（a）甲烷含量、（b）重烃气含量、（c）干燥系数、（d）甲烷碳同位素、
（e）乙烷碳同位素和（f）丙烷碳同位素频率分布直方图

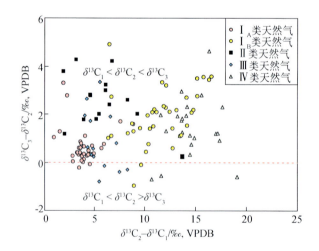

图4 准噶尔盆地西北缘烷烃气碳同位素分布特征图

4 讨论

4.1 天然气成因来源

1）天然气成因

对于来自同一套烃源岩的原生热成因气而言，随着成熟度的增加，其 $\delta^{13}C$ 会逐渐富

集^{13}C$^{[35-37]}$。大量油田现场实例和热模拟实验均证实，不同成因来源的天然气具有不同的同位素动力学演化路径，常用$\delta^{13}C_1$-$\delta^{13}C_2$的相关关系来表示$^{[35-39]}$。受干酪根δ^{13}C的控制，在相同或相近的热演化阶段，腐殖型烃源岩生成的天然气（煤型气）比腐泥型烃源岩生成天然气（油型气）的δ^{13}C更重$^{[35-36,40]}$。研究区天然气可分为四大类［图5（a）］。

第Ⅰ类天然气甲烷和乙烷碳同位素值变化区间很宽，分别为-54.4‰～-29.8‰（平均为-39.5‰）和-40.9‰～-27.9‰（平均为-31.7‰），与特拉华-瓦韦德盆地油型气$^{[41]}$具有相似的同位素动力学演化路径［表1，图5（a）］。当然，即便是相同成因的天然气，其母质形成的沉积环境并非一成不变$^{[42]}$，这也就很好地解释了为什么对于相同成因的天然气，不同学者提出的$\delta^{13}C_1$-$\delta^{13}C_2$模型（包括本次研究在内）或多或少存在一定差别$^{[38-39]}$。

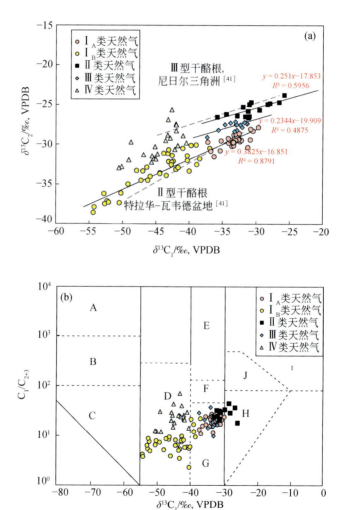

图5　准噶尔盆地西北缘天然气$\delta^{13}C_2$-$\delta^{13}C_1$（a）和C_1/C_{2+3}-$\delta^{13}C_1$（b）交会图

（a）参考文献［39］和［41］；（b）参考文献［36］。A. 生物成因气；B. 生物成因气和亚生物成因气；C. 亚生物成因气；D. 原油伴生气；E. 油型裂解气；F. 油型裂解气和煤型气；G. 凝析气和煤型气；H. 煤型气；I. 无机成因气；J. 无机成因气和煤型气

　　第 I 类天然气又可以进一步细分为 I_A 和 I_B 两个亚类。I_A 亚类天然气 $\delta^{13}C_1$ 和 $\delta^{13}C_2$ 值较重，分别为 $-37.3‰ \sim -29.8‰$（平均为 $-33.3‰$）和 $-31.5‰ \sim -27.9‰$（平均为 $-29.5‰$），对应较高的热成熟度。天然气 $C_1/\sum C_{1-5}$ 为 $0.90 \sim 0.95$，平均为 0.94（表1），总体较干，在图 5（b）中位于腐泥型烃源岩在生凝析气阶段的产物。I_B 亚类天然气 $\delta^{13}C_1$ 和 $\delta^{13}C_2$ 值明显偏轻，分别为 $-54.4‰ \sim -37.0‰$（平均为 $-45.8‰$）和 $-40.9‰ \sim -30.1‰$（平均为 $-34.2‰$）［表1，图 5（a）］。天然气 $C_1/\sum C_{1-5}$ 主要分布在 $0.70 \sim 0.85$，平均仅为 0.83，属于低成熟的油伴生气［表1，图 5（b）］。个别 I_B 亚类天然气 $C_1/\sum C_{1-5}$ 大于 0.90（表1、表2），并非是其成熟度高，而是生物降解等次生改造作用的结果，下文将做详述。前人研究表明，乙烷碳同位素受成熟度影响不明显，相对于甲烷可以更好地甄别不同成因类型的天然气[33-45]。受样本数量、烃源岩中有机质非均质性等因素的影响，不同学者提出的区分标准有一定差别，但两类天然气 $\delta^{13}C_2$ 的界限总体分布在 $-28.0‰ \pm 1‰$[43-45]，据此界线来看，第 I 类天然气表现出油型气特征［表1，图 5（a）］。

　　第 II 类天然气 $\delta^{13}C_1$ 和 $\delta^{13}C_2$ 是所有样品中最重的，分别达 $-35.9‰ \sim -25.8‰$（平均为 $-30.7‰$）和 $-26.6‰ \sim -23.8‰$（平均为 $-25.6‰$），与尼日尔三角洲[41]煤型气具有相似的同位素动力学演化路径［表1，图 5（a）］。即便与成熟度较高的油型气相比（I_A 亚类），其 $\delta^{13}C_2$ 平均值仍偏重 $3.9‰$（表1），代表腐殖型烃源岩的产物。此外，该类天然气 $C_1/\sum C_{1-5}$ 较高，为 $0.93 \sim 0.98$（平均为 0.96），绝大部分为干气，在 $\delta^{13}C_1$-C_1/C_{2+3} 图版中也位于煤型气的范围［表1，图 5（b）］。

　　第 III 类天然气的甲烷和乙烷的碳同位素值介于第 I 类和第 II 类之间，分别为 $-37.4‰ \sim -31.4‰$（平均为 $-33.3‰$）和 $-29.1‰ \sim -27.1‰$（平均为 $-27.7‰$），属于上述两类天然气的混合物（表1，图5）。天然气 $C_1/\sum C_{1-5}$ 分布在 $0.91 \sim 0.97$，平均为 0.94，干气占绝大部分，在图 5（b）中分布在高成熟油型气和煤型气同时存在的区域。在前 3 类天然气中，第 III 类天然气 $\delta^{13}C_1$ 和 $\delta^{13}C_2$ 值相关性最差，R^2 仅为 0.4875［图 5（a）］，这也从侧面反映出混合作用的影响。此外，一部分此类天然气乙烷和丙烷碳同位素发生了倒转（图4），也可能是两类不同成因天然气混合的结果[31]。

　　第 IV 类天然气 $\delta^{13}C_1$ 和 $\delta^{13}C_2$ 值之间的相关性不明显，较轻的 $\delta^{13}C_1$ 反映天然气可能成熟度较低［图 5（a），表1］。相反，天然气 $C_1/\sum C_{1-5}$ 为 $0.90 \sim 0.98$，平均达 0.94（表1），若未原生热成因气，则反映了很高的成熟度。显然，二者是相悖的。本文认为这种不一致是次生生物成因甲烷和原生热成因气混合的结果。

　　2）天然气热成熟度

　　文献［46］针对中国西北主要含煤盆地典型煤型气甲烷碳同位素和烃源岩成熟度回归出二者间的经验公式，用于估算天然气的等效镜质组反射率（VR_{eq}）：$\delta^{13}C_1 = 22.42\lg VR_{eq1} - 34.80$（$R_o > 0.8\%$）。文献［47］提出了湖相烃源岩生成的油型气 $\delta^{13}C_1$ 和烃源岩成熟度的回归关系式：$\delta^{13}C_1 = 25.55\lg VR_{eq2} - 40.76$。运用上述公式，研究区 I 类和 II 类天然气的等效镜质组反射率分别为 $0.29\% \sim 2.69\%$ 和 $0.90\% \sim 2.51\%$，其中高熟（I_A 亚类）和中-低成熟油型气（I_B 亚类）VR_{eq} 的平均值分别为 1.98% 和 0.73%，回归结果与天然气 $C_1/\sum C_{1-5}$ 值匹配较好（表1）。由于第 III 和第 IV 类天然气发生了混合作用，其 $\delta^{13}C_1$ 无法直接反映原始天然气的成熟度特征，因此其等效镜质组反射率在此不做讨论。

表 2　准噶尔盆地西北缘典型生物降解天然气地球化学参数表

天气热成因类型	井号	层位	深度/m	天然气组分/%									干燥系数	天然气稳定碳同位素/‰, VPDB			数据来源
				甲烷	乙烷	丙烷	异丁烷	正丁烷	异戊烷	正戊烷	氮	二氧化碳		甲烷	乙烷	丙烷	
I_B 亚类	艾湖 12	T_2k	3218	90.59	3.08	1.23	0.37	0.34	0.19	0.15	3.47	0.34	0.94	-39.8	-30.1	-30.2	本次研究
	艾湖 5	T_2k	3359.5	88.02	3.52	1.81	0.6	0.69	0.44	0.4	3.27	0.52	0.92	-39.0	-30.1	-31.0	本次研究
	风 7	P_1f	3153.5	94.6	3.91	0.43	—	—	—	—	0.39	—	0.96	-37.0	-30.5	-25.6	文献[14]
	克 76	P_3w	2964.6	91.52	4.78	1.76	—	—	—	—	0.82	—	0.93	-40.5	-29.8	-30.5	文献[14]
IV 类	玛 006	T_1b	3544	83.4	5.18	1.85		1.32		0.56	7.24	0.1	0.90	-48.8	-29.7	-30.3	文献[14]
	玛 27	T_2k	2304	91.82	3.42	1.05	0.15	0.09	0.05	0.01	2.71	0.68	0.95	-41.8	-30.1	-30.7	本次研究

3）原生热成因气来源

在玛湖和沙湾凹陷均发育有C、P_1j、P_1f和P_2w等4套烃源岩（图2）。P_1j和C烃源岩在沉积环境和岩性组合等方面十分相似，是一套海陆过渡相的气源岩（Ⅲ型干酪根）[2,14]。因此，本次研究将二者作为一套烃源岩来考虑。显然，第Ⅱ类天然气是P_1j和C烃源岩在高–过成熟阶段的产物。如图1（a）所示，第Ⅱ类天然气集中分布在中拐凸起，已有的钻探结果表明该区P_1j和C多以火山岩和凝灰岩为主，烃源岩不发育[4]。此外，根据金龙1井的热演化史模拟结果，这套地层在凸起带热演化程度较低，总体处在主生油窗阶段，与天然气的成熟度也不匹配［图6（a）］。显然第Ⅱ类天然气不是原地P_1j/C烃源岩的产物。沙湾凹陷中心部位虚拟井1热演化史模拟结果表明，P_1j/C烃源岩在早侏罗世就已进入生凝析油阶段（$R_o > 1.3\%$），现今已进入大量生干气（$R_o > 2.0\%$）阶段［图6（b）］。高成熟的煤型气应该来自沙湾凹陷深部P_1j/C烃源岩，通过断层和不整合面构成的输导体系，侧向运移在高部位成藏（图7）。地震和钻井资料表明，玛湖地区C/P_1j烃源岩

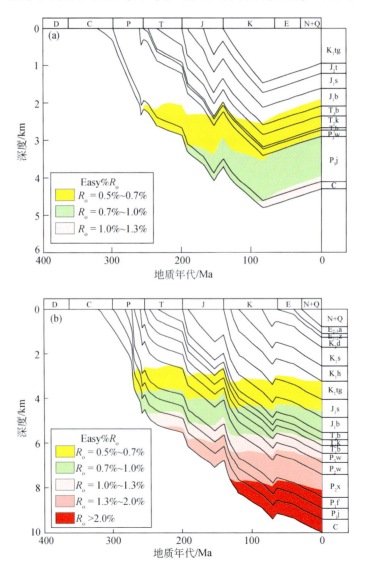

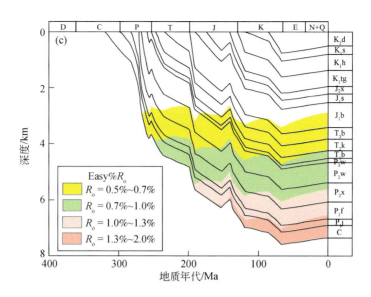

图6　准噶尔盆地西北缘金龙1井（a）、沙湾凹陷虚拟井1（b）和玛湖凹陷虚拟井2（c）
埋藏史和热演化史图［井位见图1（a）］

主要分布在乌夏断裂带和哈拉阿拉特山前（风城1井及以西地区），中心厚度大于100m，而在凹陷区烃源岩不发育［图1（a）］[2]。本次研究和前人已有成果[14]均未在该气源灶周围发现典型的C/P_1j来源煤型气，因此其在玛湖地区的有效性存疑。即便玛湖地区C/P_1j气源灶具备一定的生气能力，天然气也很难跨过多个构造单元，"翻山越岭"运移至中拐凸起成藏。

P_1f源岩是一套腐泥型的碱湖相烃源岩，是玛湖十亿吨级特大型油田的主力油源[23]。虚拟井2的热演化史模拟表明，玛湖凹陷P_1f烃源岩现今总体仍处在生油高峰阶段（R_o=1.0%~1.3%），在生成大量原油的同时，会生成少量湿气（油伴生气），这与II_B类天然气有很好的对应［图6（c）］。研究区发现的低熟油型气均位于玛湖凹陷内或邻近的边缘区，也很好地印证了这一点［图1（a）］。尽管未钻遇P_1f烃源岩，但已发现原油的地球化学特征表明其在沙湾凹陷也有发育，有机质类型与玛湖凹陷P_1f烃源岩相近，同为I–II_1型[4,7,23]。虚拟井1的热演化史模拟表明，沙湾凹陷深部P_1f烃源岩在白垩纪进入生凝析油阶段（R_o=1.3%~2.0%），现今已大部分进入生干气阶段（R_o>2.0%）［图6（b）］。第I_A亚类天然气应该对应P_1f烃源岩在高–过成熟阶段的产物，与第II类天然气类似，通过侧向输导，在高部位聚集成藏（图7）。

玛湖凹陷P_2w烃源岩有机质类型较差，主要为II_2–III型[2,14]，现今刚刚进入主生油窗［图6（b）］，天然气产物应为少量低成熟的偏腐殖型天然气，显然与已发现的4类天然气不匹配。在沙湾凹陷，仅金探1井钻遇P_2w烃源岩，TOC为4.15%，HI为671mg/g，干酪根碳同位素值为–28.6‰，反映出I–II_1特征[4]，说明烃源岩的沉积环境发生了变化，更接近P_1f烃源岩。目前，该套烃源岩在沙湾凹陷主体处在生油高峰晚期阶段，凹陷中心部分进入生凝析油阶段［图6（c）］，不排除对I_A亚类天然气有少量贡献。

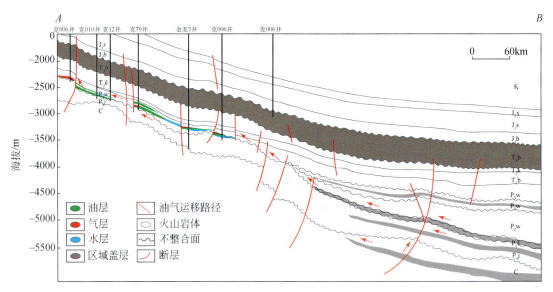

图 7　车拐凸起天然气成藏模式［剖面位置见图 1（a）］

4.2　天然气的次生改造

1）次生生物成因甲烷与原生热成因气的混合

大量实验室和油田现场实例都证实原油在生物降解过程中会形成次生生物成因气，由于甲烷占了此类天然气的绝大部分，因此又将其称之为次生生物成因甲烷[48-50]。与之相对应，有机质被细菌分解所形成的天然气则称为原生生物气[51]。基于一个全球性的数据库，文献［52］系统总结了次生生物成因甲烷的地质和地球化学特征：①与生物降解原油伴生（或相邻）；②$C_1/\sum C_{1-5}$ 较高；③$\delta^{13}C_1 = -55.0‰ \sim -35.0‰$；④$\delta^{13}C_{CO_2} > 2.0‰$；⑤储层温度在 $70 \sim 90℃$。

$\delta^{13}C_{CO_2}$ 富集 ^{13}C 是次生生物成因甲烷最显著的标志[48-50,52]。遗憾的是本次研究未获得 $\delta^{13}C_{CO_2}$ 数据，因此仅能依靠其他指标来相互印证。从 $\delta^{13}C_1$（$-50.6‰ \sim -40.5‰$，平均为 $-44.5‰$）和 $C_1/\sum C_{1-5}$（平均为 0.94）来看，第 IV 类天然气十分符合文献［52］提出的判别标准（表 1）。

通常，原生热成因气随着成熟度的增加（可近似看作 $C_1/\sum C_{1-5}$ 的增加），其 $\delta^{13}C_n - \delta^{13}C_{n-1}$ 值会相应减小[53-54]。本次研究中第 I - III 类天然气基本都符合这一趋势（图 8）。相反，第 IV 类天然气由于混入了贫 ^{13}C 的次生生物成因甲烷，导致 $\delta^{13}C_2 - \delta^{13}C_1$ 显著增加，分布在 $10.7‰ \sim 19.1‰$（平均为 $14.5‰$），是 4 类天然气中最高的（图 8）。尽管这类天然气与第 I_B 亚类低熟油型气的 $\delta^{13}C_2 - \delta^{13}C_1$ 值比较接近，但其干燥系数要高得多，可以很容易地将这两类天然气区分开（图 8）。

这类天然气的埋深跨度很大，从 500m 到 4000m 以下均有分布（表 1）。西北缘是准噶尔盆地地温梯度最低的区域之一，根据该区地表全年平均温度（15℃）和平均地温梯度（20℃/km）推算[24-27]，在 3000m 以浅储层温度小于 75℃，是生成次生生物成因甲烷的理想温度区间。但相当部分天然气现今埋深大于 3000m（表 1），推测现今地温大于 80℃，细菌很难生存。因此，很可能是早期在浅部生成的次生生物成因甲烷，在后期的深埋过程

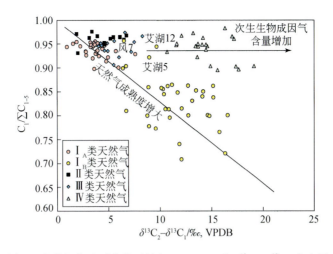

图 8   准噶尔盆地西北缘天然气 $C_1/\sum C_{1-5}$ 和 $\delta^{13}C_2 - \delta^{13}C_1$ 交会图

中保存下来。

通常，原油中高丰度的 25-降藿烷是强烈生物降解的有力证据[55]。在与第Ⅳ类天然气伴生的原油样品中，检测出了丰富的 25-降藿烷（图 9），说明油藏曾经遭受了严重的生物降解[56-58]。但这些与第Ⅳ类天然气伴生的原油，即便是埋藏很浅（如克 76 井，气层深度为 2965m，油层深度为 3023～3028m），均检测出完整的正构烷烃序列，生物标志化合物种类也很完整（图 9）。这说明储层中早期充注的原油在遭受细菌改造后又有新的原油充注，而后者未遭受生物降解[55]。因此，第Ⅳ类天然气应该是早期生成原油降解后的产物。从金龙 1 井埋藏史模拟的结果来看，一种可能的情况是，侏罗纪末，研究区发生了大规模的抬升事件，早期形成的油藏遭受破坏 ［图 6（a）］，原油发生了严重的生物降解，因此在残余原油中普遍富含 25-降藿烷（图 9）。在油藏的降解过程中，形成了大量的次生生物成因甲烷（第Ⅳ类天然气），在合适的圈闭中聚集成藏。白垩纪，研究区再次沉降 ［图 6（a）］，部分早期形成的次生生物成因甲烷得以保存下来。需要指出的是，大部分第Ⅳ类天然气中都检测出丰度不等的 C_{2-4} 组分（表 1），说明除次生生物成因甲烷外，这些天然气中还混合有一部分后期生成的热成因气。

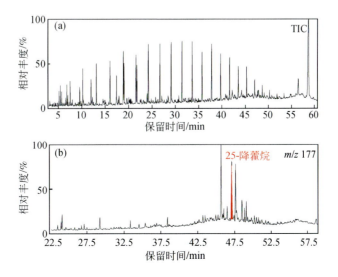

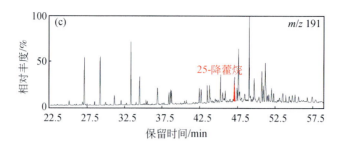

图 9 　准噶尔盆地克 76 井原油（埋深为 3023 ~ 3028m）的生物标志化合物谱图

2）细菌对重烃气的选择性降解

研究区大部分天然气 $\delta^{13}C_3$-$\delta^{13}C_2$ 值随着 $C_1/\sum C_{1-5}$ 的增加而增加，表现出原生热成因气的特征[53-54]；另一部分天然气的 $\delta^{13}C_3$-$\delta^{13}C_2$ 值明显偏大，偏离了热成因气的演化趋势[图 10（a）]。一个合理的解释是丙烷遭到了细菌的选择性降解，由于 ^{12}C 相较于 ^{13}C 对生物降解作用更加敏感，导致遭降解天然气的 $\delta^{13}C_3$ 更加富集 ^{13}C[59]。以风 7 井天然气为例，其 $\delta^{13}C_1$ 和 $\delta^{13}C_2$ 均很轻，表现为低熟油型气的特征［图 5（a），表 2］，但其 $\delta^{13}C_3$ 重达 $-25.3‰$，$\delta^{13}C_3$-$\delta^{13}C_2$ 为 4.9‰，是所有样品中最大的，显然丙烷遭受了生物降解［图 10（a）］。这也很好地解释了该样品虽然为低熟油型气，却仍然具有较高的干燥系数［图 5（b），表 2］。细菌对丙烷的选择性消耗还反映在这部分天然气相对更高的 C_2/C_3 值上［图 10（b）］。更有相当一部分样品已经检测不出丙烷。当然，并不是所有降解样品均表现出以上所有特征（图 10）。

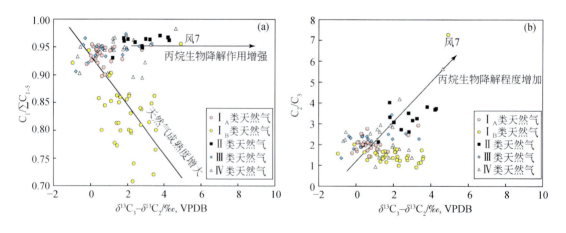

图 10 　准噶尔盆地西北缘天然气 $C_1/\sum C_{1-5}$ -（$\delta^{13}C_3$-$\delta^{13}C_2$）（a）和
C_2/C_3 -（$\delta^{13}C_3$-$\delta^{13}C_2$）（b）交会图

此外，生物降解作用对乙烷也会造成一定的影响，只是由于它们在研究区对细菌作用的敏感性不及丙烷，加之热演化作用和混合作用的叠加，使得其表现不甚明显。但我们还是可以找到一些蛛丝马迹。一部分次生生物成因甲烷，其 $\delta^{13}C_3$ 和 $\delta^{13}C_2$ 发生了倒转，同时干燥系数较高，说明乙烷遭受了生物降解（图 4，表 2）。例如，艾湖 12 和艾湖 5 井天然气虽然从碳同位素来看表现出低熟油型气的特征，但其干燥系数却分别达 0.94 和 0.92，在图 5（b）中表现出较高的成熟度（表 2）。这是由于细菌对乙烷选择性降解，导致其含量降低，碳同位素变重所致。艾湖 12 和艾湖 5 井 $\delta^{13}C_3$ 同为 $-31.0‰$，是所有低熟油型气中最重的，其 $\delta^{13}C_3-\delta^{13}C_2$ 分别为 $-0.1‰$ 和 $-1‰$，发生了倒转，证实了本文的推论（图 4，表 2）。除了次生生物成因甲烷的混合，细菌对乙烷的降解同样会造成 $\delta^{13}C_2$ 变重，进而导致 $\delta^{13}C_2-\delta^{13}C_1$ 和 $C_1/\sum C_{1-5}$ 的异常增加。艾湖 12 和艾湖 5 井两个样品就很好地反映了这一点（表 2，图 7）。上述事实说明生物降解作用造成的重烃气组分和同位素的分馏是系统性的。不同组分对生物降解作用的响应程度存在差别，以丙烷最为明显，这可能与细菌菌株类型有着密切的关系[49]。

4.3 勘探意义

长期以来，准噶尔盆地的天然气勘探主要聚焦在两大领域。第一大领域是围绕南缘下—中侏罗统（J_{1-2}）煤系烃源岩的北天山山前深大构造的勘探[60-62]，发现了呼图壁和玛河等一批中型气田[1,11]。但 J_{1-2} 煤系烃源岩在盆地其他地区多处在未成熟–低成熟阶段[2]，勘探潜力有限。

第二大领域是围绕石炭系腐殖型烃源岩的天然气勘探。目前已经在盆地东部发现了克拉美丽千亿立方米级大气田[1,3,12]。然而，在盆地西部围绕 C 和 P_1j 烃源岩的天然气勘探进展缓慢。同时，西部地区上古生界生烃凹陷埋深大，目前几乎还没有探井揭示 C/P_1j 烃源岩。因此，长期以来人们对准噶尔盆地西部石炭系来源天然气的勘探潜力持怀疑态度。本次研究表明，中拐凸起天然气有相当一部分为来自沙湾凹陷 C/P_1j 烃源岩的高熟煤型气（图 5、图 7，表 1），证实了沙湾凹陷可能存在 C/P_1j 气源灶，盆地西部有望成为石炭系天然气勘探的重要接替领域。

P_1f 烃源岩是准噶尔盆地最重要的一套生油岩[2,7,23]，但其生气能力一直以来都被忽视了。本次研究发现，P_1f 生成的高熟油型气构成了西北缘天然气的重要组成部分（图 5，表 1），揭示了除 J_{1-2} 和 C 以外一个崭新的天然气勘探领域。此外，中二叠统湖相烃源岩也可能是一套潜在的气源岩。

基于地震资料和实测镜质组反射率绘制的中二叠统底界 R_o 等值线图表明，其进入生凝析气阶段（$R_o>1.3\%$）的面积为 $3\times10^4 km^2$，进入生干气阶段（$R_o>2.0\%$）的面积为 $1.5\times10^4 km^2$（图 11），而 P_1f 烃源岩埋深更大，现今热演化程度更高，天然气资源规模十分可观。此外，在阜康凹陷东侧的北三台凸起，已经发现了少量来自中二叠统湖相烃源岩的高熟油型气，$C_1/\sum C_{1-4}$ 高达 0.95[10]。上述事实表明，二叠系湖相烃源岩生成的高熟油型气有望成为准噶尔盆地第三个天然气重点勘探领域。

本次研究还发现了一些次生生物成因气藏。尽管它们单体规模较小，但其埋深浅，甲烷浓度高，开采成本低，建产快，具有较高的商业开采价值。据估计，次生生物成因甲烷约占全球常规天然气可采储量的 $5\%\sim11\%$[52]，已成为一类不可忽视的化石燃料资源。除西北缘外，在准噶尔盆地的腹部[29,63-64]、西南部[4]和东部[10,65]也都发现了次生生物成因气藏。在今后的天然勘探中，需要对这类资源加以重视。

5 结论

（1）在准噶尔盆地西北缘发现了 4 种类型的天然气。第 I 类天然气主要为来自 P_1f 湖

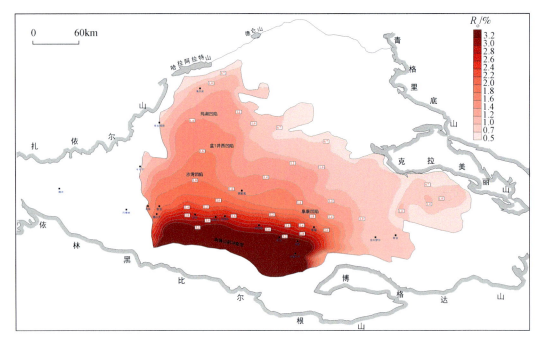

图 11   准噶尔盆地中二叠统组烃源岩底界 R_o 等值线图

相烃源岩的油型气，根据成熟度的高低可以进一步细分为 I_A 和 I_B 两个亚类。前者 $\delta^{13}C$ 相对较重，$C_1/\sum C_{1-5}$ 平均为 0.94，来自沙湾凹陷深部；后者 $\delta^{13}C$ 贫 ^{13}C，$C_1/\sum C_{1-5}$ 平均仅为 0.83，为来自玛湖凹陷的油伴生气。第 II 类天然气 $\delta^{13}C$ 富集 ^{13}C，$C_1/\sum C_{1-5}$ 平均为 0.96，主要来自沙湾凹陷深部 C/P_1j 高–过成熟腐殖型烃源岩。第 III 类天然气为第 I 和 II 类天然气的混合物。第 IV 类天然气 $\delta^{13}C_1$ 为 –50.6‰ ~ –40.5‰，$C_1/\sum C_{1-5}$ 为 0.90 ~ 0.98，伴生原油生物标志化合物中发现了丰富的 25–降藿烷，为油藏生物降解形成的次生生物成因气。

（2）侏罗纪末，研究区发生了大规模的抬升，早期油藏遭受了严重的生物降解，形成大量次生生物成因甲烷。白垩纪，研究区再次沉降，沙湾凹陷 P_1f 和 P_1j/C 烃源岩生成大量高成熟煤型气和油型气沿断裂和不整合面向构造高部位运移，并聚集成藏。

（3）本次证实了沙湾凹陷发育 C/P_1j 和 P_1f 规模有效气源灶，揭示了一个崭新的天然气勘探领域。

　　致　　谢：本文得到了中国石油勘探开发研究院戴金星院士、新疆油田公司王绪龙和郑孟林教授级高工的悉心指导，谨致谢意。

参 考 文 献

[1] Dai J X, Zou C N, Li W. Giant Coal-derived Gas Fields and Their Gas Sources in China. New York：Academic Press, 2016：269-368.

[2] 王绪龙, 支东明, 王屹涛, 等. 准噶尔盆地烃源岩与油气地球化学特征. 北京：石油工业出版社, 2013.

[3] Hu S Y, Wang X J, Cao Z L, et al. Formation conditions and exploration direction of large and medium gas reservoirs in the Junggar Basin, NW China. Petroleum Exploration and Development, 2020, 47(1)：1-13.

[4] Zhi D M, Song Y, Zheng M L, et al. Genetic types, origins, and accumulation process of natural gas from the

southwestern Junggar Basin. Marine and Petroleum Geology, 2021, 123: 104727.

[5] 陈磊, 杨镱婷, 汪飞, 等. 准噶尔盆地勘探历程与启示. 新疆石油地质, 2020, 41(5): 505-518.

[6] Cao J, Jin Z J, Hu W X, et al. Improved understanding of petroleum migration history in the Hongche fault zone, northwestern Junggar Basin (northwest China): constrained by vein-calcite fluid inclusions and trace elements. Marine and Petroleum Geology, 2010, 27(1): 61-68.

[7] Cao J, Yao S P, Jin Z J, et al. Petroleum migration and mixing in the northwestern Junggar Basin (NW China): constraints from oil-bearing fluid inclusion analyses. Organic Geochemistry, 2006, 37(7): 827-846.

[8] 雷德文, 陈刚强, 刘海磊, 等. 准噶尔盆地玛湖凹陷大油(气)区形成条件与勘探方向研究. 地质学报, 2017, 91(7): 1604-1619.

[9] 支东明, 唐勇, 郑孟林, 等. 玛湖凹陷源上砾岩大油区形成分布与勘探实践. 新疆石油地质, 2018, 39(1): 1-7.

[10] 龚德瑜, 蓝文芳, 向辉, 等. 准噶尔盆地东部地区天然气地化特征与成因来源. 中国矿业大学学报, 2019, 48(1): 1-11.

[11] 吴小奇, 黄士鹏, 廖凤蓉, 等. 准噶尔盆地南缘天然气地球化学特征及来源. 天然气地球科学, 2011, 22(2): 224-232.

[12] Sun P A, Wang Y C, Leng K, et al. Geochemistry and origin of natural gas in the eastern Junggar Basin, NW China. Marine and Petroleum Geology, 2016, 75: 240-251.

[13] Chen Z H, Cao Y C, Ma Z J, et al. Geochemistry and origins of natural gases in the Zhongguai area of Junggar Basin, China. Journal of Petroleum Science and Engineering, 2014, 119: 17-27.

[14] Tao K Y, Cao J, Wang Y C, et al. Geochemistry and origin of natural gas in the petroliferous Mahu sag, northwestern Junggar Basin, NW China: Carboniferous marine and Permian lacustrine gas systems. Organic Geochemistry, 2016, 100: 62-79.

[15] 李二庭, 靳军, 曹剑, 等. 准噶尔盆地新光地区佳木河组天然气地球化学特征及成因. 天然气地球科学, 2019, 30(9): 1362-1369.

[16] 柳波, 贺波, 黄志龙, 等. 准噶尔盆地西北缘不同成因类型天然气来源及其分布规律. 天然气工业, 2014, 34(9): 40-49.

[17] 高岗, 王绪龙, 柳广弟, 等. 准噶尔盆地西北缘克百地区天然气成因与潜力分析. 高校地质学报, 2012, 18(2): 307-317.

[18] 王屹涛. 准噶尔盆地西北缘天然气成因类型及分布规律. 石油与天然气地质, 1994, 15(2): 133-140.

[19] Hendrix M S. Evolution of Mesozoic sandstone compositions, southern Junggar, northern Tarim, and western Turpan basins, Northwest China: a detrital record of the ancestral Tian Shan. Journal of Sedimentary Research, 2000, 70: 520-532.

[20] 何登发, 张磊, 吴松涛, 等. 准噶尔盆地构造演化阶段及其特征. 石油与天然气地质, 2018, 39(5): 845-861.

[21] 郑孟林, 樊向东, 何文军, 等. 准噶尔盆地深层地质结构叠加演变与油气赋存. 地学前缘, 2019, 26(1): 22-32.

[22] 龚德瑜, 王绪龙, 周川闽, 等. 准噶尔盆地西北缘中三叠统克拉玛依组烃源岩生烃潜力. 中国矿业大学学报, 2020, 49(2): 328-339.

[23] Cao J, Xia L W, Wang T T, et al. An alkaline lake in the Late Paleozoic ice age (LPIA): a review and new insights into paleoenvironment and petroleum geology. Earth-Science Reviews, 2020, 202: 103091.

[24] 王社教, 胡圣标, 李铁军, 等. 准噶尔盆地大地热流. 科学通报, 2000, 45(12): 1327-1332.

[25] 王社教, 胡圣标, 汪集旸. 准噶尔盆地热流及地温场特征. 地球物理学报, 2000, 43(6): 771-779.

[26] 邱楠生, 查明, 王绪龙. 准噶尔盆地地热演化历史模拟. 新疆石油地质, 2000, 21(1): 38-41

[27] 邱楠生, 王绪龙, 杨海波, 等. 准噶尔盆地地温分布特征. 地质科学, 2001, 36(3): 350-358.

[28] Sweeney J J, Burnham A K. 1990. Evaluation of a simple model of vitrinite reflectance based on chemical kinetics. AAPG Bulletin, 74(10): 1559-1570.

[29] Cao J, Wang X L, Sun P A, et al. Geochemistry and origins of natural gases in the central Junggar Basin, northwest China. Organic Geochemistry, 2012, 53: 166-176.

[30] 任江玲, 王飞宇, 赵增义, 等. 准噶尔盆地南缘四棵树凹陷油气成因. 新疆石油地质, 2020, 41(1): 25-30.

[31] Dai J X, Xia X Y, Qin S F, et al. Origins of partially reversed alkane δ^{13}C values for biogenic gases in China. Organic Geochemistry, 2004, 35(4): 405-411.

[32] 刘全有, 秦胜飞, 李剑, 等. 库车坳陷天然气地球化学与成因类型. 中国科学 D 辑, 2007, 51(增刊 I): 149-156.

[33] Des Marais D J, Donchin J H, Nehring N L, et al. Molecular carbon isotope evidence for the origin of geothermal hydrocarbon. Nature, 1981, 292: 826-828.

[34] Tilley B, Muehlenbachs K. Isotope reversals and universal stages and trends of gas maturation in sealed, self-contained petroleum systems. Chemical Geology, 2013, 339: 194-204.

[35] Galimov E M. Sources and mechanisms of formation of gaseous hydrocarbons in sedimentary rocks. Chemical Geology, 1988, 71(1-3): 77-95.

[36] Dai J X. Identification and distinction of various alkane gases. Science China (Series B), 1992, 35: 1246-1257.

[37] Galimov E M. Isotope organic geochemistry. Organic Geochemistry, 2006, 37(10): 1200-1262.

[38] James A T. Correlation of reservoired gases using the carbon isotopic compositions of wet gas components. AAPG Bulletin, 1990, 74(9): 1441-1458.

[39] Jenden P D, Kaplan I R, Poreda R. Origin of nitrogen-rich natural gases in the California Great Valley: evidence from helium, carbon and nitrogen isotope ratios. Geochimica et Cosmochimica Acta, 1988, 52(4): 851-861.

[40] 刘全有, 戴金星, 金之钧, 等. 塔里木盆地前陆区和台盆区天然气的地球化学特征及成因. 地质学报, 2009, 83(1): 107-114.

[41] Rooney M A, Claypool G E, Chung H M. Modeling thermogenic gas generation using carbon isotope ratios of natural gas hydrocarbons. Chemical Geology, 1995, 126(3-4): 219-232.

[42] Dai J X, Gong D Y, Ni Y Y, et al. Stable carbon isotopes of coal-derived gases sourced from the Mesozoic coal measures in China. Organic Geochemistry, 2014, 74: 123-142.

[43] Dai J X, Li J, Luo X, et al. Stable carbon isotope compositions and source rock geochemistry of the giant gas accumulations in the Ordos Basin, China. Organic Geochemistry, 2005, 36(12): 1617-1635.

[44] Gong D Y, Li J Z, Ablimit I, et al. Geochemical characteristics of natural gases related to Late Paleozoic coal measures in China. Marine and Petroleum Geology, 2018, 96: 474-500.

[45] Liang D G, Zhang S C, Chen J P, et al. Organic geochemistry of oil and gas in the Kuqa depression, Tarim Basin, NW China. Organic Geochemistry, 2003, 34(7): 873-888.

[46] 刘文汇, 徐永昌. 煤型气碳同位素演化二阶段分馏模式及机理. 地球化学, 1999, 28(4): 359-366.

[47] 赵文智, 刘文汇. 高效天然气藏形成分布与凝析、低效气藏经济开发的基础研究. 北京: 科学出版社, 2008.

[48] Jeffrey A W, Alimi H M, Jenden P D. Geochemistry of Los Angeles Basin oil and gas systems. AAPG Memoir, 1991, 52: 197-219.

[49] Pallasser R J. Recognizing biodegradation in gas/oil accumulations through the δ^{13}C compositions of gas com-

ponents. Organic Geochemistry, 2000, 31(12): 1363-1373.

[50] Jones D M, Head I M, Gray N D, et al. Crude-oil biodegradation via methanogenesis in subsurface petroleum reservoirs. Nature, 2008, 451: 176-180.

[51] Rice D D. Controls, habitat, resource potential of ancient bacterial gases. Bacterial Gas, 1992, 91-118.

[52] Milkov A V. Worldwide distribution and significance of secondary microbial methane formed during petroleum biodegradation in conventional reservoirs. Organic Geochemistry, 2011(2), 42: 184-207.

[53] James A T, Burns B J. Microbial alteration of subsurface natural gas accumulations. AAPG Bulletin, 1984, 68(8): 957-960.

[54] James A T. Correlation of reservoired gases using the carbon isotopic compositions of wet gas components. AAPG Bulletin, 1990, 74(9): 1441-1458.

[55] Peters K E, Walters C C, Moldowan J M. The Biomarker Guide. UK: Cambridge University Press, 2005: 176-187.

[56] Head I M, Jones D M, Larter S R. Biological activity in the deep subsurface and the origin of heavy oil. Nature, 2003, 426: 344-353.

[57] Larter S, di Primio R. Effects of biodegradation on oil and gas field PVT properties and the origin of oil rimmed gas accumulations. Organic Geochemistry, 2005, 36(2): 299-310.

[58] Larter S, Huang H P, Adams J, et al. The controls on the composition of biodegraded oils in the deep subsurface Part II- geological controls on subsurface biodegradation fluxes and constraints on reservoir-fluid property prediction. AAPG Bulletin, 2006, 90(6): 921-938.

[59] Hoefs J. Stable Isotope Geochemistry. Berlin: Springer-Verlag, 1973: 173-176.

[60] 夏钦禹, 吴胜和, 冯文杰, 等. 同生逆断层伴生褶皱对冲积扇片状砂砾体及辫状水道沉积的控制——以准噶尔盆地西北缘湖湾区三叠系克拉玛依组为例. 石油与天然气地质, 2021, 42(2): 509-521.

[61] 毛哲, 曾联波, 刘国平, 等. 准噶尔盆地南缘侏罗系深层致密砂岩储层裂缝及其有效性. 石油与天然气地质, 2020, 41(6): 1212-1221.

[62] 张凤奇, 鲁雪松, 卓勤功, 等. 准噶尔盆地南缘下组合储层异常高压成因机制及演化特征. 石油与天然气地质, 2020, 41(5): 1004-1016.

[63] 卫延召, 龚德瑜, 王峰, 等. 细菌作用对天然气地球化学组成的影响——以准噶尔盆地腹部石南油气田为例. 天然气地球科学, 2016, 27(12): 2176-2184.

[64] 龚德瑜, 张越迁, 郭文建, 等. 次生生物甲烷与生物降解作用的判识——以准噶尔盆地腹部陆梁油气田为例. 天然气地球科学, 2019, 30(7): 1006-1017.

[65] 路俊刚, 王力, 陈世加, 等. 准噶尔盆地三台油气田原油菌解气特征及成因. 石油勘探与开发, 2015, 42(4): 425-433.

天然气地球化学特征及成因分析

——以鄂尔多斯盆地东胜气田为例[*]

彭威龙，胡国艺，黄士鹏，房忱琛，刘　丹，冯子齐，

韩文学，蒋　锐，陈慧娟

　　鄂尔多斯盆地位于我国中部，盆地古生界总的分布面积约 $25 \times 10^4 km^2$ ，是中国第二大的沉积盆地[1-3]。盆地古生界勘探始于 20 世纪 60 年代，早期的天然气勘探主要在盆地外围，随着中部大气田的发现，勘探重点转向盆地中部[3]。近年来随着该盆地天然气勘探的深入，盆地北部特别是位于伊盟隆起构造单元上东胜气田的发现促使该构造单元成为新的勘探热点区块。东胜气田位于鄂尔多斯盆地北部，目前该气田探明天然气储量为 $162.87 \times 10^8 m^3$ ，预测储量为 $2361.99 \times 10^8 m^3$ 。诸多学者对鄂尔多斯盆地上古生界天然气特征进行了研究，文献［4］分析了上古生界及下古生界勘探进展同时指出了下古勘探接替领域；文献［5］和［6］对上古生界伊盟隆起地区成藏条件研究表明隆起南部地区发育生烃潜力大成熟度高的优质烃源岩并具有良好的成藏组合；文献［7］～［12］分析了上古生界主要气田天然气成因及地球化学特征，然而东胜气田的天然气地球化学特征目前还鲜有报道，天然气地球化学特征对于其成因[13]、成熟度[14-16]及成藏分析等[17-18]具有重要意义；再者伊盟隆起构造单元在地质历史过程中一直处于构造高部位，为油气运移的有利指向区，其天然气是从隆起南部的伊陕斜坡运移过来，还是原地烃源岩生成的天然气聚集成藏，这一问题也存在争议[5-6,19-20]。本文尝试运用东胜气田天然气分析测试数据并结合该气田地质背景以及上古生界其他气田天然气特征来对比综合分析该气田天然气地化特征及其来源问题，以期为进一步勘探提供理论指导。

1　地质背景

　　鄂尔多斯盆地是一个稳定沉降的多旋回大型叠合盆地，盆地构造单元相对简单，被划为 6 个二级构造单元，分别为伊盟隆起、晋西挠褶带、伊陕斜坡、天环坳陷、西缘逆冲带及渭北隆起[1-3]。东胜气田位于伊盟隆起，发育在西南倾斜的区域单斜构造带上。气藏主力储层为下二叠统下石盒子组盒一段、盒二段、盒三段，以及山西组山一段和山二段（图 1）。太原组在气田北部直接不整合于下伏的太生宇变质岩，在南部与奥陶系碳酸盐岩地层不整合接触，从而缺失本溪组沉积，除山西组、太原组发育煤层外，上古生界其他层系以砂岩及泥岩的间互出现为主要特征，二叠系石千峰组河湖相厚层泥岩为区域盖层。文献［5］和［21］研究表明伊盟隆起北部源岩条件较差生烃强度小于 $10 \times 10^8 m^3/km^2$ ，而

---

　　* 原载于《中国矿业大学学报》，2017 年，第 46 卷，第 1 期，74～84。

南部源岩较发育生烃强度明显大于北部，最大超过 $20 \times 10^8 \mathrm{m}^3 / \mathrm{km}^2$。鄂尔多斯盆地上古生界其他气田多位于盆地中部的构造稳定带，而东胜气田位于盆地北部，靠近盆地边缘，构造活动相对强烈，因此断层较为发育[5]。

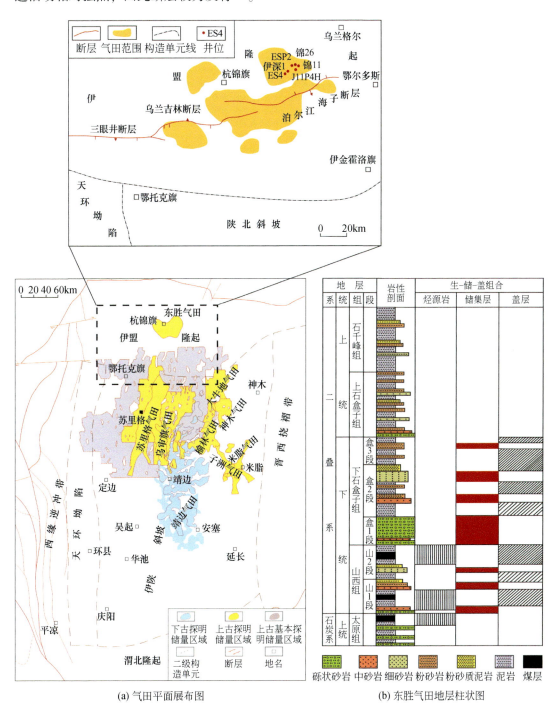

(a) 气田平面展布图　　(b) 东胜气田地层柱状图

图 1　鄂尔多斯盆地上古生界东胜气田地质综合图（据文献［5］修改）

2　实验方法与数据

本次研究采集东胜气田 6 个天然气样进行分析测试，同时收集前人公开发表的其他气田 25 井次天然气组分、同位素及轻烃数据进行对比分析，分析数据如表 1 ~ 表 3 所示。天然气由取气钢瓶在井口高压下取得，取气钢瓶和钢管承压 15MPa。其中天然气组分及同位素分析在中国石油勘探开发研究院油气地球化学重点实验室完成，采用 Agilent 公司的 6890N 型气相色谱仪及 Thermo Delta V Advantage 同位素质谱仪。单个烃类气体组分通过毛细管细柱分离（PLOT Al_2O_3，50m×0.53mm），气相色谱仪初始温度设定在 70℃ 保持 6min，然后以 15℃/min 的速率升高到 130℃；再通过色谱仪转化为 CO_2 进入质谱仪，通过色谱柱分离（PLOT Q，30m），色谱柱从初始 35℃ 上升至最终 260℃，并保持 260℃ 炉温 10min 每个样品分析 3 次，分析精度为 ±0.5‰。天然气轻烃分析在中国石油勘探开发研究院廊坊分院进行，采用 7890A 型气相色谱仪。载气为 He，进样口温度为 120℃，FID 检测器温度为 320℃，进样量为 10 ~ 15mL，然后分别以 1.5℃/min 速率升温至 70℃，3℃/min 速率升温至 160℃ 和 5℃/min 速率升温至 280℃，最后恒温 50min。

表 1　东胜气田及鄂尔多斯盆地其他主要气田天然气组分特征表

气田	井位	层位	天然气主要组分/%						干燥系数	数据来源
			CH_4	C_2H_6	C_3H_8	C_4H_{10}	CO_2	N_2		
东胜气田	伊深 1	盒 1-盒 3	93.96	3.62	0.87	0.37	0.20	0.81	0.951	本文
	ES4	盒 3	93.71	3.57	0.86	0.37	0.19	1.08	0.951	
	锦 11	盒 2-盒 3	93.69	3.57	0.87	0.34	—	1.34	0.951	
	ESP2	盒 2	93.74	3.64	0.85	0.29	—	1.32	0.951	
	J11P4H	盒 2	93.87	3.71	0.92	0.32	0.03	1.04	0.950	
	锦 26	盒 2	93.79	3.67	0.90	0.21	0.09	1.13	0.951	
苏里格气田	苏 11-18-35	盒 8	90.16	5.50	1.15	0.42	1.47	0.94	0.927	文献[12]
	苏 120-42-84	盒 8-山 1	91.15	4.19	0.79	0.29	2.25	1.04	0.945	
	苏 120-52-82	盒 8-山 1	91.64	3.69	0.64	0.21	2.58	0.93	0.953	
	苏 139	盒 8-山 1	93.16	3.05	0.51	0.14	1.31	1.45	0.962	
	苏 14-0-31	盒 8-山 1	93.00	4.05	0.65	0.21	1.20	0.59	0.950	
	苏 14-11-09	盒 8	92.52	3.78	0.75	0.33	1.18	1.10	0.950	
	苏 48-14-76	盒 8-山 1	92.73	3.48	0.65	0.24	1.47	1.14	0.955	
子洲气田	洲 21-24	山西组	94.22	3.12	0.48	0.15	1.58	0.32	0.962	文献[7]
	洲 25-38	山西组	94.67	2.87	0.42	0.13	1.40	0.39	0.965	
	洲 35-28	山西组	94.81	2.97	0.44	0.13	1.20	0.37	0.964	
	榆 30	山西组	94.10	3.14	0.48	0.15	1.62	0.38	0.961	
	榆 45	山西组	94.17	3.12	0.48	0.16	1.58	0.36	0.962	
	榆 69	山西组	94.93	2.85	0.40	0.12	1.27	0.35	0.966	

续表

气田	井位	层位	天然气主要组分/%						干燥系数	数据来源
			CH_4	C_2H_6	C_3H_8	C_4H_{10}	CO_2	N_2		
大牛地气田	D47-47	太2段	90.89	5.80	1.48	0.53	0.73	—	0.921	文献［11］
	D35	太2段	90.31	5.70	1.26	0.39	1.98	—	0.925	
	D35-22	太2段	90.41	5.60	1.22	0.37	2.11	—	0.926	
	D1-80	山2段	88.89	6.92	2.11	0.81	0.80	—	0.900	
	D2-21	山2段	89.13	7.11	1.86	0.62	0.90	—	0.903	
	DK2-45	山2段	87.94	7.86	2.18	0.79	0.78	—	0.890	
榆林气田	榆32-15	上古生界	92.22	4.20	1.09	0.53	1.72	0.18	0.941	文献［10］
	榆34-15	上古生界	92.63	4.36	1.00	0.44	1.27	0.23	0.941	
	榆44-12	上古生界	93.26	4.01	0.74	0.30	1.37	0.24	0.949	
	榆29-10	上古生界	92.20	4.61	1.06	0.51	1.28	0.26	0.937	
	榆28-12	上古生界	92.66	4.21	0.84	0.37	1.63	0.22	0.945	
	榆41-18	上古生界	92.47	4.60	1.08	0.54	0.97	0.23	0.937	

表2　东胜气田及鄂尔多斯盆地其他主要气田天然气碳同位素特征表

气田	井位	层位	$\delta^{13}C/‰$，VPDB					R_o,Stahl[14]	R_o,戴金星[15]	R_o,沈平[16]	数据来源
			C_1	C_2	C_3	C_4	$\delta^{13}C_{CO_2}$				
东胜气田	伊深1	盒1-盒3	-33.5	-25.1	-24.6	-23.6	-11.6	0.40	1.16	0.83	本文
	ES4	盒3	-33.3	-24.5	-23.2	-22.9	-6.8	0.42	1.19	0.88	
	锦11	盒2-盒3	-33.8	-25.0	-24.5	-23.6	—	0.39	1.10	0.77	
	ESP2	盒2	-33.2	-25.3	-24.9	-24.4	—	0.43	1.21	0.90	
	J11P4H	盒2	-33.1	-25.1	-24.6	-23.6	—	0.43	1.23	0.92	
	锦26	盒2	-33.7	-25.6	-25.3	-24.0	-22.8	0.39	1.12	0.79	
苏里格气田	苏11-18-35	盒8	-33.0	-23.3	-22.3	-22.9	—	0.44	1.25	0.95	文献［12］
	苏120-42-84	盒8-山1	-31.9	-23.6	-24.7	-22.7	—	0.53	1.50	1.27	
	苏120-52-82	盒8-山1	-31.1	-23.3	-25.6	-23.6	—	0.60	1.71	1.57	
	苏139	盒8-山1	-30.4	-24.2	-26.8	-23.7	—	0.67	1.92	1.90	
	苏14-0-31	盒8-山1	-32.0	-23.8	-24.7	-22.0	—	0.52	1.48	1.24	
	苏14-11-09	盒8	-31.6	-24.0	-24.2	-22.6	—	0.55	1.58	1.38	
	苏48-14-76	盒8-山1	-33.5	-22.6	-24.2	-22.2	—	0.40	1.16	0.83	
子洲气田	洲21-24	山西组	-32.7	-25.1	-23.2	-22.2	—	0.46	1.32	1.03	文献［7］
	洲25-38	山西组	-32.6	-25.7	-23.3	-22.9	—	0.47	1.34	1.05	
	洲35-28	山西组	-32.5	-25.7	-23.6	-23.3	—	0.48	1.36	1.08	
	榆30	山西组	-33.1	-23.0	-23.4	-21.7	—	0.43	1.23	0.92	
	榆45	山西组	-33.2	-25.2	-23.1	-22.5	—	0.43	1.21	0.90	
	榆69	山西组	-32.8	-26.3	-24.1	-21.7	—	0.45	1.30	1.00	

续表

| 气田 | 井位 | 层位 | $\delta^{13}C/‰$，VPDB | | | | | R_o，Stahl[14] | R_o，戴金星[15] | R_o，沈平[16] | 数据来源 |
			C_1	C_2	C_3	C_4	$\delta^{13}C_{CO_2}$				
大牛地气田	D47-47	太2段	−37.5	−26.1	−24.6	−24.4	—	0.21	0.60	0.29	文献〔11〕
	D35	太2段	−37.9	−25.2	−23.4	−22.8	—	0.20	0.56	0.26	
	D35-22	太2段	−37.7	−25.0	−23.1	−22.3	—	0.20	0.58	0.27	
	D1-80	山2段	−36.0	−25.1	−24.0	−23.2	—	0.27	0.77	0.43	
	D2-21	山2段	−36.0	−25.3	−24.7	−24.0	—	0.27	0.77	0.43	
	DK2-45	山2段	−35.9	−24.6	−24.1	−23.6	—	0.27	0.78	0.44	
榆林气田	榆32-15	上古生界	−33.0	−25.6	−23.3	−22.4	−4.8	0.44	1.25	0.95	文献〔10〕
	榆34-15	上古生界	−35.3	−24.7	−21.8	−21.2	−4.0	0.30	0.86	0.51	
	榆44-12	上古生界	−32.1	−25.2	−23.1	−21.8	−4.1	0.51	1.45	1.21	
	榆29-10	上古生界	−33.4	−24.3	−23.0	−22.5	−5.6	0.41	1.18	0.85	
	榆28-12	上古生界	−33.2	−26.3	−23.8	−23.0	−4.2	0.43	1.21	0.90	
	榆41-18	上古生界	−32.4	−24.8	−23.0	−21.8	−4.8	0.48	1.38	1.11	

3　天然气地球化学特征

3.1　天然气组分

东胜气田天然气组分含量中烷烃气占明显优势（表1）。甲烷、乙烷、丙烷及丁烷质量分数分别为93.69%～93.96%、3.57%～3.71%、0.85%～0.92%及0.21%～0.37%，其平均质量分数分别为93.79%、3.63%、0.88%及0.32%。天然气干燥系数为0.95，表明研究区主要为干气。东胜气田干燥系数略高于苏里格、大牛地、榆林气田，但是略低于子洲气田。非烃气体主要包括CO_2和N_2，其中N_2含量明显高于CO_2。CO_2质量分数在0.03%～0.20%平均为0.13%；N_2质量分数在0.81%～1.34%，平均为1.12%。在非烃气体含量上上古生界各气田含量差别甚微。

3.2　碳同位素组成

东胜气田天然气$\delta^{13}C_1$、$\delta^{13}C_2$、$\delta^{13}C_3$及$\delta^{13}C_4$值域分别为−33.8‰～−33.1‰、−25.6‰～−24.5‰、−25.3‰～−23.2‰及−24.2‰～−23.0‰（表2），其平均值分别为−33.4‰、−25.1‰、−24.5‰及−23.8‰。研究区样品均具有正碳同位素系列，即$\delta^{13}C_1<\delta^{13}C_2<\delta^{13}C_3<\delta^{13}C_4$。相比而言，苏里格气田$\delta^{13}C$表现为明显的部分倒转现象；子洲气田有部分井位烷烃气为碳同位素部分倒转；大牛地气田烷烃气$\delta^{13}C_1$明显略低于东胜气田；榆林气田烷烃气$\delta^{13}C$与东胜气田类似。上古生界其他气田碳同位素本次研究中只有4个样品中检测到CO_2，分析出3个样品中碳同位素值，且CO_2中碳同位素分布范围较宽，介于−22.88‰～−6.8‰，可能表明其成因的多元性。

表 3 东胜气田及鄂尔多斯盆地其它主要气田部分轻烃参数表

气田	井位	层位	nC_7/%	MCC_6/%	$\sum DMCC_5$/%	庚烷值/%	异庚烷值/%	$(2-MH+2,3DMP)/C_7$/%	$(3-MH+2,4DMP)/C_7$/%	数据来源
东胜气田	伊深1	盒1-盒3	28.2	56.7	15.1	16.0	2.6	7.2	6.1	本文
	ES4	盒3	25.8	56.4	17.8	15.1	1.9	4.2	3.8	
	锦11	盒2-盒3	25.3	61.2	13.5	15.3	2.4	3.9	3.5	
	ESP2	盒2	26.6	59.2	14.2	15.5	2.5	3.1	2.8	
	J11P4H	盒2	27.1	56.5	16.4	14.3	2.6	2.4	2.1	
	第26	盒2	25.4	61.9	12.7	15.9	2.4	3.2	2.9	
苏里格气田	苏120-42-84	盒8-山1	18.1	57.0	24.9	13.2	1.7	11.5	10.4	文献[9]
	苏120-52-82	盒8-山1	23.9	58.2	18.0	14.6	3.7	12.5	11.2	
	苏139	盒8-山1	18.4	65.9	15.7	14.1	3.3	11.2	9.8	
	苏14-0-31	盒8-山1	15.8	61.2	23.0	8.8	2.3	11.2	10.0	
	苏14-11-09	盒8	21.2	57.2	21.6	15.8	1.9	11.0	9.9	
	苏48-14-76	盒8-山1	18.4	61.5	20.0	2.5	0.2	11.3	9.9	
子洲气田	洲21-24	山西组	15.4	68.8	15.9	12.9	2.2	—	—	文献[7]
	洲25-38	山西组	14.4	70.0	15.6	12.4	2.3	—	—	
	洲35-28	山西组	14.9	68.2	16.9	11.0	2.2	—	—	
	榆30	山西组	15.3	67.8	16.9	11.8	2.1	—	—	
	榆45	山西组	14.8	70.5	14.7	12.8	2.2	—	—	
	榆69	山西组	14.7	67.6	17.6	10.9	2.3	—	—	
榆林气田	榆32-15	上古生界	14.8	70.8	14.2	—	—	—	—	文献[10]
	榆34-15	上古生界	18.8	65.8	15.4	—	—	—	—	
	榆44-12	上古生界	15.2	74.6	10.2	—	—	—	—	
	榆29-10	上古生界	16.0	70.4	13.6	—	—	—	—	
	榆28-12	上古生界	17.7	74.6	7.7	—	—	—	—	
	榆41-18	上古生界	16.9	70.4	12.7	—	—	—	—	

注:nC_7为正庚烷;MCC_6为甲基环己烷;$DMCC_5$为二甲基环戊烷;$2-MH+2,3DMP$为2-甲基己烷和2,3-二甲基戊烷;$3-MH+2,4DMP$为3-甲基己烷和2,4-二甲基戊烷。

3.3 轻烃组分特征

东胜气田部分轻烃参数特征分布如表 3 所示，该气田天然气中庚烷值分布区间为 14.3%～16.0%，较其他气田略高；异庚烷值分布区间为 1.9%～2.6%。在 C_7 轻烃中甲基环己烷占优势，甲基环己烷相对质量分数为 56.%～61.9%，平均为 58.65%；正庚烷值域为 25.3%～28.2%，平均为 26.4%；二甲基戊烷相对质量分数为 12.7%～17.8%，平均为 15.0%。上古生界天然气在轻烃组成特征上具有一定的相似性，C_7 系列轻烃中都已表现为甲基环己烷优势，但是在相对含量上具有一定的差异，东胜气田天然气甲基环己烷相对含量较其他气田略低。

4 讨论

4.1 天然气成因

有机成因天然气常具有正碳同位素系列[13,22-25]。本次研究中的东胜气田 6 个天然气样品中碳同位素全部表现为正碳同位素系列。对比研究上古生界天然气碳同位素特征，上古生界天然气总体表现出正碳同位素系列，也有部分天然气表现出碳同位素倒转，部分碳同位素倒转现象在苏里格气田比较明显（图 2）。对于上古生界天然气部分同位素倒转，文献［12］、［26］和［27］已经做过很多研究，大部分学者认为同源不同期天然气的混合作用是造成碳同位素倒转的主要原因。

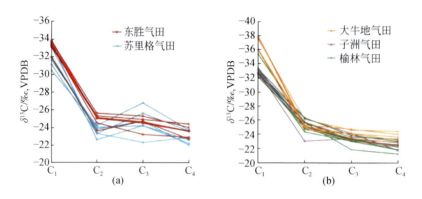

图 2　东胜气田及上古生界其他气田烷烃气碳同位素组成分布曲线

甲烷碳同位素主要受有机质成熟度的影响，乙烷碳同位素具有很好的母质继承性，因此烷烃气碳同位素特征常被用来判别天然气成因类型[13-14,22-25,28-29]。文献［13］提出用 $\delta^{13}C_1$–$\delta^{13}C_2$–$\delta^{13}C_3$ 图版来判别各种成因类型的天然气，通过最新修订的 $\delta^{13}C_1$–$\delta^{13}C_2$–$\delta^{13}C_3$ 图版[30]分析，东胜气田及上古生界其他气田天然气全部落入煤成气区域（图 3），表明该气田天然气为煤成气，这一结论与文献［7］、［9］、［10］～［12］和［31］对鄂尔多斯盆地上古生界其他气田的研究成果比较一致。文献［32］提出的图版也常被用来判别天然气成因类型，文献［33］研究表明除靖边气田天然气为腐泥型和腐殖型有机质混合成因天然气外，上古生界天然气大部分为腐殖型有机质生成，运用文献［32］提出的图版分析东胜气田天然气成因同样表明其天然气为腐殖型有机质生成（图 4），这一认识与前文分析结果一致。轻烃化合物相对含量特征在天然气勘探中应用也很广泛，在 C_7 轻烃化合物中，腐殖型有机质生成的天然气常常会相对富集甲基环己烷，结合这一特征文献 [13] 和 [34] 也提出了不同的图版成功的判识的不同成因的天然气，本文运用文献 [35] 最新修订的 C_7 轻烃化合物的相对组成判别图版，结果表明与苏里格、榆林子洲气田一致，东胜气田天然成因类型为煤成气（图5）。文献 [13] 认为有机成因 CO_2 中碳同位素一般小于 $-8‰$，大于 $-8‰$ 则很有可能为无机成因 CO_2，研究区分 CO_2 中碳同位素布范围较宽，介于 $-6.8‰$ ~ $-22.8‰$。文献 [36] 研究，东胜气田区块储层中发育钙质胶结物。钙质胶结物在有机质成岩过程中伴随有机质热演化，会发生有机酸溶蚀作用，因此研究区 CO_2 很有可能是有机成因与无机成因混合产物。综上，烷烃气组分、碳同位素特征及轻烃特征都表明东胜气田天然气为煤成气，而研究区 CO_2 很有可能是有机成因与无机成因混合产物。

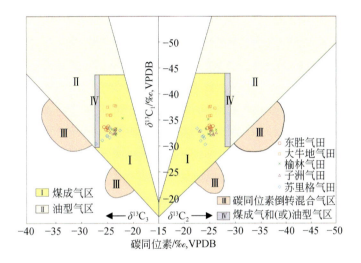

图3　$\delta^{13}C_1$-$\delta^{13}C_2$-$\delta^{13}C_3$ 烷烃气类型鉴别图版（图版据文献 [30]）

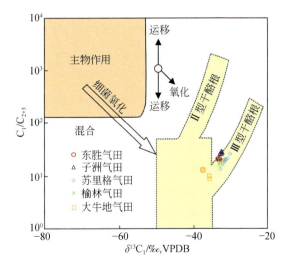

图4　天然气 $\delta^{13}C_1$ 与 C_1/C_{2+3} 关系图版（图版据文献 [32]）

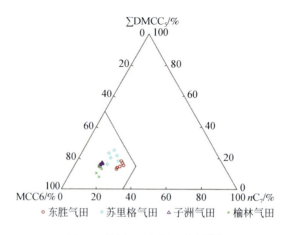

图5　天然气 C7 轻烃三角图[35]

4. 2　天然气成熟度

有机成因天然气随着演化程度的增加，烷烃气的碳同位素会逐渐变重，甲烷的这一特征表现得尤为明显，因此可以通过甲烷碳同位素特征来研究天然气成熟度，文献 [14]~ [16] 通过对大量数据研究提出的 $\delta^{13}C_1$-R_o 经验关系公式，应用不同的学者提出的经验公式所计算出的烃源岩热演化成熟度如表1所示。不同学者所建立的经验公式有所差别，通过 Stahl 与沈平等所建立的经验公式所计算出的烃源岩成熟度相对较低，戴金星等所建立的经验公式所计算出的烃源岩成熟度值相对要大一点。计算出的 R_o 在 1.10% ~ 1.23%，即演化成熟在成熟-高成熟的过渡阶段，通过经验公式计算得到的上古生界各气田天然气成熟度具有一定的差异，值得注意的是由 $\delta^{13}C_1$ 推算而来的东胜气田天然气成熟度要略低于苏里格气田天然气成熟度。结合鄂尔多斯盆地上古生界北部实测 R_o 值以及最新版的鄂尔多斯盆地上古生界有机质成熟度图[5,37]，认为戴金星等所建立的经验公式计算的 R_o 值与研究区实际烃源岩热演化阶段较吻合，即研究区天然气主体处于成熟-高熟过渡带演化阶段。文献 [38] 和 [39] 根据油气随着成熟度的增高其烷基化程度也随之增高这一现象，提出了庚烷值和异庚烷值这两个反映油气成熟度的参数，并且随着研究的深入发现不同母质类型油气的庚烷值和异庚烷值也有较明显差别，于是建立了相关图版。结合东胜气田以及苏里格气田和子洲气田天然气中轻烃特征表明东胜气田和另外两气田天然气都处于成熟到高成熟的过渡带演化阶段，由于苏里格气田分布范围较大，其天然气成熟度差异也较大。东胜气田主要为烃源岩在成熟-高熟过渡带阶段所形成的天然气，并且研究区天然气都分布在芳香族曲线附近（图6），即为腐殖型母质所形成的天然气。这一结论与前文中通过戴金星所提出的经验公式计算得到的源岩热演化程度比较一致，并且天然气成因类型也与前文分析结果一致。

4. 3　天然气来源

鄂尔多斯盆地上古生界发育煤系，其中包括煤层和暗色泥岩[1-4]，但是对于盆地北部天然气的气源，还存在一定争议，文献 [5] 和 [19] 认为盆地生气中心在苏里格-乌审

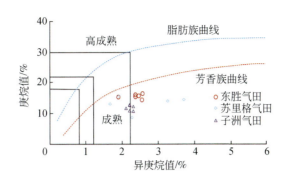

图 6　天然气庚烷值与异庚烷值相关图（据文献［39］修改）

旗一带，并且北部位于隆起区，为天然气聚集有利区，因此盆地北部天然气主要来自于南部源岩。文献［6］和［20］从盆地北部烃源岩特征着手，对烃源岩进行了详细的评价认气田下伏良好烃源岩，并且气田南部烃源岩质量优于北部，最大生烃强度超过 $20 \times 10^8 m^3/ km^2$，因此盆地北部天然气主要源于下伏紧邻源岩。作者认为虽然按照传统的油气地质理论[40-41]，研究区位于天然气二次运移的有利指向区，但在研究区砂体普遍致密，并且砂体致密期早于天然气大规模形成时期[42-45]，因此作者认为东胜气田天然气从南部运移而来这一观点值得商榷。文献［46］~［49］提出同完全同源的油气具有基本一致的 K_1 值［K_1 =（2- 甲基己烷+2,3- 二甲基戊烷）/（3- 甲基己烷+2,4- 二甲基戊烷）］，而不同母质来源的油气具有不同的 K_1 值。如果研究区天然气是从南部运移而来，则应与苏里格气田同源，东胜气田上古生界天然气的 K_1 值都分布在 1.2 左右（图 7），而苏里格气田的 K_1 值约为 0.9（图 7），即两个气田的 K_1 值还是有一定差别。再者东胜气田天然气全表现为正碳同位素系列，而苏里格气田天然气碳同位素出现明显的部分倒转[8,12,27,37,49]，并且东胜气田 $\delta^{13}C_1$ 低于其南部气田而符合其下伏源岩热演化程度而低于其南部源岩热演化程度，也进一步说明虽然两个气田天然气都源于上古生界煤系，但天然气来源仍然有所区别。从天然气轻烃特征差别，天然气组分及同位素差别，再结合研究区发育生烃强度大于 $10 \times 10^8 m^3/km^2$ 的烃源岩，作者认为东胜气田天然气主要来源于其紧邻下伏源岩而并不是其南部苏里格气区源岩生成的天然气沿河道砂体向北运移成藏（图 8）。

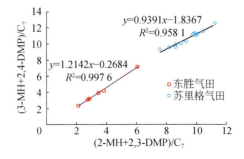

图 7　烷烃气（2-MH+2,3-DMP）/C_7 与（3-MH+2,4-DMP）/C_7 含量相关关系图

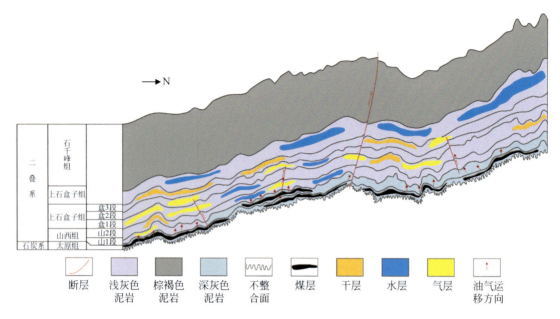

图8 东胜气田天然气成藏模式示意图

5 结论

(1) 东胜气田天然气组分以烷烃气为主，天然气主要为干气；天然气中甲烷含量为 93.69% ~93.96% ，乙烷含量为 3.57% ~3.71% ，丙烷含量为 0.85% ~0.92% ，丁烷含量为 0.21% ~0.37% ；含少量非烃气体 CO_2 和 N_2 ；烷烃气表现为正碳同位素系列，东胜气田天然气表现为原生特点。

(2) 通过对天然气组分、天然气碳同位素以及 C_7 轻烃化合物甲基环己烷的相对高含量综合分析认为东胜气田天然气具有与上古生界其他气田具有相似的成因，为典型的煤成气；并且通过碳同位素、庚烷值及异庚烷值特征分析认为东胜气田天然气处于成熟–高成熟过渡带演化阶段；该气田天然气主要来源于下伏紧邻煤系，而并非来自其南部的苏里格气区。

致　谢：感谢中国石油勘探开发研究院戴金星院士的悉心指导，感谢中石化石油勘探开发研究院刘全有教授级高级工程师提供的相关资料。

参 考 文 献

[1] 杨俊杰.鄂尔多斯盆地构造演化与油气分布规律.北京：石油工业出版社，2002.

[2] 何自新.鄂尔多斯盆地演化与油气.北京：石油工业出版社，2003.

[3] 杨俊杰，裴锡古.中国天然气地质学(卷四).北京：石油工业出版社，1996.

[4] 杨华，刘新社.鄂尔多斯盆地煤成气勘探进展.石油勘探与开发，2014，41(2)：129-137.

[5] 王明健，何登发，包洪平，等.鄂尔多斯盆地伊盟隆起上古生界天然气成藏条件.石油勘探与开发，2011，38(1)：30-39.

[6] 薛会，张金川，徐波，等.鄂尔多斯盆地北部杭锦旗探区上古生界烃源岩评价.成都理工大学学报(自

然科学版)，2010，37(1)：21-28.

[7] Huang S P, Fang X, Liu D, et al. Natural gas genesis and sources in the Zizhou gas field, Ordos Basin, China. International Journal of Coal Geology, 2015, 152：132-143.

[8] Dai J X, Xia X Y, Qin S F, et al. Origin of partially reversed alkane $\delta^{13}C$ values for biogenic gases in China. Organic Geochemistry, 2004, 35(4)：405-411.

[9] Yu C, Gong D Y, Huang S P, et al. Characteristics of light hydrocarbons of tight gases and its application in the Sulige gas field, Ordos Basin, China. Energy Exploration & Exploitation, 2014, 32(1)：211-226.

[10] Hu G Y, Li J, Shan X Q, et al. The origin of natural gas and the hydrocarbon charging history of the Yulin gas field in the Ordos Basin, China. International Journal of Coal Geology, 2010, 81：381-391.

[11] Liu Q Y, Jin Z J, Meng Q Q, et al. Genetic types of natural gas and filling patterns in Daniudi gas field, Ordos Basin, China. Journal of Asian Earth Science, 2015, 107：1-11.

[12] 于聪, 黄士鹏, 龚德瑜, 等. 天然气碳氢同位素部分倒转成因——以苏里格气田为例. 石油学报, 2013, 34(增刊Ⅰ)：50-52.

[13] 戴金星, 裴锡古, 戚厚发. 中国天然气地质学, 卷一. 北京：石油工业出版社, 1992.

[14] Stahl W J, Gare B D. Source-rock identification by isotope analyses of natural gases from field in the Val Verde and Delaware Basins, West Texas. Chemical Geology, 1975, 16(4)：257-267.

[15] 戴金星, 戚厚发. 我国煤成烃气的 $\delta^{13}C$-R_o 关系. 科学通报, 1989, 9：690-692.

[16] 沈平, 申歧祥, 王先彬, 等. 气态烃同位素组成特征及煤型气判识. 中国科学：B辑, 1987, 17(6)：647-656.

[17] 赵孟军, 卢双舫, 王庭栋, 等. 克拉2气田天然气地球化学特征与成藏过程. 科学通报, 2002, 47(增刊)：109-115.

[18] 李贤庆, 肖贤明, 米敬奎, 等. 塔里木盆地克拉2大气田天然气的成因探讨. 天然气工业, 2004, 24(11)：8-10.

[19] 李良, 袁志祥, 惠宽洋, 等. 鄂尔多斯盆地北部上古生界天然气聚集规律. 石油与天然气地质, 2000, 21(3)：268-271.

[20] 纪文明, 李潍莲, 刘震, 等. 鄂尔多斯盆地北部杭锦旗区上古生界气源岩分析. 天然气地球科学, 2013, 24(5)：905-914.

[21] 郝署民, 李良, 张威, 等. 鄂尔多斯盆地北缘石炭系-二叠系大型气田形成条件. 石油与天然气地质, 2016, 37(2)：149-154.

[22] Galimov E M. Isotope organic geochemistry. Organic Geochemistry, 2006, 37(10)：1200-1262.

[23] Schoell M. Genetic characterization of natural gases. AAPG Bulletin, 1983, 71(4)：368-388.

[24] 陈践发, 李春园, 沈平, 等. 煤型气烃类组分的稳定碳、氢同位素组成研究. 沉积学报, 1995, 13(2)：59-69.

[25] 戴金星. 天然气中烷烃气碳同位素研究的意义. 天然气工业, 2011, 31(12)：1-6.

[26] Dai J X, Xia X Y, Qin S F, et al, Origin of partially reversed alkane $\delta^{13}C$ values for biogenic gases in China. Organic Geochemistry, 2004, 35(4)：405-411.

[27] 戴金星, 倪云燕, 胡国艺, 等. 中国致密砂岩大气田的稳定碳氢同位素组成特征. 中国科学：D辑, 2014, 44(4)：563-578.

[28] 刚文哲, 高岗, 郝石生, 等. 论乙烷同位素在天然气成因类型研究中的应用. 石油实验地质, 1997, 19(2)：64-167.

[29] 戴金星. 各类烷烃气的鉴别. 中国科学：B辑, 1992, 22(2)：85-193.

[30] Dai J X, Zou C N, Liao S M, et al. Geochemistry of the extremely high thermal maturity Longmaxi shale gas, southern Sichuan China. Organic Geochemistry, 2014, 74：3-12.

[31] 黄士鹏, 龚德瑜, 于聪, 等. 石炭系—二叠系煤成气地球化学特征——以鄂尔多斯盆地和渤海湾盆地为例. 天然气地球科学, 2014, 25(1): 98-108.

[32] Whiticar M J. Carbon and hydrogen isotope systematics of bacterial formation and oxidation of methane. Chemical Geology, 1999, 161: 291-314.

[33] 夏新宇, 赵林, 李剑锋, 等. 长庆气田天然气地球化学特征及奥陶系气藏成因. 科学通报, 1999, 44(10): 1116-1119.

[34] 胡惕麟, 戈葆雄, 张义纲, 等. 源岩吸附和天然气轻烃指纹参数的开发和应用. 石油实验地质, 1990, 12(12): 375-394.

[35] 胡国艺, 李剑, 李谨, 等. 判识天然气成因的轻烃指标探讨. 中国科学: D 辑, 2007, 37(增刊 II): 111-117.

[36] 惠宽洋, 张哨楠, 李德敏, 等. 鄂尔多斯盆地北部下石盒子组—山西组储层岩石学和成岩作用. 成都理工学院学报, 2002, 29(3): 272-278.

[37] 戴金星, 倪云燕, 黄士鹏, 等. 次生型负碳同位系列成因. 天然气地球科学, 2016, 27(1): 1-7.

[38] Thompson K F M. Light hydrocarbons in subsurface sediments. Geochimica et Cosmochinica Acta, 1979, 43(5): 657-672.

[39] Thompson K F M. Classification and thermal history of petroleum based on light hydrocarbons. Geochimica et Cosmochinica Acta, 1983, 47(2): 303-316.

[40] Hunt J M. Petroleum Geochemistry and Geology. New York: W H Freeman and Company, 1979: 251-257.

[41] Tissot B, Welte D. Petroleum Formation and Occurrence. Berlin, Heidelberg, New York, Tokyo: Spriger-Verlag, 1984: 341-365.

[42] 杨华, 刘新社, 孟培龙, 等. 苏里格地区天然气勘探新进展. 天然气工业, 2011, 31(2): 1-8.

[43] 张哨楠. 致密天然气砂岩储层: 成因与探讨. 石油与天然气地质, 2008, 29(1): 1-10.

[44] 杨智, 何生, 邹才能, 等. 鄂尔多斯盆地北部大牛地气田成岩成藏耦合关系. 石油学报, 2010, 31(3): 373-378.

[45] 刘新社, 周立发, 侯云东, 等. 运用流体包裹体研究鄂尔多斯盆地上古生界天然气成藏. 石油学报, 2007, 28(6): 37-42.

[46] Mango F D. An invariance in the isoheptanes of petroleum: a critical review. Science, 1987, 237: 514-517.

[47] Mango F D. The light hydrocarbons in petroleum: a critical review. Organic Geochemistry, 2006, 26(7-8): 417-440.

[48] Mango F D. The origin of light hydrocarbons. Geochimica et Cosmochinica Acta, 2000, 64(7): 1265-1277.

[49] 戴金星. 中国煤成大气田及其气源. 北京: 科学出版社, 2014.

鄂尔多斯盆地上、下古生界和中生界天然气地球化学特征及成因类型对比[*]

胡安平，李　剑，张文正，李志生，侯　路，刘全有

　　鄂尔多斯盆地位于中国中部，是中国第二大沉积盆地，是中国含油气盆地中构造最稳定的盆地[1]，也是目前中国发现 $1000 \times 10^8 \mathrm{m}^3$ 以上大气田最多的盆地（6个），中国最大的气田苏里格气田就发育在该盆地中。

　　鄂尔多斯盆地天然气类型多样、分布广泛、产气层多，自发现大气田以来国内外学者对其气源、成因、类型、分布等问题已做了大量研究。迄今，对鄂尔多斯盆地奥陶系风化带天然气气源的认识仍存在很大的分歧[2-12]，有的研究者认为是下古生界碳酸盐岩"自生自储"的油型气为主，有的则认为是上古生界煤系"上生下储"的煤成气为主，这一分歧的存在必然对本区下古生界碳酸盐岩及其他盆地碳酸盐岩的远景评价、找气方向和勘探部署产生重要影响。此外，对本区中生界天然气的成因、气源等问题也缺少系统研究。从这些问题出发，本文将对鄂尔多斯盆地上古生界、下古生界和中生界的238个气样的组分数据及其中192个气样的碳同位素组成进行系统的分析研究，并判别各产层天然气的成因类型，以进一步认清各自的气源归属。

1　气油地质综述

1.1　地质概况

　　鄂尔多斯盆地是一个稳定沉降、坳陷迁移、扭动明显的多旋回沉积型克拉通类含油气盆地（图1）[1]。盆地地质构造性质以其稳定而闻名中外，其整体上升、持续沉降、斜坡宽缓、背斜微弱、地层水平、接触整合是人所共知的标志[1]。该盆地油气分布总格局是古生界以成气为主，气田大多分布于北部；中生界以成油为主，油田主要分布于南部；浅部含油深部含气。背斜圈闭欠发育，因此构造油气藏不多，规模小[13]。油气田以岩性地层圈闭类型为主[3]，大油气田发育于此类圈闭中。

1.2　气田（藏）介绍

　　在鄂尔多斯盆地上古生界中已发现苏里格、榆林、乌审旗、子洲和大牛地等大气田，在下古生界已发现靖边大气田。与大气田有关的地层层序从上到下为上石盒子组（P_2sh）、下石盒子组（P_1x）、山西组（P_1s）、太原组（P_1t）、本溪组（Cb）和马家沟组（O_1m）。苏里格和榆林气田为岩性圈闭。乌审旗气田为岩性构造圈闭，气田南段与靖边气田的西北

---

　　* 原载于《中国科学 D 辑：地球科学》，2007年，第37卷，增刊II，157～166。

部叠置[3]。靖边气田自上而下主要有5个气藏，最上面气藏为岩性地层圈闭，气藏上部和侧面为铁铝质泥岩及石炭系泥岩遮挡，下面的4个气藏是岩性圈闭气藏，其上倾方向被泥膏云岩段遮挡[3]。中生界下侏罗统延安组及上三叠统延长组是鄂尔多斯盆地内勘探历史最长、分布地域最广、勘探程度最高的含油气层。迄今已经找到了直罗、马家滩、李庄子等气藏[13]。中生界气藏产气层位多，从上三叠统延长组的长10、长8、长4+5、长3、长2和长1，至下侏罗统延安组的延10、延9、延8+7、延5等，以及中侏罗统直罗组，均发现含气层[13]。

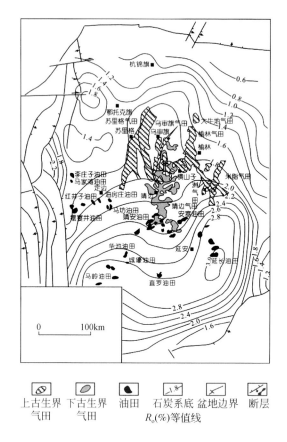

图1　鄂尔多斯盆地位置和油气田分布图

1.3　烃源岩特征

鄂尔多斯盆地古生界具有明显的双层沉积结构：上古生界以陆相碎屑岩和煤系沉积为主，下部有部分海陆交互相沉积；下古生界为海相碳酸盐岩和膏盐沉积[1]。

上古生界发育石炭–二叠系煤系和灰岩两大岩类，煤系是其主要烃源岩。全盆地普遍有石炭–二叠系煤层分布，一般煤层总厚度为10~15m，局部可达40m以上，煤的平均有机碳含量为60%[14]。泥岩厚度一般在70~130m，最厚累计在200m以上，除碳质泥岩外，暗色泥岩的有机碳含量在1%~5%，一般为2%~4%，煤和泥岩主要是Ⅲ型干酪根，部分泥岩干酪根可能是Ⅱ型[14]。海相灰岩主要分布在盆地的中东部地区，是上古生界气田的其次烃源岩，其有机碳含量一般在0.3%~5%，平均为1.42%，灰岩干酪根中有较高的腐泥型组分，属腐殖-腐泥型[12]。盆地内部石炭-二叠系热演化程度比较高（盆地南部石炭系热演化程度最高，R_o 为 2.8%，大气田供气范围内 R_o 在 1.2%~2.2%）[3]，且石炭-二叠系烃源岩总生气量和排气量非常巨大，为鄂尔多斯盆地大气田形成提供了充足的气源基础[3,15]。

下古生界奥陶系烃源岩以碳酸盐岩为主，累计厚度为 400~500m；干酪根以腐泥型为主；有机碳含量为 0.08%~0.64%、平均为 0.22%[16]，R_o 值为 2.07%~2.68%；有机质已达到过成熟干气热演化阶段[14]。这套烃源岩虽厚度大，但有机碳丰度低、分布广、成烃作用分散。

鄂尔多斯盆地中生界烃源岩即为三叠系延长组以深湖-半深湖相泥岩为主、富含有机质的暗色泥岩[14]。这套烃源岩分为两类，包括上部长 3 以上的腐殖型烃源岩和中部长 8-长 4+5 的腐泥型烃源岩，后者特别是其中的长 7 烃源岩是鄂尔多斯盆地中生界重要的烃源岩[14]。

2 天然气组分特征对比

鄂尔多斯盆地上古生界（125 个气样）、下古生界（66）和中生界（47 个气样）的天然气地球化学特征见表 1（由于篇幅限制，表 1 中选了部分样品数据，但后文各图仍用全部样品数据）。根据天然气组分特征编制了组分分布频率图（图 2）及组分比值频率图（图 3）。

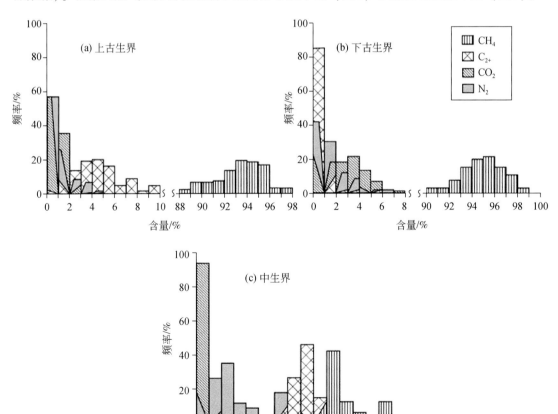

图 2　鄂尔多斯盆地上、下古生界和中生界天然气组分含量频率图

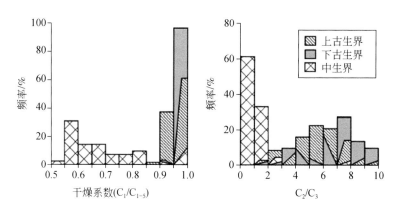

图 3　C_1/C_{1-5} 和 C_2/C_3 频率图

2.1　烷烃气含量

经统计，上古生界和下古生界天然气均富含甲烷（表 1，图 2）。上古生界甲烷含量在 82.34% ~ 97.91%，主频率在 92% ~ 96%，平均为 92.97%；重烃含量平均为 4.61%，主频率在 3% ~ 6%；干燥系数（C_1/C_{1-5}）从 0.847 ~ 0.992，平均为 0.952，干气湿气均有。下古生界甲烷含量略高于上古生界，在 90.63% ~ 98.29%，主频区间为 93% ~ 98%，平均为 94.79%；重烃含量平均为 0.93%，主频区间在 0 ~ 1%；干燥系数平均为 0.990，为比较典型的干气。而中生界甲烷含量相对来说要低得多，且变化范围都较前两者大，从 26.37% ~ 98.08% 均有分布，平均为 59.68%，主频区间在 50% ~ 60%；重烃含量较高，平均为 28.43%，主频率在 20% ~ 40%；干燥系数平均为 0.671，变化区间较大，从 0.380 ~ 0.996，主要为湿气。

2.2　非烃气体含量

鄂尔多斯盆地上、下古生界和中生界的非烃气体主要包括 CO_2 及 N_2，含量均比较低，其中 CO_2 平均含量分别为 1.07%，2.60% 及 0.76%。上古生界和下古生界中 N_2 平均含量为 1.33% 和 1.70%，中生界 N_2 含量稍高，平均为 7.38%。

2.3　比值特征（C_1/C_{1+}，C_2/C_3）

组分含量及其比值特征在一定程度上能帮助指示天然气的成因类型，经过总结得出以下几项有用指标（表 2[17]）。由表 1 可见，上、下古生界的天然气甲烷碳同位素基本在 −40‰ ~ −30‰[18-20]，由此可以排除生物气的可能。

从图 3 中可以看出：上古生界天然气甲烷和乙烷含量的比值（C_2/C_3）主要集中在 3 ~ 8，少部分气样 C_2/C_3 小于 3，根据表 2 推测上古生界以煤型裂解气为主；甲烷含量多半达到 90% 以上，部分大于 95%；干燥系数绝大部分大于 0.9，多半达到 0.95 以上，干湿气均有，说明上古生界有热解气混合存在。

表 1　鄂尔多斯盆地上古生界、下古生界和中生界天然气组分及碳同位素组成表（部分）

气田		井	层位	天然气组分特征/%							干燥系数	天然气碳同位素特征/‰，PDB				
				CH_4	C_2H_6	C_3H_8	iC_4	nC_4	CO_2	N_2		$\delta^{13}C_1$	$\delta^{13}C_2$	$\delta^{13}C_3$	$\delta^{13}iC_4$	$\delta^{13}nC_4$
上古生界	苏里格气田	苏 1	P_1s	91.57	4.52	0.89	0.19	0.16	0.78	0.71	0.94	−34.37	−22.13	−21.77	−21.53	−21.63
		苏 6	P_1x	88.81	5.83	1.26	0.20	0.22	2.64	0.80	0.92	−33.54	−24.02	−24.72	−22.78	−23.23
		苏 14	P_1x	96.37	1.66	0.40	0.13	0.09	1.25	0.00	0.98	−32.54	−23.17	−23.77		
		苏 33-18	P_1x	91.69	4.26	0.91	0.25	0.29	0.87	1.43	0.94	−32.31	−25.23	−23.79	−22.20	−23.08
		苏 36-13	P_1x	89.49	5.41	1.16	0.22	0.25	0.76	0.93	0.93	−33.40	−24.70	−24.40	−22.10	−23.10
		桃 5	P_1x	91.75	5.11	0.92	0.12	0.14	0.77	1.05	0.94	−33.05	−23.57	−23.72	−21.62	−22.46
		桃 6	P_1x	93.40	2.76	0.36	0.04	0.46	0.57	2.27	0.96	−29.00	−25.00	−27.00	−23.90	−25.70
	榆林气田	陕 141	P_1s	94.12	3.40	0.50	0.06	0.07	1.14	0.61	0.96	−33.7	−26.3	−24.30	−23.10	−23.10
		陕 143	P_1s	93.47	3.90	0.63	0.09	0.10	1.17	0.35	0.95	−33.57	−25.98	−24.42		−24.99
		榆 28-12	P_1s	94.25	3.25	0.47	0.06	0.07	1.08	0.65	0.96	−32.40	−27.00	−24.80	−23.60	−23.80
		榆 35-8	P_1s	95.32	2.67	0.34	0.07	0.06	1.45	0.03	0.97	−32.55	−24.87	−23.69	−21.17	−22.53
		榆 43-10	P_1s	94.39	2.73	0.41	0.08	1.80	0.52	0.97	−31.90	−26.40	−23.00	−23.69	−24.06
		榆 44-7	P_1s	95.65	2.65	0.32	0.04	0.04	0.57	0.69	0.97	−32.80	−25.50	−23.80	−23.80	−24.10
	乌审旗气田	陕 215	P_1x	93.60	3.79	0.55	0.08	0.08	0.76	0.46	0.95	−32.90	−26.00	−24.00	−21.20	−22.90
		陕 241	P_1x	92.70	3.99	0.68	0.11	0.11	0.49	1.73	0.95	−32.60	−24.10	−24.20	−22.10	−23.30
		陕 243	P_1x	90.85	5.46	1.03	0.18	0.17	0.54	1.55	0.95	−35.00	−24.00	−24.20		−22.90
		乌 22-7	P_1x	92.97	4.27	0.76	0.11	0.11	0.74	0.87	0.95	−32.60	−23.70	−24.20	−21.20	−22.70
		榆 19-5	P_1x	92.79	3.90	0.64	0.10	0.09	0.50	1.77	0.95	−34.50	−24.00	−24.20	−21.40	−23.50
		榆 24-5	P_1x	92.77	4.21	0.63	0.09	0.09	0.64	1.43	0.95	−32.20	−23.50	−24.90	−21.80	−23.60
下古生界		陕 6	$O_1m_5^{1-4}$	92.60	0.32	0.03	0	0	4.86	2.22	1.00	−33.87	−34.05	−24.39		
		陕 12	$O_1m_5^{1-4}$	96.79	0.78	0.10	0.01	0.01	1.65	0.63	0.99	−34.21	−25.46	−26.37	−20.67	
		陕 15	$O_1m_5^{1-4}$	96.37	0.24	0.01			1.96	1.42	1.00	−33.19	−33.31	−25.87		
		陕 20	$O_1m_5^{1-3}$	93.10	0.30	0.16	0.01	0.02	0.55	1.02	1.00	−34.58	−30.96	−27.50	−22.10	
		陕 21	$O_1m_5^1$	95.92	1.33	0.17	0.02	0.03	2.36	0.11	0.98	−35.01	−24.59	−26.11	−24.27	
		陕 26	$O_1m_5^{3-4}$	91.07	0.15				3.04	5.53	1.00	−38.27	−34.13	−21.56	−25.17	
		陕 30	$O_1m_5^4$	86.07	0.77	0.03	0	0	0.41	12.01	0.99	−33.06	−33.58	−26.46		
		陕 34	$O_1m_5^4$	97.90	0.82	0.06	0.02	0.01	0.69	0.47	0.99	−33.99	−24.51	−22.42		
		陕 41	$O_1m_5^{1-7}$	98.14	1.51	0.20	0.07	0.04			0.98	−38.87	−28.67	−22.62	−20.40	
		陕 79	$O_1m_5^5$	96.55	0.08				0.45	2.79	1.00	−37.25	−31.81			
		陕 84	O_1m_5	92.40	0.81	0.12	0.01	0.01	5.09	0.99	0.99	−31.77	−28.49	−24.24		
		陕 106	$O_1m_5^1$	98.29	0.22	0.03			0.37	1.06	1.00	−30.66	−37.53	−29.95		
		鄂 1	O_1m_5	90.70	7.05	1.50	0.47	0.17			0.91	−40.50	−31.40	−24.83		
		鄂 5	O_1m_5	93.45	5.71				0.72	0.09	0.94	−41.74	−28.76			
		富探 1	O_1m_5	91.59	0.39	0.06			5.59	2.38	1.00	−33.74	−37.49	−18.20		
		林 2	O_1m	94.25	1.31	0.19	0.02	0.02	1.51	2.62	0.98	−35.55	−25.57	−25.03		

续表

气田	井	层位	天然气组分特征/%							干燥系数	天然气碳同位素特征/‰，PDB				
			CH_4	C_2H_6	C_3H_8	iC_4	nC_4	CO_2	N_2		$\delta^{13}C_1$	$\delta^{13}C_2$	$\delta^{13}C_3$	$\delta^{13}iC_4$	$\delta^{13}nC_4$
中生界	柳131-12	T_3y	60.15	13.36	16.69	1.86	5.33	0.12		0.61	-36.67	-35.25	-32.41	-34.26	-31.62
	柳133-10	T_3y	58.64	11.96	15.52	1.83	5.75	0.44	2.53	0.61	-42.30	-37.48	-33.51	-35.36	-32.37
	柳94-35	T_3y	56.81	12.97	17.81	1.98	5.20	0.05	2.86	0.59	-43.65	-37.16	-33.48	-34.60	-32.64
	定31-7	J_1y	51.11	6.00	9.13	3.78	6.40	1.07	15.97	0.67	-41.50	-35.00	-32.10	-31.50	-31.40
	塞1	T_3y	46.46	8.19	12.34	2.44	3.87	0.64	24.03	0.63	-52.57	-33.77	-32.38	-32.81	
	塞34	T_3y	80.04	7.64	5.57	0.61	1.45	0.17	3.28	0.84	-49.46	-37.58	-33.65	-32.91	
	泉36	J_1y	92.50	2.34	0.32	0.15	0.05	0.10	4.49	0.97	-59.69	-30.31	-25.57	-31.88	
	马254	T_3y	98.08	0.34				0.36	1.22	1.00	-48.00				
	马9-1	J_1y	95.47	0.86	0.60	0.24	0.44	0.12	1.63	0.98	-47.20	-33.70	-28.80	-31.40	-30.40
	胡401	T_3y	91.53	1.55	0.60	1.59	1.12	0.84	2.40	0.95	-48.20	-30.78	-30.16	-31.26	
	胡43-10	T_3y	57.51	3.88	6.01	2.33	1.86	0.32	20.38	0.80	-45.10	-35.60	-33.32	-32.80	-32.70
	城9-28	J_1y	65.21	12.75	10.28	1.34	2.24	1.43	5.85	0.71	-47.46	-36.29	-32.70	-31.64	
	罗35-34	T_3y	38.14	10.76	15.56	3.37	10.18	0.18	10.80	0.49	-48.00	-38.50	-33.30		-32.40
	耿20	J_1y	60.08	13.75	16.34	1.83	3.96	173		0.62	-44.45	-37.65	-34.54	-34.51	-33.71
	西34-42	T_3y	53.85	12.92	10.83	2.03	4.93	0.65	9.86	0.64	-49.60	-39.80	-34.5		-33.00
	庄22-21	T_3y	56.21	12.85	11.30	3.42	2.63	0.21	4.18	0.65	-49.40	-38.40	-33.80	-34.00	-33.20

表 2　组分参数判别标准表[17]

天然气成因类型		甲烷含量	C_1/C_{1-5}	C_2/C_3
生物气		>95%	0.95 ~ 1	>2
油型热解气	原油伴生气	>50%	0.5 ~ 9.0	0.9 ~ 3.5
	凝析油气	>60%	0.6 ~ 9.0	0.9 ~ 3.0
煤型热解气		>80%	0.70 ~ 0.95	0.8 ~ 3.0
油型裂解气		>95%	0.95 ~ 1	1 ~ 3
煤型裂解气		>95%	0.95 ~ 1	1.5 ~ 7

　　下古生界天然气的甲烷含量很高，超过一半达到95%以上，基本大于90%；干燥系数绝大部分大于0.95，过成熟干气占绝大比例，说明下古生界热演化程度比上古生界高，以裂解气为主；C_2/C_3大多数大于3，推测下古生界同样以煤型裂解气为主。

　　中生界天然气的甲烷含量分布区间较大，主频区间在50%~60%，主要为伴生气；干燥系数分布范围也较大，主要集中在0.55~0.7，为湿气；C_2/C_3绝大部分小于3。据表2可知中生界以油型热解气为主，与前两者天然气类型明显不同。

　　从组分特征来鉴别天然气成因类型，有时正确，有时则会出现差错，因为天然气组分往往会受到许多外在因素的影响，如温压条件、运移作用、产状以及生物降解作用等[21]，因此上述判断作为参考。

3　天然气烷烃碳同位素特征对比

到目前为止，稳定碳同位素仍是国内外对气源识别应用最广、使用最成熟的地化指标，下文通过稳定碳同位素组成特征的分析，对该地区天然气成因类型做出正确的判别。

3.1　烷烃碳同位素分布特征

根据鄂尔多斯盆地上古生界（85 个气样）、下古生界（59）和中生界（48）天然气样的甲烷、乙烷和丙烷碳同位素特征进行分析比较（表 1，图 4）。

通过对 192 个气样的烷烃碳同位素组成的统计分析，上古生界 $\delta^{13}C_1$ 分布范围为 $-38.47‰ \sim -29.00‰$，平均为 $-33.45‰$；下古生界 $\delta^{13}C_1$ 分布范围为 $-41.74‰ \sim -30.66‰$，平均为 $-34.18‰$，下古生界的 $\delta^{13}C_1$ 要略轻于上古生界，但差别不大，平均值只相差 0.73‰。由图 4（a）可知上、下古生界天然气的 $\delta^{13}C_1$ 分布非常类似，主频区间基本重合，在 $-36‰ \sim -32‰$，甲烷碳同位素值均较重。相对来说，中生界天然气的甲烷碳同位素值就明显较轻，分布范围为 $-59.69‰ \sim -36.67‰$，平均为 $-48.70‰$，主频区间在 $-50‰ \sim -42‰$。戴金星[18]认为原油伴生气 $\delta^{13}C_1$ 值偏轻，为 $-55‰ \sim -45‰$，重的可达约 $-40‰$；凝析伴生气 $\delta^{13}C_1$ 值偏重 $-45‰ \sim -37‰$。由此判断中生界天然气应属于原油伴生气为主，混有少量凝析油气。

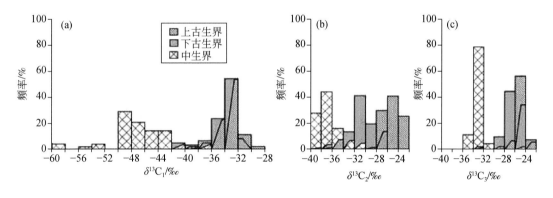

图 4　鄂尔多斯盆地上、下古生界及中生界天然气烷烃碳同位素分布频率图

由图 4（b）中可以看到上古生界 $\delta^{13}C_2$ 值明显比下古生界重，上古生界 $\delta^{13}C_2$ 值则主要分布在 $-28‰ \sim -22‰$，平均为 $-25.20‰$；下古生界 $\delta^{13}C_2$ 值主要分布在 $-34‰ \sim -26‰$，平均为 $-30.09‰$；而中生界 $\delta^{13}C_2$ 值比上、下古生界都要轻，主要分布在 $-40‰ \sim -34‰$，平均为 $-36.70‰$。章复康等认为 $\delta^{13}C_2$ 值为 $-28‰$ 是煤成气和油型气的判别值；张士亚等[22]选用 $\delta^{13}C_2 = -29‰$ 作为划分腐泥型气和腐殖型气的界限；戴金星[19,23]认为一般 $\delta^{13}C_2$ 值小于 $-28.8‰$ 的为油型气。从乙烷碳同位素特征判别可认为上古生界天然气以煤成气为主，中生界以油型气为主，而下古生界的乙烷碳同位素值有所争议，其部分值分布在煤成气和油型气判别值的中间区带，部分偏向油型气特征。

由图 4（c）中可以看出上古生界天然气 $\delta^{13}C_3$ 也比下古生界稍重，主要分布在 $-26‰ \sim -24‰$，平均为 $-24.42‰$；而下古生界 $\delta^{13}C_3$ 主要分布在 $-28‰ \sim -24‰$，平均为 $-25.75‰$；

中生界 $\delta^{13}C_3$ 就明显比前两者都轻，主要分布范围在−34‰ ~ −32‰，平均为−32.94‰. 章复康等认为煤成气 $\delta^{13}C_3$ 值在−26‰ ~ −18‰，而油型气范围在−32‰ ~ −28‰；戴金星等[19,23]认为一般 $\delta^{13}C_3$ 值小于−25.5‰的为油型气。从丙烷碳同位素特征判别仍可得出结论：上古生界天然气以煤成气为主，中生界以油型气为主，下古生界 $\delta^{13}C_3$ 值同样部分分布在煤成气和油型气判别值的中间区带。

3.2　上古生界各气田天然气烷烃碳同位素特征的异同

鄂尔多斯盆地上古生界天然气的 $\delta^{13}C_1$、$\delta^{13}C_2$、$\delta^{13}C_3$ 值均较重，属于煤成气为主，但各个气田的天然气烷烃碳同位素特征尤其是 $\delta^{13}C_2$ 值又有所差异。由图 5 可以看出，上古生界的 3 个主要气田中，榆林气田的天然气 $\delta^{13}C_2$ 值要比苏里格和乌审旗气田轻，结合该区上古生界海相灰岩分布规律，主要分布在盆地中东部地区，3 个气田中榆林气田位于东部. 因此作者认为榆林气田天然气 $\delta^{13}C_2$ 值偏轻的原因主要是有少量海相灰岩生成的油型气混入。

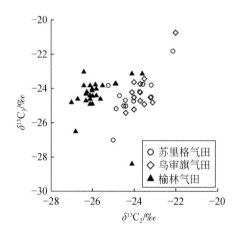

图5　上古生界各气田天然气 $\delta^{13}C_2$ 和 $\delta^{13}C_3$ 值分布特征图

3.3　下古生界天然气 $\delta^{13}C_2$ 和 $\delta^{13}C_3$ 较轻

上、下古生界和中生界的天然气烷烃碳同位素分布特征各不相同（图 6），因此作者认为 3 者天然气成因也有所不同。由图 5 可知，中生界与上、下古生界天然气烷烃碳同位素分布基本没有重叠区域，其甲烷、乙烷、丙烷碳同位素值均较轻，因此中生界与上、下古生界天然气成因类型完全不同，据前文分析，其属于油型伴生气。而上古生界和下古生界天然气烷烃碳同位素分布既有重叠区又有分离区，说明两者天然气成因相互关联又有所不同。

由图 6 可知，上、下古生界天然气烷烃 $\delta^{13}C_n$ 分布特征不同，主要表现在两处：①下古生界天然气 $\delta^{13}C_n$ 数值分布域较上古生界大，数值分布域小表示气源单一简单，数值分布域大则表示气源复杂混合[24]；②下古生界天然气 $\delta^{13}C_2$ 和 $\delta^{13}C_3$ 较上古生界轻，乙烷更为明显。若以 $\delta^{13}C_2=-29‰$ 作为判别值，上古生界天然气基本分布在 $\delta^{13}C_2<-29‰$ 区域，而

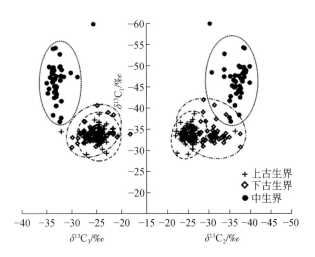

图6　鄂尔多斯盆地上、下古生界及中生界天然气 $\delta^{13}C_1$-$\delta^{13}C_2$-$\delta^{13}C_3$ 分布图

下古生界天然气在 $\delta^{13}C_2$ = -29‰左右区域均有分布，这是之前研究过程中争议最多的，有不少研究者将上、下古生界 $\delta^{13}C_2$ 值的区别作为下古生界奥陶系天然气是自生自储的油型气为主的证据[11]。但必须指出使用乙烷等碳同位素值指标来区分油型气和煤成气，这种方法对于单一来源气是有效的，但对于混源气必须慎重。下古生界天然气 $\delta^{13}C_n$ 数值分布域较大且部分乙烷和丙烷碳同位素值分布在油型气和煤型气的中间区域，这提示其可能为混源气？下文将结合前人的研究，探究这个问题。

①夏新宇等[25]研究认为当一种煤成气与一种油型气按一定比例混合时（小于8∶1），即使混合气以煤成气为主，混合气的碳同位素特征也落在油型气范围；戴金星等[11,24]提出相同成熟度的煤成气比油型气更富含甲烷、贫 C_{2+}，因此当两者混合时，具有轻的 $\delta^{13}C_2$ 油型气较多，导致 $\delta^{13}C_2$ 值具有轻的油型气为主的特征。②运移过程中可能会发生分馏作用，包括组分分馏和同位素分馏[26-30]。夏新宇[25]通过计算证明混合作用带来的组分分馏效应会进一步改变同位素值，其中举例了混合作用带来的组分分馏使得 $\delta^{13}C_2$ 变轻，导致煤成气为主的混合气的 $\delta^{13}C_2$ 值显示油型气特征。假设下古生界天然气主要来源于上古生界，那么在向下运移过程中会发生组分分馏而使甲烷含量增加， C_{2+} 减少，这与上文分析的下古生界甲烷含量要高于上古生界相一致。同时运移过程中发生的组分分馏会进一步改变碳同位素值，使得混合气的碳同位素组成向同位素较轻的端元靠近，因此也会一定程度上导致下古生界 $\delta^{13}C_2$ 偏轻。以上均解释了下古生界 $\delta^{13}C_2$ 偏轻的原因，再结合前文中组分及甲烷碳同位素值的分析，作者认为下古生界天然气以煤成气为主，有油型气混合存在。

下古生界 $\delta^{13}C_3$ 值同样较上古生界轻，其原因应与上文 $\delta^{13}C_2$ 值偏轻的原因类似，主要是由于煤成气和油型气混合造成 $\delta^{13}C_3$ 值偏油型气特征，以及运移分馏造成的同位素变化。但是，上、下古生界天然气的 $\delta^{13}C_3$ 差值要比 $\delta^{13}C_2$ 差值小，从平均值上来看 $\delta^{13}C_{2上古}$ - $\delta^{13}C_{2下古}$ 为4.78‰，而 $\delta^{13}C_{3上古}$ - $\delta^{13}C_{3下古}$ 为1.24‰，这是由于相同成熟度下腐殖型和腐泥型源岩生成的天然气烷烃碳同位素差值，随烷烃气分子中碳数增加而变小的原因所致[23]。

3.4　关于天然气的成熟度和成因

利用我国 $\delta^{13}C_1$–R_o 关系图可鉴别煤型甲烷和油型甲烷，煤成气和油型气对应的回归方程为 $\delta^{13}C_1 \approx 14.12 \lg R_o - 34.39$ 和 $\delta^{13}C_1 \approx 15.80 \lg R_o - 42.20$[23,31]。统计下古生界 59 个天然气样的甲烷碳同位素值，其中 51 个气样的 $\delta^{13}C_1$ 值集中分布在 −35.55‰ ~ −30.66‰，占 86.44%。将这 51 个气样的 $\delta^{13}C_1$ 端值 −30.66‰ 和 −35.55‰ 分别投点在 $\delta^{13}C_1$–R_o 关系图纵坐标上记 A、B（图 7），若是油型甲烷为主，则落在 A″ 和 B″ 范围内，得出 R_o>2.65%，多数大于 3%。而下古生界奥陶系烃源岩的热演化程度 R_o 值为 2.07% ~ 2.68%，上古生界海相灰岩热演化程度则更低，所以可确定下古生界天然气中甲烷非油型气甲烷为主。A 和 B 在煤成气回归线上投点可看出 R_o 在 A′ 和 B′ 之间，用回归方程公式计算得 R_o 为 0.83% ~ 1.84%。上古生界石炭–二叠系的热演化程度 R_o 主要在 1.2% ~ 2.2%，AB 之间多数样品的 R_o 值属于该范围，据此可认为下古生界甲烷主要是来自石炭–二叠系的煤型甲烷。剩余气样的 $\delta^{13}C_1$ 值落在 −41.74‰ ~ −36.67‰，即图 7 中 C ~ D 范围内，这部分 $\delta^{13}C_1$ 值多半与煤成气回归线无交点，即使少数有交点其对应的 R_o 值非常低，所以不属于煤成气范畴。与油型气回归线则交于 C′ 和 D′，得其源岩 R_o 在 1.1% ~ 2.2% 范围内，与上古生界烃源岩 R_o 值相符，由此可确定这部分气样甲烷属于油型甲烷，并由于其热演化程度较低说明主要来自上古生界海相灰岩。综上可确定下古生界天然气中甲烷是来自上古生界的煤型甲烷为主，与少量油型甲烷混合，油型甲烷主要是来自上古生界海相灰岩。

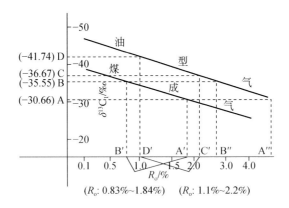

图 7　应用我国 $\delta^{13}C_1$–R_o 图鉴别下古生界油型甲烷和煤型甲烷

从上文分析结果来看，上、下古生界甲烷的碳同位素分布特征非常类似包括主频区间和平均值。上古生界天然气 85 个气样中，有 78 个气样的 $\delta^{13}C_1$ 集中分布在 −35.69‰ ~ −29.00‰，约占 92%，其余气样甲烷碳同位素偏轻，这些特征与下古生界非常类似，但煤型甲烷占的比例更大，因此认为上古生界天然气是自生自储的煤型甲烷占绝大部分。

中生界甲烷碳同位素值较轻，均小于 −36.60‰，小于 −40‰ 的占绝大部分，所以根据 $\delta^{13}C_1$–R_o 判别图来看，属于油型甲烷。

3.5　碳同位素倒转

戴金星等[32-33]提出：当烷烃气的 $\delta^{13}C$ 值不按正、负碳同位素系列规律，排列出现混乱时，谓之碳同位素系列倒转。致使倒转的原因有有机烷烃气和无机烷烃气的混合；煤成气和油型气的混合；同型不同源气或同源不同期气的混合和烷烃气中某一或某些组分被细菌氧化。倒转可由其中一种原因，也可由两种或更多种原因所致。一个气藏天然气发生单项性碳同位素倒转的原因往往比较单一，而发生多项性碳同位素倒转常受多因素复杂条件的影响[3]。

经统计上古生界 85 个天然气样中有 33 个气样碳同位素发生倒转。由图 8（a）可知：其中 25 个属于苏里格和乌审旗气田的天然气样都是 $\delta^{13}C_2 > \delta^{13}C_3$ 倒转；有 5 个是榆林气田的天然气，多数发生 $\delta^{13}C_3 > \delta^{13}C_4$ 倒转。由于鄂尔多斯盆地构造稳定，故无无机气；倒转的两气组分含量变化正常，故无细菌氧化作用[34]。苏里格和乌审旗气田在煤系中，没有明显的油型气源；榆林气田中虽有少量油型气混入，但煤成气仍占主导，故煤成气和油型气混合的影响也不大。所以上古生界各气田天然气碳同位素发生倒转主要是由于不同期煤成气的混合所致。此外，从图 8（a）可知上古生界天然气碳同位素还普遍具有异构丁烷碳同位素比正构丁烷重（$\delta^{13}iC_4 > \delta^{13}nC_4$）的特征。

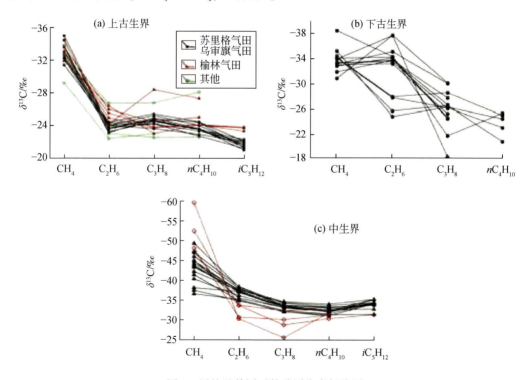

图 8　甲烷及其同系数碳同位素折线图

下古生界 59 个天然气样中有 14 个气样碳同位素发生倒转。由图 8（b）可知：下古生界天然气碳同位素发生多项性倒转，即有 $\delta^{13}C_1 > \delta^{13}C_2$、$\delta^{13}C_2 > \delta^{13}C_3$ 和 $\delta^{13}C_3 > \delta^{13}C_4$，并且倒转值比较大。其中发生 $\delta^{13}C_1 > \delta^{13}C_2$ 的天然气样 9 个，且倒转值较大从 0.12‰～6.87‰，另有 3 口井的气样发生 $\delta^{13}C_2 > \delta^{13}C_3$，倒转值为 0.67‰～1.52‰，陕 26 井发生 $\delta^{13}C_3 > \delta^{13}C_4$，倒转值为 3.61‰（表 1）。Fuex 等[35]认为 $\delta^{13}C_3 > \delta^{13}C_4$ 比较普遍，而 $\delta^{13}C_2 > \delta^{13}C_3$ 较少见，$\delta^{13}C_1 > \delta^{13}C_2$ 则更为罕见，他认为这是母源生成的后期的高成熟气体增加所致。下古生界天

然气碳同位素发生多项性倒转，且发生少见 $\delta^{13}C_1 > \delta^{13}C_2$ 的倒转，这主要是高（过）成熟阶段的煤成气和油型气混合所致。

由图 8（c）可知：中生界 48 个气样全都遵循 $\delta^{13}C_1 < \delta^{13}C_2 < \delta^{13}C_3$，其中少数几个气样发生了 $\delta^{13}C_3 > \delta^{13}C_4$ [如图 6（c）中红线所示]。其中部分气样倒转是由于细菌氧化作用导致，如葫 401 井 $\delta^{13}C_3$ 值为 -30.160‰，$\delta^{13}C_4$ 值为 -31.261‰，对应丙烷含量 0.6%，丁烷含量为 2.71%，该处碳同位素倒转的两气组分含量也发生倒转，还有马 9-1 井也有类似情况（表 1）。另有一些发生倒转的两气组分含量正常，其原因可能是不同期次油型气的混合。此外中生界丁烷碳同位素特征与上古生界正好相反，中生界天然气基本都是 $\delta^{13}iC_4 < \delta^{13}nC_4$。作者认为这可能与烃源岩干酪根类型不同有关，上古生界主要是煤成气，属Ⅲ型干酪根；而中生界主要是油型伴生气，属于Ⅰ、Ⅱ$_1$型干酪根。

4　气源讨论

上文利用 $\delta^{13}C_n$ 及组分含量判别鄂尔多斯盆地天然气的成因类型，上古生界天然气以煤成气为主，其对应气源主要是上古生界的石炭-二叠系煤系，属于自生自储型；榆林气田有少量上古生界海相灰岩生成的油型气混入。中生界天然气以原油伴生气为主，混有少量凝析油气，据此认为其气源主要是三叠系延长组腐泥型烃源岩。

对于下古生界奥陶系风化壳气藏气源问题一直存在争议。前人做了大量的研究，主要观点有以下几点：杨俊杰[2]提出奥陶系风化壳气藏气是上古生界煤成气和下古生界油型气的混源气，但未说明哪个是主要气源；关师德等[6]指出上下古生界产层的"$\delta^{13}C_1$ 值差异不明显"说明二者同源，有少量奥陶系烃源岩所产生的气体混入；张士亚[7]也认为奥陶系产层的天然气主要来自上古生界；黄第藩等[8]、陈安定[9]根据乙烷碳同位素判源认为鄂尔多斯盆地中部大气田的主要气源层系是下奥陶统，有少部分来自石炭-二叠系煤系；Cai等[36]分析了天然气的组分及同位素特征，结合硫酸盐热还原反应的影响，认为鄂尔多斯盆地下古生界风化壳天然气是来自石炭-二叠煤系的煤成气和来自奥陶系碳酸盐岩的油型气的混合；戴金星等[11]认为下古生界奥陶系风化壳气藏是以上古生界煤成气为主，石炭系海相源岩生成的油型气为辅的混合气；本文着重通过碳同位素的分析，认为下古生界是以煤成气为主、油型气为辅的混合气，煤成气来自上古生界石炭-二叠系煤系这毋庸质疑。油型气的来源从两个方面来说明：①通过 $\delta^{13}C_1 - R_o$ 判别图分析认为下古生界天然气中甲烷碳同位素较轻可能为油型气的气样，多数对应的烃源岩成熟度没有达到奥陶系烃源岩的热演化程度，而与上古生界海相灰岩的 R_o 值相符。②夏新宇等[37]通过生烃潜力恢复认为鄂尔多斯盆地下奥陶统碳酸盐岩是较差烃源岩；梁狄刚[38]认为海相商业性烃源岩（包括泥质岩和碳酸盐岩）有机碳含量应不小于 0.5%，高过成熟区可降低到 0.4%；张水昌等[39]认为低有机碳丰度的碳酸盐岩不能形成工业性气田，在 TOC 为 0.1%~0.2% 的纯碳酸盐岩和泥岩，成熟度再高也形成不了工业性气藏，只有 TOC≥0.5% 含泥碳酸盐岩，才能成为工业性烃源岩；王兆云等[40]提出有机碳含量 0.3% 为碳酸盐岩气源岩的评价指标；国外学者 Tissot 等[41]指出生成工业性气藏的碳酸盐岩烃源岩有机碳下限为 0.3%，Bjorlykke[42]认为其下限为 0.5%。鄂尔多斯盆地奥陶系碳酸盐岩有机碳含量低（0.08%~0.64%），平均为 0.22%，多数没有达到碳酸盐岩的生烃下限，仅有少数 TOC 达到 0.5% 以上，不过奥陶系碳酸盐岩热演化程度较高，因此可能有少量碳酸盐岩具有生烃能力，但潜力不大，不是下古生界油型气的主要气源岩。上古生界海相灰岩有机碳含量一般在 0.5% ~ 3%，平均为 1.15%，且有机质类型优于奥陶系碳酸盐岩，加之与奥陶系风化壳储层的配置情况好[24]。综上可知，下古生界天然气以煤成气为主油型气为辅的混合气，其中煤成气来自石炭–二叠系煤系，油型气主要来自上古生界海相灰岩，可能有少量奥陶系碳酸盐岩的贡献。

5　结论

（1）上古生界天然气中甲烷大部分在 90% 以上，C_2/C_3 大部分大于 3，烷烃 $\delta^{13}C_n$ 值重，显示煤成气的特征；上古生界各气田天然气发生单项性碳同位素倒转，这是同源不同期煤成气混合所致；其中榆林气田 $\delta^{13}C_2$ 值较苏里格和乌审旗气田轻，可能是有少量油型气混入所致。

（2）下古生界天然气中甲烷含量绝大部分在 95% 以上，属于干气，C_2/C_3 大部分大于 3，$\delta^{13}C_1$ 重，$\delta^{13}C_2$ 和 $\delta^{13}C_3$ 偏轻，是煤成气为主油型气为辅的混合气；下古生界有多项性碳同位素倒转，更有少见的 $\delta^{13}C_1 > \delta^{13}C_2$，这是由于高（过）成熟阶段的煤成气和油型气混合造成的。

（3）中生界天然气中甲烷含量相对较低，主频区间在 50% ~ 60%，C_2/C_3 绝大部分小于 3，烷烃 $\delta^{13}C_n$ 值轻，显示油型伴生气的特征，以原油伴生气为主。少数几个气样发生了 $\delta^{13}C_3 > \delta^{13}C_4$ 倒转，是由于细菌氧化作用和不同期次油型气混合所致。丁烷碳同位素出现 $\delta^{13}iC_3 > \delta^{13}nC_4$，与上古生界正好相反，这可能是与干酪根类型不同有关。

（4）通过 $\delta^{13}C_1 - R_o$ 的判别以及奥陶系碳酸盐岩有机碳含量低，否定了奥陶系碳酸盐岩是下古生界油型气的主要来源。认为下古生界油型气主要来自上古生界海相灰岩，可能有少量奥陶系碳酸盐岩的贡献。

致　谢：本文在研究和完成期间得到了戴金星院士的悉心指导，谨致谢意。

参 考 文 献

[1] 杨俊杰，裴锡古. 中国天然气地质学（卷四）. 北京：石油工业出版社，1996：4-18.

[2] 杨俊杰. 陕甘宁盆地下古生界天然气的发现. 天然气工业，1991，11（2）：1-6.

[3] Dai J X, Li J, Luo X, et al. Stable carbon isotope compositions and source rock geochemistry of the giant gas accumulations in the Ordos Basin, China. Organic Geochemistry, 2005, 36：1617-1635.

[4] 李剑，罗霞，单秀琴，等. 鄂尔多斯盆地上古生界天然气成藏特征. 石油勘探与开发，2005，32（4）：54-59.

[5] 张文正，李剑峰. 鄂尔多斯盆地油气源研究. 中国石油勘探，2001，6（4）：28-36.

[6] 关德师，张文正. 鄂尔多斯盆地中部气田奥陶系产层的油气源. 石油与天然气地质：1993，14（3）：191-199.

[7] 张士亚. 鄂尔多斯盆地天然气气源及勘探方向. 天然气工业，1994，14（3）：1-4.

[8] 黄第藩，熊传武，杨俊杰，等. 鄂尔多斯盆地中部大气田的气源判识. 科学通报，1996，41（17）：1588-1592.

[9] 陈安定. 论鄂尔多斯盆地中部气田混合气的实质. 石油勘探与开发，2002，29（2）：33-38.

[10] 梁狄刚，黄第藩，马新华，等. 有机地球化学研究新进展. 北京：石油工业出版社，2002：181-187.

[11] 戴金星，夏新宇.长庆气田奥陶系风化壳气藏、气源研究.地学前缘，1999，6(S1)：195-203.

[12] 戴金星，陈践发，钟宁宁，等.中国大气田及其气源.北京：科学出版社，2003：93-136.

[13] 长庆油田石油地质志编写组.中国石油地质志(卷十二)：长庆油田.北京：石油工业出版社，1987：175-219.

[14] 何自新，费安琦，王同和，等.鄂尔多斯盆地演化与油气.北京：石油工业出版社，2003：155-173.

[15] 戴金星，宋岩，张厚福，等.中国大中型气田形成的主要控制因素.中国科学 D 辑：地球科学，1996，26(6)：481-487.

[16] 杨俊杰.鄂尔多斯盆地构造演化与油气分布规律.北京：石油工业出版社，2002：156-161.

[17] 王涛.中国天然气地质理论基础与实践.北京：石油工业出版社，1997：73-79.

[18] 戴金星.各类天然气的成因鉴别.中国海上油气(地质)，1992，6(1)：11-19.

[19] 戴金星.各类烷烃气的鉴别.中国科学 B 辑，1992，2：185-193.

[20] 徐永昌，刘文汇，沈平，等.陆良、保山气藏碳、氢同位素特征及纯生物乙烷发现.中国科学 D 辑：地球科学，2005，35(8)：758-764.

[21] 宋岩.影响天然气组分变化的主要因素.石油勘探与开发，1991，2：42-49.

[22] 张士亚，郜建军，蒋泰然.利用甲、乙烷碳同位素判识天然气类型的一种新方法.见：石油与天然气地质文集(第 1 集).中国煤成研究.北京：地质出版社，1988.

[23] 戴金星.天然气碳氢同位素特征和各类天然气鉴别.天然气地球科学，1993，(2-3)：1-40.

[24] 戴金星，李剑，罗霞，等.鄂尔多斯盆地大气田的烷烃气碳同位素组成特征及其气源对比.石油学报，2005，26(1)：18-26.

[25] 夏新宇，李春园，赵林.天然气混源作用对同位素判源的影响.石油勘探与开发，1998，25(3)：89-90.

[26] Stahl W J. Carbon and nitrogen isotope in hydrocarbon research and exploration. Chemical Geology, 1977, 20：121-149.

[27] Prinzhor A, Hue A. Genetic and post-genetic molecular and isotopic fractionation in natural gas. Chemical Geology, 1995, 126：281-200.

[28] 陈安定，李剑峰.天然气运移的地球化学指标研究.天然气地球科学，1995，5(4)：38-65.

[29] 张同伟，陈践发，王先彬，等.天然气运移的气体同位素地球化学示踪.沉积学报，1995，13(2)：70-76.

[30] Valentine D L, Chidthaisong A, Rice A, et al. Carbon and hydrogen isotope fractionation by moderately thermophilic methanogens. Geochimica et Cosmochimica Acta, 2004, 68(7)：1571-1590.

[31] 戴金星，戚厚发.我国煤成烃气的 $\delta^{13}C-R_o$ 关系.科学通报，1989，34(9)：690-692.

[32] 戴金星.概论有机烷烃气碳同位素系列倒转的成因问题.天然气工业，1990，10(6)：15-20.

[33] 戴金星，夏新宇，秦胜飞，等.中国有机烷烃气碳同位素系列倒转的原因.石油与天然气地质，2003，24(1)：3-6.

[34] Dai J X, Xia X Y, Qin S F, et al. Origins of partially alkane $\delta^{13}C$ values for biogenic gases in China. Organic Geochemistry, 2004,(3)：405-411.

[35] Fuex A A. The use of stable carbon isotopes in hydrocarbon exploration. Journal of Geochemical Exploration, 1977, 7：155-188.

[36] Cai C F, Hu G Y, He H, et al. Geochemical characteristics and origin of natural gas and thermochemical sulphate reduction in Ordovician carbonates in the Ordos Basin, China. Journal of Petroleum Science and Engineering, 2005, 48：209-226.

[37] 夏新宇，洪峰，赵林.烃源岩生烃潜力的恢复探讨——以鄂尔多斯盆地下奥陶统碳酸盐岩为例.石油与天然气地质，1998，19(4)：307-312.

[38] 梁狄刚. 塔里木盆地油气勘探若干地质问题. 新疆石油地质, 1999, 20(3): 184-189.

[39] 张水昌, 梁狄刚, 张大江. 关于古生界烃源岩有机质丰度的评价标准. 石油勘探与开发, 2002, 29(2): 8-12.

[40] 王兆云, 赵文智, 王云鹏. 中国海相碳酸盐岩气源岩评价指标研究. 自然科学进展, 2004, 14(11): 1236-1243.

[41] Tissot B P, Welte D H. Petroleum Formation and Occurrence. New York: Springer-Verlag, 1984.

[42] Bjorlykke K. Sedimentology and Petroleum Geology. New York: Springer-Verlag, 1989.